재료역학 열역학 유체역학 의 이해

기계3역학 기초

황봉갑 저

KB078840

일진사

| 머리말 |

「기계3역학」으로 일컫는 재료역학, 유체역학, 열역학은 기계분야 전공자들이 꼭 알아야 할 필수 과목임에도 불구하고 많은 공학도들이 어려워하며 기피하는 학문이다. 이에 필자는 "어떻게 하면 가장 쉽고 **빠르게** 「기계3역학」을 이해시키고 재미있는 학습을 할 수 있게 할 것인가?" 하는 많은 고민을 거듭하면서 혼신의 노력을 다하여 다음과 같이 구성하였다.

① 재료역학, 유체역학, 열역학을 한데 묶음으로써 각 과목간의 연관내용을 쉽게 찾아볼 수 있도록 하여 학습효과를 극대화 시켰다.

② 각 단원마다 기본적이고 핵심적인 내용만을 간추려 서술함으로써 초심자도 쉽게 접근하고 이해할 수 있도록 하였다.

③ 복잡한 역학의 기본 원리를 충분히 이해시키기 위하여 중요한 문제를 **Q 예제** 로 만들어 자세하게 한 번 더 설명하였다.

④ 필자가 다년간 강의하면서 얻은 경험을 바탕으로 각종 시험을 준비하는 수험생들이 어려워하는 내용을 쉽고 정확하게 이해할 수 있도록 저술하였다.

⑤ 각 단원마다 국가기술자격시험에 출제되었던 문제들을 **연·습·문·제**로 실어 국가기술자격시험에 대비할 수 있도록 하였다.

아무쪼록 본 교재를 접하는 모든 독자들이 기계3역학에 대한 최소한의 원리와 기본지식을 습득하고, 산업현장에서 실제로 적용할 수 있는 능력을 길러 우리나라의 기계공업 현장에서 중추적인 역할을 담당하는 최고의 기술자가 되어주길 소망한다.

끝으로 본 교재를 집필함에 있어서 일부 인용한 여러 문헌의 저자들에게 감사의 뜻을 표하며, 특히 본 교재의 출판을 위해 애써 주신 도서출판 **일진사** 직원 여러분들께 감사드린다.

저자 **황봉갑**

|차 례|

제1편••• 재료 역학

제 2 편 ••• 유체 역학

제 **3** 편 ● ● ●   **열역학**

제1장 열역학의 정의와 기초적 사항

제2장 열역학 제1법칙

제8장 냉동기 사이클

→ **부록 1** •••

→ **부록 2** •••

◈ **찾아보기**

재료 역학

역학 기초

1. 단 위

자연 현상에서 길이, 질량, 온도, 속도, 힘, 에너지 등 측정할 수 있는 특성을 가진 물리적인 현상을 양적(量的)으로 나타낸 것을 **물리량**(物理量)이라고 하며, 이 물리량은 다시 **기본량**(基本量)과 **유도량**(誘導量)으로 구분할 수 있으며 다음과 같다.

① 기본량 : 모든 물리량의 기본이 되는 양(길이, 시간, 질량, 온도 등)

② 유도량 : 기본량들을 구체적으로 정한 절차에 따라 유도해 낸 양(면적, 속도, 압력, 힘, 에너지 등)

위의 기본량과 유도량을 측정하고 나타내는데 필요한 것이 **단위**(單位 ; unit)이며, 기본량에 대한 단위를 **기본 단위**, 유도량에 대한 단위를 **유도 단위**라고 한다. 이들 단위는 과학기술의 발달로 새롭게 제정된 단위들과 혼용되면서 단위 사용에 혼란을 일으켜, 국제도량형총회에서 기본단위를 연장 확대하여 모든 나라가 공통으로 사용할 수 있는 단위계를 확립 하였는데, 이를 **SI단위계**(system of international units)또는 **국제단위계**(國際單位系)라고 한다. SI단위계는 [표 1-1]과 같이 7개의 기본단위와 2개의 보조단위로 각종 물리량을 나타내며, [표 1-2]는 SI단위계에서 고유 명칭을 부여한 유도량의 단위를 나타낸다. [표 1-3]은 아주 크거나 작은 물리량을 10의 배수로 간단하게 나타내기 위한 **SI단위의 접두어**이다.

[표 1-1] SI단위계의 기본단위와 보조단위

단위 구분	물리량	명칭	기호
기본단위	길이	meter	m
	질량	kilogram	kg
	시간	second	s
	전류	Ampere	A
	온도	Kelvin	K
	분자량	mole	mol
	광도	candela	cd
보조단위	평면각	radian	rad
	입체각	steradian	sr

[표 1-2] SI 유도단위

물리량	명칭	기호	SI 기본단위 또는 SI 유도단위 간의 관계
주파수	Hertz	Hz	$1\,\text{Hz} = 1\text{s}^{-1}$
힘	Newton	N	$1\,\text{N} = 1\,\text{kg} \cdot \text{m/s}^2$
압력, 응력	Pascal	Pa	$1\,\text{Pa} = 1\,\text{N/m}^2$
일, 에너지, 열량	Joule	J	$1\,\text{J} = 1\,\text{N} \cdot \text{m}$
동력	Watt	W	$1\,\text{W} = 1\,\text{J/s}$

[표 1-3] SI 단위의 접두어

배수	10^{12}	10^9	10^6	10^3	10^{-2}	10^{-3}	10^{-6}	10^{-9}	10^{-12}
접두어	tera	giga	mega	kilo	centi	milli	micro	nano	pico
기호	T	G	M	k	c	m	μ	n	p

2. 밀도, 비중량, 비체적, 비중

2-1 ◦ 밀 도

단위 체적당 유체의 질량을 밀도(密度 ; density) 또는 비질량(比質量 ; specific mass) 이라고 한다. 밀도를 ρ, 체적을 V, 질량을 m 이라고 하면

$$\rho = \frac{m}{V}\ [\text{kg/m}^3] \quad\text{(1-1)}$$

표준 대기압(標準大氣壓), 4℃하에서 체적 $1\,\text{m}^3$의 순수한 물의 질량은 $1000\,\text{kg}$이므로 물의 밀도 ρ_w는

$$\rho_w = \frac{1000}{1} = 1000\,\text{kg/m}^3$$

2-2 ◦ 비중량

물질의 단위 체적당 중량을 비중량(比重量 ; specific weight)이라고 한다. 비중량을 γ, 중량을 W, 체적을 V라고 하면

$$\gamma = \frac{W}{V} \, [\text{N/m}^3] \quad \cdots\cdots\cdots\cdots\cdots\cdots\cdots\cdots\cdots\cdots\cdots\cdots\cdots\cdots\cdots (1-2)$$

그런데 중력 가속도를 $g(=9.8\,\text{m/s}^2)$라 하면 중량 $W = mg$이므로

$$\gamma = \frac{mg}{V} = \rho g \quad \cdots\cdots\cdots\cdots\cdots\cdots\cdots\cdots\cdots\cdots\cdots\cdots\cdots (1-3)$$

표준 대기압($1\,\text{atm}$), $4\,℃$ 하에서 순수한 물의 비중량 γ_w 는

$$\gamma_w = \rho_w g = 1000 \times 9.8 = 9800\,\text{N/m}^3$$

2-3 ◦ 비체적

단위 질량당 유체의 체적을 비체적(比體積 ; specific volume)이라고 한다. 비체적을 v 라 하면

$$v = \frac{V}{m} = \frac{1}{\rho} \, [\text{m}^3/\text{kg}] \quad \cdots\cdots\cdots\cdots\cdots\cdots\cdots\cdots\cdots\cdots\cdots\cdots (1-4)$$

2-4 ◦ 비 중

$4\,℃$의 물과 같은 체적을 갖는 다른 물질과의 비중량, 또는 밀도와의 비를 비중(比重 ; specific gravity)이라고 한다. 즉, 비중이란 물의 무게를 1로 하였을 때 다른 물질의 무게값이 얼마인가를 나타내는 비교값이며, 단위는 없다.

어떤 물질의 비중을 S, 비중량과 밀도를 각각 γ, ρ라 하고, $4\,℃$ 때의 물의 비중량과 밀도를 각각 γ_w, ρ_w라고 하면,

$$S = \frac{\gamma}{\gamma_w} = \frac{\rho}{\rho_w} \quad \cdots\cdots\cdots\cdots\cdots\cdots\cdots\cdots\cdots\cdots\cdots\cdots\cdots (1-5)$$

따라서, 식 $(1-5)$로부터 어떤 물질의 비중 S를 알고 있을 때 그 물질의 비중량 γ는 다음 식에 의하여 구할 수 있다.

$$\gamma = \gamma_w \cdot S = 9800\,S\,[\text{N/m}^3] \quad \cdots\cdots\cdots\cdots\cdots\cdots\cdots\cdots\cdots\cdots (1-6)$$

또, 어떤 물질의 중량 W는 식 $(1-2)$와 $(1-6)$에서

$$W = \gamma V = 9800\,SV\,[\text{N}] \quad \cdots\cdots\cdots\cdots\cdots\cdots\cdots\cdots\cdots\cdots\cdots (1-7)$$

표 [1-4]는 표준 대기압(標準大氣壓) 하에서의 온도변화에 따른 물의 물리적(物理的) 성질들을 나타낸 것이다.

[표 1-4] 물의 물리적 성질

온도 [℃]	밀도 $\rho[kg/m^3]$	점성계수 $\mu[N \cdot s/m^2]$	동점성계수 $\nu[m^2/s]$	표면장력 $\sigma[N/m]$	증기압 [kPa]	체적탄성계수 $K[Pa]$
0	999.9	1.792×10^{-3}	1.792×10^{-6}	0.0762	0.610	204×10^7
5	1000.0	1.519	1.519	0.0754	0.872	206
10	999.7	1.308	1.308	0.0748	1.13	211
15	999.1	1.140	1.141	0.0741	1.60	214
20	998.2	1.005	1.007	0.0736	2.34	220
30	995.7	0.801	0.804	0.0718	4.24	223
40	992.2	0.656	0.661	0.0701	3.38	227
50	988.1	0.549	0.556	0.0682	12.3	230
60	983.2	0.469	0.477	0.0668	19.9	228
70	977.8	0.406	0.415	0.0650	31.2	225
80	971.8	0.357	0.367	0.0630	47.3	221
90	965.3	0.317	0.328	0.0612	70.1	216
100	958.4	0.284×10^{-3}	0.296×10^{-6}	0.0594	101.3	207×10^7

Q 예제 1-1

어떤 기름의 체적이 $5.8\,m^3$이고, 무게가 $4400\,N$이다. 이 기름의 비중량, 밀도, 비체적 및 비중을 구하여라.

해설 $V = 5.8\,m^3$, $W = 4400\,N$이므로

비중량 $\gamma = \dfrac{W}{V} = \dfrac{4400}{5.8} = 758.62\,N/m^3$

밀도 $\rho = \dfrac{\gamma}{g} = \dfrac{758.62}{9.8} = 77.41\,N \cdot s^2/m^4 = 77.41\,kg/m^3 \ (1N = 1kg \cdot m/s^2)$

비체적 $v = \dfrac{1}{\rho} = \dfrac{1}{77.41} = 0.0129\,m^3/kg$

비중 $S = \dfrac{\gamma}{\gamma_w} = \dfrac{758.62}{9800} = 0.077$

또는, $S = \dfrac{\rho}{\rho_w} = \dfrac{77.41}{1000} = 0.077$

정답 $\gamma = 758.62\,N/m^3$

$\rho = 77.41\,kg/m^3$

$v = 0.0129\,m^3/kg$

$S = 0.077$

Q 예제 **1-2**

비중이 0.88인 알코올의 밀도는 몇 kg/m^3인가?

해설 비중량 $\gamma = 9800\,S = 9800 \times 0.88 = 8624\,N/m^3$이므로

$$\text{밀도 } \rho = \frac{\gamma}{g} = \frac{8624}{9.8} = 880\,kg/m^3$$

정답 $880\,kg/m^3$

---

3. 물체의 운동

3-1 ○ 속 도

어떤 물체가 한 점으로부터 다른 점으로 이동했을 때, 그 물체는 움직였다고 말한다. 이 때 두 점간의 직선거리를 변위(變位)라고 한다.

물체의 운동을 살펴보면 때로는 늦고, 때로는 빠르다. 단위 시간 동안에 이동한 변위를 속도라고 하며, 어떤 물체가 t시간 동안에 S만큼 이동하였다면, 속도 v는

$$v = \frac{S}{t} \quad\text{...(1-8)}$$

따라서 속도의 단위는 cm/s, m/s, km/h 등으로 표시된다.

Q 예제 **1-3**

자동차로 20분 동안 25 km를 달렸다. 이 자동차의 평균 속도는 몇 km/h인가?

해설 $v = \dfrac{S}{t} = \dfrac{25}{20} = 1.25\,km/min = 1.25 \times 60\,km/h = 75\,km/h$

정답 $75\,km/h$

3-2 ○ 가속도

일반적으로 속도는 시간에 따라 변하므로 시간에 따르는 속도의 변화량을 고려하여야 한다. 단위 시간에 일어나는 속도의 변화량을 가속도(加速度)라 하며, 어느 물체의 속도가 시간에 따라 변할 때 처음 속도를 v_1이라 하고 t시간 후의 속도를 v_2라 하면 가

속도 a는

$$\text{가속도}(a) = \frac{\text{속도의 변화량}(v_2 - v_1)}{\text{걸린 시간}(t)} \quad \cdots\cdots (1\text{-}9)$$

따라서 가속도의 단위는 cm/s^2, m/s^2 등으로 표시된다.

Q 예제 1-4

다음 그림과 같이 자동차가 O점에서 출발하여 달리고 있을 때 P점에서의 속도 $v_1 = 12$ m/s이었고, 10초 후 Q점에 도달했을 때의 속도 $v_2 = 36$ m/s가 되었다. 이 자동차의 가속도를 구하여라.

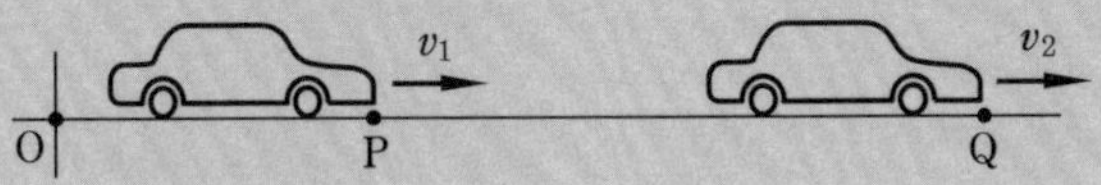

해설 $a = \dfrac{v_2 - v_1}{t} = \dfrac{36 - 12}{10} = 2.4 \text{ m/s}^2$

정답 2.4 m/s^2

3-3 ● 원운동과 구심 가속도

(1) 등속 원운동

[그림 1-1]과 같이 어떤 물체가 반지름 r인 원주(圓周) 위를 일정한 속도 v로 움직이는 것을 등속(等速) 원운동이라고 한다. 이때 물체가 점 P에서 점 Q로 움직이는데 t초 걸렸다면 점 P가 그리는 원호 S는 시간에 따라 커지며, $S = vt$가 된다. 그리고 $\angle POQ$가 이루는 각 θ를 라디안(radian) 단위로 표시하면

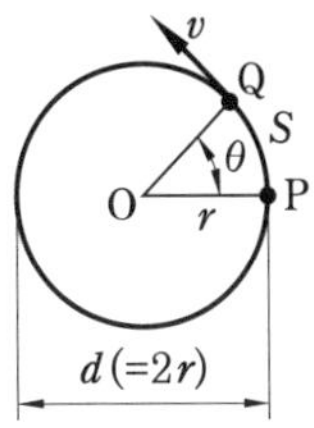

[그림 1-1]
원운동과 각속도

$$\theta = \frac{S}{r} \text{[rad]} \quad \cdots\cdots (1\text{-}10)$$

가 된다. 여기서 $1\,\text{rad} = \dfrac{180°}{\pi}$ 이다.

물체가 단위 시간 동안에 원주 위를 회전한 중심각의 변위를 **각속도**(角速度)라고 한다. 즉 각속도 ω는

$$\omega = \frac{\theta}{t} \quad \cdots\cdots (1\text{-}11)$$

이며, 단위는 rad/s이다.

그리고 원운동할 때 원주 위에서의 선 속도, 즉 원주 속도 v는 식 (1-8)과 (1-10)으로부터

$$v = \frac{S}{t} = \frac{r\theta}{t} = r\omega \quad \cdots\cdots\cdots\cdots\cdots\cdots\cdots\cdots\cdots\cdots\cdots\cdots\cdots (1-12)$$

가 된다. 만약 어떤 물체가 n[rpm(revolutions per minute)]으로 회전하고 있다면 $\omega = \frac{2\pi n}{60}$ rad/s로부터 원주 속도 v는

$$v = r\omega = \frac{d}{2} \cdot \frac{2\pi n}{60} = \frac{\pi d n}{60} \quad \cdots\cdots\cdots\cdots\cdots\cdots\cdots\cdots\cdots\cdots\cdots (1-13)$$

(2) 구심 가속도

등속 원운동을 하고 있는 물체의 속도 방향은 끊임없이 변하지만 그 속도의 크기는 항상 일정하다. 이와 같이 등속 원운동에서 물체의 속도 방향만을 변화시키는 가속도를 구심(求心) 가속도라 한다. 구심 가속도는 원 궤도의 중심을 가리키며, 그 크기는 물체의 속도 제곱에 비례하고 궤도의 반지름에 반비례한다. 즉 [그림 1-1]에서 구심 가속도 a_r은 다음과 같다.

$$a_r = \frac{v^2}{r} \quad \cdots\cdots\cdots\cdots\cdots\cdots\cdots\cdots\cdots\cdots\cdots\cdots\cdots\cdots\cdots\cdots (1-14)$$

Q 예제 1-5

지구의 적도 위에 있는 한 점의 구심 가속도는 몇 m/s^{2}인가? (단, 지구의 지름 $d = 12.8 \times 10^6$ m이고 하루에 한 번 자전한다.)

해설 적도 위의 한 점이 하루에 이동한 거리 S는

$$S = \pi d = 3.14 \times 12.8 \times 10^6 = 40.2 \times 10^6 \, \text{m}$$

따라서 원주 속도 v는

$$v = \frac{S}{t} = \frac{40.2 \times 10^6}{1 \times 24 \times 60 \times 60} = 465.28 \, \text{m/s}$$

$$\therefore \ a_r = \frac{v^2}{r} = \frac{465.28^2}{\dfrac{12.8 \times 10^6}{2}} = 0.03 \, \text{m/s}^2$$

정답 0.03 m/s^2

Q 예제 1-6

지름 600 mm인 바퀴가 500 rpm으로 회전하고 있다. 이 바퀴의 바깥 둘레에서의 원주 속도는 몇 m/s인가?

해설 $v = \dfrac{\pi d n}{60} = \dfrac{3.14 \times 600 \times 500}{1000 \times 60} = 15.7 \, \text{m/s}$

정답 $15.7 \, \text{m/s}$

4. 힘과 모멘트

4-1 ▸힘

우리가 알고 있는 힘은 '밀다' 혹은 '당긴다'와 같은 개념으로서, 서로 직접 접촉하고 있는 물체 사이에만 작용하는 것으로 생각하고 있다. 그러나 중력(重力), 전기력(電氣力), 자기력(磁氣力)과 같은 힘은 힘의 근원과 물체 사이에 어떤 분명한 접촉이 없어도 작용하기도 한다. 더욱이 힘과 운동 사이의 관계는 분명치 않다. 뉴턴(Isaac Newton)은 이러한 힘에 대한 모호한 점들을 운동 법칙을 통해 정리하였다.

(1) 뉴턴의 운동 법칙

① 운동의 제 1법칙 : 물체에 작용하는 힘의 합력이 0이면 정지하고 있던 물체는 정지한 그대로 머물러 있고, 또 움직이던 물체는 움직이고 있는 방향으로 계속 움직인다. 이와 같이 처음 상태를 계속 유지하려는 성질을 관성(慣性)이라 하고, 운동의 제 1법칙을 관성의 법칙이라고도 한다.

② 운동의 제 2법칙 : 물체에 힘이 작용할 때 그 물체는 힘의 크기에 정비례하는 가속도로써 힘의 작용 방향으로 가속된다. 즉, 어떤 물체에 작용한 힘을 F라 하면 $F \propto a$이므로 다음과 같이 나타낼 수 있다.

$$\frac{F}{a} = 일정 \quad \cdots\cdots\cdots\cdots\cdots\cdots\cdots\cdots\cdots\cdots\cdots\cdots\cdots\cdots (1-15)$$

가속도에 대한 힘의 이 일정한 비(比)는 그 물체의 성질이라 생각할 수 있으며, 이것을 그 물체의 **질량**(= 밀도×체적)이라 한다. 그러므로 질량을 m이라 하면 식 (1-15)는

$$F = m a \quad \cdots\cdots\cdots\cdots\cdots\cdots\cdots\cdots\cdots\cdots\cdots\cdots\cdots\cdots\cdots\cdots (1-16)$$

가 된다. 운동의 제 2법칙은 **힘과 가속도의 법칙**이라고도 한다.

힘의 단위는 N(Newton)으로 표시되며, 질량 1 kg의 물체에 1 m/s^{2}의 가속도를 갖게 하는 힘을 1 N이라 한다.

$$1 \, \text{N} = 1 \, \text{kg} \times 1 \, \text{m/s}^2 = 1 \, \text{kg} \cdot \text{m/s}^2$$

> **참고** 1 dyn (혹은 dyne) $= 1 \, \text{g} \times 1 \, \text{cm/s}^2 = 1 \, \text{g} \cdot \text{cm/s}^2 = 10^{-5} \, \text{N}$ $\therefore$ 1 N $= 10^5$ dyn

어떤 물체의 무게(weight)는 지구가 그 물체에 미치는 중력을 말한다. 질량 m인 한 물체를 자유 낙하시킬 때 이 물체에 작용하는 힘은 단지 그 무게뿐이며, 이 물체의 가속도는 자유 낙하하는 물체의 가속도와 같은 중력 가속도가 된다. 그러므로 물체의 무게를 W, 중력 가속도를 $g(= 9.8 \, \text{m/s}^2)$라 하면 식 (1-16)에서 $F = W$, $a = g$이므로

$$W = mg \quad \cdots\cdots\cdots\cdots\cdots\cdots\cdots\cdots\cdots\cdots\cdots\cdots\cdots\cdots\cdots\cdots\cdots (1\text{-}17)$$

가 된다. 따라서 무게는 힘과 같은 물리량이며, 힘의 단위로 표시된다.

③ 운동의 제 3법칙 : 한 물체가 다른 물체에 힘을 작용하면 힘을 받은 물체는 힘을 작용하는 물체에 대하여 크기가 같고 방향이 반대가 되는 힘을 작용시킨다. 이러한 힘을 작용에 대하여 반작용이라 한다. 운동의 제 3법칙은 **작용·반작용의 법칙**이라고도 한다.

(2) 압 력

평면 또는 곡면이나 가상면에 힘이 작용하고 있을 때 단위 면적 당 수직으로 받는 힘을 특히 압력(壓力, pressure)이라고 한다. 지금 면적 A에 수직으로 힘 F가 작용하고 있다면 압력 p는

$$p = \frac{F}{A} \quad \cdots\cdots\cdots\cdots\cdots\cdots\cdots\cdots\cdots\cdots\cdots\cdots\cdots\cdots\cdots\cdots (1\text{-}18)$$

압력의 단위는 Pa(Pascal)로 표시되며, 1 N의 힘이 1 m^{2}의 면적에 작용할 때의 압력을 1 Pa이라고 한다.

$$1 \, \text{Pa} = 1 \, \text{N/m}^2$$
$$1 \, \text{MPa} = 1 \, \text{N/mm}^2$$

> **참고** 1 bar $= 1000 \, \text{mbar} = 10^5 \, \text{N/m}^2 = 10^5 \, \text{Pa}$

4-2 ● 힘의 합성과 분해

(1) 힘의 합성

힘을 받고 있는 물체에는 서로 다른 크기, 방향 등의 여러 힘이 동시에 작용하고 있는 것이 보통이다. 이와 같이 한 물체에 여러 힘이 작용할 때 이들 여러 힘의 합과 같은 효과를 갖는 하나의 힘을 구하는 것을 힘의 합성이라 한다. 그리고 이 힘을 합력(合力)이라 한다.

힘은 크기와 방향을 갖는 벡터(vector)량이므로 두 개 이상의 힘을 합할 때는 벡터 연산법(演算法)에 따른다. 즉, 두 힘이 일직선상에서 같은 방향에 있는 경우 합력 $F = F_1 + F_2$가 되고, 방향이 반대일 때는 합력 $F = F_1 - F_2$가 되며, 방향은 큰 힘의 방향이 된다.

[그림 1-2]와 같이 한 점에 θ각을 이루며 두 힘이 작용하고 있는 경우 합력 F는 도식적 방법인 평행 사변형법으로 구할 수 있다. 그러나 정확한 힘의 크기를 알기 위해서는 **cosine 법칙**을 이용한 다음 계산식에 의해서 구한다.

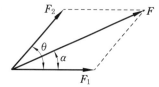

[그림 1-2] 힘의 합성

$$F^2 = F_1^2 + F_2^2 - 2F_1F_2\cos(180 - \theta)$$
$$= F_1^2 + F_2^2 + 2F_1F_2\cos\theta$$
$$\therefore F = \sqrt{F_1^2 + F_2^2 + 2F_1F_2\cos\theta} \quad \cdots\cdots (1-19)$$

또, 합력 F와 F_1이 이루는 각을 α라 하면, **sine 법칙**에 의해

$$\frac{F_2}{\sin\alpha} = \frac{F}{\sin(180 - \theta)} = \frac{F}{\sin\theta}$$
$$\sin\alpha = \frac{F_2}{F}\sin\theta$$
$$\therefore \alpha = \sin^{-1}\left(\frac{F_2}{F}\sin\theta\right) \quad \cdots\cdots (1-20)$$

(2) 힘의 분해

하나의 힘을 두 개 이상의 힘으로 나누는 방법에는 여러 가지가 있으나, [그림 1-3]에서와 같이 하나의 힘 F를 직각 성분으로 분해하는 것이 가장 편리하다. 이때 각각의 분해된 힘을 **분력(分力)**이라 한다.

힘 F의 x축에 대한 분력 F_x와 y축에 대한 분력 F_y를

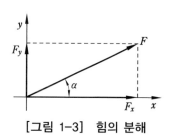

[그림 1-3] 힘의 분해

각각 구하면

$$\left.\begin{array}{l} F_x = F\cos\alpha \\ F_y = F\sin\alpha \end{array}\right\} \quad \cdots\cdots\cdots\cdots\cdots\cdots\cdots\cdots\cdots\cdots\cdots\cdots\cdots\cdots\cdots\cdots\cdots\cdots\cdots\cdots\cdots (1\text{-}21)$$

또한, 합력 F와 분력 F_x, F_y는 피타고라스 정리에 의해

$$F = \sqrt{F_x^2 + F_y^2} \quad \cdots\cdots\cdots\cdots\cdots\cdots\cdots\cdots\cdots\cdots\cdots\cdots\cdots\cdots\cdots\cdots\cdots\cdots\cdots\cdots (1\text{-}22)$$

이 되며, x축과 합력 F와 이루는 각 α는 $\tan\alpha = \dfrac{F_y}{F_x}$ 로부터

$$\alpha = \tan^{-1}\frac{F_y}{F_x} \quad \cdots\cdots\cdots\cdots\cdots\cdots\cdots\cdots\cdots\cdots\cdots\cdots\cdots\cdots\cdots\cdots\cdots\cdots\cdots\cdots (1\text{-}23)$$

(3) 여러 힘의 합성

[그림 1-4]에서와 같이 힘 F_1, F_2, F_3의 세 힘이 한 점에 작용하고 있을 때 이들 힘을 합성해 보자. 먼저 각각의 힘을 x축과 y축에 관한 직각 성분으로 분해한다.

이때, 분해된 분력이 좌표축의 (−) 방향을 향하고 있을 때에는 그 분력의 크기 앞에 (−) 부호를 붙여야 한다. 그런 다음 분해된 힘들을 다음과 같이 하나의 합력으로 합성하여 F_x와 F_y를 구한 후 식 (1-22)에 의해 합력 F를 구하면 된다.

$$F_x = F_{1x} - F_{2x} - F_{3x} = F_1\cos\theta_1 - F_2\cos\theta_2 - F_3\cos\theta_3$$

$$F_y = F_{1y} + F_{2y} - F_{3y} = F_1\sin\theta_1 + F_2\sin\theta_2 - F_3\sin\theta_3$$

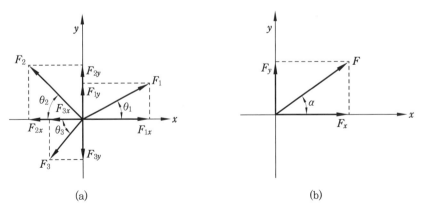

(a)　　　　　　　　　　　　　　　　(b)

[그림 1-4] 여러 힘의 합성

Q 예제   **1-7**

[그림 1-4]에서 $F_1 = 400$ N, $F_2 = 120$ N, $F_3 = 100$ N, $\theta_1 = 30°$, $\theta_2 = 45°$, $\theta_3 = 60°$일 때, 합력 F와 이 합력이 x축과 이루는 각 α를 구하여라.

해설

힘	x 성분	y 성분
$F_1 = 400$N	$F_{1x} = 400 \times \cos 30° = 346.41$ N	$F_{1y} = 400 \times \sin 30° = 200$ N
$F_2 = 120$N	$F_{2x} = 120 \times \cos 45° = 84.85$ N	$F_{2y} = 120 \times \sin 45° = 84.85$ N
$F_3 = 100$N	$F_{3x} = 100 \times \cos 60° = 50$ N	$F_{3y} = 100 \times \sin 60° = 86.6$ N
Σ	$F_x = 346.41 - 84.85 - 50 = 211.56$ N	$F_y = 200 + 84.85 - 86.6 = 198.25$ N

$$\therefore F = \sqrt{F_x^2 + F_y^2} = \sqrt{211.56^2 + 198.25^2} = 289.93 \text{ N}$$

$$\alpha = \tan^{-1} \frac{F_y}{F_x} = \tan^{-1} \frac{198.25}{211.56} = 43.14°$$

정답 $F = 289.93$ N, $\alpha = 43.14°$

Q 예제   **1-8**

[그림 1-2]에서 $\theta = 60°$이고, $F_1 = 20$ N, $F_2 = 10$ N일 때 합력의 크기와 그 방향을 구하여라.

해설 $F = \sqrt{F_1^2 + F_2^2 + 2F_1 F_2 \cos\theta} = \sqrt{20^2 + 10^2 + 2 \times 20 \times 10 \times \cos 60°} = 26.46$ N

$$\alpha = \sin^{-1} \left(\frac{10}{26.46} \times \sin 60° \right) = 19.1°$$

정답 $F = 26.46$ N, $\alpha = 19.1°$

4-3 ● 모멘트

모멘트(moment)는 힘에 의해 2차적으로 발생되는 물리량으로 물체에 회전 운동을 일으키게 한다. [그림 1-5(a)]와 같이 길이 L인 막대를 힌지(hinge)로 지지시켜 놓고 막대의 끝에 직각 방향으로 힘 F를 작용시키면, 이 막대는 힘의 작용 방향으로 회전을 하게 된다. 이때 막대가 회전하는 힘, 즉 모멘트의 크기 M은

$$M = FL \quad \text{..} \quad (1\text{-}24)$$

로 계산된다. 즉 모멘트의 크기는 회전 중심에서 힘의 작용선까지의 수직 거리에 힘의

크기를 산술적으로 곱하여 구한다. [그림 1-5(b)]와 같은 경우는 힘 F를 직각 성분으로 분해하여 회전 중심에서 직각 방향 분력까지의 수직 거리를 곱하여 구한다.

$$M = F_y \times L = F \sin\alpha \times L \quad\text{(1-25)}$$

이때 분력 F_x에 의한 모멘트는 작용하지 않는다.

모멘트의 단위는 힘×거리의 물리량이므로 N·cm, N·m, J 등으로 표시된다.

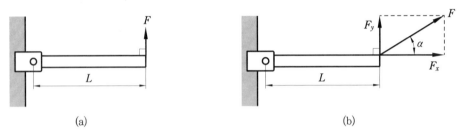

[그림 1-5] 모멘트의 계산

Q 예제 1-9

그림과 같이 무게 150 N, 길이 2 m인 균질(均質)한 막대가 수평으로 평형되어 있다. 막대 끝에 작용해야 할 힘 F는 몇 N이어야 하는가?

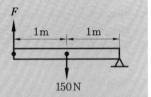

해설 막대가 평형을 유지하기 위해서는 회전 지점에 대한 모멘트의 크기가 서로 같아야 하므로

$$F \times 2 = 150 \times 1$$

$$\therefore F = \frac{150}{2} = 75 \text{ N}$$

정답 75 N

4-4 질점의 평형

질점(質點; mass point)이란 물체의 크기는 무시하고 그 물체의 전체 질량이 한 점에 집중되어 있다고 생각하는 가상점이다. 물체에 힘이 작용하면 직선 운동과 회전 운동이 생기는데, 질점을 생각하는 경우 여러 개의 힘이 작용해도 회전 운동은 생기지 않는다는 뜻이 된다.

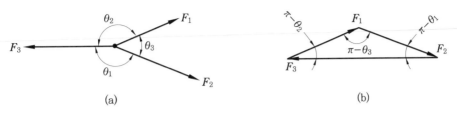

[그림 1-6] 세 힘의 평형

[그림 1-6(a)]와 같이 한 질점에 세 힘 F_1, F_2, F_3가 작용하여 평형을 이루고 있는 경우 이 세 힘으로 힘의 다각형을 그리면, [그림 1-6(b)]와 같은 닫힌 삼각형이 만들어진다. 따라서 [그림 1-6(b)]에 sine법칙을 적용하면 다음과 같은 관계식을 얻을 수 있다.

$$\frac{F_1}{\sin\theta_1} = \frac{F_2}{\sin\theta_2} = \frac{F_3}{\sin\theta_3} \quad\cdots\cdots\cdots\cdots\cdots (1\text{-}26)$$

세 힘이 평형 관계임을 적용해서 식 (1-26)과 같이 사용될 때, 이것을 **라미의 정리** (Lami's theory)라고 한다.

어떤 질점에 네 개 이상의 힘이 작용하여 평형을 이루고 있을 때는 다음과 같이 성분별로 합력을 계산하여 평형 조건을 쓰는 것이 편리하다.

$$\left.\begin{array}{l} \sum F_{xi} = 0 \\ \sum F_{yi} = 0 \\ \sum F_{zi} = 0 \end{array}\right\} \quad\cdots\cdots\cdots\cdots\cdots (1\text{-}27)$$

Q 예제 **1-10**

그림과 같이 $\theta_1 = 45°$, $\theta_2 = 30°$로 설치된 로프의 C점에 무게 $W = 980\,\text{N}$인 물체를 매달았다. 로프 AC 및 BC에 작용하는 장력 T_1, T_2는 몇 N인가?

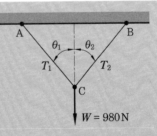

해설 라미의 정리에 의해

$$\frac{980}{\sin 75°} = \frac{T_1}{\sin 150°} = \frac{T_2}{\sin 135°}$$

$$\therefore T_1 = \sin 150° \times \frac{980}{\sin 75°} = 507.29\,\text{N}$$

$$T_2 = \sin 135° \times \frac{980}{\sin 75°} = 717.41\,\text{N}$$

정답 $T_1 = 507.29\,\text{N}$, $T_2 = 717.41\,\text{N}$

Q 예제 1-11

그림과 같이 두 개의 강봉 AB 및 BC로 무게 10000 N을 지지하고 있을 때 강봉 BC가 받는 힘은 몇 kN인가?

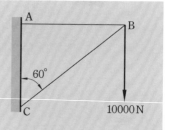

해설 강봉 BC가 받는 힘을 T라 하면 라미의 정리에 의해

$$\frac{10000}{\sin30°} = \frac{T}{\sin270°}$$

$$\therefore T = \sin270° \times \frac{10000}{\sin30°} = -20000 \text{ N} = -20 \text{ kN}$$

즉, 강봉 BC는 20 kN의 압축력을 받는다.

정답 20 kN 압축력

5. 일과 동력

5-1 ● 일

[그림 1-7(a)]와 같이 물체에 힘 F가 작용하여 물체가 힘의 방향으로 거리 S만큼 이동하였다면, 힘은 물체에 대해 일(work)을 하였다고 한다.

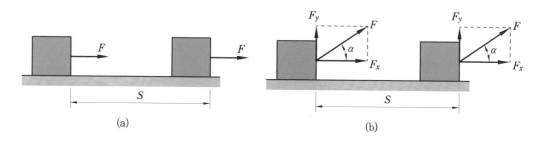

(a)   (b)

[그림 1-7] 힘이 물체에 하는 일

즉, 일은 힘에다 그 힘이 계속해서 작용한 거리를 곱한 것으로 일을 W라 하면

$$W = FS \quad \cdots \cdots \cdots \cdots (1-28)$$

가 된다. 또, 힘 F가 [그림 1-7(b)]와 같이 물체의 이동 방향과 α의 각도로 작용하여 물체를 S만큼 이동시켰다면, 힘은 물체의 이동 방향 성분이어야 하므로 일 W는

$$W = F_x \cdot S = (F\cos\alpha) \cdot S = FS\cos\alpha \quad \cdots \cdots \cdots (1-29)$$

가 되고, 만약 α가 90°이면 이 힘이 물체에 대해 한 일은 0이다. 즉, 운동 방향에 직각인 힘이 하는 일은 0이다.

일의 단위는 J(Joule)로 표시되며, 1 N의 힘으로 물체에 1 m의 변위를 주었을 때 한 일을 1 J이라고 한다.

> **참고** 11 J = 1 N × 1 m = 1 N · m = 1 kg · m²/s²
>
> 1 erg = 1 dyn × 1 cm = 1 dyn · cm = 1 g · cm²/s² = 10^{-7} J
>
> 1 J = 10^7 erg

Q 예제 1-12

어떤 물체에 힘 200 N이 작용하여 그 물체는 힘의 작용 방향과 α의 각도 방향으로 1.5 m 이동하였다. 이때 힘이 한 일이 150 J이라면 α는 몇 도인가?

해설 $W = FS\cos\alpha$ 에서

$$\alpha = \cos^{-1}\left(\frac{W}{FS}\right) = \cos^{-1}\left(\frac{150}{200 \times 1.5}\right) = 60°$$

정답 60°

5-2 • 동 력

어떤 일을 하는 데 시간이 얼마나 소요되었는가? 즉, 어떤 일의 능률을 나타내는 양을 동력(動力, power) 또는 **일률, 공률**이라 한다. 따라서 동력은 단위 시간당 할 수 있는 또는 행해지는 일의 양으로 나타내며, 이 양으로 어떤 시스템의 능력을 쉽게 짐작할 수 있게 된다. 동력을 H, 일을 하는 데 소요된 시간을 t라 하면

$$H = \frac{W}{t} \quad \cdots\cdots (1-30)$$

이다. 그런데 일(W) = 힘(F) × 거리(S)이고, 속도(v) = $\dfrac{\text{거리}(S)}{\text{시간}(t)}$ 이므로 식 (1-30)을 다시 쓰면

$$H = \frac{W}{t} = \frac{FS}{t} = Fv \quad \cdots\cdots (1-31)$$

가 되고, 만약 물체가 원 운동을 한다면 위 식에서 속도 v는 원주 속도가 된다.

동력의 단위는 W(Watt)로 표시되며, 1초 동안에 1 J의 일을 하였을 때의 동력을 1 W라고 한다.

$$1\,\text{W} = 1\,\text{J/s} = 1\,\text{N} \cdot \text{m/s} = 1\,\text{kg} \cdot \text{m}^2/\text{s}^3$$

> **참고** 1 PS(佛 馬力) $= 75\,\text{kgf} \cdot \text{m/s} = 735\,\text{N} \cdot \text{m/s} = 735\,\text{W}$
> 1 HP(英 馬力) $= 76.07\,\text{kgf} \cdot \text{m/s} = 745.49\,\text{N} \cdot \text{m/s} = 745.49\,\text{W}$

Q 예제 1-13

어떤 배의 엔진이 490 N의 힘을 물에 주어서 그 반작용으로 10 m/s의 속도로 배를 진행시키고 있다. 이 배의 엔진 동력은 몇 kW인가?

해설 $H = Fv = 490 \times 10 = 4900\,\text{W} = 4.9\,\text{kW}$

정답 4.9 kW

연·습·문·제

1. 무게가 각각 300 N, 100 N인 물체 A, B가 경사면 위에 놓여 있다. 물체 B와 경사면과는 마찰이 없다고 할 때 미끄러지지 않기 위한 물체 A와 경사면과의 최소 마찰계수 μ를 구하여라.

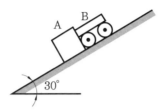

2. 그림과 같은 구조물에 1000 N의 물체가 매달려 있을 때 두 개의 강선 AB와 AC에 작용하는 힘의 크기는 약 몇 N인가?

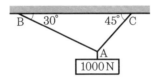

3. 그림과 같은 트러스(truss)에서 부재 AB가 받고 있는 힘의 크기 F_{AB}는 약 몇 N정도인가?

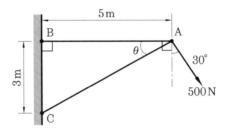

4. 그림과 같은 정삼각형 트러스의 B점에 수직으로, C점에 수평으로 하중이 작용하고 있을 때, 부재 AB에 작용하는 하중은 몇 N인가?

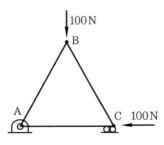

응력과 변형률

1. 서 론

거의 모든 기계나 구조물은 다수의 부재로 결합 또는 연결되어 있고, 이들 부재는 사용목적에 따라 적절한 재질, 치수, 형상 등으로 결정되어 있다. 그리고 이들 부재는 많든 적든 간에 외부로부터 힘을 받고 있는 것이 보통이다.

모든 재료는 그것이 어떠한 물질이든 간에 힘을 받으면 변형이 발생하고, 작용한 힘이 과대하게 되면 발생한 변형은 원상태로 되돌아오지 않거나(영구변형), 더욱 심한 경우에는 파괴에 이르기까지 한다. 이 때 재료가 힘을 받아 변형할 때 그 변형에 대하여 저항하는 정도를 **강성**(剛性 ; rigidity)이라 하고, 파괴에 대한 저항의 정도를 **강도**(強度 ; strength)라고 하는데 재료역학은 재료가 힘을 받을 때 그 힘에 대하여 충분한 강성과 강도를 갖게 하는 것을 하나의 목적으로 하고 있다. 즉, 재료역학이란 기계나 구조물을 구성하고 있는 각 부재가 거기에 작용하는 여러 가지 환경(힘, 온도, 힘의 작용속도 등) 하에서 변형을 일으키거나, 파괴되지 않고 요구되는 기능을 발휘할 수 있도록 각 부재의 구성재료를 선택함과 동시에 필요하고도 충분한 최소한도의 치수를 정량적으로 결정하는 학문이다.

2. 하중과 응력

2-1 ○ 하 중

기계나 구조물을 구성하고 있는 재료에 외부로부터 작용하고 있는 힘을 **외력**(外力 ; external force)이라고 하는데, 이들 외력 중 특히 능동적으로 작용하고 있는 힘을 **하중**(荷重 ; load)이라 하고, 하중에 대하여 수동적으로 발생하는 힘을 **반력**(反力 ; reaction force)이라고 한다.

재료는 작용하는 하중의 종류에 따라 여러 가지 형태로 변형하는데 그 종류를 작용상태 및 작용속도, 분포상태 등에 따라 분류하면 다음과 같다.

(1) 하중의 작용상태에 의한 분류

① 인장하중(引張荷重 ; tensile load) : [그림 2−1 (a)]와 같이 재료를 잡아당겨 늘어나도록 작용하는 하중

② 압축하중(壓縮荷重 ; compressive load) : [그림 2−1 (b)]와 같이 재료를 밀어 줄어들게 작용하는 하중

③ 전단하중(剪斷荷重 ; shearing load) : [그림 2−1 (c)]와 같이 재료를 가위로 자르려는 것과 같이 작용하는 하중

④ 굽힘하중(bending load) : [그림 2−1 (d)]와 같이 재료에 굽힘을 주는 하중

⑤ 비틀림하중(twisting load) : [그림 2−1 (e)]와 같이 재료에 비틀림을 주는 하중

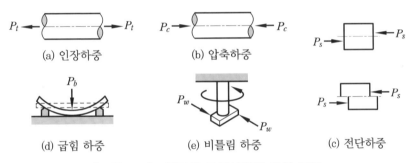

[그림 2-1] 하중의 작용상태에 의한 분류

(2) 하중의 작용속도에 의한 분류

① 정하중(靜荷重 ; static load) : 가해진 하중이 정지상태에서 변화하지 않거나 매우 서서히 변화하는 하중

② 동하중(動荷重 ; dynamic load) : 동적으로 작용하는 하중을 말하며, 동하중에는 주기적으로 반복하여 작용하는 **반복하중**(反復荷重 ; repeated load)과 짧은 시간에 급격히 작용하는 **충격하중**(衝擊荷重 ; impact load), 그리고 재료 위를 이동하며 작용하는 **이동하중**(移動荷重 ; moving load) 등이 있다.

반복하중은 다시 하중의 방향이 변화하지 않으면서 주기적으로 반복되는 **편진 반복하중**(偏眞 反復荷重)과, 하중의 방향이 변화하면서 재료에 인장력과 압축력을 상호 연속적으로 주는 **양진 반복하중**(兩眞 反復荷重)이 있으며, 양진 반복하중을 **교번하중**(交番 反復荷重, alternate load)이라고도 한다.

(3) 하중의 분포상태에 의한 분류

① 집중하중(集中荷重 ; concentrated load) : [그림 2−2 (a)]와 같이 재료의 한 점, 또는

대단히 작은 영역에 집중하여 작용하는 하중

② **분포하중**(分布荷重 ; distributed load) : 재료의 표면 어느 영역에 걸쳐서 작용하는 하중으로, [그림 2-2(b)]와 같이 하중의 분포상태가 일정한 **균일 분포하중**과 [그림 2-2(c)]와 같이 하중의 분포상태가 일정하지 않은 **불균일 분포하중**이 있다.

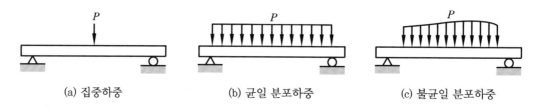

(a) 집중하중	(b) 균일 분포하중	(c) 불균일 분포하중

[그림 2-2] 하중의 분포상태에 의한 분류

2-2 ● 응 력

재료에 작용하는 외력에 대하여 재료 내(內), 즉 재료의 단면에 발생하는 힘을 **내력**(內力 ; internal force) 또는 **내부 저항력**이라고 하는데, 재료가 정적인 평형상태에 있을 때는 외력과 내력의 크기가 서로 같다. 이 때 단위 면적당 발생한 내력을 **응력**(應力 ; stress)이라고 한다. 즉, 응력이란 재료가 외부로부터 힘을 받았을 때 견딜 수 있는 단위 면적당의 저항력으로서 식으로 나타내면 다음과 같다.

$$응력 = \frac{내력}{단면적} = \frac{외력(하중)}{단면적}$$

응력에는 하중의 작용방법에 따라 수직응력, 전단응력, 굽힘응력, 비틀림응력 등이 있으나 여기에서는 수직응력과 전단응력에 대해서만 서술하겠다.

(1) 수직응력

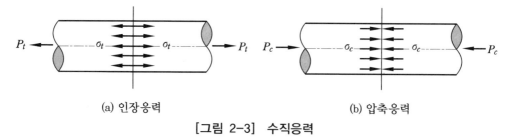

(a) 인장응력	(b) 압축응력

[그림 2-3] 수직응력

[그림 2-3]과 같이 하중이 재료의 축방향으로 작용하면 재료 내에는 횡단면과 직각

방향, 즉 하중의 작용선과 평행한 선상에서 반대방향으로 응력이 발생하게 되는데 이 응력을 **수직응력**(垂直應力 ; normal stress)이라고 한다. 수직응력은 다시 인장하중에 의해서 발생되는 **인장응력**(引張應力 ; tensile stress)과 압축하중에 의해서 발생되는 **압축응력**(壓縮應力 ; com-pressive stress)으로 구분된다.

재료의 횡단면적을 기호 A, 인장하중과 압축하중을 각각 기호 P_t, P_c로 나타내면 인장응력(σ_t)과 압축응력(σ_c)을 구하는 식은 다음과 같다.

$$\sigma_t = \frac{P_t}{A}\,[\mathrm{N/m^2,\ Pa}]\ \cdots\cdots\cdots\cdots\cdots\cdots\cdots\cdots\cdots\cdots\cdots\ (2\text{-}1)$$

$$\sigma_c = \frac{P_c}{A}\,[\mathrm{N/m^2,\ Pa}]\ \cdots\cdots\cdots\cdots\cdots\cdots\cdots\cdots\cdots\cdots\cdots\ (2\text{-}2)$$

(2) 전단응력

[그림 2-4]와 같이 전단하중에 의해 재료의 횡단면과 평행한 방향으로 발생되는 응력을 **전단응력**(剪斷應力 ; shearing stress)이라고 한다.

재료의 횡단면적을 기호 A, 전단하중을 기호 P_s로 나타내면 전단응력(τ)을 구하는 식은 다음과 같다.

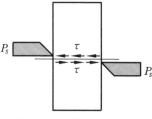

[그림 2-4] 전단응력

$$\tau = \frac{P_s}{A}\,[\mathrm{N/m^2,\ Pa}]\ \cdots\cdots\cdots\cdots\cdots\cdots\ (2\text{-}3)$$

Q 예제 2-1

지름이 25 mm인 구리봉이 9817 N의 하중을 받아 인장되었다. 이 봉의 단면에 발생된 인장응력은 몇 MPa인가?

해설 횡단면적 $A = \dfrac{\pi d^2}{4} = \dfrac{\pi \times 25^2}{4} = 490.87\,\mathrm{mm^2}$

인장하중 $P_t = 9817\,\mathrm{N}$ 이므로

$\sigma_t = \dfrac{P_t}{A} = \dfrac{9817}{490.87} = 20\,\mathrm{N/mm^2} = 20 \times 10^6\,\mathrm{N/m^2} = 20\,\mathrm{MPa}$

정답 20 MPa

Q 예제 2-2

단면 6×8 cm의 짧은 각주(角柱)가 38400 N의 압축하중을 받을 때 발생된 압축응력은 몇 MPa인가?

해설 횡단면적 $A = 6 \times 8 = 48\,\mathrm{cm}^2$

압축하중 $P_c = 38400\,\mathrm{N}$이므로

$$\sigma_c = \frac{P_c}{A} = \frac{38400}{48} = 800\,\mathrm{N/cm}^2 = 800 \times 10^4\,\mathrm{N/m}^2 = 8\,\mathrm{MPa}$$

정답 8 MPa

Q 예제 2-3

그림과 같은 리벳(rivet) 이음에 있어서 리벳의 지름 $d = 2\,\mathrm{cm}$라 하고, 두 판을 인장하는 힘이 1000 N이라고 하면, 리벳의 단면에 발생하는 전단응력은 얼마인가?

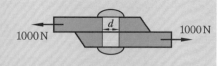

해설 전단하중 $P_s = 1000\,\mathrm{N}$

리벳의 횡단면적 $A = \dfrac{\pi d^2}{4} = \dfrac{\pi \times 2^2}{4} = 3.14\,\mathrm{cm}^2$이므로

$$\tau = \frac{P_s}{A} = \frac{1000}{3.14} = 318.47\,\mathrm{N/cm}^2 = 318.47 \times 10^4\,\mathrm{N/m}^2 = 3.1847\,\mathrm{MPa}$$

정답 3.1847 MPa

Q 예제 2-4

전단응력이 20 MPa이고, 두께가 10 mm인 강판에 지름이 10 mm인 구멍을 만들고자 할 때 펀치(punch)의 하중은 얼마 이상이 되어야 하는가?

해설 전단응력 $\tau = \dfrac{P_s}{A} = \dfrac{P_s}{\pi dt}$에서

$$P_s = \pi dt\tau = \pi \times 10 \times 10 \times 20 = 6283.19\,\mathrm{N}$$

※ $1\,\mathrm{MPa} = 10^6\,\mathrm{Pa} = 10^6\,\mathrm{N/m}^2 = 10^6\,\mathrm{N/(10^3\,mm)}^2 = 1\,\mathrm{N/mm}^2$

$1\,\mathrm{GPa} = 10^9\,\mathrm{Pa} = 10^9\,\mathrm{N/m}^2 = 10^9\,\mathrm{N/(10^3\,mm)}^2 = 10^3\,\mathrm{N/mm}^2$

정답 6283.19 N

3. 변형량과 변형률

3-1 • 변형량

재료에 하중이 작용하면 그 내부에 응력이 발생함과 동시에 그 재료는 형태와 크기가 변화하는데, 이 때 발생되는 신장량(伸張量) 또는 수축량(收縮量)을 **변형량**(變形量)이라고 한다.

3-2 • 변형률

변형량과 처음 치수(변형 전 치수)와의 비율을 **변형률**(變形率 ; strain)이라고 하며, 변형률은 다음과 같이 하중의 종류에 따라 길이 변형률, 전단 변형률, 체적 변형률로 구분한다.

(1) 길이 변형률

그림 2-5와 같이 재료가 인장 또는 압축하중을 받으면 재료의 세로방향(축방향)과 가로방향(축방향과 직각방향)의 길이는 서로 신장 또는 수축하여 변형량이 발생한다. 이 때 세로방향 또는 가로방향의 처음 길이와 발생된 변형량과의 비율을 **길이 변형률**이라 하고, 특히 세로방향의 처음 길이 l과 변형량 λ와의 비율을 **세로 변형률** 또는 **종변형률**(縱變形率 ; longitudinal strain), 가로방향의 처음 길이 d와 변형량 δ와의 비율을 **가로 변형률** 또는 **횡변형률**(橫變形率 ; laternal strain)이라고 한다.

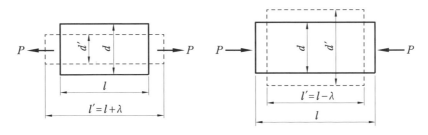

[그림 2-5] 세로 변형과 가로 변형

재료의 나중 세로방향 길이와 가로방향 길이를 각각 l', d'로 나타내면 세로 변형률 ε과 가로 변형률 ε'를 구하는 식은 다음과 같다.

$$\varepsilon = \frac{l'-l}{l} = \frac{\lambda}{l} = \frac{\lambda}{l} \times 100\,\% \quad \cdots\cdots\cdots\cdots\cdots\cdots (2-4)$$

$$\varepsilon' = \frac{d'-d}{d} = \frac{\delta}{d} = \frac{\delta}{d} \times 100\,\% \quad \cdots\cdots\cdots\cdots\cdots\cdots (2-5)$$

식 $(2-4)$와 $(2-5)$에서 ε과 ε'는 항상 서로 다른 부호가 되며, $(+)$는 **신장률**(伸張率)을, $(-)$는 **수축률**(收縮率)을 의미한다.

(2) 전단 변형률

[그림 2−6]과 같이 전단하중을 받았을 때 변형 전 서로 직교하고 있던 면간(面間)의 각변화(角變化), 즉 단위 길이에 대한 미끄러진 양의 비를 **전단 변형률**(剪斷變形率 ; shearing strain)이라고 한다.

그림에서 양면간의 수직거리를 l, 전단하중을 받아 미끄러진 양을 λ_s, 전단각을 ϕ로 나타내면 전단 변형률 γ는 다음과 같다.

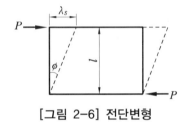

[그림 2-6] 전단변형

$$\gamma = \frac{\lambda_s}{l} = \tan\phi \fallingdotseq \phi\,[\text{rad}] \quad \cdots\cdots\cdots\cdots\cdots (2-6)$$

(3) 체적 변형률

[그림 2−7]과 같이 재료가 하중을 받아 체적이 변화하였을 때 체적 변형량 ΔV와 처음 체적 V와의 비를 **체적 변형률**(體積變形率 ; volumetric strain)이라고 한다.

$$\varepsilon_v = \frac{\Delta V}{V} = \frac{\Delta V}{V} \times 100\,\% \quad \cdots\cdots\cdots (2-7)$$

[그림 2-7] 체적변형

직각 좌표계 x, y, z의 각 좌표축에 평행한 면을 갖고 있는 체적 V인 입방체에서 변의 길이를 각각 a, b, c라고 하자. 이 입방체가 하중을 받아 미소변형(微小變形)되어 체적 변형량이 ΔV만큼 발생되었고, x, y, z방향의 길이 변형률을 각각 ε_x, ε_y, ε_z라고 하면

$$V + \Delta V = a\,(1 + \varepsilon_x) \cdot b\,(1 + \varepsilon_y) \cdot c\,(1 + \varepsilon_z)$$

이다. 따라서, 체적 변형률 ε_v를 구하면 다음 식과 같이 된다.

$$\varepsilon_v = \frac{\Delta V}{V} = \frac{abc(1 + \varepsilon_x)(1 + \varepsilon_y)(1 + \varepsilon_z) - abc}{abc}$$

$$= (1 + \varepsilon_x)(1 + \varepsilon_y)(1 + \varepsilon_z) - 1$$

그런데 ε_x, ε_y, ε_z는 일반적으로 1에 비하여 매우 적은 값이므로, 위식에서 우변을 전개한 후 2차 이상의 고차항(高次項)을 생략하면

$$\varepsilon_v = \varepsilon_x + \varepsilon_y + \varepsilon_z \dotfill (2-8)$$

재료가 등방성(等方性)인 경우에는 각 변의 길이 변형률 ε_x, ε_y, ε_z는 $\varepsilon = \varepsilon_x = \varepsilon_y = \varepsilon_z$이므로 식 $(2-8)$에서, $\varepsilon_v = 3\varepsilon$가 된다.

전단 변형률은 체적 변화에는 영향을 주지 않는다.

Q 예제 ▶ 2-5

원형 단면봉에 $P = 500$ N의 하중이 작용하여 축방향으로 1.5 mm가 늘어났다. 처음 길이는 얼마인가? (단, 세로 변형률은 0.05이다.)

해설 $\varepsilon = \dfrac{\lambda}{l}$ 에서

$$l = \frac{\lambda}{\varepsilon} = \frac{1.5}{0.05} = 30 \text{ mm}$$

정답 30 mm

Q 예제 ▶ 2-6

지름이 30 mm인 봉이 인장하중 1000 N를 받아 29.2 mm가 되었다. 가로 변형률 ε'는 얼마인가?

해설 $\varepsilon' = \dfrac{d' - d}{d} = \dfrac{\delta}{d}$ 에서

$$\varepsilon' = \frac{29.2 - 30}{30} = -0.0267$$

정답 0.0267(수축)

4. 응력과 변형률의 관계

4-1 ○ 하중-변형 선도

한국공업규격 KS D 0801~0811에 규정되어 있는 [그림 2-8]과 같은 인장시험편을 인장시험기에 설치하여 인장시험을 할 때 인장력과 세로 변형량과의 관계를 선도(線圖 ; diagram)로 나타낸 것이 [그림 2-9]의 **하중-변형 선도**(load-deformation diagram)이다.

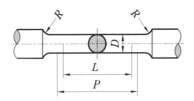

표점거리 : L=50 mm
평행부의 길이 : P=약 60 mm
지름 : D=14 mm
국부의 반지름 : R=15 mm 이상

[그림 2-8] 인장시험편의 보기

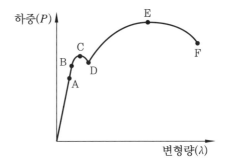

[그림 2-9] 하중-변형 선도

[그림 2-9]의 하중-변형 선도에서 A점까지의 변형량 λ는 하중 P에 직선적으로 비례하고, B점 이내에서 하중을 제거하면 재료는 원래의 길이로 되돌아가는 **탄성변형**(彈性變形 ; elastic deformation)을 하게 된다. B점 이후에서는 하중을 제거하여도 원래의 길이로 되돌아가지 않는 **소성변형**(塑性變形 ; plastic deformation)을 하게 되고, C점에서는 하중을 증가시키지 않아도 변형량만 증가하여 D점에 이르게 된다. D점을 넘어서면 하중의 증가에 따라 변형량도 급격히 증가하며 E점에서 최대 하중값을 갖게 된다. 그 후 시험편의 일부가 급격히 가늘어지게 되며 신장도 급속히 증가하여 점 F에서 파단된다.

4-2 ○ 응력-변형률 선도

[그림 2-10]과 같이 [그림 2-9]의 하중-변형 선도에서 세로축에 하중과 비례관계를 갖는 응력$\left(\sigma = \dfrac{P}{A}\right)$을 취하고, 가로축에는 변형량과 비례관계를 갖는 세로 변형률$\left(\varepsilon = \dfrac{\lambda}{l}\right)$을 취하여 얻어진 선도를 **응력-변형률 선도**(stress-strain diagram)라고 한다.

일반적으로 인장하중을 가해 가면 각 순간에 대한 시험편의 단면적은 신장과 더불어 감소한다. 따라서, 각 하중 P하에 있어서의 단면적 A로부터 구해지는 응력을 **진응력**(眞應力 ; true stress)이라고 한다. 즉, 진응력 σ_a는

$$\sigma_a = \frac{\text{하중}}{\text{실제 단면적}} = \frac{P}{A}$$

그러나 실제 응력을 구하는 것은 사실상 곤란하므로 재료의 기계적 성질을 표시하는데는 보통 처음 단면적 A_0로부터 구해지는 **공칭응력**(公稱應力 ; nominal stress)을 사용한다. 즉, 공칭응력 σ는 다음 식과 같다.

$$\sigma = \frac{\text{하중}}{\text{처음 단면적}} = \frac{P}{A_0}$$

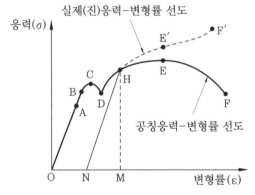

A : 비례한도(proportional limit)
B : 탄성한도(elastic limit)
C : 상항복점(upper yield point)
D : 하항복점(lower yield point)
E : 극한강도(ultimate strength) 또는 최대 인장
   강도(maximum tensile strength), 인장강도
   (tensile strength)
F : 파괴강도(rupture strength)
F′ : 실제파괴강도(actual rupture strength)
NM : 탄성변형(elastic strain)
ON : 영구변형(permanent strain)

[그림 2-10] 응력 – 변형률 선도

[그림 2-10]의 응력 – 변형률 선도에서 실선으로 표시된 선도는 공칭응력과 변형률과의 관계를 나타낸 **공칭응력 – 변형률 선도**이고, 파선(破線)으로 표시된 선도는 진응력과 변형률과의 관계를 나타낸 **진응력 – 변형률 선도**이다. 일반적으로 응력 – 변형률 선도라고 하면 공칭응력 – 변형률 선도를 말한다.

C점(상항복점 ; 上降伏點)에서의 응력을 항복점 또는 항복응력(yield stress)이라고 하는데 연강(軟鋼) 등에서는 이 항복점이 명확히 나타나지만, 동이나 알루미늄 등에서는 명확히 나타나지 않기 때문에 편의상 0.2 %의 영구 변형률(永久變形率)을 일으키는 응력을 항복응력으로 간주하고, 이것을 항복강도(降伏强度 ; yield strength) 또는 내력(耐力)이라고 한다.

5. 훅의 법칙과 탄성계수

5-1 훅의 법칙

영국의 과학자 Robert Hooke이 1678년 인장시험에 의해 증명한 이론으로, 외력에 의한 재료의 변형 중 비례한도 이내에서는 응력과 변형률이 비례한다는 법칙이다. 이 법칙은 일반적으로 탄성한도 이내에서도 적용되며 식으로 표시하면 다음과 같다.

응력 ∝ 변형률

위의 비례식을 항등식으로 나타내면 다음과 같이 된다.

응력 = 비례상수 × 변형률

여기서, 비례상수는 재료의 성질, 특히 탄성에 따라 결정되는 값이므로 **탄성계수**(彈性係數 ; modulus of elasticity)라고 한다. 따라서 위식을 다시 쓰면

응력 = 탄성계수 × 변형률

이 식을 **훅의 법칙**(hooke's law) 또는 **정비례의 법칙**이라고 한다.

5-2 탄성계수의 종류

탄성계수는 응력과 변형률의 종류에 따라서 세로 탄성계수, 전단 탄성계수, 체적 탄성계수로 구분된다.

(1) 세로 탄성계수

수직응력(인장응력 또는 압축응력) σ와 여기에 따르는 세로 변형률 ϵ이 훅의 법칙에 의하여 정비례 할 때의 비례상수를 **세로 탄성계수**(또는 **종 탄성계수**)라고 한다. 또한, 세로 탄성계수는 Young이 처음으로 수치적으로 측정하였으므로 **Young 계수**(Young's modulus)라고도 하며, 보통 기호 E로 나타낸다. 일반적으로 탄성계수하면 세로탄성계수를 말한다.

$$\sigma = E\varepsilon \cdots\cdots (2-9)$$

$$E = \frac{\sigma}{\varepsilon} = \frac{\dfrac{P}{A}}{\dfrac{\lambda}{l}} = \frac{Pl}{A\lambda}$$

$$\therefore\ \lambda = \frac{Pl}{AE} = \frac{\sigma l}{E} \quad\text{...(2-10)}$$

(2) 전단 탄성계수

전단응력 τ와 이에 동반하는 전단 변형률 γ 사이에서도 비례관계가 있고, 그의 비례 상수를 **전단 탄성계수** 또는 **횡 탄성계수**, **가로 탄성계수**라고 하며, 기호 G로 나타낸다.

$$\tau = G\gamma \quad\text{...(2-11)}$$

(3) 체적 탄성계수

수직응력(인장응력 또는 압축응력) σ와 체적 변형률 ε_v 사이에서도 비례관계가 있고, 그의 비례상수를 **체적 탄성계수**라고 하며, 기호 K로 나타낸다.

$$\sigma = K\varepsilon_v \quad\text{..(2-12)}$$

[표 2-1]은 주요 재료의 탄성계수 값이다.

[표 2-1] 주요 재료의 탄성계수 (단위 : GPa)

재료	세로 탄성계수	전단 탄성계수	재료	세로 탄성계수	전단 탄성계수
철	215	83	7 – 3 황동	98	42
연강	212	84	알루미늄	72	27
경강	209	84	미송, 소나무	9	–
주강	215	83	떡갈나무	12	–
니켈강	210	84	유리	7.5	–
구리	125	47	시멘트	1.4	–

Q 예제 2-7

길이가 150 mm이고, 바깥지름이 15 mm, 안지름이 12 mm인 중공축(中空軸)의 구리봉 이 있다. 인장하중 20 kN을 작용하면 몇 mm가 늘어나겠는가? (단, 구리의 세로 탄성계 수 $E = 122\ \text{GPa}$이다.)

해설 $A = \dfrac{\pi\,(d_2{}^2 - d_1{}^2)}{4} = \dfrac{\pi \times (15^2 - 12^2)}{4} = 63.62\ \text{mm}^2$

$$\therefore\ \lambda = \frac{Pl}{AE} = \frac{(20 \times 10^3) \times 150}{63.62 \times (122 \times 10^3)} = 0.387\ \text{mm}$$

정답 0.387 mm

Q 예제 2-8

지름이 20 mm인 연강봉에 25 kN의 전단하중이 작용하고 있다. 전단 탄성계수를 81 GPa로 한다면 전단 변형률은 얼마인가?

해설 $\tau = \dfrac{P}{A} = \dfrac{P}{\dfrac{\pi d^2}{4}} = \dfrac{25 \times 10^3}{\dfrac{\pi \times 20^2}{4}} = 79.62\,\text{N/mm}^2$

$\tau = G\gamma$에서

$\gamma = \dfrac{\tau}{G} = \dfrac{79.62}{81 \times 10^3} = 0.983 \times 10^{-3}$

정답 0.983×10^{-3}

6. 푸아송의 비와 탄성계수 사이의 관계

6-1 ● 푸아송의 비

프랑스의 수학자 S. D Poisson은 탄성한도 이내에서의 세로 변형률 ε과 가로 변형률 ε'와의 비는 재료에 따라 항상 일정한 값을 갖는다고 하였으며, 이 비를 **푸아송의 비** (Poisson's ratio)라 하고 μ로 나타낸다. 또, 푸아송 비의 역수 m을 **푸아송의 수** (Poisson's number)라고 하는데 이들의 관계를 식으로 나타내면 다음과 같다.

$$\mu = \frac{1}{m} = \frac{\varepsilon'}{\varepsilon} \quad \cdots\cdots (2-13)$$

식 (2-13)에 $\varepsilon = \dfrac{\sigma}{E}$, $\varepsilon' = \dfrac{\delta}{d}$를 대입하여 가로 변형량 δ에 대하여 정리하면

$$\mu = \frac{1}{m} = \frac{\dfrac{\delta}{d}}{\dfrac{\sigma}{E}} = \frac{\delta E}{d\sigma}$$

$$\therefore \ \delta = \frac{d\sigma}{mE} \quad \cdots\cdots (2-14)$$

[표 2-2]는 주요 재료의 푸아송 비와 푸아송 수의 값들이다.

[표 2-2] 주요 재료의 푸아송 비와 푸아송 수

재료	μ	m	재료	μ	m
유리	0.244	4.1	동	0.34	2.94
주철	0.2~0.3	5~3.33	셀룰로이드	0.40	2.50
연철	0.28~0.3	3.57~3.33	납	0.45	2.22
연강	0.28~0.3	3.57~3.33	고무	0.50	2.00
황동	0.34	2.94			

또, 단면적이 일정한 어떤 재료에 인장하중이 작용할 때 그 재료의 세로 탄성계수 E와 푸아송의 비 μ를 알면 체적의 변화량 ΔV를 쉽게 알 수 있다. 즉, [그림 2−11]에서 입방체의 처음 단면적과 높이를 각각 A와 l이라 하고, 처음 체적을 V라고 하면

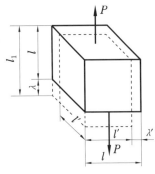

[그림 2-11]

$$V = Al$$
$$l_1 = l + \lambda = l + l\varepsilon = l(1 + \varepsilon)$$
$$l' = l - \lambda' = l - l\varepsilon' = l(1 - \varepsilon')$$
$$= l(1 - \mu\varepsilon)$$

변형된 후의 나중 단면적 A_1은

$$A_1 = l'^2 = l^2(1 - \mu\varepsilon)^2 = A(1 - \mu\varepsilon)^2$$

위 식에서 ε^2는 미소의 2차량이므로 생략할 수 있다. 따라서, 나중 체적 V_1은

$$V_1 = A_1 l_1 = Al(1 + \varepsilon)(1 - \mu\varepsilon)^2 = Al(1 + \varepsilon - 2\mu\varepsilon) = Al\{1 + \varepsilon(1 - 2\mu)\}$$

체적 변형량 $\Delta V = V_1 - V$이므로

$$\Delta V = Al\{1 + \varepsilon(1 - 2\mu)\} - Al = Al\varepsilon(1 - 2\mu)$$
$$\therefore \ \varepsilon_v = \frac{\Delta V}{V} = \frac{Al\varepsilon(1 - 2\mu)}{Al} = \varepsilon(1 - 2\mu) \quad \cdots\cdots\cdots\cdots\cdots (2\text{-}15)$$

6-2 ◦ 탄성계수 사이의 관계

동일재료인 경우 탄성한도 이내에서는 탄성계수들 간에 다음과 같은 관계식을 갖는다.

$$K = \frac{\sigma}{\varepsilon_v} = \frac{mE}{3(m-2)} \quad \text{.. (2–16)}$$

$$G = \frac{\tau}{\gamma} = \frac{mE}{2(m+1)} \quad \text{.. (2–17)}$$

Q 예제 2-9

지름이 25 cm, 길이가 1.6 m인 연강봉이 인장하중을 받아 길이가 0.04 cm 늘어나고, 지름이 0.002 cm 줄어들었다고 한다. 푸아송의 비 μ는 얼마인가?

해설 $\mu = \dfrac{\varepsilon'}{\varepsilon} = \dfrac{\dfrac{\delta}{d}}{\dfrac{\lambda}{l}} = \dfrac{\delta l}{d \lambda}$ 에서 $\mu = \dfrac{0.002 \times 160}{25 \times 0.04} = 0.32$

정답 0.32

Q 예제 2-10

지름 2 cm의 강봉을 100 kN의 힘으로 인장할 때 이 강봉은 몇 cm 가늘어지는가? (단, 푸아송의 비 $\mu = \dfrac{1}{m} = \dfrac{1}{3}$, 세로 탄성계수 $E = 210$ GPa이다.)

해설 $210 \text{ GPa} = 210 \times 10^9 \text{ N/m}^2 = 210 \times 10^5 \text{ N/cm}^2$

$$A = \frac{\pi d^2}{4} = \frac{\pi \times 2^2}{4} = \pi \text{ cm}^2$$

$$\sigma = \frac{P}{A} = \frac{100 \times 10^3}{\pi} = 31847.13 \text{ N/cm}^2$$

$$\therefore \ \delta = \frac{d\sigma}{mE} = \frac{2 \times 31847.13}{3 \times (210 \times 10^5)} = 0.001 \text{ cm}$$

정답 0.001 cm

Q 예제 2-11

아연의 세로 탄성계수 $E = 100$ GPa이고, 푸아송의 비가 0.33일 때 재료의 가로 탄성계수 G는 얼마인가?

해설 $\mu = \dfrac{1}{m} = 0.33$에서 $m = \dfrac{1}{0.33} = 3.03$

$$\therefore \ G = \frac{mE}{2(m+1)} = \frac{3.03 \times 100}{2(3.03+1)} = 37.59 \text{ GPa}$$

정답 37.59 GPa

Q 예제　2-12

지름 $d = 20\,\text{mm}$, 길이 $l = 4\,\text{m}$인 봉(棒)이 축방향으로 단면에 균일한 인장하중을 받고 있다. 이 때 발생된 응력 $\sigma = 10\,\text{MPa}$이면 이 봉의 체적 변형량은 얼마인가? (단 푸아송의 비 $\mu = 0.3$, 세로 탄성계수 $E = 210\,\text{GPa}$이다.)

해설 $\varepsilon_v = \dfrac{\Delta V}{V} = \varepsilon(1 - 2\mu) = \dfrac{\sigma}{E}(1 - 2\mu)$ 에서

$$\Delta V = \dfrac{V \cdot \sigma}{E}(1 - 2\mu) = \left(\dfrac{\pi \times 20^2}{4} \times 4000\right) \times \dfrac{10}{210 \times 10^3} \times \{1 - (2 \times 0.3)\} = 23.92\,\text{mm}^3$$

정답 $23.92\,\text{mm}^3$

7. 안전율과 응력집중

7-1 ● 허용응력

기계나 구조물이 외력을 받았을 때 안전상 영구변형이 생기지 않도록 하기 위해 탄성한도 이내에서 허용하는 최대의 응력을 **허용응력**(許容應力 ; allowable stress)이라고 한다.

7-2 ● 안전율

안전율은 응력계산 및 재료의 불균질 등에 대한 부정확성을 보충하고 설계 시 최대응력에 달할 때까지 어느 정도의 여유를 주기 위해 사용하는 계수로서, 이 여유의 정도를 나타내는 계수를 **안전율**(安全率 ; safety factor) 또는 **안전계수**라고 하며 다음과 같이 정의된다.

$$안전율(S) = \dfrac{극한강도(\sigma_u)}{허용응력(\sigma_a)} \quad \cdots\cdots\cdots (2\text{-}18)$$

[그림 2 – 12]와 같이 허용응력은 극한강도(최대응력)보다 반드시 작아야 하므로 안전율은 항상 1보다 큰 수치(數值)를 갖는다.

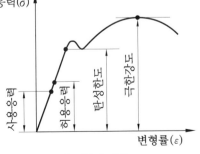

[그림 2-12]

[표 2-3]은 주요 재료가 여러 가지 하중을 받을 때의 안전계수의 수치 예이다.

[표 2-3] 안전계수의 수치 예

재료	정하중	동하중		
		반복하중	교번하중	충격하중
연강, 단조강	3	5	8	12
주강	3	5	8	15
주철, 취약금속	4	6	10	15
동, 연금속	5	6	9	15

7-3 ○ 사용응력

기계나 구조물을 실제로 사용할 때 하중을 받아서 발생되는 응력을 **사용응력**(使用應力 ; working stress)이라고 하며, 극한강도(최대 응력)를 σ_u, 허용응력을 σ_a, 사용응력을 σ_w로 표시하면 이들의 관계는 다음과 같아야 한다.

$$\sigma_u > \sigma_a \geqq \sigma_w$$

7-4 ○ 응력집중

균일단면을 갖는 재료에 하중이 작용되면 그 재료의 단면에 발생하는 응력은 [그림 2-13 (a)]와 같이 균일하게 분포하는 것으로 해석할 수 있으나, 재료의 일부분에 구멍(hole)이나 노치(notch) 등이 있어 단면의 형상이 급격히 변화하면 그 단면에 나타나는 응력은 [그림 2-13 (b), (c)]와 같이 불균일하게 분포하며, 국부적(局部的)으로 큰 응력이 발생하게 되는데 이런 현상을 **응력집중**(應力集中 ; stress concentration) 이라고 한다. [그림 2-13 (c)]에서 판두께를 t, 구멍의 지름을 d라고 하면 $X-X$ 단면에서의 평균응력 σ_{av}는

$$\sigma_{av} = \frac{P}{(b-d)t}$$

가 된다. 그러나 실제 응력분포는 구멍 가까운 부분에서 최대가 되고, 구멍에서 멀리 떨어질수록 응력값은 줄어들어 가장 먼 곳에서 최소가 된다.

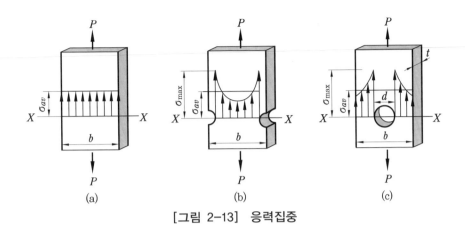

[그림 2-13] 응력집중

이 때 **최대 집중응력** $\sigma_{\max}$ 과 평균응력 σ_{av} 와의 비를 **응력 집중계수**(factor of stress concentration) 또는 **형상계수**(form factor)라고 하며, 이것을 α_k로 표시하면 다음과 같다.

$$\alpha_k = \frac{\sigma_{\max}}{\sigma_{av}} \quad \cdots\cdots\cdots\cdots\cdots\cdots\cdots\cdots\cdots\cdots\cdots\cdots\cdots\cdots\cdots\cdots (2-19)$$

α_k의 값은 탄성률(彈性率) 계산 또는 응력측정 실험으로부터 구하며, 이것으로부터 최대집중응력 $\sigma_{\max}$을 구할 수 있다.

$$\sigma_{\max} = \alpha_k \cdot \sigma_{av} \quad \cdots\cdots\cdots\cdots\cdots\cdots\cdots\cdots\cdots\cdots\cdots\cdots\cdots\cdots (2-20)$$

[그림 2 - 14]는 재료의 단면치수와 형상계수와의 관계인 한 예를 나타낸 것이다.

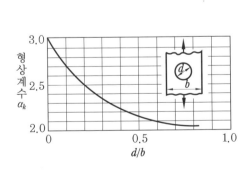

(a) 원형구멍이 뚫려 있는 판에
　　인장하중이 작용하는 경우

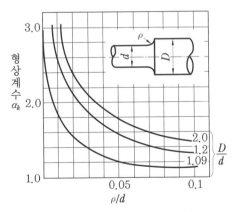

(b) 단(段) 달린 축이 비틀림
　　하중을 받는 경우

[그림 2-14] 단면의 치수와 형상계수와의 관계

Q 예제 2-13

길이 2 m의 강봉이 인장하중을 받아 1 mm 늘어났다. 이 때의 안전율은 얼마인가? (단, 극한강도 $\sigma_u = 0.42\,\text{GPa}$, 탄성계수 $E = 210\,\text{GPa}$이다.)

해설 허용응력 $\sigma_a = E\varepsilon = E\dfrac{\lambda}{l} = 210 \times \dfrac{1 \times 10^{-3}}{2} = 0.105\,\text{GPa}$이므로

$$S = \frac{\sigma_u}{\sigma_a} = \frac{0.42}{0.105} = 4$$

정답 4

Q 예제 2-14

노치(notch)가 있는 재료에 하중이 작용되어 최대 집중응력($\sigma_{\max}$)이 360 kPa 발생되었다. 이 때 평균응력(σ_{av})이 180 kPa이라면 응력 집중계수(α_k)는 얼마인가?

해설 $\alpha_k = \dfrac{\sigma_{\max}}{\sigma_{av}} = \dfrac{360}{180} = 2$

정답 2

Q 예제 2-15

바깥지름이 30 cm인 중공(中空) 주철관에 압축하중 10 kN을 가했을 때 안전율을 15로 한다면 그 두께 t는 몇 mm로 해야 하는가? (단, 주철의 최대 압축응력은 450 MPa이다.)

해설 먼저 허용응력 σ_a를 구하면

$$\sigma_a = \frac{\sigma_u}{S} = \frac{450}{15} = 30\,\text{MPa} = 30 \times 10^3\,\text{kPa}$$

중공 주철관의 바깥지름을 d_2, 안지름을 d_1이라고 하면

$$\sigma_a = \frac{P}{A} = \frac{P}{\dfrac{\pi(d_2{}^2 - d_1{}^2)}{4}} = \frac{4P}{\pi(d_2{}^2 - d_1{}^2)}\text{에서}$$

$$d_2{}^2 - d_1{}^2 = \frac{4P}{\pi\sigma_a}\text{이므로}$$

$$d_1 = \sqrt{d_2{}^2 - \frac{4P}{\pi\sigma_a}} = \sqrt{0.3^2 - \frac{4 \times 10}{\pi \times (30 \times 10^3)}} = 0.2993\,\text{m} = 299.3\,\text{mm}$$

$$\therefore\ t = \frac{d_2 - d_1}{2} = \frac{300 - 299.3}{2} = 0.35\,\text{mm}$$

정답 0.35 mm

8. 조합된 봉의 응력과 변형량

8-1 ● 직렬조합

재질이 서로 다른 두 개의 봉이 [그림 2−15]와 같이 직렬로 연결되어 있을 때 각각의 봉에 대한 처음 길이를 l_1, l_2, 단면적을 A_1, A_2 세로 탄성계수를 E_1, E_2라고 하면, 하중 P를 작용시켰을 때 발생하는 응력 σ_1과 σ_2는

$$\sigma_1 = \frac{P}{A_1}, \quad \sigma_2 = \frac{P}{A_2} \quad \cdots\cdots\cdots\cdots\cdots (2-21)$$

이 때 발생된 변형량을 각각 λ_1, λ_2라고 하면

$$\lambda_1 = \frac{\sigma_1 l_1}{E_1} = \frac{P l_1}{A_1 E_1}$$

$$\lambda_2 = \frac{\sigma_2 l_2}{E_2} = \frac{P l_2}{A_2 E_2}$$

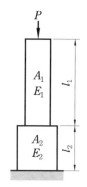

[그림 2−15] 봉의 직렬조합

따라서, 조합된 봉 전체의 세로 변형량(여기서는 수축량) λ는 다음과 같다.

$$\lambda = \lambda_1 + \lambda_2 = \frac{P l_1}{A_1 E_1} + \frac{P l_2}{A_2 E_2} = P \left(\frac{l_1}{A_1 E_1} + \frac{l_2}{A_2 E_2} \right) \quad \cdots\cdots\cdots\cdots (2-22)$$

8-2 ● 병렬조합

[그림 2−16]과 같이 길이 l인 봉(棒) A와 원통(圓筒) B를 동심으로 놓고 양쪽 끝을 변형이 되지 않는 두꺼운 판 C로 견고하게 결합한 구조물을 만들어, 여기에 하중 P를 작용시켰을 때 봉과 원통의 단면적을 각각 A_1, A_2, 세로 탄성계수를 E_1, E_2라고 하면 봉과 원통에 발생하는 응력 σ_1, σ_2와 세로 변형량 λ_1, λ_2는 다음과 같이 구할 수 있다.

봉과 원통이 받는 하중은 각각 다르므로 봉이 받는 하중을 P_1, 원통이 받는 하중을 P_2라고 하면

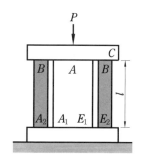

[그림 2−16] 봉의 직렬조합

$P = P_1 + P_2$에서

$P_1 = \sigma_1 A_1$, $P_2 = \sigma_2 A_2$ 이므로

$$P = \sigma_1 A_1 + \sigma_2 A_2 \cdots\cdots\cdots\text{(A)}$$

또, 봉과 원통은 축방향의 처음 길이와 변형량이 서로 같기 때문에 세로 변형률도 같게 된다. 따라서,

$\epsilon = \dfrac{\sigma_1}{E_1} = \dfrac{\sigma_2}{E_2}$ 이므로

$$\left.\begin{array}{l} \sigma_1 = \dfrac{E_1}{E_2}\sigma_2 \\[2mm] \sigma_2 = \dfrac{E_2}{E_1}\sigma_1 \end{array}\right\} \cdots\cdots\cdots\text{(B)}$$

식 (B)를 식 (A)에 대입하여 σ_1과 σ_2를 구하면

$$\sigma_1 = \frac{P E_1}{A_1 E_1 + A_2 E_2} \cdots\cdots\cdots(2{-}23)$$

$$\sigma_2 = \frac{P E_2}{A_1 E_1 + A_2 E_2} \cdots\cdots\cdots(2{-}24)$$

세로 변형량(수축량) λ는

$$\lambda = \lambda_1 = \lambda_2 = \frac{\sigma_1}{E_1}l = \frac{\sigma_2}{E_2}l \cdots\cdots\cdots(2{-}25)$$

Q 예제 ▷ 2-16

그림과 같은 원형 단면을 가진 연강봉이 100 kN의 인장하중을 받을 때 봉의 전체 신장량은 얼마인가? (단, 세로 탄성계수 $E = 210$ GPa이다.)

해설 $210\,\text{GPa} = 210 \times 10^9\,\text{N/m}^2$

$= 210 \times 10^5\,\text{N/cm}^2$이므로

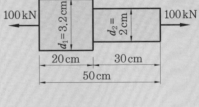

지름 3.2 cm의 신장량 λ_1은

$$\lambda_1 = \frac{Pl_1}{A_1 E} = \frac{(100 \times 10^3) \times 30}{\left(\dfrac{\pi \times 3.2^2}{4}\right) \times (210 \times 10^5)} = 0.0118\,\text{cm}$$

지름 2 cm의 신장량 $\lambda_2 = \dfrac{Pl_2}{A_2 E} = \dfrac{(100 \times 10^3) \times 30}{\left(\dfrac{\pi \times 2^2}{4}\right) \times (210 \times 10^5)} = 0.0454\,\text{cm}$

전체 신장량 $\lambda = \lambda_1 + \lambda_2$ 이므로 $\lambda = 0.0118 + 0.0454 = 0.0572\,\text{cm}$

정답 $0.0572\,\text{cm}$

9. 균일 단면봉의 자중에 의한 응력과 변형량

[그림 2-17]과 같이 균일한 단면의 봉에 인장하중이 작용할 때 일반적으로 봉 자체의 무게(자중 ; 自重)는 작용된 하중에 비해 적으므로 무시할 수 있으나, 봉이 굵고 길이가 길어지면 자중의 영향을 고려하여야 한다. 봉의 단위 체적당 중량(비중량 ; 比重量)을 $\gamma[\text{N/cm}^3]$, 단면적을 A, 하중을 P라고 하면 하단(下端)으로부터 x의 거리에 있는 단면 $m-n$의 아랫부분 중량은 $\gamma A x$이므로 그 단면에 발생하는 인장응력 σ_x는 다음과 같다.

$$\sigma_x = \frac{P + \gamma A x}{A} = \frac{P}{A} + \gamma x \quad \cdots\cdots (2\text{-}26)$$

식 (2-26)에서 자중만에 의해 발생한 인장응력은 γx라는 것을 알 수 있다.

따라서, 최대 인장응력 $\sigma_{\max}$은 자중에 의한 응력이 최대가 될 때이므로 $x = l$인 상단(上端)에서 발생한다. 즉,

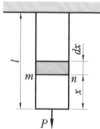

$$\sigma_{\max} = \frac{P + \gamma A l}{A} = \frac{P}{A} + \gamma l \quad \cdots\cdots (2\text{-}27)$$

[그림 2-17] 봉의 자중에 의한 영향

다음은 봉의 신장량을 구하여 보자. 미소길이 dx에서 발생된 신장량을 $d\lambda$라 하고, 이 구간에서의 응력은 σ_x로 균일하다고 가정하면 변형률 $\varepsilon_x = \dfrac{d\lambda}{dx} = \dfrac{\sigma_x}{E}$이므로 신장량 $d\lambda$는

$$d\lambda = \frac{\sigma_x}{E} dx = \frac{\frac{P + \gamma A x}{A}}{E} dx = \frac{P + \gamma A x}{A E} dx$$

따라서, 봉의 전체 신장량 λ는

$$\lambda = \int_0^l d\lambda = \int_0^l \frac{P + \gamma A x}{A E} dx = \frac{Pl}{AE} + \frac{\gamma l^2}{2E} \quad \cdots\cdots (2\text{-}28)$$

위 식에서 $\dfrac{Pl}{AE}$은 외력 P에 의해 발생되는 신장량이므로, 자중만에 의한 신장량을 λ'라고 하면

$$\lambda' = \frac{\gamma l^2}{2E} \quad \cdots\cdots (2\text{-}29)$$

봉이 기둥(column)과 같이 압축하중을 받는 경우에도 같은 방법으로 하여 압축응력과 수축량을 구한다.

Q 예제 2-17

길이 20 m인 균일 단면의 강봉을 수직으로 매달았다. 세로 탄성계수 $E = 210$ GPa이고, 비중량 $\gamma = 0.0079$ N/cm^{3}이라고 할 때 자중에 의한 전체 신장량을 구하여라.

해설 210 GPa $= 210 \times 10^5$ N/cm^{2}이므로

$$\lambda' = \frac{\gamma l^2}{2E} \text{에서 } \lambda' = \frac{0.079 \times 2000^2}{2 \times (210 \times 10^5)} = 0.0075 \, \text{cm}$$

정답 0.0075 cm

Q 예제 2-18

그림과 같이 길이가 4 m인 균일 단면의 봉 하단에 100 kN의 하중이 작용하고 있다. 사용응력이 100 MPa일 때 단면적은 몇 cm^{2}인가? (단, $\gamma = 0.078$ N/cm^{3}이다.)

해설 $\sigma_w = \dfrac{P}{A} + \gamma l$에서 $A = \dfrac{P}{\sigma_w - \gamma l}$이고,

100 MPa $= 100 \times 10^6$ N/m$^2 = 10^4$ N/cm^{2}이므로

$$A = \frac{100 \times 10^3}{10^4 - (0.078 \times 400)} = 10.03 \, \text{cm}^2$$

정답 10.03 cm^2

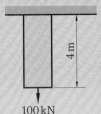

4 m

100 kN

---

10. 열응력

10-1 ● 신축에 의한 열응력

재료는 가열과 냉각에 의해 팽창 또는 수축을 하게 된다. 이 때 [그림 2 – 18]과 같이 재료에 자유로운 팽창과 수축을 불가능하게 하면, 재료에는 팽창 또는 수축하고자 하는 양의 상당한 길이 λ만큼 압축, 또는 인장하중을 가한 경우와 같이 되어 응력이 발생하게 되는 데, 이와 같이 열에 의해서 발생되는 응력을 **열응력**(熱應力 ; thermal stress)이라고 한다.

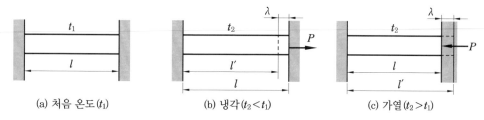

(a) 처음 온도(t_1) (b) 냉각($t_2 < t_1$) (c) 가열($t_2 > t_1$)

[그림 2-18] 열에 의한 신축

선팽창계수(線膨脹係數 ; coefficient of line)가 α인 재료가 온도 t_1[℃]에서 길이 l 이었던 것이 온도 t_2[℃]에서 길이 l'로 변하였다면 변형량 λ는

$$\lambda = l' - l = \alpha l (t_2 - t_1) = \alpha l \, \Delta t \cdots\cdots (2-30)$$

따라서, 변형률 ε는

$$\varepsilon = \frac{\lambda}{l} = \frac{\alpha l \, \Delta t}{l} = \alpha \, \Delta t \cdots\cdots (2-31)$$

또, 재료의 세로 탄성계수를 E라고 하면 훅의 법칙에 의하여 열응력 σ는

$$\sigma = E\varepsilon = E\alpha \, \Delta t \cdots\cdots (2-32)$$

가 된다. 즉, 변형률과 열응력은 길이와 단면적에 무관하다는 것을 알 수 있으며, $t_2 < t_1$(냉각)의 경우에는 [그림 2-18 (b)]에서 재료는 인장력을 받는 것과 같이 되어 인장응력이 생기고, $t_2 > t_1$(가열)일 때는 [그림 2-18 (c)]에서 압축력을 받는 것과 같이 되어 압축응력이 생긴다. 이 때의 인장력과 압축력 P는 다음 식에 의해서 구할 수 있다.

$\sigma = \dfrac{P}{A}$ 에서

$$P = A\sigma = AE\alpha \, \Delta t \cdots\cdots (2-33)$$

공업용 재료의 선 팽창계수는 [표 2-4]와 같다.

[표 2-4] 공업용 재료의 선 팽창계수

재료	α[cm/℃ · cm]	재료	α[cm/℃ · cm]
아연	2.97×10^{-5}	두랄루민	2.26×10^{-5}
납	2.93×10^{-5}	황동	1.84×10^{-5}
주석	2.70×10^{-5}	포금	1.83×10^{-5}
알루미늄	2.39×10^{-5}	순철	1.17×10^{-5}
구리	1.65×10^{-5}	연강($C < 0.2\%$)	1.12×10^{-5}
니켈	1.33×10^{-5}	경강($C = 0.45 \sim 0.5\%$)	1.07×10^{-5}
백금	0.89×10^{-5}	유리	0.90×10^{-5}
텅스텐	0.43×10^{-5}	도자기	0.30×10^{-5}

Q 예제 2-19

지름 $d = 4\,\text{cm}$, 길이 $l = 80\,\text{cm}$인 원형 단면봉의 양단을 벽에 고정하고 온도를 $20\,℃$ 상승시키면 벽을 미는 힘은 얼마가 되겠는가? (단, 이 봉은 온도를 $100\,℃$ 올리면 $1\,\text{mm}$의 신장을 하며, 세로 탄성계수 $E = 210\,\text{GPa}$이다.)

해설 먼저 봉의 선 팽창계수 α를 구하면

$\lambda = \alpha l \Delta t$에서

$$\alpha = \frac{\lambda}{l\,\Delta t} = \frac{0.1}{80 \times 100} = 1.25 \times 10^{-5}\,\text{cm}/℃ \cdot \text{cm}\,\text{이므로}$$

$$P = A\sigma = \frac{\pi d^2}{4}E\alpha\,\Delta t$$

$$= \frac{\pi \times 4^2}{4} \times (210 \times 10^5) \times (1.25 \times 10^{-5}) \times 20 = 65940\,\text{N}$$

정답 65940 N

Q 예제 2-20

$10\,℃$에서 길이 $2\,\text{m}$, 지름 $100\,\text{mm}$의 연강봉을 길이 $1\,\text{mm}$ 만큼 늘어나는 것을 허용할 수 있도록 벽에 고정하였다. 온도를 $70\,℃$로 상승시켰을 경우의 열응력을 구하여라. (단, 세로 탄성계수 $E = 210\,\text{GPa}$, 선 팽창계수 $\alpha = 11.2 \times 10^{-6}\,\text{cm}/℃ \cdot \text{cm}$로 한다.)

해설 가열에 의하여 자유로이 신장된다면 신장량 λ는

$$\lambda = \alpha l\,(t_2 - t_1) = (11.2 \times 10^{-6}) \times 200 \times (70 - 10) = 0.1344\,\text{cm}$$

그러나 문제에서는 $1\,\text{mm}$의 신장만을 허용하도록 되어 있으므로 실제 열응력을 발생시키는 신장량 $\lambda' = \lambda - 0.1 = 0.1344 - 0.1 = 0.0344\,\text{cm}$이므로

열응력 σ는 $\sigma = E\varepsilon = E\dfrac{\lambda'}{l} = (210 \times 10^9) \times \dfrac{0.0344}{200}$

$$= 36.12 \times 10^6\,\text{N/m}^2 = 36.12\,\text{MPa}$$

정답 36.12 MPa

10-2 • 가열 끼워맞춤에 의한 열응력

[그림 2-19]와 같이 안지름 d_1에 비하여 두께가 매우 얇은 테(ring) A를 지름 $d_2\,(d_2 > d_1)$의 봉 B에 끼울 때는 테의 안지름 d_1이 봉의 지름 d_2보다 커질 때까지 가열하여 끼워맞춤한다. 이 후 테가 냉각되면 테의 처음 안지름 d_1은 봉의 지름 d_2까지 팽

창하여 벌어진 결과가 되어 테의 원주둘레에는 열
응력이 발생하게 된다. 이 원주방향의 응력을 **후프
응력**(hoop stress)이라 하고, 이 때 생긴 테의 원둘
레 변형량을 λ라고 하면

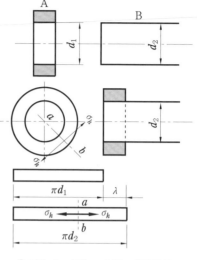

$\lambda = \pi(d_2 - d_1)$이므로 변형률 ε는

$$\varepsilon = \frac{\lambda}{\pi d_1} = \frac{d_2 - d_1}{d_1} \quad \cdots\cdots\cdots\cdots (2\text{--}34)$$

따라서, 세로 탄성계수를 E라고 하면 테의 원주
둘레에 발생하는 후프응력 σ_h는 다음과 같다.

$$\sigma_h = E\varepsilon = E\frac{d_2 - d_1}{d_1} \quad \cdots\cdots\cdots (2\text{--}35)$$

[그림 2-19] 가열 끼워맞춤

Q 예제 2-21

지름이 160 mm인 기관차의 차축(車軸)에 안지름 159.8 mm의 차륜(車輪)을 가열 끼움할
때 이 차륜에 발생하는 후프응력 σ_h를 구하여라. (단, 세로 탄성계수 $E = 210\,\text{GPa}$이다.)

해설 원주방향의 변형률 $\varepsilon = \dfrac{d_2 - d_1}{d_1} = \dfrac{160 - 159.8}{159.8} = 1.25 \times 10^{-3}$이므로

$\sigma_h = E\varepsilon = (210 \times 10^9) \times (1.25 \times 10^{-3})$

$\quad\quad = 262.5 \times 10^6\,\text{N/m}^2 = 262.5\,\text{MPa}$

정답 262.5 MPa

---

11. 탄성 에너지

손으로 고무줄이나 스프링과 같은 탄성체에 힘을 주어 잡아당기면 이들 재료는 늘어
난다. 이 때 늘어난 이들 재료는 처음의 길이로 되돌아가기 위해 역방향으로 손에 힘을
주게 된다. 이것으로부터 재료가 탄성한도 이내에서 외력을 받아 변형되면 이들 재료
내에는 어떤 에너지가 저장된다는 것을 알 수 있으며, 이 에너지를 **탄성 에너지**(elastic
strain energy) 또는 **변형률 에너지**(strain energy)라고 한다. 즉, 탄성 에너지는 힘과
변위(變位)의 관계로 표시되는 일(work)과 같은 물리량이다.

11-1 ● 수직하중에 의한 탄성 에너지

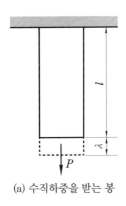

(a) 수직하중을 받는 봉

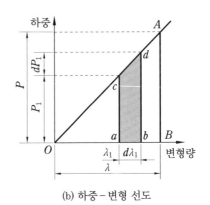

(b) 하중 – 변형 선도

[그림 2 – 20] 수직하중에 의한 탄성 에너지

[그림 2 – 20 (a)]와 같은 균일단면의 봉에 수직하중(垂直荷重) P가 작용되면 탄성한도 이내에서는 [그림 2 – 20 (b)]의 하중 – 변형 선도와 같이 하중 P와 변형량 λ는 비례관계를 갖는다. 여기에서 하중 P_1에서의 변형량을 λ_1이라고 하면 하중이 dP_1만큼 증가할 때 변위도 $d\lambda_1$만큼 증가하게 된다. 이 때 한 일(work)을 dW라고 하면

$$dW = (P_1 + dP_1)d\lambda_1 = P_1 d\lambda_1 + dP_1 d\lambda_1 ≒ P_1 d\lambda_1$$

이 되고, $\triangle OAB$와 $\triangle Oac$는 닮은꼴이기 때문에 다음 식이 성립된다.

$P_1 : \lambda_1 = P : \lambda$ 이므로

$$P_1 = P \cdot \frac{\lambda_1}{\lambda}$$

따라서, 변형량이 0부터 λ까지 증가하는 동안에 한 일 W는

$$W = \int_0^\lambda dW = \int_0^\lambda P_1 d\lambda_1 = \frac{P}{\lambda}\int_0^\lambda \lambda_1 d\lambda_1 = \frac{1}{2}P\lambda \; \exists$$

이 일 W가 탄성 에너지로 재료에 축적되므로 탄성 에너지 U는 다음과 같다.

$$U = \frac{1}{2}P\lambda \,[\mathrm{J}] \quad \cdots\cdots\cdots (2\text{-}36)$$

재료의 세로 탄성계수를 E라고 하면

$\sigma = \dfrac{P}{A}$ 에서 $P = \sigma A$이고,

$E = \dfrac{\sigma}{\epsilon} = \dfrac{\sigma}{\dfrac{\lambda}{l}} = \dfrac{\sigma l}{\lambda}$ 에서 $\lambda = \dfrac{\sigma l}{E}$ 이므로

$$U = \frac{1}{2}P\lambda = \frac{1}{2}\sigma A \frac{\sigma l}{E} = \frac{\sigma^2}{2E}Al\,[\mathrm{J}] \quad \cdots\cdots (2-37)$$

또, 봉의 단위 체적 속에 저장되는 탄성 에너지를 u라고 하면, 체적은 Al이므로 u는 다음과 같이 된다.

$$u = \frac{U}{Al} = \frac{\sigma^2}{2E}\,[\mathrm{J/m^3}] \quad \cdots\cdots (2-38)$$

11-2 ● 전단하중에 의한 탄성 에너지

전단하중에 의한 탄성 에너지는 수직하중에 의한 탄성 에너지를 구하는 방법과 같다.

[그림 2-21]에서 전단하중에 의한 탄성 에너지 U는

$$U = \frac{1}{2}P_s\,\lambda_s\,[\mathrm{J}] \quad \cdots\cdots (2-39)$$

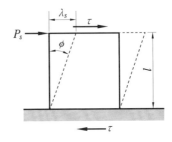

[그림 2-21] 전단하중에 의한 탄성 에너지

재료의 전단 탄성계수를 G라고 하면

$$U = \frac{\tau^2}{2G}Al \quad \cdots\cdots (2-40)$$

또, 단위 체적 속에 저장되는 탄성 에너지 u는

$$u = \frac{U}{Al} = \frac{\tau^2}{2G}\,[\mathrm{J/m^3}] \quad \cdots\cdots (2-41)$$

Q 예제 2-22

길이가 2 m이고 지름이 40 mm인 연강봉이 인장하중을 받고 0.7 mm 늘어났다. 이 봉에 저장된 탄성 에너지 U는 얼마인가? (단, 세로 탄성계수 $E = 210\,\mathrm{GPa}$이다.)

해설 $\sigma = \dfrac{P}{A} = E \cdot \varepsilon$에서

$$P = AE\varepsilon = \left(\frac{\pi \times 4^2}{4}\right) \times (210 \times 10^5) \times \frac{0.07}{200} = 92316\,\mathrm{N}\,\text{이므로}$$

$$U = \frac{1}{2}P\lambda = \frac{1}{2} \times 92316 \times (0.7 \times 10^{-3}) = 32.31\,\mathrm{N \cdot m} = 32.31\,\mathrm{J}$$

정답 32.31 J

Q 예제 2-23

길이가 2 m이고, 지름이 30 mm인 강봉이 전단하중을 받았다. 이 강봉의 전단응력이 150 MPa이라고 할 때 단위 체적 속에 저장된 탄성 에너지 u는 얼마인가? (단, 전단 탄성계수 $G = 80\,\text{GPa}$이다.)

해설 $u = \dfrac{\tau^2}{2G}$ 에서

$$u = \frac{(150 \times 10^6)^2}{2 \times (80 \times 10^9)} = 140625\,\text{N} \cdot \text{m/m}^3 = 140.625\,\text{kJ/m}^3$$

정답 $140.625\,\text{kJ/m}^3$

12. 충격응력

재료가 충격하중(衝擊荷重 ; impact load)을 받았을 때 재료의 단면에 발생하는 응력을 **충격응력**(衝擊應力 ; impact stress) 이라고 한다. [그림 2-22]와 같이 길이가 l이고 단면적이 A인 봉의 상단을 고정시키고, 중량(重量)이 W인 추(錘)를 높이 h에서 낙하시켜 플랜지(flange)에 충돌시키면, 봉은 충격력(衝擊力) $P\,(P > W)$를 받아 순간적으로 최대 신장 λ를 일으키며, 충격응력 σ_i가 발생하게 된다. 이 때 추(錘)가 한 일 $W(h + \lambda)$와 이 일에 의해 봉에 저장된 탄성 에너지 $\dfrac{1}{2}P\lambda$ 는 같으므로

$$W(h + \lambda) = \frac{1}{2}P\lambda \quad\text{.....................................} (2\text{-}42)$$

봉의 세로 탄성계수를 E라고 하면

$$P = \sigma_i A, \ \ \lambda = \frac{\sigma_i l}{E}$$

이므로 식 (2-42)에서

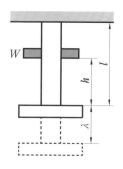

[그림 2-22] 충격응력

$$W\left(h + \frac{\sigma_i l}{E}\right) = \frac{1}{2}\sigma_i A \cdot \frac{\sigma_i l}{E}$$

$$Wh + \frac{W\sigma_i l}{E} = \frac{\sigma_i^2}{2E}Al$$

$$2EWh + 2Wl\sigma_i = Al\sigma_i^2$$

$$Al\sigma_i^2 - 2Wl\sigma_i - 2EWh = 0 \quad\text{.....................................} (2\text{-}43)$$

위 식에서 근의 공식을 이용하여 충격응력 σ_i를 구하면($\sigma_i > 0$인 것을 택한다.) 다음과 같다.

$$\sigma_i = \frac{W}{A}\left(1 + \sqrt{1 + \frac{2EAh}{Wl}}\right) \cdots\cdots\cdots\cdots (2-44)$$

또, 봉에 중량 W의 추가 충격하중이 아닌 정하중(靜荷重)으로 작용했을 때의 인장응력을 σ_0, 신장량을 λ_0라고 하면

$$\sigma_0 = \frac{W}{A}, \quad \lambda_0 = \frac{Wl}{AE} = \frac{\sigma_0 l}{E}$$

이므로 충격응력 σ_i는 식 (2-44)로부터

$$\sigma_i = \sigma_0\left(1 + \sqrt{1 + \frac{2h}{\lambda_0}}\right) \cdots\cdots\cdots\cdots (2-45)$$

만약 낙하높이 $h = 0$로 놓으면 위 식에서

$$\sigma_i = 2\sigma_0 \cdots\cdots\cdots\cdots (2-46)$$

즉, 추를 h인 높이에서 낙하시키지 않고 하중을 플랜지 위에서 갑자기 작용시켰을 경우의 응력은 정적(靜的)으로 가해질 때의 2배가 된다.

또, 충격하중에 의한 신장량(伸張量) λ는

$\lambda = \dfrac{\sigma_i l}{E}$ 이므로 식 (2-44)에서

$$\lambda = \frac{\sigma_i l}{E} = \frac{Wl}{AE}\left(1 + \sqrt{1 + \frac{2EAh}{Wl}}\right) = \lambda_0\left(1 + \sqrt{1 + \frac{2h}{\lambda_0}}\right) \cdots\cdots\cdots (2-47)$$

Q 예제 **2-24**

그림과 같이 길이가 3 m이고, 지름이 50 mm인 강봉에 20 N의 추를 1 m의 높이에서 낙하하였을 경우 강봉에 발생하는 충격응력은 얼마인가? (단, 세로 탄성계수 $E = 210$ GPa이다.)

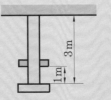

해설 충격응력 $\sigma_i = \dfrac{W}{A}\left(1 + \sqrt{1 + \dfrac{2EAh}{Wl}}\right)$ 이므로

$$\sigma_i = \frac{20 \times 4}{\pi \times 0.05^2}\left(1 + \sqrt{1 + \frac{2 \times (210 \times 10^9) \times \pi \times 0.05^2 \times 1}{4 \times 20 \times 3}}\right)$$

$$= 37.78 \times 10^6\,\text{N/m}^2 = 37.78\,\text{MPa}$$

정답 37.78 MPa

13. 압력을 받는 원통

보일러, 가스탱크(gas tank), 물탱크, 송수관 등과 같이 압력을 갖는 기체나 액체에 의해 용기의 내벽(內壁)에 압력을 받는 경우나, 또는 풀리(pulley), 플라이휠(fly wheel) 등과 같이 회전운동에 의해 원심력이 발생하여 마치 내압(內壓)이 작용한 것과 같이 되는 경우, 재료 내에서는 응력이 발생하고 그 한도를 넘게 되면 재료는 파괴하게 된다.

13-1 ● 내압을 받는 얇은 원통

[그림 2-23]과 같이 두께 t, 안지름 d, 길이가 l인 얇은 원통이 내압 p를 받고 있을 때 원통의 파괴는 $A-B$를 경계로 하여 상하방향으로 파괴하는 경우와, $M-N$을 경계로 하여 축방향으로 파괴하는 경우의 두 방향으로 생각할 수 있다.

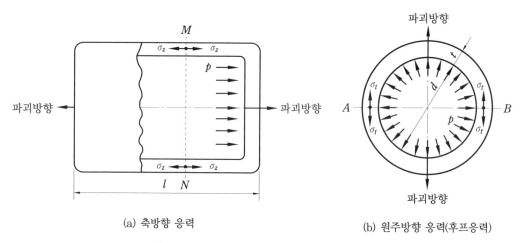

(a) 축방향 응력

(b) 원주방향 응력(후프응력)

[그림 2-23] 내압을 받는 얇은 원통

(1) 원주방향 응력

[그림 2-23 (b)]에서 내압 p에 의해 상하방향으로 작용하는 힘(전압력 ; 全壓力)은 $p \cdot dl$이고, 이 힘을 받는 원통의 축방향 면적은 $2tl$이므로 **원주방향 응력**(circumferential stress) σ_t는 다음과 같다.

$$\sigma_t = \frac{pdl}{2tl} = \frac{pd}{2t} \, [\text{Pa}] \quad \cdots\cdots\cdots\cdots\cdots\cdots\cdots\cdots\cdots\cdots\cdots\cdots\cdots\cdots (2-48)$$

(2) 축방향 응력

[그림 2−23 (a)]에서 내압 p에 의해 축방향으로 작용하는 힘(전압력;全壓力)은 $p \cdot \dfrac{\pi d^2}{4}$이고, 이 힘을 받는 원통의 횡방향 단면적은 원통의 두께 t가 작으므로 대략 πdt가 된다. 따라서, **축방향 응력**(longitudinal stress) σ_z는 다음과 같다.

$$\sigma_z = \frac{p \cdot \dfrac{\pi d^2}{4}}{\pi dt} = \frac{pd}{4t}\,[\text{Pa}] \quad\cdots\cdots\cdots\cdots\cdots\cdots (2-49)$$

따라서, 원주방향 응력 > 축방향 응력이 되고

$$\sigma_t = 2\sigma_z \quad\cdots\cdots\cdots\cdots\cdots\cdots\cdots\cdots\cdots\cdots (2-50)$$

이므로 내압을 받는 원통의 강도 또는 두께 t의 계산은 식 (2−48)로부터 구한다.

실제 얇은 원통으로 취급될 때의 한계는 $\dfrac{t}{d} \leq \dfrac{1}{10}$이다.

13-2 ● 내압을 받는 두꺼운 원통

[그림 2−24]와 같은 두꺼운 원통에서는 반지름 r의 값에 따라 각 점에서의 **원주방향 응력**(圓周方向應力) σ_t와 **반지름방향 응력**(半徑方向應力) σ_r가 각각 다르며, 널리 쓰이는 공식은 다음과 같다.

임의의 점 r에서의 원주방향 응력 σ_t는

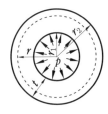

[그림 2−24] 내압을 받는 두꺼운 원통

$$\sigma_t = \frac{pr_1^2\left(r_2^2 + r^2\right)}{r^2\left(r_2^2 - r_1^2\right)}\,[\text{Pa}] \quad\cdots\cdots\cdots\cdots\cdots\cdots (2-51)$$

임의의 점 r에서의 반지름방향 응력 σ_r는

$$\sigma_r = \frac{pr_1^2\left(r_2^2 - r^2\right)}{r^2\left(r_2^2 - r_1^2\right)}\,[\text{Pa}] \quad\cdots\cdots\cdots\cdots\cdots\cdots (2-52)$$

여기서, **최대 원주방향 응력** $\sigma_{t\,(\max)}$과 **최대 반지름방향 응력** $\sigma_{r\,(\max)}$은 내벽에 생기므로 $r = r_1$을 대입하면

$$\sigma_{t\,(\max)} = p\,\frac{r_2^2 + r_1^2}{r_2^2 - r_1^2}\,[\text{Pa}], \quad \sigma_{r\,(\max)} = p\,[\text{Pa}]$$

최소 원주방향 응력 $\sigma_{t\,(\min)}$과 최소 반지름방향 응력 $\sigma_{r\,(\min)}$은 외벽에 생기므로 $r = r_2$를 대입하면

$$\sigma_{t\,(\min)} = \frac{2p\,r_1{}^2}{r_2{}^2 - r_1{}^2}\,[\mathrm{Pa}],\ \ \sigma_{r\,(\min)} = 0$$

또, 최대 원주방향 응력식을 변형하면

$$\frac{r_2}{r_1} = \sqrt{\frac{\sigma_{t\,(\max)} + p}{\sigma_{t\,(\max)} - p}} \quad\cdots\cdots\cdots\cdots\cdots\cdots\cdots\cdots\cdots\cdots\cdots\cdots\cdots\cdots\cdots\cdots (2\text{--}53)$$

13-3 ● 회전하는 얇은 링

풀리나 플라이휠 등과 같이 회전 운동을 하는 재료가 고속으로 회전을 하면 원심력이 발생하여 재료 내에는 원주 응력이 발생하게 된다. [그림 2-25]에서 링이 각속도 $\omega\,[\mathrm{rad/s}]$로 회전하고 있을 때, 링의 평균 반지름을 r, 두께를 t, 폭을 1cm, 밀도를 ρ라 하면 길이 1cm당 질량 $m = \rho V = \rho \times 1 \times 1 \times t = \rho t$가 된다. 따라서, 각속도 ω에 의해 단위 길이당 반지름 방향으로 링에 작용하는 원심력 f는 구심 가속도 $a_r = \dfrac{v^2}{r} = r\omega^2$이므로

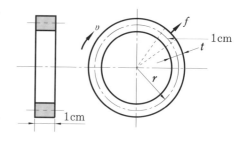

[그림 2-25] 회전하는 얇은 링

$$f = ma_r = mr\omega^2 = \rho t\,r\omega^2 \quad\cdots\cdots\cdots\cdots\cdots\cdots\cdots\cdots\cdots\cdots\cdots\cdots\cdots\cdots (2\text{--}54)$$

이 원심력 f는 내압을 받는 얇은 원통에서의 내압 p와 같으므로 회전에 의하여 발생하는 원주 응력 σ_t는 식 (2-54)를 식 (2-48)에 대입하여 구할 수 있다. 따라서, $d = 2r$이므로

$$\sigma_t = \frac{fd}{2t} = \frac{\rho t\,r\omega^2 \cdot 2r}{2t} = \rho r^2 \omega^2 \quad\cdots\cdots\cdots\cdots\cdots\cdots\cdots\cdots\cdots\cdots (2\text{--}55)$$

위의 식에서 원주 응력 σ_t는 반지름 r과 각속도 ω의 제곱에 비례함을 알 수 있다. 따라서, 고속으로 회전하는 큰 반지름의 회전체 속에는 원심력에 의해 대단히 큰 응력이 발생하게 되므로 회전속도를 제한하여야 한다.

비중량을 γ, 비중을 S라 하면, 밀도 ρ는 다음 식으로부터 구한다.

$$\gamma = 9800S[\mathrm{N/m^3}]$$

$$\rho = \frac{\gamma}{9.8}[\mathrm{N \cdot s^2/m^4,\ kg/m^3}] \quad \cdots\cdots\cdots\cdots\cdots\cdots\cdots\cdots\cdots\cdots\cdots\cdots\cdots\cdots\cdots\cdots (2\text{--}56)$$

Q 예제 2-25

안지름 260 cm, 인장강도 4.2 GPa인 연강판(軟鋼板)으로 8 MPa의 내압을 받고 있는 원통을 만들려면 두께를 얼마로 하면 되는가? (단, 안전계수는 6으로 한다.)

해설 먼저 안전계수로부터 허용응력을 구하면

$$S = \frac{\sigma_u}{\sigma_a}\text{에서}$$

$$\sigma_a = \frac{\sigma_u}{S} = \frac{4.2}{6} = 0.7\,\mathrm{GPa} = 700\,\mathrm{MPa}\text{이고},$$

내압을 받는 원주 응력 식을 사용해야 하므로

$$\sigma_t = \sigma_a = \frac{pd}{2t}\text{에서}$$

$$t = \frac{pd}{2\sigma_a} = \frac{8 \times 260}{2 \times 700} = 1.49\,\mathrm{cm}$$

정답 1.49 cm

Q 예제 2-26

주철로 만든 벨트 풀리의 회전수를 1000 rpm으로 제한하려고 한다. 이 때의 풀리 지름은 몇 cm로 하면 되는가? (단, 재료의 허용 응력은 15 MPa, 밀도는 7250 kg/m³으로 한다.)

해설 먼저 각속도 ω를 구하면

$$\omega = \frac{2\pi N}{60} = \frac{2 \times 3.14 \times 1000}{60} = 104.67\,\mathrm{rad/s}$$

또, 회전하는 물체에 발생하는 후프 응력 $\sigma_t = \rho r^2 \omega^2$에서

$$r = \sqrt{\frac{\sigma_t}{\rho\omega^2}} = \sqrt{\frac{15 \times 10^6}{7250 \times 104.67^2}} = 0.43\,\mathrm{m} = 43\,\mathrm{cm}$$

$$\therefore\ d = 2r = 2 \times 43 = 86\,\mathrm{cm}$$

정답 86 cm

연·습·문·제

1. 지름이 동일한 봉에 그림과 같이 하중이 작용할 때 단면 C에 작용하는 하중(F)은 몇 kN인가?

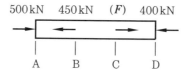

2. 바깥지름 50 cm, 안지름 40 cm의 중공원통에 500 kN의 압축하중이 작용했을 때 발생하는 압축응력은 약 몇 MPa인가?

3. 정사각형 단면을 가진 기둥에 $P_c = 80$ kN의 압축하중이 작용할 때 6 MPa의 압축응력이 발생하였다면 단면 한 변의 길이는 약 몇 mm인가?

4. 지름 10 mm인 환봉에 1 kN의 전단력이 작용할 때 이 환봉에 걸리는 전단응력은 몇 MPa인가?

5. 그림과 같이 3개의 링크를 핀을 이용하여 연결하였다. 2000 N의 하중 P가 작용할 경우 핀에 작용되는 전단응력은 몇 MPa인가? (단, 핀의 지름은 1 cm이다.)

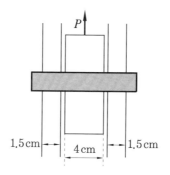

6. 두께 1 mm의 강판에 한 변의 길이가 25 mm인 정사각형 구멍을 펀칭하려고 한다. 이 강판의 전단 파괴응력이 250 MPa일 때 펀칭에 필요한 압축력은 몇 kN인가?

7. 그림과 같이 볼트에 7200 N의 인장하중을 작용시키면 머리부에 생기는 전단응력은 약 몇 MPa인가?

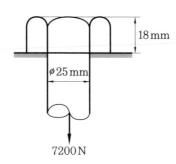

8. 지름이 25 mm이고 길이가 6 m인 강봉의 양쪽단에 100 kN의 인장력이 작용하여 6 mm 가 늘어났다. 이때의 응력과 변형률을 구하여라. (단, 재료는 선형 탄성 거동을 한다.)

9. 지름 20 mm, 길이 1000 mm의 연강봉이 50 kN의 인장하중을 받을 때 발생하는 신 장량은 몇 mm인가 ? (단, 탄성계수 $E = 210$ GPa이다.)

10. 단면적이 4 cm^{2}인 강봉에 그림과 같이 하중이 작용할 때 이 봉은 약 몇 cm 늘어나는 가 ? (단, 세로탄성계수 $E = 210$ GPa이다.)

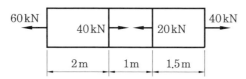

11. 전단 탄성계수가 80 GPa인 강봉(steel bar)에 전단응력이 1 kPa로 발생했다면 이 부 재에 발생한 전단변형률은 얼마인가 ?

12. 그림과 같이 길이가 $l + 2a$인 균일 단면 봉의 양단에 인장력 P가 작용하고, 양단에서의 거리가 a인 단면 에 Q의 축 하중이 가하여 인장될 때 봉에 일어나는 변형량은 몇 cm인가 ? (단, $l = 60$ cm, $a = 30$ cm, $P = 10$ kN, $Q = 5$ kN, 단면적 $A = 4$ cm^2, 탄성계 수는 210 GPa이다.)

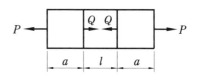

13. 그림과 같이 두 가지 재료로 된 봉이 하중 P를 받 으면서 강체로 된 보를 수평으로 유지시키고 있다. 강봉에 작용하는 응력이 150 MPa일 때 Al봉에 작 용하는 응력은 몇 MPa인가 ? (단, 강과 Al의 탄성 계수의 비 $\dfrac{E_s}{E_a} = 3$이다.)

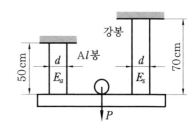

14. 길이 L인 봉 AB가 그 양단에 고정된 두 개의 연직 강선에 의하여 그림과 같이 수평으로 매달려 있다. 봉 AB의 자중은 무시하고, 봉이 수평을 유지하기 위한 연직하중 P의 작용점까지의 거리 x를 구하여라. (단, 강선들은 단면적은 같지만 A단의 강선은 탄성계수 E_1, 길이 l_1, B단의 강선은 탄성계수 E_2, 길이 l_2이다.)

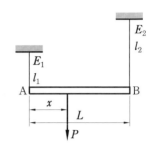

15. 강체로 된 봉 CD가 그림과 같이 같은 단면적과 재료가 같은 케이블 ①, ②와 C점에서 힌지로 지지되어 있다. 힘 P에 의해 케이블 ①에 발생하는 응력(σ_1)을 P와 A의 값으로 나타내어라. (단, A는 케이블의 단면적이며 자중은 무시하고, a는 각 지점간의 거리이고 케이블 ①, ②의 길이 l은 같다.)

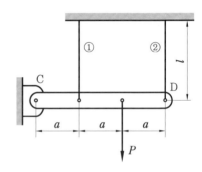

16. 지름 2 cm, 길이 20 cm인 연강봉이 인장하중을 받을 때 길이는 0.016 cm만큼 늘어나고 지름은 0.0004 cm만큼 줄었다. 이 연강봉의 푸아송의 비를 구하여라.

17. 푸아송의 비 0.3, 길이 3 m인 원형 단면의 막대에 축방향의 하중이 가해진다. 이 막대의 표면에 원주방향으로 부착된 스트레인 게이지가 -1.5×10^{-4}의 변형률을 나타낼 때, 이 막대의 길이 변화량은 몇 mm인가?

18. 지름이 2 cm인 원통형 막대에 2 kN의 인장하중이 작용하여 균일하게 신장되었을 때, 변형 후 지름의 감소량은 몇 mm인가? (단, 탄성계수는 30 GPa이고, 푸아송의 비는 0.3이다.)

19. 그림과 같이 5 cm × 4 cm 블록이 x축을 따라 0.05 cm만큼 인장되었다. y방향으로 수축되는 변형률(ε_y)을 구하여라. (단, 푸아송의 비는 0.3이다.)

20. 그림과 같이 막대의 z방향으로 80 kN의 인장력이 작용할 때 x방향의 변형량은 몇 μm인가? (단, 탄성계수 $E = 200$ GPa, 푸아송 비 $\mu = 0.32$, 막대 크기 $x = 100$ mm, $y = 50$ mm, $z = 1.5$ m이다.)

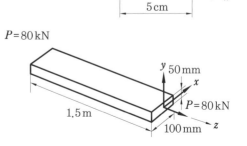

21. 지름 20 mm인 구리합금 봉에 30 kN의 축 방향 인장하중이 작용할 때 체적 변형률을 구하여라. (단, 탄성계수 E= 100 GPa, 푸아송의 비 μ = 0.3이다.)

22. 재료시험에서 연강재료의 세로탄성계수가 210 GPa로 나타났을 때 푸아송의 비가 0.303이면 이 재료의 전단탄성계수 G는 몇 GPa인가?

23. 그림과 같이 순수 전단을 받는 요소에서 발생하는 전단응력 τ = 70 MPa, 재료의 세로탄성계수는 200 GPa, 푸아송의 비는 0.25일 때 전단 변형률은 몇 rad인가?

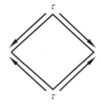

24. 지름 50 mm의 알루미늄 봉에 100 kN의 인장하중이 작용할 때 300 mm의 표점거리에서 0.219 mm의 신장이 측정되고, 지름은 0.01215 mm만큼 감소되었다. 이 재료의 전단탄성계수 G는 약 몇 GPa인가? (단, 알루미늄 재료는 탄성거동 범위 내에 있다.)

25. 최대 사용강도 400 MPa의 연강봉에 30 kN의 축 방향의 인장하중이 가해질 경우 강봉의 최소 지름은 몇 mm까지 가능 한가? (단, 안전율은 5이다.)

26. 그림과 같이 길이가 동일한 2개의 기둥 상단에 중심 압축 하중 2500 N이 작용할 경우 전체 수축량은 몇 mm인가? (단, 단면적 A_1 = 1000 mm^2, A_2 = 2000 mm^2, 길이 L = 300 mm, 재료의 탄성계수 E = 90 GPa이다.)

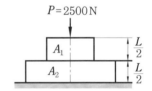

27. 그림과 같이 지름 d인 강철봉이 안지름 d, 바깥지름 D인 동관에 끼워져서 두 강체 평판 사이에서 압축되고 있다. 강철봉 및 동관에 생기는 응력을 각각 σ_s, σ_c라고 하면 응력의 비 $\left(\dfrac{\sigma_s}{\sigma_c}\right)$를 구하여라. (단, 강철 및 동의 탄성계수는 각각 E_s = 200 GPa, E_c = 120 GPa이다.)

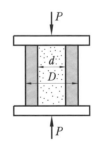

28. 그림과 같은 원형 단면봉에 하중 P가 작용할 때 이 봉의 신장량을 구하여라. (단, 봉의 단면적은 A, 길이는 L, 세로탄성계수는 E이고, 자중 W를 고려해야 한다.)

29. 그림과 같이 벽돌을 쌓아 올릴 때 최 하단 벽돌의 안전
계수를 20으로 하면 벽돌의 높이 h를 몇 m까지 쌓을
수 있는가? (단, 벽돌의 비중량은 16 kN/m^3, 파괴 압축
응력을 11 MPa로 한다.)

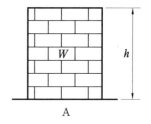

30. 그림과 같이 초기 온도 20℃, 초기 길이 19.95 cm, 지름
5 cm인 봉을 간격이 20 cm인 두 벽면 사이에 넣고 봉의
온도를 220℃로 가열했을 때 봉에 발생되는 응력을 구
하여라. (단, 탄성계수 E = 210 GPa이고, 균일 단면을
갖는 봉의 선팽창계수 α = 1.2×10^{-5}/℃이다.)

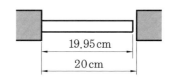

31. 한 변의 길이가 10 mm인 정사각형 단면의 막대가 있다. 온도를 60℃ 상승시켰을 때
길이가 늘어나지 않도록 하기 위해서는 8 kN의 힘이 필요하다. 이 막대의 선팽창계
수(α)는 약 몇 ℃$^{-1}$인가? (단, 탄성계수 E = 200 GPa이다.)

32. 그림과 같은 강봉에서 A, B가 고정되어 있고 25℃에서 내부응력은 0인 상태이다.
온도가 −40℃로 내려갔을 때 AC 부분에서 발생하는 응력은 몇 MPa인가? (단, 그림
에서 A_1은 AC 부분에서의 단면적이고 A_2는 BC 부분에서의 단면적이다. 그리고 강
봉의 탄성계수는 200 GPa이고, 선팽창계수는 12×10^{-6}/℃이다.)

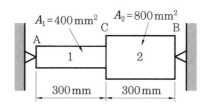

33. 단면적이 30 cm^2, 길이가 30 cm인 강봉이 축 방향으로 압축력 P = 21 kN을 받고 있
을 때, 그 봉 속에 저장되는 변형 에너지의 값은 몇 N·m인가? (단, 강봉의 세로탄
성계수는 210 GPa이다.)

34. 세로탄성계수가 210 GPa인 재료에 200 MPa의 인장응력을 가했을 때 재료 내부에
저장되는 단위 체적당 탄성변형에너지는 몇 J/m^{3}인가?

35. 그림과 같이 A, B의 원형 단면봉은 길이가 같고, 지름이 다르며, 양단에서 같은 압축하중 P를 받고 있다. 응력은 각 단면에서 균일하게 분포된다고 할 때 저장되는 탄성 변형 에너지의 $\dfrac{U_B}{U_A}$ 는 얼마가 되겠는가?

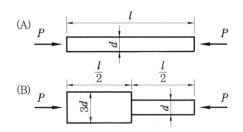

36. 그림의 구조물이 수직하중 $2P$를 받을 때 구조물 속에 저장되는 탄성변형에너지를 구하여라. (단, 단면적 A, 탄성계수 E는 모두 같다.)

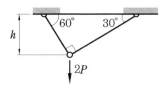

37. 최대 사용강도$(\sigma_{\max}) = 240\,\text{MPa}$, 안지름 $1.5\,\text{m}$, 두께 $3\,\text{mm}$의 강재 원통형 용기가 견딜 수 있는 최대 압력은 몇 kPa인가? (단, 안전계수는 2이다.)

38. 두께 $8\,\text{mm}$의 강판으로 만든 안지름 $40\,\text{cm}$의 얇은 원통에 $1\,\text{MPa}$의 내압이 작용할 때 강판에 발생하는 후프 응력(원주 응력)은 몇 MPa인가?

39. 지름이 $1.2\,\text{m}$, 두께가 $10\,\text{mm}$인 구형(球形) 압력용기가 있다. 용기 재질의 허용 인장응력이 $42\,\text{MPa}$일 때 안전하게 사용할 수 있는 최대 내압(內壓)은 약 몇 MPa인가?

40. 두께 $10\,\text{mm}$인 강판으로 지름 $2.5\,\text{m}$의 원통형 압력용기를 제작하였다. 최대 내부 압력이 $1200\,\text{kPa}$일 때 축 방향 응력은 몇 MPa인가?

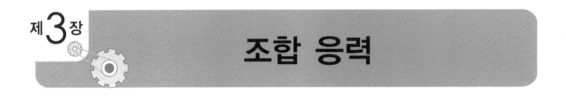

제**3**장

조합 응력

내압을 받는 용기 또는 회전체, 보(beam) 등의 한 요소에 작용하는 힘은 인장력과 압축력이 동시에 작용하므로 이에 대응한 응력도 인장응력과 압축응력이 같은 면에 동시에 작용하는데, 이와 같이 여러 단순응력(單純應力) 들이 합성된 응력을 조합응력(組合應力 ; combined stress)이라 하고, 2축방향으로 작용하는 응력을 2축응력(2軸應力 ; biaxial stress), 3축방향으로 작용하는 응력을 3축응력(3軸應力 ; triaxial stress) 이라고 하며, 특히 모든 응력들이 한 평면에 작용될 때의 응력을 평면응력(平面應力 ; plane stress) 이라고 한다.

1. 경사단면에 발생하는 응력

균일단면을 갖는 재료에 축방향으로 인장력이나 압축력을 가하여 파단시킬 때 대부분의 재료는 경사진 파단면(破斷面)을 갖는다. 이것은 외력이 재료의 횡단면과 직각방향인 축방향으로 작용하였으나, 이 축방향의 힘 P가 [그림 3-1]과 같이 경사단면 $m'n'$ 상에서 P의 분력인 법선방향(法線方向)의 힘 **법선력**(法線力) N과 접선방향(接線方向)의 힘 **접선력**(接線力, 또는 剪斷力) T 로 작용되었기 때문이다.

따라서 경사단면 $m'n'$ 상에는 법선력 N에 의한 **법선응력** σ_n과 접선력 T에 의한 **전단응력** τ가 존재하게 된다.

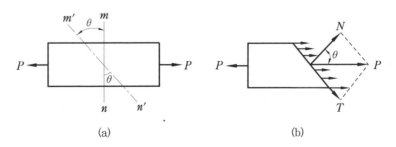

(a)　　　　　　　　　　　　(b)

[그림 3-1] 경사단면의 법선력과 접선력

[그림 3-1]에서 법선력 $N = P\cos\theta$, 접선력 $T = P\sin\theta$이고, 횡단면 mn과 경사단면 $m'n'$ 면적을 각각 A, A'라고 하면 $A' = \dfrac{A}{\cos\theta}$ 가 된다. 또, 횡단면 mn 상의 수직응력을 σ_x라고 하면 $\sigma_x = \dfrac{P}{A}$이므로 [그

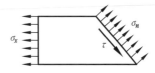

[그림 3-2] 경사면의 법선응력과 전단응력

림 3-2]에서 법선응력 σ_n과 전단응력 τ는 다음 식과 같이 된다.

$$\sigma_n = \frac{N}{A'} = \frac{P\cos\theta}{\dfrac{A}{\cos\theta}} = \frac{P}{A}\cos^2\theta = \sigma_x\cos^2\theta \quad\text{.................................} (3\text{-}1)$$

$$\tau = \frac{T}{A'} = \frac{P\sin\theta}{\dfrac{A}{\cos\theta}} = \frac{P}{A}\sin\theta\cos\theta = \frac{1}{2}\sigma_x\sin2\theta \quad\text{.....................} (3\text{-}2)$$

최대 법선응력 $\sigma_{n\,(\max)}$은 식 (3-1)에서 $\theta = 0°$, 즉 횡단면(橫斷面)에서 일어나므로

$$\sigma_{n\,(\max)} = \sigma_x\cos^2 0° = \sigma_x \quad\text{...} (3\text{-}3)$$

최대 전단응력 $\tau_{\max}$은 식 (3-2)에서 $\theta = 45°$일 때 일어나므로

$$\tau_{\max} = \frac{1}{2}\sigma_x\sin90° = \frac{1}{2}\sigma_x \quad\text{..} (3\text{-}4)$$

이 때 법선응력 σ_n은

$$\sigma_n = \sigma_x\cos^2 45° = \frac{1}{2}\sigma_x$$

$$\therefore\ \tau_{\max} = \sigma_n \quad\text{..} (3\text{-}5)$$

즉, 경사각 $\theta = 45°$에서는 전단응력과 법선응력이 같게 됨을 알 수 있다.

또, **최소 법선응력** $\sigma_{n\,(\min)}$과 **최소 전단응력** $\tau_{\min}$은 식 (3-1)과 식 (3-2)에서 각각 $\theta = 90°$일 때와 $\theta = 0°$일 때 일어나며 그 크기는 다음과 같다.

$$\sigma_{n(\min)} = \sigma_x\cos^2 90 = 0$$

$$\tau_{\min} = \frac{1}{2}\sigma_x\sin0° = 0$$

[그림 3-3]에서 경사단면 $m'n'$와 직교(直交)하는 단면 $m''n''$ 위에 작용하는 법선응력 σ_n'를 σ_n에 대한 **공액응력**(共軛應力 ; complementary stress)이라 하고, 전단응력

τ'를 τ에 대한 **공액 전단응력**(complementary shearing stress)이라고 하며, 식 (3−1)과 식 (3−2)에서 θ대신 $\theta + 90°$를 대입하여 구한다.

$$\sigma_n{}' = \sigma_x\cos^2(\theta + 90°) = \sigma_x\sin^2\theta \quad\cdots\cdots\cdots (3\text{-}6)$$

$$\tau' = \frac{1}{2}\sigma_x\sin2(\theta + 90°) = \frac{1}{2}\sigma_x\sin(2\theta + 180°) = -\frac{1}{2}\sigma_x\sin2\theta \quad\cdots\cdots (3\text{-}7)$$

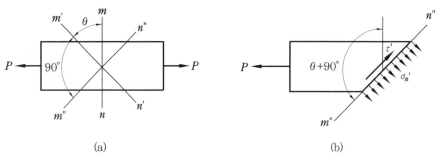

(a)   (b)

[그림 3−3] 경사단면의 공액응력

따라서, $\tau = -\tau'$의 관계를 갖는다.

Q 예제 3-1

그림과 같이 지름 50 mm 인 균일단면의 원형봉이 축방향으로 3000 N의 인장하중을 받고 있다. 횡단면과 60° 경사진 단면에서의 법선응력 σ_n, 전단응력 τ, 공액응력 $\sigma_n{}'$, 공액 전단응력 τ'를 구하여라.

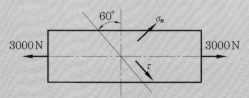

해설 $\sigma_x = \dfrac{P}{A} = \dfrac{3000}{\dfrac{\pi \times 5^2}{4}} = 152.87\,\text{N/cm}^2 = 152.87 \times 10^4\,\text{N/m}^2 = 1528.7\,\text{kPa}$이므로

$\sigma_n = \sigma_x\cos\theta^2 = 1528.7 \times \cos^2 60° = 382.18\,\text{kPa}$

$\tau = \dfrac{1}{2}\sigma_x\sin2\theta = \dfrac{1}{2} \times 1528.7 \times \sin120° = 661.95\,\text{kPa}$

$\sigma_n{}' = \sigma_x\sin\theta^2 = 1528.7 \times \sin^2 60° = 1146.53\,\text{kPa}$

$\tau = -\tau'$에서 $\tau' = -\tau = -661.95\,\text{kPa}$

정답 $\sigma_n = 382.18\,\text{kPa},\quad \tau = 661.95\,\text{kPa}$

$\sigma_n{}' = 1146.53\,\text{kPa},\quad \tau' = -661.95\,\text{kPa}$

2. 2 축응력

2-1 ● 법선응력과 전단응력

[그림 3－4 (a)]와 같이 재료의 한 요소(要素)에 직각방향인 x, y 두 방향으로 인장력 P_x와 P_y가 동시에 작용할 때에도 θ의 경사단면에는 법선력 N과 접선력 T가 작용하게 된다. 이 때 각 단면에 발생하는 응력은 [그림 3－4 (b)]와 같이 분포하게 되며, 인장력이 작용하는 AB면과 BC면의 단면적을 각각 A_x, A_y, 그리고 경사각 θ인 경사면의 단면적을 A_n이라고 하면, $A_x = A_n \cos\theta$, $A_y = A_n \sin\theta$가 되고 인장력 $P_x = \sigma_x A_x$, $P_y = \sigma_y A_y$, 법선력 $N = \sigma_n A_n$, 접선력 $T = \tau A_n$이 되어 [그림 3－4 (c)]와 같이 나타낼 수 있다.

[그림 3－4 (d)]는 이들의 힘을 좌표축(座標軸)에 나타낸 것이며, n축과 t축에 대한 힘의 평형조건(平衡條件)으로부터 법선응력 σ_n과 전단응력 τ를 구할 수 있다.

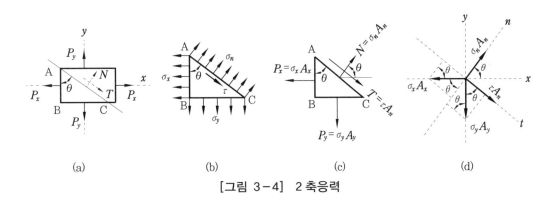

(a)　　　　　(b)　　　　　(c)　　　　　(d)

[그림 3－4]　2 축응력

n축 방향의 힘의 평형조건으로부터

$$\sigma_n A_n - \sigma_x A_x \cos\theta - \sigma_y A_y \sin\theta = 0$$

에서

$$\sigma_n A_n = \sigma_x A_x \cos\theta + \sigma_y A_y \sin\theta$$

$$= \sigma_x A_n \cos^2\theta + \sigma_y A_n \sin^2\theta$$

$$\therefore \ \sigma_n = \sigma_x \cos^2\theta + \sigma_y \sin^2\theta \quad \cdots\cdots\cdots\cdots\cdots\cdots\cdots\cdots\cdots\cdots (3-8)$$

또, 식 (3-8)에서 $\cos^2\theta = \dfrac{1}{2}(1 + \cos 2\theta)$, $\sin^2\theta = \dfrac{1}{2}(1 - \cos 2\theta)$이므로

$$\sigma_n = \sigma_x \left[\frac{1}{2}(1 + \cos 2\theta) \right] + \sigma_y \left[\frac{1}{2}(1 - \cos 2\theta) \right]$$

$$= \frac{1}{2}(\sigma_x + \sigma_y) + \frac{1}{2}(\sigma_x - \sigma_y)\cos 2\theta \quad \text{................................} (3-9)$$

t축 방향의 힘의 평형조건으로부터

$\tau A_n + \sigma_y A_y \cos\theta - \sigma_x A_x \sin\theta = 0$에서

$$\tau A_n = \sigma_x A_x \sin\theta - \sigma_y A_y \cos\theta$$

$$= \sigma_x A_n \cos\theta \sin\theta - \sigma_y A_n \sin\theta \cos\theta$$

$$\therefore \ \tau = (\sigma_x - \sigma_y)\cos\theta \sin\theta \quad \text{................................} (3-10)$$

또, 위 식에서 $\cos\theta \sin\theta = \dfrac{1}{2}\sin 2\theta$이므로

$$\tau = \frac{1}{2}(\sigma_x - \sigma_y)\sin 2\theta \quad \text{................................} (3-11)$$

최대 법선응력 $\sigma_{n(\max)}$과 최소 법선응력 $\sigma_{n(\min)}$은 식 (3-9)에서 $\theta = 0°$, $\theta = 90°$일 때 발생하는 것을 알 수 있고, 그 크기는 다음과 같다.

$$\sigma_{n(\max)} = \frac{1}{2}(\sigma_x + \sigma_y) + \frac{1}{2}(\sigma_x - \sigma_y) = \sigma_x \quad \text{................................} (3-12)$$

$$\sigma_{n(\min)} = \frac{1}{2}(\sigma_x + \sigma_y) - \frac{1}{2}(\sigma_x - \sigma_y) = \sigma_y \quad \text{................................} (3-13)$$

이들의 최대, 최소 법선응력 σ_x와 σ_y를 **주응력**(主應力 ; principal stress)이라 하고, 주응력이 발생하는 $\theta = 0°$ 및 $\theta = 90°$인 직교평면(直交平面)을 **주평면**(主平面 ; principal plane)이라고 한다. 그리고 이들 면상(面上)에서의 전단응력 $\tau = 0$이 됨을 알 수 있다.

최대 전단응력 $\tau_{\max}$은 식 (3-11)에서 $\theta = 45°$일 때 발생하는 것을 알 수 있고, 그 크기는 다음과 같다.

$$\tau_{\max} = \frac{1}{2}(\sigma_x - \sigma_y) \quad \text{................................} (3-14)$$

공액 응력 $\sigma_n{}'$와 공액 전단응력 τ'는 식 (3-9)와 식 (3-11)에서 θ 대신 $\theta + 90°$를 대입하여 구할 수 있고, 그 크기는 다음과 같다.

$$\sigma_n{}' = \frac{1}{2}(\sigma_x + \sigma_y) - \frac{1}{2}(\sigma_x - \sigma_y)\cos 2\theta \quad \text{···} (3\text{-}15)$$

$$\tau' = -\frac{1}{2}(\sigma_x - \sigma_y)\sin 2\theta \quad \text{···} (3\text{-}16)$$

따라서, $\tau = -\tau'$ 의 관계를 갖는다.

2-2 ○ 2축응력에서의 변형률

[그림 3-5]에서 재료의 푸아송 수를 m, 세로 탄성계수를 E 라고 하면, 인장응력 σ_x 로 인한 x축 방향의 신장률은 $\dfrac{\sigma_x}{E}$ 이고, 인장응력 σ_y 로 인한 x축 방향의 가로 수축률은 $\dfrac{1}{m} = \dfrac{\varepsilon'}{\dfrac{\sigma_y}{E}}$ 로부터

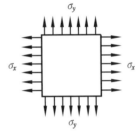

[그림 3-5] 2축응력에서의 변형률

$\varepsilon' = \dfrac{\sigma_y}{mE}$ 이므로, σ_x 및 σ_y 로 인한 x축 방향의 신장률 ε_x 는

$$\varepsilon_x = \frac{\sigma_x}{E} - \frac{\sigma_y}{mE} \quad \text{···} (3\text{-}17)$$

인장응력 σ_y 로 인한 y축 방향의 신장률은 $\dfrac{\sigma_y}{E}$ 이고, 인장응력 σ_x 로 인한 y축 방향의 가로 수축률은 $\dfrac{1}{m} = \dfrac{\varepsilon'}{\dfrac{\sigma_x}{E}}$ 로부터 $\varepsilon' = \dfrac{\sigma_x}{mE}$ 이므로, σ_x 및 σ_y 로 인한 y축 방향의 신장률 ε_y 는

$$\varepsilon_y = \frac{\sigma_y}{E} - \frac{\sigma_x}{mE} \quad \text{···} (3\text{-}18)$$

인장응력 σ_x 와 σ_y 로 인한 z축 방향의 수축률 ε_z 는

$$\varepsilon_z = -\frac{\sigma_x}{mE} - \frac{\sigma_y}{mE} = -\frac{1}{mE}(\sigma_x + \sigma_y) \quad \text{··························} (3\text{-}19)$$

또, 2축응력을 받고 있는 탄성재료의 체적 변형률 $\varepsilon_v = \dfrac{\Delta V}{V} = \varepsilon_x + \varepsilon_y + \varepsilon_z$ 에서

ε_x, ε_y, ε_z 대신에 식 (3-17), (3-18), (3-19)를 대입하면 푸아송 비 $\mu = \dfrac{1}{m}$ 이므로

$$\varepsilon_v = \frac{\Delta V}{V} = \frac{(\sigma_x + \sigma_y)(1 - 2\mu)}{E} \quad \cdots\cdots\cdots\cdots\cdots\cdots (3\text{-}20)$$

Q 예제 3-2

그림과 같은 4각형 요소에 $\sigma_x = 3\,\mathrm{MPa}$, $\sigma_y = 2\,\mathrm{MPa}$이 작용하고 있을 때 재료 내에 생기는 최대 전단응력 $\tau_{\max}$ 및 방향 θ를 구하여라.

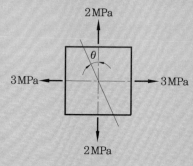

해설 $\tau = \dfrac{1}{2}(\sigma_x - \sigma_y)\sin 2\theta$에서, $\theta = 45°$일 때 최대 전단응력이 발생된다.

따라서,

$$\tau_{\max} = \frac{1}{2}(\sigma_x - \sigma_y) = \frac{1}{2}(3 - 2) = 0.5\,\mathrm{MPa}$$

정답 $\tau_{\max} = 0.5\,\mathrm{MPa}$, $\theta = 45°$

3. 2축응력과 전단응력의 합성

[그림 3-6 (a)]와 같이 수직응력 σ_x와 σ_y가 작용하고 전단응력 $\tau_{xy}(=\tau_{yx})$가 동시에 작용할 때 [그림 3-6 (b)]의 3각형 요소의 경사단면에 발생되는 법선응력 σ_n과 전단응력 τ는 2축응력에서와 같이 힘의 평형조건으로부터 구할 수 있다.

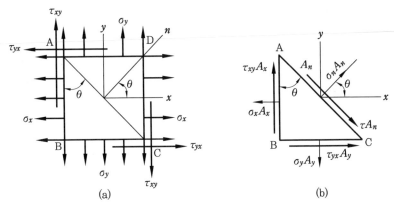

[그림 3-6] 2축응력과 전단응력의 합성

$$\sigma_n = \frac{1}{2}(\sigma_x + \sigma_y) + \frac{1}{2}(\sigma_x - \sigma_y)\cos 2\theta - \tau_{xy}\sin 2\theta \quad\cdots\cdots (3-21)$$

$$\tau = \frac{1}{2}(\sigma_x - \sigma_y)\sin 2\theta + \tau_{xy}\cos 2\theta \quad\cdots\cdots (3-22)$$

공액 응력 $\sigma_n{'}$와 공액 전단응력 $\tau{'}$는 식 (3-21)과 식 (3-22)에서 θ대신 $\theta + 90°$를 대입하여 구할 수 있고, 그 크기는 다음과 같다.

$$\sigma_n{'} = \frac{1}{2}(\sigma_x + \sigma_y) - \frac{1}{2}(\sigma_x - \sigma_y)\cos 2\theta + \tau_{xy}\sin 2\theta \quad\cdots\cdots (3-23)$$

$$\tau{'} = -\frac{1}{2}(\sigma_x - \sigma_y)\sin 2\theta - \tau_{xy}\cos 2\theta \quad\cdots\cdots (3-24)$$

최대 법선응력 $\sigma_{n(\max)}$과 최소 법선응력 $\sigma_{n(\min)}$을 구하는 식은

$$\sigma_{n(\max)} = \frac{1}{2}(\sigma_x + \sigma_y) + \frac{1}{2}\sqrt{(\sigma_x - \sigma_y)^2 + 4\tau_{xy}{}^2} \quad\cdots\cdots (3-25)$$

$$\sigma_{n(\min)} = \frac{1}{2}(\sigma_x + \sigma_y) - \frac{1}{2}\sqrt{(\sigma_x - \sigma_y)^2 + 4\tau_{xy}{}^2} \quad\cdots\cdots (3-26)$$

여기서, 최대 법선응력 $\sigma_{n(\max)}$과 최소 법선응력 $\sigma_{n(\min)}$을 각각 **주응력**이라 하고, 주응력이 작용하는 평면을 **주평면**이라고 하며, 주평면에서의 전단응력 τ는 0이 된다. 따라서, 식 (3-22)에서 $\tau = 0$으로 놓고 양변을 $\cos 2\theta$로 나누어 정리하면 주응력이 발생하는 주평면의 위치, 즉 경사각 θ를 구할 수 있고, 그 크기는 다음과 같다.

$$\tan 2\theta = -\frac{2\tau_{xy}}{\sigma_x - \sigma_y} \text{에서}$$

$$\theta = -\frac{1}{2}\tan^{-1}\frac{2\tau_{xy}}{\sigma_x - \sigma_y} \quad\cdots\cdots (3-27)$$

또, 최대 전단응력 $\tau_{\max}$을 구하는 식은

$$\tau_{\max} = \frac{1}{2}\sqrt{(\sigma_x - \sigma_y)^2 + 4\tau_{xy}^2} \quad\cdots\cdots\cdots\cdots\cdots\cdots\cdots\cdots\cdots\cdots (3-28)$$

이 때 최대 전단응력이 작용하는 평면의 위치를 알기 위해 식 $(3-22)$를 미분하여 $\dfrac{d\tau}{d\theta} = 0$으로 놓으면

$$\frac{d\tau}{d\theta} = \frac{1}{2}(\sigma_x - \sigma_y)\sin 2\theta\, d\theta + \tau_{xy}\cos 2\theta d\theta$$

$$= 2 \times \frac{1}{2}(\sigma_x - \sigma_y)\cos 2\theta - 2\tau_{xy}\sin 2\theta$$

$$0 = (\sigma_x - \sigma_y)\cos 2\theta - 2\tau_{xy}\sin 2\theta$$

위식의 양변을 $\sin 2\theta$로 나누고 정리하면

$$\frac{\cos 2\theta}{\sin 2\theta} = \cot 2\theta = \frac{2\tau_{xy}}{\sigma_x - \sigma_y} \text{이므로}$$

$$\theta = \frac{1}{2}\cot^{-1}\frac{2\tau_{xy}}{\sigma_x - \sigma_y} \quad\cdots\cdots\cdots\cdots\cdots\cdots\cdots\cdots\cdots\cdots (3-29)$$

따라서, 최대 전단응력이 작용하는 평면은 주평면과 45°의 경사각을 이룬다는 것을 알 수 있다.

지금까지의 법선응력 및 전단응력을 구하는 식들 중에서(2축응력 포함) 수직응력 σ_x, 또는 σ_y가 인장응력이 아니고 압축응력으로 발생되면 부호를 $(-)$로 해 주어야 한다.

Q 예제 3-3

그림과 같이 정방형 단면에 $\sigma_x = 2\,\mathrm{MPa}$의 인장응력과 $\sigma_y = 1\,\mathrm{MPa}$의 압축응력이 작용하고, 동시에 $\tau_{xy} = 1.5\,\mathrm{MPa}$의 전단응력이 작용할 때 최대 주응력 $\sigma_{n(\max)}$과 최대 전단응력 $\tau_{\max}$을 구하라.

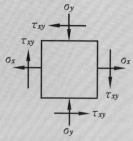

해설 $\sigma_{n(\max)} = \dfrac{1}{2}(\sigma_x + \sigma_y) + \dfrac{1}{2}\sqrt{(\sigma_x - \sigma_y)^2 + 4\tau_{xy}^2}$ 에서

$$\sigma_{n(\max)} = \frac{1}{2}\{2 + (-1)\} + \frac{1}{2}\sqrt{\{2 - (-1)\}^2 + 4 \times 1.5^2} = 2.62\,\mathrm{MPa}$$

$$\tau_{\max} = \frac{1}{2}\sqrt{(\sigma_x - \sigma_y)^2 + 4\tau_{xy}^2} \text{ 에서}$$

$$\tau_{\max} = \frac{1}{2}\sqrt{\{2 - (-1)\}^2 + 4 \times 1.5^2} = 2.12\,\mathrm{MPa}$$

정답 $\sigma_{n(\max)} = 2.62\,\mathrm{MPa}, \quad \tau_{\max} = 2.12\,\mathrm{MPa}$

4. 모어의 원

모어의 원(Mohr's circle)은 x축에 수직응력(σ), y축에 전단응력(τ)으로 나타내는 직교좌표를 잡고 응력간의 관계를 원의 표준 방정식인 $x^2 + y^2 = r^2$꼴로 나타내어 $\sigma\tau$평면에 임의의 요소에 작용하는 응력을 도해적(圖解的)으로 표시하는 방법이다.

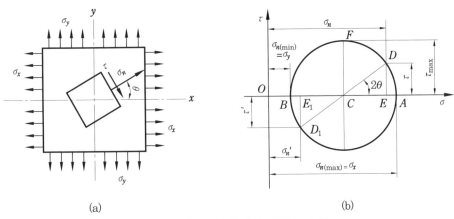

(a)　　　　　　　　　　(b)

[그림 3-7]　2축응력에 대한 모어원

[그림 3-7 (a)]와 같이 2축응력을 받는 요소에서 법선응력 σ_n 및 전단응력 τ는

$$\sigma_n = \frac{1}{2}(\sigma_x + \sigma_y) + \frac{1}{2}(\sigma_x - \sigma_y)\cos 2\theta \quad\cdots\cdots\text{(A)}$$

$$\tau = \frac{1}{2}(\sigma_x - \sigma_y)\sin 2\theta \quad\cdots\cdots\text{(B)}$$

식 (A)와 식 (B)에 최대 전단응력 $\tau_{\max} = \frac{1}{2}(\sigma_x - \sigma_y)$, 평균응력 $\sigma_{av} = \frac{1}{2}(\sigma_x + \sigma_y)$를 대입하면 $\sigma_n = \sigma_{av} + \tau_{\max}\cos 2\theta$에서

$$\sigma_n - \sigma_{av} = \tau_{\max}\cos 2\theta \quad\cdots\cdots\text{(C)}$$

$\tau = \tau_{\max}\sin 2\theta$에서

$$\sin 2\theta = \frac{\tau}{\tau_{\max}} \quad\cdots\cdots\text{(D)}$$

또, $\sin^2 2\theta + \cos^2 2\theta = 1$에서 $\cos 2\theta = \sqrt{1 - \sin^2 2\theta}$ 이므로 식 (D)를 대입하면

$$\cos 2\theta = \sqrt{1 - \left(\frac{\tau}{\tau_{\max}}\right)^2} \quad \cdots\cdots\cdots\cdots\cdots\cdots\cdots\cdots\cdots\cdots\cdots\cdots\cdots\cdots \text{(E)}$$

식 (E)를 식 (C)에 대입하면

$$\sigma_n - \sigma_{av} = \tau_{\max}\sqrt{1 - \left(\frac{\tau}{\tau_{\max}}\right)^2}$$

위식의 양변을 제곱하여 정리하면

$$(\sigma_n - \sigma_{av})^2 = \tau^2_{\max}\left\{1 - \left(\frac{\tau}{\tau_{\max}}\right)^2\right\} = \tau^2_{\max} - \tau^2$$

$$\therefore (\sigma_n - \sigma_{av})^2 + \tau^2 = \tau^2_{\max} \quad \cdots\cdots\cdots\cdots\cdots\cdots\cdots\cdots\cdots\cdots \text{(3-30)}$$

식 (3-30)이 $\sigma\tau$ 평면 위의 원의 방정식의 표준형이며 [그림 3-7 (b)]에서와 같이 그 반지름은 $\tau_{\max} = \frac{1}{2}(\sigma_x - \sigma_y)$와 같고, 그 중심은 σ축 위 $\sigma_{av} = \frac{1}{2}(\sigma_x + \sigma_y)$인 곳에 있다. 이것을 **2축응력에 대한 모어의 원**이라고 한다. [그림 3-7 (b)]의 모어의 원에서 법선응력 σ_n과 전단응력 τ를 기하학적으로 고찰하면, 원주 위에 임의의 점 D를 취하여 $\angle \mathrm{ACD} = 2\theta$로 놓았을 때 그 점의 좌표는 다음과 같이 주어진다.

$$\mathrm{OE} = \mathrm{OC} + \mathrm{CD}\cos 2\theta = \frac{1}{2}(\sigma_x + \sigma_y) + \frac{1}{2}(\sigma_x - \sigma_y)\cos 2\theta = \sigma_n$$

$$\mathrm{DE} = \mathrm{CD}\sin 2\theta = \frac{1}{2}(\sigma_x - \sigma_y)\sin 2\theta = \tau$$

또, θ의 여러 가지 값에 대하여 정해지는 법선응력 σ_n과 전단응력 τ는

$\theta = 0°$일 때 $\sigma_n = \sigma_x$, $\tau = 0$, 원주 위의 D점은 A점과 일치한다.

$\theta = 45°$일 때 $\sigma_n = \frac{1}{2}(\sigma_x + \sigma_y)$, $\tau_{\max} = \frac{1}{2}(\sigma_x - \sigma_y)$, D점은 F점과 일치한다.

$\theta = 90°$일 때 $\sigma_n = \sigma_y$, $\tau = 0$, D점은 B점과 일치한다.

연 · 습 · 문 · 제

1. 그림과 같이 정사각형 단면(40 mm × 40 mm)을 가진 외팔보가 있다. $a-a$면에서의 수직응력(σ_n)과 전단응력(τ)은 각각 몇 kPa인가?

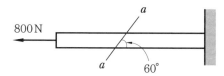

2. 그림과 같이 축 방향으로 인장하중을 받고 있는 원형 단면봉에서 θ의 각도를 가진 경사단면에 전단응력(τ)과 수직응력(σ_n)이 작용하고 있다. 이때 전단응력 τ가 수직응력 σ_n의 $\dfrac{1}{2}$이 되는 경사단면의 경사각(θ)을 구하여라.

3. 2축 응력 상태의 재료 내에서 서로 직각 방향으로 400 MPa의 인장응력과 300 MPa의 압축응력이 작용할 때 재료 내에 생기는 최대 수직응력은 몇 MPa인가?

4. $\sigma_x = 700$ MPa, $\sigma_y = -300$ MPa이 작용하는 평면응력 상태에서 최대 수직응력($\sigma_{n(\max)}$)과 최대 전단응력($\tau_{\max}$)은 각각 몇 MPa인가?

5. 두께가 1 cm, 지름 25 cm의 원통형 보일러에 내압이 작용하고 있을 때, 면내 최대 전단응력이 −62.5 MPa이었다면 내압 p는 몇 MPa인가?

6. 그림과 같은 두 평면응력 상태의 합에서 최대 전단응력을 구하여라.

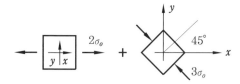

7. 원통형 압력용기에 내압 p가 작용할 때, 원통부에 발생하는 축 방향의 변형률 ε_x 및 원주 방향 변형률 ε_y를 구하여라. (단, 강판의 두께 t는 원통의 지름 d에 비하여 충분히 작고, 강판 재료의 탄성계수 및 푸아송의 비는 각각 E, μ이다.)

8. 주철제 환봉이 축 방향으로 압축응력 40 MPa과 모든 반지름방향으로 압축응력 10 MPa을 받는다. 탄성계수 $E = 100$ GPa, 푸아송비 $\mu = 0.25$, 환봉의 지름 $d = 120$ mm, 길이 $L = 200$ mm일 때, 실린더의 체적 변화량 ΔV는 몇 mm^{3}인가?

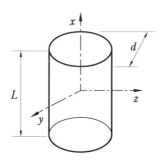

9. 어떤 직육면체에서 x방향으로 40 MPa의 압축응력이 작용하고 y방향과 z방향으로 각각 10 MPa씩 압축응력이 작용한다. 이 재료의 세로탄성계수는 100 GPa, 푸아송비는 0.25, x방향 길이는 200 mm일 때 x방향 길이의 변화량을 구하여라.

10. 그림과 같은 평면응력상태에서 x축으로부터 반시계방향으로 30° 회전된 X'축 상의 수직응력(σ_n)은 몇 MPa인가?

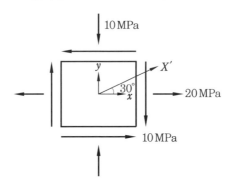

11. $\sigma_x = 400$ MPa, $\sigma_y = 300$ MPa, $\tau_{xy} = 200$ MPa이 작용하는 재료 내에 발생하는 최대 주응력은 몇 MPa인가?

12. 다음과 같은 평면응력상태에서 최대전단응력은 몇 MPa인가?

x 방향 인장응력 : 175 MPa

y 방향 인장응력 : 35 MPa

xy 방향 전단응력 : 60 MPa

제4장 평면도형의 성질

　재료가 하중을 받으면 하중의 종류에 따라 재료 내에는 여러 가지의 응력이 발생하는 데 특히 굽힘하중 또는 비틀림하중, 좌굴하중(座屈荷重) 등에 의해 발생하는 굽힘응력 이나 비틀림응력, 좌굴응력 등은 재료의 단면형상(평면도형)과 밀접한 관계를 갖는다. 이들의 굽힘응력과 비틀림응력, 좌굴응력 등을 해석하는데 필요로 하는 것에는 단면 1차 모멘트와 도심, 단면 2차 모멘트, 극단면 2차 모멘트, 단면계수, 회전 반지름 등이 있으 며, 이들을 **평면도형의 성질**이라고 한다.

1. 단면 1차 모멘트와 도심

　[그림 4−1]과 같이 임의의 형상을 갖는 재료의 단면을 미소면적(微少面積) dA_1, dA_2, dA_3, ……, dA_n로 나누고, X 및 Y축에서 미소면적까지의 수직 및 수평거리를 각각 y_1, y_2, y_3, ……, y_n, x_1, x_2, x_3, ……, x_n이라고 하면 X축에 대한 단면 1차 모멘트 G_X와 Y축 에 대한 단면 1차 모멘트 G_Y는 다음과 같이 정의된다.

$$G_X = y_1 dA_1 + y_2 dA_2 + y_3 dA_3 + \cdots\cdots + y_n dA_n$$

$$= \sum_{i=1}^{n} y_i dA_i = \int_A y \, dA \ [\mathrm{cm}^3] \ \cdots\cdots\cdots\cdots\cdots\cdots\cdots\cdots\cdots\cdots\cdots\cdots \ (4-1)$$

$$G_Y = x_1 dA_1 + x_2 dA_2 + x_3 dA_3 + \cdots\cdots + x_n dA_n$$

$$= \sum_{i=1}^{n} x_i dA_i = \int_A x \, dA \ [\mathrm{cm}^3] \ \cdots\cdots\cdots\cdots\cdots\cdots\cdots\cdots\cdots\cdots\cdots\cdots \ (4-2)$$

　또, 단면 1차 모멘트가 0이 되는 점, 즉 평면도형의 중심(中心)을 단면의 **도심**(圖心 ; centroid of area)이라고 하며, [그림 4−1]에서 도심 G의 좌표를 $\overline{x}$, $\overline{y}$라고 하면 이 들과 단면 1차 모멘트와는 다음과 같은 관계식을 갖는다.

$$G_x = \int_A y dA = \overline{y} A \quad \therefore \overline{y} = \frac{G_x}{A} [\text{cm}]$$

$$G_y = \int_A x dA = \overline{x} A \quad \therefore \overline{x} = \frac{G_y}{A} [\text{cm}]$$

.... (4-3)

여기서, A는 평면도형의 전체면적이다. 복잡한 평면도형의 단면 1차 모멘트를 구할 때에는 몇 개의 단순한 평면도형(사각형 또는 삼각형 등)으로 분할하여 각각에 대한 단면 1차 모멘트를 구하고, 그 값들을 합하여 전체 평면도형에 대한 단면 1차 모멘트를 구한다.

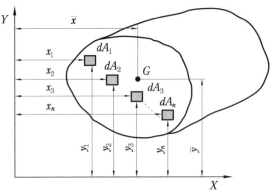

[그림 4-1] 단면 1차 모멘트와 도심

Q 예제 4-1

그림과 같은 사각형에서 X축에 대한 단면 1차 모멘트 G_X를 구하고, 도심의 위치 $\overline{y}$를 구하여라.

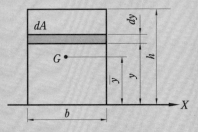

해설 그림에서 미소면적 $dA = bdy$이므로

$$G_X = \int_A y dA = \int_0^h y b dy = \frac{bh^2}{2}$$

또, $G_X = \overline{y} A$에서 $\overline{y} = \frac{G_X}{A} = \frac{\dfrac{bh^2}{2}}{bh} = \frac{h}{2}$

정답 $G_X = \dfrac{bh^2}{2}$, $\overline{y} = \dfrac{h}{2}$

Q 예제 **4-2**

그림과 같은 앵글(angle)의 도심위치 $\bar{x}$, $\bar{y}$를 구하여라.

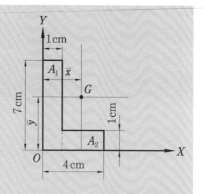

해설 그림에서 angle을 점선과 같이 2개의 단면 A_1, A_2
로 나누고 각각 X 및 Y축에 대한 단면 1차 모멘트
를 구한다.

$G_{X_1} = \bar{y_1} A_1 = 3.5 \times (7 \times 1) = 24.5 \, \text{cm}^3$

$G_{X_2} = \bar{y_2} A_2 = 0.5 \times (3 \times 1) = 1.5 \, \text{cm}^3$

$\therefore G_X = G_{X_1} + G_{X_2} = 24.5 + 1.5 = 26 \, \text{cm}^3$

$\therefore \bar{y} = \dfrac{G_X}{A} = \dfrac{26}{7+3} = 2.6 \, \text{cm}$

$G_{Y_1} = \bar{x_1} A_1 = 0.5 \times (7 \times 1) = 3.5 \, \text{cm}^3$

$G_{Y_2} = \bar{x_2} A_2 = 2.5 \times (3 \times 1) = 7.5 \, \text{cm}^3$

$\therefore G_Y = G_{Y_1} + G_{Y_2} = 3.5 + 7.5 = 11 \, \text{cm}^3$

$\therefore \bar{x} = \dfrac{G_Y{}'}{A} = \dfrac{11}{7+3} = 1.1 \, \text{cm}$

정답 $\bar{y} = 2.6 \, \text{cm}$, $\bar{x} = 1.1 \, \text{cm}$

Q 예제 **4-3**

그림과 같은 삼각형에서 X 축으로부터의 도심위치 $\bar{y}$ 를 구하여라.

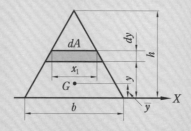

해설 그림에서 미소면적 $dA = x_1 dy$로 볼 수 있고, $b : h = x_1 : (h - y)$에서

$x_1 = \dfrac{b}{h}(h - y)$이므로 $G_X = \displaystyle\int_A y dA = \int_0^h y x_1 dy = \int_0^h y \frac{b}{h}(h - y) dy = \frac{bh^2}{6}$

또, $G_X = \bar{y} A$에서 $\bar{y} = \dfrac{G_X}{A} = \dfrac{\dfrac{bh^2}{6}}{\dfrac{bh}{2}} = \dfrac{h}{3}$

정답 $\bar{y} = \dfrac{h}{3}$

2. 단면 2차 모멘트

2-1 ○ 단면 2차 모멘트와 평행축의 정리

[그림 4-1]에서 X축에 대한 단면 2차 모멘트 I_X와 Y축에 대한 단면 2차 모멘트 I_Y는 다음과 같이 정의되며, 단면 2차 모멘트를 **관성**(慣性) **모멘트**라고도 한다.

$$I_X = y_1^2 dA_1 + y_2^2 dA_2 + y_3^2 dA_3 + \cdots\cdots + y_n^2 dA_n$$

$$= \sum_{i=1}^{n} y_i^2 dA_i = \int_A y^2 dA \, [\mathrm{cm}^4] \quad\cdots\cdots\cdots\cdots\cdots (4\text{-}4)$$

$$I_Y = x_1^2 dA_1 + x_2^2 dA_2 + x_3^2 dA_3 + \cdots\cdots + x_n^2 dA_n$$

$$= \sum_{i=1}^{n} x_i^2 dA_i = \int_A x^2 dA \, [\mathrm{cm}^4] \quad\cdots\cdots\cdots\cdots\cdots (4\text{-}5)$$

[그림 4-2]에서 도심을 지나는 X축과 Y축에 대한 단면 2차 모멘트를 알고 있을 때 그 축과 평행하게 임의의 거리만큼 떨어진 X'축과 Y'축에 대한 단면 2차 모멘트를 구할 수 있고, 이것을 정리한 다음 식을 **평행축 정리**(parallel axis theorem)라고 한다.

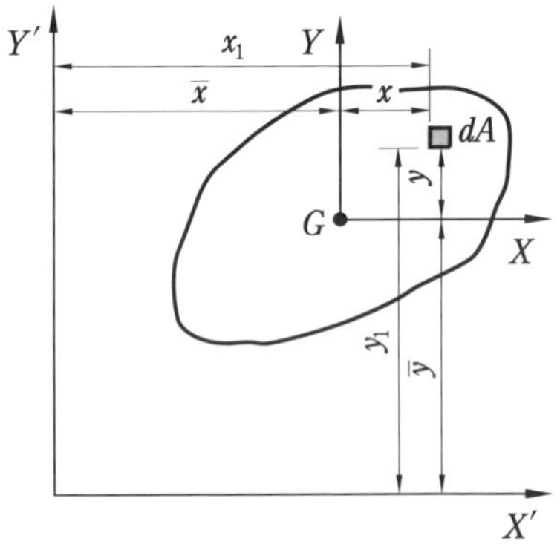

[그림 4-2] 평행축 정리

$$I_X' = \int_A y_1^{\,2} dA = \int_A (\overline{y} + y)^2 dA$$

$$= \int_A (\overline{y}^{\,2} + 2\overline{y}\,y + y^2) dA$$

$$= \overline{y}^{\,2} \int_A dA + 2\overline{y} \int_A y\,dA + \int_A y^2 dA \quad\cdots\cdots\cdots\cdots\cdots (\mathrm{A})$$

$$\left.\begin{array}{l} \therefore I_X' = \overline{y}^{\,2} A + I_X \\[6pt] I_X = I_X' - \overline{y}^{\,2} A \end{array}\right\} \quad\cdots\cdots\cdots\cdots\cdots (4\text{-}6)$$

$$I_Y' = \int_A x_1^{\,2} dA = \int_A (\overline{x} + x)^2 dA$$

$$= \int_A (\overline{x}^{\,2} + 2\overline{x}\,x + x^2) dA$$

$$= \overline{x}^2 \int_A dA + 2\overline{x} \int_A x\,dA + \int_A x^2 dA \quad \text{..(B)}$$

$$\left. \begin{aligned} \therefore I_Y' &= \overline{x}^2 A + I_Y \\ I_Y &= I_Y' - \overline{x}^2 A \end{aligned} \right\} \quad \text{..(4-7)}$$

식 (A), (B) 에서 $\displaystyle\int_A y\,dA$, $\displaystyle\int_A x\,dA$ 는 도심을 통과하는 축에 대한 단면 1차 모멘트로 0이 된다.

2-2 • 극관성 모멘트

[그림 4-3]에서 극점인 O을 통과하는 Z축에 대한 관성 모멘트를 **극관성(極性) 모멘트**
(polar moment of inertia), 또는 **극단면 2차 모멘트**라 하고, 미소면적 dA의 좌표를
x, y, 그리고 O점에서 미소면적 dA까지의 거리를 r이라고 하면 극관성 모멘트 I_P는

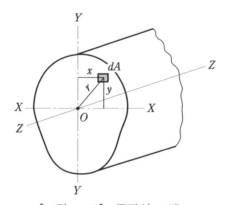

[그림 4-3] 극관성 모멘트

$$I_P = \int_A r^2 dA = \int_A (x^2 + y^2)dA = \int_A x^2 dA + \int_A y^2 dA$$

$$\therefore I_P = I_Y + I_X \quad \text{..(4-8)}$$

즉, 극점 O에 대한 단면 2차 모멘트인 극관성 모멘트 I_P 는 X축, Y축에 대한 두 관
성 모멘트를 합한 것과 같고 도심을 통과하는 직교 축에 대해 대칭을 이루는 원형 및
정방형과 같은 단면에서는 단면 2차 모멘트 $I_X = I_Y$이므로

$$I_P = I_X + I_Y = 2I_X = 2I_Y \quad \text{..(4-9)}$$

즉, 극관성 모멘트는 도심을 통과하는 직교 축에 대한 관성 모멘트의 2배가 된다.

Q 예제 **4-4**

그림과 같은 사각형에서 도심을 지나는 X, Y축에 대한 단면 2차 모멘트 I_X, I_Y를 구하여라.

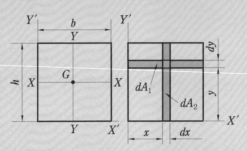

해설 $I_{X'} = \int_A y^2 dA_1 = \int_0^h y^2 b\,dy = \dfrac{bh^3}{3}$

$I_{Y'} = \int_A x^2 dA_2 = \int_0^b x^2 h\,dx = \dfrac{hb^3}{3}$

X', Y' 축으로부터 X, Y 축까지의 거리 $\bar{y}$, $\bar{x}$는 각각 $\dfrac{h}{2}$, $\dfrac{b}{2}$이므로 평행축 정리에서

$I_X = I_{X'} - \bar{y}^2 A = \dfrac{bh^3}{3} - \left(\dfrac{h}{2}\right)^2 bh = \dfrac{bh^3}{12}$

$I_Y = I_{Y'} - \bar{x}^2 A = \dfrac{hb^3}{3} - \left(\dfrac{b}{2}\right)^2 bh = \dfrac{hb^3}{12}$

정답 $I_X = \dfrac{bh^3}{12}$, $I_Y = \dfrac{hb^3}{12}$

Q 예제 **4-5**

그림과 같은 삼각형에서 도심을 지나는 X축에 대한 단면 2차 모멘트 I_X를 구하여라.

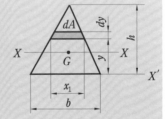

해설 그림에서 $b : h = x_1 : (h - y)$이므로 $x_1 = \dfrac{b}{h}(h - y)$가 된다.

따라서, $I_{X'} = \int_A y^2 dA = \int_0^h y^2 x_1\,dy$

$\qquad = \int_0^h y^2 \dfrac{b(h - y)}{h}\,dy = \dfrac{bh^3}{12}$

X' 축으로부터 X축(도심축)까지의 거리 $\bar{y}$는 $\dfrac{h}{3}$이므로 평행축 정리에서

$I_X = I_{X'} - \bar{y}^2 A = \dfrac{bh^3}{12} - \left(\dfrac{h}{3}\right)^2 \dfrac{bh}{2} = \dfrac{bh^3}{36}$

정답 $I_X = \dfrac{bh^3}{36}$

Q 예제 **4-6**

그림과 같은 반지름 $r\left(=\dfrac{d}{2}\right)$인 원에서 원의 중심을 지나는 X축에 대한 단면 2차 모멘트 I_X를 구하여라.

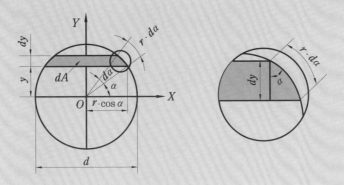

해설 $\sin\alpha = \dfrac{y}{r}$에서 $y = r\sin\alpha$

호 $r \cdot d\alpha$는 미소길이이므로 직선으로 볼 수 있다.

따라서,

$\cos\alpha = \dfrac{dy}{r \, d\alpha}$ 에서 $dy = r\cos\alpha \, d\alpha$이므로

$dA = 2r\cos\alpha \cdot r\cos\alpha \, d\alpha = 2r^2\cos^2\alpha \, d\alpha$

$I_X = 2\displaystyle\int_0^{\frac{\pi}{2}} y^2 dA = 2\int_0^{\frac{\pi}{2}} r^2\sin^2\alpha \cdot 2r^2\cos^2\alpha \, d\alpha$

$\qquad = 4r^4\displaystyle\int_0^{\frac{\pi}{2}} (\sin\alpha\cos\alpha)^2 d\alpha$

$\qquad = 4r^4\displaystyle\int_0^{\frac{\pi}{2}} \dfrac{1}{4}\sin^2 2\alpha \, d\alpha = r^4\int_0^{\frac{\pi}{2}} \sin^2 2\alpha \, d\alpha$

$\qquad = r^4\displaystyle\int_0^{\frac{\pi}{2}} \dfrac{1}{2}(1-\cos 4\alpha) \, d\alpha$

$\qquad = \dfrac{1}{2}r^4\left[\alpha - \dfrac{\sin 4\alpha}{4}\right]_0^{\frac{\pi}{2}} = \dfrac{1}{4}\pi r^4 = \dfrac{\pi d^4}{64}$

$\therefore I_X = \dfrac{\pi d^4}{64}$

※ $\sin\alpha\cos\alpha = \dfrac{1}{2}\sin 2\alpha,\ \sin^2\alpha = \dfrac{1}{2}(1-\cos 2\alpha)$

정답 $I_X = \dfrac{\pi d^4}{64}$

Q 예제 4-7

그림과 같이 바깥지름이 d_2, 안지름이 d_1인 중공원형 단면에서 도심을 통과하는 X축, Y축에 대한 단면 2차 모멘트 I_X, I_Y를 구하여라.

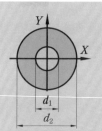

해설 도심을 통과하는 X축, Y축에 대해 대칭이므로 $I_X = I_Y$이고,

큰 원의 단면 2차 모멘트는 $\dfrac{\pi d_2^{\,4}}{64}$,

작은 원의 단면 2차 모멘트는 $\dfrac{\pi d_1^{\,4}}{64}$이므로

$$I_X = I_Y = \frac{\pi d_2^4}{64} - \frac{\pi d_1^4}{64} = \frac{\pi\left(d_2^4 - d_1^4\right)}{64}$$

정답 $I_X = I_Y = \dfrac{\pi\left(d_2^4 - d_1^4\right)}{64}$

Q 예제 4-8

그림과 같은 원에서 극점 O을 통과하는 극관성 모멘트 I_P를 구하여라.

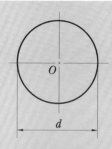

해설 $I_X = I_Y = \dfrac{\pi d^{\,4}}{64}$이므로

$$I_P = 2I_X = 2I_Y = 2 \times \frac{\pi d^{\,4}}{64} = \frac{\pi d^{\,4}}{32}$$

정답 $I_P = \dfrac{\pi d^{\,4}}{32}$

Q 예제 4-9

다음 그림과 같이 바깥지름이 d_2, 안지름이 d_1인 중공원형 단면에서 극점 O을 통과하는 극관성 모멘트 I_P를 구하여라.

해설 $I_X = I_Y = \dfrac{\pi\left(d_2^4 - d_1^4\right)}{64}$이므로

$$I_P = 2I_X = 2I_Y = 2 \times \frac{\pi\left(d_2^4 - d_1^4\right)}{64} = \frac{\pi\left(d_2^4 - d_1^4\right)}{32}$$

정답 $I_P = \dfrac{\pi\left(d_2^4 - d_1^4\right)}{32}$

3. 단면계수와 회전 반지름

3-1 ○ 단면계수

도심을 통과하는 축에 대한 단면 2차 모멘트를 그 축으로부터 끝단까지의 거리로 나눈 값을 **단면계수**라고 한다.

[그림 4-4]에서 도심을 통과하는 축 X에 대한 단면 2차 모멘트를 I_X, X축으로부터 상단까지의 거리를 e_1, 하단까지의 거리를 e_2라 하고, 각각에 대한 단면계수를 Z_1, Z_2라고 하면

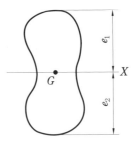

[그림 4-4] 단면계수

$$\left. \begin{array}{l} Z_1 = \dfrac{I_X}{e_1}\,[\text{cm}^3] \\[3mm] Z_2 = \dfrac{I_X}{e_2}\,[\text{cm}^3] \end{array} \right\} \quad \cdots\cdots\cdots\cdots\cdots\cdots\cdots\cdots (4-10)$$

또, 식 (4-10)에서 단면 2차 모멘트 대신에 극관성 모멘트 I_P를 대입한 값을 **극단면계수**(極斷面係數 ; polar modulus of section)라고 하며, 상단 및 하단에 대한 극단면계수 Z_{P_1}, Z_{P_2}는 다음과 같다.

$$\left. \begin{array}{l} Z_{P_1} = \dfrac{I_P}{e_1}\,[\text{cm}^3] \\[3mm] Z_{P_2} = \dfrac{I_P}{e_2}\,[\text{cm}^3] \end{array} \right\} \quad \cdots\cdots\cdots\cdots\cdots\cdots\cdots\cdots (4-11)$$

도형이 대칭이 아닐 때에는 어느 한 축에 대한 단면계수나 극단면계수는 2개가 존재하지만, 대칭일 때에는 $Z = Z_1 = Z_2$, $Z_P = Z_{P_1} = Z_{P_2}$가 되어 1개의 값을 갖게 된다.

3-2 ○ 회전 반지름

도심을 통과하는 축에 대한 단면 2차 모멘트 I를 그 도형의 면적 A로 나눈 값의 제곱근을 **회전 반지름**이라고 하며, 압축을 받는 기둥(column)과 같은 재료의 응력 해석에서 필요하다. 회전 반지름을 k라고 하면

$$k = \sqrt{\frac{I}{A}}\,[\text{cm}] \quad \cdots\cdots\cdots\cdots\cdots\cdots\cdots\cdots\cdots\cdots\cdots\cdots\cdots (4-12)$$

Q 예제 4-10

그림과 같이 밑변이 b이고, 높이가 h인 사각단면에서 도심축 X에 대한 단면계수 Z와 회전 반지름 k를 구하여라.

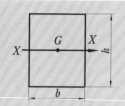

해설 $I_X = \dfrac{bh^3}{12}$이고, $e_1 = e_2 = \dfrac{h}{2}$이므로

$$Z = Z_1 = Z_2 = \frac{\dfrac{bh^3}{12}}{\dfrac{h}{2}} = \frac{bh^2}{6}, \quad k = \sqrt{\frac{I_X}{A}} = \sqrt{\frac{\dfrac{bh^3}{12}}{bh}} = \frac{h}{2\sqrt{3}}$$

정답 $Z = \dfrac{bh^2}{6}, \quad k = \dfrac{h}{2\sqrt{3}}$

Q 예제 4-11

그림과 같은 삼각형에서 도심축 X에 대한 단면계수를 구하여라.

해설 도심축으로부터 상단까지의 거리 $e_1 = \dfrac{2}{3}h$, 하단까지의 거리 $e_2 = \dfrac{1}{3}h$이고, 단면 2차 모멘트 $I_X = \dfrac{bh^3}{36}$이므로 상단 및 하단에 대한 단면계수 Z_1, Z_2는

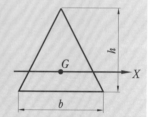

$$Z_1 = \frac{\dfrac{bh^3}{36}}{\dfrac{2h}{3}} = \frac{bh^2}{24}, \quad Z_2 = \frac{\dfrac{bh^3}{36}}{\dfrac{h}{3}} = \frac{bh^2}{12}$$

정답 $Z_1 = \dfrac{bh^2}{24}, \quad Z_2 = \dfrac{bh^2}{12}$

Q 예제 4-12

오른쪽 그림과 같이 바깥지름이 d_2, 안지름이 d_1인 중공 원형 단면에서 극점 O를 통과하는 축에 대한 단면계수 Z 및 극단면계수 Z_P를 구하여라.

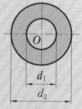

해설 상단 및 하단까지의 거리 $e_1 = e_2 = \dfrac{d_2}{2}$이고, 단면 2차 모멘트 I_X 및 극관성 모멘트 I_P는 $I_X = \dfrac{\pi(d_2^4 - d_1^4)}{64}$, $I_P = \dfrac{\pi(d_2^4 - d_1^4)}{32}$이므로

$$Z = Z_1 = Z_2 = \frac{\dfrac{\pi(d_2^4 - d_1^4)}{64}}{\dfrac{d_2}{2}} = \frac{\pi(d_2^4 - d_1^4)}{32 d_2}, \quad Z_P = Z_{P_1} = Z_{P_2} = \frac{\dfrac{\pi(d_2^4 - d_1^4)}{32}}{\dfrac{d_2}{2}} = \frac{\pi(d_2^4 - d_1^4)}{16 d_2}$$

정답 $Z = \dfrac{\pi(d_2^4 - d_1^4)}{32 d_2}, \quad Z_P = \dfrac{\pi(d_2^4 - d_1^4)}{16 d_2}$

연·습·문·제

1. 그림과 같은 단면에서 도심의 위치는 x축으로부터 몇 cm인 곳에 있는가 ?

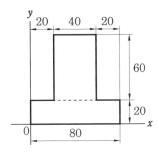

2. 지름 80 mm의 원형 단면의 중립축에 대한 관성 모멘트는 약 몇 mm^4인가 ?

3. 높이 h, 폭 b인 직사각형 단면을 가진 보(beam) A와 높이 b, 폭 h인 직사각형 단면을 가진 보 B의 단면 2차 모멘트의 비를 구하여라. (단, $h = 1.5b$이다.)

4. 그림과 같이 원형 단면의 원주에 접하는 $X-X$축에 관한 단면 2차 모멘트를 구하여라.

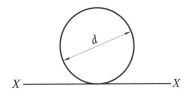

5. 그림과 같은 단면의 도심 축($X-X$)에 대한 관성 모멘트는 몇 m^4인가 ?

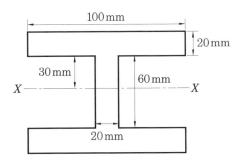

6. 그림과 같은 단면에서 가로방향 중립축에 대한 단면 2차 모멘트는 몇 mm⁴인가?

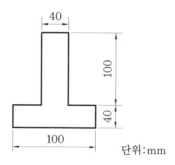

단위:mm

7. 지름 d인 원형 단면으로부터 절취하여 단면 2차 모멘트 I가 가장 크도록 사각형 단면[폭(b) × 높이(h)]을 만들 때 단면 2차 모멘트를 사각형 폭(b)에 관한 식으로 나타내어라.

8. 보(beam)에서 원형과 정사각형의 단면적이 같을 때, 단면계수의 비 $\dfrac{Z_1}{Z_2}$을 구하여라. (단, 여기에서 Z_1은 원형 단면의 단면계수, Z_2는 정사각형 단면의 단면계수이다.)

9. 바깥지름 30 cm, 안지름 10 cm인 중공 원형 단면의 단면계수는 약 몇 cm³인가?

10. 그림과 같이 한 변의 길이가 d인 정사각형 단면의 $Z-Z$축에 관한 단면계수를 구하여라.

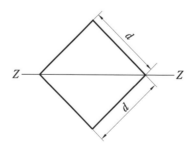

비틀림

1. 축의 비틀림

1-1 ○ 비틀림 응력

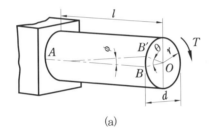
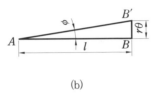

(a)   (b)

[그림 5-1] 원형 단면축의 비틀림

[그림 5-1(a)]와 같이 길이 l, 반지름 r인 원형 단면축의 한쪽 끝을 고정시키고, 다른 쪽 끝에 우력(偶力 ; twisting moment) T를 작용시키면 비틀림이 발생하여 축의 표면에서 축선(軸線)과 평행한 선 $\overline{AB}$는 비틀려서 $\overline{AB'}$로 이동한다. 이 때 가해진 우력 T를 **비틀림 모멘트** 또는 **토크**(torque)라 하고, 선 $\overline{AB}$ 와 $\overline{AB'}$ 사이의 각 ϕ를 **전단각** (剪斷角 ; angle of shearing), 단면의 회전각 θ를 **비틀림각**(angle of torsion)이라고 한다. 이 때 전단각 ϕ 는 매우 작은 각이므로 [그림 5-1(b)]에서 미끄러진 양 $r\theta$에 의해 발생된 전단 변형률 γ는

$$\gamma = \tan\phi \fallingdotseq \frac{r\theta}{l}$$

따라서, 미끄럼 변형에 의해서 발생되는 전단응력 τ는 전단 탄성계수를 G라 하면

$$\tau = G\gamma = G\frac{r\theta}{l} \quad \cdots\cdots\cdots\cdots\cdots\cdots\cdots (5-1)$$

이와 같이 비틀림 변형에 의해서 발생되는 전단응력 τ 를 **비틀림 응력**(torsional stress)이라고 한다.

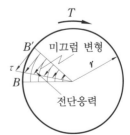

[그림 5-2] 원형 단면축의 비틀림 응력

식 $(5-1)$에서 $G\dfrac{\theta}{l}$는 일정한 값이므로 비틀림 응력 τ와 반지름 r은 비례하고, 따라서 [그림 $5-2$]와 같이 비틀림 응력은 반지름값에 따라 직선적으로 증가하며, 축 중심에서 0, 반지름 r인 외주(外周), 즉 원통의 표면에서 최대가 됨을 알 수 있다.

1-2 ● 비틀림 모멘트

[그림 $5-3$]에서 임의의 반지름 ρ에서의 미소면적을 dA라 하고, 미소면적 dA에서의 비틀림 응력을 τ_ρ, 이에 의해 발생하는 비틀림 저항력을 dF라고 하면

$r : \tau = \rho : \tau_\rho$에서

$$\tau_\rho = \tau\frac{\rho}{r}$$

$dF = \tau_\rho dA = \tau\dfrac{\rho}{r}dA$ 이므로

중심 O에 대해 미소면적 dA에 발생하는 **비틀림 저항 모멘트**(torsion resistance moment) dT'는

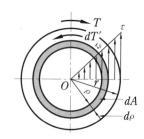

[그림 $5-3$] 비틀림 저항 모멘트

$$dT' = \rho dF = \rho \cdot \tau\frac{\rho}{r}dA = \frac{\tau}{r}\rho^2 dA$$

따라서, 중심 O에서 반지름 r까지 전체 단면에 발생하는 비틀림 저항 모멘트 $T' = \displaystyle\int_A dT'$가 되고, 이 값은 재료에 작용시킨 비틀림 모멘트 T와 크기는 같고 방향은 반대가 된다.

$$T = T' = \int_A dT' = \frac{\tau}{r}\int_A \rho^2 dA$$

여기서, $\displaystyle\int_A \rho^2 dA$는 단면의 중심 O에 대한 극관성 모멘트이므로 이 값을 I_P로 놓으면

$$T = \frac{\tau}{r}I_P$$

그런데 원형 단면에서 $\dfrac{I_P}{r}$는 극단면계수 Z_P이므로

$$T = \tau Z_P[\text{J}] \quad\cdots\cdots\cdots\cdots\cdots\cdots\cdots\cdots\cdots\cdots\cdots\cdots\cdots\cdots\cdots\cdots\cdots\cdots (5-2)$$

● 축의 강도와 축지름

지름 d인 원형 단면의 축에 비틀림 모멘트 T가 작용하여 비틀림 응력 τ가 발생하였다면, 이들은 다음과 같은 관계식을 갖는다.

$T = \tau Z_P = \tau \dfrac{\pi d^3}{16}$ 에서

$$\left. \begin{array}{l} \tau = \dfrac{16\,T}{\pi d^3} \\[4mm] d = \sqrt[3]{\dfrac{16\,T}{\pi \tau}} \end{array} \right\} \quad \cdots\cdots\cdots\cdots\cdots\cdots\cdots\cdots\cdots\cdots\cdots\cdots\cdots (5-3)$$

또, 바깥지름 d_2, 안지름 d_1인 중공(中空) 원형 단면축에서 안지름과 바깥지름의 비 $x = \dfrac{d_1}{d_2}$ 라고 하면

$$Z_P = \frac{\pi (d_2{}^4 - d_1{}^4)}{16 d_2} = \frac{\pi d_2{}^4 \left(1 - \dfrac{d_1{}^4}{d_2{}^4}\right)}{16 d_2} = \frac{\pi d_2{}^3 (1 - x^4)}{16} \; \text{이므로}$$

$$T = \tau Z_P = \tau \frac{\pi (d_2{}^4 - d_1{}^4)}{16 d_2} = \tau \frac{\pi d_2{}^3 (1 - x^4)}{16}$$

따라서,

$$\left. \begin{array}{l} \tau = \dfrac{16\,T d_2}{\pi (d_2^4 - d_1^4)} \\[4mm] = \dfrac{16\,T}{\pi d_2^3 (1 - x^4)} \\[4mm] d_2 = \sqrt[3]{\dfrac{16\,T}{\pi \tau (1 - x^4)}} \end{array} \right\} \quad \cdots\cdots\cdots\cdots\cdots\cdots\cdots\cdots\cdots (5-4)$$

● 축의 전달동력과 축지름

단위 시간당 행한 일량을 **동력**(動力 ; power)이라 하며, 다음과 같은 물리량을 갖는다.

$$\text{동력} = \frac{\text{일}}{\text{시간}} = \frac{\text{힘} \times \text{거리}}{\text{시간}} = \text{힘} \times \text{속도}$$

축은 원동기에서 나오는 동력을 토크에 의하여 다른 기계장치에 전달한다. [그림 5−4]에서 지름 $d(= 2r)$인 축이 회전력 F [N], 원주속도 v [m/s], 각속도 ω [rad/s], 회전수 n [rpm]으로 토크 T [J]에 의하여 동력을 전달한다면, $\omega = \dfrac{2\pi n}{60}$ 이므로 전달동력 H는

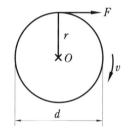

[그림 5−4] 축의 동력 전달

$$H = Fv = F \cdot r\omega = T\omega = \frac{2\pi n T}{60}\,[\text{J/s, W}]$$

따라서, 토크 T는

$$T = \frac{60H}{2\pi N}\,[\text{J}] \quad\dotfill\quad (5\text{-}5)$$

만약, 전달 동력 H의 단위가 kW이면

$$1\,\text{kW} = 10^3\text{W} = 10^3\text{N} \cdot \text{m/s} = 10^6\text{N} \cdot \text{mm/s}$$

이므로 식 (5-5)를 다시 쓰면

$$T = \frac{60 \times 10^6 H_{\text{kW}}}{2\pi n}\,[\text{N} \cdot \text{mm}]$$

위 식을 식 (5-3)에 대입하여 원형 단면 축에서의 축 지름 d를 구하면

$$d = \sqrt[3]{\frac{16 \times \dfrac{60 \times 10^6 H_{\text{kW}}}{2\pi n}}{\pi \tau}} = \sqrt[3]{\frac{16 \times 60 \times 10^6 H_{\text{kW}}}{2\pi^2 \tau n}}$$

$$= 365\sqrt[3]{\frac{H_{\text{kW}}}{\tau n}}\,[\text{mm}] \quad\dotfill\quad (5\text{-}6)$$

또한, 속이 빈 원형 단면 축에서의 바깥지름 d_2도 식(5-5)를 식 (5-4)에 대입하여 같은 방법으로 구하면

$$d_2 = 365\sqrt[3]{\frac{H_{\text{kW}}}{\pi n(1 - x^4)}}\,[\text{mm}] \quad\dotfill\quad (5\text{-}7)$$

1-5 • 비틀림 각과 Bach의 축공식

지금까지는 축에 토크가 작용되었을 때 파괴되지 않고 충분히 견딜 수 있도록 강도 (strength)적인 측면에서 축 지름을 결정하였다. 그러나 축을 설계할 때에는 강도적인

측면뿐만 아니라 다음의 비틀림 변형에 대해서도 충분히 고려해야 한다. 왜냐하면 축이 고속으로 회전할 때, 비틀림 각이 어느 한도를 초과하게 되면 축에 발생되는 진동이 급격히 증가하여 파괴에 이르기 때문이다.

(1) 비틀림 각

지름 $d(=2r)$, 길이 l인 원형 단면 축에서 비틀림 각 θ는 식 (5-1)로부터

$$\theta = \frac{\tau l}{Gr} = \frac{2\tau l}{Gd}$$

위 식에 비틀림 응력 $\tau = \dfrac{16T}{\pi d^3}$, 극 관성 모멘트 $I_P = \dfrac{\pi d^4}{32}$을 대입하여 다시 쓰면

$$\theta = \frac{2 \times \dfrac{16T}{\pi d^3} l}{Gd} = \frac{32Tl}{G\pi d^4} = \frac{Tl}{GI_P} \, [\mathrm{rad}] \quad \cdots\cdots\cdots\cdots\cdots\cdots\cdots\cdots\cdots\cdots\cdots\cdots (5-8)$$

그런데 $1\,\mathrm{rad} = \dfrac{180°}{\pi} \fallingdotseq 57.3°$이므로 식 (5-8)을 다시 쓰면

$$\theta = 57.3 \times \frac{Tl}{GI_P} \, (\text{도}) \quad \cdots\cdots\cdots\cdots\cdots\cdots\cdots\cdots\cdots\cdots\cdots\cdots\cdots\cdots\cdots\cdots (5-9)$$

(2) Bach의 축 공식

축의 단위 길이당의 비틀림 각, 즉 $\dfrac{\theta}{l}\,[°/\mathrm{m}]$ 를 **축의 강성도**(stiffness of shaft)라 하며, 동력을 전달하는 축은 강도와 더불어 적당한 강성도를 갖고 있어야 한다. Bach는 연강축에 있어서 비틀림 각 θ는 축길이 $1\,\mathrm{m}$에 대하여 $\dfrac{1}{4}°$ 이내가 적당하다고 하였다. 따라서, 연강축에서의 축지름 d를 Bach의 주장에 의해 구하면, 전단 탄성계수 $G = 80\,\mathrm{GPa} = 80 \times 10^3\,\mathrm{N/mm^2}$이므로

식 $(5-9)$에 $\theta = \dfrac{1}{4}°$, $I_P = \dfrac{\pi d^4}{32}\,[\mathrm{mm^4}]$, $T = \dfrac{60 \times 10^6 H_{\mathrm{kW}}}{2\pi n}\,[\mathrm{N \cdot mm}]$, $l = 10^3\,\mathrm{mm}$를 대입하면

$$\frac{1}{4} = 57.3 \times \frac{\dfrac{60 \times 10^6 H_{\mathrm{kW}}}{2\pi n} \times 10^3}{80 \times 10^3 \times \dfrac{\pi d^4}{32}} = \frac{57.3 \times 32 \times 60 \times 10^6 H_{\mathrm{kW}}}{2 \times 80\pi^2 n d^4}$$

$$\therefore \quad d = \sqrt[4]{\frac{4 \times 57.3 \times 32 \times 60 \times 10^6 \, H_{kW}}{2 \times 80 \, \pi^2 \, n}}$$

$$= 130 \sqrt[4]{\frac{H_{kW}}{n}} \, [mm] \quad \cdots\cdots\cdots\cdots\cdots\cdots\cdots\cdots\cdots\cdots\cdots (5-10)$$

또, 바깥지름 d_2, 안지름 d_1, 지름계수 $x = \dfrac{d_1}{d_2}$인 속이 빈 원형 단면축에서도 위와 같은 방법으로 하여 바깥지름 d_2를 구하면

$$d_2 = 130 \sqrt[4]{\frac{H_{kW}}{n(1-x^4)}} \, [mm] \quad \cdots\cdots\cdots\cdots\cdots\cdots\cdots\cdots (5-11)$$

식 (5 − 10)과 식 (5 − 11)을 **Bach의 축지름 공식**이라 한다. 축의 지름을 결정할 때에는 일반적으로 강도에 의해서 구하고, 강성도를 고려해야 할 경우에는 강성도와 강도에 의해 축의 지름을 구하여 큰 쪽의 값을 선택하면 된다.

Q 예제 5-1

바깥지름이 80 mm 이고, 안지름이 60 mm인 속이 빈 원형 단면축에서 허용 비틀림 응력 $\tau = 15 \, MPa$이라 할 때, 비틀림 모멘트 T를 구하여라.

해설 지름계수 $x = \dfrac{d_1}{d_2} = \dfrac{60}{80} = 0.75$이므로

$$T = \tau \frac{\pi d_2^{\,3}(1-x^4)}{16} = (15 \times 10^6) \times \frac{3.14 \times 0.08^3(1-0.75^4)}{16}$$

$$= 1030.31 \, N \cdot m = 1030.31 \, J$$

정답 1030.31 J

Q 예제 5-2

허용 비틀림 응력 $\tau = 8 \, MPa$인 전동축이 2 kJ의 비틀림 모멘트를 받고 있을 때 축지름 d를 구하여라.

해설 $d = \sqrt[3]{\dfrac{16 \, T}{\pi \tau}}$

$$= \sqrt[3]{\frac{16 \times (2 \times 10^3)}{3.14 \times (8 \times 10^6)}} = 0.1084 \, m = 108.4 \, mm$$

정답 108.4 mm

Q 예제 5-3

지름 40 mm의 연강봉이 1200 rpm으로 회전하고 있다. 허용 비틀림 응력을 40 MPa로 할 때 이 축의 전달동력(kW)을 구하여라.

해설 $T = \tau \dfrac{\pi d^3}{16}$ 과 $H = \dfrac{2\pi n\,T}{60}$ 에서

$$H = \dfrac{2\pi n}{60} \times \tau \dfrac{\pi d^3}{16}$$

$$\therefore\ H = \dfrac{2 \times 3.14 \times 1200}{60} \times (40 \times 10^6) \times \dfrac{3.14 \times 0.04^3}{16} = 63101.44\ \text{N} \cdot \text{m/s} \fallingdotseq 63.1\ \text{kW}$$

정답 63.1 kW

Q 예제 5-4

길이 2 m, 지름이 80 mm의 축이 300 rpm으로 50 kW를 전달할 때 비틀림 각도는 몇 도인가? (단, 전단 탄성계수 $G = 80$ GPa이다.)

해설 $T = \dfrac{60H}{2\pi n} = \dfrac{60 \times (50 \times 10^3)}{2 \times 3.14 \times 300} = 1592.36\ \text{J}$

$$\theta = 57.3 \times \dfrac{Tl}{GI_P} = 57.3 \times \dfrac{1592.36 \times 2}{(80 \times 10^9) \times \left(\dfrac{3.14 \times 0.08^4}{32}\right)} = 0.57°$$

정답 0.57°

Q 예제 5-5

1750 rpm으로 회전하며 60 kW를 전달하는 동력축의 지름 d를 구하여라. (단, 동력축의 인장강도는 54 MPa이고, 동력축의 비틀림 강도는 인장강도의 70 %이며, $G = 80$ GPa이다.)

해설 우선 강도적인 측면에서 축지름 d를 구하면, 1 MPa = 1 N/mm²이므로

$$\tau = 0.7\sigma = 0.7 \times 54 = 37.8\ \text{MPa} = 37.8\ \text{N/mm}^2$$

$$d = 365 \sqrt[3]{\dfrac{H_{kW}}{\tau n}} = 365 \sqrt[3]{\dfrac{60}{37.8 \times 1750}} = 35.33\ \text{mm}$$

다음 강성도의 측면에서 Bach의 축지름의 공식을 적용하면

$$d = 130 \sqrt[4]{\dfrac{H_{kW}}{n}} = 130 \sqrt[3]{\dfrac{60}{1750}} = 55.94\ \text{mm}$$

따라서, 큰 값 $d = 55.94$ mm를 축지름으로 결정한다.

정답 55.94 mm

Q 예제 5-6

길이 10 m인 연강 재료의 원형 단면축에 비틀림 모멘트 10 kJ을 작용시키면 축의 비틀림 각은 몇 rad인가? (단, 사용 전단응력은 50 MPa이고, 전단 탄성계수 $G = 80$ GPa이다.)

해설 먼저 비틀림 각을 구하기 위해 축의 지름 d를 구하면

$$d = \sqrt[3]{\frac{16\,T}{\pi\tau}} = \sqrt[3]{\frac{16 \times (10 \times 10^3)}{3.14 \times (50 \times 10^6)}} = 0.1006\,\text{m}$$

$$\theta = \frac{Tl}{GI_P} = \frac{(10 \times 10^3) \times 10 \times 32}{(80 \times 10^9) \times 3.14 \times 0.1006^4} = 0.12\,\text{rad}$$

정답 0.12 rad

2. 비틀림에 의한 탄성 에너지

균일 단면을 갖는 축에 비틀림 모멘트가 작용하면 탄성한도 이내에서는 [그림 5-5]의 비틀림 시험선도와 같이 비틀림 모멘트와 비틀림 각은 서로 비례관계를 갖는다. 따라서, 비틀림 모멘트 T가 작용하였을 때의 비틀림 각을 θ라 하면, 비틀림에 의해 재료에 저장된 탄성 에너지 U는 본문 제 2 장의 「11. 탄성 에너지」에서와 같은 방법으로 하여 다음과 같은 식을 얻을 수 있다.

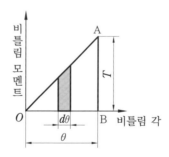

[그림 5-5] 비틀림 시험 선도

$$U = \frac{1}{2}\,T\theta\,[\text{J}] \quad \cdots\cdots\cdots\cdots\cdots (5\text{-}12)$$

또, 전동축에서의 비틀림 각 $\theta = \dfrac{Tl}{GI_P}$이므로

$$U = \frac{1}{2}\,T \cdot \frac{Tl}{GI_P} = \frac{T^2 l}{2\,GI_P}\,[\text{J}] \quad \cdots\cdots\cdots\cdots\cdots (5\text{-}13)$$

Q 예제 5-7

길이가 6 m이고, 단위 길이당 비틀림 각이 $\frac{1}{4}$ °/m인 축이 있다. 이 축의 끝단에 250 J 의 비틀림 모멘트를 작용시키면, 전체 길이에 저장되는 탄성 에너지는 얼마인가?

해설 길이 6 m에 발생되는 비틀림 각 $\theta = \frac{1}{4} \times 6 \times \frac{\pi}{180}$ ≒ 0.0262 rad이므로

탄성 에너지 U는

$$U = \frac{1}{2} T\theta = \frac{1}{2} \times 250 \times 0.0262 = 3.275 \text{ J}$$

정답 3.275 J

Q 예제 5-8

길이 4 m, 허용 비틀림 응력 $\tau = 40$ MPa인 원형 단면축이 비틀림을 받았다. 이 때 비틀림에 의한 탄성 에너지 $U = 39$ J이었다면 축의 지름은? (단, 축 재료의 전단 탄성계수 $G = 81$ GPa이다.)

해설 비틀림 모멘트 $T = \tau \frac{\pi d^3}{16}$이고, 40 MPa = 40 N/mm^2,

81 GPa = 81000 N/mm^2, 39 J = 39000 N · mm이므로

$$U = \frac{T^2 l}{2GI_P} = \frac{\left(\tau \frac{\pi d^3}{16} \right)^2 l}{2G \times \frac{\pi d^4}{32}} = \frac{\pi d^2 \tau^2 l}{16 G} \text{에서}$$

$$d = \sqrt{\frac{16GU}{\pi \tau^2 l}} = \sqrt{\frac{16 \times 81000 \times 39000}{\pi \times 40^2 \times 4000}} = 50.2 \text{ mm}$$

정답 50.2 mm

3. 원통 코일 스프링의 계산

[그림 5 – 6]과 같은 원통 코일 스프링에 축방향으로 하중 P가 작용할 때 축하중 P는 피치(pitch) 각 α만큼 경사지게 감겨진 소선(素線)의 방향과 같은 방향의 인장력 N, 직각방향의 전단력 F로 분해할 수 있다. 즉,

$$N = P\sin\alpha$$
$$F = P\cos\alpha$$

이 두 힘에 의해서 소선에는 굽힘 모멘트 M과 비틀림 모멘트 T가 발생하며 다음과 같다.

$$M = NR = PR \sin\alpha$$
$$T = FR = PR \cos\alpha$$

일반적으로 코일 스프링(coil spring)은 밀접감김으로 피치각 α가 대단히 작기 때문에 $\sin\alpha \fallingdotseq 0,\ \cos\alpha \fallingdotseq 1$로 생각할 수 있으므로 인장력 N과 굽힘 모멘트 M의 영향은 무시할 수 있고, 전단력 $F = P$, 비틀림 모멘트 $T = PR$로 볼 수 있다. 따라서, 전단력 F와 비틀림 모멘트 T에 의한 전단응력과 비틀림 응력을 각각 τ_1, τ_2라고 하면

$$\tau_1 = \frac{P}{\dfrac{\pi d^2}{4}} = \frac{4P}{\pi d^2}$$

$$T = PR = \tau_2 Z_P = \tau_2 \frac{\pi d^3}{16}\ \text{에서}$$

$$\tau_2 = \frac{16PR}{\pi d^3}$$

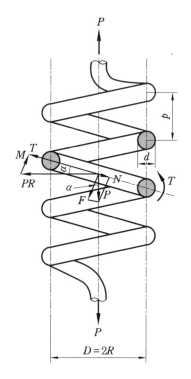

[그림 5-6] 원통형 코일 스프링

이들 τ_1과 τ_2의 방향은 서로 같으므로 스프링 소선에 생기는 합성 전단응력 τ는 다음과 같이 구할 수 있다.

$$\tau = \tau_1 + \tau_2 = \frac{4P}{\pi d^2} + \frac{16PR}{\pi d^3} = \frac{16PR}{\pi d^3}\left(1 + \frac{d}{4R}\right) = \frac{16PR}{\pi d^3}\left(1 + \frac{d}{2D}\right) \ \cdots\cdots (5\text{-}14)$$

원통형 코일 스프링에서 코일의 평균지름 D와 소선지름 d와의 비 $C = \dfrac{D}{d}$를 **스프링 지수**(spring index)라 하고, 이 값은 스프링의 제조상(코일링 작업이 곤란하다.) 4 이상으로 하는 것이 보통이며, 일반적으로 $C = 4 \sim 10$으로 하는 것이 좋다. 따라서, 식 (5-14)에서 $\dfrac{d}{2D}$는 1에 대하여 무시할 수 있으므로

$$\tau = \frac{16PR}{\pi d^3} = \frac{8PD}{\pi d^3}$$

그러나 이 응력은 코일의 곡률(曲率)과 전단력의 영향을 무시하고 있으므로 이들의 요인을 고려한 수정식들이 제안되어 있으며, 일반적으로 많이 사용하는 A. M. Wahl에

의한 수정식은 다음과 같다.

$$\tau = K\frac{16PR}{\pi d^3} = \left(\frac{4C-1}{4C-4} + \frac{0.615}{C}\right)\frac{16PR}{\pi d^3} \quad \cdots\cdots (5-15)$$

여기서, K를 **응력 수정계수**(應力修正係數), 또는 **Wahl의 응력계수**라고 부르며 스프링지수 C가 작을수록 커진다.

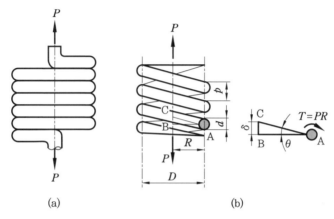

[그림 5-7] 코일 스프링의 처짐

다음 스프링의 처짐(deflection)을 구하면, 이 경우에도 비틀림 모멘트 $T = PR$ 만에 의해 처짐이 일어난다고 생각할 수 있다. [그림 5-7]과 같이 소선의 유효길이가 l이고, 유효 감김수가 n인 원통형 코일 스프링이 축방향으로 하중 P를 받아 δ의 처짐이 발생되었다고 하자.

이 때 소선의 비틀림 각을 θ라고 하면 식 (5-8)에서

$$\theta = \frac{Tl}{GI_P} = \frac{32PRl}{G\pi d^4}$$

여기서, $l = \pi Dn = 2\pi Rn$이고, 처짐량 $\delta = R\theta$이므로

$$\delta = R\theta = R\frac{32PR \cdot 2\pi Rn}{G\pi d^4}$$

$$= \frac{64nPR^3}{Gd^4} = \frac{8nPD^3}{Gd^4} \quad \cdots\cdots (5-16)$$

또, 스프링 소선의 단위 길이당의 처짐량에 대한 하중을 **스프링 상수**라 하고, 기호 k로 나타내면

$$k = \frac{P}{\delta} = \frac{Gd^4}{8nD^3} \quad \cdots\cdots (5-17)$$

Q 예제 5-9

평균지름 30 cm, 소선의 지름 1 cm인 원통형 코일 스프링에 30 N의 축하중을 작용시켰더니 축방향으로 10 cm가 늘어났다. 이 때 이 코일 스프링에 저장된 탄성 에너지의 크기는 얼마인가?

해설 스프링의 탄성 에너지 U는

$$U = \frac{1}{2}P\delta = \frac{1}{2} \times 30 \times 0.1 = 1.5\,\text{J}$$

정답 1.5 J

Q 예제 5-10

평균지름이 25 cm, 코일의 감김수 10, 소선의 지름 1.25 cm인 원통형 코일 스프링이 180 N의 축하중을 받을 때 스프링 상수를 구하여라. (단, 전단 탄성계수 $G = 88$ GPa이다.)

해설 $k = \dfrac{Gd^4}{8nD^3} = \dfrac{(88\times10^9)\times0.0125^4}{8\times10\times0.25^3} = 1718.75\,\text{N/m}$

정답 1718.75 N/m

Q 예제 5-11

평균지름이 60 mm, 소선의 지름 6 mm인 원통형 코일 스프링이 300 N의 축방향 인장하중을 받아 15 mm의 처짐이 발생하였다. 이 스프링의 전단응력 τ와 유효 감김수 n을 구하여라. (단, 전단 탄성계수 $G = 88$ GPa이다.)

해설 스프링 지수 $C = \dfrac{D}{d} = \dfrac{60}{6} = 10$이므로

응력 수정계수 $K = \dfrac{4C-1}{4C-4} + \dfrac{0.615}{C} = \dfrac{40-1}{40-4} + \dfrac{0.615}{10} = 1.14$

따라서, 전단응력 $\tau = K\dfrac{16PR}{\pi d^3} = 1.14 \times \dfrac{16\times300\times0.03}{\pi\times0.006^3}$

$$= 242.04\times10^6\,\text{N/m}^2 = 242.04\,\text{MPa}$$

또, 유효 감김수 n 은 $\delta = \dfrac{8nPD^3}{Gd^4}$에서

$n = \dfrac{\delta Gd^4}{8PD^3} = \dfrac{0.015\times(88\times10^9)\times0.006^4}{8\times300\times0.06^3} = 3.3$

따라서, 유효 감김수 $n = 4$로 한다.

정답 $\tau = 242.04$ MPa, $n = 4$

연·습·문·제

1. 지름 d인 강봉의 지름을 2배로 했을 때 비틀림 강도는 몇 배가 되는가?

2. 중공 원형 축에 비틀림 모멘트 $T = 100\,\text{N}\cdot\text{m}$가 작용할 때, 안지름이 20 mm, 바깥지름이 25 mm라면 최대 전단응력(최대 비틀림 응력)은 약 몇 MPa인가?

3. 그림과 같이 단 붙이 원형 축(stepped circular shaft)의 풀리에 토크가 작용하여 평형상태에 있다. 이 축에 발생하는 최대 전단응력은 몇 MPa인가?

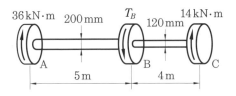

4. 지름 3 cm인 강축이 회전수 1590 rpm으로 26.5 kW의 동력을 전달하고 있다. 이 축에 발생하는 최대 전단응력은 약 몇 MPa인가?

5. 바깥지름이 46 mm인 속이 빈 축이 120 kW의 동력을 전달하는데 이때의 회전수는 40 rev/s이다. 이 축의 허용 비틀림 응력이 80 MPa일 때, 안지름은 몇 mm 이하이어야 하는가?

6. 지름 50 mm인 중실축이 A에서 모터에 의해 구동된다. 모터는 600 rpm으로 50 kW의 동력을 전달한다. 기계를 구동하기 위해서 기어 B는 35 kW, 기어 C는 15 kW를 필요로 한다. 축에 발생하는 최대 전단응력은 몇 MPa인가?

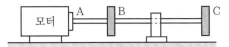

7. 지름 4 cm의 원형 알루미늄 봉을 비틀림 재료시험기에 걸어 표면의 45° 나선에 부착한 스트레인 게이지로 변형도를 측정하였더니 토크가 120 N·m일 때 변형률 $\varepsilon = 150 \times 10^{-6}$을 얻었다. 이 재료의 전단탄성계수는 몇 GPa인가?

8. 지름이 d이고 길이가 l인 균일한 단면을 가진 직선축이 전체 길이에 걸쳐 토크 t_0가 작용할 때, 최대 전단응력을 구하여라.

9. 길이가 3.14 m, 지름이 40 mm인 원형 단면의 축이 비틀림 모멘트 100 N·m를 받을 때 비틀림 각도를 구하여라. (단, 전단 탄성계수는 80 GPa이다.)

10. 지름이 60 mm인 연강축이 있다. 이 축의 허용 전단응력(허용 비틀림 응력)은 40 MPa 이며 단위길이 1 m당 허용 회전각도는 1.5°이다. 연강의 전단 탄성계수를 80 GPa이라 할 때 이 축의 최대 허용 토크는 몇 N·m인가?

11. 400 rpm으로 회전하는 바깥지름 60 mm, 안지름 40 mm인 중공 단면축의 허용 비틀림 각도가 1°일 때 이 축이 전달할 수 있는 동력의 크기는 몇 kW인가? (단, 전단 탄성계수 $G = 80$ GPa, 축 길이 $l = 3$ m이다.)

12. 동일 재료로 만든 길이 l, 지름 d인 축 A와 길이 $2l$, 지름 $2d$인 축 B를 동일 각도만큼 비트는 데 필요한 비틀림 모멘트의 비 $\dfrac{T_A}{T_B}$의 값은 얼마인가?

13. 길이가 l이고 지름이 d_o인 원통형의 나사를 끼워 넣을 때 나사의 단위 길이당 t_o의 토크가 필요하다. 나사 재질의 전단탄성계수가 G일 때 나사 끝단 간의 비틀림 회전량(rad)을 구하여라.

14. 회전수 120 rpm과 35 kW를 전달할 수 있는 원형 단면축의 길이가 2 m이고, 지름이 6 cm일 때 축단(軸端)의 비틀림 각도는 몇 rad인가? (단, 이 재료의 가로탄성계수는 83 GPa이다.)

15. 지름 35 cm의 차축이 0.2°만큼 비틀렸다. 이때 최대 전단응력이 49 MPa이고, 재료의 전단탄성계수가 80 GPa이라고 하면 이 차축의 길이는 약 몇 m인가?

16. 지름 d, 길이 l인 봉의 양단을 고정하고 단면 $m-n$의 위치에 비틀림 모멘트 T를 작용시킬 때 봉의 A부분에 작용하는 비틀림 모멘트를 구하여라.

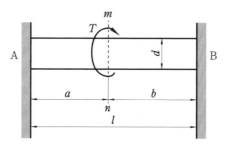

17. 그림과 같이 지름이 다른 두 부분으로 된 원형 축에 비틀림 토크(T) 680 N·m가 B점에 작용할 때, 최대 전단응력은 몇 MPa인가? (단, 전단탄성계수 $G = 80$ GPa이다.)

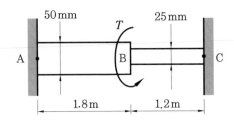

18. 동일한 길이와 재질로 만들어진 두 개의 원형 단면 축이 있다. 각각의 지름이 d_1, d_2 일 때 각 축에 저장되는 변형에너지 U_1, U_2의 비(比)를 구하여라. (단, 두 축은 모두 비틀림 모멘트 T를 받고 있다.)

19. 지름 10 mm 스프링강으로 만든 코일스프링에 2 kN의 하중을 작용시켜 전단응력이 250 MPa를 초과하지 않도록 하려면 코일의 지름을 약 몇 cm 정도로 하면 되는가?

20. 지름 3 mm의 철사로 평균지름 75 mm의 압축코일 스프링을 만들고 하중 10 N에 대하여 3 cm의 처짐량을 생기게 하려면 감은 횟수(n)는 대략 얼마로 해야 하는가? (단, 전단 탄성계수 G= 88 GPa이다.)

21. 강선의 지름이 5 mm이고 코일의 반지름이 50 mm인 15회 감긴 스프링이 있다. 이 스프링에 힘이 작용하여 처짐량이 50 mm일 때, P는 약 몇 N인가? (단, 재료의 전단탄성계수 G= 100 GPa이다.)

22. 원형 막대의 비틀림을 이용한 토션바(torsion bar) 스프링에서 길이와 지름을 모두 10 %씩 증가시킨다면 토션바의 비틀림 스프링상수$\left(\dfrac{\text{비틀림 토크}}{\text{비틀림 각도}}\right)$는 몇 배로 되는가?

23. 그림과 같은 장치에 하중 P가 작용할 때 스프링의 변위 δ를 구하여라. (단, 스프링상수는 k이다.)

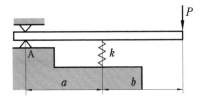

보의 전단과 굽힘

교량과 같이 길이방향(축선방향 ; 軸線方向)에 대하여 직각방향으로 하중을 받아 굽힘(bending)을 받는 봉(棒 ; bar)이나 구조물의 부재를 보(beam)라 하고, 보를 지지하고 있는 점을 **지점**(支點 ; support)이라고 한다.

지점에는 작용하고 있는 하중을 지지하는 반력(反力 ; reaction force)이 발생하여 힘의 평형을 이루게 되는 데 이 힘을 **지점반력**이라 한다. 또한, 지점에 따라서는 보에 굽힘을 주는 굽힘 모멘트(bending moment)에 대해 저항하는 **지지 모멘트**(fixed moment)가 동시에 발생하기도 한다.

1. 지점의 종류

1-1 ○ 회전지점

지점의 위치는 부동(不動)이며 [그림 6−1(a)]와 같이 보에 작용하는 하중에 대해 수직방향과 수평방향의 두 방향으로는 지지할 수 있으나, 굽힘 모멘트에 대해서는 저항하지 않아 지점상에서 보의 굽힘을 허용하는 지점을 **회전지점**(回轉支點 ; hinged support)이라고 한다. 하중이 보에 대하여 수직하게 작용하는 경우에는 수평반력은 0이 되므로 지점에서는 수직반력만이 발생하게 된다.

1-2 ○ 이동지점

지점을 보의 종축선(縱軸線 ; 길이방향)과 평행하게 이동시킬 수 있는 지점을 **이동지점**(移動支點 ; movable support)이라고 한다. 이동지점은 [그림 6−1(b)]와 같이 보에 작용하는 하중에 대해 수직 방향으로만 지지할 수 있고, 또한 굽힘 모멘트에 대해서도 저항하지 않아 지점상에서 보의 굽힘을 허용하는 지점이다.

1-3 ◦ 고정지점

보의 한쪽 끝을 완전히 고정시킨 지점을 **고정지점**(固定支點 ; fixed support)이라고 한다. [그림 6-1 (c)]와 같이 보에 작용하는 하중에 대해 수직방향과 수평방향의 두 방향으로 지지할 수 있고, 동시에 굽힘 모멘트에 대해서도 저항하므로 지점 위치에서는 보의 굽힘을 허용하지 않는다. 고정지점에서는 지점반력과 지지 모멘트가 동시에 발생된다.

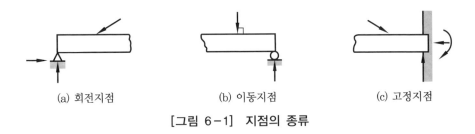

(a) 회전지점　　　(b) 이동지점　　　(c) 고정지점

[그림 6-1]　지점의 종류

2. 보의 종류

2-1 ◦ 정정보

정역학의 평형조건(힘과 모멘트의 평형조건) 만으로 미지량인 지점반력과 지지 모멘트를 구할 수 있는 보를 **정정보**(靜定보 ; statically determinate beam)라고 한다. 정정보의 대표적인 예를 들면 다음과 같다.

(1) 단순보

[그림 6-2 (a)]와 같이 회전지점과 이동지점으로 지지되고 있는 보를 **단순보**(單純보 ; simple beam)라고 한다. 단순보는 지점 사이에 하중이 작용하므로 **양단지지**(兩端支持)**보**라고도 한다.

(2) 돌출보

[그림 6-2 (b)]와 같이 단순보와 마찬가지로 회전지점과 이동지점으로 지지되고 있으나 하중이 지점의 바깥쪽에 작용하는 보를 **돌출보**(突出보 ; overhanging beam)라고 한다.

(3) 외팔보

[그림 6 − 2 (c)]와 같이 보의 한쪽 끝만을 고정지점으로 지지한 보를 **외팔보** (cantilever beam) 라고 하며, 고정된 단을 고정단, 다른쪽 끝을 자유단이라고 한다.

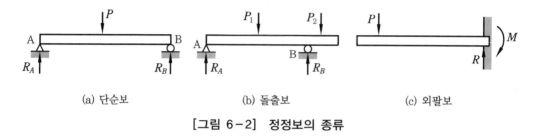

[그림 6 − 2] 정정보의 종류

2-2 ● 부정정보

정역학의 평형조건만으로는 방정식이 부족하여 미지량인 지점반력과 지지 모멘트를 구할 수 없는 보를 **부정정보**(不靜定보 ; statically indeterminate beam)라고 한다. 부정정보의 대표적인 예를 들면 다음과 같다.

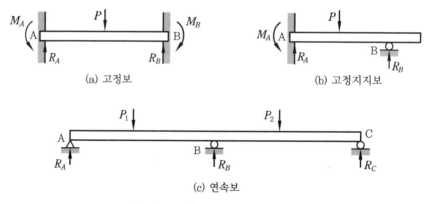

[그림 6 − 3] 부정정보의 종류

(1) 고정보

[그림 6 − 3 (a)]와 같이 보의 양끝을 고정지점으로 지지한 보를 **고정보**(固定보 ; fixed beam) 라고 한다.

(2) 고정지지보

[그림 6 − 3 (b)]와 같이 한쪽 끝은 고정지점으로 지지되고, 다른쪽 끝은 이동지점으

로 받쳐져 있는 보를 **고정지지보**(固定支持보 ; one end support and the other end fixed beam)라고 한다.

(3) 연속보

[그림 6-3 (c)]와 같이 지점이 세 곳 이상인 보를 **연속보**(連續보 ; continuous beam)라고 한다.

3. 보의 지점반력

보의 지점에 발생하는 미지량인 반력과 지지 모멘트의 크기와 방향은 다음의 정역학적 평형조건과 부호의 약속으로부터 구할 수 있다.

(1) 보에서의 정역학적 평형조건

① 보에 작용하는 하중과 반력의 모든 대수화(對數和)는 0이다($\sum F_i = 0$).
② 보의 임의의 점에 대한 모든 모멘트(moment)의 대수화는 0이다($\sum M_i = 0$).

(2) 부호의 약속

일반적으로 보에 작용하는 힘과 모멘트의 부호는 작용 방향에 따라 [그림 6-4]와 같이 정한다.

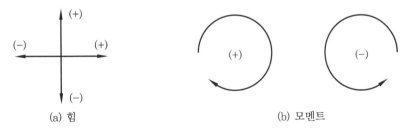

(a) 힘   (b) 모멘트

[그림 6-4] 힘과 모멘트의 방향에 따른 부호 약속

[그림 6-5]와 같이 보의 축선방향에 대하여 경사지게 하중 P가 작용하는 경우에는 하중 P를 수평방향과 수직방향의 하중 P_x와 P_y로 분해하여 해석한다. 또, [그림 6-6]과 같이 일정한 폭을 갖는 보에 분포하중이 작용할 때에는 같은 크기의 등가 집중하중 P로 환산하고, 그 작용점은 분포하중을 나타내는 기하학적인 평면도형의 도심 위치로 하여 해석한다. 또, 정역학의 평형조건에서 미지량인 지점반력과 지지 모멘트의 방향은 예측

할 수 없으므로 작용된 하중과 모멘트에 관계없이 항상 (+)방향으로 놓고 계산하며, 이 때 그 결과가 (−)일 때는 방향을 반대로 하고 지점의 위치도 바꾸어주면 된다.

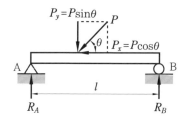

[그림 6−5] 경사지게 작용한 하중의 해석

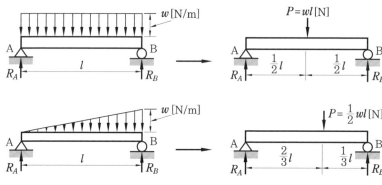

[그림 6−6] 분포하중의 해석

3-1 ⋅ 단순보 및 돌출보의 지점반력

[그림 6−7]과 같은 단순보에 집중하중 P가 작용할 때 정역학의 평형조건을 이용해 지점 A와 지점 B에 발생하는 지점반력 R_A와 R_B를 구하면

- $\sum F_i = 0$

$$R_A + R_B - P = 0 \quad \cdots\cdots\cdots\cdots\cdots\cdots (6\text{-}1)$$

- $\sum M_A = 0$ (지점 A를 기준)

$$Pa - R_B l = 0$$

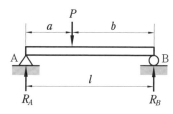

[그림 6−7] 단순보의 지점반력

$$\therefore R_B = P\,\frac{a}{l}\,[\text{N}] \quad \cdots\cdots\cdots\cdots\cdots\cdots (6\text{-}2)$$

식 (6−2)를 식 (6−1)에 대입하여 R_A를 구하면

$$R_A = P - R_B = P - P\frac{a}{l} = P\,\frac{b}{l}\,[\text{N}] \quad \cdots\cdots\cdots\cdots\cdots\cdots\cdots\cdots\cdots\cdots (6\text{-}3)$$

다음은 [그림 6-8]과 같은 돌출보에 집중하중 P_1과 P_2가 작용할 때 정역학의 평형 조건을 이용해 지점 A와 지점 B에 발생하는 지점반력 R_A와 R_B를 구하면

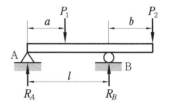

- $\sum F_i = 0$

$$R_A + R_B - P_1 - P_2 = 0 \quad\cdots\cdots\cdots\cdots\cdots (6\text{-}4)$$

- $\sum M_B = 0$(지점 B를 기준)

$$R_A l + P_2 b - P_1(l - a) = 0$$

$$\therefore R_A = \frac{P_1(l - a) - P_2 b}{l} \,[\mathrm{N}] \quad\cdots\cdots\cdots\cdots (6\text{-}5)$$

[그림 6-8] 돌출보의 지점반력

식 (6-5)를 식 (6-4)에 대입하여 R_B를 구하면

$$R_B = P_1 + P_2 - R_A = P_1 + P_2 - \frac{P_1(l - a) - P_2 b}{l}\,[\mathrm{N}] \quad\cdots\cdots\cdots\cdots\cdots\cdots (6\text{-}6)$$

3-2 ● 외팔보의 지점반력과 지지 모멘트

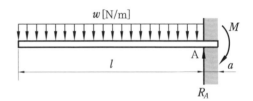

[그림 6-9]와 같은 외팔보에 균일 분포하중 w가 작용할 때 정역학의 평형조건을 이용해 고정지점 A에 발생하는 지점반력 R_A와 지지 모멘트 M을 구하면, 먼저 등가 집중하중 P와 작용점의 위치를 구한다. 균일 분포하중이므로 등가 집중하중

[그림 6-9] 외팔보의 지점반력과 지지 모멘트

$P = wl$, 작용점은 도심 위치인 보의 중앙이 된다. 따라서,

- $\sum F_i = 0$

$$R_A - P = R_A - wl = 0, \qquad \therefore R_A = wl\,[\mathrm{N}]$$

- $\sum M_A = 0$(지점 A를 기준)

$$M - P\frac{l}{2} = M - \frac{wl^2}{2} = 0, \qquad \therefore M = \frac{wl^2}{2}\,[\mathrm{J}]$$

외팔보에 하중이 작용하면 고정지점에는 하중에 의해 발생되는 모멘트와 크기는 같고 방향이 반대인 지지 모멘트가 발생된다. 이것은 [그림 6-9]에서 고정지점의 지점길이 a가 항상 수평을 유지하는 것으로부터 알 수 있다.

Q 예제 6-1

그림과 같은 돌출보에서 지점 A 및 지점 B의 반력
을 구하여라.

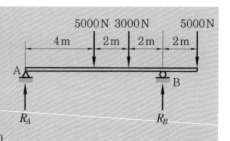

해설 $\sum F_i = 0$에서

$R_A + R_B - 5000 - 3000 - 5000 = 0$

$\sum M_A = 0$에서

$(5000 \times 4) + (3000 \times 6) + (5000 \times 10) - 8R_B = 0$

$\therefore R_B = 11000\,\text{N}, \quad R_A = 2000\,\text{N}$

정답 $R_A = 2000\,\text{N}, \quad R_B = 11000\,\text{N}$

Q 예제 6-2

그림과 같은 단순보에 하중 100 N이 보의 길이방향에 대
하여 60°의 경사로 작용할 때 지점반력을 구하여라.

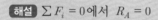

해설 먼저 하중 P의 수평방향 분력 P_x와 수직방향 분력 P_y
를 구하면

$P_x = 100 \times \cos 60° = 50\,\text{N}, \ P_y = 100 \times \sin 60° = 86.6\,\text{N}$

수평방향에 대한 정역학의 평형조건으로부터

$\sum H_i = 0$에서 $H_A - 50 = 0$

$\therefore H_A = 50\,\text{N}$

수직방향에 대한 정역학의 평형조건으로부터

$\sum F_i = 0$에서 $R_A + R_B - 86.6 = 0$, $\sum M_B = 0$에서 $8R_A - (86.6 \times 4) = 0$

$\therefore R_A = 43.3\,\text{N}, \quad R_B = 43.3\,\text{N}$

정답 수평반력 $H_A = 50\,\text{N}$, 수직반력 $R_A = 43.3\,\text{N}, \ R_B = 43.3\,\text{N}$

Q 예제 6-3

그림과 같은 외팔보에서 지점반력 R_A와 지지 모멘
트 M을 구하여라.

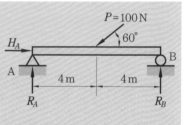

해설 $\sum F_i = 0$에서 $R_A = 0$

$\sum M_A = 0$에서 $M + 10 = 0$

$\therefore R_A = 0, \ M = -10\,\text{J}$(즉, 지지 모멘트는 시계 반대방향으로 발생된다.)

정답 $R_A = 0, \ M = -10\,\text{J}$

Q 예제 6-4

그림과 같은 보에서 지점반력을 구하여라.

해설 먼저 분포하중에 대한 등가 집중하중 P와 작용점의 위치를 구하면

등가 집중하중 $P = \dfrac{wl}{2} = \dfrac{4 \times 6}{2} = 12\,\mathrm{N}$

작용점의 위치는 지점 B로부터 $\dfrac{6}{3} = 2\,\mathrm{m}$

$\sum F_i = 0$에서 $R_A + R_B - 12 = 0$

$\sum M_B = 0$에서 $10R_A + 30 - (12 \times 2) = 0$

$\therefore R_A = -0.6\,\mathrm{N}, \ R_B = 12.6\,\mathrm{N}$

따라서 지점반력 R_A는 위에서 아래로 향하므로 지점의 위치는 위에 있어야 한다.

정답 $R_A = -0.6\,\mathrm{N}, \ R_B = 12.6\,\mathrm{N}$

4. 보의 전단력과 굽힘 모멘트

4-1 ◦ 전단력 및 굽힘 모멘트

[그림 6 – 10] 과 같이 보가 하중을 받아 지점반력 R_A, R_B로 지지되어 평형을 유지하고 있을 때 지점 A로부터 임의의 거리 x만큼 떨어진 곳에서의 횡단면 $X - X$ 좌우측에서도 각각 정역학의 평형조건이 성립되어 있지 않으면 안 된다. 따라서, $X - X$ 단면 좌우측에는 각각 **전단력**(剪斷力 ; shearing force) F_1, F_2와 **굽힘 모멘트**(bending moment) M_1, M_2가 발생하게 된다.

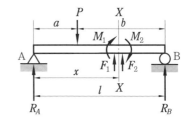

[그림 6 – 10] 전단력과 굽힘 모멘트의 해석

또한, 이들의 크기와 방향은 $X - X$단면 좌우측에 대해 각각 정역학의 평형조건을 적용시켜 다음과 같이 구할 수 있다.

먼저 지점반력 R_A와 R_B를 구하면 식 (6 – 2)와 (6 – 3)에서

$$R_A = P\frac{b}{l}, \qquad R_B = P\frac{a}{l}$$

이고, 전단력 F_1, F_2와 굽힘 모멘트 M_1, M_2는 미지량이므로 [그림 6-10]과 같이 작용방향을 (+)방향으로 놓으면

(1) $X-X$ 단면 좌측

- $\sum F_i = 0$

$$R_A - P + F_1 = 0$$

$$\therefore \ F_1 = P - R_A$$

$$= P - P\frac{b}{l} = P\frac{a}{l} \quad \cdots\cdots\cdots\cdots\cdots\cdots\cdots\cdots\cdots\cdots\cdots\cdots\cdots\cdots\cdots\cdots\cdots\cdots\cdots\cdots\cdots\cdots\cdots\text{(A)}$$

- $\sum M_{X-X} = 0$

$$R_A x - P(x-a) + M_1 = 0$$

$$\therefore \ M_1 = P(x-a) - R_A x$$

$$= P\frac{a}{l}x - Pa \quad \cdots\cdots\cdots\cdots\cdots\cdots\cdots\cdots\cdots\cdots\cdots\cdots\cdots\cdots\cdots\cdots\cdots\cdots\cdots\cdots\cdots\text{(B)}$$

(2) $X-X$ 단면 우측

- $\sum F_i = 0$

$$R_B + F_2 = 0$$

$$\therefore \ F_2 = -R_B = -P\frac{a}{l} \quad \cdots\cdots\cdots\cdots\cdots\cdots\cdots\cdots\cdots\cdots\cdots\cdots\cdots\cdots\cdots\cdots\cdots\cdots\cdots\text{(C)}$$

- $\sum M_{X-X} = 0$

$$M_2 - R_B(l-x) = 0$$

$$\therefore \ M_2 = R_B(l-x)$$

$$= -\left(P\frac{a}{l}x - Pa\right) \quad \cdots\cdots\cdots\cdots\cdots\cdots\cdots\cdots\cdots\cdots\cdots\cdots\cdots\cdots\cdots\cdots\cdots\text{(D)}$$

위의 식 (A)와 (C) 및 식 (B)와 (D)에서 $F_1 = -F_2$, $M_1 = -M_2$의 관계식을 얻을 수 있다. 즉, 보에서 임의의 단면 좌우측에 동시에 발생하는 전단력 F_1과 F_2, 굽힘 모멘트 M_1과 M_2는 항상 그 크기가 같고 방향이 반대임을 알 수 있으며, [그림 6-11]과 같이 전단방향과 굽힘방향에 따라 부호를 약속한다. 즉, 보의 임의의 단면에서의 전단력과 굽힘 모멘트를 구할 때 힘과 모멘트의 부호는 각각 작용방향에 따라 좌측부에서는 위쪽 방향과 시계 방향을 (+), 아래쪽 방향과 시계 반대방향을 (−)부호로 하고, 우측부에서는 위쪽 방향과 시계 방향을 (−), 아래쪽 방향과 시계 반대방향을 (+)부호로 한다.

부호	전단력	굽힘 모멘트
(+)		
(−)		

[그림 6-11] 전단력 및 굽힘 모멘트의 방향에 따른 부호 약속

Q 예제 6-5

그림과 같은 돌출보에서 지점 A로부터 2 m 떨어진 위치에서의 전단력 F와 굽힘 모멘트 M을 구하여라.

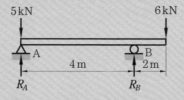

해설 먼저 지점반력을 구하면

$\sum F_i = 0$에서 $R_A + R_B - 5 - 6 = 0$

$\sum M_A = 0$에서 $(6 \times 6) - 4R_B = 0$

$\therefore \ R_B = 9 \, \text{kN}, \ R_A = 2 \, \text{kN}$

따라서, 전단력 F와 굽힘 모멘트 M을 구하면

$F = 2 - 5 = -3 \, \text{kN}$(좌측으로부터 구한다.)

또는

$F = 6 - 9 = -3 \, \text{kN}$(우측으로부터 구한다.)

여기서, −부호는 전단력의 크기가 아니라 작용방향을 뜻한다. ([그림 6-11] 참조)

$M = (2 \times 2) - (5 \times 2) = -6 \, \text{kJ}$(좌측으로부터 구한다.)

또는

$M = (9 \times 2) - (6 \times 4) = -6 \, \text{kJ}$(우측으로부터 구한다.)

여기서, −부호는 굽힘 모멘트의 크기가 아니라 작용방향을 뜻한다. ([그림 6-11] 참조)

정답 $F = -3 \, \text{kN}, \ M = -6 \, \text{kJ}$

Q 예제 6-6

그림과 같은 단순보에 등분포하중 $w = 300\,\text{N/m}$가 작용할 때 지점 A로부터 6 m인 곳에서의 전단력 F와 굽힘 모멘트 M을 구하여라.

해설 먼저 지점반력을 구하면

$\sum F_i = 0$에서 $R_A + R_B - (300 \times 4) = 0$

$\sum M_A = 0$에서 $(300 \times 4) \times 6 - 8 R_B = 0$

$\therefore R_B = 900\,\text{N}, \quad R_A = 300\,\text{N}$

따라서, 전단력 F와 굽힘 모멘트 M을 구하면

$F = 300 - (300 \times 2) = -300\,\text{N}$

$M = (300 \times 6) - (300 \times 2 \times 1) = 1200\,\text{N} \cdot \text{m} = 1200\,\text{J}$

정답 $F = -300\,\text{N}, \quad M = 1200\,\text{J}$

Q 예제 6-7

그림과 같은 외팔보에서 C점에서의 굽힘 모멘트 M_C를 구하여라.

해설 먼저 지점반력 R_A와 지지 모멘트 M을 구하면

$\sum F_i = 0$에서 $R_A - w \dfrac{l}{2} = 0$

$\therefore R_A = w \dfrac{l}{2}\,[\text{N}]$

$\sum M_A = 0$에서 $M + \left\{ w \dfrac{l}{2} \left(\dfrac{l}{2} + \dfrac{l}{4} \right) \right\} = 0$

$\therefore M = -\dfrac{3wl^2}{8}\,[\text{J}]$

지지모멘트 M은 그림과는 다르게 시계 반대 방향으로 발생함을 알 수 있다.

따라서, 굽힘 모멘트 M_C를 구하면

$M_C = \left(\dfrac{wl}{2} \times \dfrac{l}{4} \right) - \dfrac{3wl^2}{8} = -\dfrac{wl^2}{4}\,[\text{J}]$

정답 $M_C = -\dfrac{wl^2}{4}\,[\text{J}]$

4-2 ● 전단력 선도와 굽힘 모멘트 선도

보의 각 단면에 작용하는 전단력 F와 굽힘 모멘트 M은 일반적으로 단면의 위치에 따라 다른 값을 갖는다. 따라서, 이들의 크기와 방향의 변화 상태를 나타내기 위해 [그림 6 - 12]와 같이 가로방향에 보의 길이를 취하여 각 단면마다의 위치 x에서 전단력과

굽힘 모멘트값을 세로방향에 나타낸 선도를 **전단력 선도**(S.F.D ; Shearing Force Diagram) 및 **굽힘 모멘트 선도**(B.M.D ; Bending Moment Diagram)라고 한다.

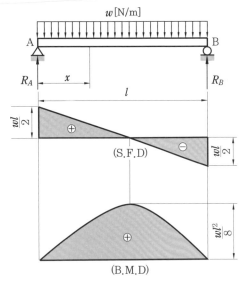

[그림 6−12] 전단력 선도(S.F.D)와 굽힘 모멘트 선도(B.M.D)

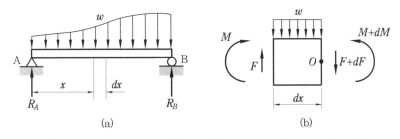

[그림 6−13] 분포하중을 받는 단순보와 미소부분의 자유물체도

또, 전단력과 분포하중 및 굽힘 모멘트의 관계는 [그림 6−13 (a)]와 같은 단순보에서 미소길이 dx에 대한 자유물체도로부터 알 수 있다. 즉, [그림 6−13 (b)]에서 O점에 대한 연직방향의 힘의 평형조건과 모멘트의 평형조건으로부터

• $\sum F_i = 0$

$$F - (F + dF) - wdx = 0$$

$$dF = -wdx$$

$$\therefore \frac{dF}{dx} = -w \quad \cdots\cdots\cdots\cdots\cdots\cdots\cdots\cdots\cdots\cdots\cdots\cdots\cdots\cdots\cdots\cdots\cdots\cdots\cdots (6-7)$$

• $\sum M_i = 0$

$$M - (M + dM) + Fdx - wdx\left(\frac{dx}{2}\right) = 0$$

$$M - M - dM + Fdx - \frac{w}{2}(dx^2) = 0$$

$$-dM + Fdx = 0(dx^2 \text{은 2차의 미소량이므로 생략한다})$$

$$dM = Fdx$$

$$\therefore \frac{dM}{dx} = F \quad \text{..} (6-8)$$

식 $(6-7)$에서

① 분포하중 w가 작용하는 경우, 전단력은 보 길이 x의 $(+)$방향에 따라서 $-w$와 같은 경사로 감소한다.

식 $(6-8)$에서

② 보의 어느 단면에서 전단력이 $(+)$이면 그 위치에서의 B.M.D의 경사, 즉 기울기는 $(+)$이어야 한다.

③ 보 위의 어느 위치에 집중력 P가 작용하고 있는 경우, 이 점에서 전단력 F는 불연속적으로 P만큼 변화하는데, 이에 따라서 B.M.D의 기울기도 이 점을 경계로 하여 P만큼 불연속적으로 변화한다.

④ 전단력이 0이 되는 위치에서 굽힘 모멘트는 최대값을 갖는다(최대 굽힘 모멘트가 작용하는 단면이 위험 단면이다).

(1) 집중하중이 작용할 때의 전단력 선도(S.F.D) 및 굽힘 모멘트 선도(B.M.D)

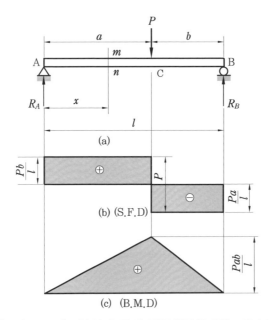

[그림 6-14] 임의의 점에 집중하중을 받는 단순보

① 지점반력

- $\sum F_i = 0$

$$R_A + R_B - P = 0$$

- $\sum M_A = 0$

$$Pa - R_B l = 0$$

$$\therefore R_B = P\frac{a}{l}$$

$$\therefore R_A = P - P\frac{a}{l} = P\left(1 - \frac{a}{l}\right) = P\frac{b}{l}$$

② 전단력 및 굽힘 모멘트 방정식

- $0 < x < a$ 구간

$$F_{AC} = R_A = P\frac{b}{l} \quad \cdots\cdots\cdots\cdots\cdots\cdots\cdots\cdots\cdots\cdots\cdots\cdots\cdots\cdots\text{(A)}$$

$$M_{AC} = R_A x = P\frac{b}{l}x \quad \cdots\cdots\cdots\cdots\cdots\cdots\cdots\cdots\cdots\cdots\cdots\text{(B)}$$

- $a < x < l$ 구간

$$F_{CB} = R_A - P = P\frac{b}{l} - P = P\left(\frac{b}{l} - 1\right) = -P\frac{a}{l} = -R_B \quad \cdots\cdots\cdots\text{(C)}$$

$$M_{CB} = R_A x - P(x - a) = P\frac{b}{l}x - P(x - a)$$

$$= \left(\frac{b}{l} - 1\right)Px + Pa = -P\frac{a}{l}x + Pa \quad \cdots\cdots\cdots\cdots\cdots\cdots\text{(D)}$$

③ 전단력 선도(S.F.D)와 굽힘 모멘트 선도(B.M.D) : 전단력 선도는 식 (A)와 (C)에서 전단력 F가 일정한 값(상수)이므로 [그림 6 – 14 (b)]와 같이 기울기가 0인 수평선으로 그려지고, 굽힘 모멘트 선도는 식 (B)와 (D)에서 x에 관한 1차 함수이므로 굽힘 모멘트 M의 값은 x에 비례하며 [그림 6 – 14 (c)]와 같이 일직선으로 증가 또는 감소한다. 이 때 각 지점에서의 전단력 F와 굽힘 모멘트 M의 값은 다음과 같다.

$x = 0$ 일 때 식 (A)와 (B)에서

$$F_A = R_A = P\frac{b}{l}, \quad M_A = 0$$

$x = l$ 일 때 식 (C)와 (D)에서

$$F_B = -R_B = -P\frac{a}{l}, \quad M_B = 0$$

또, 최대 굽힘 모멘트는 전단력 선도가 (+) 부호에서 (−) 부호로 바뀌는 점에서 발생하므로, 식 (B) 또는 (D)에서 지점 A로부터 $x = a$일 때 최대 굽힘 모멘트가 발생하고, 그 값은 다음과 같다.

$$M_{\max} = \frac{Pab}{l} \quad\text{(6-9)}$$

즉, 전단력이 0인 곳에서 최대 굽힘 모멘트가 발생한다.

(2) 균일 분포하중이 작용할 때의 전단력 선도(S.F.D) 및 굽힘 모멘트 선도(B.M.D)

① 지점반력

  • $\sum F_i = 0$

    $R_A + R_B - wl = 0$

  • $\sum M_A = 0$

    $wl \cdot \dfrac{l}{2} - R_B l = 0$

    $\therefore R_B = \dfrac{wl}{2}$

    $\therefore R_A = wl - \dfrac{wl}{2} = \dfrac{wl}{2}$

② 전단력 및 굽힘 모멘트 방정식

  $(0 < x < l)$

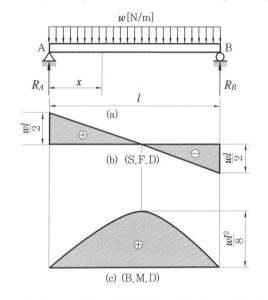

[그림 6-15] 균일 분포하중을 받는 단순보

$$F_{AB} = -wx + R_A = -wx + \frac{wl}{2} \quad\text{(A)}$$

$$M_{AB} = -wx \cdot \frac{x}{2} + R_A x$$

$$= -\frac{w}{2}x^2 + \frac{wl}{2}x \quad\text{(B)}$$

③ 전단력 선도(S.F.D)와 굽힘 모멘트 선도(B.M.D) : 전단력 선도는 식 (A)에서 전단력 F가 x에 관한 1차 함수이므로 [그림 6-15 (b)]와 같이 경사진 직선으로 전단력 선도가 그려지고, 굽힘 모멘트 선도는 식 (B)에서 굽힘 모멘트 M이 x에 관한 2차 함수이므로 [그림 6-15 (c)]와 같이 포물선으로 그려진다. 각 지점에서의 전단력 F와 굽힘 모멘트 M의 값은 다음과 같다.

식 (A)와 (B)에서

$x = 0$ 일 때

$$F_A = \frac{wl}{2} = R_A, \quad M_A = 0$$

$x = l$ 일 때

$$F_B = -wl + \frac{wl}{2} = -\frac{wl}{2} = -R_B, \quad M_B = 0$$

또, 최대 굽힘 모멘트는 전단력 선도가 (+) 부호에서 (−) 부호로 바뀌는 점, 즉 전
단력이 0인 점에서 발생하고, 그 위치는 [그림 6−15 (b)]에서 음영부분의 좌우는 서로
대칭이므로 $x = \dfrac{l}{2}$ 인 곳이 된다. 따라서 식 (B)로부터

$$M_{\max} = -\frac{w}{2}\left(\frac{l}{2}\right)^2 + \frac{wl}{2}\left(\frac{l}{2}\right) = \frac{wl^2}{8} \quad \cdots\cdots\cdots\cdots\cdots (6-10)$$

(3) 불균일 분포하중이 작용할 때의 전단력 선도(S.F.D) 및 굽힘 모멘트 선도(B.M.D)

① 지점반력

- $\sum F_i = 0$

$$R_A + R_B - \frac{wl}{2} = 0$$

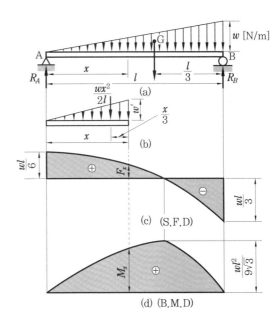

[그림 6−16] 불균일 분포하중을 받는 단순보

- $\sum M_A = 0$

$$\frac{wl}{2} \cdot \frac{2}{3}l - R_B l = 0$$

$$\therefore R_B = \frac{wl}{3}, \quad R_A = \frac{wl}{6}$$

② 전단력 및 굽힘 모멘트 방정식

$(0 < x < l)$

[그림 6−16 (b)] 에서

$$l : w = x : w'$$

$$\therefore w' = w\frac{x}{l}$$

이므로

$$F_{AB} = -\frac{w'x}{2} + \frac{wl}{6}$$

$$= -\frac{w}{2l}x^2 + \frac{wl}{6} \quad \text{...} \text{(A)}$$

$$M_{AB} = -\frac{wx^2}{2l} \cdot \frac{x}{3} + R_A x = -\frac{w}{6l}x^3 + \frac{wl}{6}x \quad \text{........................} \text{(B)}$$

③ 전단력 선도와 굽힘 모멘트 선도 : 전단력 선도는 식 (A)에서 전단력 F가 x에 관한 2차 함수이므로 [그림 6-16 (c)]와 같고, 굽힘 모멘트 선도는 식 (B)에서 굽힘 모멘트 M이 x에 관한 3차 함수이므로 [그림 6-16 (d)]와 같다. 각 지점에서의 전단력 F와 굽힘 모멘트 M의 값은 식 (A)와 (B)에서

$x = 0$일 때

$$F_A = \frac{wl}{6}, \quad M_A = 0$$

$x = l$일 때

$$F_B = -\frac{wl}{3}, \quad M_B = 0$$

또, 최대 굽힘 모멘트는 전단력이 0인 점에서 발생하므로 식 (A)에서

$$F_{AB} = -\frac{w'x}{2} + \frac{wl}{6} = -\frac{w}{2l}x^2 + \frac{wl}{6} = 0$$

$$\therefore \ x = \frac{l}{\sqrt{3}} \ \text{(최대 굽힘 모멘트가 발생되는 단면의 위치)}$$

이 x의 값을 식 (B)에 대입하면,

$$M_{\max} = \frac{wl^2}{9\sqrt{3}} \quad \text{...........................} \text{(6-11)}$$

(4) 집중 굽힘 모멘트가 작용할 때의 전단력 선도(S.F.D) 및 굽힘 모멘트 선도(B.M.D)

① 지점반력

- $\sum F_i = 0$

  $R_A + R_B = 0$(R_B는 미지량이므로 +방향으로 놓는다.)

- $\sum M_A = 0$

  $-M_0 - R_B l = 0$

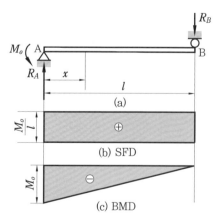

[그림 6-17] 집중 굽힘 모멘트를 받는 단순보

$$\therefore R_B = -\frac{M_0}{l}$$

$$R_A = \frac{M_0}{l}$$

② 전단력 및 굽힘 모멘트 방정식$(0 < x < l)$

$$F_{AB} = R_A = \frac{M_0}{l} \quad \text{..(A)}$$

$$M_{AB} = R_A x - M_0 = \frac{M_0}{l} x - M_0 \quad \text{..(B)}$$

③ 전단력 선도와 굽힘 모멘트 선도 : 전단력 선도는 식 (A)에서 전단력 F가 일정한 값
(상수)이므로 [그림 6-17(b)]와 같이 기울기가 0인 수평선으로 그려지고, 굽힘
모멘트 선도는 식 (B)에서 x에 관한 1차 함수이므로 굽힘 모멘트 M의 값은 x에 비
례하며 [그림 6-17(c)]와 같이 일직선으로 감소한다. 이 때 각 지점에서의 전단력
F와 굽힘 모멘트 M의 값은 다음과 같다.

식 (A)와 (B)에서

$x = 0$일 때

$$F_A = R_A = \frac{M_0}{l}, \quad M_A = -M_0$$

$x = l$일 때

$$F_B = R_A = -R_B = \frac{M_0}{l}, \quad M_B = 0$$

또, 최대 굽힘 모멘트는 [그림 6-17(c)]에서 $x = 0$일 때 발생하며, 그 값은 다음과 같다.

$$M_{\max} = -M_0 \quad \text{..(6-12)}$$

Q 예제 6-8

그림과 같은 단순보에서 S.F.D 및 B.M.D를 그리고, 최대 굽힘 모멘트$(M_{\max})$를 구하
여라.

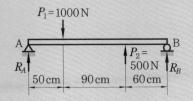

해설 먼저 지점반력을 구하면

$\sum F_i = 0$에서 $R_A + R_B + 500 - 1000 = 0$

$\sum M_B = 0$에서 $(500 \times 60) - (1000 \times 150) + 200 R_A = 0$

$\therefore R_A = 600\,\mathrm{N}$

$R_B = -100\,\mathrm{N}$(방향이 반대이다.)

그러므로 S.F.D 및 B.M.D는

① $0 < x < 50$ 구간

$F_x = R_A = 600, \quad M_x = R_A x = 600\,x$

② $50 < x < 140$ 구간

$F_x = R_A - 1000 = 600 - 1000 = -400$

$M_x = R_A x - 1000(x - 50)$

$\quad = 600x - 1000x + 50000 = -400x + 50000$

③ $140 < x < 200$ 구간

$F_x = 600 + 500 - 1000 = R_B = 100$

$M_x = -100 \times (200 - x) = 100x - 20000$

따라서, S.F.D와 B.M.D는 위의 그림과 같으며, 그림에서 최대 굽힘 모멘트($M_{\max}$)는

$x = 50\,\mathrm{cm} = 0.5\,\mathrm{m}$일 때 발생하므로

$M_{\max} = 600 \times 0.5 = 300\,\mathrm{N \cdot m} = 300\,\mathrm{J}$

정답 $M_{\max} = 300\,\mathrm{J}$

Q 예제 6-9

그림과 같은 돌출보에서 S.F.D 및 B.M.D를 그리고, 최대 굽힘 모멘트($M_{\max}$)를 구하여라.

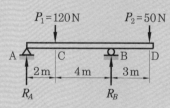

해설 먼저 지점반력을 구하면

$\sum F_i = 0$에서 $R_A + R_B - 120 - 50 = 0$

$\sum M_B = 0$에서 $6R_A - (120 \times 4) + 50 \times 3 = 0$

$\therefore R_A = 55\,\mathrm{N}, \quad R_B = 115\,\mathrm{N}$

그러므로 S.F.D 및 B.M.D는

① $0 < x < 2$ 구간

$\quad F_x = R_A = 55, \quad M_x = R_A x = 55x$

② $2 < x < 6$ 구간

$\quad F_x = R_A - 120 = 55 - 120 = -65$

$\quad M_x = R_A x - 120(x-2) = 55x - 120x + 240$

$\qquad = -65x + 240$

③ $6 < x < 9$ 구간

$\quad F_x = 50, \quad M_x = -50(9-x) = 50x - 450$

따라서, S.F.D와 B.M.D는 오른쪽 그림과 같으며, 그림에서 최대 굽힘 모멘트(M_{max})는 $x = 6\,\mathrm{m}$일 때 발생하므로

$\quad M_{max} = -(65 \times 6) + 240 = -150\,\mathrm{N} \cdot \mathrm{m} = -150\,\mathrm{J}$

정답 $M_{max} = -150\,\mathrm{J}$

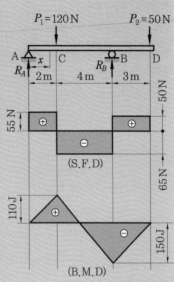

Q 예제 6-10

그림과 같은 외팔보에서 S.F.D 및 B.M.D를 그리고, 최대 굽힘 모멘트(M_{max})를 구하여라.

해설 먼저 지점반력 R_A와 지지 모멘트 M을 구하면

$\quad \sum F_i = 0$에서 $R_A - (600 \times 4) = 0$

$\quad \therefore R_A = 2400\,\mathrm{N} = 2.4\,\mathrm{kN}$

$\quad \sum M_A = 0$에서 $M - (600 \times 4 \times 8) = 0$

$\quad \therefore M = 19200\,\mathrm{N} \cdot \mathrm{m} = 19200\,\mathrm{J} = 19.2\,\mathrm{kJ}$

그러므로 S.F.D 및 B.M.D는

① $0 < x < 4$ 구간

$\quad F_x = -600x, \quad M_x = -600x \cdot \dfrac{x}{2} = -300x^2$

② $4 < x < 10$ 구간

$\quad F_x = -(600 \times 4) = -2400$

$\quad M_x = -(600 \times 4)(x-2) = -2400x + 4800$

따라서, S.F.D와 B.M.D는 위의 그림과 같으며, 그림에서 최대 굽힘 모멘트(M_{max})는 $x = 10\,\mathrm{m}$일 때 발생하므로

$\quad M_{max} = -(2400 \times 10) + 4800 = -19200\,\mathrm{N} \cdot \mathrm{m} = -19200\,\mathrm{J} = -19.2\,\mathrm{kJ}$

정답 $M_{max} = -19.2\,\mathrm{kJ}$

Q 예제　6-11

그림과 같은 길이 10 m의 단순보에 좌측으로부터 6 m 지점에 우력 $M = 15\,\text{J}$이 작용할 때 이 보의 S.F.D와 B.M.D를 그려라.

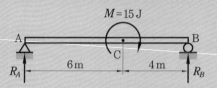

해설 먼저 지점반력을 구하면

$\sum F_i = 0$에서 $R_A + R_B = 0$

$\sum M_B = 0$에서 $10R_A + 15 = 0$

$\therefore R_A = -1.5\,\text{N}$(방향이 반대이다.)

$\quad R_B = 1.5\,\text{N}$

그러므로 S.F.D 및 B.M.D는

① $0 < x < 6$ 구간

$\quad F_x = -1.5, \quad M_x = -1.5x$

② $6 < x < 10$ 구간

$\quad F_x = -1.5, \quad M_x = -1.5x + 15$

따라서, S.F.D와 B.M.D는 다음 그림과 같다.

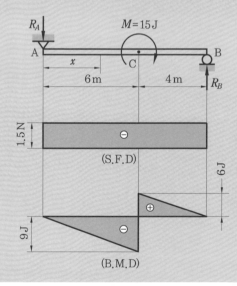

연·습·문·제

1. 그림과 같은 단순지지보에서 반력 R_A는 몇 kN인가?

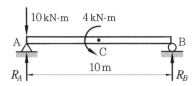

2. 그림에서 블록 A를 이동시키는 데 필요한 힘 P는 몇 N 이상이어야 하는가? (단, 블록과 접촉면과의 마찰계수 $\mu = 0.4$이다.)

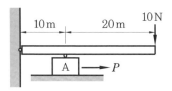

3. 그림과 같은 보에 C에서 D까지 균일 분포 하중 w가 작용하고 있을 때, A점에서의 반력 R_A와 B점에서의 반력 R_B를 구하여라.

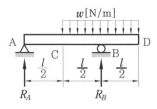

4. 그림과 같은 구조물에서 AB 부재에 미치는 힘은 몇 kN인가?

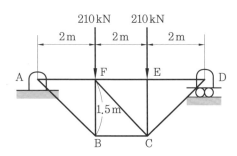

5. 반원 부재에 그림과 같이 $0.5R$ 지점에 하중 P가 작용할 때 지점 B에서의 반력 R_B 를 구하여라.

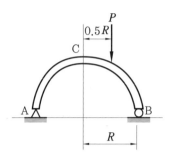

6. 길이가 l인 외팔보에서 그림과 같이 삼각형 분포 하중을 받고 있을 때 최대 전단력과 최대 굽힘 모멘트를 구하여라.

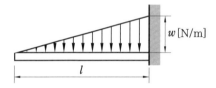

7. 그림과 같은 단순보의 중앙점(C)에서의 굽힘 모멘트를 구하여라.

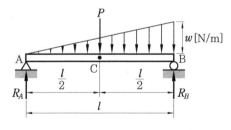

8. 그림과 같이 등분포 하중(균일 분포하중)이 작용하는 보에서 최대 전단력의 크기는 몇 kN인가 ?

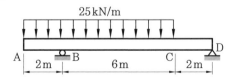

9. 그림과 같은 분포하중을 받는 단순보의 $m-n$ 단면에 생기는 전단력의 크기는 몇 N 인가? (단, $q = 300\ \text{N/m}$이다.)

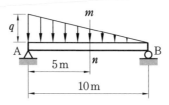

10. 그림과 같은 단순보에서 전단력이 0이 되는 위치는 A지점에서 몇 m 거리에 있는가?

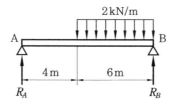

11. 그림과 같은 외팔보가 하중을 받고 있다. 고정단에 발생하는 최대 굽힘 모멘트는 몇 N·m인가?

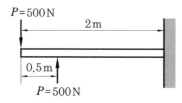

12. 그림과 같이 분포 하중이 작용할 때 최대 굽힘 모멘트가 일어나는 곳은 보의 좌측으로부터 얼마나 떨어진 곳에 위치하는가?

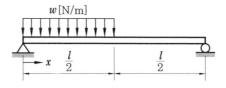

13. 그림과 같이 단순보의 지점 B에 M_0의 모멘트가 작용할 때 최대 굽힘 모멘트가 발생하는 위치 x를 구하여라.

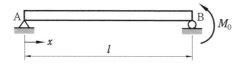

14. 왼쪽이 고정단인 길이 l의 외팔보가 w의 균일분포하중을 받을 때, 전단력 선도 (S.F.D)와 굽힘 모멘트 선도(B.M.D)를 그려라.

15. 그림과 같이 균일 분포 하중 w를 받는 보에서 굽힘 모멘트 선도를 그려라.

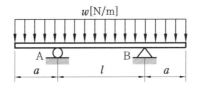

16. 그림과 같이 하중을 받는 보에서 최대 전단력은 약 몇 kN인가?

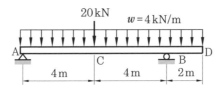

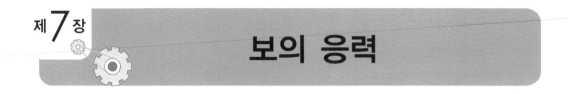

제7장

보의 응력

보가 하중을 받거나 우력(偶力)을 받으면 보의 단면에는 굽힘 모멘트와 전단력이 동시에 발생되어 응력이 발생되는데, 이 때 굽힘 모멘트에 의해 발생되는 수직응력을 굽힘응력이라 하고, 전단력에 의해 발생되는 응력을 전단응력이라고 한다.

1. 보 속의 굽힘응력

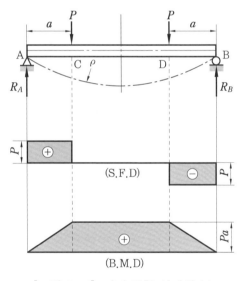

[그림 7-1] 순수굽힘 상태의 보

[그림 7-1]과 같이 수직하중을 받아 굽힘이 발생된 보에서 $\overline{CD}$ 구간은 전단력이 걸리지 않고 어느 단면에서도 일정한 값의 굽힘 모멘트만 걸린다. 이러한 부분의 상태를 **순수굽힘**(pure bending)이라 하고, 순수굽힘하에서 보는 원호상(圓弧狀)으로 변형한다. 이러한 상태에서 보는 [그림 7-2 (b)]와 같이 상부는 줄어들어 압축하중이 작용한 것과 같이 되어 압축응력이 발생하고, 하부는 늘어나 인장하중이 작용한 것과 같이 되어 인장응력이 발생한다. 이러한 수직응력을 굽힘응력이라고 하며, 이 응력을 해석하기 위해서는 다음과 같은 가정이 필요하다.

① 순수굽힘이다.

② 보의 횡단면은 굽힘을 받은 후에도 평면이고, 굽혀진 축선에 대하여 직교한다.

③ 보 속의 변형은 Hooke의 법칙 $\sigma = E\varepsilon$에 따른다.

④ 재료의 인장 및 압축에 대한 세로 탄성계수는 같다.

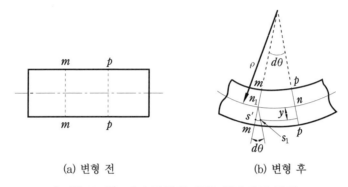

(a) 변형 전   (b) 변형 후

[그림 7-2] 순수굽힘에 의한 횡단면의 회전

[그림 7-2 (b)]에서 중립축(中立軸) $\widehat{n_1 n}$은 신축(伸縮)이 일어나지 않으며, 이 곡선을 **탄성곡선**(彈性曲線 ; elastic curve)이라고 한다. 이 곡선의 곡률 반지름(曲率半徑)을 ρ라고 하면 탄성곡선의 곡률은 $\dfrac{1}{\rho}$로 되고, 이 곡선으로부터 거리 y만큼 떨어진 곳에서의 축방향(軸方向) 변형률 ε과 굽힘응력 σ_b를 구하면

$$\varepsilon = \frac{\widehat{s_1 s'}}{\widehat{n\,n_1}} = \frac{y\,d\theta}{\rho\,d\theta} = \frac{y}{\rho}\ \text{이므로}$$

$$\sigma_b = E\varepsilon = \frac{E}{\rho}y \ \cdots\cdots\cdots\cdots\cdots\cdots\cdots\cdots\cdots\cdots\cdots\cdots\cdots\cdots\cdots\cdots\cdots\cdots\cdots\cdots (7\text{-}1)$$

여기서, $\dfrac{E}{\rho}$는 일정하므로 $\sigma_b \propto y$, 즉 보의 단면에 생기는 굽힘응력 σ_b는 [그림 7-3 (a)]와 같이 중립면으로부터의 거리 y에 비례한다.

또, 식 (7-1)에서 미지수(未知數)인 중립축의 위치와 곡률 반지름 ρ는 [그림 7-3]에서 횡단면(橫斷面) 전체의 축방향의 힘의 평형과 중립축에 대한 굽힘 모멘트의 평형 조건으로부터 구할 수 있다. 즉, 횡단면상에서 중립축으로부터 y만큼 떨어진 곳에서의 미소면적을 dA라고 하면

- $\sum F_i = 0$

미소면적 dA 위에 작용하는 힘 dF는 식 (7-1)에서

$$dF = \sigma_b\, dA = \frac{E}{\rho}y\,dA \ \cdots\cdots\cdots\cdots\cdots\cdots\cdots\cdots\cdots\cdots\cdots\cdots\cdots\cdots\cdots\cdots\cdots\cdots (7\text{-}2)$$

이므로

$$\int_A dF = \frac{E}{\rho} \int_A y\,dA = 0$$

따라서, E와 $\frac{1}{\rho}$은 상수(常數)이므로 $\frac{E}{\rho} \neq 0$이고, $\int_A y\,dA = 0$이 된다. 이것은 중립축에 대한 단면 1차 모멘트가 0임을 나타낸다. 즉, 중립축은 단면의 도심(圖心)을 지나는 것을 알 수 있다.

- $\sum M_i = 0$

미소면적 dA 위에 작용하는 굽힘 모멘트 dM은 식 $(7-2)$에서

$$dM = y \cdot dF = \frac{E}{\rho} y^2 dA$$

이므로

$$M - \int_A dM = 0$$

$$M = \int_A dM = \frac{E}{\rho} \int_A y^2 dA$$

여기서, $I = \int_A y^2 dA$ 는 중립축(도심축)에 대한 단면 2차 모멘트이므로

$$M = \frac{EI}{\rho} \quad \text{혹은} \quad \frac{1}{\rho} = \frac{M}{EI} \quad \dotsfill (7-3)$$

식 $(7-3)$을 식 $(7-1)$에 대입하면

$$\sigma_b = \frac{M}{I} y \quad \dotsfill (7-4)$$

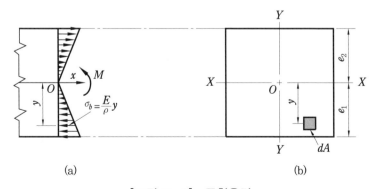

(a)　　　　　　　　　　(b)

[그림 7-3] 굽힘응력

[그림 7−3 (a)]에서 최대 굽힘응력은 y값이 최대일 때인 상단 또는 하단에서 발생하므로, [그림 7−3 (b)]에서 y값 대신에 e_1, e_2를 대입하면 각 단(端)에 대한 단면계수 Z_1, Z_2는

$$Z_1 = \frac{I}{e_1}, \quad Z_2 = \frac{I}{e_2}$$

이므로

$$\sigma_{b1} = \frac{M}{Z_1} \,(인장)$$

$$\sigma_{b2} = \frac{M}{Z_2} \,(압축)$$

만약 단면이 [그림 7−3 (b)]에서 X축에 대하여 대칭이라면 $Z = Z_1 = Z_2$이므로

$$\sigma_b = \sigma_{b1} = \sigma_{b2} = \frac{M}{Z}$$

또는,

$$M = \sigma_b Z \quad \cdots\cdots\cdots\cdots\cdots\cdots\cdots\cdots\cdots\cdots\cdots\cdots\cdots\cdots\cdots\cdots\cdots\cdots\cdots\cdots\cdots\cdots (7\text{-}5)$$

위식은 보의 굽힘공식으로서 보의 설계에서 가장 중요한 기초식(基礎式)이 되고, 굽힘 모멘트 M이 일정할 때 굽힘응력 σ_b와 단면계수 Z는 반비례함을 알 수 있다. 따라서, Z가 크면 σ_b가 작아지므로 보는 강한 것이 된다.

Q 예제 7-1

보가 최대 굽힘 모멘트 $M_{\max} = 800\,\mathrm{J}$을 받고 있을 때 단면의 굽힘응력을 $6\,\mathrm{MPa}$로 하려면 지름을 약 몇 mm로 하면 되는가?

해설 $M = \sigma_b Z$에서 단면계수 $Z = \dfrac{\pi d^3}{32}$이므로

$$M = \sigma_b \cdot \frac{\pi d^3}{32}$$

$$\therefore \; d = \sqrt[3]{\frac{32M}{\pi \sigma_b}} = \sqrt[3]{\frac{32 \times 800}{3.14 \times (6 \times 10^6)}} = 0.1108\,\mathrm{m} = 110.8\,\mathrm{mm}$$

정답 $d = 110.8\,\mathrm{mm}$

Q 예제 **7-2**

그림과 같은 단순 지지보가 균일 분포하중 $w = 400\,\text{N/m}$를 받고 있을 때 최대 굽힘응력
을 구하여라.

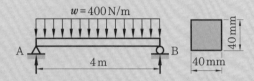

해설 먼저 지점반력을 구하면

$\sum F_i = 0$에서 $R_A + R_B - (400 \times 4) = 0$

$\sum M_B = 0$에서 $4R_A - (400 \times 4 \times 2) = 0$

$\therefore R_A = 800\,\text{N}, \ R_B = 800\,\text{N}$

또, 최대 굽힘 모멘트는 중앙에 생기며 그 값은

$M_{\max} = (800 \times 2) - (400 \times 2 \times 1)$

$\quad\quad = 800\,\text{N} \cdot \text{m} = 800000\,\text{N} \cdot \text{mm}$

단면계수 $Z = \dfrac{bh^2}{6} = \dfrac{40 \times 40^2}{6} = 10666.67\,\text{mm}^3$이므로

$\sigma_{b(\max)} = \dfrac{M_{\max}}{Z} = \dfrac{800000}{10666.67} = 75\,\text{N/mm}^2 = 75\,\text{MPa}$

정답 $\sigma_{b(\max)} = 75\,\text{MPa}$

Q 예제 **7-3**

오른쪽 그림과 같이 두께가 $1\,\text{mm}$인 강판을 지름 $d = 120\,\text{cm}$의 원통에 감을 때 강판에
일어나는 최대 응력을 구하여라. (단, 강판의 탄성계수 $E = 210\,\text{GPa}$로 한다.)

해설 $\dfrac{1}{\rho} = \dfrac{M}{EI}$, $M = \sigma_b Z$에서 $\sigma_b = \dfrac{EI}{\rho Z}$

또, $Z = \dfrac{I}{\dfrac{t}{2}} = \dfrac{2I}{t}$이므로

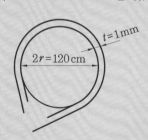

$\dfrac{I}{Z} = \dfrac{t}{2}$

$\therefore \sigma_b = \dfrac{Et}{2\rho} = \dfrac{(210 \times 10^9) \times (1 \times 10^{-3})}{2 \times (0.6 + 0.0005)}$

$\quad\quad = 174.85 \times 10^6\,\text{N/m}^2 = 174.85\,\text{MPa}$

정답 $\sigma_b = 174.85\,\text{MPa}$

2. 보 속의 전단응력

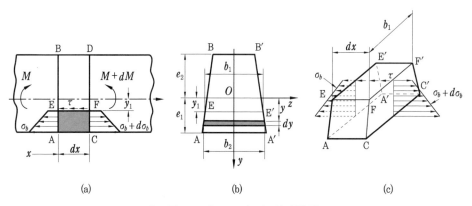

[그림 7-4] 보 속의 전단응력

보 속에 [그림 7-4 (a)]와 같은 미소부분 ACFE를 생각하고, 이것에 작용하는 x방향에 대한 힘의 평형을 고려하여 보자. 보에 있어서 일반적으로 굽힘 모멘트는 x와 더불어 변화하므로, 면 $AEE'A'$에 작용하는 굽힘 모멘트를 σ_b라고 하면, 미소거리 dx만큼 떨어져 있는 면 $CFF'C'$ 위에서의 응력은 $(\sigma_b + d\sigma_b)$가 된다. 따라서, 이 미소부분에는 다음 식으로 주어지는 크기의 합력(合力)이 x방향으로 작용하게 된다.

$$\int_{y_1}^{e_1} \frac{M + dM}{I} y\, b_2\, dy - \int_{y_1}^{e_1} \frac{M}{I} y\, b_2\, dy = \int_{y_1}^{e_1} \frac{dM}{I} y\, b_2\, dy \quad\cdots\cdots\cdots\cdots\cdots\cdots (A)$$

한편, 하면(下面) $ACC'A'$ 및 측면(側面) $ACFE$, $A'C'F'E'$는 자유표면(自由表面)이므로 이들의 면에 작용하는 x방향의 힘은 존재하지 않는다. 따라서, 이 미소부분(微小部分)이 평형상태에 있기 위해서는 상면(上面) $EFF'E'$에 식 (A)와 크기가 같고, 방향이 반대인 힘이 작용하고 있지 않으면 안 됨을 알 수 있다. 이 힘은 미소면 $EFF'E'$ 위에서 균일하게 분포하는 것으로 가정한다. 이와 같이 정의되는 τ가 보 속에 발생하는 **전단응력**이다. τ의 크기는 힘의 평형에서

$$\tau b_1\, dx - \int_{y_1}^{e_1} \frac{dM}{I} y\, b_2\, dy = 0$$

$$\therefore\ \tau = \frac{1}{Ib_1} \frac{dM}{dx} \int_{y_1}^{e_1} y\, b_2\, dy$$

가 된다. 이 식에서 $\dfrac{dM}{dx} = F$(전단력)이므로

$$\tau = \frac{F}{Ib_1} \int_{y_1}^{e_1} y\, b_2\, dy = \frac{FS}{Ib_1} \quad \text{...} \quad (7-6)$$

단, $S = \displaystyle\int_{y_1}^{e_1} y\, b_2\, dy$는 도형(圖形) $\text{AEE}'\text{A}'$의 중립축(Oz)에 관한 단면 1차 모멘트이다. 이 식에서 S는 $y_1 = e_1$ 또는 $-e_2$에서 0이 되므로, τ는 상·하면에서 항상 0이 됨을 알 수 있다.

2-1 ● 직사각형 단면의 전단응력

[그림 $7-5$ (a)]와 같은 직사각형 단면의 전단응력 τ는 식 $(7-6)$에서 $b_1 = b_2 = b$ 이므로

$$I = \frac{bh^3}{12}$$

$$S = \int_{y_1}^{e_1} b_2\, y\, dy = \int_{y_1}^{\frac{h}{2}} b\, y\, dy = \frac{b}{2}\left(\frac{h^2}{4} - y_1^{\,2}\right)$$

따라서,

$$\tau = \frac{FS}{Ib_1} = \frac{F}{\dfrac{bh^3}{12}\, b} \times \frac{b}{2}\left(\frac{h^2}{4} - y_1^2\right) = \frac{6F}{bh^3}\left(\frac{h^2}{4} - y_1^2\right)$$

$$= \frac{3F}{2bh}\left(1 - \frac{4y_1^2}{h^2}\right) \quad \text{...} \quad (7-7)$$

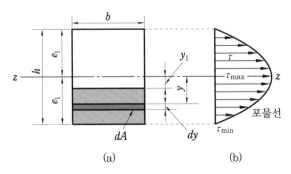

(a)　　　　　　　　(b)

[그림 $7-5$] 직사각형 단면의 전단응력

식 (7−7)에서 전단응력을 나타내는 선도(線圖 ; diagram)는 [그림 7−5 (b)]와 같이 y_1에 따라서 포물선형(抛物線形)으로 나타나는 것을 알 수 있고, bh는 단면적 A이므로 **최대 전단응력** 및 **최소 전단응력**은

$$y_1 = 0 \text{ 일 때 } \tau_{\max} = \frac{3F}{2bh} = 1.5\frac{F}{A} \qquad \cdots\cdots\cdots\cdots\cdots\cdots (7-8)$$

$$y_1 = \frac{h}{2} \text{ 일 때 } \tau_{\min} = 0 \qquad \cdots\cdots\cdots\cdots\cdots\cdots\cdots\cdots\cdots (7-9)$$

2-2 ◦ 원형 단면의 전단응력

[그림 7−6 (a)]와 같은 반지름 r인 원형 단면에서 전단응력 τ를 구하는 식을 구하면

$$y = r\sin\theta$$

$$dy = r\cos\theta\, d\theta$$

$$b_2 = 2\sqrt{r^2 - y^2} = 2\sqrt{r^2 - r^2\sin^2\theta} = 2r\sqrt{1 - \sin^2\theta} = 2r\cos\theta$$

$$S = \int_{y_1}^{r} b_2 y\, dy = \int_{y_1}^{r} 2\sqrt{r^2 - y^2}\ y\, dy = \int_{\theta}^{\frac{\pi}{2}} 2r\cos\theta\, r\sin\theta\, r\cos\theta\, d\theta$$

$$= -2r^3 \left[\frac{1}{3}\cos^3\theta\right]_{\theta}^{\frac{\pi}{2}} = \frac{2}{3}r^3\cos^3\theta$$

$$= \frac{2}{3}(r^2 - y_1^2)^{\frac{3}{2}}$$

또,

$$b_1 = 2r\cos\theta_1 = 2\sqrt{r^2 - y_1^2}, \qquad I = \frac{\pi r^4}{4}$$

단면적 $A = \pi r^2$이므로 식 (7−6)에서

$$\tau = \frac{FS}{Ib_1} = \frac{4F}{2\pi r^4 r\cos\theta_1} \times \frac{2}{3}r^3\cos^3\theta_1$$

$$= \frac{4}{3} \cdot \frac{F}{A}\cos^2\theta_1 = \frac{4}{3} \cdot \frac{F}{A}\left(1 - \frac{y_1^2}{r^2}\right) \quad \cdots\cdots\cdots\cdots\cdots\cdots (7-10)$$

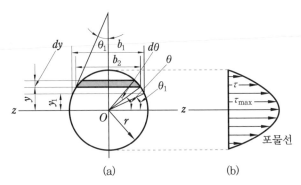

[그림 7-6] 원형 단면의 전단응력

식 (7-10)에서 전단응력을 나타내는 선도는 [그림 7-6 (b)]와 같이 y_1에 따라 포물 선형으로 나타나는 것을 알 수 있고, **최대 전단응력** 및 **최소 전단응력**은

$$y_1 = 0 일 때 \ \tau_{\max} = \frac{4}{3} \cdot \frac{F}{A} \ \text{..} (7\text{--}11)$$

$$y_1 = r 일 때 \ \tau_{\min} = 0 \ \text{..} (7\text{--}12)$$

Q 예제 **7-4**

그림과 같은 직사각형 단면의 단순보에 집중하중 400 N이 작용할 때 생기는 최대 전단응력은?

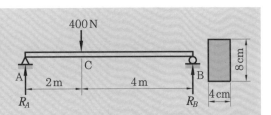

해설 먼저 지점반력을 구하면

$\sum F_i = 0$에서 $R_A + R_B - 400 = 0$

$\sum M_B = 0$에서 $6R_A - (400 \times 4) = 0$

∴ $R_A = 266.67\,\text{N}, \quad R_B = 133.33\,\text{N}$

지점 A에서 임의의 거리 x에 있는 전단력을 F_x라 하면

$\overline{\text{AC}}$ 구간 : $F_x = R_A = 266.67\,\text{N}$

$\overline{\text{CB}}$ 구간 : $F_x = R_A - 400 = 266.67 - 400 = -133.33\,\text{N}$

따라서, 최대 전단력 $F_{\max} = 266.67\,\text{N}$

$$\therefore \tau_{\max} = 1.5 \times \frac{F}{A} = 1.5 \times \frac{266.67}{0.04 \times 0.08}$$

$$= 125 \times 10^3 \,\text{N/m}^2 = 125\,\text{kPa}$$

정답 $\tau_{\max} = 125\,\text{kPa}$

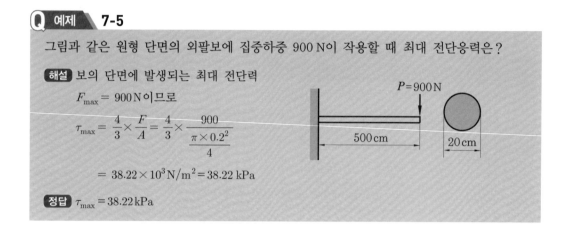

Q 예제 7-5

그림과 같은 원형 단면의 외팔보에 집중하중 900 N이 작용할 때 최대 전단응력은?

해설 보의 단면에 발생되는 최대 전단력

$F_{max} = 900\,\text{N}$이므로

$$\tau_{max} = \frac{4}{3} \times \frac{F}{A} = \frac{4}{3} \times \frac{900}{\frac{\pi \times 0.2^2}{4}}$$

$$= 38.22 \times 10^3\,\text{N/m}^2 = 38.22\,\text{kPa}$$

정답 $\tau_{max} = 38.22\,\text{kPa}$

$P = 900\,\text{N}$

500 cm

20 cm

3. 굽힘과 비틀림에 의한 조합응력

전동축(傳動軸)은 회전에 의한 비틀림 모멘트 T와 축의 자중(自重), 풀리(pulley) 및 기어(gear) 의 자중, 벨트(belt)의 장력(張力) 등에 의하여 굽힘 모멘트 M을 동시에 받는다. 이러한 축에 일어나는 최대 응력은 비틀림 모멘트 T에 의한 비틀림 응력, 굽힘 모멘트 M에 의한 굽힘응력, 전단력 F에 의한 전단응력 등을 고려해야 하는데 전단력 F로 인한 전단응력은 다른 응력에 비해 영향이 작으므로 일반적으로 무시한다.

따라서, 지름 d인 중실축(中實軸)에서 굽힘과 비틀림만을 고려하였을 때 각각에 대한 굽힘응력 σ_b와 비틀림 응력 τ를 구하면 다음과 같다.

$$\left. \begin{array}{l} \sigma_b = \dfrac{M}{Z} = \dfrac{M}{\dfrac{\pi d^3}{32}} = \dfrac{32M}{\pi d^3} \\[4mm] \tau = \dfrac{T}{Z_P} = \dfrac{T}{\dfrac{\pi d^3}{16}} = \dfrac{16T}{\pi d^3} \end{array} \right\} \quad \cdots\cdots (7-13)$$

따라서, 축에 발생되는 응력은 위의 두 응력을 조합한 조합응력(組合應力)으로 구해야 하므로 앞의 제3장 식 (3-25)의 최대 주응력(主應力) σ_{max} 과, 식 (3-28)의 최대 전단응력 τ_{max} 에 의하여 구할 수 있다. 즉,

$$\sigma_{max} = \frac{1}{2}(\sigma_x + \sigma_y) + \frac{1}{2}\sqrt{(\sigma_x - \sigma_y)^2 + 4\tau_{xy}^2}$$

$$\tau_{\max} = \frac{1}{2}\sqrt{(\sigma_x - \sigma_y)^2 + 4\tau_{xy}^{\ 2}}$$

여기서, $\sigma_x = \sigma_b,\ \sigma_y = 0,\ \tau_{xy} = \tau$의 경우에 상당하므로

$$\sigma_{\max} = \frac{1}{2}\sigma_b + \frac{1}{2}\sqrt{\sigma_b^{\ 2} + 4\tau^2} \quad\cdots\cdots (7-14)$$

$$\tau_{\max} = \frac{1}{2}\sqrt{\sigma_b^{\ 2} + 4\tau^2} \quad\cdots\cdots (7-15)$$

식 (7−13)을 식 (7−14) 및 (7−15)에 각각 대입하면

$$\sigma_{\max} = \frac{1}{2}\times\frac{32M}{\pi d^3} + \frac{1}{2}\sqrt{\left(\frac{32M}{\pi d^3}\right)^2 + 4\times\left(\frac{16T}{\pi d^3}\right)^2}$$

$$= \frac{32}{\pi d^3}\times\frac{1}{2}\left(M + \sqrt{M^2 + T^2}\right) \quad\cdots\cdots (7-16)$$

$$\tau_{\max} = \frac{1}{2}\sqrt{\left(\frac{32M}{\pi d^3}\right)^2 + 4\times\left(\frac{16T}{\pi d^3}\right)^2}$$

$$= \frac{16}{\pi d^3}\sqrt{M^2 + T^2} \quad\cdots\cdots (7-17)$$

식 (7−16)과 식 (7−17)에서 $\frac{32}{\pi d^3}\left(=\frac{1}{Z}\right)$와 $\frac{16}{\pi d^3}\left(=\frac{1}{Z_P}\right)$은 일정하므로 $\sigma_{\max}$과 $\tau_{\max}$을 발생시키는 것은 $\frac{1}{2}\left(M + \sqrt{M^2 + T^2}\right)$과 $\sqrt{M^2 + T^2}$이다. 이 값들을 각각 **상당 굽힘 모멘트**(M_e), **상당 비틀림 모멘트**(T_e)라고 하며 그 크기는 다음과 같다.

$$M_e = \frac{1}{2}\left(M + \sqrt{M^2 + T^2}\right) \quad\cdots\cdots (7-18)$$

$$T_e = \sqrt{M^2 + T^2} \quad\cdots\cdots (7-19)$$

따라서, $\sigma_{\max}$과 $\tau_{\max}$을 다시 쓰면 다음과 같다.

$$\left.\begin{array}{l}\sigma_{\max} = \dfrac{32M_e}{\pi d^3}\\[2mm]\tau_{\max} = \dfrac{16T_e}{\pi d^3}\end{array}\right\} \quad\cdots\cdots (7-20)$$

굽힘과 비틀림을 동시에 받는 축에서 축의 안전(安全)한 지름은 σ_{max} 대신 허용응력 σ_a를, τ_{max} 대신 τ_a를 대입하여 구할 수 있으므로 식 (7-20)에서

$$\left.\begin{array}{l} d = \sqrt[3]{\dfrac{32M_e}{\pi\sigma_a}} \\[3mm] d = \sqrt[3]{\dfrac{16T_e}{\pi\tau_a}} \end{array}\right\} \quad\cdots\cdots\cdots\cdots\cdots\cdots\cdots\cdots\cdots\cdots\cdots\cdots\cdots\cdots\cdots\cdots\cdots\cdots\cdots\cdots \text{(7-21)}$$

위 식에 의하여 구한 값 중에서 큰 값을 축의 지름으로 정하면 된다.

중공축(中空軸)의 경우 바깥지름을 d_2, 안지름을 d_1이라 하고, 안지름과 바깥지름의 비 $x = \dfrac{d_1}{d_2}$이라고 하면

$$\left.\begin{array}{l} \sigma_{max} = \dfrac{32M_e}{\pi d_2^3(1-x^4)} \\[3mm] \tau_{max} = \dfrac{16T_e}{\pi d_2^3(1-x^4)} \end{array}\right\} \quad\cdots\cdots\cdots\cdots\cdots\cdots\cdots\cdots\cdots\cdots\cdots\cdots\cdots\cdots\cdots\cdots\cdots\cdots \text{(7-22)}$$

Q 예제 7-6

지름이 100 mm이고 굽힘 모멘트 60 J과 비틀림 모멘트 48 J을 받는 축이 있다. 이 축에 발생하는 최대 수직응력 σ_{max}와 최대 전단응력 τ_{max}을 각각 구하여라.

해설 상당 굽힘 모멘트 $M_e = \dfrac{1}{2}\left(M + \sqrt{M^2+T^2}\right)$

$$= \dfrac{1}{2}\left(60 + \sqrt{60^2+48^2}\right) = 68.42\,\text{J}$$

상당 비틀림 모멘트 $T_e = \sqrt{M^2+T^2}$

$$= \sqrt{60^2+48^2} = 76.84\,\text{J이므로}$$

$$\sigma_{max} = \dfrac{32M_e}{\pi d^3} = \dfrac{32\times68.42}{\pi\times0.1^3} = 697.27\times10^3\,\text{N/m}^2 = 697.27\,\text{kPa}$$

$$\tau_{max} = \dfrac{16T_e}{\pi d^3} = \dfrac{16\times76.84}{\pi\times0.1^3} = 391.54\times10^3\,\text{N/m}^2 = 391.54\,\text{kPa}$$

정답 $\sigma_{max} = 697.27\,\text{kPa}$

$\tau_{max} = 391.54\,\text{kPa}$

Q 예제 7-7

매분 1200회전을 하면서 72 kW를 전달시키는 축이 굽힘 모멘트 $M = 400\,\mathrm{J}$을 받는다면 축의 지름은 얼마로 하면 되겠는가? (단, $\sigma_a = 60\,\mathrm{MPa}$, $\tau_a = 40\,\mathrm{MPa}$이다.)

해설 $T = \dfrac{60H}{2\pi n} = \dfrac{60 \times (72 \times 10^3)}{2 \times 31.4 \times 1200} = 573.25\,\mathrm{J}$이므로

$$M_e = \frac{1}{2} \times \left(M + \sqrt{M^2 + T^2}\right) = \frac{1}{2} \times \left(400 + \sqrt{400^2 + 573.25^2}\right) = 549.51\,\mathrm{J}$$

$$\therefore d = \sqrt[3]{\frac{32M_e}{\pi\sigma_a}} = \sqrt[3]{\frac{32 \times 549.51}{3.14 \times (60 \times 10^6)}} = 45.36 \times 10^{-3}\,\mathrm{m} = 45.36\,\mathrm{mm}$$

$$T_e = \sqrt{M^2 + T^2} = \sqrt{400^2 + 573.25^2} = 699.01\,\mathrm{J}$$

$$\therefore d = \sqrt[3]{\frac{16T_e}{\pi\tau_a}} = \sqrt[3]{\frac{16 \times 699.01}{3.14 \times (40 \times 10^6)}} = 44.66 \times 10^{-3}\,\mathrm{m} = 44.66\,\mathrm{mm}$$

따라서, 큰 지름값인 45.36 mm를 택한다.

정답 45.36 mm

Q 예제 7-8

그림과 같이 지름 $d = 8\,\mathrm{cm}$의 전동축 한쪽 끝에 지름 $D = 60\,\mathrm{cm}$, 중량 $W = 150\,\mathrm{N}$의 풀리를 고정하였다. 이 풀리에 걸려 있는 벨트의 긴장측 장력 $T_1 = 1000\,\mathrm{N}$, 이완측 장력 $T_2 = 200\,\mathrm{N}$이 작용한다면 전동축에 발생하는 최대 수직응력 $\sigma_{\max}$은 얼마인가?

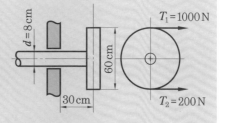

해설 풀리를 돌리는 회전력을 P라고 하면

$$P = T_1 - T_2 = 1000 - 200 = 800\,\mathrm{N}$$

이므로, 비틀림 모멘트 $T = P \times \dfrac{D}{2} = 800 \times \dfrac{0.6}{2} = 240\,\mathrm{N \cdot m} = 240\,\mathrm{J}$

또, 전동축에 굽힘을 주는 힘을 F라 하면

$$F = \sqrt{W^2 + (T_1 + T_2)^2} = \sqrt{150^2 + (1000 + 200)^2} = 1209.34\,\mathrm{N}$$이므로

굽힘 모멘트 $M = 0.3 \times F = 0.3 \times 1209.34 = 362.8\,\mathrm{N \cdot m} = 362.8\,\mathrm{J}$

따라서, 상당 굽힘 모멘트 M_e는

$$M_e = \frac{1}{2} \times \left(M + \sqrt{M^2 + T^2}\right) = \frac{1}{2} \times \left(362.8 + \sqrt{362.8^2 + 240^2}\right) = 398.9\,\mathrm{N \cdot m} = 398.9\,\mathrm{J}$$

$$\therefore \sigma_{\max} = \frac{32M_e}{\pi d^3} = \frac{32 \times 398.9}{\pi \times 0.08^3} = 7.94 \times 10^6\,\mathrm{N/m^2} = 7.94\,\mathrm{MPa}$$

정답 $\sigma_{\max} = 7.94\,\mathrm{MPa}$

연·습·문·제

1. 그림과 같은 직사각형 단면의 단순보 AB에 하중이 작용할 때, A단에서 20 cm 떨어진 곳의 굽힘 응력은 몇 MPa인가? (단, 보의 폭은 6 cm이고, 높이는 12 cm이다.)

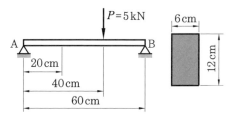

2. 그림과 같이 원형 단면을 갖는 외팔보에 발생하는 최대 굽힘 응력 $\sigma_{b(\max)}$을 구하여라.

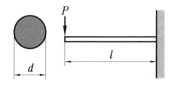

3. 단면의 치수가 $b \times h = 6\,\text{cm} \times 3\,\text{cm}$인 강철보가 그림과 같이 하중을 받고 있다. 보에 작용하는 최대 굽힘 응력은 몇 N/cm^2인가?

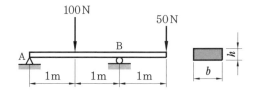

4. 균일 분포 하중 $w = 200\,\text{N/m}$가 작용하는 단순 지지보의 최대 굽힘 응력은 몇 MPa인가? (단, 보의 길이는 2 m이고 폭×높이 $= 3\,\text{cm} \times 4\,\text{cm}$인 사각형 단면이다.)

5. 단면 2차 모멘트가 $251\,\text{cm}^4$인 I형강 보가 있다. 단면의 높이가 20 cm라면, 최대 굽힘 모멘트 $M_{\max} = 2510\,\text{N} \cdot \text{m}$를 받을 때 최대 굽힘 응력은 몇 MPa인가?

6. 최대 굽힘 모멘트 $M_{\max} = 8\,\text{kN} \cdot \text{m}$를 받는 정사각형 단면의 굽힘 응력을 60 MPa로 하려면 한 변의 길이는 약 몇 cm로 해야 하는가?

7. 길이 6 m인 단순 지지보에 등분포 하중 w가 작용할 때 단면에 발생하는 최대 굽힘 응력이 337.5 MPa이라면 등분포 하중 w는 약 몇 kN/m인가? (단, 보의 단면은 폭 ×높이 = 40 mm×100 mm이다.)

8. 지름 100 mm의 양단 지지보의 중앙에 2 kN의 집중 하중이 작용할 때 보 속의 최대 굽힘 응력이 16 MPa일 경우 보의 길이는 몇 m인가?

9. 그림과 같은 외팔보가 있다. 보의 굽힘에 대한 허용응력을 80 MPa로 하고, 자유단 B 로부터 보의 중앙점 C 사이에 등분포하중 w를 작용시킬 때, w의 허용 최대값은 몇 kN/m인가? (단, 외팔보의 폭×높이는 5 cm×9 cm이다.)

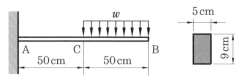

10. 원형 단면의 단순보가 그림과 같이 등분포 하중 50 N/m을 받고 허용 굽힘 응력이 400 MPa일 때 단면의 지름은 최소 약 몇 mm가 되어야 하는가?

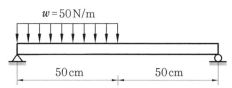

11. 그림과 같은 직사각형 단면의 보에 P= 4 kN의 하중이 10° 경사진 방향으로 작용한 다. A점에서의 수직응력을 구하면 약 몇 MPa인가?

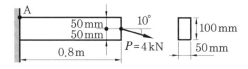

12. 그림과 같은 블록의 한쪽 모서리에 수직력 10 kN이 가해질 경우, 그림에서 위치한 A 점에서의 수직응력 분포는 약 몇 kPa인가?

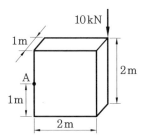

13. 단면이 가로 100 mm, 세로 150 mm인 사각 단면보가 그림과 같이 하중(P)을 받고 있다. 전단응력에 의한 설계에서 P는 각각 100 kN씩 작용할 때 안전계수를 2로 설계하였다고 하면, 이 재료의 허용전단응력은 몇 MPa인가?

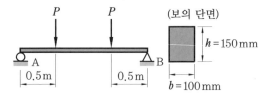

14. 그림과 같은 단순보(단면 8 cm×6 cm)에 작용하는 최대 전단응력은 몇 kPa인가?

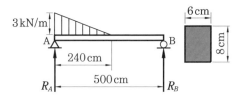

15. 폭 3 cm, 높이 4 cm의 직사각형 단면을 갖는 외팔보가 자유단에 그림에서와 같이 집중 하중을 받을 때 보 속에 발생하는 최대 전단응력은 몇 N/cm^{2}인가?

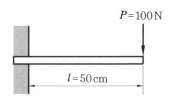

16. 전단력 10 kN이 작용하는 지름 10 cm인 원형 단면의 보에서 그 중립축 위에 발생하는 최대 전단응력은 약 몇 MPa인가?

17. 그림과 같이 단순화한 길이 1 m의 차축 중심에 집중 하중 100 kN이 작용하고, 100 rpm으로 400 kW의 동력을 전달할 때 필요한 차축의 지름은 최소 cm인가? (단, 축의 허용 굽힘응력은 85 MPa로 한다.)

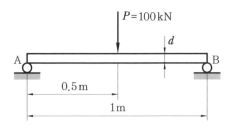

제8장 보의 처짐

[그림 8-1]과 같이 보가 하중을 받으면 처음에 직선이었던 보의 중심선이 곡선으로 된다. 이 곡선을 보의 **처짐곡선**(deflection curve) 또는 **탄성선**(elastic line)이라고 하며, 변형 전의 보의 중심선상의 각 점에서 이 처짐곡선에 이르는 수직변위량(垂直變位量) δ를 보의 **처짐**(deflection)이라고 한다. 또, 변형 전의 보의 중심선과 처짐곡선의 접선이 이루는 각 θ를 **처짐각**이라고 한다.

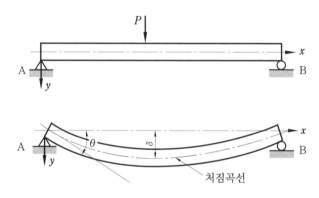

[그림 8-1] 처짐곡선 및 처짐량과 처짐각

보의 처짐은 굽힘 모멘트 및 전단력의 어느 작용에 의해서도 발생하나, 보통은 전단력에 의한 처짐은 굽힘 모멘트에 의한 처짐보다 무시할 수 있을 정도로 작으므로 보의 길이가 길고 두꺼운 경우를 제외하고는 생략해도 무방하다.

보의 처짐을 해석할 때에는 일반적으로 다음의 방법들을 이용한다.

① 처짐곡선의 미분 방정식(differential equation of deflection curve)에 의한 방법
② 모멘트 면적법(moment-area method)에 의한 방법
③ 탄성변형 에너지(elastic strain energy)를 이용하는 방법

위의 방법 중 ①의 방법이 가장 일반적이고 ②와 ③의 방법은 어느 한 점에서의 처짐 등을 계산하는데 유효하다.

1. 처짐곡선의 미분 방정식

[그림 8−2 (a)]는 보가 하중을 받아 처져 있는 경우로 x축과 M점의 접선과 이루는 각을 θ, N점의 접선과 이루는 각을 $d\theta$라고 하면, 곡률 ρ의 중심 O에서 두 점 M, N에 그은 선이 이루는 각은 $d\theta$가 된다. 또 M, N의 곡선길이를 ds라고 하면 곡률의 식은 제 7장에서의 식 (7−3)으로부터

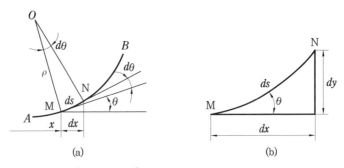

[그림 8−2] 보의 처짐곡선의 해석

$$\frac{1}{\rho} = \frac{d\theta}{ds} = \frac{M}{EI} \quad \cdots\cdots\cdots\cdots\cdots\cdots\cdots\cdots\cdots\cdots\cdots\cdots\cdots\cdots\cdots\cdots\cdots\cdots\cdots\cdots\cdots \text{(A)}$$

[그림 8−2 (b)]에서 dx는 미소(微小) 길이이므로 곡선 ds를 직선으로 가정하면

$$\tan\theta = \frac{dy}{dx}$$

위 식을 s에 대하여 미분하면

$$\sec^2\theta \cdot \frac{d\theta}{ds} = \frac{d^2y}{dx^2} \cdot \frac{dx}{ds}$$

$$\therefore \frac{d\theta}{ds} = \frac{1}{\sec^2\theta} \cdot \frac{d^2y}{dx^2} \cdot \frac{dx}{ds} \quad \cdots\cdots\cdots\cdots\cdots\cdots\cdots\cdots\cdots\cdots\cdots\cdots\cdots\cdots\cdots \text{(B)}$$

그런데 $ds = \sqrt{dx^2 + dy^2} = dx\sqrt{1+\left(\dfrac{dy}{dx}\right)^2} = dx\left\{1+\left(\dfrac{dy}{dx}\right)^2\right\}^{\frac{1}{2}}$ 이고,

$\sec^2\theta = 1 + \tan^2\theta = 1 + \left(\dfrac{dy}{dx}\right)^2$ 이므로 식 (B)에서

$$\frac{1}{\rho} = \frac{d\theta}{ds} = \frac{1}{1+\left(\dfrac{dy}{dx}\right)^2} \cdot \frac{d^2y}{dx^2} \cdot \frac{dx}{dx\left\{1+\left(\dfrac{dy}{dx}\right)^2\right\}^{\frac{1}{2}}}$$

$$= \frac{d^2y}{dx^2} \cdot \frac{1}{\left\{1 + \left(\frac{dy}{dx}\right)^2\right\}^{\frac{3}{2}}} \quad \cdots\cdots\cdots \text{(C)}$$

여기서, $\left(\dfrac{dy}{dx}\right)^2$ 은 1에 비하여 극히 작으므로 무시하면

$$\frac{1}{\rho} = \frac{d^2y}{dx^2} \quad \cdots\cdots\cdots\cdots \text{(D)}$$

식 (A)와 식 (D)에서

$$\pm \frac{d^2y}{dx^2} = \frac{M}{EI} \quad \cdots\cdots\cdots\cdots \text{(E)}$$

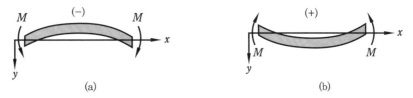

[그림 8-3] 모멘트의 부호 규약

식 (E)에서 기울기 $\dfrac{dy}{dx}$ 는 처짐곡선의 모양에 따라 (+) 또는 (-) 부호를 갖는다. 즉, [그림 8-3 (a)]와 같이 위로 볼록하게 굽힘을 주는 모멘트를 (-)로 약속하면 기울기 $\dfrac{dy}{dx}$ 는 (+) 부호가 되며, [그림 8-3 (b)]와 같이 아래로 볼록하게 굽힘을 주는 모멘트를 (+)로 약속하면 기울기 $\dfrac{dy}{dx}$ 는 (-) 부호가 된다.

따라서, 식 (E)는

$$\frac{d^2y}{dx^2} = -\frac{M}{EI} \quad \cdots\cdots\cdots\cdots \text{(8-1)}$$

위 식을 처짐곡선의 미분 방정식 또는 **탄성선(彈性線)의 방정식**이라 하고, 이 식을 x 에 대하여 적분하면 다음과 같은 관계식을 얻을 수 있다.

$$\frac{dy}{dx} = -\frac{1}{EI}\int M dx = \theta : 처짐각 \quad \cdots\cdots\cdots \text{(8-2)}$$

$$y = -\frac{1}{EI}\iint M dx = \delta : 처짐 \quad \cdots\cdots\cdots \text{(8-3)}$$

1-1 ○ 외팔보의 처짐

(1) 자유단에 집중하중을 받는 경우

[그림 8-4]와 같이 길이가 l인 외팔보의 자유단(自由端)에 집중하중 P가 작용할 때 자유단으로부터 임의의 거리 x에서 처짐각 θ와 처짐량 δ를 구하면,

x단면에서의 굽힘 모멘트 $M = -Px$이므로

$$\frac{d^2y}{dx^2} = -\frac{M}{EI} = \frac{Px}{EI}$$

$$\frac{dy}{dx} = \frac{P}{EI}\int x\,dx = \frac{Px^2}{2EI} + C_1$$

$$y = \int \frac{Px^2}{2EI}dx + \int C_1 dx$$

$$= \frac{Px^3}{6EI} + C_1 x + C_2$$

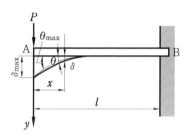

[그림 8-4] 자유단에 집중하중을 받는 외팔보의 처짐

이 때 적분상수(積分常數) C_1과 C_2는 처짐 곡선의 경계조건(境界條件)에 의해서 구할 수 있다.

즉, $x = l$에서 $\frac{dy}{dx} = 0$, $y = 0$이므로

$$0 = \frac{Pl^2}{2EI} + C_1 에서 \quad C_1 = -\frac{Pl^2}{2EI}$$

$$0 = \frac{Pl^3}{6EI} - \frac{Pl^3}{2EI} + C_2 에서 \quad C_2 = \frac{Pl^3}{3EI}$$

따라서,

$$\theta = \frac{dy}{dx} = \frac{Px^2}{2EI} - \frac{Pl^2}{2EI} \quad \cdots\cdots\cdots (8-4)$$

$$\delta = y = \frac{Px^3}{6EI} - \frac{Pl^2}{2EI}x + \frac{Pl^3}{3EI} \quad \cdots\cdots\cdots (8-5)$$

최대 처짐각 $\theta_{\max}$과 최대 처짐량 $\delta_{\max}$은 자유단, 즉 $x = 0$일 때 일어나므로 식 $(8-4)$와 $(8-5)$에서

$$\theta_{\max} = -\frac{Pl^2}{2EI} \quad \cdots\cdots\cdots (8-6)$$

$$\delta_{\max} = \frac{Pl^3}{3EI} \quad \cdots\cdots\cdots (8-7)$$

(2) 보의 전 길이에 균일 분포하중을 받는 경우

[그림 8-5]와 같이 길이가 l인 외팔보에 균일 분포하중 w[N/m]가 작용할 때 자유단으로부터 임의의 거리 x에서 처짐각 θ와 처짐량 δ를 구하면,

x단면에서의 굽힘 모멘트 $M = -\dfrac{wx^2}{2}$이므로

$$\frac{d^2y}{dx^2} = -\frac{M}{EI} = \frac{wx^2}{2EI}$$

$$\frac{dy}{dx} = \frac{w}{2EI}\int x^2 dx = \frac{wx^3}{6EI} + C_1$$

$$y = \frac{w}{6EI}\int x^3 dx + \int C_1 dx$$

$$= \frac{wx^4}{24EI} + C_1 x + C_2$$

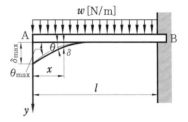

[그림 8-5] 보의 전 길이에 균일 분포하중을 받는 외팔보의 처짐

이 때 적분상수 C_1과 C_2는 처짐곡선의 경계조건에 의해서 구할 수 있다.

즉, $x = l$에서 $\dfrac{dy}{dx} = 0$, $y = 0$이므로

$$0 = \frac{wl^3}{6EI} + C_1 \text{에서 } C_1 = -\frac{wl^3}{6EI}$$

$$0 = \frac{wl^4}{24EI} - \frac{wl^4}{6EI} + C_2 \text{에서 } C_2 = \frac{wl^4}{8EI}$$

따라서,

$$\theta = \frac{dy}{dx} = \frac{wx^3}{6EI} - \frac{wl^3}{6EI} \quad \cdots\cdots (8-8)$$

$$\delta = y = \frac{wx^4}{24EI} - \frac{wl^3}{6EI}x + \frac{wl^4}{8EI} \quad \cdots\cdots (8-9)$$

최대 처짐각 $\theta_{\max}$과 최대 처짐량 $\delta_{\max}$은 자유단 즉, $x = 0$일 때 일어나므로 식 (8-8)과 (8-9)에서

$$\theta_{\max} = -\frac{wl^3}{6EI} \quad \cdots\cdots (8-10)$$

$$\delta_{\max} = \frac{wl^4}{8EI} \quad \cdots\cdots (8-11)$$

1-2 ● 단순보의 처짐

(1) 보의 중앙에 집중하중을 받는 경우

[그림 8-6]과 같이 길이가 l인 단순보의 중앙에 집중하중 P가 작용할 때 지점 A로부터 임의의 거리 x에서 처짐각 θ와 처짐량 δ를 구하면

x단면에서의 굽힘 모멘트 $M = \dfrac{P}{2}x$ 이므로

$$\frac{d^2 y}{dx^2} = -\frac{M}{EI} = -\frac{Px}{2EI}$$

$$\frac{dy}{dx} = -\frac{P}{2EI}\int x\,dx = -\frac{Px^2}{4EI} + C_1$$

$$y = -\int \frac{Px^2}{4EI}dx + \int C_1 dx$$

$$= -\frac{Px^3}{12EI} + C_1 x + C_2$$

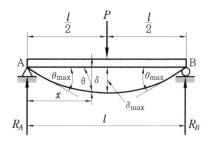

[그림 8-6] 보의 중앙에 집중하중을 받는 단순보의 처짐

여기서, 적분상수 C_1과 C_2는 처짐곡선의 경계조건에 의해서 구할 수 있다.

즉, $x = \dfrac{l}{2}$에서 $\dfrac{dy}{dx} = 0$, $x = 0$에서 $y = 0$이므로

$$0 = -\frac{P \cdot \left(\dfrac{l}{2}\right)^2}{4EI} + C_1 \text{에서} \quad C_1 = \frac{Pl^2}{16EI}, \quad C_2 = 0$$

따라서,

$$\theta = \frac{dy}{dx} = -\frac{Px^2}{4EI} + \frac{Pl^2}{16EI} \quad \cdots\cdots\cdots\cdots\cdots\cdots\cdots (8-12)$$

$$\delta = y = -\frac{Px^3}{12EI} + \frac{Pl^2}{16EI}x \quad \cdots\cdots\cdots\cdots\cdots\cdots\cdots (8-13)$$

최대 처짐각 θ_{max}은 $x = 0$일 때 일어나고, 최대 처짐량 δ_{max}은 $x = \dfrac{l}{2}$일 때 일어나므로 식 (8-12)와 (8-13)에서

$$\theta_{max} = \frac{Pl^2}{16EI} \quad \cdots\cdots\cdots\cdots\cdots\cdots\cdots\cdots\cdots\cdots\cdots (8-14)$$

$$\delta_{max} = \frac{Pl^3}{48EI} \quad \cdots\cdots\cdots\cdots\cdots\cdots\cdots\cdots\cdots\cdots\cdots (8-15)$$

(2) 보의 전 길이에 균일 분포하중을 받는 경우

[그림 8−7]과 같이 길이가 l인 단순보에 균일 분포하중 $w\,[\text{N/m}]$가 작용할 때 지점 A로부터 임의의 거리 x에서 처짐각 θ와 처짐량 δ를 구하면,

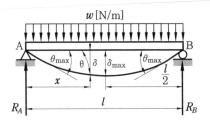

[그림 8−7] 보의 전 길이에 균일 분포하중을 받는 단순보의 처짐

$R_A = \dfrac{wl}{2}$ 이므로 x단면에서의 굽힘 모멘트 M은

$$M = -\frac{w}{2}x^2 + \frac{wl}{2}x$$

따라서, 처짐곡선의 미분 방정식에 위식을 대입하면

$$\frac{d^2y}{dx^2} = -\frac{M}{EI} = \frac{w}{2EI}x^2 - \frac{wl}{2EI}x$$

$$\frac{dy}{dx} = \frac{w}{2EI}\int x^2 dx - \frac{wl}{2EI}\int x dx = \frac{wx^3}{6EI} - \frac{wlx^2}{4EI} + C_1$$

$$y = \frac{w}{6EI}\int x^3 dx - \frac{wl}{4EI}\int x^2 dx + \int C_1 dx$$

$$= \frac{wx^4}{24EI} - \frac{wlx^3}{12EI} + C_1 x + C_2$$

이 때 적분상수 C_1과 C_2는 처짐곡선의 경계조건에 의해서 구할 수 있다.

즉, $x = \dfrac{l}{2}$에서 $\dfrac{dy}{dx} = 0$, $x = 0$에서 $y = 0$이므로

$$0 = \frac{w\cdot\left(\dfrac{l}{2}\right)^3}{6EI} - \frac{wl\cdot\left(\dfrac{l}{2}\right)^2}{4EI} + C_1 \text{ 에서 } C_1 = \frac{wl^3}{24EI}, \quad C_2 = 0$$

따라서,

$$\theta = \frac{dy}{dx} = \frac{wx^3}{6EI} - \frac{wlx^2}{4EI} + \frac{wl^3}{24EI} \quad\text{.....................................}(8\text{−}16)$$

$$\delta = y = \frac{wx^4}{24EI} - \frac{wlx^3}{12EI} + \frac{wl^3 x}{24EI} \quad\text{.....................................}(8\text{−}17)$$

최대 처짐각 $\theta_{\max}$은 $x = 0$일 때 일어나고, 최대 처짐량 $\delta_{\max}$은 $x = \dfrac{l}{2}$일 때 일어나므로 식 (8−16)과 (8−17)에서

$$\theta_{\max} = \frac{wl^3}{24EI} \quad \cdots\cdots (8-18)$$

$$\delta_{\max} = \frac{5wl^4}{384EI} \quad \cdots\cdots (8-19)$$

Q 예제 8-1

그림과 같이 길이 4 m의 외팔보가 하중을 받아 최대 처짐량 $\delta_{\max} = 6.132\,\mathrm{cm}$가 발생하였다면 자유단에 작용하는 집중하중 P는 얼마인가? (단, 탄성계수 $E = 210\,\mathrm{GPa}$이다.)

해설 단면 2차 모멘트 $I = \dfrac{\pi d^4}{64} = \dfrac{\pi \times 0.15^4}{64} = 2.48 \times 10^{-5}\,\mathrm{m}^4$ 이므로

$\delta_{\max} = \dfrac{Pl^3}{3EI}$에서

$P = \dfrac{3EI\delta_{\max}}{l^3} = \dfrac{3 \times (210 \times 10^9) \times (2.48 \times 10^{-5}) \times 0.06132}{4^3} = 14969.75\,\mathrm{N}$

정답 $P = 14969.75\,\mathrm{N}$

Q 예제 8-2

보의 전 길이에 균일 분포하중 $w = 80\,\mathrm{N/cm}$를 받는 외팔보가 자유단에서 처짐 각 $\theta = 0.007\,\mathrm{rad}$, 처짐 $\delta = 2\,\mathrm{cm}$이었다. 이 외팔보의 길이 l은 얼마인가? (단, 세로 탄성계수 $E = 210\,\mathrm{GPa}$이다.)

해설 자유단에서의 처짐각 $\theta = -\dfrac{wl^3}{6EI} = 0.007\,\mathrm{rad}$에서

$|EI| = \dfrac{wl^3}{6 \times 0.007}$ 이므로

자유단에서의 처짐 $\delta = \dfrac{wl^4}{8EI} = 2\,\mathrm{cm}$에 대입하면

$\delta = \dfrac{wl^4}{8 \times \left(\dfrac{wl^3}{6 \times 0.007}\right)} = \dfrac{6 \times 0.007l}{8} = 2\,\mathrm{cm}$

$\therefore l = \dfrac{8 \times 2}{6 \times 0.007} = 380.95\,\mathrm{cm}$

정답 380.95 cm

Q 예제 8-3

단면 $b \times h = 3\,\mathrm{cm} \times 6\,\mathrm{cm}$ 의 직사각형 단면에서 스팬(span) 의 길이 $l = 2\,\mathrm{m}$ 인 단순보의 중앙에 집중하중이 작용할 때 최대 처짐 $\delta_{\max} = 0.5\,\mathrm{cm}$ 로 제한하려면 하중은 얼마로 하면 되겠는가? (단, $E = 200\,\mathrm{GPa}$ 이다.)

해설 $I = \dfrac{bh^3}{12} = \dfrac{0.03 \times 0.06^3}{12} = 5.4 \times 10^{-7}\,\mathrm{m}^4$ 이므로

$\delta_{\max} = \dfrac{Pl^3}{48EI}$ 에서

$P = \dfrac{48EI\delta_{\max}}{l^3} = \dfrac{48 \times (200 \times 10^9) \times (5.4 \times 10^{-7}) \times 0.005}{2^3} = 3240\,\mathrm{N}$

정답 3240 N

Q 예제 8-4

다음 그림과 같은 단순보에 균일 분포하중 $w = 8\,\mathrm{kN/m}$ 가 작용하고 있다. 이 재료의 세로 탄성계수 $E = 210\,\mathrm{GPa}$ 이라면 최대 처짐각 $\theta_{\max}$ 과 최대 처짐량 $\delta_{\max}$ 은 각각 얼마인가?

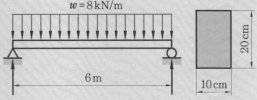

해설 $I = \dfrac{bh^3}{12} = \dfrac{0.1 \times 0.2^3}{12} = 6.67 \times 10^{-5}\,\mathrm{m}^4$ 이므로

$\theta_{\max} = \dfrac{wl^3}{24EI} = \dfrac{(8 \times 10^3) \times 6^3}{24 \times (210 \times 10^9) \times (6.67 \times 10^{-5})} = 0.00514\,\mathrm{rad}$

$\delta_{\max} = \dfrac{5wl^4}{384EI} = \dfrac{5 \times (8 \times 10^3) \times 6^4}{384 \times (210 \times 10^9) \times (6.67 \times 10^{-5})} = 9.64 \times 10^{-3}\,\mathrm{m} = 9.64\,\mathrm{mm}$

정답 $\theta_{\max} = 0.00514\,\mathrm{rad}$, $\delta_{\max} = 9.64\,\mathrm{mm}$

2. 모멘트 면적법

특정부분에서의 처짐각과 처짐을 처짐곡선의 미분 방정식을 이용해 구하는 것은 대단히 복잡하다. 따라서, 다음의 굽힘 모멘트 선도(B.M.D)를 이용한 도식적(圖式的) 방법으로 처짐각과 처짐을 간단하게 구할 수 있는데 이와 같은 방법을 **모멘트 면적법** (moment-area method)이라고 한다.

[그림 8-8]에서 AB는 보의 처짐곡선의 일부분이고, $a_1 b_1$ 은 이에 대응되는 굽힘 모

멘트 선도이다. 굽힘을 받기 전에는 서로 나란하였던 횡단면 m 및 p는 굽힘을 받음으로써 $d\theta$의 교각(交角)으로 서로 경사지게 된다. 여기서, $d\theta$는

$$d\theta = \frac{1}{\rho}ds = \frac{M}{EI}ds$$

이 식은 미소변형에 대한 값이므로 ds는 근사적으로 dx로 놓아도 무방하다. 따라서,

$$d\theta = \frac{M}{EI}dx \quad \cdots\cdots\cdots\cdots (A)$$

이 $d\theta$는 점 m, p 사이의 처짐각의 미소변화량을 나타내므로, 점 A, B 사이에서의 처짐각 θ는 식 (A)를 적분하여 구할 수 있다. 즉,

$$\theta = \int_A^B \frac{M}{EI}dx \quad \cdots\cdots\cdots\cdots (B)$$

여기서, Mdx는 굽힘 모멘트 선도에서 미소면적 qrst(음영면적)가 된다. 따라서, 식 (B)로부터 보의 처짐곡선상의 두 점 A, B 사이의 처짐각 θ는 굽힘 모멘트 선도에서 면적 $a_1A'B'b_1$을 EI로 나눈 것과 같다는 것을 알 수 있고, 이 관계를 **모멘트 면적법의 제1정리**(first moment-area theorem) 라고 한다.

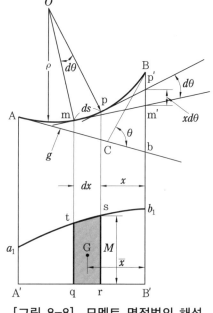

[그림 8-8] 모멘트 면적법의 해석

다음에 보의 전체 처짐을 나타내는 수직거리 $\overline{Bb}$ 중에서 보의 미소부분 ds에 의해 발생된 미소처짐 $\overline{m'p'}$는 탄성곡선의 처짐량이 미소하다면 $xd\theta$로 나타낼 수 있으므로 식 (A)에서

$$xd\theta = \frac{M}{EI}xdx$$

인 관계를 얻는다. 따라서, 보의 전체 처짐량 δ는

$$\delta = \overline{Bb} = \int_A^B \frac{M}{EI}xdx \quad \cdots\cdots\cdots\cdots (C)$$

여기서, $\int_A^B xMdx$는 b_1B'에 관한 단면 1차 모멘트와 같음을 알 수 있다. 즉, 보의 전체 처짐량 δ는 굽힘 모멘트 선도에서 b_1B'에 관한 면적 $a_1A'B'b_1$의 단면 1차 모멘트를 EI로 나눈 것과 같음을 알 수 있고, 이 관계를 **모멘트 면적법의 제2정리**(second moment-area theorem) 라고 한다.

[그림 8-8]에서 굽힘 모멘트 선도의 전체 면적을 A_M이라고 하면, $b_1 B'$에 관한 면적 $a_1 A' B' b_1$의 단면 1차 모멘트는

$$\int_A^B xMdx = \bar{x} A_M$$

여기서, $\bar{x}$는 면적 $a_1 A' B' b_1$의 $b_1 B'$에 대한 도심까지의 거리이다. 따라서, 식 (B)와 식 (C)를 다시 쓰면

$$\theta = \frac{A_M}{EI} \quad \cdots\cdots\cdots\cdots\cdots\cdots\cdots (8\text{-}20)$$

$$\delta = \frac{\bar{x} A_M}{EI} \quad \cdots\cdots\cdots\cdots\cdots\cdots (8\text{-}21)$$

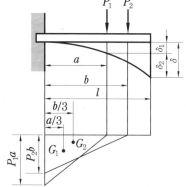

[그림 8-9] 여러 개의 집중하중을 받는 외팔보

만약 한 개의 보에 몇 개의 하중들이 동시에 작용하는 경우, 임의의 위치에서의 처짐각과 처짐량은 그 하중들이 각각 1개씩 작용하는 것으로 하여 처짐각과 처짐량을 구한 후 이들을 합하여 구하며, 이와 같은 방법을 **중첩법**(重疊法 ; method of superposition) 이라고 한다.

[그림 8-9]와 같이 2개의 집중하중 P_1과 P_2를 받는 외팔보에서, 최대 처짐을 구하면

(1) P_1만에 의한 굽힘 모멘트 M_1 과 처짐 δ_1

$$M_1 = -P_1 a$$

$$\delta_1 = \frac{1}{EI} \frac{P_1 a \cdot a}{2} \left(l - \frac{a}{3} \right) = \frac{P_1 a^2 (3l - a)}{6EI}$$

(2) P_2만에 의한 굽힘 모멘트 M_2와 처짐 δ_2

$$M_2 = -P_2 b$$

$$\delta_2 = \frac{1}{EI} \frac{P_2 b \cdot b}{2} \left(l - \frac{b}{3} \right) = \frac{P_2 b^2 (3l - b)}{6EI}$$

따라서, 최대 처짐 δ는

$$\delta = \delta_1 + \delta_2 = \frac{P_1 a^2 (3l - a)}{6EI} + \frac{P_2 b^2 (3l - b)}{6EI}$$

[그림 8 – 10]은 각종 단면에 대한 면적과 도심의 위치를 나타내고 있고, [표 8 – 1]은 여러 종류의 보에 대한 처짐각 및 처짐을 나타낸 것이다.

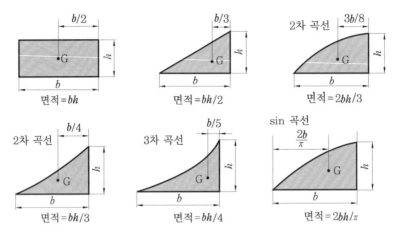

[그림 8-10] 각종 단면에 대한 면적과 도심의 위치

[표 8-1] 단순보와 외팔보에 대한 처짐각 및 처짐

단순보의 하중상태	처짐각과 처짐	외팔보의 하중상태	처짐각과 처짐
	$\theta_A = \theta_B = \dfrac{Pl^2}{16EI}$ $y_c = \delta_c = \dfrac{Pl^3}{48EI}$		$\theta_A = \dfrac{Pl^2}{2EI}$ $y_A = \delta_A = \dfrac{Pl^3}{3EI}$
	$\theta_A = \theta_B = \dfrac{wl^3}{24EI}$ $y_c = \delta_c = \dfrac{5wl^4}{384EI}$		$\theta_A = \dfrac{Pa^2}{2EI}$ $y_A = \delta_A = \dfrac{Pa^2(2a+3b)}{6EI}$
	$\theta_A = \dfrac{Pb}{6EIl}(l^2-b^2)$ $\theta_B = \dfrac{Pa}{6EIl}(l^2-a^2)$		$\theta_A = \dfrac{Pl^2}{8EI}$ $y_c = \delta_c = \dfrac{Pl^3}{24EI}$
	$\theta_A = \dfrac{Ml}{6EI}$ $\theta_B = \dfrac{Ml}{3EI}$		$\theta_A = \dfrac{wl^3}{6EI}$ $y_A = \delta_A = \dfrac{wl^4}{8EI}$
	$\theta_A = \dfrac{(2M_A+M_B)l}{6EI}$ $\theta_B = \dfrac{(M_A+2M_B)l}{6EI}$		$\theta_A = \dfrac{Ml}{EI}$ $y_A = \delta_A = \dfrac{Ml^2}{2EI}$

Q 예제 **8-5**

그림과 같이 집중하중을 받는 외팔보에서 자유단 A의 처짐 δ_A를 모멘트 면적법에 의하여 구하면 얼마인가? (단, 보의 굽힘 강성계수 EI는 전 길이에 걸쳐 균일한 것으로 한다.)

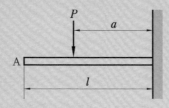

해설 B.M.D 선도에서 음영부분의 면적 A_M을 구하면

$$A_M = \frac{1}{2}Pa^2 \text{이고}$$

자유단 A에서 도심까지의 거리 $\bar{x}$ 는 $\bar{x} = \frac{2}{3}a + (l-a)$이므로

$$\delta_A = \frac{A_M \bar{x}}{EI} = \frac{\dfrac{Pa^2}{2}\left\{\dfrac{2}{3}a + (l-a)\right\}}{EI} = \frac{Pa^2\left(l - \dfrac{1}{3}a\right)}{2EI} = \frac{Pa^2(3l - a)}{6EI}$$

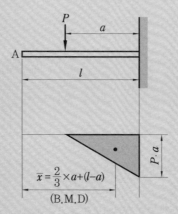

(B.M.D)

정답 $\delta_A = \dfrac{Pa^2(3l - a)}{6EI}$

연·습·문·제

1. T형 단면을 갖는 외팔보에 $5 \text{ kN} \cdot \text{m}$의 굽힘 모멘트가 작용하고 있다. 이 보의 탄성 선에 대한 곡률 반지름은 몇 m인가? (단, 탄성계수 $E = 150 \text{ GPa}$, 중립축에 대한 단 면 2차 모멘트 $I = 868 \times 10^{-9} \text{ m}^4$이다.)

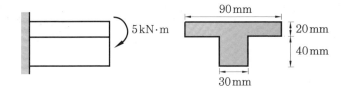

2. 그림과 같이 길이와 재질이 같은 두 개의 외팔보가 자유단에 각각 집중 하중 P를 받고 있다. 첫째 보(1)의 단면 치수는 $b \times h$이고, 둘째 보(2)의 단면 치수는 $b \times 2h$라면, 보(1)의 최대 처짐 δ_1과 보(2)의 최대 처짐 δ_2의 비 $\left(\dfrac{\delta_1}{\delta_2}\right)$는 얼마인가?

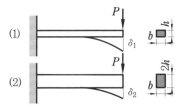

3. 그림과 같이 두께가 20 mm, 바깥지름이 200 mm인 원관을 고정벽으로부터 수평으 로 4 m만큼 돌출시켜 물을 방출한다. 원관 내에 물이 가득 차서 방출될 때 자유단의 처짐은 몇 mm인가? (단, 원관 재료의 탄성계수 $E = 200 \text{ GPa}$, 비중은 7.8이고, 물 의 밀도는 1000 kg/m^3이다.)

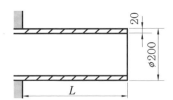

4. 그림과 같이 자유단에 $M = 40\,\text{N·m}$의 모멘트를 받는 외팔보의 최대 처짐은 몇 mm 인가? (단, 탄성계수 $E = 200\,\text{GPa}$, 단면 2차 모멘트 $I = 50\,\text{cm}^4$)

5. 그림과 같은 단순 지지보에서 길이(l)는 5 m, 중앙에서 집중 하중 P가 작용할 때 최대 처짐이 43 mm라면 이때 집중 하중 P의 값은 약 몇 kN인가? (단, 보의 단면 폭×높이 = 5 cm×12 cm, 탄성계수 $E = 210\,\text{GPa}$로 한다.)

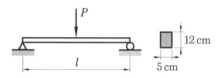

6. 다음 보의 자유단 A점에서 발생하는 처짐을 구하여라. (단, EI는 굽힘강성이다.)

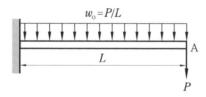

7. 폭이 20 cm이고 높이가 30 cm인 직사각형 단면을 가진 길이 50 cm의 외팔보가 고정 단에서 40 cm 되는 곳에 800 N의 집중 하중을 받을 때 자유단의 처짐은 약 몇 μm 인가? (단, 외팔보의 세로탄성계수는 210 GPa이다.)

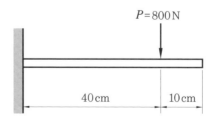

8. 직사각형 단면(폭×높이)이 4 cm×8 cm이고 길이 1 m의 외팔보의 전 길이에 6 kN/m 의 등분포 하중이 작용할 때 보의 최대 처짐각을 구하여라. (단, 탄성계수 $E = 210$ GPa이고 보의 자중은 무시한다.)

9. 지름 2 cm, 길이 1 m의 원형 단면 외팔보의 자유단에 집중 하중이 작용할 때, 최대 처짐량이 2 cm가 되었다면, 최대 굽힘 응력은 몇 MPa인가? (단, 보의 세로탄성계수는 200 GPa이다.)

10. 그림과 같은 외팔보가 균일 분포 하중 w를 받고 있을 때 자유단의 처짐 δ를 구하여라. (단, 보의 굽힘 강성 EI는 일정하고, 자중은 무시한다.)

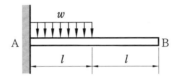

11. 길이가 L이고 원형 단면의 지름이 d인 외팔보의 자유단에 하중 P가 가해질 때, 이 외팔보의 전체 탄성에너지를 구하여라. (단, 재료의 탄성계수는 E이다.)

12. 길이가 50 cm인 외팔보의 자유단에 정적인 힘을 가하여 자유단에서의 처짐량이 1 cm가 되도록 외팔보를 탄성변형시키려고 한다. 이때 필요한 최소한의 에너지는 몇 J인가? (단, 외팔보의 세로탄성계수는 200 GPa, 단면은 한 변의 길이가 2 cm인 정사각형이라고 한다.)

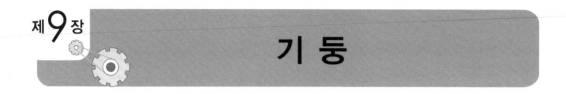

기 둥

축방향(軸方向)으로 하중을 받는 재료를 **기둥**(column)이라고 하며, 굽힘 또는 비틀림을 받는 재료의 거동(擧動)보다 복잡하기 때문에 기둥을 설계하는 것은 더욱 어렵다. 기둥의 종류에는 [그림 9-1]과 같이 양끝을 지지하는 방법에 따라서 4가지의 종류로 분류할 수 있으며, 또한 기둥의 가늘고 긴 정도에 따라서는 **단주**(短柱), **중간주**(中間柱), **장주**(長柱)로도 분류한다.

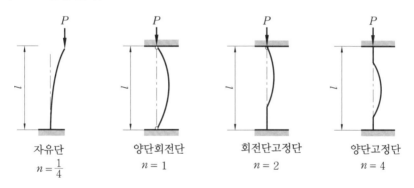

자유단
$n = \frac{1}{4}$

양단회전단
$n = 1$

회전단고정단
$n = 2$

양단고정단
$n = 4$

[그림 9-1] 양끝을 지지하는 방법에 따른 기둥의 종류와 고정계수

기둥의 길이가 짧은 단주가 축 방향으로 압축하중을 받고 있을 때 단주는 이 압축하중이 파괴하중에 도달하면 파괴되지만, 기둥의 길이가 긴 장주의 경우는 파괴를 일으키는 압축하중보다 훨씬 작은 하중에서도 압축과 동시에 굽힘현상이 일어나 파괴된다.

이러한 현상을 **좌굴**(挫屈 ; buckling)이라 하며, 이 좌굴을 일으키는 하중을 **좌굴하중**(挫屈荷重 ; buckling load) 또는 **임계하중**(臨界荷重 ; critical load)이라고 한다.

1. 편심하중을 받는 단주

[그림 9-2 (a)]와 같이 단주의 중심에서 a만큼 떨어진 곳에 압축하중 P가 작용하는 경우 이 기둥은 압축력 P와 우력(偶力) $M = Pa$를 동시에 받는 상태가 되므로, 기둥의 단면에는 [그림 9-2 (b)]와 같이 압축응력 $\sigma_1 = \dfrac{P}{A}$가 발생하고, 동시에 [그림 9-2 (c)]

와 같이 굽힘응력 $\sigma_2 = \dfrac{M}{Z}$ 이 발생한다. 따라서, 이 기둥에 발생하는 합성응력(合成應力)은 [그림 9-2 (d)]와 같이 분포하고, 임의의 단면에 발생하는 합성응력 σ 는 다음 식에 의하여 구할 수 있다.

$$\sigma = \left(\frac{P}{A} \pm \frac{M}{Z} \right) = \left(\frac{P}{A} \pm \frac{Pa}{\dfrac{I}{y}} \right) = \left(\frac{P}{A} \pm \frac{Pa \cdot y}{I} \right)$$

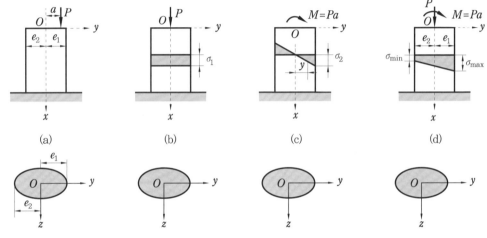

[그림 9-2] 편심하중을 받는 단주

위 식에서 기둥 단면의 회전 반지름 $k = \sqrt{\dfrac{I}{A}}$ 에서 $I = Ak^2$ 이고, 최대 응력 $\sigma_{\max}$ 과 최소 응력 $\sigma_{\min}$ 은 각각 $y = e_1$, $y = e_2$ 일 때 발생하므로

$$\sigma_{\max} = \left(\frac{P}{A} + \frac{Pae_1}{Ak^2} \right) = \frac{P}{A} \left(1 + \frac{ae_1}{k^2} \right) \quad \cdots\cdots\cdots\cdots\cdots\cdots\cdots (9-1)$$

$$\sigma_{\min} = \left(\frac{P}{A} - \frac{Pae_2}{Ak^2} \right) = \frac{P}{A} \left(1 - \frac{ae_2}{k^2} \right) \quad \cdots\cdots\cdots\cdots\cdots\cdots\cdots (9-2)$$

식 (9-2)에서 $\dfrac{ae_2}{k^2}$ 가 1보다 크면 $\sigma_{\min}$ 은 $-$ 값, 즉 인장응력이 발생하게 된다. 따라서, 인장응력이 발생하지 않는 $\sigma_{\min}$ 의 최소값은 0이므로 식 (9-2)에 $\sigma_{\min} = 0$, $e_2 = -y$ 를 대입하고 양변을 $\dfrac{P}{A}$ 로 나누면

$$0 = 1 - \frac{-ay}{k^2} = \frac{k^2 + ay}{k^2} \qquad \therefore a = -\frac{k^2}{y}$$

　따라서, 편심 압축하중을 받는 단주에서 인장응력이 발생하지 않도록 하는 a의 범위는 단면의 형상에 따라 다음과 같이 구할 수 있다.

(1) 사각형 단면

　[그림 9-3]과 같이 폭이 b이고, 높이가 h인 사각형 단면에서

$$y = \frac{b}{2}, \ k^2 = \frac{I_z}{A} = \frac{\dfrac{hb^3}{12}}{bh} = \frac{b^2}{12} \text{이므로}$$

$$a = \frac{k^2}{y} = \frac{\dfrac{b^2}{12}}{\dfrac{b}{2}} = \pm\frac{b}{6}$$

또,

$$y = \frac{h}{2}, \ k^2 = \frac{I_y}{A} = \frac{\dfrac{bh^3}{12}}{bh} = \frac{h^2}{12} \text{이므로}$$

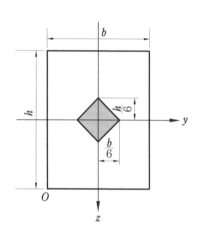

[그림 9-3] 사각형 단면의 핵

$$a = \frac{k^2}{y} = \frac{\dfrac{h^2}{12}}{\dfrac{h}{2}} = \pm\frac{h}{6}$$

(2) 원형 단면

　[그림 9-4]와 같이 지름이 d인 원형 단면에서

$$y = \frac{d}{2}, \ k^2 = \frac{I}{A} = \frac{\dfrac{\pi d^4}{64}}{\dfrac{\pi d^2}{4}} = \frac{d^2}{16} \text{이므로}$$

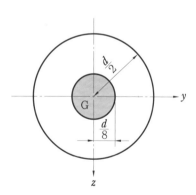

$$a = \frac{k^2}{y} = \frac{\dfrac{d^2}{16}}{\dfrac{d}{2}} = \pm\frac{d}{8}$$

[그림 9-4] 원형 단면의 핵

　이상에서 사각형 단면 및 원형 단면을 갖는 단주에서 인장응력은 일어나지 않고, 압축응력만이 일어나는 범위는 [그림 9-3]과 [그림 9-4]에서와 같이 음영부분(陰影部分)으로 나타내는 범위임을 알 수 있다. 이러한 범위를 **단면의 핵**(core of section)이라고 한다.

Q 예제 9-1

지름 5 cm인 단주(短柱)에서 단면의 핵심(核心) 반지름을 구하여라.

해설 $a = \dfrac{d}{8} = \dfrac{5}{8} = 0.625\,\text{cm}$

정답 0.625 cm

Q 예제 9-2

그림과 같은 사각단면의 기둥에 $e = 2\,\text{mm}$의 편심거리에 $P = 10\,\text{kN}$의 압축하중이 작용할 때 발생하는 최대 응력(합성응력)을 구하여라.

해설 최대 응력 $\sigma = \dfrac{P}{A} + \dfrac{M}{Z}$ 에서

$A = 0.025 \times 0.05 = 1.25 \times 10^{-3}\,\text{m}^2$

$M = Pe = 10 \times 10^3 \times 2 \times 10^{-3} = 20\,\text{N} \cdot \text{m} = 20\,\text{J}$

$Z = \dfrac{0.05 \times 0.025^2}{6} = 5.21 \times 10^{-6}\,\text{m}^3$ 이므로

$\sigma = \dfrac{P}{A} + \dfrac{M}{Z} = \dfrac{10 \times 10^3}{1.25 \times 10^{-3}} + \dfrac{20}{5.21 \times 10^{-6}} = 11.84 \times 10^6\,\text{N/m}^2 = 11.84\,\text{MPa}$

정답 11.84 MPa

2. 장주의 좌굴과 강도

2-1 ● 장주의 좌굴

장주(長柱 ; long column)는 재질의 불균질(不均質)이나 편심하중(便心荷重), 또는 축선(軸線)이 곧지 않는 등의 원인에 의하여 파괴를 일으키는 압축하중보다 훨씬 작은 하중에서도 굽힘현상이 일어나 파괴된다. 이러한 현상을 좌굴(buckling)이라 하며, 이 좌굴을 일으키는 하중을 좌굴하중(buckling load) 또는 임계하중(critical load)이라 한 다는 것은 이미 앞에서도 언급한 바 있다. 특히, 이와 같은 현상은 기둥이 가늘고 길수 록 불안정하여 쉽게 발생되는데, 기둥의 가늘고 긴 정도를 나타내는 데에는 다음의 **세 장비**(細長比 ; slenderness ratio)를 사용한다. 기둥의 길이를 l, 기둥 단면의 최소 회 전 반지름(회전반경 ; 回轉半徑)을 k라고 하면, 세장비 λ는

$$\lambda = \frac{l}{k} \quad \text{..(9-3)}$$

따라서, 세장비 λ가 큰 기둥일수록 좌굴되기 쉽다는 것을 알 수 있다. 식 (9−3)에서 최소 회전 반지름 $k = \sqrt{\dfrac{I}{A}}$ 이고, 여기서 I는 최소 단면 2차 모멘트, A는 기둥의 단면적이다.

2-2 ● 장주의 강도

장주의 강도계산(强度計算)에는 이론식(오일러의 식, 시컨트의 식)과 실험식(고든·랭킨식, 테트마이어 식, 존슨 식)이 있으며, 세장비에 따라서 적당한 공식을 사용한다.

(1) 오일러의 공식

[그림 9−5]와 같은 장주에 압축하중 P를 가하면 좌굴하중 이내에서는 굽힘현상이 발생하지 않지만, 하중 P가 좌굴하중보다 조금이라도 커지면 장주는 굽히기 시작하여 좌굴하게 된다. 이 때 장주에 대한 압축작용은 굽힘작용에 비해 극히 작으므로 압축작용은 무시하고 굽힘작용만을 고려하여 장주의 강도 계산식을 유도할 수 있으며, 오일러는 이와 같은 방법에 의하여 다음의 공식을 발표하였다.

좌굴하중을 P_B라고 하면

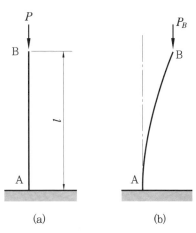

$$P_B \propto \frac{EI}{l^2}$$

$$\therefore P_B = n\pi^2 \frac{EI}{l^2} \quad \text{……………………} (9\text{--}4)$$

여기서, n을 **고정계수**(固定係數) 또는 **단말 조건계수**(端末條件係數 ; coefficient of fixity)라고 하며, [그림 9−1]과 같이 기둥 양단의 상태에 의하여 결정되는 상수(常數)로서 기둥이 휘어지는 정도와 관계가 있는 계수이다. 따라서, 좌굴하중에 의해 발생되는 응력을 **좌굴응력**(挫屈應力 ;

[그림 9-5] 장주의 좌굴

buckling stress), 또는 **임계응력**(臨界應力 ; critical stress) σ_B라고 하면

$$\sigma_B = \frac{P_B}{A} = n\pi^2 \frac{E}{l^2} \cdot \frac{I}{A} = n\pi^2 E \cdot \left(\frac{k}{l}\right)^2 = n\pi^2 \frac{E}{\lambda^2} \quad \text{………………………………} (9\text{--}5)$$

위식을 **오일러의 공식**(Euler's formula)이라고 하며, 이 식이 적용되는 범위는 다음과 같다.

[그림 9−6]은 압축하중 P에 의한 압축응력 $\dfrac{P}{A}$와 세장비 $\dfrac{l}{k}$ 과의 관계를 나타낸 것이

다. 그림에서 ABC는 오일러의 좌굴공식에 상
당되는 곡선으로 **오일러의 곡선**이라고 한다.
기둥의 압축강도를 $\sigma_{\max}$ 라 하고, 식 (9−5)에
서 좌굴응력 σ_B를 $\sigma_{\max}$로 잡으면 이것으로
정해지는 세장비 $\lambda_2' = \dfrac{l}{k} = \pi \sqrt{n} \cdot \sqrt{\dfrac{E}{\sigma_{\max}}}$
가 되고, 이 세장비는 단순한 압축에 의하여
파괴될 때의 세장비가 되므로, 이것보다 작은
세장비의 기둥은 장주로 취급할 필요가 없고,
단순한 압축재료로서 다루어야 한다.

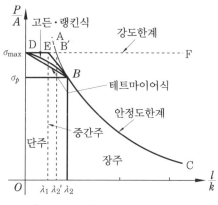

[그림 9−6] 오일러의 곡선

즉, λ_2'보다 작은 세장비의 기둥에 대해서는 좌굴이 일어나기도 전에 압축에 의하여
파괴된다. 따라서, 오일러의 공식은 압축작용을 무시하고 굽힘작용만 고려한 것이므로
세장비의 값이 λ_2' 이하일 경우에는 사용할 수 없다. 그리고 실제로는 압축강도보다 비
교적 작은 비례한도 σ_p 정도에서 좌굴이 일어나기 시작하므로 σ_p에 해당하는 세장비
λ_2보다 큰 세장비의 경우에만 오일러의 식을 사용할 수 있다. 즉, 오일러의 식을 사용
할 수 있는 세장비의 최소 한계 λ_2를 구하면, 식 (9−5)에서

$$\lambda_2 = \frac{l}{k} > \pi \sqrt{n} \cdot \sqrt{\frac{E}{\sigma_p}}$$

또, 곡선 DEBC는 실제 실험곡선(實驗曲線)이다. 그림에서 보는 바와 같이 세장비의
값이 B점(λ_2) 보다 클 경우에는 실험결과와 오일러의 곡선은 일치하지만, 세장비의 값
이 B점(λ_2) 보다 작아지면 오일러의 식에 의하여 구한 좌굴응력의 값이 실험결과보다
커져서 오일러의 식을 사용할 수 없게 된다. EB 구간의 세장비를 갖는 기둥을 **중간주**
(中間柱)라 부르고($\lambda_1 \sim \lambda_2$ 구간), 이 구간에서 기둥은 항복(降伏)과 좌굴의 조합에 의
하여 파괴된다. 또한, 세장비의 값이 E점(λ_1) 이하일 경우를 **단주**(短柱)라고 하며, 이
때 기둥은 단순히 압축만에 의하여 파괴된다.

양단회전단(兩端回轉端) 지지(支持)기둥의 각종 재료에 대한 오일러의 식을 적용할
수 있는 세장비 λ 및 안전율(安全率) S는 [표 9−1]과 같다.

[표 9−1] 오일러 식의 적용 범위

재료	주철	연철	연강	경강	목재
안전율 S	8~10	5~6	5~6	5~6	10~12
세로 탄성계수 E[GPa]	100	210	207	204	10
세장비 $\lambda = \dfrac{l}{k}$	70	115	102	95	85

(2) 고든 · 랭킨의 식

장주 중에는 단순한 압축만을 받는 것으로 하여 계산하기에는 너무 길고, 오일러의 식을 적용하기에는 길이가 짧은 기둥의 경우 사용되는 식이 **고든 · 랭킨의 식**(Gordon · Rankin's formula)이다. 이 식은 기둥이 압축과 동시에 굽힘을 받는다고 가정하여 유도한 실험식으로서 다음과 같다.

$$좌굴하중 : P_B = \frac{\sigma_c \cdot A}{1 + \frac{a}{n} \cdot \left(\frac{l}{k}\right)^2} = \frac{\sigma_c \cdot A}{1 + \frac{a}{n} \cdot \lambda^2} \qquad (9-6)$$

$$좌굴응력 : \sigma_B = \frac{P_B}{A} = \frac{\sigma_c}{1 + \frac{a}{n} \cdot \left(\frac{l}{k}\right)^2} = \frac{\sigma_c}{1 + \frac{a}{n} \cdot \lambda^2} \qquad (9-7)$$

여기서, σ_c는 재료의 압축 파괴강도이고, a는 재료에 따른 실험상수이다.

식 (9 − 7)은 [그림 9 − 6]의 곡선 DB로 표시되며, [표 9 − 2]는 각종 재료에 대한 압축 파괴강도와 실험상수를 나타내며, 세장비가 표의 범위 내에 있으면 고든 · 랭킨 식을 사용하고 그 이상의 세장비에서는 오일러의 식을 사용한다.

[표 9 − 2] 고든 · 랭킨 식의 상수 및 적용 범위

정수＼재료	주철	연강	경강	목재
σ [MPa]	560	340	490	50
a	1/1600	1/7500	1/1500	1/750
세장비(l/k)의 범위	$< 80\sqrt{n}$	$< 90\sqrt{n}$	$< 85\sqrt{n}$	$< 60\sqrt{n}$

(3) 테트마이어의 식

테트마이어의 식(Tetmajer's formula)은 양단 회전단 지지기둥에 대하여 오일러와 고든 · 랭킨 식에 있어서 실험 결과와 맞지 않는 부분에 대하여 테트마이어가 발표한 실험식으로서 다음과 같다.

$$\sigma_B = \frac{P_B}{A} = \sigma_b \left[1 - a\left(\frac{l}{k}\right) + b\left(\frac{l}{k}\right)^2 \right] \qquad (9-8)$$

여기서, σ_b는 재료의 굽힘응력이고, a, b는 테트마이어의 정수이다.

위 식은 세장비가 [표 9 − 3]의 범위일 경우에 사용할 수 있고, 표에서 알 수 있는 바와 같이 b의 값이 주철을 제외하고는 전부 0이고, 주철만이 0.00007이다. 그러므로 주철 이외의 재료에 대해서는 [그림 9 − 6]의 직선 DB로 표시된다.

[표 9-3] 테트마이어 식의 상수 및 적용 범위

재료	σ_b	a	b	l/k
목재	293	0.00626	0	1.8~100
주철	7760	0.01546	0.00007	5~80
연강	3100	0.00368	0	10~105
경강	3350	0.00185	0	<90

Q 예제 9-3

지름이 20 cm이고, 길이가 5 m 인 기둥의 세장비는 얼마인가?

해설 단면적 $A = \dfrac{\pi d^2}{4} = \dfrac{\pi \times 20^2}{4} = 314.16\,\mathrm{cm}^2$이고

단면 2차 모멘트 $I = \dfrac{\pi d^4}{64} = \dfrac{\pi \times 20^4}{64} = 7853.98\,\mathrm{cm}^4$이므로

회전 반지름 $k = \sqrt{\dfrac{I}{A}} = \sqrt{\dfrac{7853.98}{314.16}} = 5\,\mathrm{cm}$

세장비 $\lambda = \dfrac{l}{k} = \dfrac{500}{5} = 100$

정답 100

Q 예제 9-4

길이가 12 m이고, 지름이 10 cm인 양단 고정의 장주가 있다. 이 재료의 세로 탄성계수가 $E = 210\,\mathrm{GPa}$이라면 좌굴응력은 얼마인가?

해설 단면적 $A = \dfrac{\pi \times d^2}{4} = \dfrac{\pi \times 10^2}{4} = 78.54\,\mathrm{cm}^2$이고

단면 2차 모멘트 $I = \dfrac{\pi d^4}{64} = \dfrac{\pi \times 10^4}{64} = 490.87\,\mathrm{cm}^4$이므로

회전 반지름 $k = \sqrt{\dfrac{I}{A}} = \sqrt{\dfrac{490.87}{78.54}} = 2.5\,\mathrm{cm}$

세장비 $\lambda = \dfrac{l}{k} = \dfrac{1200}{2.5} = 480 > 102$

따라서, 오일러의 공식을 적용하면 된다. 고정계수 $n = 4$이므로

$\sigma_B = n\pi^2 \dfrac{E}{\lambda^2} = 4 \times 3.14^2 \times \dfrac{210 \times 10^9}{480^2} = 35.95 \times 10^6\,\mathrm{N/m}^2 = 35.95\,\mathrm{MPa}$

정답 35.95 MPa

연·습·문·제

1. 그림의 H형 단면의 도심축인 Z축에 관한 회전반지름(radius of gyration)을 구하여라.

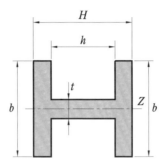

2. 안지름이 80 mm, 바깥지름이 90 mm이고 길이가 3 m인 좌굴 하중을 받는 파이프 압축 부재의 세장비를 구하여라.

3. 사각 단면의 폭이 10 cm이고 높이가 8 cm이며, 길이가 2 m인 장주의 양 끝이 회전단으로 고정되어 있다. 이 장주의 좌굴하중은 몇 kN인가? (단, 장주의 세로탄성계수는 10 GPa이다.)

4. 양단이 힌지인 기둥의 길이가 2 m이고, 단면이 직사각형(30 mm × 20 mm)인 압축 부재의 좌굴하중을 오일러 공식으로 구하면 몇 kN인가? (단, 부재의 탄성 계수는 200 GPa이다.)

5. 그림과 같이 20 cm × 10 cm의 단면적을 갖고 양단이 회전단으로 지지된 부재에 중심 축 방향으로 압축력 P가 작용하고 있을 때 장주의 길이가 2 m라면 세장비는?

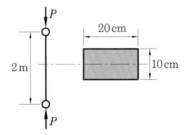

6. 오일러 공식이 세장비 $\dfrac{l}{k} > 100$에 대해 성립한다고 할 때, 양단이 힌지인 원형 단면 기둥에서 오일러 공식이 성립하기 위한 길이 "l"과 지름 "d"와의 관계는 어떻게 되는가?

7. 양단이 힌지로 지지되어 있고 길이가 1 m인 기둥이 있다. 단면이 30 mm×30 mm인 정사각형이라면 임계하중은 약 몇 kN인가? (단, 탄성계수는 210 GPa이고, Euler의 공식을 적용한다.)

8. 지름이 0.1 m이고 길이가 15 m인 양단 힌지인 원형강 장주의 좌굴임계하중은 약 몇 kN인가? (단, 장주의 탄성계수는 200 GPa이다.)

9. 양단이 힌지로 지지된 길이 4 m인 기둥의 임계하중을 오일러 공식을 사용하여 구하면 약 몇 N인가? (단, 기둥의 세로탄성계수 E = 200 GPa이다.)

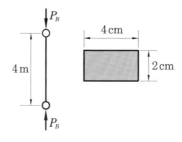

유체 역학 제 2 편

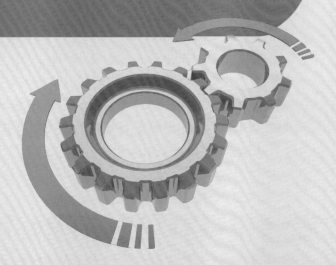

제 1 장 유체의 정의와 기본 성질

1. 유체의 정의 및 분류

1-1 ○ 유체의 정의

분자들의 집합체를 **물질**(物質)이라고 하며, 물질이 어떤 형태를 갖추었을 때 우리는 이것을 **물체**(物體)라고 한다. 모든 물질은 **고체**(固體 ; solid), **액체**(液體 ; liquid), **기체**(氣體 ; gas)의 세 가지 중 하나의 상태(狀態)로 존재하는데 액체와 기체를 합쳐서 **유체**(流體 ; fluid)라 하고, 다음과 같은 특성을 갖는다.

- 분자 사이의 간격이 고체보다 크다(기체 > 액체 > 고체).
- 분자 운동이 고체보다 활발하다.
- 작은 전단력(剪斷力)에도 쉽게 변형된다(쉽게 유동한다).
- 액체는 그것이 들어 있는 그릇의 크기에 관계없이 일정한 부피를 가지며, 호수의 표면과 같이 자유표면(自由表面)이 있다.
- 기체는 공간에 충만(充滿)하고 체적은 일정하지 않다.
- 기체는 압력을 가하면 쉽게 압축되고 압력을 제거하면 곧 팽창을 한다.
- 액체는 기체에 비해 압력을 가해도 압축하기 어렵고, 또 압력을 제거해도 분자간의 응집력(凝集力) 때문에 거의 팽창하지 않는다.

1-2 ○ 유체의 분류

유체는 압축의 정도에 따라 **압축성 유체**(壓縮性 流體 ; compressible fluid)와 **비압축성 유체**(非壓縮性 流體 ; incompressible fluid)로 분류하며, 또 압축과 점성(粘性)의 정도에 따라 **실제유체**(實際流體 ; real fluid)와 **이상유체**(理想流體 ; ideal fluid)로 분류한다.

(1) 압축성 유체

기체와 같이 압력을 가하면 쉽게 압축되고, 압력을 제거하면 곧 팽창을 하는 유체, 즉 압축의 정도에 따라 밀도(密度)가 변화하는 유체를 **압축성 유체**라고 한다.

(2) 비압축성 유체

액체와 같이 압력을 가해도 압축하기 어렵고, 또 압력을 제거해도 분자간의 응집력 때문에 거의 팽창하지 않는 유체, 즉 압축의 정도에 따라 밀도가 변화하지 않는 유체를 **비압축성 유체**라고 한다.

(3) 실제유체

모든 유체는 실제로 압력에 의해 밀도가 변화하는 압축성 유체이며, 또한 점성을 갖고 있다. 이러한 유체를 **실제유체**라고 한다.

(4) 이상유체

비압축성이며 점성이 없는 가상(假想)의 유체를 **이상유체**, 또는 **완전유체**(perfect fluid)라고 한다.

2. 유체의 점성

유체의 각 부분이 평행한 층(層)으로 이루어져 있다고 생각하면, 유체가 운동할 때 서로 인접하고 있는 두 층 사이에는 전단력이 작용되며, 동시에 마찰이 일어나서 전단력에 저항하게 된다. 이것을 **유체마찰**(流體摩擦 ; fluid friction)이라고 하며, 이러한 유체의 성질을 **점성**(粘性 ; viscosity)이라고 한다.

유체의 점성은 유체의 분자 운동 및 분자간의 인력(또는 응집력)과 관계된다. 따라서, 유체의 점성은 온도의 변화에 따라 큰 영향을 받는데, 일반적으로 액체의 점성은 온도 상승에 따라 감소하는 반면에 기체의 점성은 온도 상승에 따라 증가한다. 그 이유는 액체의 점성을 지배하는 분자 응집력은 온도 상승에 따라 감소하지만, 기체의 점성을 지배하는 분자 운동량은 온도 상승에 따라 증가하기 때문이다.

2-1 • Newton의 점성법칙

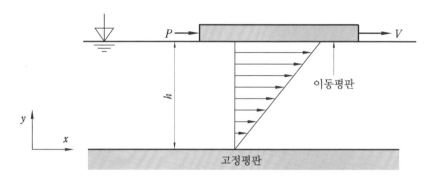

[그림 1-1] 평행한 두 평판 사이의 유체 흐름

[그림 1-1]과 같이 거리 h만큼 떨어진 평행한 두 평판(平板) 사이에 점성유체가 들어 있을 때 이동 평판을 일정한 속도 V로 운동시키는 데 필요한 힘 P는 이동 평판의 면적 A와 속도 V에 비례하고, h에 반비례한다는 것을 실험으로 확인할 수 있다.

즉,

$$P \propto \frac{AV}{h}$$

위의 비례식을 항등식(恒等式)으로 나타내면

$$P = \mu \frac{AV}{h} \quad \cdots\cdots\cdots (1\text{-}1)$$

여기서, μ는 유체마다 온도에 따라 독특한 값을 갖는 비례상수로서 **점성계수**(粘性係數 ; coefficient), 또는 **절대 점성계수**(absolute viscosity), **점도**(粘度 ; viscosity)라고 한다. 따라서, 서로 인접하고 있는 두 층 사이에 생기는 전단응력 τ는 식 (1-1)에서

$$\tau = \frac{P}{A} = \mu \frac{V}{h}$$

로 된다.

만일 [그림 1-2]와 같이 유체의 속도분포가 직선적이 아니면 전단응력은 각 점마다 다르고 어떤 점의 전단응력은 다음과 같이 나타낼 수 있다.

$$\tau = \mu \frac{du}{dy} \quad \cdots\cdots\cdots (1\text{-}2)$$

여기서, du는 미소거리 dy에 대한 속도의 변화이며, $\frac{du}{dy}$를 **속도구배**(速度勾配), 또

는 각 변형률(角變形率), 전단 변형률(剪斷變形率)이라고 한다. 그리고 식 (1-2)를
Newton의 점성법칙이라고 한다.

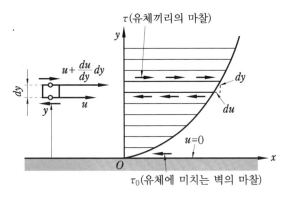

[그림 1-2] 일반적인 유체의 속도분포

일반적으로 실제유체(real fluid)는 **뉴턴유체**(Newtonian liquids)와 **비뉴턴유체**(non-Newtonian liquids)로 분류된다.

뉴턴유체란 식 (1-2)의 점성계수 μ가 속도구배 $\dfrac{du}{dy}$에 관계없이 항상 일정한 값을
갖는 유체로서 [그림 1-3]과 같이 τ와 $\dfrac{du}{dy}$의 관계가 직선적이다. 물, 공기, 기름 등
공학상 많이 사용되는 대부분의 유체는 이에 속한다.

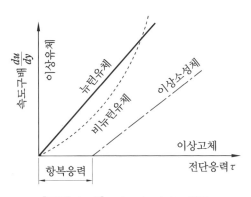

[그림 1-3] rheologicla 선도

비뉴턴유체는 τ와 $\dfrac{du}{dy}$의 관계가 직선적이 아닌 유체이다. 즉, 점성계수가 일정한 온
도, 압력하에서도 일정하지 않고 $\dfrac{du}{dy}$가 변형을 받기 시작할 때부터 시간에 따라 변화하
는 유체이다.

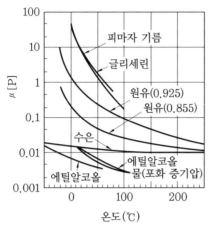

[그림 1-4] 액체의 점성계수

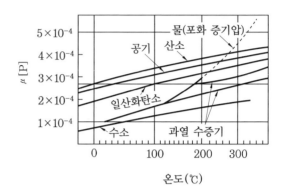

[그림 1-5] 기체의 점성계수

위의 두 그림은 액체와 기체의 점성계수를 온도 변화에 따라 나타낸 것이고, 여기서 액체의 점성은 온도 상승에 따라 감소하는 반면에, 기체의 점성은 온도 상승에 따라 증가한다는 것을 확인할 수 있다.

2-2 ● 점성계수의 차원과 단위

식 (1-2)에서 점성계수 μ의 차원과 단위는 다음과 같다.(제7장 참조)

FLT 계를 쓰면, τ는 $[F/L^2]$, u는 $[L/T]$, y는 $[L]$이므로

$$\mu = \frac{\tau}{du/dy}$$

$$[\mu의\ 차원] = \frac{[F/L^2]}{[L/T]/[L]} = \frac{[FT]}{[L^2]} = [FTL^{-2}]$$

$$\rightarrow \text{N} \cdot \text{s/m}^2 \ 또는\ \text{dyn} \cdot \text{s/cm}^2$$

MLT 계를 쓰면, τ는 $[M/LT^2]$, u는 $[L/T]$, y는 $[L]$이므로

$$[\mu의\ 차원] = \frac{[M/LT^2]}{[L/T]/[L]} = \frac{[M]}{[L][T]} = [ML^{-1}T^{-1}]$$

$$\rightarrow \text{g/cm} \cdot \text{s}$$

점성계수의 단위는 poise(기호 : P)로 나타낸다. 즉,

$$1\,\text{P} = 1\,\text{dyn} \cdot \text{s/cm}^2 = 1\,\text{g/cm} \cdot \text{s}$$
$$= 0.1\,\text{N} \cdot \text{s/m}^2$$

1 P의 $\dfrac{1}{100}$ 을 1 cP(centi poise)라고 한다.

유체의 운동을 다룰 때 점성계수 μ 보다도 이것을 밀도 ρ 로 나눈 값을 쓰면 편리할 때가 많다. 즉,

$$\nu = \frac{\mu}{\rho} \qquad\qquad\qquad\qquad (1\text{-}3)$$

여기서, ν 를 **동점성계수**(動粘性係數 ; kinematic viscosity)라고 하며, 동점성계수 ν 의 차원과 단위를 MLT 계로 나타내면 ρ 는 $[M/L^3]$ 이므로 다음과 같다.

$$[\nu \text{ 의 차원}] = \frac{[M/LT]}{[M/L^3]} = \frac{[L^2]}{[T]} = [L^2 T^{-1}]$$
$$\rightarrow \text{cm}^2/\text{s}$$

동점성계수의 단위는 **stokes(기호 : St)**로 나타낸다. 즉,

$$1\,\text{St} = 1\,\text{cm}^2/\text{s}$$

이다. 1 St의 $\dfrac{1}{100}$ 을 1 cSt(centi stokes)라고 한다.

Q 예제 1-1

10 mm의 간격을 가진 평행한 두 평판 사이에 점성계수 $\mu = 15$ poise인 기름이 차 있다. 아래평판을 고정하고 위평판을 5 m/s의 속도로 이동시킬 때 평판에 발생하는 전단응력은 몇 Pa인가?

해설 1 poise $= 0.1\,\text{N} \cdot \text{s/m}^2$ 에서 15 poise $= 15 \times 0.1\,\text{N} \cdot \text{s/m}^2 = 1.5\,\text{N} \cdot \text{s/m}^2$ 이므로

$$\tau = \mu \frac{V}{h} = 1.5 \times \frac{5}{10 \times 10^{-3}} = 750\,\text{N/m}^2 = 750\,\text{Pa}$$

정답 750 Pa

Q 예제 1-2

어떤 유체의 점성계수 $\mu = 2.401\,\text{kg/m} \cdot \text{s}$, 비중 $S = 1.2$ 이다. 이 유체의 동점성계수 ν 는 몇 m^2/s 인가?

해설 먼저, 밀도 ρ 를 구하면 $\rho = \rho_w \cdot s = 1000 \times 1.2 = 1200\,\text{kg/m}^3$

$$\therefore \nu = \frac{\mu}{\rho} = \frac{2.401}{1200} = 0.002\,\text{m}^2/\text{s}$$

정답 0.002 m^2/s

Q 예제 1-3

$9.8\,N \cdot s/m^2$은 몇 poise인가?

해설 $1\,poise = 1\,dyn \cdot s/cm^2 = 1\,g/cm \cdot s$

$\qquad = 0.1\,N \cdot s/m^2$에서, $1\,N \cdot s/m^2 = 10\,poise$이므로

$\qquad 9.8\,N \cdot s/m^2 = 98\,poise$

정답 98 poise

3. 이상기체의 상태 방정식

기체를 구성하는 분자 상호간에 인력(引力)이 작용하지 않아 완전 탄성체(彈性體)로 볼 수 있으며, 분자의 크기를 무시할 수 있는 가상의 기체를 **이상기체**(理想氣體 ; ideal gas) 또는 **완전기체**(完全氣體 ; perfect gas)라 하고, 다음의 상태 방정식(狀態方程式)을 만족한다.

$$\left.\begin{array}{l} pv = RT \\ p = \rho RT \end{array}\right\} \quad \cdots\cdots\cdots\cdots\cdots\cdots\cdots\cdots\cdots\cdots\cdots\cdots\cdots\cdots\cdots\cdots\cdots\cdots\cdots\cdots\cdots\cdots\cdots\cdots \text{(1-4)}$$

이 식을 이상기체의 상태 방정식, 또는 **보일-샤를의 법칙**이라고 하며, 여기서, p는 기체의 절대압력(N/m^2), v는 비체적(m^3/kg), ρ는 밀도(kg/m^3) R은 기체상수($kJ/kg \cdot K$), T는 절대온도(K)이다. 식 (1-4)는 밀도 ρ로 나타낸 것이므로 질량 $m[kg]$, 체적 V의 기체에 대한 식은 $\rho = \dfrac{m}{V}$이므로

$$pV = mRT \quad \cdots\cdots\cdots\cdots\cdots\cdots\cdots\cdots\cdots\cdots\cdots\cdots\cdots\cdots\cdots\cdots\cdots\cdots\cdots\cdots\cdots\cdots\cdots\cdots \text{(1-5)}$$

가 성립한다.

4. 유체의 탄성과 압축성

4-1 ● 체적 탄성계수와 압축률

기체는 압력변화에 따라 체적이 쉽게 변화하지만 액체는 그렇지가 않다. 일반적으로 액체는 비압축성 유체로 취급하나 수격작용(水擊作用 ; water hammering)과 같이 급

격한 압력변화가 있는 경우에는 액체에서도 압
축성은 중요한 문제가 된다.

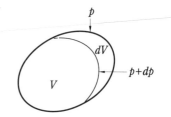

[그림 1-6]과 같이 유체를 압축할 때 압축과
정에서 가해진 에너지는 탄성 에너지로 유체내
부에 저장된다. 이 저장된 에너지는 압력을 제거
할 때 가역과정(可逆過程 ; reversible process)
이라고 가정하면 유체는 완전히 압축 전 상태로
되돌아가게 한다. 이 때 유체의 체적이 $-dV$만

**[그림 1-6] 유체의 압력 상승에 따른
체적변화**

큼 감소되고 압력이 dp만큼 상승하였다면, 훅의 법칙(Hooke's law)에 의해 압력변화량
dp와 체적변화율 $\dfrac{dV}{V}$와의 관계를 다음과 같은 비례식으로 나타낼 수 있다.

$$dp \propto -\frac{dV}{V}$$

위식을 항등식(恒等式)으로 나타내면

$$dp = -K\frac{dV}{V}$$

여기서, K는 유체의 압축성을 나타내는 비례상수로서 **체적 탄성계수**(體積彈性係數 ;
bulk modulus elasticity)라 정의하고,

$$K = -\frac{dp}{\dfrac{dV}{V}} \quad \cdots\cdots\cdots\cdots\cdots\cdots\cdots\cdots\cdots\cdots\cdots\cdots\cdots\cdots\cdots\cdots\cdots\cdots\cdots (1\text{-}6)$$

가 된다. 식 (1-6)에서 $\dfrac{dV}{V}$의 차원은 없기 때문에 체적 탄성계수 K는 압력의 단위와 같
고, 체적 탄성계수 K의 값이 클수록 그 유체는 압축하기가 더 어렵다는 것을 알 수 있다.

또, 체적 V와 비체적 v, 밀도 ρ와의 사이에는

$$\frac{dV}{V} = \frac{dv}{v} = -\frac{d\rho}{\rho}$$

인 관계가 있다. 즉, 밀도 ρ의 상대적 증가는 체적 V의 상대적 감소와 같게 된다. 따라
서, 체적 탄성계수 K는 다음과 같이 나타낼 수 있다.

$$K = -\frac{dp}{\dfrac{dV}{V}} = -\frac{dp}{\dfrac{dv}{v}} = \frac{dp}{\dfrac{d\rho}{\rho}} \quad \cdots\cdots\cdots\cdots\cdots\cdots\cdots\cdots\cdots\cdots\cdots\cdots\cdots\cdots\cdots (1\text{-}7)$$

체적 탄성계수의 역수를 **압축률**(壓縮率 ; compressibility)이라고 하며, 이 압축률은 단위 압력변화에 대한 체적의 변형 정도를 나타낸다. 즉, 압축률 β는

$$\beta = \frac{1}{K} = -\frac{\dfrac{dV}{V}}{dp} \quad \cdots\cdots\cdots\cdots\cdots\cdots\cdots\cdots\cdots\cdots\cdots\cdots\cdots\cdots\cdots (1-8)$$

[표 1−1]은 물에 대한 압축률의 실측값을 나타낸 것이고, [표 1−2]는 물 이외의 압축률의 값을 나타낸 것이다.

[표 1−1] 물의 압축률 β [cm^2/N]

온도 (℃) 압력 (atm)	0	10	20
1~25	4.98×10^{-6}	4.74×10^{-6}	4.66×10^{-6}
25~50	4.89×10^{-6}	4.66×10^{-6}	4.52×10^{-6}
50~75	4.83×10^{-6}	4.49×10^{-6}	4.32×10^{-6}
75~100	4.76×10^{-6}	4.46×10^{-6}	4.29×10^{-6}
100~500	4.51×10^{-6}	4.24×10^{-6}	4.12×10^{-6}
500~1000	3.95×10^{-6}	3.74×10^{-6}	3.61×10^{-6}
1000~1500	3.39×10^{-6}	3.31×10^{-6}	3.20×10^{-6}

[표 1−2] 물 이외의 압축률

물질	온 도(℃)	압력 범위(N/cm^2)	압축률(cm^2/N)
수은	20	10~1000	0.401×10^{-6}
바닷물	10	10~1500	4.449×10^{-6}
글리세린	14.8	10~100	2.255×10^{-6}
에틸알코올	14	90~380	10.306×10^{-6}
메틸알코올	14.7	80~370	10.612×10^{-6}
벤졸	16	80~370	9.184×10^{-6}
올리브유	20	10~100	6.122×10^{-6}
석유	17	−	6.776×10^{-6}
옥탄	20	0~10	14.224×10^{-6}

4-2 ● 이상기체의 체적 탄성계수와 음속

기체의 압축과 팽창은 열역학의 등온변화(等溫變化 ; isothermal change)와 단열변화(斷熱變化 ; adiabatic change)로 구별하여 생각할 수 있다. 등온변화는 식 (1−4)에

서 온도 T가 일정한 경우로서

$$pv = \text{constant} \quad \cdots\cdots\cdots (1\text{-}9)$$

가 된다. 또, 기체와 외계(外界)와의 사이에 열 교환 없이 기체를 팽창 또는 압축시킬 때 팽창인 경우 기체의 온도는 내려가고, 압축인 경우 기체의 온도는 올라간다. 이러한 변화를 단열변화라 하고,

$$pv^k = \text{constant} \quad \cdots\cdots\cdots (1\text{-}10)$$

으로 표시된다. 여기서, k는 정압비열 C_p와 정적비열 C_v와의 비, 즉 $\dfrac{C_p}{C_v}$ 로서 이것을 **비열비** 또는 **단열지수**(斷熱指數 ; adiabatic exponent) 라고 한다. 따라서, 기체를 등온 압축시킬 때의 체적 탄성계수 K를 구하기 위해 식 (1-9)를 미분하면,

$$pv = \text{constant}$$

$$pdv + vdp = 0$$

$$p = -\frac{dp}{\dfrac{dv}{v}}$$

$$\therefore K = p \quad \cdots\cdots\cdots (1\text{-}11)$$

다음은 기체를 단열적으로 압축시킬 때의 체적 탄성계수 K를 구하기 위해 식 (1-10) 을 미분하면,

$$pv^k = \text{constant}$$

$$v^k dp + kpv^{k-1}dv = 0$$

$$kp = -\frac{dp}{\dfrac{dv}{v}}$$

$$\therefore K = kp \quad \cdots\cdots\cdots (1\text{-}12)$$

유체 속에서 어떠한 교란(攪亂)으로 발생되는 압력파(壓力波)는 강체(剛體)에서와 같이 무한한 속도를 갖지 않고 유한한 속도로 전파되며, 유체 내에서의 압력파의 전파 속도는 체적 탄성계수 K와 밀접한 관계가 있다. 유체 내에서 교란에 의하여 생긴 압력파의 전파속도(**음속**) C는 유체의 밀도를 ρ라고 하면 다음 식으로 주어진다.

$$C = \sqrt{\frac{K}{\rho}} \quad \cdots\cdots\cdots (1\text{-}13)$$

유체 속에서 음파(音波)에 의하여 일어난 교란은 극히 적고 빠르기 때문에 압력파로 인한 유체의 밀도변화(체적변화)는 압축과 팽창에서 열교환이 없는 가역단열 과정(또는 등엔트로피 과정 ; isentropic process)으로 볼 수 있다. 따라서, 이상기체 내에서의 음속 C는 식 $(1-12)$를 식 $(1-13)$에 대입하여 구할 수 있다.

$$C = \sqrt{\frac{kp}{\rho}}$$

그런데 기체상태 방정식 $p = \rho RT$이므로

$$C = \sqrt{\frac{k\rho RT}{\rho}} = \sqrt{kRT} \quad \text{..} (1-14)$$

을 얻을 수 있고, 이것은 이상기체에서 음속(音速)은 단지 기체의 온도 T에만 의존된다는 것을 알 수 있다.

물체(혹은 유체)의 속도 V와 음속 C와의 비를 **마하수**(Mach Number) N_M라고 한다. 즉,

$$N_M = \frac{V}{C} \quad \text{..} (1-15)$$

이다. 마하수에 따라 물체(혹은 유체)의 속도를 분류하면 다음과 같다.

    $N_M < 1$: **아음속**(亞音速 : subsonic velocity)

    $N_M = 1$: **음속**(音速 : sonic velocity)

    $N_M > 1$: **초음속**(超音速 : supersonic velocity)

Q 예제 1-4

물의 체적 탄성계수가 2.45 GPa일 때 물의 체적을 0.5 % 감소시키기 위하여는 몇 MPa의 압력을 가하여야 하는가?

해설 체적 탄성계수 $K = -\dfrac{dp}{\dfrac{dV}{V}}$ 에서

$$dp = -K\frac{dV}{V} = (2.45 \times 10^9) \times (-0.005) = 12.25 \times 10^6 \, \text{N/m}^2$$

$$= 12.25 \, \text{MPa}$$

정답 12.25 MPa

Q 예제 1-5

4℃ 순수한 물의 체적 탄성계수 $K = 1.96\,\text{GPa}$이다. 이 물 속에서의 음속은 몇 m/s인가? (단, 4℃ 순수한 물의 밀도 $\rho = 1000\,\text{N} \cdot \text{s}^2/\text{m}^4$이다.)

해설 음속 $C = \sqrt{\dfrac{K}{\rho}} = \sqrt{\dfrac{1.96 \times 10^9}{1000}} = 1400\,\text{m/s}$

정답 1400 m/s

5. 표면장력과 모세관 현상

5-1 ○ 표면장력

액체는 분자간의 인력(引力)에 의하여 서로 끌어당기는 힘을 가지고 있다. 이 때 같은 종류의 분자끼리 서로 끌어당기는 힘을 **응집력**(凝集力), 다른 종류의 분자끼리 서로 끌어당기는 힘을 **부착력**(附着力)이라고 한다.

액체의 자유표면(自由表面)에서는 액체분자간의 응집력이 공기분자와 액체분자 사이에 작용하는 부착력보다 크게 되어 액면(液面)을 축소하려고 하는 장력(張力)이 발생하게 된다. 이 힘을 **표면장력**(表面張力 ; surface tension)이라 하고, 공학에서는 대개의 경우 무시되지만 액체가 모세관에서 상승하는 현상이라든가, 기포형성(氣泡形成)의 역학, 액체분류(液體噴流)의 붕괴 또는 액적(液滴)의 형성 등의 문제에서는 중요성을 가지고 있다.

표면장력은 자유표면에서 단위 길이당 발생하는 힘으로 표시되고, 따라서 그 단위는 N/m가 되며, 차원은 $[FL^{-1}]$이다. 온도가 상승하여 액체가 팽창할 때는 분자간의 인력이 감소하므로 표면장력도 감소한다.

(1) 구형(球型) 방울에 발생하는 표면장력

[그림 1−7]과 같은 지름 d의 구형 방울에서 내부압력이 외부압력보다 p만큼 높아 좌반구(左半球)를 좌측으로 미는 힘 $\dfrac{\pi d^2}{4} \cdot p$와 표면장력 σ에 의해서 좌반구를 우측으로 인장하는 힘 $\pi d \cdot \sigma$가 서로 같아 평형을 유지하고 있다. 따라서, 표면장력 σ는 다음과 같이 구할 수 있다.

$$\frac{\pi d^2}{4} \cdot p = \pi d \cdot \sigma$$

$$\therefore \quad \sigma = \frac{pd}{4} \quad\text{...}\quad (1\text{-}16)$$

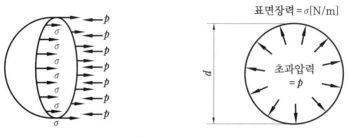

[그림 1-7] 구형 방울에 발생하는 표면장력

(2) 원주상의 분류에 발생하는 표면장력

[그림 1-8]과 같은 지름 d인 단위 길이의 원주상(圓柱狀)의 분류(噴流)에서 내부압력이 외부압력보다 p만큼 높아 내·외의 힘이 서로 평형을 유지하고 있다면, 구형 방울과 같은 방법에 의해 표면장력 σ를 구할 수 있다.

$$d \times 1 \times p = 2\sigma$$

$$\therefore \quad \sigma = \frac{pd}{2} \quad\text{...}\quad (1\text{-}17)$$

[그림 1-8] 단위 길이의 원주상에 발생하는 표면장력

[표 1-3]은 20℃ 표준 대기압(1 atm)하에서의 여러 가지 액체에 대한 표면장력을 나타낸 것이다.

[표 1-3] 여러 가지 액체의 표면장력 (20℃ 표준 대기압)

액체	표면장력 σ[N/m]	액체	표면장력 σ[N/m]
수은	0.47530	글리세린	0.06233
벤졸	0.02891	물	0.07252
올리브유	0.03234	10 % 식염수	0.07536
에테르	0.01646	원유	0.02352~0.03822
에틸알코올	0.02225	캐로신	0.02254~0.03234
메틸알코올	0.02254	스핀들유	0.03107

5-2 ◦ 모세관 현상

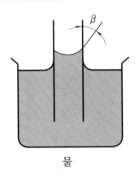 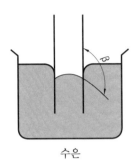

물   수은

[그림 1-9] 모세관 현상

[그림 1-9]와 같이 액체 중에 가는 관(管)을 세우면 액체의 응집력과 액체와 고체 사이의 부착력의 차(差)에 의하여 액체가 올라가거나 내려간다. 이러한 현상을 **모세관 현상**(毛細管現象 ; capillarity)이라고 한다. 부착력이 응집력보다 크면 물체에 접한 부근의 액면은 올라가고, 반대로 부착력이 응집력보다 작으면 그 액면은 내려간다.

예컨대 모세관 현상에 의하여 가는 유리관 속의 수면(水面)은 올라가지만 수은면(水銀面)은 내려가는데, 이것은 앞에서 말한 이유 때문이다.

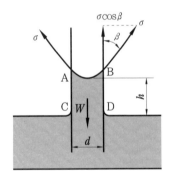

[그림 1-10]과 같이 액체 속에 세운 가는 관 속으로 액면이 올라가 정지하고 있을 때 상승 높이 h를 구하여 보자. 액면과 접촉하고 있는 유체를 공기라고 하면 그 비중량은 무시할 수 있으므로, 힘의 평형조건에 의해 액면에서의 표면장력에 의한 수직분력 $\pi d \cdot \sigma \cos \beta$와 상승된 액체 기둥 ABCD의 무게 W는 서로 같은 크기를 가져야 한다. 즉, 액체의 비중량을 γ, 관의 지름을 d, 접촉각을 β라고 하면 다음 식이 성립한다.

[그림 1-10] 액면의 상승 높이

$$\pi d \cdot \sigma \cos \beta = \gamma h \cdot \frac{\pi d^2}{4}$$

따라서, 액면의 상승 높이 h는

$$h = \frac{4 \sigma \cos \beta}{\gamma d} \quad \text{·······································} \quad (1\text{-}18)$$

가 된다. 수은과 같이 응집력이 부착력보다 커 액면이 내려갈 때의 하강 높이도 위 식에 의해 구한다.

다음 표는 수은 및 물과 올리브유에 대한 유체의 접촉각을 나타낸 것이다.

[표 1-4] 유체의 접촉각 β

고체	유체	표면유체	온 도	접촉각
유리	수은 수은 물	공기 물 올레인산	상온 상온 상온	139° 41° 80°
운모	수은 물	공기 아밀알코올	상온 상온	126° 0°
철(Fe)	올리브유 물	공기 공기	상온 상온	27° 33′ 5° 10′
동(Cu)	수은	공기	상온	6° 41′
납(Pb)	수은	공기	상온	2° 36′

Q 예제 1-6

지름이 40 mm인 비눗방울의 내부압력이 외부압력보다 3.43 kPa 클 때 비눗방울의 표면장력은 얼마인가?

해설 $\sigma = \dfrac{pd}{4} = \dfrac{(3.43 \times 10^3) \times (40 \times 10^{-3})}{4}$

$\qquad = 34.3 \, \text{N/m}$

정답 34.3 N/m

Q 예제 1-7

지름 1 mm인 유리관이 물이 담긴 그릇 속에 세워져 있다. 물의 표면장력이 85.75×10^{-5} N/cm이고, 물과 유리의 접촉각 $\beta = 40°$이면 모세관 현상으로 상승한 높이는 몇 cm인가?

해설 물의 비중량

$\qquad \gamma = 9800 \, \text{N/m}^3 = 0.0098 \, \text{N/cm}^3$이므로

$\qquad h = \dfrac{4\sigma \cos\beta}{\gamma d} = \dfrac{4 \times (85.75 \times 10^{-5}) \times \cos 40°}{0.0098 \times 0.1}$

$\qquad = 2.68 \, \text{cm}$

정답 2.68 cm

연·습·문·제

1. 질량어 m이고 비체적이 v인 구(sphere)의 반지름이 R이면, 질량이 $4\,m$이고, 비체적이 $2v$인 구의 반지름 R'는 R과 어떤 관계를 갖는가?

2. 간격이 $10\,mm$인 평행 평판 사이에 점성계수가 $14.2\,poise$인 기름이 가득 차 있다. 아래쪽 판을 고정하고 위의 평판을 $2.5\,m/s$인 속도로 움직일 때, 평판 면에 발생되는 전단응력은 몇 Pa인가?

3. 점성계수 $0.3\,poise$, 동점성계수 $2\,stokes$인 유체의 비중을 구하여라.

4. 정지상태의 거대한 두 평판 사이로 유체가 흐르고 있다. 이때 유체의 속도분포(u)가 $u = V\left[1 - \left(\dfrac{y}{h}\right)^2\right]$일 때, 벽면 전단응력은 약 몇 N/m^2인가? (단, 유체의 점성계수는 $4N\cdot s/m^2$이며, 평균속도 V는 $0.5\,m/s$, 유로 중심으로부터 벽면까지의 거리 h는 $0.01\,m$이며, 속도 분포는 유체 중심으로부터의 거리(y)의 함수이다.)

5. 그림과 같은 원통형 축 틈새에 점성계수가 $0.51\,Pa\cdot s$인 윤활유가 채워져 있을 때, 축을 $1800\,rpm$으로 회전시키기 위해서 필요한 동력은 약 몇 W인가? (단, 틈새에서의 유동은 쿠에트 유동(couette flow)이라고 간주한다.)

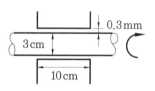

6. 산 정상에서의 기압은 $93.8\,kPa$이고, 온도는 $11℃$이다. 이때 공기의 밀도는 몇 kg/m^3인가? (단, 공기의 기체상수는 $287\,J/kg\cdot℃$이다.)

7. 체적탄성계수가 $2.086\,GPa$인 기름의 체적을 1% 감소시키려면 가해야 할 압력은 몇 Pa인가?

8. 어떤 액체가 $800\,kPa$의 압력을 받아 체적이 0.05% 감소한다면, 이 액체의 체적탄성계수는 몇 kPa인가?

9. 온도 $25℃$인 공기에서의 음속은 약 몇 m/s인가? (단, 공기의 비열비는 1.4, 기체상수는 $287\,J/kg\cdot K$이다.)

10. 지름비가 $1:2:3$인 모세관의 상승높이 비(比)를 구하여라. (단, 다른 조건은 모두 동일하다고 가정한다.)

유체 정역학

유체가 움직이지 않는다는 것은 그 유체에 작용하는 힘들이 서로 평형을 이루고 있기 때문이며, 이러한 상태를 정적 평형(靜的平衡 ; static equilibrium)의 상태라고 말한다.

유체 정역학(流體 靜力學 ; fluid statics)이란 이와 같이 정지하고 있는 유체 문제를 연구하는 학문이다.

정지하고 있는 유체에 미치는 힘은 유체분자 사이의 상대운동이 없으므로 점성의 영향을 받지 않으며, 다만 유체의 비중만이 관계된다. 따라서, 유체 속의 압력 측정이라든가 탱크, 고체벽 또는 수문(水門) 등에 미치는 유체의 힘을 쉽게 해석할 수 있고, 또한 그 결과를 정확하게 얻을 수 있다.

1. 압 력

1-1 ● 압력의 개요

평면(平面) 또는 곡면(曲面)이나 가상면(假想面)에 힘이 작용하고 있을 때 단위 면적당 수직으로 받는 힘을 **압력**(pressure)이라 하고, 이 압력들의 합을 **전압력**(全壓力 ; total pressure)이라고 한다. 즉, 전압력이란 면에 작용하고 있는 힘을 말한다. 면적 A 에 수직으로 힘(전압력) F가 작용하고 있다면 압력 p는

$$p = \frac{F}{A} [\text{N/m}^2, \ \text{Pa}] \quad \cdots\cdots\cdots\cdots\cdots\cdots\cdots\cdots\cdots\cdots\cdots\cdots\cdots (2-1)$$

가 되며, 압력의 차원은 $[FL^{-2}]$이다.

1-2 ● 정지유체 속의 한 점에 대한 압력

[그림 2-1]과 같은 정지하고 있는 유체 속에 직각좌표 x, y, z를 설정하고 밑변 dx, 높이

dy, 빗변 ds, 두께 $dz = 1$인 미소유체요소를
생각하여 보자. 만약 빗변 ds를 평행 이동하여
프리즘 ABC의 체적을 0으로 접근하면 이 한
계점에서의 무게는 무시할 수 있다. 또한, 이
점에 작용하는 힘들은 평형이 될 것이므로,
수평방향과 연직방향의 분력(分力)을 생각
하면 $\sum F_x = 0$에서 $p_3 dy - p_1 ds \sin\theta = 0$,
$\sum F_y = 0$에서 $p_2 dx - p_1 ds \cos\theta = 0$이다. 그
런데 $dy = ds \sin\theta$, $dx = ds \cos\theta$ 이므로

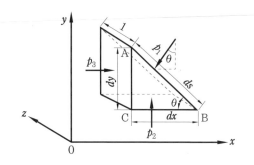

[그림 2-1] 미소유체요소

$$p_3 - p_1 = 0, \;\; p_2 - p_1 = 0$$

$$\therefore \;\; p_1 = p_2 = p_3$$

여기서, θ는 임의의 각이기 때문에 위 식은 정지유체 속의 한 점에 작용하는 압력은
모든 방향에서 같다는 것을 증명한다. 따라서, 정지유체 속에서의 압력은 다음과 같은
중요한 성질을 갖는다.

① 유체의 압력은 임의면에 항상 수직으로 작용한다[그림 $2-2$ (a)].

② 유체 속의 한 점에 작용하는 압력은 모든 방향에서 같다[그림 $2-2$ (b)].

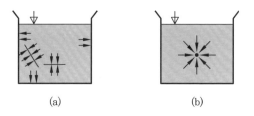

(a)   (b)

[그림 2-2] 정지유체 속의 압력

밀폐된 용기 내의 정지유체에 가하여진 압력은
같은 크기로 모든 방향으로 균일하게 전달되는데
이것을 **Pascal의 원리**(principle of Pascal)라
고 한다. Braham은 이 원리를 이용하여 [그림
$2-3$]과 같은 수압기(水壓機 ; hydraulic ram)
를 고안하였다. 즉, 단면적 A_1, A_2의 피스톤에
각각 F_1, F_2의 힘이 작용하고 있을 때 발생하
는 압력 p_1, p_2는,

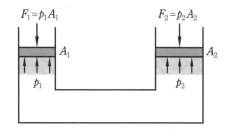

[그림 2-3] 수압기의 원리

$$p_1 = \frac{F_1}{A_1}, \ \ p_2 = \frac{F_2}{A_2}$$

가 된다. 그런데 $p_1 = p_2$ 이므로

$$\frac{F_1}{A_1} = \frac{F_2}{A_2} \hspace{2cm} \text{...} (2\text{-}2)$$

인 관계가 성립한다. 따라서, 수압기를 이용하면 작은 힘으로 큰 힘을 쉽게 얻을 수 있다.

1-3 ○ 정지유체 속의 압력변화

(1) 수평방향의 압력변화

정지유체 속에서 [그림 2-4]와 같은 미소단면적 dA, 길이 l 인 주상(柱狀)의 자유물체에 미치는 수평방향의 압력변화를 생각해 보자. M, N면은 미소면이므로 한 점으로 생각할 수 있고, 이 점에 작용하는 압력을 각각 p_1, p_2라 하면 수평방향의 힘은 $p_1 dA$와 $p_2 dA$뿐이다. 왜냐

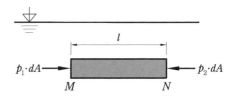

[그림 2-4] 수평방향의 압력변화

하면 자유물체의 무게는 이 힘과 수직한 방향으로 작용하기 때문에 수평방향의 성분을 갖지 않는다. 따라서, 수평방향에 대한 힘의 평형으로부터

$\sum F_x = 0$ 에서

$$p_1 dA - p_2 dA = 0$$
$$\therefore \ \ p_1 = p_2$$

가 된다. 즉, 정지유체 속에서 같은 수평면에 있는 모든 점의 압력은 같다는 것을 알 수 있다.

(2) 연직방향의 압력변화

비중량 γ인 정지유체 속에서 [그림 2-5]와 같은 단면적 A, 높이 dz인 주상(柱狀)의 자유물체를 취하여 여기에 미치는 연직방향(鉛直方向)에 대한 힘의 평형을 생각해 보자. 유체 표면으로부터 깊이 h인 곳에서의 압력을 p라고 하면, $(h-dz)$ 점에서의 압력은 dp만큼의 압력변화가 있어 $p + dp$가 된다. 따라서, 자유물체의 무게는 $\gamma A dz$이므로

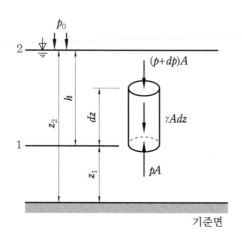

[그림 2-5]　연직방향의 압력변화

$\sum F_y = 0$에서

$$pA - (p + dp)A - \gamma A dz = 0$$

$$\therefore \ \frac{dp}{dz} = -\gamma \quad \text{...(2-3)}$$

가 된다. 이 식을 **유체 정역학의 기본 방정식**이라고 한다.

또, 식 (2-3)에서

$$dp = -\gamma dz$$

이므로 위 식을 유체 비중량 γ가 일정하다는 조건하에서 수평단면 1에서 2까지 적분하면

$$\int_1^2 dp = -\gamma \int_1^2 dz$$

$$p_2 - p_1 = -\gamma(z_2 - z_1) = -\gamma h$$

여기서, p_2는 수평단면 2에서의 압력으로 유체 표면이 공기와 접하고 있다면 대기압 p_0가 되며, p_1은 수평단면 1에서의 압력으로 p가 된다. 따라서, 위 식을 다시 쓰면

$$p = p_0 + \gamma h \quad \text{..(2-4)}$$

가 된다. 만일 식 (2-4)를 대기압을 기준으로 한 압력으로 나타내면 $p_0 = 0$이므로

$$p = \gamma h \quad \text{..(2-5)}$$

가 된다. 이 관계에서 압력을 액주(液柱)의 높이로 표시할 수 있다. 즉, $h = \dfrac{p}{\gamma}$로 표시

하면 비중량 γ가 일정할 때 압력 p는 높이 또는 길이와 같게 되며, 이것을 **압력수두**(壓力水頭 ; pressure head)라고 한다.

압력을 **수은주**(水銀柱)의 높이로 표시할 때에는 **mmHg**로 표시하고 1 mmHg는 1 mm 수은 속에서의 압력을 말하며, **수주**(水柱)의 높이로 나타낼 때에는 **mAq**의 기호를 쓴다. 여기서, Aq는 Aqua의 약자로 물을 의미하며 1 mAq는 1 m 물 속에서의 압력을 말한다. 또, 진공압력의 경우 수은주 1 mm를 **1 Torr**(Torricelli 의 약자)라고 한다.

수은의 비중은 13.6, 물의 비중은 1이므로 식 (2−5)에 의해 이들의 값을 나타내면 다음과 같다.

$$
\begin{aligned}
1\,\text{mmHg} = 1\,\text{Torr} &= 9800 \times 13.6 \times 10^{-9}\,\text{N/mm}^3 \times 1\,\text{mm} \\
&= 13.33 \times 10^{-5}\,\text{N/mm}^2 \\
&= 133.3\,\text{N/m}^2 \\
&= 133.3\,\text{Pa}
\end{aligned}
$$

$$
\begin{aligned}
1\,\text{mAq} = 1000\,\text{mmAq} &= 9800 \times 1\,\text{N/m}^3 \times 1\,\text{m} \\
&= 9800\,\text{N/m}^2 \\
&= 9800\,\text{Pa}
\end{aligned}
$$

1-4 ○ 대기압 및 절대압력과 계기압력

(1) 대기압

지구를 둘러싼 공기를 대기(大氣)라고 하며, 대기가 단위 면적에 미치는 힘을 **대기압**(大氣壓 ; atmospheric pressure)이라고 한다. 대기압에는 지표상(地表上)의 위치와 고도 또는 기상 상태에 따라 변하는 **국소 대기압**(局所大氣壓 ; local atmospheric pressure)과 해면(海面)에서의 국소 대기압의 평균값인 **표준 대기압**(標準大氣壓 ; standard atmospheric pressure)이 있다. 표준 대기압 1 atm의 크기는 다음과 같다.

$$
\begin{aligned}
1\,\text{atm} &= 760\,\text{mmHg} \\
&= 9800 \times 13.6 \times 760 \times 10^{-3}\,\text{N/m}^2 = 101.3 \times 10^3\,\text{N/m}^2 \\
&= 101.3\,\text{kPa} \\
&= 10.336\,\text{mAq} \\
&= 1.013\,\text{bar}
\end{aligned}
$$

[표 2-1]은 위도 40도에 있어서 평균 온도소멸율(平均溫度消滅率)을 연간 평균한 표준 대기(標準大氣)의 물성(物性) 값들이다.

[표 2-1] 표준대기의 물성값

고도 (km)	온도 (℃)	압력 (mmHg)	밀도 (N · s^2/m^4)	점성계수 (kg · s/m^2)	동점성계수 (m^2/s)	음속 (m/s)
				$\times 10^{-7}$	$\times 10^{-5}$	
0	15.0	760.0	1.2250	1.7963	1.466	340.7
1	8.5	674.1	1.1113	1.7640	1.587	336.8
2	2.0	596.2	1.0065	1.7326	1.722	332.9
3	-4.5	525.7	0.9094	1.7003	1.871	328.9
4	-11.0	462.2	0.8183	1.6680	2.037	324.9
5	-17.5	405.0	0.7360	1.6356	2.222	320.9
6	-24.0	353.7	0.6595	1.6023	2.429	316.8
7	-30.5	307.8	0.5890	1.5680	2.661	321.6
8	-37.5	266.8	0.5253	1.5337	2.923	308.4
9	-43.5	240.4	0.4665	1.4994	3.217	300.1
10	-50.0	198.1	0.4126	1.4641	3.551	299.8
11	-56.5	169.6	0.3636	1.4288	3.931	295.4
12	-56.5	144.8	0.3107	1.4288	4.602	295.4
14	-56.5	105.0	0.2264	1.4288	6.310	295.4
16	-56.5	77.0	0.1656	1.4288	8.652	295.4
18	-56.5	56.2	0.1205	1.4288	11.86	295.4
20	-56.5	41.0	0.0882	1.4288	16.26	295.4
25	-56.5	18.6	0.0402	1.4288	35.80	295.4
30	-56.5	8.5	0.0794	1.4288	78.81	295.4

(2) 절대압력과 계기압력

  절대압력(絕對壓力 ; absolute pressure)은 식 (2-4)의 $p = p_0 + \gamma h$로 나타내는 압력으로 국소 대기압과 계기압력의 합으로 표시된다. 즉, 완전진공(完全眞空, 絕對眞空)을 기준으로 한 압력을 말한다.

  계기압력(計器壓力 ; gage pressure)은 식 (2-4)에서 국소 대기압을 기준으로 한 압력, 즉 국소 대기압 p_0를 0으로 한 식 (2-5)의 $p = \gamma h$로 나타내는 압력을 말하며, 국소 대기압 이하의 압력은 음(-)의 계기압력으로서, 보통 **진공압력**(眞空壓力 ; vacuum pressure)이라고 한다. 절대압력과 계기압력은 수치 뒤에 기호를 써서 구분하는데 절대압력은 abs 또는 a를, 계기압력은 g를 써서 나타내며, 특별히 기호 또는 절대압력이라고 명시하지 않은 압력은 계기압력을 뜻한다. 절대압력과 계기압력의 관계를 식으로 나타내면 다음과 같다.

$$[절대압력] = [국소대기압] + [계기압력]]$$
$$= [국소대기압] - [진공압력]\} \quad \cdots\cdots\cdots\cdots\cdots\cdots\cdots\cdots\cdots (2-6)$$

이들의 관계를 그림으로 나타내면 다음과 같다.

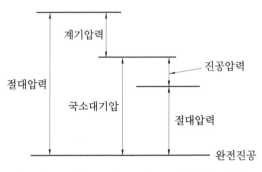

[그림 2-6] 절대압력과 계기압력의 관계

1-5 • 압력 계측기

(1) 액주계

압력이 작용되고 있는 유체나 압력차(壓力差)가 있는 유체 사이에 유리관을 설치하면 유리관 내의 액체가 상승 또는 하강하여 액주(液柱)는 정지하고 힘의 평형을 이루게 된다. 이 때 액주의 높이를 측정함으로써 $p = \gamma h$ 식에 의해 유체의 압력, 또는 압력차를 측정하는 계기를 **액주계**(液柱計 ; manometer or piezometer)라고 한다.

① 수은 기압계(mercury barometer) : 대기압을 측정하기 위한 액주계로 **토리첼리 압력계**라고도 한다. [그림 2-7]과 같이 완전진공 유리관을 수은에 직각으로 세우면 유리관 밖의 대기압에 의한 힘에 의해 수은은 유리관 속으로 h만큼 상승하고 정지한다.

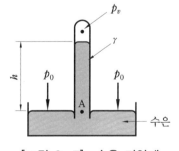

[그림 2-7] 수은 기압계

이 때 대기압을 p_0, 수은의 증기압을 p_v, 수은의 비중량을 γ라 하면 점 A에서는 힘의 평형조건에 의해 압력이 서로 같아야 한다. 즉,

$$p_0 = p_v + \gamma h$$

그러나 p_v는 아주 적어 무시할 수 있으므로 대기압 p_0는 다음과 같이 된다.

$$p_0 = \gamma h$$

② 피에조미터(piezometer) : 측정하려는 유체가 액체로서 그 압력이 비교적 낮을 때에는 다음 [그림 2-8]과 같이 용기에 유리관을 세워 이 속을 올라가는 액체의 높이로써 압력을 측정한다. 즉, 액주계에 사용하는 액체가 측정하려고 하는 유체와 같은 액주계이다.

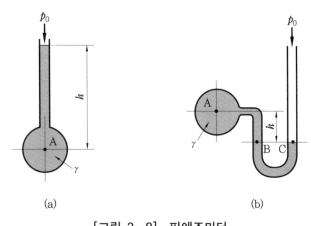

[그림 2-8] 피에조미터

[그림 2-8 (a)]와 같은 피에조미터는 점 A에서의 압력 p_A가 대기압보다 약간 높을 때 사용한다. 점 A에서의 압력은 같아야 하므로

$$p_A = p_0 + \gamma h \,(절대압력) = \gamma h \,(계기압력)$$

대기압보다 낮은 진공압력을 측정할 때는 [그림 2-8 (b)]와 같은 U자관 피에조미터를 사용한다. 점 A에서의 압력을 p_A라 하면 점 B와 점 C에서 압력은 같아야 하므로

$$p_A + \gamma h = p_0$$
$$\therefore \ p_A = p_0 - \gamma h \,(절대압력) = -\gamma h \,(계기압력)$$

③ U자관 액주계(U-type manometer) : 측정하려는 유체의 압력이 커 유리관 속을 올라가는 액주의 높이가 너무 클 때에는 [그림 2-9]와 같이 비중이 큰 액체를 U자형 관 속에 넣어 액주의 높이를 낮추어 압력을 측정한다. 점 A에서의 압력을 p_A라 하면 점 B와 점 C에서 압력은 같아야 하므로

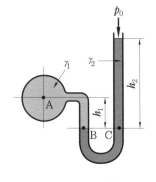

$$p_A + \gamma_1 h_1 = p_0 + \gamma_2 h_2$$
$$\therefore \ p_A = p_0 + \gamma_2 h_2 - \gamma_1 h_1 \,(절대압력)$$
$$= \gamma_2 h_2 - \gamma_1 h_1 \,(계기압력)$$

[그림 2-9] U자관 액주계

④ 시차 액주계(differential manometer) : 다음 [그림 2-10]과 같이 탱크(tank)나 관로
(管路)에서의 두 점 A, B 사이의 압력차$(p_A - p_B)$를 측정하는 액주계이다.

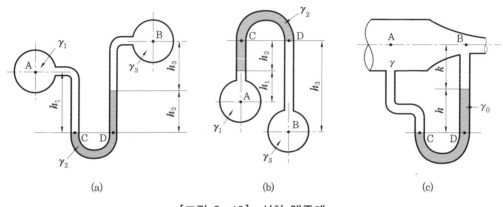

[그림 2-10] 시차 액주계

[그림 2-10 (a)]에서 점 C와 점 D에서의 압력은 같아야 하므로

$$p_A + \gamma_1 h_1 = p_B + \gamma_3 h_3 + \gamma_2 h_2$$

$$\therefore \ p_A - p_B = \gamma_3 h_3 + \gamma_2 h_2 - \gamma_1 h_1$$

[그림 2-10 (b)]는 역 U자관 마노미터로서 압력을 측정하려는 유체 γ_1 및 γ_3보다 가
벼운 유체 γ_2를 마노미터에 사용하는 경우로 압력차$(p_A - p_B)$가 작은 경우에 사용한다.
점 C와 점 D에서 압력은 같아야 하므로

$$p_A - \gamma_1 h_1 - \gamma_2 h_2 = p_B - \gamma_3 h_3$$

$$\therefore \ p_A - p_B = \gamma_1 h_1 + \gamma_2 h_2 - \gamma_3 h_3$$

유체가 넓은 관에서 좁은 관으로 유동할 때는 압력이 강하되며, 이러한 현상을 교축
(絞縮)이라고 한다. [그림 2-10 (c)]는 교축관 속을 흐르는 유체에서 상류의 점 A와
목부분의 점 B와의 압력차를 측정하는 U자관 마노미터이다. 역시 점 C와 점 D에서 압
력은 같아야 하므로,

$$p_A + \gamma(k + h) = p_B + \gamma k + \gamma_0 h$$

$$\therefore \ p_A - p_B = (\gamma_0 - \gamma) h$$

(2) 미압계(micromanometer)

미소한 압력차를 정밀하게 측정하는 압력계를 **미압계**(微壓計)라고 한다. [그림 2-11]
에서 측정하려는 유체 C쪽의 압력이 D쪽의 압력보다 조금 더 크면 각 액체의 경계면은

움직이게 된다. 이 때 큰 그릇에서 변위한 액체의 체적과 U자
관 내에서 변위한 액체의 체적은 같아야 하므로 경계면 1−1과
0−0은 각각 Δy와 $\dfrac{h}{2}$만큼씩 움직여서 평형을 이룬다. 이 때
큰 그릇의 단면적을 A, U자관의 단면적을 a라고 하면,

$$\Delta y \cdot A = \frac{h}{2}a$$

$$\therefore \ \Delta y = \frac{h}{2} \times \frac{a}{A}$$

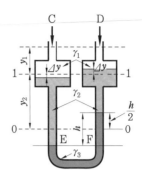

[그림 2−11] 미압계

가 된다. 또한, C점과 D점의 압력을 각각 p_C, p_D라고 하면,
점 E와 점 F에서 압력은 같아야 하므로

$$p_C + \gamma_1(y_1 + \Delta y) + \gamma_2\left(y_2 - \Delta y + \frac{h}{2}\right)$$

$$= p_D + \gamma_1(y_1 - \Delta y) + \gamma_2\left(y_2 - \frac{h}{2} + \Delta y\right) + \gamma_3 h$$

위식에 $\Delta y = \dfrac{h}{2} \times \dfrac{a}{A}$를 대입하여 C점과 D점의 압력차$(p_C - p_D)$를 구하면

$$p_C - p_D = h\left\{\gamma_3 - \gamma_2\left(1 - \frac{a}{A}\right) - \gamma_1\frac{a}{A}\right\}$$

가 된다. 오른쪽 변의 괄호 안의 값은 액주계에 의해서 정해지는 상수이므로 압력차는
직접 h에 비례한다.

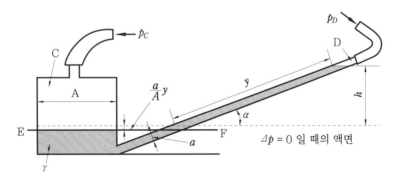

[그림 2−12] 경사 미압계

[그림 2−12]는 액주계의 액주를 경사시켜 계측의 감도(感度)를 높인 **경사 미압계**(傾
斜微壓計 ; inchined−tube manometer)이다. 큰 그릇의 단면적을 A, 경사 유리관의
단면적을 a라고 하면, 압력차 $\Delta p = (p_C - p_D)$에 의해 액체의 경계면은 움직이게 된다.

이 때 미압계와 마찬가지로 큰 그릇에서 변위한 액체의 체적과 경사진 액주계 내에서 변위한 액체의 체적은 같아야 하므로, 경사진 액주계의 액면 변위가 y일 때 큰 그릇의 액면 변위량은 $\dfrac{a}{A}y$가 된다.

경사 미압계는 보통 기체의 압력 측정에 쓰이므로 C, D부분에 있는 기체의 중량은 생략 할 수 있다. 따라서, E−F면에서 압력은 같아야 하므로

$$p_C = p_D + \gamma\left(h + \frac{a}{A}y\right) = p_D + \gamma\left(y\,\sin\alpha + \frac{a}{A}y\right)$$

$$\therefore\ p_C - p_D = \gamma\left(y\,\sin\alpha + \frac{a}{A}y\right)$$

여기서, γ는 액체의 비중량, α는 수평면에 대한 경사관의 각도이다.

(3) Bourdon 압력계

[그림 2−13]은 계기압력을 직접 측정하는 데 널리 사용되는 Bourdon 압력계를 나타내고 있다. Bourdon 관은 단면이 타원형으로 되어 있어 내부에 압력을 받으면 원형 단면으로 되고, 곡관(曲管)은 전체로서 늘어나게 되어 조정링크와 치차(齒車)장치에 의해 지침(指針)을 회전시켜 압력을 나타내게 된다. 곡관의 내부에 압력이 작용하지 않으면 지침은 0을 가리키게 되어 있다. 즉, 이 때에는 곡관의 내부나 외부가 다같이 같은 압

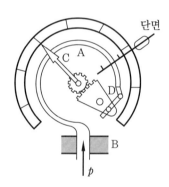

[그림 2−13] Bourdon 압력계

력을 받고 있어서 곡관은 변형하지 않는다. 이 곡관의 외부는 보통 대기압을 받고 있으므로, 결국 이 압력계의 읽음은 측정하려는 유체의 압력과 대기압과의 차를 나타내는 것이다.

Q 예제 2-1

책상 위에 가로 10 cm, 세로 20 cm, 무게가 200 N인 책이 있다. 이 때 책을 받치고 있는 책상면이 받는 압력을 구하여라.

해설 압력 $p = \dfrac{F}{A}$에서 $A = 0.1 \times 0.2 = 0.02\,\mathrm{m}^2$, F = 200 N 이므로

$$p = \frac{200}{0.02} = 10 \times 10^3\,\mathrm{N/m}^2 = 10\,\mathrm{kPa}$$

정답 10 kPa

Q 예제 2-2

[그림 2 – 3]에서 피스톤 A_2의 반지름이 A_1의 2배가 될 때 힘 F_2는 F_1의 몇 배가 되는가?

해설 피스톤 A_1과 A_2의 반지름을 각각 r_1, r_2라 하면,

$$\frac{F_1}{\pi {r_1}^2} = \frac{F_2}{\pi {r_2}^2}$$

$$\therefore \frac{F_1}{F_2} = \left(\frac{r_1}{r_2}\right)^2 = \left(\frac{1}{2}\right)^2 = \frac{1}{4}$$

정답 4배

Q 예제 2-3

해면에서 60 m 깊이에 있는 점의 압력은 해면에서의 압력보다 몇 kPa 높은가? (단, 해수의 비중은 1.025이다.)

해설 해면에서의 압력을 p_0라 하면 식 (2 – 4)에서

$$p - p_0 = \gamma h = 9800 S \cdot h = 9800 \times 1.025 \times 60$$

$$= 602.7 \times 10^3 \,\mathrm{N/m}^2 = 602.7 \,\mathrm{kPa}$$

정답 602.7 kPa

Q 예제 2-4

그림과 같이 밑면이 $2\,\mathrm{m} \times 2\,\mathrm{m}$인 탱크에 비중이 0.8인 기름과 물이 들어 있다. AB면에 작용하는 압력은 몇 kPa인가? (단, 대기압은 무시한다.)

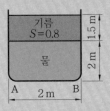

해설 AB 면에 작용하는 압력은 기름과 물에 의한 압력이므로 기름과 물의 비중량과 높이를 각각 (γ_s, h_1), (γ_w, h_2)라 하면

$$p = \gamma_s h_1 + \gamma_w h_2 = (9800 \times 0.3) \times 1.5 + (9800 \times 1) \times 2 = 31360 \,\mathrm{N/m}^2$$

$$= 31360 \,\mathrm{Pa} = 31.36 \,\mathrm{kPa}$$

정답 31.36 kPa

Q 예제 2-5

압력 $24\,\text{N/cm}^2$을 수은주(mmHg)와 수주(mAq)로 나타내면 각각 얼마인가?

해설 $1\,\text{mmHg} = 133.3 \times 10^{-4}\,\text{N/cm}^2$에서

$$1\,\text{N/cm}^2 = \frac{1}{133.3} \times 10^4\,\text{mmHg이므로}$$

$$24\,\text{N/cm}^2 = 24 \times \frac{1}{133.3} \times 10^4 = 1800.45\,\text{mmHg}$$

$1\,\text{mAq} = 0.98\,\text{N/cm}^2$에서 $1\,\text{N/cm}^2 = 1.02\,\text{mAq}$이므로

$$24\,\text{N/cm}^2 = 24 \times 1.02 = 24.48\,\text{mAq}$$

정답 $1800.45\,\text{mmHg},\ 24.48\,\text{mAq}$

Q 예제 2-6

대기압이 $750\,\text{mmHg}$일 때 어떤 용기 속의 압력이 $500\,\text{kPa}$이었다. 이 압력을 절대압력 (mmHg)으로 나타내면 얼마인가?

해설 국소 대기압을 p_0, 계기압력을 p_g라 하면 식 $(2-6)$에서 절대압력 p는

$$p = p_0 + p_g = 750 + \frac{500 \times 10^3}{133.3} = 4500.94\,\text{mmHg}$$

정답 $4500.94\,\text{mmHg}$

Q 예제 2-7

표준 대기압하에서 비중이 0.95인 기름의 압력을 액주계로 측정한 결과가 그림과 같을 때 A점의 계기압력은 몇 Pa인가?

해설 $p_B = p_C$ 이므로

$$p_A + (9800 \times 0.95) \times 0.08 = (9800 \times 13.6) \times 0.1$$

$$\therefore p_A = 12583.2\,\text{Pa}$$

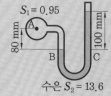

정답 $12583.2\,\text{Pa}$

Q 예제 2-8

그림과 같은 시차 액주계에서 압력차 $p_A - p_B$는 몇 kPa인가?

해설 $p_C = p_D$이므로

$$p_A + (9800 \times 1) \times 0.5 = p_B + (9800 \times 0.9) \times 0.8 + (9800 \times 13.6) \times 0.5$$

$$\therefore p_A - p_B = 7056 + 66640 - 4900 = 68796\,\text{N/m}^2 = 68.796\,\text{kPa}$$

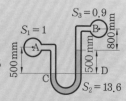

정답 $68.796\,\text{kPa}$

예제 2-9

그림과 같은 역 U자관 시차 액주계에서 압력차 $p_A - p_B$는 몇 kPa인가?

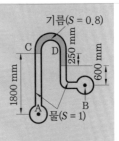

해설 $p_C = p_D$ 이므로

$$p_A - (9800 \times 1) \times 1.8 = p_B - (9800 \times 1) \times 0.6 - (9800 \times 0.8) \times 0.25$$

이므로

$$\therefore p_A - p_B = 17640 - 5880 - 1960 = 9800 \text{ N/m}^2 = 9.8 \text{ kPa}$$

정답 9.8 kPa

2. 유체 속에 잠겨 있는 면에 작용하는 힘

저수지의 댐, 수문, 액체를 담은 탱크, 선박 등을 설계할 때에는 이들에 미치는 액체의 힘(전압력)의 크기와 작용점, 방향 등이 매우 중요한 문제가 된다.

유체압(流體壓)을 받는 면에는 유체 속에 수평으로 놓인 수평면과 연직면(鉛直面), 경사면(傾斜面), 그리고 곡면(曲面) 등이 있다.

2-1 ◦ 수평면에 작용하는 힘

[그림 2-14]와 같이 비중량 γ인 유체 속 h인 곳에 평판(平板)이 수평하게 잠겨 있다면 이 평판에 작용하는 압력(단위 면적당 수직으로 받는 힘) $p (= \gamma h)$는 모든 점에서 그 크기가 같으므로 면적 A인 수평면에 작용하는 힘 F는

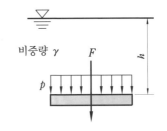

$$F = pA = \gamma h A \quad \cdots\cdots\cdots\cdots\cdots (2\text{-}7)$$

[그림 2-14] 수평면에 작용하는 힘

힘 F는 수평면의 중심을 지나 연직하방향(鉛直下方向)으로 작용한다.

2-2 ◦ 연직면에 작용하는 힘

[그림 2-15]와 같이 비중량 γ인 유체 속에 유면과 연직으로 놓인 평면 위의 각 점에 미치는 유체의 압력은 $p = \gamma h$에 의거하여 깊이 h에 따라 선형적(線形的)으로 변한다.

따라서, 평판의 폭을 b 라고 하면 평판에 미치는
유체의 힘 F는 압력 프리즘(prism)의 체적에 해당
하는 무게와 같다.

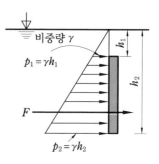

$$F = \frac{1}{2}p_2 h_2 b - \frac{1}{2}p_1 h_1 b$$

$$= \frac{1}{2}\gamma h_2{}^2 b - \frac{1}{2}\gamma h_1{}^2 b$$

$$= \frac{1}{2}\gamma b (h_2{}^2 - h_1{}^2) \quad \cdots\cdots\cdots\cdots\cdots (2-8)$$

[그림 2-15] 연직면에 작용하는 힘

힘 F는 압력 프리즘의 중심을 지나기 때문에 언제나 평면의 중심보다 아래쪽에 평면
과 수직한 방향으로 작용하며, 그 위치는 다음에 설명되는 Varignon의 정리를 적용하
여 구할 수 있다.

2-3 ● 경사면에 작용하는 힘

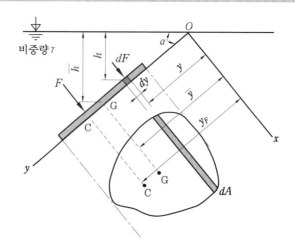

[그림 2-16] 경사면에 작용하는 힘

[그림 2-16]과 같이 비중량 γ인 유체 속에 유면과 α인 경사면 한쪽에 작용하는 힘 F를
구하기 위해 먼저 미소면적 dA에 작용하는 힘 dF를 구하면

$$dF = \gamma h dA$$

이다. 그런데 $h = y\sin\alpha$이므로

$$dF = \gamma y\sin\alpha\, dA$$

가 된다. 따라서, 경사면 전체에 작용하는 힘 F는

$$F = \int_A dF = \int_A \gamma y \sin\alpha \, dA$$

$$= \gamma \sin\alpha \int_A y \, dA \quad \text{..} \quad (2-9)$$

여기서, $\int_A y \, dA$는 면적 A인 평면의 Ox축에 대한 단면 1차 모멘트로서 면적 A와 Ox축에서 평면의 도심 $\bar{y}$와의 곱과 같다. 즉, $\int_A y \, dA = \bar{y} A$가 된다.

따라서, 식 $(2-9)$에 대입하면 경사면 전체에 작용하는 힘 F는 다음과 같이 된다.

$$F = \gamma \sin\alpha \int_A y \, dA = \gamma \sin\alpha \bar{y} A = \gamma \bar{h} A \quad \text{................................} \quad (2-10)$$

또, 힘 F의 작용점은 어떤 축에 대한 분력(分力)의 모멘트(moment)의 합은 그 축에 대한 합력의 모멘트의 합과 같다는 **Varignon의 정리**를 적용하여 구할 수 있다. 즉,

$$F \cdot y_F = \int_A y \, dF = \int_A y \cdot \gamma y \sin\alpha \, dA = \gamma \sin\alpha \int_A y^2 \, dA$$

$$\therefore y_F = \frac{\gamma \sin\alpha \int_A y^2 \, dA}{F} = \frac{\gamma \sin\alpha \int_A y^2 \, dA}{\gamma \sin\alpha \bar{y} A} = \frac{\int_A y^2 \, dA}{\bar{y} A} \quad \text{....................} \quad (2-11)$$

여기서, $\int_A y^2 \, dA$는 Ox축에 대한 단면 2차 모멘트 I_{ox}이다. 따라서, 평면의 도심 G를 지나는 축에 대한 단면 2차 모멘트를 I_G라고 하면 평행축의 정리에 의하여

$$I_{ox} = \bar{y}^2 A + I_G$$

이므로 이것을 식 $(2-11)$에 대입하면

$$y_F = \frac{I_{ox}}{\bar{y} A} = \frac{\bar{y}^2 A + I_G}{\bar{y} A} = \bar{y} + \frac{I_G}{\bar{y} A} \quad \text{................................} \quad (2-12)$$

또, 평면의 도심축에 대한 회전 반지름을 k라고 하면 $k = \sqrt{\dfrac{I_G}{A}}$ 이므로 식 $(2-12)$를 다시 쓰면 다음과 같다.

$$y_F = \bar{y} + \frac{k^2}{\bar{y}} \quad \text{..} \quad (2-13)$$

2-4 ◦ 곡면에 작용하는 힘

유체 속에 잠겨 있는 곡면에 미치는 힘의 세기는 수평(x축) 분력과 수직(y축) 분력, 즉 F_x와 F_y로 나누어서 구한 후 이것을 합성하면 된다. 따라서, 곡면에 작용하는 힘을 F라고 하면

$$F = \sqrt{{F_x}^2 + {F_y}^2} \quad\text{...} \text{(2-14)}$$

으로 구한다.

[그림 2-17]과 같이 비중량 γ인 유체 속에 유면의 자유표면과 마주치는 곡면벽 ABCD에 작용하는 유체 힘 F를 구하여 보자.

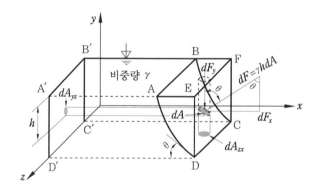

[그림 2-17] 곡면에 작용하는 힘

유면에서 깊이 h인 곳에서의 압력을 p라 하면 $p = \gamma h$이므로 미소면적 dA에 작용하는 힘 dF는

$$dF = p\,dA = \gamma h\,dA$$

이고, 이 힘의 수평분력 dF_x는

$$dF_x = \gamma h\,dA\,\sin\theta = \gamma h\,dA_{yz}$$

이므로 곡면에 작용하는 힘 F의 수평분력 F_x는

$$F_x = \int_{A_{yz}} dF_x = \gamma \int_{A_{yz}} h\,dA_{yz} = \gamma\,\overline{h}\,A_{yz} \quad\text{.....................................} \text{(2-15)}$$

식 (2-15)에서 $\displaystyle\int_{A_{yz}} h\,dA_{yz}$는 투영면적 A'B'C'D'($A_{yz}$)에서 유면 A'B'에 대한 단면 1차 모멘트이고 $\overline{h}$는 도심까지의 거리이다. 즉, 힘 F의 수평분력 F_x는 그 곡면의 yz평면의

투영면적 A′B′C′D′에 작용하는 힘과 같다. 따라서, 유체 속에 잠겨 있는 곡면의 수평 분력은 곡면의 수평 투영면적에 작용하는 힘과 같고, 작용선은 투영면적의 압력중심과 일치한다.

다음 곡면에 작용하는 힘 F의 수직분력 F_y를 구하면

$$dF_y = \gamma h\, dA \cos\theta = \gamma h\, dA_{zx}$$

여기서, $h\, dA_{zx}$는 [그림 2−17]에서 점선으로 표시된 체적에 해당하며 이것을 dV라 놓고, V를 곡면상(曲面上)의 액체의 전체적(全體積)이라고 하면 힘 F의 수직분력 F_y는

$$F_y = \int dF_y = \gamma \int h\, dA_{zx} = \gamma \int dV = \gamma V \ \cdots\cdots\cdots\cdots\cdots(2\text{−}16)$$

이다. 여기서, γV는 곡면 위에 있는 ABCDEF의 액체 무게와 같고, 작용선은 액체의 무게 중심을 지난다.

따라서, 유체 속에 잠겨 있는 곡면에 작용하는 힘 F의 크기는 식 (2−15)와 (2−16)을 식 (2−14)에 대입하여 구하면 되고, 작용방향은 $\tan\theta = \dfrac{F_x}{F_y}$에서

$$\theta = \tan^{-1}\frac{F_x}{F_y} \ \cdots\cdots\cdots\cdots\cdots\cdots\cdots\cdots\cdots\cdots\cdots\cdots\cdots\cdots\cdots(2\text{−}17)$$

로 구하면 된다.

Q 예제 2-10

그림과 같이 1 m × 4 m의 사각형 평판이 수면과 45° 기울어져 물에 잠겨 있다. 한쪽 면에 작용하는 힘(전압력)의 크기 F와 작용점의 위치 y_F를 각각 구하여라.

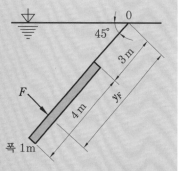

해설 먼저 힘 F를 구하면

$\bar{y} = 3 + 2 = 5\,\text{m}, \ A = 1 \times 4 = 4\,\text{m}^2$이므로

$F = \gamma\, \bar{y} \sin\alpha\, A = 9800 \times 5 \times \sin45° \times 4 = 138591.6\,\text{N}$

다음 작용점의 위치 y_F를 구하면

$I_G = \dfrac{bh^3}{12} = \dfrac{1 \times 4^3}{12} = 5.33\,\text{m}^4$이므로

$y_F = \bar{y} + \dfrac{I_G}{yA} = 5 + \dfrac{5.33}{5 \times 4} = 5.27\,\text{m}$

정답 $F = 138591.6\,\text{N}, \ y_F = 5.27\,\text{m}$

Q 예제 2-11

그림과 같은 탱크에 물이 들어 있다. 밑면 AB에 작용하는 힘을 구하여라. (단, 탱크의 폭은 1.5 m이다.)

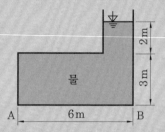

해설 밑면 AB에서의 압력은 $p = \gamma h = 9800 \times (3+2) = 49 \times 10^3 \, \text{N/m}^2 = 49 \, \text{kPa}$

따라서, AB면에 작용하는 힘 $F = pA = 49 \times (6 \times 1.5) = 441 \, \text{kN}$

정답 441 kN

Q 예제 2-12

그림과 같은 수조에 있어서 $\frac{1}{4}$ 원통곡면 AB에 작용하는 힘 F는 몇 kN인가? (단, 원통곡면의 폭은 2.4 m이다.)

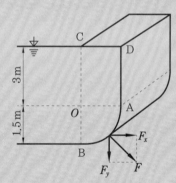

해설 먼저 수평분력 $F_x = \gamma \overline{h} A_{yz} = 9800 \times \left(3 + \dfrac{1.5}{2}\right) \times (1.5 \times 2.4) = 132300 \, \text{N} = 132.3 \, \text{kN}$

수직분력 F_y는 수직상방향에 실린 물의 무게와 같으므로

$$F_y = \gamma V = 9800 \times \left\{ (1.5 \times 3 \times 2.4) + \left(\pi \times 1.5^2 \times 2.4 \times \frac{1}{4} \right) \right\}$$

$$= 147382.2 \, \text{N} = 147.38 \, \text{kN}$$

따라서, AB 곡면에 작용하는 힘

$$F = \sqrt{F_x^2 + F_y^2} = \sqrt{132.3^2 + 147.38^2} = 198.05 \, \text{kN}$$

정답 $F = 198.05$ kN

Q 예제 **2-13**

그림과 같이 $60°$ 기울어진 $4\,m \times 8\,m$의 수문이 A지점에서 힌지로 연결되어 있다. 이 수문을 열기 위한 힘 F는 몇 kN인가?

해설 액체에 의해 수문에 작용하는 힘을 F_W, 수면으로부터 작용점까지의 거리를 y_F라고 하면

$$F_W = \gamma \bar{y} \sin\alpha A = 9800 \times (6+4) \times \sin 60° \times (4 \times 8)$$
$$= 2715.86 \times 10^3 \, N = 2715.86 \, kN$$

$$y_F = \bar{y} + \frac{I_G}{\bar{y}A} = (6+4) + \frac{\dfrac{4 \times 8^3}{12}}{(6+4) \times (4 \times 8)} = 10.53 \, m$$

따라서, 힌지 A로부터 작용점까지의 거리를 y라고 하면

$$y = y_F - 6 = 10.53 - 6 = 4.53 \, m$$

그림에서 수문을 열기 위한 최소한의 힘 F는 힌지 A에 대한 모멘트의 평형조건으로부터 구할 수 있다.

즉, $F_W \times y = F \times 8$

$$\therefore F = \frac{F_W \times y}{8} = \frac{2715.86 \times 4.53}{8} = 1537.86 \, kN$$

정답 1537.86 kN

3. 부력 및 부양체의 안정

3-1 ○ 부 력

정지유체에 잠겨 있거나 또는 떠 있는 물체가 유체에 의하여 작용하는 압력차(壓力差)에 의하여 항상 연직 상방향으로 받는 힘을 **부력**(浮力 ; bouyant force)이라 하고 부력의 작용점을 **부심**(浮心 ; center of bouyant)이라고 한다. 부심은 물체와 대치된 유체 체적의 중심, 즉 유체 속에 잠긴 물체 체적의 중심을 지난다. 이것은 Archimedes가 발견한 원리(B.C. 200)로서 다음의 정지유체의 깊이와 압력과의 관계를 통해 증명할 수 있다.

[그림 2−18]과 같이 체적 V, 무게 W인 어떤 물체가 비중량 γ인 유체 속에 잠겨 부력을 받아 정지하고 있다고 가정하자. 미소면적 dA인 연직기둥의 무게를 dW, 깊이 h_1, h_2인 곳에서의 압력을 각각 p_1, p_2라 하면 연직방향에 대한 힘의 평형조건으로부터

$$p_2 dA - p_1 dA - dW = 0$$
$$\therefore \ dW = p_2 dA - p_1 dA$$
$$= \gamma h_2 dA - \gamma h_1 dA$$
$$= \gamma (h_2 - h_1) dA = \gamma h \, dA = \gamma \, dV$$

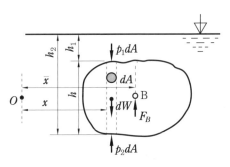

[그림 2-18] 부력과 부심

여기서, dV는 연직기둥의 체적이다. 따라서, 위 식을 물체 전체에 대하여 적분하면

$$\int dW = \gamma \int dV$$
$$\therefore \ W = \gamma V \ \cdots\cdots\cdots (2-18)$$

위 식에서 V는 물체 전체의 체적이고, 이 값은 물체에 의해 배제(排除)된 유체의 체적과 같은 값을 갖는다. 따라서, 정지유체에 잠긴 상태 또는 떠 있는 상태에서 물체가 정지하고 있는 것은 물체의 무게 W와 같은 크기의 힘, 즉 부력 γV가 연직 상방향으로 작용하고 있기 때문인 것을 알 수 있다. 부력을 F_B라 놓으면 식 (2-18)에서

$$F_B = \gamma V \ \cdots\cdots\cdots (2-19)$$

다음에 부력 F_B의 작용점을 구하여 보자. [그림 2-18]에서 물체는 떠 있는 상태에서 어느 방향으로든 회전하고 있는 것이 아니므로 임의의 축 O에 대한 모멘트의 평형 조건을 취할 수 있다. 즉, 축 O로부터 부력의 작용선까지의 거리를 $\bar{x}$라고 하면

$$\int x \, dW = \bar{x} F_B$$
$$\gamma \int x \, dV = \bar{x} \gamma V$$
$$\therefore \ \bar{x} = \frac{1}{V} \int x \, dV \ \cdots\cdots\cdots (2-20)$$

여기서, $\bar{x}$는 물체 체적의 중심까지의 거리임을 알 수 있다. 따라서, 부력은 유체 속에 잠긴 물체 체적의 중심, 즉 물체와 대치된 유체 체적의 중심인 부심을 지난다.

3-2 ● 부양체의 안정

부력에 의하여 정지유체에 떠 있는 물체를 **부양체**(浮揚體 ; floating body)라고 하며, 부양체는 [그림 2-19]와 3가지의 상태로 떠 있게 된다.

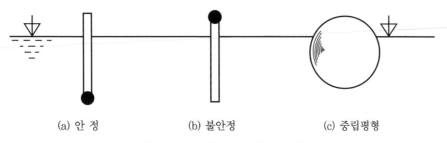

(a) 안 정   (b) 불안정   (c) 중립평형

[그림 2-19] **부양체의 상태**

[그림 2-19 (a)]는 하단에 금속구(金屬球)가 붙어 있는 나뭇조각으로 물체에 적은 각변위(角變位) θ를 주었을 때 원위치로 되돌려보내려는 우력(偶力), 즉 **복원우력**(復原偶力 ; restoring couple)을 일으켜 평형상태를 유지하는 안정된 상태이며, 그림 (b)는 상단에 금속구가 붙어 있을 때로서 평형상태로 있다가 적은 각변위 θ를 주면 (a)상태로 되는 불안정한 상태이다. 그림 (c)는 균질구(均質球) 또는 균질원통(均質圓筒)과 같은 것이며, 각변위 θ를 받아도 우력이 생기지 않고 평형상태에 있게 된다.

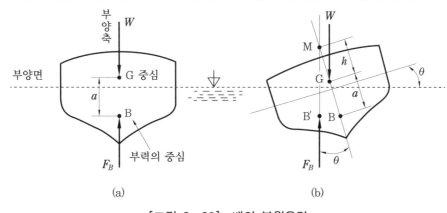

[그림 2-20] **배의 복원우력**

[그림 2-20 (a)]는 안정된 상태에 있는 배의 단면을 표시한다. 지금 이 배가 그림 (b)와 같이 θ만큼 기울어진다면 부심은 B에서 B′로 옮겨진다. 이 때도 부력 F_B의 크기는 전과 같고 배의 무게 W와 같으므로 (a)의 경우와 달라서 W와 F_B는 일직선에 있지 않고 배는 회전하려는 우력이 일어난다. 이 때 부력 F_B의 작용선과 부양축(浮揚軸) GB와의 교점 M을 부양체의 **경심**(傾心 ; metacenter)이라 하고, 경심이 배의 무게중심 G의 위에 있을 때 중량 W와 부력 F_B는 배를 원위치로 되돌려보내려는 복원우력이 발생하여 배는 안정한 평형상태를 이룬다. 즉, 경심이란 부양체가 회전하려 할 때 부력의 중심이 그리는 자취의 곡률중심(曲率中心)이다. 또, 그림 (b)에서 $\overline{\rm MG}\,(=h)$를 **경심높이** (metacentric height), 또는 **경심고**(傾心高)라고 하는데 이 값을 알면 우력의 팔(arm)은 $h\sin\theta$이므로 복원우력 T는 다음과 같이 된다.

$$T = Wh\sin\theta \quad \cdots\cdots\cdots\cdots\cdots\cdots\cdots\cdots\cdots\cdots (2-21)$$

위 식에서 알 수 있듯이 복원우력의 크기는 경심의 높이에 비례하므로 부양체의 안정도를 측정하는데 경심고 h 의 값은 중요한 요소가 되며 이 값은 다음 식에 의해 구한다.

$$h = \frac{I_y}{V} - \overline{GB} \quad \cdots\cdots\cdots\cdots\cdots\cdots (2-22)$$

여기서, I_y 는 [그림 2-21]에서 y 축에 대한 단면 2차 모멘트 (관성 모멘트)이고, V 는 유체 속에 잠겨진 부양체의 체적이다.

식 (2-22)에서 $h > 0$ 이면 안정이고 $h < 0$ 이면 불안정, $h = 0$ 이면 중립이 된다. 즉,

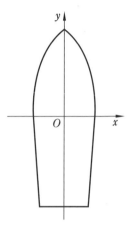

[그림 2-21] 배의 부양면

$$\left.\begin{array}{l} \dfrac{I_y}{V} > h \text{이면 안정} \\[2mm] \dfrac{I_y}{V} < h \text{이면 불안정} \\[2mm] \dfrac{I_y}{V} = h \text{이면 중립} \end{array}\right\} \quad \cdots\cdots\cdots\cdots\cdots\cdots (2-23)$$

Q 예제 2-14

어떤 돌의 중량이 공기중에서는 4000 N이고, 수중에서는 2220 N이었다. 이 돌의 체적과 비중은 각각 얼마인가?

해설 부력 F_B = (공기중에서의 무게) − (수중에서의 무게)이므로

$$F_B = 4000 - 2220 = 1780 \text{ N}$$

이고, 돌은 수중에 완전히 잠긴 상태이므로 돌에 의해 배제된 물의 체적은 돌의 체적 V 와 같으므로 물의 비중량을 γ_w 라 하면

$$F_B = \gamma_w V \text{에서}$$

$$V = \frac{F_B}{\gamma_w} = \frac{1780}{9800} = 0.182 \text{ m}^3$$

또, 돌의 비중량을 γ_s 라 하고, 비중을 S 라 하면 돌의 무게 W 는

$$W = \gamma_s V = 9800 S \cdot V \text{이므로}$$

$$S = \frac{W}{9800 V} = \frac{4000}{9800 \times 0.182} = 2.24$$

정답 $V = 0.182 \text{ m}^3$, $S = 2.24$

Q 예제 ▸ 2-15

가로 × 세로 × 높이가 $7.5\,\mathrm{m} \times 3\,\mathrm{m} \times 4\,\mathrm{m}$인 상자의 무게가 $400\,\mathrm{kN}$이다. 이 상자를 물 위에 띄웠을 때 수면 밑으로 얼마나 가라앉겠는가?

해설 이 상자의 무게를 W, 물에 잠긴 상자의 깊이를 h라 하면 물에 잠긴 상자의 체적

$V = 7.5 \times 3 \times h$가 되고, 또 상자의 무게와 부력의 크기는 서로 같으므로

$W = \gamma V, \quad 400 \times 10^3 = 9800 \times (7.5 \times 3 \times h)$

$\therefore h = \dfrac{400 \times 10^3}{9800 \times 7.5 \times 3} = 1.814\,\mathrm{m}$

정답 $1.814\,\mathrm{m}$

Q 예제 ▸ 2-16

그림과 같이 폭 $10\,\mathrm{m}$, 길이 $30\,\mathrm{m}$인 바지(barge)에 짐을 실었을 때 무게는 $5\,\mathrm{MN}$이다. 중심의 위치는 수면 위 $0.5\,\mathrm{m}$인 곳에 있다. 이 바지선이 롤링(rolling)에 의하여 회전하였을 때 경심높이 $\overline{\mathrm{MG}}$를 구하고, 안정도를 확인하라. 또한, 회전 각도가 $10°$일 때 복원우력 T를 구하여라.

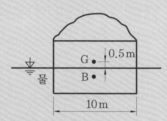

해설 바지의 물에 잠긴 깊이를 h라고 하면

$F_B = W = \gamma V$에서

$5 \times 10^6 = (9800 \times 1) \times (10 \times h \times 30)$

$\therefore h = 1.7\,\mathrm{m}$

그러므로 부심은 수면 아래 $0.85\,\mathrm{m}\left(=\dfrac{1.7}{2}\,\mathrm{m}\right)$인 곳에 있고, 무게중심의 위치는 부심으로부터 $0.5 + 0.85 = 1.35\,\mathrm{m}$ 위에 있다.

따라서, 경심높이 $\overline{\mathrm{MG}}$는

$\overline{\mathrm{MG}} = \dfrac{I_y}{V} - \overline{\mathrm{GB}} = \dfrac{\dfrac{30 \times 10^3}{12}}{10 \times 1.7 \times 30} - 1.35 = 3.55\,\mathrm{m}\ > 0$

$\therefore$ 바지는 안정하다.

또, 복원우력 $T = W\overline{\mathrm{MG}}\sin\theta = (5 \times 10^6) \times 3.55 \times \sin 10° = 3.08 \times 10^6\,\mathrm{N} \cdot \mathrm{m} = 3.08\,\mathrm{MJ}$

정답 바지는 안정하다. 복원우력 $T = 3.08\,\mathrm{MJ}$

Q 예제 2-17

얼음의 비중이 0.918, 해수의 비중이 1.026일 때 해면 위로 500 m³이 나와 있는 빙산의 전체적은 몇 m³인가 ?

해설 빙산의 전 체적을 V, 해수에 잠긴 체적을 V'

해수의 비중량을 γ라 하면 얼음의 무게 W와 부력 F_B는 같으므로

$W = (9800 \times 0.918) \times V$

$F_B = \gamma V' = (9800 \times 1.026) \times (V - 500)$

$W = F_B$에서

$(9800 \times 0.918) \times V = (9800 \times 1.026) \times (V - 500)$

$\therefore V = \dfrac{513}{0.108} = 4750\ \mathrm{m}^3$

정답 4750 m³

4. 유체의 상대적 평형

일정한 등가속도(等加速度) 운동을 받는 유체는 유체입자의 상호간에 상대운동이 없어서 전단응력이 발생하지 않아 고체와 같은 운동을 하게 된다. 이와 같이 유체가 하나의 덩어리로 움직일 때 유체는 상대적 평형(相對的 平衡 ; relative equilibrium)의 상태에 있다고 한다.

4-1 ◦ 수평방향으로 등가속도 운동을 받는 유체

[그림 2-22]와 같이 개방된 용기 속에 있는 비중량 γ인 유체가 수평방향으로 a_x의 일정 가속도로 움직일 때 용기 속에 있는 유체의 자유표면(自由表面)은 θ의 경사각으로 기울어 고체처럼 움직이게 된다.

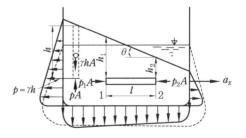

[그림 2-22] 수평방향으로 등가속도 운동을 받는 유체

(1) 연직방향의 압력변화

[그림 2-22]에서 점선으로 표시한 단면적

A, 높이 h, 질량 m인 연직방향의 자유체(自由體)에 대한 힘의 작용을 생각하면, 이 방향으로의 가속도의 성분 $a_y = 0$이므로 힘은 중력에 의한 $\gamma h A$와 유체의 압력에 의한 pA뿐이다. 즉, $\sum F_y = m a_y = 0$에서

$$pA - \gamma h A = 0$$
$$\therefore p = \gamma h$$

따라서, 연직방향의 압력변화는 정지유체의 경우와 같다는 것을 알 수 있다.

(2) 수평방향의 압력변화

[그림 2-22]에서 실선으로 표시한 단면적 A, 길이 l, 질량 m인 수평방향의 자유체는 수평방향으로 a_x의 가속도를 가지므로 이 방향에 대한 운동 방정식 $\sum F_x = m a_x$를 적용하면

$$p_1 A - p_2 A = m a_x = \frac{\gamma A l}{g} a_x$$

여기서, $p_1 = \gamma h_1$, $p_2 = \gamma h_2$이므로, 위 식의 양변을 $\gamma A l$로 나누고 다시 쓰면

$$\frac{p_1 - p_2}{\gamma l} = \frac{h_1 - h_2}{l} = \frac{a_x}{g} \quad \cdots\cdots\cdots\cdots\cdots\cdots\cdots\cdots\cdots (2-24)$$

가 된다. 그런데 $\dfrac{h_1 - h_2}{l}$는 자유표면의 경사 $\tan\theta$와 같으므로

$$\tan\theta = \frac{a_x}{g} \quad \cdots\cdots\cdots\cdots\cdots\cdots\cdots\cdots\cdots\cdots\cdots\cdots (2-25)$$

4-2 ◦ 연직방향으로 등가속도 운동을 받는 유체

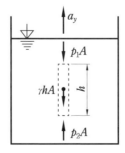

[그림 2-23] 연직방향으로 등가속도 운동을 받는 유체

[그림 2-23]과 같이 개방용기 속에 있는 비중량 γ인 유체가 연직방향으로 a_y의 일정 가속도로 움직일 때 용기 속에 있는 유체의 자유표면은 수평 그대로이다.

따라서, 점선으로 표시한 단면적 A, 높이 h, 질량 m인 연직방향의 자유체만에 대한 힘의 작용을 생각하여 운동 방정식 $\sum F_y = ma_y$를 적용하면,

$$p_2 A - p_1 A - \gamma h A = ma_y = \frac{\gamma h A}{g}a_y$$

$$p_2 - p_1 = \gamma h\left(1 + \frac{a_y}{g}\right) \quad\cdots\cdots\cdots\cdots\cdots\cdots\cdots\cdots\cdots (2\text{-}26)$$

만약 용기가 자유낙하를 한다면, 즉 $a_y = -g$를 위 식에 대입하면 $p_2 = p_1$가 된다. 따라서, 자유낙하하는 유체의 모든 점에서의 압력은 같다는 것을 알 수 있다.

4-3 • 등각속도로 회전 운동을 받는 유체

[그림 2-24]와 같이 원통형의 용기 속에 비중량 γ인 유체를 넣고 연직축 y를 중심으로 등각속도(等角速度) ω로 회전시키면 유체는 곧 상대적으로 평형상태를 이루고 유체입자의 상호간에는 상대속도가 0이 되어 유체는 마치 고체와 같은 회전을 하게 된다. 따라서, 연직방향의 압력변화는 정지하고 있는 유체와 같아 $p = \gamma h$의 관계가 성립한다.

반지름방향(수평방향)의 압력변화는 [그림 2-24]에서 회전축으로부터 반지름 r인 곳에서의 단면적 A, 길이 dr인 원기둥의 자유체를 생각하여 이것에 운동 방정식을 적용하여 구할 수 있다.

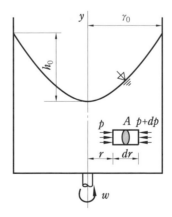

[그림 2-24] 등각속도로 회전 운동을 받는 유체

반지름 r인 곳의 압력을 p라고 하면 이곳으로부터 dr 떨어진 반대면에 작용하는 압력은 $p + dp$이다. 구심가속도(求心加速度) $a_r = -r\omega^2$이므로

$\sum F_r = ma_r$에서

$$pA - (p + dp)A = \frac{\gamma A dr}{g}(-r\omega^2)$$

단위 체적의 유체부분에 대해서 위 식을 Adr로 나누면

$$\frac{dp}{dr} = \frac{\gamma}{g}r\omega^2$$

이 식은 반지름방향에서 압력의 구배(勾配 ; grade)를 표시하는 식으로 dp에 대하여 정리하여 적분하면

$$dp = \frac{\gamma}{g}\omega^2 r\, dr$$

$$\int dp = \frac{\gamma}{g}\omega^2 \int r\, dr$$

$$p = \frac{\gamma}{g}\omega^2 \cdot \frac{r^2}{2} + C$$

여기서, 적분상수 C는 경계조건으로 구한다. 즉, 축심($r = 0$)에서의 압력을 p_0라고 하면 $C = p_0$이므로 위 식을 다시 쓰면

$$p = p_0 + \frac{\gamma}{2g}r^2\omega^2 \quad\text{............(2-27)}$$

위 식에서 $p_0 = 0$인 수평면(자유표면)을 압력의 기준면으로 하고 양변을 γ로 나누면

$$\frac{p}{\gamma} = h = \frac{r^2\omega^2}{2g} \quad\text{............(2-28)}$$

위 식으로부터 유체의 상승높이는 반지름의 제곱에 비례함을 알 수 있고, $r = r_0$에서의 상승높이 h_0는

$$h_0 = \frac{r_0^2\omega^2}{2g} \quad\text{............(2-29)}$$

Q 예제 2-18

그림과 같이 물이 $\frac{1}{2}$ 담겨져 있는 $2\,m \times 2\,m \times 2\,m$인 정육면체의 탱크가 수평방향으로 $9.8\,m/s^2$의 등가속도로 움직일 때 밑면 모퉁이 A점의 압력을 구하여라.

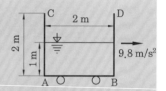

해설 $\tan\theta = \dfrac{a_x}{g} = \dfrac{9.8}{9.8} = 1 \quad \therefore \theta = \tan^{-1}1 = 45°$

AB 양단면에 생기는 액면의 차 h는 $\tan45° = \dfrac{h}{2}$에서

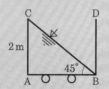

$h = 2\tan45° = 2\,m$

따라서, 액면의 깊이는 그림과 같이 A점에서는 $2\,m$, B점에서는 $0\,m$가 된다.

$\therefore p = \gamma h = 9800 \times 2 = 19600\,N/m^2 = 19.6\,kPa$

정답 19.6 kPa

Q 예제 2-19

입방체의 탱크에 비중 0.75인 기름이 1.5 m차 있다. 이 탱크가 연직 상방향으로 4.9 m/s^2의 등가속도로 움직일 때 탱크 밑면에서의 압력은 몇 Pa인가?

해설 $p_2 - p_1 = \gamma h\left(1 + \dfrac{a_y}{g}\right)$에서

$p_1 = p_0 = 0, \ h = 1.5\,m$이므로

$p_2 = \gamma h\left(1 + \dfrac{a_y}{g}\right) = (9800 \times 0.75) \times 1.5 \times \left(1 + \dfrac{4.9}{9.8}\right)$

$= 16537.5\,N/m^2 = 16537.5\,Pa$

정답 16537.5 Pa

Q 예제 2-20

반지름이 5 cm인 원통에 물을 담아 중심축에 대하여 120 rpm으로 회전시킬 때 수면의 최고점과 최저점의 높이차는 얼마인가?

해설 각속도 $\omega = \dfrac{2\pi N}{60} = \dfrac{2 \times \pi \times 120}{60} = 12.57\,rad/s$ 이므로

$h_0 = \dfrac{r_0^2\,\omega^2}{2g} = \dfrac{0.05^2 \times 12.57^2}{2 \times 9.8} = 0.02\,m = 2\,cm$

정답 2 cm

연·습·문·제

1. 그림과 같은 수압기에서 피스톤의 지름이 $d_1 = 300\,\text{mm}$, 이것과 연결된 램(ram)의 지름 $d_2 = 200\,\text{mm}$이다. 압력 P_1이 $1\,\text{MPa}$의 압력을 피스톤에 작용시킬 때 주램의 지름 $d_3 = 400\,\text{mm}$이면 주 램에서 발생하는 힘(W)은 몇 kN인가?

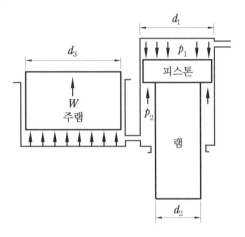

2. 그림과 같이 용기에 물과 휘발유가 주입되어 있을 때, 용기 바닥면에서의 게이지압력은 몇 kPa인가? (단, 휘발유의 비중은 0.7이다.)

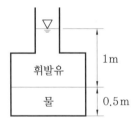

3. 용기에 부착된 압력계에 읽힌 계기압력이 $150\,\text{kPa}$이고 국소대기압이 $100\,\text{kPa}$일 때 용기 안의 절대압력은 몇 kPa인가?

4. 해수면 아래 $20\,\text{m}$에 있는 수중다이버에게 작용하는 절대압력은 몇 kPa인가? (단, 대기압은 $101\,\text{kPa}$이고, 해수의 비중은 1.03이다.)

5. $100\,\text{kPa}$의 대기압 하에서 용기 속 기체의 진공압이 $15\,\text{kPa}$이었다. 이 용기 속 기체의 절대압력은 몇 kPa인가?

6. 국소 대기압이 710 mmHg일 때, 절대압력 50 kPa은 게이지 압력으로 약 몇 kPa인가?

7. 압력 용기에 장착된 게이지 압력계의 눈금이 400 kPa를 나타내고 있다. 이때 실험실에 놓여진 수은 기압계에서 수은의 높이는 750 mm이었다면 압력 용기의 절대압력은 약 몇 kPa인가? (단, 수은의 비중은 13.6이다.)

8. 상온(25℃)의 실내에 있는 수은 기압계에서 수은주의 높이가 730 mm라면, 이때 기압은 약 몇 kPa인가? (단, 25℃ 기준, 수은 밀도는 13534 kg/m³이다.)

9. 물의 높이 8 cm와 비중 2.94인 액주계 유체의 높이 6 cm를 합한 압력은 수은주(비중 13.6) 높이의 약 몇 cm에 상당하는가?

10. 그림에서 $h = 100$ cm이다. 액체의 비중이 1.50일 때 A점의 계기압력은 몇 kPa인가?

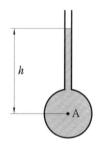

11. 그림에서 압력차($p_x - p_y$)는 몇 kPa인가?

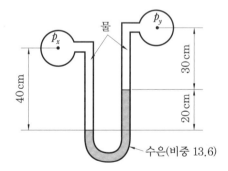

12. 그림과 같은 밀폐된 탱크 안에 각각 비중이 0.7, 1.0인 액체가 채워져 있다. 여기서 각도 θ가 20°로 기울어진 경사관에서 3 m 길이까지 비중 1.0인 액체가 채워져 있을 때 점 A의 압력과 점 B의 압력 차이는 몇 kPa인가?

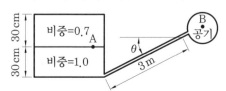

13. 그림과 같이 경사관 마노미터의 지름 $D = 10\,d$이고 경사관은 수평면에 대해 θ만큼 기울여져 있으며 대기 중에 노출되어 있다. 대기압보다 Δp의 큰 압력이 작용할 때, L과 Δp의 관계를 구하여라. (단, 점선은 압력이 가해지기 전 액체의 높이이고, 액체의 밀도는 ρ, $\theta = 30°$이다.)

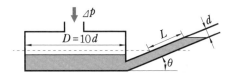

14. $2\,m \times 2\,m \times 2\,m$의 정육면체로 된 탱크 안에 비중이 0.8인 기름이 가득 차 있고, 위 뚜껑이 없을 때 탱크의 옆 한면에 작용하는 전체 압력에 의한 힘은 약 몇 kN인가?

15. 그림과 같이 폭이 $2\,m$, 길이가 $3\,m$인 평판이 물속에 수직으로 잠겨있다. 이 평판의 한쪽 면에 작용하는 전체 압력에 의한 힘은 약 몇 kN인가?

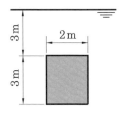

16. 그림과 같은 수문(폭×높이 = $3\,m \times 2\,m$)이 있을 경우 수문에 작용하는 힘의 작용점은 수면에서 약 몇 m 깊이에 있는가?

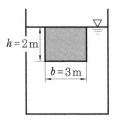

17. 그림과 같은 수문에서 멈춤장치 A가 받는 힘은 몇 kN인가? (단, 수문의 폭은 $3\,m$이고, 수은의 비중은 13.6이다.)

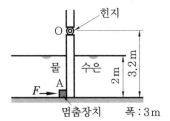

18. 반지름 R인 원형 수문이 수직으로 설치되어 있다. 수면으로부터 수문에 작용하는 물에 의한 전압력의 작용점까지의 수직 거리를 구하여라. (단, 수문의 최상단은 수면과 동일 위치에 있으며 h는 수면으로부터 원판의 도심까지의 수직거리이다.)

19. 수평면과 60° 기울어진 벽에 지름이 4 m인 원형창이 있다. 창의 중심으로부터 5 m 높이에 물이 차있을 때 창에 작용하는 합력의 작용점과 원형창의 중심(도심)과의 거리(C)는 몇 m인가? (단, 원의 단면 2차 모멘트는 $\dfrac{\pi r^4}{4}$ 이고, 여기서 r은 원의 반지름이다.)

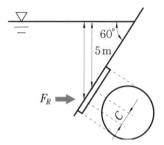

20. 체적 2×10^{-3} m^{3}의 돌이 물속에서 무게가 40 N이었다면 공기 중에서의 무게는 몇 N인가?

21. 60 N의 무게를 가진 물체를 물속에서 측정하였을 때 무게가 10 N이었다. 이 물체의 비중은 얼마인가? (단, 물속에서 측정할 시 물체는 완전히 잠겼다고 가정한다.)

22. 그림과 같이 지름이 2 m, 길이가 1 m인 관에 비중량 9800 N/m^{3}인 물이 반 차있다. 이 관의 아래쪽 사분곡면 AB 부분에 작용하는 정수력(물과 맞닿고 있는 물체 표면에 걸리는 힘)은 약 몇 N인가?

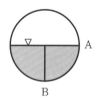

23. 공기 중에서 질량이 166 kg인 통나무가 물에 떠 있다. 통나무에 납을 매달아 통나무가 완전히 물속에 잠기게 하고자 하는 데 필요한 납(비중 : 11.3)의 최소 질량이 34 kg이라면 통나무의 비중은 얼마인가?

24. 비중이 0.65인 물체를 물에 띄우면 전체 체적의 몇 %가 물속에 잠기는가?

25. 한 변이 1 m인 정육면체 나무토막의 아랫면에 1080 N의 납을 매달아 물속에 넣었을 때, 물위로 떠오르는 나무토막의 높이는 몇 cm인가? (단, 나무토막의 비중은 0.45, 납의 비중은 11이고, 나무토막의 밑면은 수평을 유지한다.)

26. 비중 8.16의 금속을 비중 13.6의 수은에 담근다면 수은 속에 잠기는 금속의 체적은 전체 체적의 약 몇 %인가?

27. 공기로 채워진 $0.189\,m^3$의 오일 드럼통을 사용하여 잠수부가 해저 바닥으로부터 오래된 배의 닻을 끌어올리려 한다. 바닷물 속에서 닻과 드럼통을 각각 들어 올리는 데 필요한 힘은 $1780\,N$과 $222\,N$이다. 공기로 채워진 드럼통을 닻에 연결한 후 잠수부가 이 닻을 끌어올리는 데 필요한 최소 힘은 몇 N인가? (단, 바닷물의 비중은 1.025이다.)

28. 용기에 너비 $4\,m$, 깊이 $2\,m$인 물이 채워져 있다. 이 용기가 수직 상방향으로 $9.8\,m/s^2$로 가속될 때, B점과 A점의 압력차 $p_B - p_A$는 몇 kPa인가?

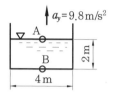

29. 그림과 같이 U자 관 액주계가 x방향으로 등가속 운동하는 경우 x방향 가속도 a_x는 몇 m/s^2인가? (단, 수은의 비중은 13.6이다.)

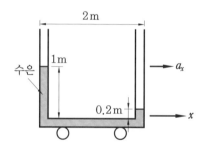

30. 한 변이 $30\,cm$인 위면이 개방된 정육면체 용기에 물을 가득 채우고 일정 가속도($9.8\,m/s^2$)로 수평으로 끌 때 용기 밑면의 좌측 끝단(A 부분)에서의 게이지 압력은 몇 kPa인가?

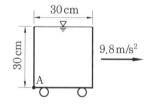

31. 안지름 $20\,cm$의 원통형 용기의 축을 수직으로 놓고 물을 넣어 축을 중심으로 $300\,rpm$의 회전수로 용기를 회전시키면 수면의 최고점과 최저점의 높이 차(h_o)는 몇 cm인가?

32. 안지름이 $20\,cm$, 높이가 $60\,cm$인 수직 원통형 용기에 밀도 $850\,kg/m^3$인 액체가 밑면으로부터 $50\,cm$ 높이만큼 채워져 있다. 원통형 용기와 액체가 일정한 각속도로 회전할 때, 액체가 넘치기 시작하는 회전수는 몇 rpm인가?

유체 운동의 기초 이론과 에너지 방정식

유체가 운동한다는 것은 유체의 흐름을 말한다. 본 장에서는 유체 운동을 유체입자(流體粒子)의 특성이라든가 힘이 입자 운동에 주는 영향 등에 대해서는 고려하지 않았고, 다만 유체입자의 운동만을 기하학적(幾何學的)으로 고찰하였으며, 유체를 비압축성 이상유체로 생각하여 유체의 운동과 관련되는 기본 방정식들과 몇 가지 정리에 대하여 기술하였다.

1. 유체 흐름의 형태

1-1 ○ 정상류와 비정상류

(1) 정상류

유체가 흐르고 있는 과정에서 흐름과 관계되는 압력, 속도, 밀도 등의 변수(變數)들이 시간이 경과하여도 변하지 않는 흐름을 **정상류**(定常流 ; steady flow)라고 한다.

흐르고 있는 유체 속에 공간 좌표축(x, y, z)에서 임의의 방향에 대한 정상류의 식을 편미분(偏微分)으로 표시하면

$$\frac{\partial u}{\partial t} = 0, \quad \frac{\partial p}{\partial t} = 0, \quad \frac{\partial \rho}{\partial t} = 0, \quad \frac{\partial T}{\partial t} = 0 \quad \text{......................} (3-1)$$

여기서, u는 속도, p는 압력, ρ는 밀도, T는 온도이다.

(2) 비정상류

유체가 흐르고 있는 과정에서 흐름과 관계되는 압력, 속도, 밀도 등의 변수들 중 어느 것 하나라도 시간의 경과와 함께 변하는 흐름을 **비정상류**(非定常流 ; unsteady flow) 라고 한다. 즉,

$$\frac{\partial u}{\partial t} \neq 0, \quad \frac{\partial p}{\partial t} \neq 0, \quad \frac{\partial \rho}{\partial t} \neq 0, \quad \frac{\partial T}{\partial t} \neq 0 \quad \text{......................} (3-2)$$

1-2 ● 등속류와 비등속류

(1) 등속류

유체가 흐르고 있는 과정에서 임의의 순간에 유동장(流動場) 내의 모든 점의 속도 벡터가 동일한 흐름을 **등속류**(等速流 ; uniform flow)라고 한다. s를 변위(變位)라고 하면, 등속류의 식은 다음과 같이 표시된다.

$$\frac{\partial u}{\partial s} = 0 \quad \text{.. (3-3)}$$

즉, 등속류는 시간과는 무관하고 변위 s만에 대한 변화로 나타낸다.

(2) 비등속류

유체가 흐르고 있는 과정에서 임의의 순간에 유동장 내의 속도 벡터가 위치에 따라 변하는 흐름을 **비등속류**(非等速流 ; nonuniform flow)라고 한다. 즉,

$$\frac{\partial u}{\partial s} \neq 0 \quad \text{.. (3-4)}$$

Q 예제 3-1

다음의 흐름은 각각 어떤 형태의 흐름인가?

① $t = 10$초 $\qquad\qquad\qquad$ $t = 20$초

$\underset{1}{\overset{5\,\mathrm{m/s}}{\rightarrow}} \qquad \underset{2}{\overset{5\,\mathrm{m/s}}{\rightarrow}} \qquad\qquad \underset{1}{\overset{5\,\mathrm{m/s}}{\rightarrow}} \qquad \underset{2}{\overset{5\,\mathrm{m/s}}{\rightarrow}}$

② $t = 10$초 $\qquad\qquad\qquad$ $t = 20$초

$\underset{1}{\overset{5\,\mathrm{m/s}}{\rightarrow}} \qquad \underset{2}{\overset{10\,\mathrm{m/s}}{\rightarrow}} \qquad\qquad \underset{1}{\overset{5\,\mathrm{m/s}}{\rightarrow}} \qquad \underset{2}{\overset{10\,\mathrm{m/s}}{\rightarrow}}$

③ $t = 10$초 $\qquad\qquad\qquad$ $t = 20$초

$\underset{1}{\overset{5\,\mathrm{m/s}}{\rightarrow}} \qquad \underset{2}{\overset{5\,\mathrm{m/s}}{\rightarrow}} \qquad\qquad \underset{1}{\overset{10\,\mathrm{m/s}}{\rightarrow}} \qquad \underset{2}{\overset{10\,\mathrm{m/s}}{\rightarrow}}$

④ $t = 10$초 $\qquad\qquad\qquad$ $t = 20$초

$\underset{1}{\overset{5\,\mathrm{m/s}}{\rightarrow}} \qquad \underset{2}{\overset{10\,\mathrm{m/s}}{\rightarrow}} \qquad\qquad \underset{1}{\overset{8\,\mathrm{m/s}}{\rightarrow}} \qquad \underset{2}{\overset{12\,\mathrm{m/s}}{\rightarrow}}$

정답 ① 정상 등속도 유동 $\left(\dfrac{\partial u}{\partial t} = 0, \ \dfrac{\partial u}{\partial s} = 0 \right)$

② 정상 비등속도 유동 $\left(\dfrac{\partial u}{\partial t} = 0, \ \dfrac{\partial u}{\partial s} \neq 0 \right)$

③ 비정상 등속도 유동 $\left(\dfrac{\partial u}{\partial t} \neq 0, \ \dfrac{\partial u}{\partial s} = 0 \right)$

④ 비정상 비등속도 유동 $\left(\dfrac{\partial u}{\partial t} \neq 0, \ \dfrac{\partial u}{\partial s} \neq 0 \right)$

2. 유선과 유관

2-1 · 유 선

[그림 3-1]과 같이 유체의 흐름 속에 하나의 곡선을 가상(假想)하여 그 곡선상의 임의의 점에 접선을 그었을 때 그 점에서 접선이 유속의 방향과 일치하면 이 곡선을 **유선**(流線 ; stream line)이라고 한다. 즉, 유선이란 유동장의 모든 점에서 속도 벡터의 방향과 일치하도록 그려진 가상곡선이다.

따라서, 유체입자는 항상 유선을 따라 운동하게 되며, 유선을 가로지르는 흐름은 존재하지 않는다.

비정상유동에서는 유체의 흐름이 시간에 따라 변화하므로 유선도 시간에 따라 변화하지만, 정상유동에서의 유선은 시간에 따라 변화하지 않는다.

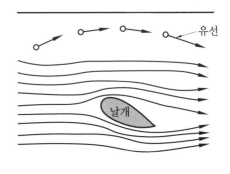

[그림 3-1] 유선

2-1 · 유 관

[그림 3-2]와 같이 유선으로 둘러싸인 유체의 관, 즉 유선다발을 **유선관** 또는 **유관**(流管 ; stream tube)이라고 한다.

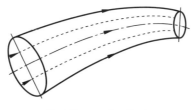

[그림 3-2] 유관

3. 연속 방정식

[그림 3-3]과 같은 관 속을 정상류가 흐를 때 **질량
보존의 법칙**에 의하여 단위 시간 동안 단면 1과 단면
2를 통과하는 유체의 질량은 같다. 즉, 유체의 흐름
도중에 질량이 증가되거나 손실되지 않는다는 것으로,
이와 같은 원리를 유체에 적용하여 얻어진 방정식을
연속 방정식(連續方程式 ; continuity equation)이라
고 한다. 그림에서 단면 1과 2의 단면적을 A_1, A_2라

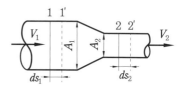

[그림 3-3] 질량보존의 법칙

하고 그 면에서의 평균속도와 밀도를 각각 V_1, V_2, ρ_1, ρ_2라 하면, 시간 dt동안 유체가
단면 1에서 1′로, 단면 2에서 2′로 움직였다면 이 때 통과한 질량(밀도×체적) m_1과 m_2
는 질량보존의 법칙에 의하여 같아야 하므로

$$\rho_1 A_1 \, ds_1 = \rho_2 A_2 \, ds_2$$

그런데 정상류에서 각 점에 대한 속도는 장소만의 함수이고 시간에 대해서는 관계없
이 일정하므로 시간 dt로 양변을 나누면

$$\rho_1 A_1 \frac{ds_1}{dt} = \rho_2 A_2 \frac{ds_2}{dt}$$

여기서, $\dfrac{ds_1}{dt}$과 $\dfrac{ds_2}{dt}$는 단면 1, 2에서의 평균속도 V_1, V_2이므로 위 식은

$$m = \rho_1 A_1 V_1 = \rho_2 A_2 V_2 [\text{kg/s}] \quad \cdots\cdots (3\text{-}5)$$

가 되고 m을 **질량유량**이라고 한다.

식 (3-5)의 양변에 중력가속도 g를 곱하면 $\rho g = \gamma$이므로

$$G = \gamma_1 A_1 V_1 = \gamma_2 A_2 V_2 [\text{N/s}] \quad \cdots\cdots (3\text{-}6)$$

여기서, G를 **중량유량**이라고 한다.

또, 식 (3−5)에서 유체가 매우 느린 속도로 흐른다면 비압축성 유체로 볼 수 있으므로 $\rho_1 = \rho_2$가 된다. 따라서,

$$Q = A_1\,V_1 = A_2\,V_2\,[\text{m}^3/\text{s}] \cdots\cdots\cdots\cdots\cdots\cdots\cdots\cdots\cdots\cdots\cdots (3{-}7)$$

여기서, Q를 **체적유량** 또는 유량이라 하고, 식 (3−5)~(3−7)을 연속 방정식이라고 한다.

Q 예제 3-2

지름이 10 cm인 관에 물이 5 m/s의 속도로 흐르고 있다. 이 관의 출구에 지름 2 cm인 노즐을 장치한다면 노즐에서의 물의 분출속도는 몇 m/s인가?

해설 연속 방정식 $A_1\,V_1 = A_2\,V_2$에 의하여

$$V_2 = V_1 \cdot \frac{A_1}{A_2} = V_1 \cdot \frac{\dfrac{\pi d_1{}^2}{4}}{\dfrac{\pi d_2{}^2}{4}} = V_1 \cdot \left(\frac{d_1}{d_2}\right)^2 = 5 \times \left(\frac{10}{2}\right)^2 = 125 \text{ m/s}$$

정답 125 m/s

Q 예제 3-3

단면적이 20 cm²인 관 속에 물이 흐르고 있다. 물의 질량유량이 30 kg/s일 때 관내의 평균속도는 몇 m/s인가?

해설 물의 밀도 $\rho = 1000 \text{ kg/m}^3$이므로

질량유량 $m = \rho A V$에서

$$V = \frac{m}{\rho A} = \frac{30}{1000 \times (20 \times 10^{-4})} = 15 \text{ m/s}$$

정답 15 m/s

Q 예제 3-4

안지름 100 mm인 파이프에 비중이 0.8인 기름이 평균속도 5 m/s로 흐를 때 중량유량은 몇 N/s인가?

해설 비중량 $\gamma = 9800\,S = 9800 \times 0.8 = 7840 \text{ N/m}^3$ 이므로

중량유량 $G = \gamma A V = 7840 \times \dfrac{\pi \times 0.1^2}{4} \times 5 = 307.72 \text{ N/s}$

정답 307.72 N/s

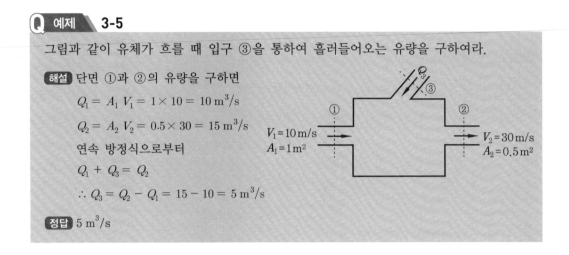

그림과 같이 유체가 흐를 때 입구 ③을 통하여 흘러들어오는 유량을 구하여라.

해설 단면 ①과 ②의 유량을 구하면

$$Q_1 = A_1 V_1 = 1 \times 10 = 10 \, \text{m}^3/\text{s}$$

$$Q_2 = A_2 V_2 = 0.5 \times 30 = 15 \, \text{m}^3/\text{s}$$

연속 방정식으로부터

$$Q_1 + Q_3 = Q_2$$

$$\therefore Q_3 = Q_2 - Q_1 = 15 - 10 = 5 \, \text{m}^3/\text{s}$$

정답 $5 \, \text{m}^3/\text{s}$

4. 유동단면에서의 속도 분포

유동단면(流動斷面)에서의 속도 분포는 유체와 관벽(管壁)과의 마찰에 의해 [그림 3-4]와 같이 균일하지 않다. 그러나 이러한 불균일한 속도 분포가 질량보존의 법칙에는 영향을 미치지 않는다. 따라서, 그림에서 **평균속도**를 V라고 하면 유량 $Q = AV$가 되고, 미소단면적 dA에서의 속도를 u라 하면 미소유량 $dQ = u\,dA$가 된다. 여기서, 유량 Q는 미소유량 dQ의 합이므로 다음과 같다.

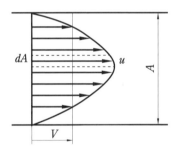

[그림 3-4] 속도 분포

$$Q = \int_A dQ = \int_A u\,dA$$

$$AV = \int_A u\,dA$$

$$\therefore V = \frac{1}{A} \int_A u\,dA \quad \cdots\cdots\cdots\cdots\cdots (3-8)$$

5. 운동 에너지 방정식

에너지란 일할 수 있는 능력을 말하며, 일과 같은 단위를 가진다. 에너지에는 기계적 에너지, 열 에너지, 전기적 에너지, 화학적 에너지 등 여러 종류가 있으나, 유체의 정상

유동에서 유체가 가지는 에너지는 기계적 에너지(위치 에너지와 운동 에너지의 합)와 압력 에너지의 합으로 생각할 수 있다.

[그림 3-5]와 같이 유체가 정상유동할 때 단면 ①과 ②에서 단위 무게당 유체가 갖는 에너지의 관계는 다음의 오일러의 운동 방정식과 베르누이의 정리로부터 해석할 수 있다.

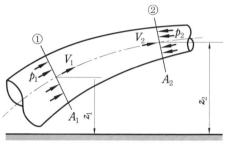

[그림 3-5] 관로 속의 유체 흐름

5-1 • 오일러의 운동 방정식

유선(流線) 또는 미소 단면적의 유관(流管)을 따라 움직이는 비압축성 이상유체의 1차원 흐름에 Newton의 운동 제2법칙을 적용하여 얻은 미분 방정식을 오일러의 운동 방정식(Euler's equation of motion)이라고 한다.

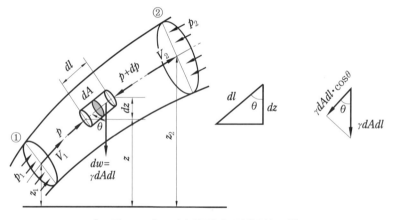

[그림 3-6] 미소유관에 작용하는 힘

[그림 3-6]과 같이 단면 ①과 ②사이에 단면적 dA, 길이 dl인 미소유관을 취하면 여기에 작용하는 외력, 즉 미소유관을 가속시키려는 힘은 이상유체이므로 점성력을 무시할 수 있어, 다음과 같이 압력에 의한 힘과 중력에 의한 힘(무게)만을 생각할 수 있다.

ΣF = (유입쪽의 압력에 의한 힘) + (유출쪽의 압력에 의한 힘)

+ (미소유관의 흐름방향 성분의 무게)

$$= pdA - (p + dp)dA - \gamma dAdl \cdot \cos\theta \quad\cdots\cdots\cdots\cdots\cdots\cdots\cdots\cdots\cdots (A)$$

또, 미소유관의 질량 $m = \dfrac{dw}{g} = \dfrac{\gamma dAdl}{g}$이고, 속도 $V = \dfrac{dl}{dt}$에서 $dt = \dfrac{dl}{V}$이므로 가

속도 $a = \dfrac{dV}{dt} = \dfrac{dV}{\dfrac{dl}{V}} = V\dfrac{dV}{dl}$ 이다. 따라서,

$$ma = \frac{\gamma dAdl}{g} \cdot V\frac{dV}{dl} \quad \cdots\cdots\cdots\cdots\cdots\cdots\cdots\cdots\cdots\cdots\cdots\cdots\cdots\cdots\cdots\text{(B)}$$

식 (A)와 (B)를 Newton의 운동 제 2 법칙 $\sum F = ma$ 에 대입하면

$$pdA - (p + dp)dA - \gamma dAdl \cdot \cos\theta = \frac{\gamma dAdl}{g} \cdot V\frac{dV}{dl}$$

가 된다. 다시 위식의 양변을 $\gamma dAdl$로 나누고 $\cos\theta = \dfrac{dz}{dl}$ 을 대입하여 정리하면

$$\frac{1}{\gamma}\frac{dp}{dl} + \frac{V}{g}\frac{dV}{dl} + \frac{dz}{dl} = 0 \quad \cdots\cdots\cdots\cdots\cdots\cdots\cdots\cdots\cdots\cdots\cdots\text{(3-9)}$$

식 (3-9)는 Newton의 운동 제 2 법칙을 이상유체의 입자 운동에 적용하여 얻은 식으로서 이 식을 **오일러의 운동 방정식**(Euler's equation of motion)이라고 하며, 다음과 같이 표시하기도 한다.

$$\left.\begin{aligned} \frac{dp}{\gamma} + \frac{V}{g}dV + dz &= 0 \\[2mm] \frac{dp}{\rho} + VdV + gdz &= 0 \end{aligned}\right\} \quad \cdots\cdots\cdots\cdots\cdots\cdots\cdots\cdots\cdots\cdots\text{(3-10)}$$

5-2 • 베르누이의 정리

비압축성 유체 흐름($\rho = \text{const}$)일 때 비중량 $\gamma = \text{const}$가 되므로, 오일러의 운동 방정식 (3-10)을 변위 l에 대해서 적분하면

$$\int \frac{dp}{\gamma} + \int \frac{V}{g}dV + \int dz = \text{const}$$

$$\left.\begin{aligned} \frac{p}{\gamma} + \frac{V^2}{2g} + z &= \text{const} \\[2mm] \frac{p}{\rho} + \frac{V^2}{2} + gz &= \text{const} \end{aligned}\right\} \quad \cdots\cdots\cdots\cdots\cdots\cdots\cdots\cdots\cdots\text{(3-11)}$$

여기서, 제 1 항의 $\dfrac{p}{\gamma}$ 는 단위 중량의 유체를 압력 0에서 p까지 높이는 데 드는 일로

서 압력 에너지의 형태로 유체 속에 저장되는데 이것을 **압력수두**(壓力水頭 ; pressure head) [m]라고 한다. 또, 제 2 항 $\dfrac{V^2}{2g}$ 은 속도가 V인 단위 중량의 유체가 가지는 운동 에너지로서 이것을 **속도수두**(速度水頭 ; velocity head) [m], 제 3 항은 단위 중량의 유체가 기준면에서 z의 높이에 있기 때문에 가지는 위치 에너지인데 이것을 **위치수두**(位置水頭 ; potential head) [m]라고 한다. 그리고 이 세 수두의 합을 **전수두**(全水頭 ; total head) [m] 라고 한다. 따라서, 식 (3-11)은 모든 비압축성 이상유체의 정상유동에 대하여 단위 중량의 유체가 가지는 에너지의 총합(J)이 유선에 따라 변하지 않음을 뜻한다. 즉, 단위 중량당의 압력 에너지, 속도 에너지, 위치 에너지의 합이 일정함을 나타내고 있는 것으로, 하나의 유선 또는 유관에 대한 에너지 보존의 법칙을 표시한 것이다.

[그림 3-6]에서 단면 ①, ② 사이에 식 (3-11)을 적용하면,

$$\left.\begin{array}{l} H = \dfrac{p_1}{\gamma} + \dfrac{V_1^2}{2g} + z_1 = \dfrac{p_2}{\gamma} + \dfrac{V_2^2}{2g} + z_2 \\[3mm] H = \dfrac{p_1}{\rho} + \dfrac{V_1^2}{2} + gz_1 = \dfrac{p_2}{\rho} + \dfrac{V_2^2}{2} + gz_2 \end{array}\right\} \quad \cdots\cdots\cdots\cdots\cdots (3-12)$$

과 같이 되고, 이것을 그림으로 표시하면 [그림 3-7]과 같이 된다. 여기서 세 수두의 합, 즉 전수두 H[J/N]를 나타내는 선 E.L.을 **에너지선**(energy line)이라 하고, 압력수두와 위치수두의 합을 나타내는 선 H.G.L.을 **수력구배선**(水力勾配線 ; hydraulic grade line)이라고 한다. 수력구배선은 항상 에너지선보다 속도수두 $\dfrac{V^2}{2g}$ 만큼 아래에 위치한다.

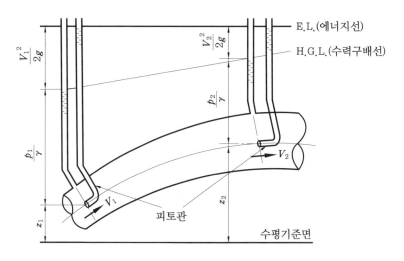

[그림 3-7] 유관에 도시한 베르누이의 정리

또, 유체의 단위 중량당의 전수두(전체 에너지) H를 유체 총 중량값의 전수두 H'로 나타내면 연속 방정식의 식 $(3-6)$과 $(3-7)$로부터 다음과 같이 나타낼 수 있다.

$$H' = GH = \gamma\,QH\,[\mathrm{J}] \quad\text{\dotfill}\quad (3-13)$$

식 $(3-11)$의 양변에 γ를 곱하면

$$p + \frac{\gamma V^2}{2g} + \gamma z = \mathrm{const} \quad\text{\dotfill}\quad (3-14)$$

로 되는데 이것은 에너지를 압력의 차원으로 표시한 것이다. 여기서, p를 **정압**(靜壓 ; static pressure), $\dfrac{\gamma V^2}{2g}$을 **동압**(動壓 ; dynamic pressure), γz을 **위치압**(位置壓 ; potential pre- ssure)이라 하고, 유체가 기체인 경우는 γ가 극히 작기 때문에 γz는 무시하여도 된다. 따라서, 식 $(3-14)$는

$$\left.\begin{array}{l} p + \dfrac{\gamma V^2}{2g} = \mathrm{const} \\[3mm] p + \dfrac{\rho V^2}{2} = \mathrm{const} \end{array}\right\} \quad\text{\dotfill}\quad (3-15)$$

로 표시된다. 이 정압과 동압의 합을 **전압**(全壓 ; total pressure)이라고 한다.

식 $(3-11)\sim(3-15)$를 **에너지 방정식**이라고 하며, 이들의 관계는 오일러가 운동 방정식을 유도하기 전에 스위스의 물리학자 Daniel Bernoulli(1700~1782)가 확인하였다. 따라서, 식 $(3-11)\sim(3-15)$를 **베르누이의 정리**(Bernoulli's theorem)라고 하며, 유체역학에 있어서 에너지의 불변을 나타내는 법칙이다. 수력학상(水力學上)의 문제는 거의 대부분에 이 법칙이 적용된다.

실제로 유체가 관로를 흐를 때는 유체의 마찰을 고려하여야 한다. 따라서, [그림 $3-6$]에서 단면 ①과 ②사이의 마찰에 의한 **손실수두**(損失水頭 ; loss head)를 h_L이라고 하면 식 $(3-12)$는

$$\left.\begin{array}{l} \dfrac{p_1}{\gamma} + \dfrac{V_1^2}{2g} + z_1 = \dfrac{p_2}{\gamma} + \dfrac{V_2^2}{2g} + z_2 + h_L \\[3mm] \dfrac{p_1}{\rho} + \dfrac{V_1^2}{2} + gz_1 = \dfrac{p_2}{\rho} + \dfrac{V_2^2}{2} + gz_2 + h_L \end{array}\right\} \quad\text{\dotfill}\quad (3-16)$$

가 되고, 이 식을 **수정 베르누이 방정식**(modified Bernoulli equation)이라고 한다.

Q 예제 3-6

[그림 3-6]에서 물이 $10\,l/s$로 흐를 때 단면 ①과 단면 ②에서의 압력차를 구하여라. (단, 단면 ①의 지름은 100 mm, 단면 ②의 지름은 50 mm, z_2는 4 m, z_1은 2 m이고 모든 손실은 무시한다.)

해설 유량 $10\,l/s = 10 \times 10^{-3} = 10^{-2}\,\mathrm{m^3/s}$이므로,

연속 방정식 $Q = A_1 V_1 = A_2 V_2$에서

$$V_1 = \frac{Q}{A_1} = \frac{10^{-2}}{\dfrac{\pi \times 0.1^2}{4}} = 1.27\,\mathrm{m/s}$$

$$V_2 = \frac{Q}{A_2} = \frac{10^{-2}}{\dfrac{\pi \times 0.05^2}{4}} = 5.09\,\mathrm{m/s}\ \text{이다.}$$

또, 베르누이의 정리

$$\frac{p_1}{\gamma} + \frac{V_1^{\,2}}{2g} + z_1 = \frac{p_2}{\gamma} + \frac{V_2^{\,2}}{2g} + z_2 \text{에서}$$

$$p_1 - p_2 = \gamma\left(\frac{V_2^{\,2}}{2g} - \frac{V_1^{\,2}}{2g} + z_2 - z_1\right)$$

$$= 9800 \times \left(\frac{5.09^2}{2 \times 9.8} - \frac{1.27^2}{2 \times 9.8} + 4 - 2\right)$$

$$= 31747.6\,\mathrm{N/m^2} = 31747.6\,\mathrm{Pa}$$

정답 31747.6 Pa

Q 예제 3-7

물 분류(噴流 ; jet)가 연직하방향으로 떨어지고 있다. 표고(表高) 10 m 지점에서 분류지름이 5 cm이고, 유속이 20 m/s이었다. 표고 5 m 지점에서의 분류속도는 몇 m/s인가?

해설 표고 10 m 지점 ①과 5 m 지점 ②사이에 베르누이 정리를 적용하면,

$$\frac{p_1}{\gamma} + \frac{V_1^{\,2}}{2g} + z_1 = \frac{p_2}{\gamma} + \frac{V_2^{\,2}}{2g} + z_2 \text{에서}$$

압력 $p_1 = p_2 = 0$(대기압)이므로

$$\frac{V_2^{\,2}}{2g} = \frac{V_1^{\,2}}{2g} + z_1 - z_2$$

$$\therefore V_2 = \sqrt{V_1^{\,2} + 2g(z_1 - z_2)} = \sqrt{20^2 + 2 \times 9.8 \times (10 - 5)}$$

$$= 22.32\,\mathrm{m/s}$$

정답 22.32 m/s

6. 운동 에너지의 수정계수

유체유동에서 일반적으로 단면에서의 속도분포는 [그림 3−8]에서처럼 균일하지 않다. 이러한 유동장(流動場)에서 속도분포를 균일하게 보고 평균속도를 V로 하여, 식 (3−12)에서 단위 무게당의 운동 에너지(속도수두)를 계산하는 것은 오차를 유발하게 되므로, 이러한 것을 줄이기 위하여 수정된 운동 에너지가 사용된다.

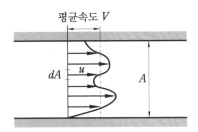

[그림 3−8] 속도분포와 평균속도

[그림 3−8]에서 미소면적 dA, 속도 u인 미소유관을 취하면 이곳에 대한 단위 무게당의 운동 에너지는 $\dfrac{u^2}{2g}$이 되고, 미소유관의 체적을 v라고 하면 단위 시간당의 단면 A를 지나는 운동 에너지 E는

$$E = \int_A \frac{u^2}{2g} \cdot \gamma v = \int_A \frac{u^2}{2g} \cdot \gamma u \, dA \quad \cdots\cdots\cdots\text{(A)}$$

가 된다. 그런데 $\dfrac{V^2}{2g}$으로 주어지는 단위 무게당의 운동 에너지는 각 단면에서 택해진 $\dfrac{u^2}{2g}$의 평균치가 아니므로 수정계수 α를 도입하면

$$\frac{u^2}{2g} = \alpha \frac{V^2}{2g}$$

으로 나타낼 수 있다. 따라서, 단위 시간당의 단면 A를 지나는 운동 에너지 E를 평균속도 V로 나타내면

$$E = \alpha \frac{V^2}{2g} \cdot \gamma V A \quad \cdots\cdots\cdots\cdots\text{(B)}$$

가 된다. 식 (A)와 (B)는 서로 같아야 하므로

$$\int_A \frac{u^2}{2g} \cdot \gamma u dA = \alpha \frac{V^2}{2g} \cdot \gamma V A$$

$$\therefore \alpha = \frac{1}{A} \int_A \left(\frac{u}{V}\right)^3 dA \quad \text{...} (3\text{-}17)$$

여기서, α를 **운동 에너지의 수정계수**라고 한다. 따라서, 이 운동 에너지의 수정계수를 식 (3-16)의 수정 베르누이 방정식에 도입하면

$$\left.\begin{array}{l} \dfrac{p_1}{\gamma} + \alpha_1 \dfrac{V_1^2}{2g} + z_1 = \dfrac{p_2}{\gamma} + \alpha_2 \dfrac{V_2^2}{2g} + z_2 + h_L \\[2em] \dfrac{p_1}{\rho} + \alpha_1 \dfrac{V_1^2}{2} + g z_1 = \dfrac{p_2}{\rho} + \alpha_2 \dfrac{V_2^2}{2} + g z_2 + h_L \end{array}\right\} \quad \text{...........................} (3\text{-}18)$$

7. 베르누이 정리의 응용

7-1 ● 용기에서 유체를 유출하는 속도

[그림 3-9]와 같은 탱크에서 구멍 ②로부터 나오는 유체의 유출속도 V를 구하기 위해 유면에서 구멍에 이르는 유선 ①~②에 식 (3-12)의 베르누이 방정식을 적용하면

$$\frac{p_0}{\gamma} + \frac{V_0^2}{2g} + z_0 = \frac{p_0}{\gamma} + \frac{V^2}{2g} + z$$

가 된다. 여기서, V_0는 V에 비해 매우 느린 속도이므로 $V_0 = 0$으로 하면 위 식은

$$\frac{V^2}{2g} = z_0 - z = h$$

$$\therefore V = \sqrt{2gh} \quad \text{..................} (3\text{-}19)$$

가 된다. 이 정리는 이탈리아 출신의 물리학자인 토리첼리(Torricelli, 1608~1647)가 베르누이에 앞서 발견한 것으로서, 이것을 **토리첼리의 정리**라고 한다.

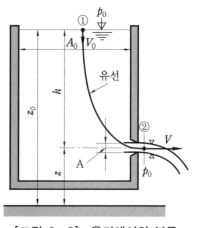

[그림 3-9] 용기에서의 분류

7-2 ● 피토관

유동장 내의 유속을 측정하기 위하여 [그림 3–10]
과 같은 피토관(pitot tube)을 사용한다. 그림에서 유
리관의 개구(開口)는 유체 흐름의 방향과 마주쳐 있다.
따라서, 유체는 관 속에 유입하여 유면보다 h만큼 더
올라가서 정지하고, 개구의 점 ②의 유체도 정지한다.
　점 ①의 정압(靜壓)을 p_1, 유속을 V, 점 ②의 정체
압(停滯壓)을 p_2라 하고, 유선 ①–② 사이에 베르
누이의 정리를 적용하면

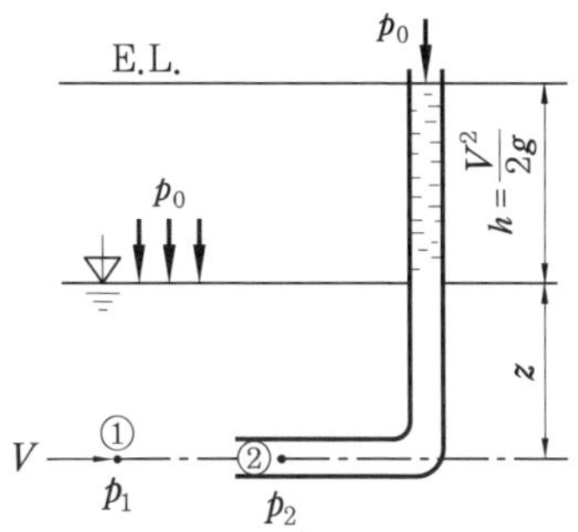

[그림 3–10]　피토관

$$\frac{p_1}{\gamma} + \frac{V^2}{2g} + z_1 = \frac{p_2}{\gamma} + \frac{V_2{}^2}{2g} + z_2$$

에서 $z_1 = z_2$, $V_2 = 0$이므로 위식을 다시 쓰면

$$\frac{p_1}{\gamma} + \frac{V^2}{2g} = \frac{p_2}{\gamma}$$

$p_1 = \gamma z$ 이고 $p_2 = \gamma(z + h)$이므로

$$\frac{V^2}{2g} = h$$

$$\therefore V = \sqrt{2gh} \quad \text{……………………………………………………} (3\text{–}20)$$

가 된다. 즉, 액면에서 잰 액주의 높이 h를 읽음으로써 점 ①의 유속이 구해진다. 이런
관을 **피토관**이라고 한다.

7-3 ● 벤투리관

[그림 3–11]과 같이 관로(管路)의 일부 단면을 축소하여 평행부분을 약간 두고, 다시
완만하게 확대한 관을 **벤투리관**(venturi tube)이라 하고, 압력 에너지의 일부를 속도
에너지로 변환시켜 유량을 측정하는 데 쓰이는 계기(計器)이다.

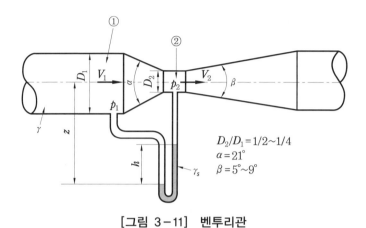

$D_2/D_1 = 1/2 \sim 1/4$
$\alpha = 21°$
$\beta = 5° \sim 9°$

[그림 3-11] 벤투리관

그림에서 관로의 단면 ①과 ②사이는 수평이고 에너지의 손실은 없으며, 또 유체는 비압축성이라고 하면 베르누이 정리에 의하여 다음과 같은 식이 성립된다.

$$\frac{p_1}{\gamma} + \frac{V_1{}^2}{2g} = \frac{p_2}{\gamma} + \frac{V_2{}^2}{2g}$$

다음에 단면 ①과 ②의 단면적을 각각 A_1, A_2라 하고 유량을 Q라고 하면, 연속 방정식에서 $Q = A_1 V_1 = A_2 V_2$, 여기서 $V_1 = V_2 \dfrac{A_2}{A_1}$이므로 이것을 위 식에 대입하면,

$$\frac{p_1 - p_2}{\gamma} = \frac{V_2{}^2 - V_1{}^2}{2g} = \frac{V_2{}^2}{2g} \left\{ 1 - \left(\frac{A_2}{A_1} \right)^2 \right\}$$

$$\therefore V_2 = \frac{1}{\sqrt{1 - \left(\dfrac{A_2}{A_1} \right)^2}} \sqrt{2g \frac{p_1 - p_2}{\gamma}} \quad \dotfill (3-21)$$

따라서, 유량 Q는 위 식에 단면적 A_2를 곱하여 구할 수 있으므로

$$Q = A_2 V_2 = \frac{A_2}{\sqrt{1 - \left(\dfrac{A_2}{A_1} \right)^2}} \sqrt{2g \frac{p_1 - p_2}{\gamma}} \quad \dotfill (3-22)$$

가 된다. 그런데 그림에서와 같이 U자관의 시차 액주계(示差液柱計)를 달았을 때 액주계 속의 액체의 비중량을 γ_s, 그 높이를 h라고 하면 시차 액주계의 원리에 의하여

$$p_1 + \gamma z = p_2 + \gamma (z - h) + \gamma_s h$$

가 되고, 다시 위식의 양변을 γ로 나누면,

$$\frac{p_1}{\gamma} + z = \frac{p_2}{\gamma} + (z - h) + \frac{\gamma_s}{\gamma}h$$

$$\therefore \frac{p_1 - p_2}{\gamma} = \frac{\gamma_s}{\gamma}h - h = h\left(\frac{\gamma_s}{\gamma} - 1\right)$$

가 된다. 이것을 식 (3-22)에 대입하고, 단면적의 비 $\frac{A_2}{A_1}$를 원관의 지름비 $\frac{D_2}{D_1}$로 바꾸어 나타내면,

$$Q = A_2 \sqrt{\frac{2gh\left(\frac{\gamma_s}{\gamma} - 1\right)}{1 - \left(\frac{D_2}{D_1}\right)^4}} \quad \cdots\cdots\cdots\cdots\cdots\cdots\cdots\cdots\cdots\cdots\cdots\cdots\cdots\cdots\cdots (3-23)$$

로 표시되고, 이 식이 벤투리관에서 유량을 구하는 이론식이다.

7-4 ○ 펌프 또는 터빈

펌프(pump)는 기계적 에너지를 유체에 공급하여 주로 유체의 압력 에너지를 높이는 작용을 하고, 터빈(turbine, 水車)은 이와 반대로 유체의 위치 에너지를 터빈에 공급하여 이것을 회전시킴으로써 기계적 에너지를 얻는 작용을 한다. 따라서, 펌프에 의하여 유체에 부가(附加) 되는 단위 중량당 기계적 에너지를 H_P[J/N], 단위 중량의 유체가 터빈에 주는 기계적 에너지를 H_T[J/N]라고 하면, 베르누이의 정리 식 (3-12) 는 다음과 같이 수정된다.

$$\left.\begin{array}{l} \text{펌프}: \dfrac{p_1}{\gamma} + \dfrac{V_1^2}{2g} + z_1 + H_P = \dfrac{p_2}{\gamma} + \dfrac{V_2^2}{2g} + z_2 \\[3mm] \text{터빈}: \dfrac{p_1}{\gamma} + \dfrac{V_1^2}{2g} + z_1 = \dfrac{p_2}{\gamma} + \dfrac{V_2^2}{2g} + z_2 + H_T \end{array}\right\} \cdots\cdots\cdots\cdots\cdots\cdots (3-24)$$

식 (3-13)과 (3-24)로부터 펌프가 유체에 전달한 동력 P_P 및 유체가 터빈에 전달한 동력(터빈이 얻는 동력) P_T는

$$\left.\begin{array}{l} P_P = \gamma Q H_P \,[\text{kW}] \\[2mm] P_T = \gamma Q H_T \,[\text{kW}] \end{array}\right\} \cdots\cdots\cdots\cdots\cdots\cdots\cdots\cdots\cdots\cdots\cdots\cdots (3-25)$$

7-5 • 공동현상과 수격작용

(1) 공동현상

 액체 속에는 압력에 비례하는 양의 기체가 용입되어 있고, 압력이 내려가면 용입되어 있는 기체가 분리되어 기포로 환원한다(Henry-Dalton의 법칙). 따라서, 액체의 관로 흐름에서 벤투리관과 같이 관로의 수축-확대부 등이 있으면 베르누이의 정리에 의하여 수축부에서는 유속이 커지고 압력이 내려간다. 이 때 액체로부터 기포가 발생하게 되어 흐름이 관로의 벽면으로부터 분리되는데 이러한 부분을 **공동**(空洞 ; cavit)이라 하고, 공동이 생기는 현상을 **공동현상**(空洞現象 ; cavitation)이라고 한다. 공동현상은 이미 흡수된 기포에 의하여 생성될 수도 있다.

 관로에서 발생한 공동은 어느 시기에 이르면 액체의 압력에 의하여 파괴되고, 이 때 벽면에 충격을 주어 진동과 소음을 일으킨다. 따라서, 공동현상은 유체기계의 성능을 저하시키거나 경우에 따라서는 벽면을 침식시켜 유체기계의 국부(局部)를 파괴하므로 설계시에는 이 점을 충분히 고려하여야 한다.

(2) 수격작용

 [그림 3-12]와 같이 유체의 관로 흐름에서 밸브를 갑자기 잠가 흐름을 정지시키면 관 속의 액체는 밸브(valve)부근이 먼저 부분적으로 압축되어 고압이 되고, 그 압력 상승은 압력파가 되어 일정한 속도로 상류에 전달되는데 이 압력파를 전진파(前進波)라고 한다. 또, 전진파는 관의 입구에 도달한 후 여기서 반사하여 다시 밸브로 되돌아오는데 이 압력파를 후진파(後進波)라고 한다. 이와 같이 유체의 속도가 갑자기 감소하면 급격한 압력상승이 일어나고, 이에 의하여 진동과 충격음을 일으키는데 이러한 현상을 **수격작용**(水擊作用 ; water hammering)이라고 한다. 따라서, 유체기계를 설계할 때에는 공동현상과 함께 수격작용이 발생하지 않도록 충분히 고려하여야 한다.

[그림 3-12] 수격작용

Q 예제 **3-8**

그림과 같은 사이펀(siphon)에서 흐를 수 있는 유량은 약 몇 l/min인가? (단, 관로 손실은 무시한다.)

해설 $V_B = \sqrt{2gh} = \sqrt{2 \times 9.8 \times 3} = 7.67\,\text{m/s}$

$\therefore$ 유량 $Q = AV = \dfrac{\pi \times 0.05^2}{4} \times 7.67 = 0.015\,\text{m}^3/\text{s}$

$= 0.015 \times 1000 \times 60 = 900\,l/\text{min}$

정답 $900\,l/\text{min}$

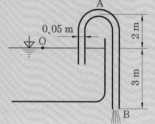

Q 예제 **3-9**

그림과 같은 물통에서 구멍 B로부터 나오는 물의 유출 속도를 구하여라.

해설 $V_B = \sqrt{2gh} = \sqrt{2 \times 9.8 \times 9.8} = 13.86\,\text{m/s}$

정답 $13.86\,\text{m/s}$

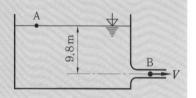

Q 예제 **3-10**

그림과 같이 유량 $142\,l/\text{s}$로 물을 퍼올리는 펌프가 있다. 압력계 A와 B의 눈금이 각각 254 mmHg(진공)과 280 kPa로 운전되는 이 펌프의 동력은 몇 kW인가?

해설 먼저 압력계 A의 압력을 p_A라고 하면,

1 mmHg = 133.3 Pa이므로

$p_A = 254$ mmHg(진공)

$= -254 \times 133.3 = -33858.2\,\text{Pa}$

이고, 또 A와 B에서의 속도를 각각 V_A, V_B라고 하면

$V_A = \dfrac{142 \times 10^{-3}}{\dfrac{\pi \times 0.2^2}{4}} = 4.52\,\text{m/s}$, $V_B = \dfrac{142 \times 10^{-3}}{\dfrac{\pi \times 0.15^2}{4}} = 8.04\,\text{m/s}$

다음 식 (3-24)로부터 펌프가 물에 준 수두 H_P를 구하면

$H_P = \dfrac{p_B - p_A}{\gamma} + \dfrac{V_B^2 - V_A^2}{2g} + (z_B - z_A) = \dfrac{(280 \times 10^3) - (-33858.2)}{9800} + \dfrac{8.04^2 - 4.52^2}{2 \times 9.8} + 3.04$

$= 37.33\,\text{m}$

따라서, 펌프동력 P_P는 $P_P = \gamma Q H_P = 9800 \times 0.142 \times 37.33 = 51.95 \times 10^3\,W = 51.95\,\text{kW}$

정답 $51.95\,\text{kW}$

Q 예제 3-11

그림과 같이 비중이 0.9인 기름이 흐르고 있는 개수로(開水路)에 피토관을 설치하였다. $h = 50\,\text{mm}$, $z = 60\,\text{mm}$일 때 속도 V는 얼마인가?

해설 $V = \sqrt{2gh} = \sqrt{2 \times 9.8 \times 0.05} = 0.99\,\text{m/s}$

정답 $0.99\,\text{m/s}$

Q 예제 3-12

그림과 같은 터빈에 $0.23\,\text{m}^3/\text{s}$로 물이 흐르고 있고, 단면 1과 2에서 압력은 각각 200 kPa과 $-20\,\text{kPa}$일 때 물로부터 터빈이 얻는 동력은 몇 kW인가?

해설 먼저 유속 V_1과 V_2를 연속 방정식으로부터 구하면

$$V_1 = \frac{Q}{A_1} = \frac{0.23}{\dfrac{\pi \times 0.2^2}{4}} = 7.32\,\text{m/s}$$

$$V_2 = \frac{Q}{A_2} = \frac{0.23}{\dfrac{\pi \times 0.4^2}{4}} = 1.83\,\text{m/s}$$

식 (3-24)에서 터빈에 전달된 수두 H_T를 구하면

$$H_T = \frac{p_1 - p_2}{\gamma} + \frac{V_1^2 - V_2^2}{2g} + (z_1 - z_2)$$

$$= \frac{(200 \times 10^3) - (-20 \times 10^3)}{9800} + \frac{7.32^2 - 1.83^2}{2 \times 9.8} + 1.2 = 26.21\,\text{m}$$

따라서, 동력 P_T는

$$P_T = \gamma Q H_T = 9800 \times 0.23 \times 26.21 = 59.08 \times 10^3\,W = 59.08\,\text{kW}$$

정답 $59.08\,\text{kW}$

Q 예제 3-13

어떤 수평관 속에 물이 2.8 m/s의 속도와 4.6 kPa의 압력으로 흐르고 있다. 이 때 물의 유량이 $0.75\,\text{m}^3/\text{s}$이면 물의 동력은 몇 kW인가?

해설 단위 중량당 물이 갖고 있는 전수두

$$H = \frac{p}{\gamma} + \frac{V^2}{2g} = \frac{4.6 \times 10^3}{1000} + \frac{2.8^2}{2 \times 9.8} = 5\,\text{m}$$

따라서, 물의 동력

$$P = \gamma Q H = 9800 \times 0.75 \times 5 = 36750\,W = 36.75\,\text{kW}$$

정답 $36.75\,\text{kW}$

연·습·문·제

1. 안지름 d_1, d_2의 관이 직렬로 연결되어 있다. 비압축성 유체가 관 내부를 흐를 때 지름 d_1인 관과 d_2인 관에서의 평균유속이 각각 V_1, V_2이면 $\dfrac{d_1}{d_2}$을 구하여라.

2. 안지름 10 cm의 원관 속을 $0.0314 \text{ m}^3/\text{s}$의 물이 흐를 때 관 속의 평균 유속은 몇 m/s 인가?

3. 안지름이 각각 2 cm, 3 cm인 두 파이프를 통하여 속도가 같은 물이 유입되어 하나의 파이프로 합쳐져서 흘러나가다. 유출되는 속도가 유입속도와 같다면 유출 파이프의 안지름은 약 몇 cm인가?

4. 지름 2 cm의 노즐을 통하여 평균속도 0.5 m/s로 자동차의 연료 탱크에 비중 0.9인 휘발유 20 kg을 채우는 데 걸리는 시간은 약 몇 초(s)인가?

5. 단면적이 10 cm^2인 관에, 매분 6 kg의 질량유량으로 비중 0.8인 액체가 흐르고 있을 때 액체의 평균속도는 몇 m/s인가?

6. 유체(비중량 10 N/m^3)가 중량유량 6.28 N/s로 지름 40 cm인 관을 흐르고 있다. 이 관 내부의 평균 유속은 몇 m/s인가?

7. 지름 200 mm에서 지름 100 mm로 단면적이 변하는 원형관 내의 유체 흐름이 있다. 단면적 변화에 따라 유체 밀도가 변경 전 밀도의 106%로 커졌다면, 단면적이 변한 후의 유체 속도는 몇 m/s인가? (단, 지름 200 mm에서 유체의 밀도는 800 kg/m^3, 평균 속도는 20 m/s이다.)

8. 스프링클러의 중심축을 통해 공급되는 유량은 총 $3\,l/\text{s}$이고 네 개의 회전이 가능한 관을 통해 유출된다. 출구 부분은 접선 방향과 30°의 경사를 이루고 있고, 회전반지름은 0.3 m이고 각 출구 지름은 1.5 cm로 동일하다. 작동 과정에서 스프링클러의 회전에 대한 저항토크가 없을 때 회전 각속도는 몇 rad/s인가? (단, 회전축상의 마찰은 무시한다.)

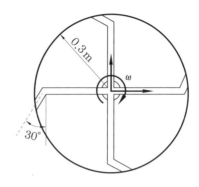

9. 낙차가 100 m이고 유량이 500 m³/s인 수력발전소에서 얻을 수 있는 최대 발전용량은 몇 MW인가?

10. 물이 흐르는 어떤 관에서 압력이 120 kPa, 속도가 4 m/s일 때, 에너지선(energy line)과 수력구배선(hydraulic grade line)의 차이는 몇 cm인가?

11. 흐르는 물의 속도가 1.4 m/s일 때 속도 수두는 몇 m인가?

12. 관로내 물(밀도 1000 kg/m³)이 30 m/s로 흐르고 있으며 그 지점의 정압이 100 kPa일 때, 전체압은 몇 kPa인가?

13. 입구 단면적이 20 cm²이고 출구 단면적이 10 cm²인 노즐에서 물의 입구 속도가 1 m/s일 때, 입구와 출구의 압력 차이 $p_{입구} - p_{출구}$는 약 몇 kPa인가? (단, 노즐은 수평으로 놓여 있고 손실은 무시할 수 있다.)

14. 다음과 같은 수평으로 놓인 노즐이 있다. 노즐의 입구는 면적이 0.1 m²이고 출구의 면적은 0.02 m²이다. 정상, 비압축성이며 점성의 영향이 없다면 출구의 속도가 50 m/s일 때 입구와 출구의 압력차($p_1 - p_2$)는 약 몇 kPa인가? (단, 이 공기의 밀도는 1.23 kg/m³이다.)

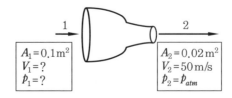

15. 연직 하 방향으로 내려가는 물 제트에서 높이 10 m인 곳에서 속도는 20 m/s였다. 높이 5 m인 곳에서의 물의 속도는 몇 m/s인가?

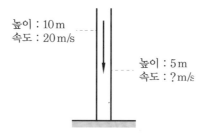

16. 그림과 같은 물탱크에 Q의 유량으로 물이 공급되고 있다. 물탱크의 측면에 설치한 지름 10 cm의 파이프를 통해 물이 배출될 때 배출구로부터의 수위 h를 3 m로 일정하게 유지하려면 유량 Q는 몇 m³/s이어야 하는가? (단, 물탱크의 지름은 3 m이다.)

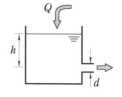

17. 지면에서 계기압력이 200 kPa인 급수관에 연결된 호스를 통하여 임의의 각도로 물이 분사될 때, 물이 최대로 멀리 도달할 수 있는 수평거리는 몇 m인가? (단, 공기저항은 무시하고, 발사점과 도달점의 고도는 같다.)

18. 그림과 같은 노즐에서 나오는 유량이 0.078 m³/s일 때 수위(h)는 몇 m인가? (단, 노즐 출구의 안지름은 0.1 m이다.)

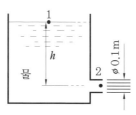

19. 유속 3 m/s로 흐르는 물속에 흐름방향의 직각으로 피토관을 세웠을 때, 유속에 의해 올라가는 수주의 높이는 몇 m인가?

20. 그림과 같이 비중 0.85인 기름이 흐르고 있는 개수로에 피토관을 설치하였다. $\Delta h = 30$ mm, $h = 100$ mm일 때 기름의 유속은 몇 m/s인가?

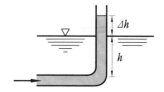

21. 2 m/s의 속도로 물이 흐를 때 피토관 수두 높이 h를 구하여라.

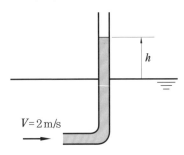

22. 물이 흐르는 관의 중심에 피토관을 삽입하여 압력을 측정하였다. 전압력은 20 mAq, 정압은 5 mAq일 때 관 중심에서 물의 유속은 몇 m/s인가?

23. 비중 0.8의 알코올이 든 U자관 압력계가 있다. 이 압력계의 한 끝은 피토관의 전압부에 다른 끝은 정압부에 연결하여 피토관으로 기류의 속도를 재려고 한다. U자관의 읽음의 차가 78.8 mm, 대기압력이 1.0266×10^5 Pa, 온도 21℃일 때 기류의 속도는 몇 m/s인가? (단, 기체상수 $R = 287$ N·m/kg·K이다.)

24. 그림과 같이 큰 댐 아래에 터빈이 설치되어 있을 때, 마찰손실 등을 무시한 최대 발생 가능한 터빈의 동력은 몇 kW인가? (단, 터빈 출구관의 안지름은 1 m이고, 수면과 터빈 출구관 중심까지의 높이차는 20 m이며, 출구속도는 10 m/s이고, 출구압력은 대기압이다.)

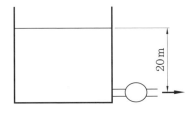

25. 유효 낙차가 100 m인 댐의 유량이 10 m³/s일 때 효율 90 %인 수력터빈의 출력은 약 몇 MW인가?

26. 물 펌프의 입구 및 출구의 조건이 아래와 같고 펌프의 송출 유량이 0.2 m³/s이면 펌프의 동력은 몇 kW인가? (단, 손실은 무시한다.)
- 입구 : 계기 압력 −3 kPa, 안지름 0.2 m, 기준면으로부터 높이 + 2 m
- 출구 : 계기 압력 250 kPa, 안지름 0.15 m, 기준면으로부터 높이 + 5 m

운동량 방정식과 그 응용

　유체가 정지하고 있을 때 유체는 평형상태를 이루고 있으나 이것이 힘을 받아 가속을 받으면, 즉 유체가 흐르면 평형상태는 깨어지고 Newton의 법칙에 의해서 가속도는 힘에 비례하고 이 힘은 유체 내의 압력변화를 일으킨다. 이와 같이 힘은 날개 및 유체를 때릴 수 있는 능력이 되어 펌프, 수차(水車)를 비롯하여 제트(jet), 로켓(rocket) 등을 움직일 수 있는 원리로 물체를 운동시킨다. 따라서, 본 장에서는 유체를 비압축성 이상유체로 생각하여 가속하에서의 유체 내의 압력변화 상태와 속도변화로 얻어지는 힘을 이용하는 방법 등에 대하여 기술하기로 한다.

1. 운동량 방정식

　질량 m인 물체가 힘 F를 받아 속도 V로 운동하고 있을 때 Newton의 운동 방정식에 의하면 다음과 같다.

$$F = ma = m\,\frac{dV}{dt} = \frac{d}{dt}(mV)$$

　여기서, 질량 m과 속도 V의 곱 mV를 **운동량**(運動量 ; momentum)이라 하고, 위 식을 고쳐 쓰면

$$Fdt = d(mV) \quad \cdots\cdots (4-1)$$

가 된다. 여기서, Fdt를 **역적**(力積) 또는 **충격력**(impulse)이라 하고, $d(mV)$는 운동량의 변화이다. 따라서, 식 (4-1)로부터「물체에 작용한 충격력은 운동량의 변화량과 같다.」는 사실을 알 수 있고, 이것을 **운동량의 법칙**(momentum principle)이라고 한다.

　이 원리를 비압축성, 정상류의 유체에 적용하여 관계식을 유도하면 다음과 같다.

　[그림 4-1]과 같이 밀도 ρ인 유체흐름을 생각하여 보자. 단면 ①과 ②사이에 유량 $dQ[\mathrm{m^3/s}]$인 미소유관(점선 부분)을 취하고, 이 유관에서 유속 V로 dt시간 동안 흘러서 생긴 체적 $dQdt[\mathrm{m^3}]$인 자유체(실선 부분)를 생각하면, 이것에 대

한 x방향의 운동 방정식은

$$dF_x = dm \, \frac{dV_x}{dt}$$

이다. 그런데 여기서 미소질량 $dm = \rho d Q dt$이므로 위식을 다시 쓰면

$$dF_x = \rho d Q dt \, \frac{dV_x}{dt} = \rho d Q d V_x$$

가 된다. 이 식을 단면 ①에서 ②까지의 유관(流管)에 따라 적분하면 유체는 비압축성이고 정상류이므로 ρ와 dQ는 일정이 되어

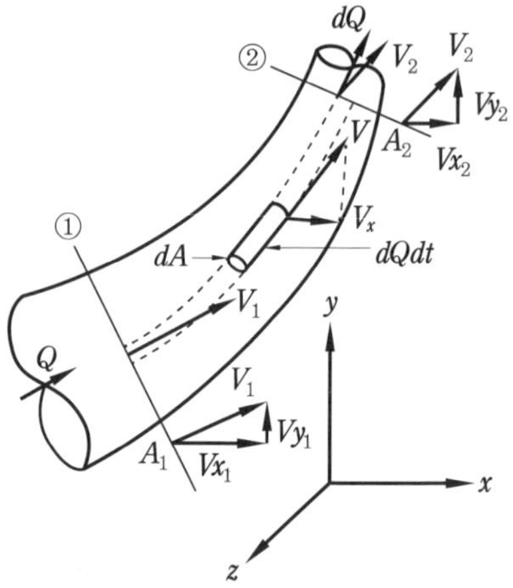

$$\sum dF_x = \rho d Q \int_1^2 d V_x = \rho d Q (V_{x_2} - V_{x_1})$$

[그림 4-1] 운동량 법칙의 적용

가 성립한다. 이 양을 단면 ①과 ② 사이의 유관 전체에 대하여 적분하면

$$\int_A \sum dF_x = \rho \int_A d Q (V_{x_2} - V_{x_1})$$

$$\therefore \; \sum F_x = \rho Q (V_{x_2} - V_{x_1}) \quad \dotfill \quad (4-2)$$

여기서, $\sum F_x$는 단면 ①과 ②사이에서 유체입자 전체에 미치는 힘의 x방향 성분으로 압력에 의한 힘과, 유체를 둘러싼 벽이 유체에 미치는 힘의 합계이다.

같은 방법으로 y, z방향에 대한 운동량의 식을 구하면

$$\sum F_y = \rho Q (V_{y_2} - V_{y_1}) \quad \dotfill \quad (4-3)$$

$$\sum F_z = \rho Q (V_{z_2} - V_{z_1}) \quad \dotfill \quad (4-4)$$

식 $(4-2)\sim(4-4)$는 유동단면에서 유속이 V로 균일하였을 때의 운동량 방정식이다. 만일 유동단면에서 유속이 균일하지 않다면, 그 단면에서의 운동량은 **운동량 수정계수**(修正係數) β를 도입함으로써 평균속도 V의 운동량으로 나타낼 수 있다. 즉, [그림 3-8]에서와 같이 속도분포가 균일하지 않은 유동단면에서 미소면적 dA인 유관에서의 속도를 u, 질량을 dm이라고 하면, 운동량 = 질량×속도이므로 단위 시간당 단면적 A를 지나는 유체의 운동량은

$$\int_A dm \, u = \int_A \rho d Q u = \int_A \rho u^2 dA \quad \dotfill \quad (A)$$

또, 평균속도를 V라 하고, 운동량 수정계수 β를 도입하여 단위 시간당의 단면적 A를 지나는 유체의 운동량을 구하면

$$\beta \, m \, V = \beta \rho Q V = \beta \rho V^2 A \quad \text{\dotfill} \quad \text{(B)}$$

여기서, 식 (A) 와 (B) 는 서로 같아야 하므로

$$\int_A \rho u^2 dA \ = \beta \rho V^2 A$$

가 되고, 위 식을 다시 운동량 수정계수 β 에 관하여 정리하면 다음과 같다.

$$\beta = \frac{1}{A} \int_A \left(\frac{u}{V} \right)^2 dA \quad \text{\dotfill} \quad \text{(4-5)}$$

따라서, 식 (4-2)의 경우 운동량 방정식을 고쳐 쓰면 다음과 같이 나타낼 수 있다.

$$\Sigma F_x = \rho Q (\beta_2 \, V_{x_2} - \beta_1 \, V_{x_1})$$

2. 운동량 방정식의 응용

2-1 ● 점차 축소관에 작용하는 힘

[그림 4-2]와 같이 단면적이 A_1 에서 A_2 로 변화하는 관로 속을 흐르는 비중량 γ 인 유체는 운동량의 변화를 받아 축소되는 원추벽(圓錐壁)에 힘 F 를 미친다. 그런데 이 힘 F 는 관로가 정지하고 있으므로 힘의 평형조건에 의해 원추벽이 유체에 미치는 힘으로 도 생각할 수 있다.

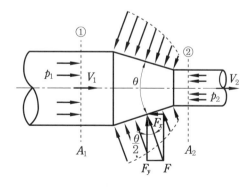

[그림 4-2] 관로의 원추면에 미치는 힘

그림에서 단면 ①, ②의 압력과 속도를 각각 p_1, p_2, V_1, V_2 라 하고, 힘 F 의 x 방향 성분을 F_x 라고 하면 식 (4-2)로부터

$$\Sigma F_x = \rho Q(V_{x_2} - V_{x_1})$$

$$p_1 A_1 - p_2 A_2 - F_x = \rho Q(V_2 - V_1)$$

$$\therefore F_x = (p_1 A_1 - p_2 A_2) - \rho Q(V_2 - V_1) \cdots\cdots\cdots (4-6)$$

가 된다. 따라서, 원추의 꼭지각을 θ라고 하면, 합력(合力) F는 다음과 같다.

$$F = \frac{F_x}{\sin\left(\dfrac{\theta}{2}\right)} = F_x \cos ec\left(\frac{\theta}{2}\right)$$

또한, [그림 4−2]의 관로가 노즐(nozzle)일 때 p_2는 대기압이므로, p_1을 계기압력(計器壓力)으로 표시하여

$$F_x = p_1 A_1 - \rho Q(V_2 - V_1) \cdots\cdots\cdots (4-7)$$

가 된다.

2-2 ○ 곡관에 작용하는 힘

[그림 4−3]과 같이 유체가 관로의 단면적과 방향이 함께 변하는 곡관(曲管) 속을 흐를 때 유체는 운동량의 변화를 받아 관에 힘 F를 미친다. 이 힘도 앞에서와 같은 방법으로 구할 수 있다.

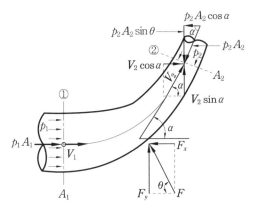

[그림 4−3] 곡관에 미치는 힘

먼저 힘 F의 x방향 성분 F_x를 구하면

$$\Sigma F_x = \rho Q(V_{x_2} - V_{x_1})$$

$$p_1 A_1 - p_2 A_2 \cos\alpha - F_x = \rho Q(V_2 \cos\alpha - V_1)$$

$$\therefore F_x = p_1 A_1 - p_2 A_2 \cos\alpha - \rho Q (V_2 \cos\alpha - V_1) \quad \cdots\cdots\cdots\cdots (4-8)$$

다음 힘 F의 y방향 성분 F_y를 구하면

$$\sum F_y = \rho Q (V_{y_2} - V_{y_1})$$

$$F_y - p_2 A_2 \sin\alpha = \rho Q (V_2 \sin\alpha - 0)$$

$$\therefore F_y = p_2 A_2 \sin\alpha + \rho Q V_2 \sin\alpha \quad \cdots\cdots\cdots\cdots (4-9)$$

따라서, 합력의 크기 F는 식 (4-8)과 (4-9)로부터 구한 분력(分力) F_x와 F_y를 다음 식에 대입하여 구할 수 있다.

$$F = \sqrt{F_x{}^2 + F_y{}^2}$$

또, 힘 F의 작용방향 θ는 다음 식으로부터 구한다.

$$\tan\theta = \frac{F_y}{F_x}$$

$$\therefore \theta = \tan^{-1} \frac{F_y}{F_x}$$

2-3 ● 분류가 평판에 작용하는 힘

오리피스(orifice)나 노즐(nozzle)에서 분출한 분류(噴流)가 고체평판(平板)에 충돌할 때에도 유체는 운동량의 변화를 받아 고체평판에 힘을 미친다.

(1) 고정평판에 수직으로 작용하는 분류의 힘

[그림 4-4]와 같이 고정평판에 분류가 수직으로 충돌할 때에는 평판에 의하여 속도의 방향은 변하지만 그 크기는 변하지 않는다.

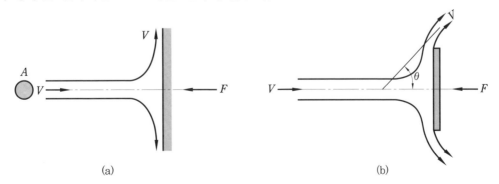

| (a) | (b) |

[그림 4-4] 고정평판에 수직으로 작용하는 분류

[그림 4-4 (a)]는 면적이 넓은 고정평판에 분류가 수직으로 충돌할 때이다. 노즐의 출구와 평판에서의 압력은 대기압으로 서로 같기 때문에 압력에 의한 힘은 서로 상쇄된다. 따라서 분류가 평판에 작용하는 힘 F는 다음과 같다.

$$\sum F_x = \rho Q (V_{x_2} - V_{x_1})$$

에서

$$- F = \rho Q (0 - V)$$

$$\therefore F = \rho Q V \quad\cdots\cdots\cdots\cdots\cdots\cdots\cdots\cdots\cdots\cdots\cdots\cdots\cdots\cdots\cdots\cdots\cdots\cdots (4\text{-}10)$$

[그림 4-4 (b)]는 유한(有限)면적의 고정평판에 분류가 수직으로 충돌할 때로, 분류는 충돌 후 그림과 같이 $\theta < 90°$의 방향으로 진행한다. 이 때 분류가 고정평판에 미치는 힘 F는 역시 앞에서와 같은 방법으로 구할 수 있다.

$$\sum F_x = \rho Q (V_{x_2} - V_{x_1})$$

에서

$$- F = \rho Q (V \cos\theta - V)$$

$$\therefore F = \rho Q V (1 - \cos\theta) \quad\cdots\cdots\cdots\cdots\cdots\cdots\cdots\cdots\cdots\cdots\cdots\cdots\cdots (4\text{-}11)$$

(2) 고정평판에 경사각으로 작용하는 분류의 힘

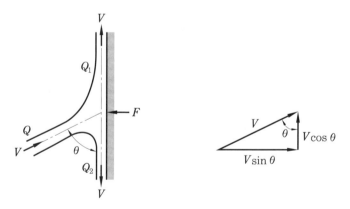

[그림 4-5] 고정평판에 경사각으로 작용하는 분류

[그림 4-5]와 같이 분류가 속도 V로 θ의 경사각으로 고정평판에 충돌할 때 평판에 미치는 힘 F는 다음과 같다.

$$\sum F_x = \rho Q (V_{x_2} - V_{x_1})$$

에서

$$-F = \rho Q(0 - V\sin\theta)$$

$$\therefore F = \rho Q V \sin\theta \quad \cdots\cdots\cdots (4\text{--}12)$$

또한, 충돌 후의 분류유량(分流流量) Q_1, Q_2를 구하면 다음과 같다.

평판과 평행한 방향으로는 힘이 작용하지 않으므로 운동량의 변화도 없다. 즉, 평판과 평행한 분류의 최초의 운동량은 충돌 후의 운동량의 합과 같으므로

$$\underbrace{(\rho Q_1 V - \rho Q_2 V)}_{\langle \text{충돌 후의 운동량} \rangle} - \underbrace{\rho Q V \cos\theta}_{\langle \text{최초의 운동량} \rangle} = 0$$

$$\therefore Q_1 - Q_2 = Q\cos\theta \quad \cdots\cdots\cdots (A)$$

한편, 연속 방정식으로부터

$$Q = Q_1 + Q_2 \quad \cdots\cdots\cdots (B)$$

가 된다. 따라서, 식 (A)와 (B)에서

$$\left.\begin{array}{l} Q_1 = \dfrac{Q}{2}(1 + \cos\theta) \\[2mm] Q_2 = \dfrac{Q}{2}(1 - \cos\theta) \end{array}\right\} \quad \cdots\cdots\cdots (4\text{--}13)$$

(3) 가동평판에 수직으로 작용하는 분류의 힘

[그림 4-6]과 같이 평판이 분류의 방향으로 u 의 속도로 움직일 때 분류가 평판에 충돌하는 속도는 분류의 속도 V에서 u를 뺀 값, 즉 평판에 대한 분류의 상대속도(相對速度)이다. 따라서, 평판이 받는 실제유량 Q'는

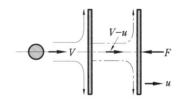

[그림 4-6] 가동평판에 작용하는 분류

$$Q' = A(V - u)$$

가 되어, 분류가 가동평판(可動平板)에 미치는 힘 F는 다음과 같이 구할 수 있다.

$$\sum F_x = \rho Q'(V_{x_2} - V_{x_1})$$

$$-F = \rho Q'\{0 - (V - u)\}$$

$$\therefore F = \rho Q'(V - u)$$

$$= \rho A(V - u)^2 \quad \cdots\cdots\cdots (4\text{--}14)$$

한편, 노즐로부터 분출되는 이론유량 Q는 AV이므로 실제유량 Q'와는 다음의 관계식을 갖는다.

$$Q' = A(V - u) = AV\left(1 - \frac{u}{V}\right) = Q\left(\frac{V - u}{V}\right)$$

따라서, 식 (4−14)를 다시 쓰면

$$F = \rho Q'(V - u) = \rho Q\, \frac{(V - u)^2}{V} \quad \dotfill \text{(4−15)}$$

2-4 • 분류가 곡면판에 작용하는 힘

분류를 이용하여 회전 운동을 얻고 있는 펠톤 수차(Pelton turbine)의 버킷(bucket)이나, 증기터빈의 깃 등은 분류의 방향을 변환시켜 분류가 주는 힘을 받음으로써 회전차(runner)가 회전하게 된다. 이와 같이 곡면판(曲面板)이 분류로부터 힘을 받을 때 그 힘을 구하면 다음과 같다.

(1) 고정곡면판에 작용하는 분류의 힘

[그림 4-7]과 같이 분류가 고정곡면판에 부딪쳐 각도 α만큼 굽을 때 곡면판에 미치는 힘 F를 구하면 다음과 같다.

먼저 힘 F의 x방향 성분 F_x를 구하면

$$\sum F_x = \rho Q(V_{x_2} - V_{x_1})$$

에서

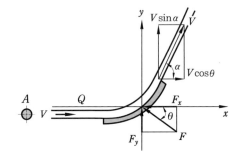

[그림 4-7] 고정곡면판에 작용하는 분류

$$-F_x = \rho Q(V\cos\alpha - V)$$
$$\therefore F_x = \rho QV(1 - \cos\alpha) \quad \dotfill \text{(4−16)}$$

다음 힘 F의 y방향 성분 F_y를 구하면

$$\sum F_y = \rho Q(V_{y_2} - V_{y_1})$$

에서

$$F_y = \rho\, Q\,(V\sin\alpha - 0)$$

$$\therefore F_y = \rho\, Q\, V\sin\alpha \quad \cdots\cdots\cdots\cdots\cdots\cdots\cdots\cdots\cdots\cdots\cdots\cdots\cdots\cdots\cdots (4-17)$$

가 된다. 따라서, 분류가 고정곡면판에 미치는 힘 F는 식 $(4-16)$과 $(4-17)$의 분력(分力) F_x와 F_y를 다음 식에 대입하여 구할 수 있다.

$$F = \sqrt{F_x{}^2 + F_y{}^2}$$

$$= \rho\, Q\, V\,\sqrt{(1-\cos\alpha)^2 + \sin^2\alpha} = 2\rho\, Q\, V\sin\frac{\alpha}{2} \quad \cdots\cdots\cdots\cdots\cdots\cdots (4-18)$$

> **참고** $(1-\cos\alpha)^2 + \sin^2\alpha = 1 - 2\cos\alpha + \cos^2\alpha + \sin^2\alpha = 2(1-\cos\alpha)$ 이고, 또
>
> $\sin^2\alpha = \dfrac{1}{2}(1-\cos 2\alpha)$ 에서 $\sin^2\left(\dfrac{\alpha}{2}\right) = \dfrac{1}{2}(1-\cos\alpha)$
>
> $(1-\cos\alpha) = 2\sin^2\left(\dfrac{\alpha}{2}\right)$
>
> $\therefore (1-\cos\alpha)^2 + \sin^2\alpha = 2\left\{2\sin^2\left(\dfrac{\alpha}{2}\right)\right\} = 2^2\sin^2\left(\dfrac{\alpha}{2}\right)$

또, 힘 F가 x축과 이루는 각(角)을 θ라고 하면 그 방향은 다음과 같이 된다.

$$\tan\theta = \frac{F_y}{F_x}$$

$$\therefore \theta = \tan^{-1}\frac{F_y}{F_x}$$

(2) 가동곡면판에 작용하는 분류의 힘

[그림 4−8]과 같이 곡면판이 분류의 방향으로 u의 속도로 움직일 때 분류가 곡면판에 충돌하는 속도는 가동평판에서와 같이 상대속도$(V-u)$가 되며, 평판이 받는 실제 유량 Q'도 $A(V-u)$가 된다.

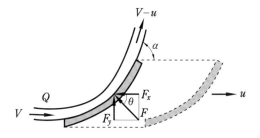

[그림 4−8] 가동곡면판에 작용하는 분류

따라서, 분류가 가동 곡면판에 미치는 힘 F는 식 $(4-16)$과 $(4-17)$에서 분류의 속도

V를 상대속도$(V-u)$로, 유량 Q대신에 실제 유량 Q'로 치환하여 구하면 된다. 즉,

$$F_x = \rho Q'(V-u)(1-\cos\alpha)$$

$$= \rho A(V-u)^2(1-\cos\alpha) \quad\text{···}(4-19)$$

$$F_y = \rho Q'(V-u)\sin\alpha$$

$$= \rho A(V-u)^2\sin\alpha \quad\text{···}(4-20)$$

2-5 ○ 분류에 의한 추진

(1) 탱크에 붙어 있는 노즐에 의한 추진

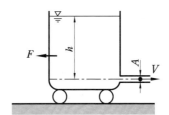

[그림 4-9] 수조차의 추진

그림과 같은 수조차(水槽車)는 탱크(tank) 측벽(側壁)에 설치된 노즐(nozzle)에서 분출하는 분류에 의해 추력(推力)을 받아 분류의 역방향으로 움직이는데 그 원리는 다음과 같다.

노즐에서의 분류의 속도 V는 토리첼리의 정리(제3장 식 (3-19) 참조)에 의해 $V=\sqrt{2gh}$가 되고, 탱크에서 잃게 되는 운동량은 단위 시간에 대하여 ρQV가 된다. 따라서, 탱크는 이 잃은 운동량만큼 분류의 방향과 역으로 다음의 추력 F를 받게 된다.

$$F = \rho QV$$

위식에 $Q=AV,\ V=\sqrt{2gh}$를 대입하면

$$F = \rho AV^2 = \frac{\gamma}{g}A\cdot 2gh$$

$$\therefore F = 2\gamma Ah \quad\text{···}(4-21)$$

즉, 탱크는 분류에 의하여 노즐의 면적에 작용하는 정수압의 2배의 힘을 받아 분류와 반대방향으로 운동한다.

(2) 로켓의 추진

[그림 4-10]과 같은 로켓의 추진도 역시 앞에서와 같은 원리이므로, 로켓이 받는 추력 F는 다음과 같다.

$$F = \rho Q V$$

여기서, ρQ는 분사되는 질량이고, V는 분사속도(噴射速度)이다.

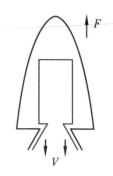

[그림 4-10] 로켓의 추진

(3) 제트기의 추진

[그림 4-11]과 같은 터보 제트기의 원리는 공기가 흡입구에서 V_1의 속도로 흡입되어 압축기에서 압축되고, 연소실에 들어가서 연료와 같이 연소되어 팽창된다. 팽창된 가스는 고속도 V_2로서 노즐을 통하여 분출되며, 그 반작용으로 하여 제트기를 추진시킨다. 이 때 입구와 출구에서의 밀도 및 유량을 각각 $(\rho_1, \ Q_1)$, $(\rho_2, \ Q_2)$라고 하면 입구에서 단위 시간에 얻는 운동량은 $\rho_1 Q_1 V_1$이고, 출구에서는 $\rho_2 Q_2 V_2$의 운동량을 잃는다.

따라서, 제트기가 받는 추력 F는

$$F = \rho_2 Q_2 V_2 - \rho_1 Q_1 V_1 \quad \cdots\cdots\cdots\cdots\cdots\cdots\cdots\cdots\cdots\cdots\cdots\cdots\cdots\cdots (4\text{-}22)$$

가 된다.

만일 입구와 출구에서의 밀도와 유량이 서로 같다면 $\rho Q = \rho_1 Q_1 = \rho_2 Q_2$가 되어 위 식은 다음과 같이 된다.

$$F = \rho Q(V_2 - V_1) \quad \cdots\cdots\cdots\cdots\cdots\cdots\cdots\cdots\cdots\cdots\cdots\cdots\cdots\cdots (4\text{-}23)$$

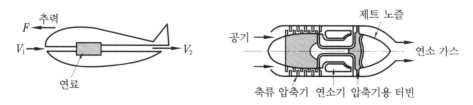

[그림 4-11] 터보 제트 추진의 원리

(4) 프로펠러와 풍차

① 프로펠러 : 항공기, 선박 또는 축류식(軸流式) 유체기계의 프로펠러(propeller)는 유체에 운동량의 변화를 주어 추력 F를 발생하게 하는 장치이다.

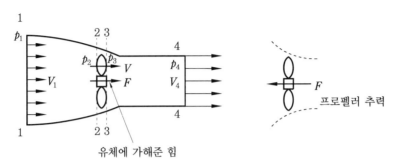

[그림 4-12] 유체흐름 속의 프로펠러

[그림 4-12]는 프로펠러의 작동 설명도이다. 유속 V_1의 유체 속에 위치가 고정된 프로펠러가 회전하여 유속은 V_4가 되었다고 하자. 이 상태는 정지유체 속에서 프로펠러가 좌측으로 V_1의 속도로 진행하고, 프로펠러의 우측, 즉 후방의 유속은 V_4인 경우와 같다.

프로펠러의 상류 1에서는 압력 p_1, 속도 V_1의 등속류(等速流)이고, 프로펠러 통과 직전의 단면 2에서는 속도가 V_2로 증가하고 압력은 p_2로 감소한다. 프로펠러를 지난 순간의 단면 3에서는 압력은 p_3로 증가하고 흐름의 속도는 V_3로 V_2와 거의 같은 속도를 유지한다. 즉, 프로펠러를 지나는 유속을 V라고 하면 $V = V_2 = V_3$가 된다. 다시 단면 3을 지난 유체는 속도 V_4로 증가되며 단면 4에 이른다. 단면 4에서의 압력 p_4는 단면 1에서의 압력 p_1과 같다.

따라서, 프로펠러가 유체에 미치는 힘, 즉 프로펠러의 추력 F는 다음과 같이 나타낼 수 있다.

$$F = (p_3 - p_2)A = \rho Q(V_4 - V_1) \quad \cdots\cdots (4-24)$$

여기서, $V = V_2 = V_3$ 이므로 유량 $Q = AV$가 되어 위식을 다시 쓰면

$$(p_3 - p_2)A = \rho AV(V_4 - V_1)$$
$$p_3 - p_2 = \rho V(V_4 - V_1) \quad \cdots\cdots (4-25)$$

또, 단면 1과 2, 그리고 3과 4에 베르누이 방정식을 적용하면,

$$\frac{p_1}{\rho} + \frac{V_1{}^2}{2} = \frac{p_2}{\rho} + \frac{V_2{}^2}{2}$$

$$\frac{p_3}{\rho} + \frac{V_3{}^2}{2} = \frac{p_4}{\rho} + \frac{V_4{}^2}{2}$$

위 식을 다시$(p_3 - p_2)$에 대하여 풀고, $p_1 = p_4$, $V_2 = V_3$의 관계를 이용하면

$$p_3 - p_2 = \frac{\rho}{2}\left({V_4}^2 - {V_1}^2\right) \cdots\cdots\cdots\cdots (4-26)$$

식 $(4-25)$와 $(4-26)$에서 $(p_3 - p_2)$를 소거하면

$$V = \frac{V_1 + V_4}{2} \cdots\cdots\cdots\cdots (4-27)$$

가 된다. 즉 프로펠러를 지나는 평균속도 V는 프로펠러 상류와 하류 속도의 산술평균과 같다.

한편, 프로펠러로부터 얻어지는 출력 L_0은 프로펠러의 추력 F에 전진속도 V_1을 곱한 값이 되므로

$$L_0 = FV_1 = \rho Q(V_4 - V_1)V_1 \cdots\cdots\cdots\cdots (4-28)$$

이 된다. 또한, 프로펠러에 입력된 동력 L_i는 유속 V_1을 V_4로 계속적으로 증가시키기 위한 동력이므로, 단위 중량당의 V_4에 대한 속도수두를 H_4, V_1에 대한 속도수두를 H_1이라고 하면 L_i 는

$$L_i = \gamma Q(H_4 - H_1) = \gamma Q\left(\frac{{V_4}^2}{2g} - \frac{{V_1}^2}{2g}\right)$$

$$= \frac{\gamma Q}{g}(V_4 - V_1)\frac{(V_1 + V_4)}{2}$$

$$\therefore L_i = \rho Q(V_4 - V_1)V \cdots\cdots\cdots\cdots (4-29)$$

가 된다. 따라서, 프로펠러의 이론효율(理論效率) η는 다음과 같다.

$$\eta = \frac{L_0}{L_i} = \frac{\rho Q(V_4 - V_1)V_1}{\rho Q(V_4 - V_1)V} = \frac{V_1}{V} \cdots\cdots\cdots\cdots (4-30)$$

② 풍차 : 프로펠러와 풍차(風車) 사이에는 비슷한 점이 많으나 그 목적은 정반대이다. 즉, 프로펠러는 주로 기계적 에너지를 주어서 추력 또는 추진력을 얻는 데 있으나, 풍차는 바람에서 기계적 에너지를 얻는 데 목적이 있는 것이다. 그러므로 상이한 목적 때문에 그들의 효율은 다르게 계산되며, [그림 4-12]와 [그림 4-13]을 비교하면 풍차는 프로펠러의 역(逆)임을 알 수 있다.

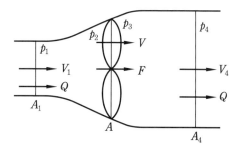

[그림 4-13] 풍 차

풍차 원판을 지나는 속도 V는 프로펠러와 같이 V_1과 V_4의 산술평균값이고, 풍차에 의해 출력된 동력은 공기로부터 얻어진 동력과 같으므로 풍차의 출력 L_0는

$$L_0 = \gamma Q \left(\frac{V_1^{\,2}}{2g} - \frac{V_4^{\,2}}{2g} \right) = \frac{\rho}{2} Q (V_1^{\,2} - V_4^{\,2})$$

가 된다. 여기서, 유량 $Q = A V$이므로 위 식을 다시 쓰면 다음과 같다.

$$L_0 = \frac{\rho}{2} A V (V_1^{\,2} - V_4^{\,2}) \quad\cdots\cdots\cdots\cdots\cdots\cdots\cdots\cdots\cdots\cdots\cdots\cdots (4\text{--}31)$$

다음 풍차가 공기로부터 최대한 얻을 수 있는 이론적인 동력, 즉 L_i는 $V_4 = 0$일 때 이므로

$$L_i = \rho Q \frac{V_1^{\,2}}{2}$$

가 된다. 여기서, 유량 Q는 풍차의 효율을 나타낼 때 $Q = A V_1$으로 하여 나타내는 것이 관례이므로 위 식을 다시 쓰면 다음과 같다.

$$L_i = \frac{\rho}{2} A V_1^{\,3} \quad\cdots\cdots\cdots\cdots\cdots\cdots\cdots\cdots\cdots\cdots\cdots\cdots\cdots\cdots\cdots\cdots (4\text{--}32)$$

따라서, 식 $(4-31)$과 $(4-32)$에 의하여 풍차의 효율 η는

$$\eta = \frac{L_0}{L_i} = \frac{V(V_1^{\,2} - V_4^{\,2})}{V_1^{\,3}} = \frac{(V_1 + V_4)(V_1^{\,2} - V_4^{\,2})}{2 V_1^{\,3}} \quad\cdots\cdots\cdots\cdots\cdots (4\text{--}33)$$

Q 예제 4-1

그림과 같이 비중이 0.9인 기름이 평판에 수직으로 충돌한다. 분류의 지름이 10 cm, 속도가 10 m/s일 때 평판을 지지하는 데 필요한 힘 F는 몇 N인가?

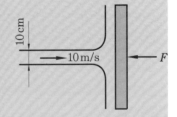

해설 먼저 유량 Q와 기름의 밀도 ρ를 구하면

$$Q = A V = \left(\frac{\pi}{4} \times 0.1^2 \right) \times 10 = 0.079 \, \text{m}^3/\text{s}$$

$$\rho = \frac{\gamma}{g} = \frac{9800 \times 0.9}{9.8} = 900 \, \text{N} \cdot \text{s}^2/\text{m}^4$$

다음 분류가 평판에 충돌하기 전과 후에 있어서 운동량 방정식을 적용하면

$$-F = \rho Q (V_2 - V_1) = 900 \times 0.079 (0 - 10) = -711 \, \text{N}$$

$$\therefore F = 711 \, \text{N}$$

정답 711 N

Q 예제 **4-2**

그림과 같은 관속을 유량 $0.01\,\mathrm{m^3/s}$의 물이 흐른다. 단면 1의 지름이 50 mm, 압력이 300 kPa, 단면 2의 지름이 30 mm일 때 단면 축소면에 미치는 힘 F는 몇 N인가? (단, 원추의 꼭지각은 60°이다.)

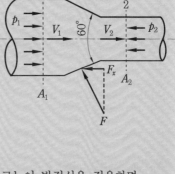

해설 먼저 단면 1과 2에서의 유속 V_1과 V_2를 구하면

$$V_1 = \frac{Q}{A_1} = \frac{4Q}{\pi d_1{}^2} = \frac{4 \times 0.01}{\pi \times 0.05^2} = 5.09\,\mathrm{m/s}$$

$$V_2 = \frac{Q}{A_2} = \frac{4Q}{\pi d_2{}^2} = \frac{4 \times 0.01}{\pi \times 0.03^2} = 14.15\,\mathrm{m/s}$$

단면 2에서의 압력 p_2를 구하기 위해 단면 1과 2에 베르누이 방정식을 적용하면

$$\frac{p_1}{\gamma} + \frac{V_1{}^2}{2g} + z_1 = \frac{p_2}{\gamma} + \frac{V_2{}^2}{2g} + z_2$$

$$\therefore\, p_2 = p_1 + \frac{\gamma}{2g}\left(V_1{}^2 - V_2{}^2\right) = 30 \times 10^4 + \frac{9800}{2 \times 9.8}\left(5.09^2 - 14.15^2\right)$$

$$= 212842.8\,\mathrm{N/m^2} = 212842.8\,\mathrm{Pa}$$

따라서, 식 (4-6)으로부터 힘 F의 x방향 성분 F_x를 구하면

$$\therefore\, F_x = (p_1 A_1 - p_2 A_2) - \frac{\gamma}{g}Q(V_2 - V_1)$$

$$= (300 \times 10^3) \times \left(\frac{\pi}{4} \times 0.05^2\right) - 212842.8 \times \left(\frac{\pi}{4} \times 0.03^2\right) - \frac{9800}{9.8} \times 0.01 \times (14.1 - 5.1)$$

$$= 348.38\,\mathrm{N}$$

$$\therefore\, F = F_x \mathrm{cosec}\left(\frac{\theta}{2}\right) = 348.38 \times \mathrm{cosec}\,30° = 696.76\,\mathrm{N}$$

정답 696.76 N

Q 예제 **4-3**

그림과 같이 안지름 200 mm인 엘보에 $0.28\,\mathrm{m^3/s}$의 물이 흐를 때 엘보에 미치는 힘 F는 몇 N인가? (단, 압력은 200 kPa로서 각 단면에서 일정하고 물과 엘보의 무게는 무시한다.)

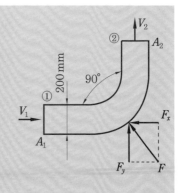

해설 먼저 유속 V_1과 V_2를 구하면 단면적 $A_1 = A_2 = A$ 이므로 연속 방정식으로부터

$$V_1 = V_2 = V = \frac{Q}{A} = \frac{0.28}{\dfrac{\pi \times 0.2^2}{4}} = 8.91\,\mathrm{m/s}$$

다음 단면 ①과 ②사이에 운동량 방정식을 적용하면

$$p_1 A_1 - p_2 A_2 \cos\alpha - F_x = \rho Q(V_2 \cos\alpha - V_1)$$

$$\therefore F_x = p_1 A_1 - p_2 A_2 \cos\alpha - \rho Q(V_2 \cos\alpha - V_1)$$

$\cos\alpha = \cos 90° = 0$ 이고, 물의 밀도 $\rho = \dfrac{\gamma}{g} = \dfrac{9800}{9.8} = 1000\,\mathrm{kg/m^3}$이므로

$$F_x = p_1 A_1 - \rho Q(-V_1) = (2.00\times 10^3)\times \left(\frac{\pi}{4}\times 0.2^2\right) - 1000\times 0.28\times(-8.91) = 8774.8\,\mathrm{N}$$

또, $F_y = p_2 A_2 \sin\alpha + \rho Q V_2 \sin\alpha$

$$= (2.00\times 10^3)\times \left(\frac{\pi}{4}\times 0.2^2\right)\times \sin 90° + 1000\times 0.28\times 8.91\times \sin 90° = 8774.8\,\mathrm{N}$$

따라서, 합력의 크기 $F = \sqrt{F_x{}^2 + F_y{}^2} = \sqrt{8774.8^2 + 8774.8^2} = 12409.44\,\mathrm{N}$

정답 12409.44 N

Q 예제 4-4

다음 곡관은 위에서 본 그림이다. 곡관을 고정시키는 데 필요한 힘 F를 구하여라.

해설 연속 방정식 $Q = A_1 V_1 = A_2 V_2$에서

$$\frac{\pi}{4}\times 0.2^2 \times V_1 = \frac{\pi}{4}\times 0.1^2 \times V_2$$

$$\therefore V_2 = 4 V_1$$

단면 1과 2에 베르누이 방정식을 적용하면

$$\frac{p_1}{\rho} + \frac{V_1^2}{2} + g z_1 = \frac{p_2}{\rho} + \frac{V_2^2}{2} + g z_2$$

$$\frac{100\times 10^3}{1000} + \frac{V_1^2}{2} = \frac{30\times 10^3}{1000} + \frac{V_2^2}{2}$$

$$\frac{100\times 10^3}{1000} + \frac{V_1^2}{2} = \frac{30\times 10^3}{1000} + \frac{16 V_1^2}{2}$$

$$\therefore V_1 = 3.06\,\mathrm{m/s}$$

$$V_2 = 4 V_1 = 4\times 3.06 = 12.24\,\mathrm{m/s}$$

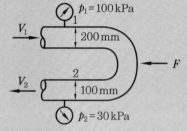

그리고 유량 Q는

$$Q = \left(\frac{\pi}{4}\times 0.2^2\right)\times 3.06 = 0.096\,\mathrm{m^3/s}$$

오른쪽 그림과 같이 자유물체도를 그리고, 단면 1
과 2 사이에 운동량 방정식을 적용하면

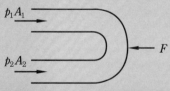

$$p_1 A_1 + p_2 A_2 - F = \rho Q(-V_2 - V_1)$$

$$(100\times 10^3)\times \left(\frac{\pi}{4}\times 0.2^2\right) + (30\times 10^3)\times \left(\frac{\pi}{4}\times 0.1^2\right) - F = 1000\times 0.096(-12.24 - 3.06)$$

$$\therefore F = 4844.3\,\mathrm{N}$$

정답 4844.3 N

Q 예제 4-5

그림에서 물제트의 지름이 40 mm이고, 속도 $V = 60$ m/s로 고정된 평판에 $\theta = 45°$의 각도로 충돌하고 있을 때 판이 받는 힘 F는 몇 N인가?

해설 연직방향의 운동량 방정식으로부터

$$\sum F_y = \rho Q(V_{y_2} - V_{y_1})$$

$$F = \rho Q\{0 - (-V\sin\theta)\}$$

$$\therefore F = \rho Q V \sin\theta$$

$$= 1000 \times \left(\frac{\pi}{4} \times 0.04^2 \times 60\right) \times 60 \times \sin 45°$$

$$= 3197.25\,\text{N}$$

정답 3197.25 N

Q 예제 4-6

그림과 같이 $u = 10$ m/s 의 속도로 이동하고 있는 평판에 물제트가 유량 $0.628\,\text{m}^3$/s로 충돌하고 있다. 이 때 평판이 받는 힘은 몇 N인가? (단, 제트의 지름은 200 mm이다.)

해설 먼저 유속 V를 구하면

$$V = \frac{Q}{A} = \frac{4Q}{\pi d^2} = \frac{4 \times 0.628}{3.14 \times 0.2^2} = 19.99\,\text{m/s}$$

식 (4-15)의 운동량 방정식으로부터

$$F = \rho Q \frac{(V-u)^2}{V} = 1000 \times 0.628 \times \frac{(19.99-10)^2}{20} = 3133.72\,\text{N}$$

정답 3133.72 N

Q 예제 4-7

다음 그림에서 보듯이 고정날개에 비중이 2인 액체의 분류가 50 m/s로 노즐로부터 나오고 있다. 분류의 지름이 5 cm라면 이 날개를 고정시키는 데 필요한 힘 F_x는 몇 N인가?

해설 먼저 유량 Q와 밀도 ρ를 구하면

$$Q = AV = \left(\frac{3.14 \times 0.05^2}{4}\right) \times 50 = 0.098\,\text{m}^3/\text{s}$$

$$\rho = \frac{\gamma}{g} = \frac{9800 \times 2}{9.8} = 2000\,\text{N} \cdot \text{s}^2/\text{m}^4$$

따라서, 식 (4-16)의 운동량 방정식으로부터

$$F_x = \rho Q V (1 - \cos\alpha) = 2000 \times 0.098 \times 50 \times (1 - \cos 60°) = 4900\,\text{N}$$

정답 4900 N

Q 예제 4-8

지름 10 cm인 물 분류가 속도 50 m/s로서 25 m/s로 이동하는 날개에 그림과 같이 충돌한다. 이 때 충격력 F_x는 몇 N인가?

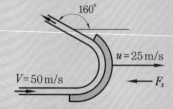

해설 식 (4-19)의 운동량 방정식으로부터

$$F_x = \rho A (V-u)^2 (1-\cos\alpha)$$

$$= 1000 \times \left(\frac{\pi \times 0.1^2}{4} \right) \times (50-25)^2 (1-\cos 160°)$$

$$= 9516.62 \, \text{N}$$

정답 9516.62 N

Q 예제 4-9

그림과 같은 수조차가 받는 추력은 몇 N인가? (단, 노즐의 단면적은 $0.01 \, \text{m}^2$이고, 탱크 내 물의 하강속도는 무시한다.)

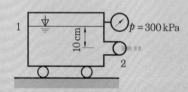

해설 먼저 노즐에서의 분류속도 V를 구하기 위해 단면 1과 2에 베르누이 방정식을 적용하면

$$\frac{p_1}{\rho} + \frac{V_1^2}{2} + gz_1 = \frac{p_2}{\rho} + \frac{V_2^2}{2} + gz_2$$

$$\frac{300 \times 10^3}{1000} + 0 + 9.8 \times 0.1 = 0 + \frac{V_2^2}{2} + 0$$

$$\therefore V_2 = V = 24.53 \, \text{m/s}$$

또, 유량 Q는

$$Q = AV = 0.01 \times 24.29 = 0.243 \, \text{m}^3/\text{s}$$

따라서, 추력 F는 식 (4-21)의 운동량 방정식으로부터

$$F = \rho QV = 1000 \times 0.243 \times 24.29 = 5902.47 \, \text{N}$$

정답 5902.47 N

Q 예제 4-10

800 km/h의 속도로 날고 있는 제트기가 500 m/s의 속도로 배기를 노즐에서 분출할 때 제트기의 추진력은 몇 N인가? (단, 흡기량은 25 kg/s로서 배기에는 연소 가스가 2.5 % 증가하는 것으로 한다.)

해설 $\rho_1 Q_1 = 25$ kg/s 이므로 $\rho_2 Q_2$ 는 다음과 같다.

$$\rho_2 Q_2 = \rho_1 Q_1 \left(1 + \frac{2.5}{100}\right) = 25 \times 1.025 = 25.625 \text{ kg/s}$$

따라서, 식 (4-24)의 운동량 방정식으로부터

$$F = \rho_2 Q_2 V_2 - \rho_1 Q_1 V_1$$

$$= 25.625 \times 500 - 25 \times \frac{800 \times 10^3}{3600} = 7257 \text{ N}$$

정답 7257 N

Q 예제 4-11

10 m/s의 속도로 항해하는 배의 프로펠러 후류의 속도가 6 m/s일 때 이 배의 추진력 (kN)을 구하여라. (단, 프로펠러의 지름은 0.5 m이다.)

해설 프로펠러와 후류의 상대속도 $V_4 = 10 + 6 = 16$ m/s 이므로,

프로펠러를 통과하는 평균속도 $V = \dfrac{V_1 + V_4}{2} = \dfrac{10 + 16}{2} = 13$ m/s 이다.

따라서, 유량 Q는

$$Q = AV = \left(\frac{3.14 \times 0.5^2}{4}\right) \times 13 = 2.55 \text{ m}^3/\text{s}$$ 이므로,

배의 추진력 F는

$$F = \rho Q(V_4 - V_1) = 1000 \times 2.55 \times (16 - 10)$$

$$= 15300 \text{ N} = 15.3 \text{ kN}$$

정답 15.3 kN

연·습·문·제

1. 그림과 같이 45° 꺾어진 관에 물이 평균속도 5 m/s로 흐른다. 유체의 분출에 의해 지지점 A가 받는 모멘트는 몇 N·m인가? (단, 출구 단면적은 10^{-3} m²이다.)

2. 안지름이 50 mm인 180° 곡관(bend)을 통하여 물이 5 m/s의 속도와 0의 계기압력으로 흐르고 있다. 물이 곡관에 작용하는 힘은 약 몇 N인가?

3. 스프링 상수가 10 N/cm인 4개의 스프링으로 평판 A를 벽 B에 그림과 같이 장착하였다. 유량 0.01 m³/s, 속도 10 m/s인 물 제트가 평판 A의 중앙에 직각으로 충돌할 때, 평판과 벽 사이에서 줄어드는 거리는 몇 cm인가?

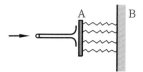

4. 지름 20 cm, 속도 1 m/s인 물 제트가 그림과 같이 넓은 평판에 60° 경사하여 충돌한다. 분류가 평판에 작용하는 수직방향 힘 F_N은 약 몇 N인가? (단, 중력에 대한 영향은 고려하지 않는다.)

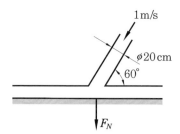

5. 그림과 같이 속도 3 m/s로 운동하는 평판에 속도 10 m/s인 물 분류가 직각으로 충돌하고 있다. 분류의 단면적이 0.01 m²이라고 하면 평판은 몇 N의 힘을 받는가?

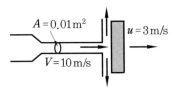

6. 그림과 같이 유량 $Q= 0.03 \text{ m}^3/\text{s}$의 물 분류가 $V= 40 \text{ m/s}$의 속도로 곡면판에 충돌하고 있다. 판은 고정되어 있고 휘어진 각도가 135°일 때 분류로부터 판이 받는 총 힘의 크기는 약 몇 N인가?

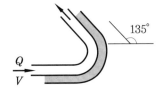

7. 그림과 같은 노즐을 통하여 유량 Q만큼의 유체가 대기로 분출될 때, 노즐에 미치는 유체의 힘 F를 구하여라. (단, A_1, A_2는 노즐 단면 1, 2에서의 단면적이고 ρ는 유체의 밀도이다.)

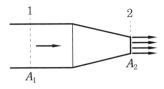

8. 여객기가 888 km/h로 비행하고 있다. 엔진의 노즐에서 연소가스를 375 m/s로 분출하고, 엔진의 흡기량과 배출되는 연소가스의 양은 같다고 가정하면 엔진의 추진력은 몇 N인가? (단, 엔진의 흡기량은 30 kg/s이다.)

9. 시속 800 km의 속도로 비행하는 제트기가 400 m/s의 상대 속도로 배기가스를 노즐에서 분출할 때의 추진력은 약 몇 N인가? (단, 이때 흡기량은 25 kg/s이고, 배기되는 연소가스는 흡기량에 비해 2.5 % 증가하는 것으로 본다.)

실제유체의 흐름

제1장에서 설명한 바와 같이 모든 유체는 실제로 점성(粘性)을 갖고 있다. 따라서, 실제유체(實際流體)의 유동(流動)에 있어서는 점성저항(粘性抵抗), 즉 유체의 점성 때문에 생기는 내부 마찰력을 고려하여야 한다. 따라서, 본 장에서는 점성을 갖고 있는 실제유체의 흐름에 대하여 다루었다.

1. 유체의 유동형태

1-1 ● 층류와 난류

유체 흐름의 형태는 정상류(定常流)와 비정상류(非定常流)로 대별되지만, 다른 각도에서 유체 흐름의 형태를 분류하면 유체 입자들이 규칙적으로 정연하게 층을 형성하여 흐르는 **층류**(層流 ; laminar flow)와, 소용돌이의 흐름과 같이 유체 입자들이 불규칙하게 흐르는 **난류**(亂流 ; turbulent flow)로 구별된다.

1-2 ● 레이놀즈수

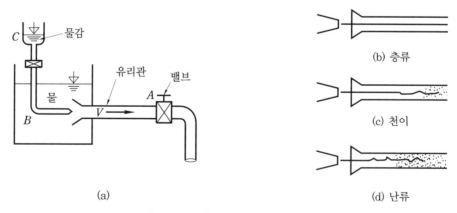

[그림 5-1] 레이놀즈의 실험

1883년에 레이놀즈(Reynolds)는 [그림 5−1(a)]와 같은 실험장치로 관 속의 흐름이 충류에서 난류로 바뀌는 조건을 조사하였다. 즉, 탱크의 물을 밸브 A로 유속을 조절하여 분출시키면서, 동시에 물감용기 C로부터 아주 가는 관 B를 통하여 물과 비중이 같은 물감을 유리관 입구에 주입하여 유동을 관찰하였다.

밸브를 조금 열어 유속 V를 느리게 할 때에는 물감은 1개의 가는 선(線)으로 되어 [그림 5−1(b)]와 같이 충류를 이루었다. 다시 밸브를 조금 더 열어 유속 V를 빠르게 하였더니 물감선은 [그림 5−1(c)]와 같이 불안정한 상태로 되고, 유속 V를 더욱 증가시키면 결국 물과 물감이 혼합되어 [그림 5−1(d)]와 같이 되어 난류를 이루었다. 여기서 [그림 5−1(c)]와 같이 층류와 난류의 경계를 이루는 구역을 **천이구역**(遷移區域)이라고 한다.

이 결과를 종합하여 레이놀즈는 층류와 난류 사이의 천이조건으로서 유속 V, 관의 지름 d 및 유체의 점도 μ가 관계됨을 확인하고, 다음과 같은 식을 세우는 데 성공하였다.

$$R_e = \frac{\rho d V}{\mu} = \frac{d V}{\nu} \quad \cdots\cdots\cdots\cdots\cdots\cdots\cdots\cdots\cdots\cdots\cdots\cdots\cdots\cdots\cdots (5-1)$$

여기서, R_e를 **레이놀즈수**(Reynolds number)라고 하며, 단위가 없는 무차원 수(無次元數)로서 실제유체의 흐름에서 점성력(粘性力)과 관성력(慣性力)의 비를 나타낸다. 또, 위 식에서 ν는 유체의 동점성계수이다.

실험 결과에 의하면 층류와 난류는 다음과 같이 구분된다.

· 층류 : $R_e < 2100$ (2320 또는 2000)
· 천이구역 : $2100 < R_e < 4000$
· 난류 : $R_e > 4000$

층류에서 난류로 바뀌는 레이놀즈수를 **상임계 레이놀즈수**(Reynolds upper critical number)라 하고, 난류에서 층류로 바뀌는 레이놀즈수를 **하임계 레이놀즈수**(Reynolds lower critical number)라고 한다. 원관(圓管)의 경우 상임계 레이놀즈수는 4000, 하임계 레이놀즈수는 2100(학자에 따라서는 2320 또는 2000)을 택한다.

Q 예제 5-1

동점성계수 $\nu = 1.006 \times 10^{-6}\,\text{m}^2/\text{s}$인 물이 지름 5 cm의 원관에 흐르고 있다. 층류로 흐를 수 있는 최대 평균속도는 몇 m/s인가? (단, 임계 레이놀즈수는 2100이다.)

해설 레이놀즈수 $R_e = \dfrac{d V}{\nu}$에서 층류로 흐를 수 있는 상임계 레이놀즈수는 2100이므로

$$V = \frac{R_e \nu}{d} = \frac{2100 \times (1.006 \times 10^{-6})}{0.05} = 0.042\,\text{m/s}$$

정답 0.042 m/s

Q 예제 5-2

비중이 0.9, 점성계수가 0.25 poise인 기름이 지름 50 cm인 원관 속을 흐르고 있다. 유량이 0.2 m³/s일 때 이 흐름의 유동형태는?

해설 레이놀즈수를 구하면 유동형태를 판단할 수 있다. 먼저 점성계수 μ를 구하면

$1\,\mathrm{P} = 0.1\,\mathrm{N \cdot s/m^2}$이므로

$\mu = 0.25\,\mathrm{P} = 0.25 \times 0.1 = 0.025\,\mathrm{N \cdot s/m^2}$

유량 $Q = AV = \dfrac{\pi}{4}d^2 V$에서

$dV = \dfrac{4Q}{\pi d} = \dfrac{4 \times 0.2}{\pi \times 0.5} = 0.51\,\mathrm{m^2/s}$

또, 밀도 $\rho = \dfrac{\gamma}{g} = \dfrac{9800S}{g}$에서

$\rho = \dfrac{9800 \times 0.9}{9.8} = 900\,\mathrm{N \cdot s^2/m^4}$

따라서, 레이놀즈수 R_e는

$R_e = \dfrac{\rho dV}{\mu} = \dfrac{900 \times 0.51}{0.025} = 18360 > 4000$

정답 레이놀즈수가 상임계 레이놀즈수 4000보다 크므로 난류이다.

2. 고정된 평판 사이의 층류유동

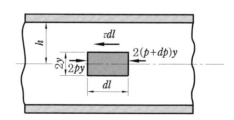

[그림 5-2] 고정된 평판 사이의 층류유동

[그림 5-2]와 같이 간격 $2h$인 고정된 평행평판 사이에 점성유체가 층류상태로 정상유동을 하고 있을 때 길이 dl, 두께 $2y$, 폭 1인 미소체적의 자유물체도(自由物體圖)에 운동량 방정식을 적용시키면 입구와 출구에서의 유속은 $V_1 = V_2$이므로 다음과 같은 식이 성립된다.

$$\sum F = \rho Q(V_2 - V_1) = 0$$

$$p(2y \times 1) - (p + dp)(2y \times 1) - 2\tau(dl \times 1) = 0$$

여기서, $2\tau(dl \times 1)$은 점성에 의해 유동하고 있는 미소체적의 상하면(上下面)에 흐름과 반대방향으로 발생한 전단력의 합이다. 위 식을 전단응력 τ에 대하여 정리하면

$$\tau = -y\frac{dp}{dl} \quad \dotfill (5-2)$$

가 된다. 또, Newton의 점성법칙 $\tau = \mu\dfrac{du}{dy}$에서 [그림 5-2]의 유동은 y가 증가함에 따라 속도가 감소하므로 전단응력 τ를 다시 쓰면 다음과 같다.

$$\tau = -\mu\frac{du}{dy}$$

위 식을 식 (5-2)에 대입하여 적분하면

$$-\mu\frac{du}{dy} = -y\frac{dp}{dl}$$

$$du = \frac{1}{\mu}\frac{dp}{dl}ydy$$

$$\int du = \int \frac{1}{\mu}\frac{dp}{dl}ydy$$

$$\therefore u = \frac{1}{2\mu}\frac{dp}{dl}y^2 + C$$

위 식에서 평판($y = h$)에서 유속 $u = 0$이므로

$$C = -\frac{1}{2\mu}\frac{dp}{dl}h^2$$

가 얻어진다. 따라서, 속도 u를 다시 쓰면

$$u = \frac{1}{2\mu}\frac{dp}{dl}y^2 - \frac{1}{2\mu}\frac{dp}{dl}h^2$$

$$= -\frac{1}{2\mu}\frac{dp}{dl}(h^2 - y^2) \quad \dotfill (5-3)$$

가 된다. 위 식으로부터 속도분포는 [그림 5-3]과 같이 포물선(抛物線)이 되고, 중심($y = 0$)에서 속도는 최대가 됨을 알 수 있다. 따라서, 최대속도 $u_{\max}$은

$$u_{\max} = -\frac{1}{2\mu}\frac{dp}{dl}h^2 \quad \dotfill (5-4)$$

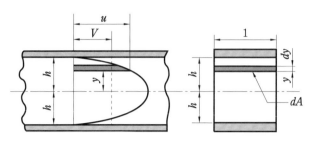

[그림 5-3] 평판 속의 속도분포와 유동단면

다음 미소 유동단면 dA를 지나는 미소유량 dQ는 [그림 5-3]에서

$$dQ = udA = u\,(1 \times dy) = udy$$

따라서, 전체 유동단면$(2h \times 1)$을 지나는 유량 Q를 구하면 다음과 같다.

$$\begin{aligned}
Q &= \int_{-h}^{h} dQ = \int_{-h}^{h} u\,dy \\
&= 2\int_{0}^{h} -\frac{1}{2\mu}\frac{dp}{dl}(h^2 - y^2)\,dy \\
&= -\frac{1}{\mu}\frac{dp}{dl}\left\{ \left[yh^2 \right]_0^h - \left[\frac{y^3}{3} \right]_0^h \right\} \\
&= -\frac{2h^3}{3\mu}\frac{dp}{dl} \quad\dotfill (5-5)
\end{aligned}$$

또, 평균유속 V는

$$V = \frac{Q}{A} = \frac{-\dfrac{2h^3}{3\mu}\dfrac{dp}{dl}}{2h \times 1} = -\frac{1}{3\mu}\frac{dp}{dl}h^2 \quad\dotfill (5-6)$$

이 되고, 이것은 식 (5-4)의 $u_{\max}$의 $\dfrac{2}{3}$가 되므로 평균유속 V를 다시 쓰면

$$V = \frac{2}{3}u_{\max} \quad\dotfill (5-7)$$

길이 l인 평행평판 사이의 압력강하 Δp는 식 (5-5)에서

$$Q = -\frac{2h^3}{3\mu}\frac{\Delta p}{l}$$

이므로

$$\Delta p = \frac{3}{2}\frac{\mu Q l}{h^3} \quad\dotfill (5-8)$$

Q 예제 　**5-3**

두 평행평판 사이를 점성유체가 층류로 흐를 때 최대속도가 $1.2\,\text{m/s}$이면 평균속도는 몇 m/s인가?

해설 평균속도는 최대속도의 $\dfrac{2}{3}$이므로

$$V = \frac{2}{3}u_{\max} = \frac{2}{3} \times 1.2 = 0.8\,\text{m/s}$$

정답 $0.8\,\text{m/s}$

3. 수평원관 속의 층류유동

[그림 5-4]와 같이 지름 $d\,(=2r_0)$인 수평원관 속에 점성유체가 층류상태로 정상유동을 하고 있을 때 길이 dl인 미소유관의 자유물체도에서 운동량 방정식을 적용시키면 입구와 출구에서의 유속은 $V_1 = V_2$이므로 다음과 같다.

$$\sum F = \rho Q(V_2 - V_1) = 0$$
$$p\pi r^2 - (p + dp)\pi r^2 - 2\pi r\,dl\,\tau = 0$$

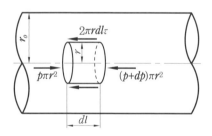

여기서, $2\pi r\,dl\,\tau$는 점성에 의하여 유동하고 있는 미소유관의 표면에 흐름과 반대방향으로 발생한 전단력이고, 위 식을 전단응력 τ에 대하여 정리하면

[그림 5-4] 수평원관 속의 층류유동

$$\tau = -\frac{dp}{dl}\frac{r}{2} \qquad \cdots\cdots\cdots (5-9)$$

가 된다. 또, Newton의 점성법칙 $\tau = \mu\dfrac{du}{dy}$ 에서 [그림 5-4]의 유동은 r이 증가함에 따라 속도가 감소하므로 전단응력 τ를 다시 쓰면 다음과 같다.

$$\tau = -\mu\frac{du}{dr}$$

위 식을 식 (5-9)에 대입하여 적분하면

$$-\mu\frac{du}{dr} = -\frac{dp}{dl}\frac{r}{2}$$

$$du = \frac{1}{\mu} \frac{dp}{dl} \frac{r}{2} dr$$

$$\int du = \int \frac{1}{\mu} \frac{dp}{dl} \frac{r}{2} dr$$

$$\therefore u = \frac{1}{2\mu} \frac{dp}{dl} \frac{r^2}{2} + C$$

위 식에서 벽면$(r = r_0)$에서 유속 $u = 0$이므로

$$C = -\frac{1}{4\mu} \frac{dp}{dl} r_0{}^2$$

가 얻어진다. 따라서, 속도 u를 다시 쓰면

$$u = \frac{1}{2\mu} \frac{dp}{dl} \frac{r^2}{2} - \frac{1}{4\mu} \frac{dp}{dl} r_0{}^2$$

$$= -\frac{1}{4\mu} \frac{dp}{dl} (r_0{}^2 - r^2) \quad \cdots\cdots\cdots (5-10)$$

관 중심 $(r = 0)$에서 유속은 최대가 되므로 최대속도 $u_{\max}$은

$$u_{\max} = -\frac{r_0{}^2}{4\mu} \frac{dp}{dl} \quad \cdots\cdots\cdots (5-11)$$

그러므로 속도분포는

$$\frac{u}{u_{\max}} = 1 - \frac{r^2}{r_0{}^2} \quad \cdots\cdots\cdots (5-12)$$

식 (5-9)의 전단응력은 관 중심에서 0이고 반지름에 비례하면서 관벽(管壁)까지 직선적으로 증가한다. 그리고 식 (5-12)의 속도분포는 관벽에서 0이고 중심까지 포물선적으로 증가한다. 이것은 [그림 5-5]와 같다.

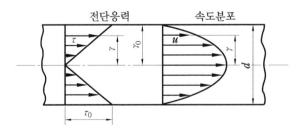

[그림 5-5] 수평원관 속의 전단응력과 속도분포

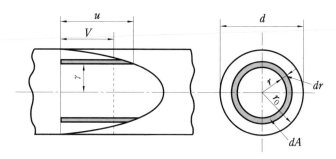

[그림 5-6]　수평원관 속에서 유체의 유동단면

[그림 5-6]에서 음영부분(陰影部分)의 미소 유동단면을 지나는 유량 dQ는

$$dQ = u dA = u\left(2\pi r\, dr\right)$$

이므로, 유동단면 전체에 대한 유량 Q는

$$Q = \int_0^{r_0} dQ = \int_0^{r_0} u dA = \int_0^{r_0} u\left(2\pi r\, dr\right)$$

여기서, 속도 u는 식 (5-12)에서 $u = u_{\max}\left(1 - \dfrac{r^2}{r_0^2}\right)$이 되고, 또 $u_{\max} = -\dfrac{r_0^{\,2}}{4\mu}\dfrac{dp}{dl}$이므로 위 식에 대입하면

$$Q = 2\pi u_{\max} \int_0^{r_0} \left\{ 1 - \left(\frac{r}{r_0}\right)^2 \right\} r\, dr$$

$$= \frac{\pi r_0^{\,2}}{2} u_{\max} = -\frac{\pi r_0^{\,4}}{8\mu}\frac{dp}{dl}$$

가 된다. 따라서, 관의 길이 L에서의 압력강하(壓力降下)를 Δp라고 하면 $-\dfrac{dp}{dl} = \dfrac{\Delta p}{L}$ 이므로 위 식을 다시 쓰면 다음과 같다.

$$Q = \frac{\Delta p\,\pi r_0^{\,4}}{8\mu L} = \frac{\Delta p\,\pi d^4}{128\mu L} \quad\text{······················(5-13)}$$

위 식을 **Hagen-Poiseuille 방정식**이라 하고, 이 식으로부터 평균속도 V를 구하면

$$V = \frac{Q}{A} = \frac{\dfrac{\Delta p\,\pi d^4}{128\mu L}}{\dfrac{\pi d^2}{4}} = \frac{\Delta p\, d^2}{32\mu L} \quad\text{·····················(5-14)}$$

가 되고, 또 압력강하 Δp는

$$\Delta p = \frac{128 \mu L Q}{\pi d^4} \quad \cdots\cdots\cdots\cdots\cdots\cdots\cdots\cdots\cdots\cdots\cdots\cdots\cdots (5-15)$$

가 된다. 그러므로 압력강하에 의한 손실수두 h_L은 다음과 같다.

$$h_L = \frac{\Delta p}{\gamma} = \frac{128 \mu L Q}{\gamma \pi d^4} \quad \cdots\cdots\cdots\cdots\cdots\cdots\cdots\cdots\cdots (5-16)$$

또, 식 $(5-14)$를 식 $(5-11)$로 나누면 최대속도와 평균속도와의 관계는 다음과 같이 됨을 알 수 있다.

$$V = \frac{1}{2} u_{\max} \quad \cdots\cdots\cdots\cdots\cdots\cdots\cdots\cdots\cdots\cdots\cdots\cdots\cdots\cdots (5-17)$$

Q 예제 5-4

동점성계수 $\nu = 0.839 \times 10^{-4} \, \text{m}^2/\text{s}$인 기름이 30 cm 관 속에서 층류로 흐르고 있고, 이 관의 중심에서의 속도는 4.5 m/s이다. 이 때 이 관의 벽면으로부터 중심방향으로 4 cm 인 곳에서의 전단응력 τ를 구하여라. (단, 이 기름의 밀도는 $864 \, \text{N} \cdot \text{s}^2/\text{m}^4$이다.)

해설 수평원관 속의 층류 흐름에서 속도 u의 분포는

$$u = -\frac{1}{4\mu} \frac{dp}{dl} (r_0^2 - r^2)$$

즉, $r = 0$일 때 u는 최대가 된다. 따라서,

$$u_{\max} = -\frac{r_0^2}{4\mu} \frac{dp}{dl} = 4.5 \, \text{m/s}$$

$$\therefore -\frac{dp}{dl} = 4 \times 4.5 \times \frac{\mu}{r_0^2} = \frac{18\mu}{r_0^2}$$

가 된다. 또,

$$r_0 = \frac{d}{2} = \frac{0.3}{2} = 0.15 \, \text{m}$$

$$r = r_0 - 0.04 = 0.15 - 0.04 = 0.11 \, \text{m}$$

$$\mu = \rho\nu = 864 \times (0.839 \times 10^{-4}) = 724.9 \times 10^{-4} \, \text{N} \cdot \text{s/m}^2$$

따라서, 관 중심으로부터 반지름 r에서의 전단응력 τ는

$$\tau = -\frac{dp}{dl} \cdot \frac{r}{2} = \frac{18\mu}{r_0^2} \cdot \frac{r}{2}$$

$$= \frac{18 \times (724.9 \times 10^{-4})}{0.15^2} \times \frac{0.11}{2}$$

$$= 3.19 \, \text{N/m}^2 = 3.19 \, \text{Pa}$$

정답 3.19 Pa

Q 예제 5-5

380 l/min의 유량으로 비중 $S = 0.9$인 기름이 지름 75 mm의 관 속을 흐르고 있다. 관의 길이가 300 m라 하면 압력강하에 의한 손실수두 h_L은 몇 m인가? (단, 점성계수 $\mu = 0.0575$ N · s/m^{2}이다.)

해설 유량 $Q = 380\ l/\text{min} = \dfrac{380 \times 10^{-3}}{60} = 6.33 \times 10^{-3}\ \text{m}^3/\text{s}$

이므로 유속 $V = \dfrac{Q}{A} = \dfrac{6.33 \times 10^{-3}}{\dfrac{3.14}{4} \times 0.075^2} = 1.43\ \text{m/s}$

또 밀도 $\rho = \dfrac{\gamma}{g} = \dfrac{9800S}{g} = \dfrac{9800 \times 0.9}{9.8} = 900\ \text{N} \cdot \text{s}^2/\text{m}^4$

그러므로 레이놀즈수 R_e는

$R_e = \dfrac{\rho d V}{\mu} = \dfrac{900 \times 0.075 \times 1.43}{0.0575} = 1678.7 < 2100$

따라서, 이 흐름은 층류이므로 Hagen − Poiseuille 방정식으로부터 압력강하 Δp를 구하고, 손실수두 h_L을 구하면

$\Delta p = \dfrac{128\mu L Q}{\pi d^4}$

$h_L = \dfrac{\Delta p}{\gamma} = \dfrac{128\mu L Q}{\gamma \pi d^4} = \dfrac{128 \times 0.0575 \times 300 \times (6.33 \times 10^{-3})}{(9800 \times 0.9) \times 3.14 \times 0.075^4} = 15.95\ \text{m}$

정답 15.95 m

Q 예제 5-6

글리세린(glycerin)이 지름 2 cm인 관에 흐르고 있다. 이 때 단위 길이당 압력강하가 200 kPa/m일 때 유량 Q는 몇 m^3/s인가? (단, 글리세린의 점성계수 $\mu = 0.5$ N · s/m^{2}이고, 동점성계수 $\nu = 2.7 \times 10^{-4}$ m^2/s 이다.)

해설 이 흐름을 층류라고 가정하면 Hagen − Poiseuille 방정식에서

$Q = \dfrac{\Delta p \pi d^4}{128 \mu L} = \dfrac{200 \times 10^3 \times 3.14 \times 0.02^4}{128 \times 0.5 \times 1} = 1.57 \times 10^{-3}\ \text{m}^3/\text{s}$

평균속도 $V = \dfrac{Q}{A} = \dfrac{1.57 \times 10^{-3}}{\dfrac{3.14}{4} \times 0.02^2} = 5\ \text{m/s}$

레이놀즈수 $R_e = \dfrac{d V}{\nu} = \dfrac{0.02 \times 5}{2.7 \times 10^{-4}} = 370 < 2100$

따라서, 이 흐름은 층류이므로 Hagen − Poiseuille 방정식을 적용할 수 있다.

정답 1.57×10^{-3} m^3/s

4. 폐수로의 흐름

수도관이나 가스관 등의 폐수로(閉水路) 속의 흐름을 보면 거의 대부분이 난류이다. 난류는 층류에 비하여 그 기구가 매우 복잡하기 때문에 압력손실(점성에 의한 에너지 손실은 압력의 강하로 나타난다.) 이나 속도분포의 값은 거의 실험적으로 구한다. 이들 실험계수는 레이놀즈수에 의하여 체계화되기 때문에 이것을 바탕으로 하여 관로의 유체마찰에 대한 해석을 할 수 있다.

4-1 ● 수평원관 속의 마찰손실

관 속에서의 비압축성 흐름에 대한 베르누이 방정식은 제3장의 식 (3-18)로부터

$$\frac{p_1}{\gamma} + \alpha_1 \frac{V_1^2}{2g} + z_1 = \frac{p_2}{\gamma} + \alpha_2 \frac{V_2^2}{2g} + z_2 + h_L$$

가 된다. 여기서, 운동 에너지 수정계수 α_1, α_2는 1보다 약간 큰 값이고, 공학에서는 이 영향을 고려할 만큼의 정밀도를 요구하지 않으므로 통상 무시된다. 따라서, 손실수두 h_L은

$$h_L = \left(\frac{p_1 - p_2}{\gamma}\right) + \left(\frac{V_1^2 - V_2^2}{2g}\right) + (z_1 - z_2)$$

가 된다. 여기서, 관로의 단면적이 일정하면 제2항은 0이 되고, 다시 관로를 수평으로 놓으면 제3항도 0이 된다. 따라서, 위식을 다시 쓰면

$$h_L = \frac{p_1 - p_2}{\gamma} = \frac{\Delta p}{\gamma} \quad\cdots\cdots\cdots\cdots\cdots\cdots\cdots\cdots\cdots\cdots\cdots\cdots (5-18)$$

가 된다. 즉, 단면적이 일정한 수평관로에서는 흐름에 따른 마찰손실(손실수두) 은 압력 에너지의 감소로 나타난다. 그러므로 이 때 유체는 압력이 큰 쪽에서 작은 쪽으로 흐른다.

관 속의 난류는 그 운동의 기구가 복잡하므로, 층류처럼 이론적으로 분석하기는 곤란하다. 실험에 의하면 길고 곧은 수평원관 속의 물의 유동에서 손실수두 h_L은 근사적으로 속도수두 $\frac{V^2}{2g}$ 과 관 길이 L에 직선적으로 비례하고, 지름 d에 반비례하여 변화한다는 것을 알 수 있다. Darcy, Weisbach 등은 여기에 마찰계수(摩擦係數 ; friction factor)라고 칭하는 무차원량(無次元量)의 f를 사용하여 다음과 같은 형식의 방정식을 제안하였다.

$$h_L = f \, \frac{L}{d} \, \frac{V^2}{2g}$$ ·· (5-19)

위 식을 **Darcy − Weisbach 방정식**이라고 한다.

관 마찰계수 f는 관 내면의 거칠기(roughness)와 속도 및 관 지름의 크기에 영향을 받으며, 유체흐름의 점성계수에 의존한다. 다음은 유체의 유동형태에 따른 관 마찰계수 f를 레이놀즈수 R_e와 **상대조도**(相對粗度) $\frac{e}{d}$ (e : 관벽의 조도)로 나타낸 것이다.

(1) 층류구역 $(R_e < 2100)$

원관 속의 흐름이 층류일 때에는 식 (5−18)에 Hagen−Poiseuille 방정식의 압력강하식과 Darcy−Weisbach의 손실수두식을 대입하여 다음과 같이 관 마찰계수를 구할 수 있다.

$$h_L = \frac{\Delta p}{\gamma}$$

$$f \, \frac{L}{d} \, \frac{V^2}{2g} = \frac{128 \mu L Q}{\gamma \pi d^4} = \frac{128 \mu L \left(\dfrac{\pi d^2}{4} V \right)}{(\rho g) \pi d^4} = \frac{32 \mu L V}{\rho g d^2}$$

$$\therefore f = \frac{64 \mu}{\rho d V} = \frac{64}{R_e}$$ ·· (5-20)

즉, $R_e < 2100$인 층류흐름에서 관 마찰계수 f는 상대조도에 관계없이 레이놀즈수만의 함수이다.

(2) 천이구역 $(2100 < R_e < 4000)$

관 마찰계수 f는 레이놀즈수 R_e와 상대조도(相對粗度) $\frac{e}{d}$의 함수이다.

(3) 난류구역 $(R_e > 4000)$

관 마찰계수 f가 상대조도와 무관하고 레이놀즈수 R_e에 의해서만 좌우되는 영역(즉, 매끈한 관)에 대하여 Blasius는 다음과 같은 실험식을 제시하였다.

$$f = 0.3164 \, R_e^{-\frac{1}{4}}$$ ··· (5-21)

관 마찰계수 f가 레이놀즈수 R_e와 무관하고 상대조도 $\frac{e}{d}$에 의해서만 좌우되는 영역 (즉, 거칠은 관)에 대하여 Nikuradse는 다음과 같은 실험식을 제시하였다.

$$\frac{1}{\sqrt{f}} = 1.14 - 0.86 \ln\left(\frac{e}{d}\right) \quad\text{..} (5-22)$$

관 마찰계수 f가 레이놀즈수 R_e와 상대조도 $\dfrac{e}{d}$에 의해서 좌우되는 중간영역(中間領域)에 대하여 Colebrook는 다음과 같은 실험식을 제시하였다.

$$\frac{1}{\sqrt{f}} = -0.86 \ln\left(\frac{e/d}{3.71} + \frac{2.51}{R_e\sqrt{f}}\right) \quad\text{......................} (5-23)$$

무디(Moody)는 위 식들을 기초로 하여 실제문제에서 관 마찰계수 f를 손쉽게 구할 수 있도록 [그림 5-7]과 같은 **무디선도**(Moody diagram)를 작성하였다.

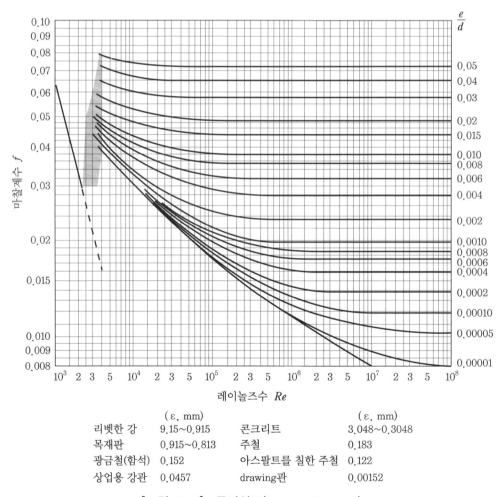

[그림 5-7] 무디선도(Moody diagram)

4-2 ◦ 비원형 단면관 속의 마찰손실

단면이 원형이 아닌 관로 속의 유체유동이 원관 속의 흐름과 유사할 때 손실수두 h_L 은 수평원관에 사용하였던 Darcy-Weisbach 방정식에 **수력 반지름**(hydraulic radius) R_h의 개념을 도입하여 구한다. 즉,

$$h_L = f \frac{L}{4R_h} \frac{V^2}{2g} \quad \text{....................................} (5-24)$$

여기서, 유체의 유동 단면적을 A, 접수(接水) 길이(wetted perimeter)를 P라고 할 때 수력 반지름 R_h는 다음과 같이 정의한다.

$$R_h = \frac{A}{P} \quad \text{..} (5-25)$$

지름 d인 원관의 경우 수력 반지름 R_h는

$$R_h = \frac{A}{P} = \frac{\dfrac{\pi d^2}{4}}{\pi d} = \frac{d}{4}$$

$$\therefore d = 4R_h$$

가 되고, 유동단면이 $a \times b$인 사각형 단면의 경우 수력 반지름 R_h는

$$R_h = \frac{A}{P} = \frac{ab}{2(a+b)}$$

가 된다.

비원형 단면관 속의 유체흐름에서 레이놀즈수와 상대조도를 수력 반지름으로 나타내면 다음과 같다.

$$R_e = \frac{V(4R_h)}{\nu}, \quad \frac{e}{d} = \frac{e}{4R_h} \quad \text{......................} (5-26)$$

4-3 ◦ 관로의 부차적 손실

관 속에 유체가 흐를 때에는 관벽(管壁)에서의 마찰손실 이외에 관로단면적의 크기, 형상 또는 방향이 변화하는 곳이나, 관로에 부착된 밸브(valve), 콕(cock), 유니언

(union) 등의 부속품을 지날 때에도 부가적(附加的)인 저항손실이 생기는데 이러한 저항손실을 관로의 **부차적 손실**(minor loss)이라고 한다. 관로가 길고 단면의 변화가 없는 곧은 관로에서의 부차적 손실은 앞에서의 마찰손실에 비해 적으므로 무시할 수 있으나, 짧은 관로에서는 부차적 손실이 마찰손실보다 더 중요하다.

관로의 부차적 손실은 일반적으로 속도의 변화(크기나 방향) 때문에 생기는데 이 값을 손실수두 h_L로 나타내면 다음 식과 같다.

$$h_L = \zeta \frac{V^2}{2g} \quad\text{(5-27)}$$

여기서, V는 손실수두가 생기지 않는 곳의 단면에 있어서의 평균유속이고, 손실이 생기는 곳의 전후(前後)에서 평균유속이 변화할 때에는 큰 쪽의 것을 잡는다. 또, ζ는 손실계수(損失係數)로서 실험적으로 구한다.

(1) 돌연 확대관에서의 부차적 손실

[그림 5-8]과 같은 돌연 확대관(突然擴大管)에서의 손실수두 h_L은 단면 1과 2에 운동량 방정식과 베르누이 방정식을 각각 적용하여 구할 수 있다.

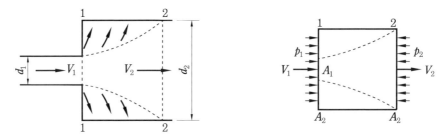

[그림 5-8] 돌연 확대관에서의 부차적 손실

단면 1과 2에서의 관로단면적은 A_2로 서로 같고, 유동단면적은 A_1, A_2로 서로 다름에 유의하여야 한다. 따라서, 운동량 방정식을 적용하면 다음과 같다.

$$p_1 A_2 - p_2 A_2 = \frac{\gamma}{g} Q(V_2 - V_1)$$

위 식에서 $Q = A_2 V_2$를 대입하고 양변을 γA_2로 나누면

$$\frac{p_1 - p_2}{\gamma} = \frac{V_2(V_2 - V_1)}{g} \quad\text{(A)}$$

가 된다.

다음 베르누이 방정식을 적용하면

$$\frac{p_1}{\gamma} + \frac{V_1{}^2}{2g} = \frac{p_2}{\gamma} + \frac{V_2{}^2}{2g} + h_L$$

$$\frac{p_1 - p_2}{\gamma} = \frac{V_2{}^2 - V_1{}^2}{2g} + h_L \quad\text{················(B)}$$

가 된다. 따라서, 식 (A)와 (B)에서 $\dfrac{p_1 - p_2}{\gamma}$를 소거하면

$$\frac{V_2(V_2 - V_1)}{g} = \frac{V_2{}^2 - V_1{}^2}{2g} + h_L$$

$$\therefore h_L = \frac{V_2(V_2 - V_1)}{g} - \frac{V_2{}^2 - V_1{}^2}{2g} = \frac{(V_1 - V_2)^2}{2g} \quad\text{··············(5-28)}$$

단면 1에서의 유동단면적은 A_1이므로 연속 방정식($Q = A_1 V_1 = A_2 V_2$)에 의해 $V_2 = \dfrac{A_1}{A_2} V_1$이므로 이 값을 식 (5-28)에 대입하면 손실수두 h_L은 다음과 같이 나타낼 수 있다.

$$h_L = \frac{\left(V_1 - \dfrac{A_1}{A_2} V_1\right)^2}{2g} = \frac{\left\{1 - \left(\dfrac{A_1}{A_2}\right)\right\}^2 V_1{}^2}{2g}$$

$$= \left\{1 - \left(\frac{d_1}{d_2}\right)^2\right\}^2 \frac{V_1{}^2}{2g} \quad\text{··············(5-29)}$$

식 (5-27)과 (5-29)를 비교하여 보면 손실계수 ζ는

$$\zeta = \left\{1 - \left(\frac{d_1}{d_2}\right)^2\right\}^2 \quad\text{···············(5-30)}$$

[그림 5-9] 와 같이 $d_2 \gg d_1$이면 식 (5-30)에서 손실계수 $\zeta = 1$이 되어 손실수두 h_L은

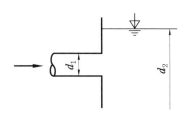

[그림 5-9] 관 출구에서의 부차적 손실

$$h_L = \frac{V_1{}^2}{2g} \quad\text{··············(5-31)}$$

(2) 돌연 축소관에서의 부차적 손실

[그림 5-10]과 같은 돌연 축소관(突然縮小管)에서의 유체흐름은 유동단면적 A_1에서 일단 A_c로 수축(收縮)하는데, 이 때 압력수두의 일부는 속도수두로 변하며 축소부의 속도는 V_0가 된다. 이 사이의 에너지 변환은 거의 안정하여 그 손실은 아주 작다. 이어서 유체흐름은 유동단면적 A_c에서 A_2로 확대되고 이 과정에서 속도수두는 압력수두로 바뀐다. 이 때 에너지 변환은 불안정하며 그 손실은 A_1에서 A_c에 이르는 그것보다 훨씬 크다. 따라서, 돌연 축소관에서의 손실수두 h_L은 단면 0과 2에 운동량 방정식과 베르누이 방정식을 각각 적용하여 구한다.

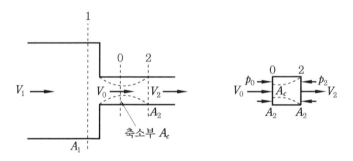

[그림 5-10] 돌연 축소관에서의 부차적 손실

단면 0과 2에서의 관로단면적은 A_2로 서로 같고, 유동단면적은 A_c와 A_2로 서로 다름에 유의하여야 한다. 따라서, 운동량 방정식을 적용하면 다음과 같다.

$$p_0 A_2 - p_2 A_2 = \frac{\gamma}{g} Q(V_2 - V_0)$$

위식에서 $Q = A_2 V_2$를 대입하고 양변을 γA_2로 나누면

$$\frac{p_0 - p_2}{\gamma} = \frac{V_2(V_2 - V_0)}{g} \quad \text{..(A)}$$

가 된다. 다음 베르누이 방정식을 적용하면

$$\frac{p_0}{\gamma} + \frac{V_0^2}{2g} = \frac{p_2}{\gamma} + \frac{V_2^2}{2g} + h_L$$

$$\frac{p_0 - p_2}{\gamma} = \frac{V_2^2 - V_0^2}{2g} + h_L \quad \text{..(B)}$$

가 된다. 따라서, 식 (A)와 (B)에서 $\dfrac{p_0 - p_2}{\gamma}$를 소거하면

$$\frac{V_2(V_2 - V_0)}{g} = \frac{V_2{}^2 - V_0{}^2}{2g} + h_L$$

$$\therefore h_L = \frac{V_2(V_2 - V_0)}{g} - \frac{V_2{}^2 - V_0{}^2}{2g} = \frac{(V_0 - V_2)^2}{2g} \quad \cdots\cdots (5\text{-}32)$$

단면 0에서의 유동단면적은 A_c이므로 연속 방정식$(Q = A_c V_0 = A_2 V_2)$에서

$$V_0 = \frac{A_2}{A_c} V_2 = \frac{1}{C_c} V_2 \quad \cdots\cdots\cdots\cdots (5\text{-}33)$$

여기서, $C_c = \dfrac{A_c}{A_2}$를 **축소계수**(縮小係數 ; contraction coefficient)라고 한다. 식 (5 -33)을 식 (5-32)에 대입하여 정리하면 손실수두 h_L은 다음과 같다.

$$h_L = \left(\frac{1}{C_c} - 1\right)^2 \frac{V_2{}^2}{2g} \quad \cdots\cdots\cdots (5\text{-}34)$$

따라서, 식 (5-27)과 (5-34)를 비교하여 보면 손실계수 ζ는

$$\zeta = \left(\frac{1}{C_c} - 1\right)^2 \quad \cdots\cdots\cdots\cdots (5\text{-}35)$$

물에 대한 축소계수 C_c는 Weisbach에 의하면 [표 5-1]과 같다.

[표 5-1] 물에 대한 축소계수

$\dfrac{A_2}{A_1}$	0.1	0.2	0.3	0.4	0.5	0.6	0.7	0.8	0.9	1.0
C_c	0.624	0.632	0.643	0.659	0.681	0.712	0.755	0.813	0.892	1.00

(3) 점차 확대관에서의 부차적 손실

[그림 5-11]과 같은 점차 확대관(漸次擴大管)에서의 부차적 손실은 Gibson에 의하여 연구되었다. 그 결과식은 다음과 같다.

$$h_L = \zeta \frac{(V_1 - V_2)^2}{2g} \quad \cdots\cdots\cdots\cdots (5\text{-}36)$$

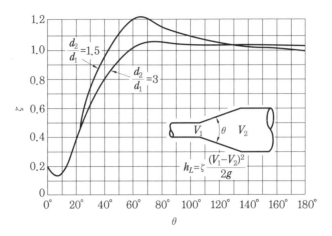

[그림 5-11] 점차 확대관에서의 손실계수

위의 그림에서 보듯이 손실계수 ζ는 확대각(擴大角) $\theta = 6 \sim 7°$에서 최소가 되고, $\theta = 65°$ 근방에서 최대가 된다.

(4) 관의 상당길이

원형 단면을 갖는 관로의 부차적 손실은 같은 손실수두를 갖는 관의 상당(相當) 길이로 나타낼 수 있다. 즉, 관로의 부차적 손실을 나타내는 식 (5-27)과 수평원관에서의 손실을 나타내는 식 (5-19)의 Darcy-Weisbach 방정식으로부터

$$\zeta \frac{V^2}{2g} = f \frac{L_e}{d} \frac{V^2}{2g}$$

여기서, L_e를 **관의 상당길이**(equivalent length of pipe)라 하고 위 식으로부터

$$L_e = \frac{\zeta d}{f} \quad\quad\quad\quad\quad\quad\quad\quad\quad\quad\quad\quad\quad\quad\quad\quad (5-37)$$

가 된다.

Q 예제 5-7

안지름 15 cm, 길이 1000 m인 수평원관 속을 물이 50 l/s의 비율로 흐르고 있을 때 관 마찰계수 $f = 0.02$라면 마찰 손실수두는 몇 m인가?

해설 먼저 관 속의 평균유속을 구하면 $V = \dfrac{Q}{A} = \dfrac{50 \times 10^{-3}}{\dfrac{3.14 \times 0.15^2}{4}} = 2.83\,\mathrm{m/s}$

따라서, 손실수두 $h_L = f\dfrac{L}{d}\dfrac{V^2}{2g} = 0.02 \times \dfrac{1000}{0.15} \times \dfrac{2.83^2}{2 \times 9.8} = 54.48\,\mathrm{m}$

정답 54.48 m

Q 예제 5-8

지름 5 cm인 매끈한 원관에 동점성계수가 1.57×10^{-5} m^2/s인 공기가 0.5 m/s의 속도로 흐른다. 관의 길이 100 m에 대한 손실수두는 몇 m인가?

해설 먼저 레이놀즈수를 구하면

$$R_e = \frac{Vd}{\nu} = \frac{0.5 \times 0.05}{1.57 \times 10^{-5}} = 1592 < 2100$$

층류흐름이므로 관 마찰계수 f는

$$f = \frac{64}{R_e} = \frac{64}{1592} = 0.0402$$

따라서, 손실수두 h_L은

$$h_L = f \frac{L}{d} \frac{V^2}{2g}$$

$$= 0.0402 \times \frac{100}{0.05} \times \frac{0.5^2}{2 \times 9.8} = 1.03 \text{ m}$$

정답 1.03 m

Q 예제 5-9

유동단면 5 cm × 5 cm인 매끈한 관 속에 동점성계수가 10^{-5} m^2/s인 어떤 액체가 가득 차 흐른다. 이 액체의 평균속도가 0.2 m/s라면 10000 m당 손실수두는 얼마인가?

해설 관로가 비원형 단면이므로 레이놀즈수

$$R_e = \frac{V(4R_h)}{\nu}$$ 이므로 수력 반지름 R_h를 구하면

$$R_h = \frac{A(\text{유동 단면적})}{P(\text{접수길이})} = \frac{5 \times 5}{4 \times 5} = 1.25 \text{ cm}$$

$$\therefore R_e = \frac{V(4R_h)}{\nu} = \frac{0.2 \times 4 \times 0.0125}{10^{-5}} = 1000 < 2100$$

층류흐름이므로 관 마찰계수 f는

$$f = \frac{64}{R_e} = \frac{64}{1000} = 0.064$$

따라서, 손실수두 h_L은

$$h_L = f \frac{L}{4R_h} \frac{V^2}{2g}$$

$$= 0.064 \times \frac{10000}{4 \times 0.0125} \times \frac{0.2^2}{2 \times 9.8} = 26.12 \text{ m}$$

정답 26.12 m

Q 예제 5-10

지름 10 cm인 매끈한 원관에 동점성계수가 $10^{-6}\,\mathrm{m^2/s}$인 물이 $0.002\,\mathrm{m^3/s}$의 유량으로 흐르고 있을 때 길이 10000 m당 손실수두는 몇 m인가?

해설 먼저 관 속의 평균유속 V를 구하면

$$V = \frac{Q}{A} = \frac{0.002}{\dfrac{3.14 \times 0.1^2}{4}} = 0.25\,\mathrm{m/s}$$

레이놀즈수 R_e는

$$R_e = \frac{Vd}{\nu} = \frac{0.25 \times 0.1}{10^{-6}} = 25000 > 2100$$

난류흐름이므로 Blasius 실험식을 사용하면 관 마찰계수 f는

$$f = 0.3164 R_e^{-\frac{1}{4}} = 0.3164 \times 25000^{-\frac{1}{4}} = 0.025$$

따라서, 손실수두 h_L은

$$h_L = f\,\frac{L}{d}\,\frac{V^2}{2g} = 0.025 \times \frac{10000}{0.1} \times \frac{0.25^2}{2 \times 9.8} = 7.97\,\mathrm{m}$$

정답 7.97 m

Q 예제 5-11

안지름이 450 mm인 원관이 안지름이 300 mm인 원관에 직접 연결되어 있다. 이러한 큰 관에서 작은 관으로 물이 매초 230 l의 율로 흐르고 있다면 축소부분에서의 손실수두는 얼마인가? 또 손실동력은 몇 W인가? (단, 돌연축소에 의한 손실계수는 0.273이다.)

해설 안지름 300 mm인 원관에서의 속도 V_2는

$$V_2 = \frac{Q}{A_2} = \frac{230 \times 10^{-3}}{\dfrac{3.14 \times 0.3^2}{4}} = 3.25\,\mathrm{m/s}$$

돌연 축소관에서의 손실수두 h_L은

$$h_L = \left(\frac{1}{C_c} - 1\right)^2 \frac{V_2^{\,2}}{2g}$$

$$= \zeta\,\frac{V_2^{\,2}}{2g} = 0.273 \times \frac{3.25^2}{2 \times 9.8} = 0.15\,\mathrm{m}$$

따라서, 손실동력 P는

$$P = \gamma Q h_L = 9800 \times 230 \times 10^{-3} \times 0.15 = 338.1\,\mathrm{W}$$

정답 $h_L = 0.15\,\mathrm{m}$, $P = 338.1\,\mathrm{W}$

Q 예제　5-12

그림과 같은 돌연 확대관에 물이 $0.2\,\mathrm{m^3/s}$의 유량으로 흐르고 있다. 작은 관에서의 압력 p_1이 $100\,\mathrm{kPa}$라 하면 지름 $300\,\mathrm{mm}$인 관에서의 압력 p_2는 몇 kPa인지 구하여라. (단, 관 마찰은 무시한다.)

해설 유속 V_1과 V_2를 구하면

$$V_1 = \frac{Q}{A_1} = \frac{0.2}{\dfrac{3.14 \times 0.15^2}{4}} = 11.32\,\mathrm{m/s}$$

$$V_2 = \frac{Q}{A_2} = \frac{0.2}{\dfrac{3.14 \times 0.3^2}{4}} = 2.83\,\mathrm{m/s}$$

돌연 확대관에서의 손실수두 $h_L = \dfrac{(V_1 - V_2)^2}{2g} = \dfrac{(11.32 - 2.83)^2}{2 \times 9.8} = 3.68\,\mathrm{m}$

단면 1과 2에 베르누이 방정식을 적용하면

$$\frac{p_1}{\gamma} + \frac{V_1^{\,2}}{2g} = \frac{p_2}{\gamma} + \frac{V_2^{\,2}}{2g} + h_L$$

$$\therefore\ p_2 = \gamma\left(\frac{p_1}{\gamma} + \frac{V_1^{\,2} - V_2^{\,2}}{2g} - h_L\right) = 9800 \times \left(\frac{100 \times 10^3}{9800} + \frac{11.32^2 - 2.83^2}{2 \times 9.8} - 3.68\right)$$

$$= 124000\,\mathrm{N/m^2} = 124\,\mathrm{kPa}$$

정답 124 kPa

Q 예제　5-13

globe valve에 의한 손실을 지름이 $10\,\mathrm{cm}$이고 관 마찰계수가 0.025인 관의 길이로 환산한다면 관의 상당길이는 몇 m인가? (단, globe valve의 손실계수는 10이다.)

해설 관의 상당길이 $L_e = \dfrac{\zeta d}{f} = \dfrac{10 \times 0.1}{0.025} = 40\,\mathrm{m}$

정답 40 m

5. 개수로의 흐름

개수로(開水路 ; open channel) 흐름이란 액체의 흐름이 고체경계면에 의하여 완전히 닫혀지지 않고 대기압이 작용하는 자유표면(自由表面 ; free surface)을 가진 수로(水路)

에서의 흐름을 말한다. 강, 개울, 하수도, 하천, 인공수로, 액체가 꽉 차지 않은 관 등이 개수로 흐름의 예이고, 그 특징은 액체가 중력의 작용에 의해서만 흐른다는 점이다.

개수로 내의 흐름은 수로 바닥의 구배(勾配)와 액체표면에 따라 다르며, 이의 역학적 고찰은 자유표면이 있는 까닭으로 유동단면적이 자유로 변화하여, 폐수로(閉水路)의 경우에 비하여 더욱 복잡하다. 자유표면에서의 압력은 대기압으로 일정하므로 개수로의 수력구배선(H.G.L.)은 액체의 자유표면과 언제나 일치하게 된다. 따라서, 에너지선 (E.L.)은 유체의 자유표면에서 속도수두$\left(\dfrac{V^2}{2g}\right)$만큼 위에 있다.

5-1 ● 개수로의 흐름 상태

개수로의 흐름은 층류와 난류, 정상류와 비정상류, 등속류와 비등속류로 분류된다.

(1) 층류와 난류

① 층류 : $R_e < 500$

② 천이구역 : $500 < R_e < 2000$

③ 난류 : $R_e > 2000$

레이놀즈수는 $R_e = \dfrac{V(R_h)}{\nu}$로 정의된다. 여기서, R_h는 수력 반지름이고, 대부분의 개수로 흐름에서는 수력 반지름이 크므로 흐름은 난류이다.

(2) 정상류와 비정상류

① 정상류 : 액체의 흐름과 관계되는 여러 특성들이 시간이 경과하여도 변하지 않는 흐름으로

$$\frac{\partial u}{\partial t} = 0, \quad \frac{\partial p}{\partial t} = 0, \quad \frac{\partial \rho}{\partial t} = 0, \quad \frac{\partial T}{\partial t} = 0$$

여기서, u는 속도, p는 압력, ρ는 밀도, T는 온도이다.

② 비정상류 : 액체의 흐름과 관계되는 여러 특성들이 시간의 경과에 따라 변화하는 흐름으로

$$\frac{\partial u}{\partial t} \neq 0, \quad \frac{\partial p}{\partial t} \neq 0, \quad \frac{\partial \rho}{\partial t} \neq 0, \quad \frac{\partial T}{\partial t} \neq 0$$

(3) 등속류와 비등속류

[그림 5-12]는 개수로에서의 등속류(等速流)와 비등속류(非等速流)를 나타낸 것이다.

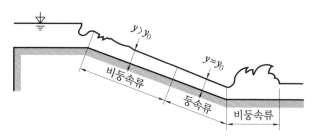

[그림 5-12] 등속류와 비등속류

① 등속류 : 유동단면과 깊이가 일정하게 유지되어, 유속이 일정한 흐름을 말한다.
② 비등속류 : 유동단면과 깊이가 변화함에 따라 유속이 변화하는 흐름을 말한다.

5-2 • 효율적인 수로단면

개수로 흐름에서의 유속은 경사도(傾斜度), 조도(粗度)가 같을 때 수력 반지름이 클수록 증가한다. 그러므로 유동단면적이 일정할 때에는 수력 반지름이 클수록 유량이 증가한다. 즉, 최대 유량을 얻기 위해서는 수력 반지름을 최대(접수길이는 최소)로 하여야 한다. 이렇게 하여 얻어진 단면을 **최량 수력단면**(最量水力斷面) 또는 **최대 효율단면**(最大效率斷面)이라고 한다.

사각형 단면과 사다리꼴 단면에서의 최량 수력단면을 구하면 다음과 같다.

(1) 사각형 단면

[그림 5-13]과 같은 사각형 단면에서 최량 수력단면이 되기 위한 접수길이 P는

$$P = 4y \quad \cdots\cdots\cdots\cdots\cdots\cdots\cdots (5-38)$$

가 될 때이다. 따라서, 접수길이 $P = b + 2y$ 로부터

$$b = 2y \quad \cdots\cdots\cdots\cdots\cdots\cdots\cdots (5-39)$$

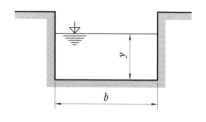

[그림 5-13] 사각형 단면의 개수로

즉, 사각형 단면의 최량 수력단면은 깊이 y가 밑변 b의 $\dfrac{1}{2}$이 될 때이다.

(2) 사다리꼴 단면

[그림 5-14]와 같은 사다리꼴 단면에서 m 이 일정인 경우, 최량 수력단면이 되기 위한 접수길이 P와 유동단면적 A는 다음과 같다.

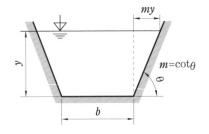

$$P = 4y\sqrt{1+m^2} - 2my \\ A = y^2 \left\{ 2(1+m^2)^{\frac{1}{2}} - m \right\} \Biggr\} \cdots\cdots (5-40)$$

[그림 5-14] 사다리꼴 단면의 개수로

따라서, 수력 반지름 R_h는

$$R_h = \frac{1}{2}y \cdots\cdots (5-41)$$

즉, 주어진 m(또는 θ)에 대하여 최량 수력단면은 수력 반지름이 깊이의 반이 될 때이다.

또, 깊이 y가 일정한 경우 최량 수력단면이 되기 위한 m은 다음과 같다.

$$m = \cot\theta = \frac{1}{\sqrt{3}}$$

$$\therefore \theta = 60° \cdots\cdots (5-42)$$

이 값을 식 (5-40)에 대입하면 $P = 2\sqrt{3}\,y \left(y = \dfrac{P}{2\sqrt{3}} \right)$가 되고, 사다리꼴 단면에서의 유동단면적 $A = by + my^2$이므로 수력 반지름 R_h는

$$R_h = \frac{A}{P} = \frac{by + my^2}{P} = \frac{1}{2}y$$

위식으로부터 b에 대하여 정리하면

$$b = \frac{P}{3} \cdots\cdots (5-43)$$

가 된다. 따라서, 사다리꼴 단면의 개수로 흐름에서 최량 수력단면을 갖기 위한 단면의 형상은 경사면의 길이와 밑변의 길이가 같고, 경사면 각도가 60°인 정육각형의 반쪽이 될 때이다.

5-3 • 수력도약

[그림 5-15]와 같이 개수로에서 액체의 유동이 **빠른** 흐름에서 **느린** 흐름으로 변할 때 액면이 갑자기 상승하는데 이것은 운동 에너지가 위치 에너지로 변하기 때문이다. 이러한 현상을 **수력도약**(水力跳躍; hydraulic jump)이라 하고, 정상 비등속류의 한 예로 볼 수 있다.

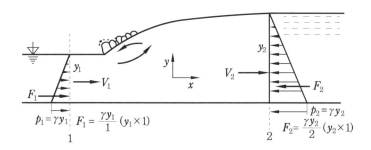

[그림 5-15] 수력도약

[그림 5-15]에서 편의상 개수로의 폭을 1로 하고 단면 1과 2에 연속 방정식, 운동량 방정식, 베르누이 방정식을 각각 적용하면 수력도약 후의 깊이 y_2와 수력도약에 의한 손실수두 h_L을 구할 수 있다.

① 연속 방정식 : 단면 1과 2의 유동단면적 A_1과 A_2는 각각 $A_1 = 1 \times y_1$, $A_2 = 1 \times y_2$ 이므로 단위 폭당 유량을 q라 하면

$$q = y_1 V_1 = y_2 V_2$$

② 운동량 방정식 : 바닥면에서의 압력을 각각 p_1, p_2라 하면 $p_1 = \gamma y_1$, $p_2 = \gamma y_2$이므로

$$\sum F = \frac{1}{2} p_1 A_1 - \frac{1}{2} p_2 A_2 = \frac{\gamma}{g} q (V_2 - V_1)$$

$$\therefore \frac{\gamma {y_1}^2}{2} - \frac{\gamma {y_2}^2}{2} = \frac{\gamma}{g} q V_2 - \frac{\gamma}{g} q V_1$$

연속 방정식에서 $V_1 = \dfrac{q}{y_1}$, $V_2 = \dfrac{q}{y_2}$이므로 위식에 대입하고 γ를 소거하면

$$\frac{{y_1}^2}{2} - \frac{{y_2}^2}{2} = \frac{q^2}{g y_2} - \frac{q^2}{g y_1}$$

$$\frac{1}{2}(y_1 - y_2)(y_1 + y_2) = \frac{q^2}{g} \frac{(y_1 - y_2)}{y_1 y_2}$$

여기서, 수력도약이 발생하는 경우에는 $y_1 \neq y_2$이므로 위식의 양변을 $(y_1 - y_2)$로

나누고 y_2에 대하여 정리하면

$$y_2{}^2 + y_1 y_2 - \frac{2q^2}{g y_1} = 0$$

가 되고, 이 방정식의 해(解)를 근의 공식을 이용하여 풀면

$$y_2 = \frac{y_1}{2}\left(-1 \pm \sqrt{1 + \frac{8q^2}{g\, y_1{}^3}}\right)$$

그런데 y_2는 양(+)의 값을 가져야 하므로

$$y_2 = \frac{y_1}{2}\left(-1 + \sqrt{1 + \frac{8q^2}{g\, y_1{}^3}}\right)$$

$$= \frac{y_1}{2}\left(-1 + \sqrt{1 + \frac{8V_1{}^2}{g\, y_1}}\right) \cdots\cdots\cdots\cdots\cdots\cdots (5\text{-}44)$$

위 식으로부터 다음과 같은 관계가 있음을 알 수 있다.

$$\frac{V_1{}^2}{g\, y_1} = 1 \text{이면} \quad y_1 = y_2$$

$$\frac{V_1{}^2}{g\, y_1} > 1 \text{이면} \quad y_2 > y_1$$

$$\frac{V_1{}^2}{g\, y_1} < 1 \text{이면} \quad y_2 < y_1$$

따라서, $\dfrac{V_1{}^2}{g\, y_1} > 1$이면 수력도약이 일어난다.

③ 베르누이 방정식

$$\frac{p_1}{\gamma} + \frac{V_1{}^2}{2g} = \frac{p_2}{\gamma} + \frac{V_2{}^2}{2g} + h_L$$

$$y_1 + \frac{V_1{}^2}{2g} = y_2 + \frac{V_2{}^2}{2g} + h_L$$

따라서 수력도약에 의한 손실수두 h_L을 구하면 연속 방정식으로부터 $V_2 = \dfrac{y_1}{y_2} V_1$이므로

$$h_L = (y_1 - y_2) + \frac{1}{2g}\left(V_1{}^2 - V_2{}^2\right)$$

$$= (y_1 - y_2) + \frac{V_1^2}{2g}\left(1 - \frac{y_1^2}{y_2^2}\right)$$

그런데 식 (5-44)에서 $V_1^2 = \dfrac{g\,y_2\,(y_1 + y_2)}{2y_1}$ 이므로 위 식을 다시 쓰면

$$h_L = \frac{(y_2 - y_1)^3}{4y_1 y_2}\ \cdots\cdots\cdots\cdots\cdots\cdots\cdots\cdots\cdots\cdots\cdots\cdots\cdots\cdots\cdots\cdots\cdots\cdots\cdots (5-45)$$

가 된다.

Q 예제 **5-14**

[그림 5-15]에서 $y_1 = 3$ m, $V_1 = 0.3$ m/s일 때 수력도약은 일어나는가?

해설 식 (5-44)에서 $\dfrac{V_1^2}{g\,y_1}$ 을 구하면

$$\frac{V_1^2}{g\,y_1} = \frac{0.3^2}{9.8 \times 3} = 3.06 \times 10^{-3} < 1$$

정답 수력도약은 일어나지 않는다.

Q 예제 **5-15**

폭 15 m의 수문을 지나는 개수로의 흐름에서 수력도약이 일어났다. 수력도약이 일어나기 전의 깊이가 1.5 m이고, 속도는 18 m/s이었다. 수력도약의 깊이와 손실로 인해 흡수된 동력을 구하여라.

해설 수력도약 후의 깊이 y_2는

$$y_2 = \frac{y_1}{2}\left(-1 + \sqrt{1 + \frac{8\,V_1^2}{g\,y_1}}\right) = \frac{1.5}{2}\left(-1 + \sqrt{1 + \frac{8 \times 18^2}{9.8 \times 1.5}}\right) = 9.24\,\text{m}$$

손실수두 $h_L = \dfrac{(y_2 - y_1)^3}{4y_1 y_2} = \dfrac{(9.24 - 1.5)^3}{4 \times 1.5 \times 9.24} = 8.36\,\text{m}$

단위폭당 유량 q는

$$q = y_1 V_1 = 1.5 \times 18 = 27\,\text{m}^3/\text{s} \cdot \text{m}$$

가 되고, 유량 Q는 수문의 폭이 15 m이므로

$$Q = 15q = 15 \times 27 = 405\,\text{m}^3/\text{s}$$

따라서, 수력도약으로 인하여 흡수된 동력 P는 다음과 같다.

$$P = \gamma Q h_L = 9800 \times 405 \times 8.36 = 33.18 \times 10^6\,\text{W} = 33.18\,\text{MW}$$

정답 $y_2 = 9.244$ m, $P = 33.18$ MW

연·습·문·제

1. 비중 0.9, 점성계수 $5 \times 10^{-3} \, N \cdot s/m^2$의 기름이 안지름 15 cm의 원형관 속을 0.6 m/s의 속도로 흐를 경우 레이놀즈수는 얼마인가?

2. 비중이 0.8인 기름이 지름 80 mm인 곧은 원관 속을 90 l/min로 흐른다. 이때의 레이놀즈수는 약 얼마인가? (단, 이 기름의 점성계수는 $5 \times 10^{-4} \, kg/m \cdot s$이다.)

3. 지름 5 cm인 원관 내 완전 발달 층류유동에서 벽면에 걸리는 전단응력이 4 Pa이라면 중심축과 거리가 1 cm인 곳에서의 전단응력은 몇 Pa인가?

4. 안지름이 20 mm인 수평으로 놓인 곧은 파이프 속에 점성계수 $0.4 \, N \cdot s/m^2$, 밀도 $900 \, kg/m^3$인 기름이 유량 $2 \times 10^{-5} \, m^3/s$로 흐르고 있을 때, 파이프 내의 10 m 떨어진 두 지점 간의 압력강하는 몇 kPa인가?

5. 길이 20 m의 매끈한 원관에 비중 0.8의 유체가 평균속도 0.3 m/s로 흐를 때, 압력손실은 몇 Pa인가? (단, 원관의 안지름은 50 mm, 점성계수는 $8 \times 10^{-3} \, Pa \cdot s$이다.)

6. 수평으로 놓인 안지름 5 cm인 곧은 원관 속에서 점성계수 $0.4 \, Pa \cdot s$의 유체가 흐르고 있다. 관의 길이 1 m당 압력강하가 8 kPa이고 흐름 상태가 층류일 때 관 중심부에서의 최대 유속(m/s)은?

7. 관로 내에 흐르는 완전 발달 층류 유동에서 유속을 $\frac{1}{2}$로 줄이면 관로 내 마찰손실수두는 어떻게 되는가?

8. 지름이 2 cm인 관에 밀도 $1000 \, kg/m^3$, 점성계수 $0.4 \, N \cdot s/m^2$인 기름이 수평면과 일정한 각도로 기울어진 관에서 아래로 흐르고 있다. 초기 유량 측정위치의 유량이 $1 \times 10^{-5} \, m^3/s$이었고, 초기 측정위치에서 10 m 떨어진 곳에서의 유량도 동일하다고 하면, 이 관은 수평면에 대해 약 몇 °기울어져 있는가? (단, 관내 흐름은 완전 발달 층류 유동이다.)

9. 동점성계수가 $0.1 \times 10^{-5} \, \text{m}^2/\text{s}$인 유체가 안지름 10 cm인 원관 내에 1 m/s로 흐르고 있다. 관마찰계수가 0.022이며, 관의 길이가 200 m일 때의 손실수두는 몇 m인가? (단, 유체의 비중량은 $9800 \, \text{N/m}^3$이다.)

10. 안지름 100 mm인 파이프 안에 $2.3 \, \text{m}^3/\text{min}$의 유량으로 물이 흐르고 있다. 관 길이가 15 m라고 할 때 이 사이에서 나타나는 손실수두는 몇 m인가? (단, 관 마찰계수는 0.01로 한다.)

11. 안지름 0.1 m의 물이 흐르는 관로에서 관 벽의 마찰손실수두가 물의 속도수두와 같다면 그 관로의 길이는 몇 m인가? (단, 관 마찰계수는 0.03이다.)

12. 원관에서 층류로 흐르는 어떤 유체의 속도가 2배가 되었을 때, 마찰계수가 $\dfrac{1}{\sqrt{2}}$ 배로 줄었다. 이때 압력손실은 약 몇 배가 되는가?

13. 안지름 0.1 m인 파이프 내를 평균 유속 5 m/s로 어떤 액체가 흐르고 있다. 길이 100 m 사이의 손실수두는 몇 m인가? (단, 관내의 흐름으로 레이놀즈수는 1000이다.)

14. 비중이 0.8인 오일을 지름이 10 cm인 수평 원관을 통하여 1 km 떨어진 곳까지 수송하려고 한다. 유량이 $0.02 \, \text{m}^3/\text{s}$, 동점성계수가 $2 \times 10^{-4} \, \text{m}^2/\text{s}$라면 관 1 km에서의 손실수두는 몇 m인가?

15. 안지름 35 cm인 원관으로 수평거리 2000 m 떨어진 곳에 물을 수송하려고 한다. 24시간 동안 $15000 \, \text{m}^3$을 보내는 데 필요한 압력은 몇 kPa인가? (단, 관 마찰계수는 0.032이고, 유속은 일정하게 송출한다고 가정한다.)

16. 반지름 3 cm, 길이 15 m, 관 마찰계수 0.025인 수평원관 속을 물이 난류로 흐를 때 관 출구와 입구의 압력차가 9810 Pa이면 유량은 몇 l/s인가?

17. 그림과 같이 노즐이 달린 수평관에서 압력계 읽음이 0.49 MPa이었다. 이 관의 안지름이 6 cm이고 관의 끝에 달린 노즐의 출구 지름이 2 cm라면 노즐 출구에서 물의 분출속도는 몇 m/s인가? (단, 노즐에서의 손실은 무시하고, 관 마찰계수는 0.025로 한다.)

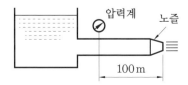

18. 부차적 손실계수가 4.5인 밸브를 관 마찰계수가 0.02이고, 지름이 5 cm인 관으로 환산한다면 관의 상당길이는 몇 m인가?

19. 안지름 0.25 m, 길이 100 m인 매끄러운 수평강관으로 비중 0.8, 점성계수 0.1 Pa·s인 기름을 수송한다. 유량이 100 l/s일 때의 관 마찰손실두는 유량이 50 l/s일 때의 몇 배 정도가 되는가? (단, 층류의 관 마찰계수는 $\dfrac{64}{R_e}$이고, 난류일 때의 관 마찰계수는 $0.3164 R_e^{-\frac{1}{4}}$이며, 임계 레이놀즈수는 2100이다.)

20. 5℃ 물(밀도 1000 kg/m^3, 점성계수 1.5×10^{-3} kg/m·s)이 안지름 3 mm, 길이 9 m인 수평 파이프 내부를 평균속도 0.9 m/s로 흐르게 하는 데 필요한 동력은 약 몇 W인가?

21. 수평으로 놓인 지름 10 cm, 길이 200 m인 파이프에 완전히 열린 글로브 밸브가 설치되어 있고, 흐르는 물의 평균속도는 2 m/s이다. 파이프의 관 마찰계수가 0.02이고, 전체 수두 손실이 10 m일 때, 글로브 밸브의 손실계수를 구하여라.

22. 그림과 같이 수면의 높이 차이가 H인 두 저수지 사이에 지름 d, 길이 l인 관로가 연결되어 있을 때 관로에서의 평균 유속(V)을 구하여라. (단, f는 관 마찰계수이고, g는 중력가속도이며, K_1, K_2는 관입구와 출구에서 부차적 손실계수이다.)

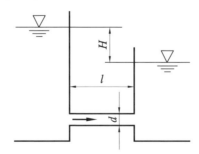

물체 주위의 유동

흐르는 유체 속에 물체가 놓여 있을 때, 또는 정지하고 있는 유체 속에서 물체가 움직일 때 물체의 표면에서는 유체의 속도 및 압력의 변화가 일어난다. 본 장에서는 이와 같은 현상에 의한 유체의 흐름상태와 물체가 받는 저항 등에 대하여 기술하였다.

1. 박리와 후류

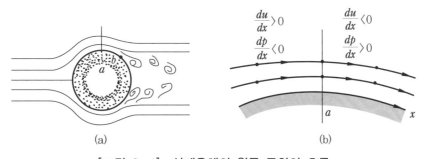

[그림 6-1] 실제유체의 원통 주위의 흐름

[그림 6-1(a)]와 같이 실제유체가 원통 주위를 따라 흐를 때 유선의 간격은 점차로 좁아져서 원통측면에서 최소가 되고, 하류(下流)로 감에 따라 넓어진다. 따라서, 연속 방정식에 의해 [그림 6-1(b)]와 같이 a선 상류(上流)에서는 유속이 점차로 증가$\left(\dfrac{du}{dx} > 0\right)$하여 a 선상에서 최대값$(u_{\max})$이 되며, 이 선(線)의 하류에서는 감소$\left(\dfrac{du}{dx} < 0\right)$하게 된다. 이를 압력면(壓力面)에서 보면 베르누이 정리$\left(\dfrac{p}{\gamma} + \dfrac{V^2}{2g} + z = \mathrm{const}\right)$에 의하여 유속의 변화와는 반대로 압력은 a선 상류에서는 감소$\left(\dfrac{dp}{dx} < 0\right)$되고, 하류에서는 상승$\left(\dfrac{dp}{dx} > 0\right)$하게 된다.

따라서, 하류의 벽면을 따라 흐르는 유체입자는 표면마찰에 의하여 에너지를 잃어버

릴 뿐만 아니라 상승압력에 대해서 에너지를 주지 않으면 안 되기 때문에 보다 마찰이 적은 방향으로 흐르기 위해서 벽면을 떠난다.

이와 같이 압력상승에 의해 물체의 표면으로부터 유체입자가 떨어져 나가는 현상을 **박리**(剝離 ; separation)라 하고, 이 점(b점)은 [그림 6−2]에서 보는 바와 같이 $\left(\dfrac{du}{dy} = 0\right)_{y=0}$ 에서 일어난다. 박리점 이후의 벽근처에서는 역류를 일으켜 소용돌이치는 불규칙한 흐름이 발생하는데 이 구역을 **후류**(後流 ; wake)라고 한다.

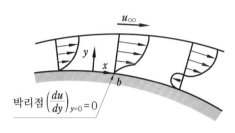

[그림 6−2]　박리

2. 항력과 양력

[그림 6-3]과 같이 유동하는 유체 속에, 또는 정지하고 있는 유체 속에서 물체가 움직일 때 이 물체는 유체로부터 힘 R을 받는다. 이 힘 R의 수평성분, 즉 유체의 흐름방향과 같은 방향으로 물체가 받는 힘 D를 유체저항 또는 **항력**(抗力 ; drag force)이라 하고, 힘 R의 수직성분, 즉 유체의 흐름방향과 직각방향으로 물체가 받는 힘 L을 **양력**(揚力 ; lift force)이라고 한다.

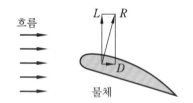

[그림 6−3]　물체가 받는 항력과 양력

2-1 ● 항 력

물체가 받는 항력은 물체 표면에 작용하는 유체의 압력에 의한 **압력항력**과 점성에 의한 **마찰항력**의 합(合)으로 나타낸다.

[그림 6-4]와 같이 물체가 균일한 속도 V인 흐름 속에 놓여 있는 경우 물체의 표면 미소면적 dA에 미치는 압력을 p, 그 표면에 세운 법선(法線)과 유동방향이 이루는 각을 θ라고 하면, 이 부분에 미치는 압력에 의한 힘은 pdA로서, 이 힘의 흐름방향의 성분은 $pdA \cdot \cos\theta$이므로 압력항력 D_p는

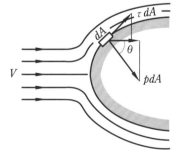

[그림 6−4]　물체 표면에 작용하는 압력과 전단응력

$$D_p = \int_A p \cos\theta \, dA$$

가 된다. 물체 주위의 유체흐름의 상태는 물체의 형상에 따라 달라지고, 이에 따라 물체 전·후방의 압력이 변하므로 압력항력의 크기도 변한다. 따라서, 압력항력을 **형상항력** (形狀抗力)이라고도 한다.

[그림 6−4]에서 유체의 점성에 의하여 물체 표면에 미치는 전단응력을 τ라고 하면 미소면적 dA에 미치는 전단응력에 의한 힘은 τdA이고, 이 힘의 흐름방향의 성분은 $\tau dA \sin\theta$이므로 마찰항력 D_f는 다음과 같다.

$$D_f = \int_A \tau \sin\theta \, dA$$

따라서, 물체가 받는 항력 D는

$$D = D_p + D_f \quad \dotfill \quad (6-1)$$

가 된다.

한편, 물체의 표면에 작용하는 압력과 전단응력은 유체의 동압 $\frac{1}{2}\rho V^2$에 비례한다. 따라서, 식 (6−1)의 항력 D는 다음과 같이 표시된다.

$$D = C_D\left(\frac{1}{2}\rho V^2 A\right) = (C_p + C_f)\left(\frac{1}{2}\rho V^2 A\right) \quad \dotfill \quad (6-2)$$

여기서, ρ는 유체의 밀도이고, A는 기준면적으로서 날개나 평판의 경우 [그림 6−5 (a)] 와 같이 현의 길이와 날개의 폭을 곱한 면적이지만, 무딘 물체의 경우는 [그림 6−5 (b)]와 같이 흐름과 직각인 평면에 대한 투영면적(投影面積)이 된다. 또, C_p, C_f 및 C_D는 무차원계수(無次元係數)로서 각각 물체의 **압력 항력계수**, **마찰 항력계수** 및 **항력계수**라고 한다. 이 C_D의 값은 실험에 의하여 구하며, [표 6−1]은 여러 물체의 항력계수를 나타낸다.

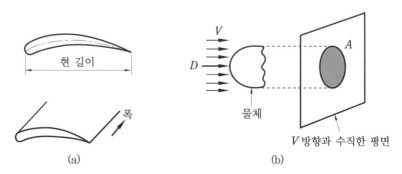

[그림 6−5] 물체의 기준 면적

물체의 항력 중 압력항력의 크기는 물체의 형상과 그 물체에 대한 흐름의 방향에 의하여 영향을 받고, 마찰항력의 크기는 물체의 표면에 따른 유체의 점성에 의한 전단력의 크기 및 그 표면의 조도(粗度)에 따라 변한다.

흐름 속에 놓인 원기둥과 같은 물체에서는 항력의 대부분이 압력항력이고, 또 평판이 흐름과 평행으로 놓일 때에는 그 대부분이 마찰항력으로서 흐름과 수직으로 놓일 때에는 압력항력만이라고 생각하여도 좋다.

특히, 점성 비압축성 유체 속에서 구(球)가 받는 항력 D는 마찰항력이 지배적이고, 다음의 **스토크스(Stokes)의 법칙**에 의하여 구한다.

$$D = 3\pi\mu Vd \quad\cdots\cdots\cdots\cdots\cdots\cdots\cdots\cdots\cdots\cdots\cdots\cdots\cdots\cdots\cdots (6-3)$$

여기서, μ는 점성계수이고, d는 구의 지름이다.

[표 6-1] 여러 물체의 항력계수

물체	크기	기준면적(A)	항력계수(C_p)
수평원주 	$l/d=1$ 2 4 7	$\dfrac{\pi d^2}{4}$	0.91 0.85 0.87 0.99
수직원주 	$l/d=1$ 2 5 10 40 ∞	dl	0.63 0.68 0.74 0.82 0.98 1.20
사각형판 (흐름에 직각)	$a/d=1$ 2 4 10 18 ∞	ad	1.12 1.15 1.19 1.29 1.40 2.01
반구 	-	$\dfrac{\pi}{4}d^2$	0.34 1.33

원추	$\alpha = 60°$	$\dfrac{\pi}{4}d^2$	0.51
	$\alpha = 30°$		0.34
원판 (흐름에 직각)	–	$\dfrac{\pi}{4}d^2$	1.11

2-2 • 양 력

[그림 6-6]과 같이 유체의 흐름에 평행하게 놓인 물체가 상하 비대칭(非對稱)이고, 윗면이 밑면보다 곡선이 길면 윗면의 유속은 밑면의 유속보다 크게 된다. 따라서, 베르누이의 정리로부터 윗면의 압력 p_1은 밑면의 압력 p_2보다 낮게 되며, 이 때문에 물체는 위쪽으로 향

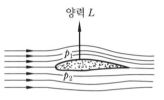

[그림 6-6] 양력의 발생

하는 힘을 받게 된다. 이 힘을 **양력**이라고 한다. 어떤 경우라도 물체에는 항력이 작용하나 양력의 발생은 그 물체의 형상과 관계가 있고 경우에 따라서는 양력이 작용하지 않는다.

양력을 발생하는 형상으로 가장 잘 알려진 예로서 항공기의 날개나 축류기계(軸流機械)의 회전차(回轉車) 등이 있다. 이 날개나 회전차에서는 양력이 크고, 항력이 될 수 있는 대로 작아야 한다.

[그림 6-7]과 같이 윗면과 밑면의 큰 압력차(壓力差)에 의해 최대한의 양력이 발생하도록 물체의 모양을 만들고, 그 양력을 이용하도록 한 것을 **익형**(翼形 ; wing or airfoil)이라 하고, 익형의 앞쪽에서 뒤쪽까지의 직선길이 l을 **익현장**(翼長 ; chord length), 유체 흐름의 방향과 익현장이 이루는 각 α를 **앙각**(angle of attack)이라고 한다. 물체에 작용하는 양력 L을 구하는 식은 다음과 같다.

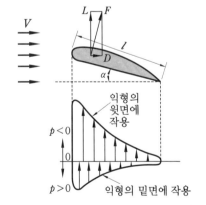

[그림 6-7] 익형에 작용하는 압력

$$L = C_L \left(\frac{1}{2} \rho V^2 A \right) \quad \cdots\cdots\cdots\cdots\cdots\cdots\cdots (6\text{-}4)$$

여기서, ρ는 유체의 밀도이고, A는 익형의 경우 익현장 l과 날개의 폭을 곱한 면적이고, C_L은 무차원계수로서 양력계수라고 한다.

Q 예제 6-1

길이 1 m, 폭 1.5 m인 평판이 15 m/s의 속도로 공기속을 수평과 12°의 각을 이루며 날고 있다. 여기서 양력계수를 0.72, 항력계수를 0.17로 할 때 판이 공기로부터 받는 힘 R과 작용방향 θ를 구하여라. (단, 공기의 밀도는 1.25 N · s²/m⁴이다.)

해설 항력 $D = C_D\left(\dfrac{1}{2}\rho V^2 A\right) = 0.17 \times \left(\dfrac{1}{2} \times 1.25 \times 15^2 \times 1 \times 1.5\right) = 35.86$ N

양력 $L = C_L\left(\dfrac{1}{2}\rho V^2 A\right) = 0.72 \times \left(\dfrac{1}{2} \times 1.25 \times 15^2 \times 1 \times 1.5\right) = 151.88$ N

따라서, 합력 $R = \sqrt{D^2 + L^2} = \sqrt{35.86^2 + 151.88^2} = 156.06$ N

또, 합력 R의 작용방향 θ는 $\tan\theta = \dfrac{L}{D}$ 에서

$\theta = \tan^{-1}\dfrac{L}{D} = \tan^{-1}\dfrac{151.88}{35.86} = 76.72°$

정답 $R = 156.06$ N, $\theta = 76.72°$

Q 예제 6-2

폭이 12 m, 현의 길이가 2 m인 사각형 날개의 양력계수와 항력계수가 양각이 6°일 때 각각 0.5와 0.04이다. 이 날개가 정지한 공기(온도 2℃, 압력이 80 kPa) 속에서 50 m/s로 날 때 필요한 동력은 몇 kW인가? (단, 공기의 기체상수 $R = 287$ N · m/kg · K이다.)

해설 공기의 밀도 $\rho = \dfrac{1}{v} = \dfrac{p}{RT} = \dfrac{80 \times 10^3}{287 \times (273 + 2)} = 1.01$ kg / m³

따라서,

항력 $D = C_D\left(\dfrac{1}{2}\rho V^2 A\right) = 0.04 \times \left(\dfrac{1}{2} \times 1.01 \times 50^2 \times 2 \times 12\right) = 1212$ N

이므로 동력 $P = DV = 1212 \times 50 = 60600$ N · m/s $= 60.6$ kW

정답 60.6 kW

Q 예제 6-3

지름 0.5 m인 원판이 비중량 $\gamma = 12.75$ N/m³인 정지공기 속에서 15 m/s로 움직일 때 필요한 힘은 몇 N인가? (단, 원판의 항력계수 $C_D = 1.12$이다.)

해설 공기의 밀도 $\rho = \dfrac{\gamma}{g} = \dfrac{12.75}{9.8} = 1.3$ N · s²/m⁴

항력 $D = C_D\left(\dfrac{1}{2}\rho V^2 A\right) = 1.12 \times \left(\dfrac{1}{2} \times 1.3 \times 15^2 \times \dfrac{3.14 \times 0.5^2}{4}\right) = 32.15$ N

정답 32.15 N

연·습·문·제

1. 지름 20 cm인 구(球)의 주위에 밀도가 1000 kg/m³, 점성계수는 1.8×10^{-3} Pa·s인 물이 2 m/s의 속도로 흐르고 있다. 항력계수가 0.2인 경우 구에 작용하는 항력은 몇 N인가?

2. 지름 5 cm의 구가 공기 중에서 매초 40 m의 속도로 날아갈 때 항력은 몇 N인가? (단, 공기의 밀도는 1.23 kg/m³이고, 항력계수는 0.6이다.)

3. 어떤 물체의 속도가 초기 속도의 2배가 되었을 때 항력계수가 초기 항력계수의 $\frac{1}{2}$로 줄었다. 초기에 물체가 받는 저항력이 D_1이라고 할 때 변화된 저항력 D_2는 초기 저항력의 몇 배가 되는가?

4. 무게가 1000 N인 물체를 지름 5 m인 낙하산에 매달아 낙하시킬 때 낙하속도는 몇 m/s가 되는가? (단, 낙하산의 항력계수는 0.8, 공기의 밀도는 1.2 kg/m³이다.)

5. 조종사가 2000 m의 상공을 일정 속도로 낙하산으로 강하하고 있다. 조종사의 무게가 1000 N, 낙하산 지름이 7 m, 항력계수가 1.3일 때 낙하 속도는 몇 m/s인가? (단, 공기 밀도는 1 kg/m³이다.)

6. 골프공(지름 d = 4 cm, 무게 W = 0.4 N)이 50 m/s의 속도로 날아가고 있을 때, 골프공이 받는 항력은 골프공 무게의 몇 배인가? (단, 골프공의 항력계수 C_D = 0.24이고, 공기의 밀도는 1.2 kg/ m³이다.)

7. 익폭 10 m, 익현의 길이 1.8 m인 날개로 된 비행기가 112 m/s의 속도로 날고 있다. 익현의 받음각이 1°, 양력계수 0.326, 항력계수 0.0761일 때 비행에 필요한 동력은 몇 kW인가? (단, 공기의 밀도는 1.2173 kg/m³)

8. 주 날개의 평면도 면적이 21.6 m²이고 무게가 20 kN인 경비행기의 이륙속도는 약 몇 km/h 이상이어야 하는가? (단, 공기의 밀도는 1.2 kg/m³, 주 날개의 양력계수는 1.2이고, 항력은 무시한다.)

9. 지름 2 mm인 구가 밀도 0.4 kg/m³, 동점성계수 1.0×10^{-4} m²/s인 기체 속을 0.03 m/s로 운동한다고 하면 항력은 몇 N인가?

10. 지름 0.1 mm, 비중 2.3인 작은 모래알이 호수바닥으로 가라앉을 때, 잔잔한 물속에서 가라앉는 속도는 몇 mm/s인가? (단, 물의 점성계수는 1.12×10^{-3} N·s/m²이다.)

제7장 차원해석과 상사법칙

차원해석(次元解析 ; dimensional analysis)이란 어떤 물리적 현상에 차원의 동차성(同次性) 원리를 적용하여 그의 실험식을 간단하게 세우는 방법을 말한다.

본 장에서는 유체의 유동현상(流動現象)에 한하여 실험식(實驗式)을 세운다든가, 또는 실물(實物)과 모형(模型) 간의 상사법칙(相似法則)을 유도하는 데 차원해석을 적용하는 방법 등에 대하여 기술하였다.

1. 차원해석

길이, 질량, 온도, 속도, 힘, 에너지 등 측정할 수 있는 물리량들은 차원적 기호를 이용하여 1차적 또는 2차적, 3차적 등의 유도적(誘導的) 차원(次元)으로 나타낼 수 있다. 즉, 길이의 차원을 $[L]$, 질량의 차원을 $[M]$, 시간의 차원을 $[T]$, 힘의 차원을 $[F]$로 나타내면, 면적은 $[L^2]$, 체적은 $[L^3]$, 속도는 $[LT^{-1}]$, 가속도는 $[LT^{-2}]$, 압력은 $[FL^{-2}]$, 또는 $[ML^{-1}T^{-2}]$ 등의 차원적 기호로 표시된다. 또한 어떤 물리량을 차원적 기호로써 표시할 때에는 사용한 단위, 예를 들어 m, cm, mm에는 관계없이 길이의 차원 $[L]$로만 표시된다.

역학의 일반적인 문제는 3개의 기본적 차원이 필요하고, 이것으로서 충분하다. 즉, 질량 $[M]$, 길이 $[L]$, 시간 $[T]$을 한 조의 기본적 차원으로 사용할 수 있고(MLT계), 또는 힘 $[F]$, 길이 $[L]$, 시간 $[T]$을 한 조로 사용할 수 있다(FLT계).

따라서, 기본적 차원으로서 힘 또는 질량의 양자(兩者) 중에 하나는 택할 수 있으나, 동시에 양자를 택할 수는 없다. Newton의 법칙에서 힘(또는 무게) = 질량×가속도이다. 그러므로 힘과 질량의 관계는 다음과 같다.

$$F = [MLT^{-2}] \text{또는} \ M = [FT^2L^{-1}]$$

어떤 물리적인 관계를 나타내는 방정식에서 그 식의 좌변과 우변의 차원이 같아야 한다는 원리를 **차원의 동차성 원리**라 하고, 이 원리를 사용하여 물리량들 사이에 존재하는 함수관계를 구하는 절차를 **차원해석**이라고 한다.

차원해석의 일례로서 Newton의 제 2 법칙을 나타내는 방정식

$$F = ma$$

에서 좌변의 [힘 F의 차원]은 우변의 [질량 m의 차원]×[가속도 a의 차원]과 같아야 한다. 지금 m과 a의 차원은 알고 F의 차원은 모른다고 하면, F의 차원은 기본적 차원인 M, L, T의 어떤 멱수(冪數 ; 거듭제곱이 되는 수)의 곱으로 표시될 것이므로(**멱 – 적 방법** ; power product method),

$$M^a L^b T^c = [M] \times [LT^{-2}] \quad \cdots\cdots\cdots\cdots\cdots\cdots\cdots\cdots\cdots\cdots \text{(A)}$$

가 성립된다. 여기서, 지수 a, b, c는 미지수이다. 차원의 동차성 원리에 의하여 등식의 양변에 대한 지수 방정식을 세우면

$$M : a = 1$$
$$L : b = 1$$
$$T : c = -2$$

가 되므로, 이것을 식 (A)에 대입하면, 힘의 차원은

$$[F의 \ 차원] = [M^1 L^1 T^{-2}] = [MLT^{-2}]$$

이 된다. 이와 같이 차원해석이란 차원에 착안(着眼)하여 차원적으로 만족되는 조건을 찾아내는 방법이다.

1-1 ○ 유체에 관한 실험식

실험에서 얻어진 결과를 이용하여 차원해석으로 미지의 물리량을 구하는 실험식을 세우는 방법을 알아보자. 식 (5 – 13)의 Hagen – Poiseuille 방정식을 예로 들면, 길이 L인 원관의 두 끝에 대한 압력차 $p_1 - p_2$를 Δp라고 하면, 실험에 의하여 압력구배 $\dfrac{\Delta p}{L}$는 유체의 밀도 ρ, 점성계수 μ, 평균속도 V 및 원관의 지름 d와 관계가 있음을 알았다고 한다. 즉, $\dfrac{\Delta p}{L}$는 ρ, μ, V 및 d의 함수이다. 따라서,

$$\frac{\Delta p}{L} = f(\rho, \ \mu, \ V, d)$$

로 표시된다. 이것을 간단히 나타내기 위하여 방정식의 무차원 상수를 k라고 하면,

$$\frac{\Delta p}{L} = k \, \rho^a \mu^b \, V^c \, d^d \quad \text{..(B)}$$

로 표시할 수 있다. 위 식을 기본 단위의 차원 $[M, \ L, \ T]$로 표시하면,

$$[ML^{-2} T^{-2}] = [ML^{-3}]^a [ML^{-1} T^{-1}]^b [LT^{-1}]^c [L]^d$$

양변에 대한 $M, \ L, \ T$의 지수를 같게 놓으면,

$$M : 1 = a + b$$
$$L : -2 = -3a - b + c + d$$
$$T : -2 = -b - c$$

위 식에서 $a, \ c, \ d$를 b의 함수로 하여 그 값을 구하면,

$$a = 1 - b$$
$$c = 2 - b$$
$$d = -1 - b$$

와 같이 된다. 이것을 식 (B)에 대입하면

$$\frac{\Delta p}{L} = k \, \rho^{1-b} \mu^b \, V^{2-b} d^{-1-b}$$

$$\therefore \ \frac{\Delta p}{L} = k \frac{\rho V^2}{d} \left(\frac{\mu}{\rho d V} \right)^b \quad \text{..(C)}$$

이것이 차원해석에 의하여 구한 방정식이다. 상수 k와 지수 b에 대하여 Hagen—Poiseuille가 실험한 결과에 의하면,

$$k = 32, \quad b = 1$$

이다. 이것을 식 (C)에 대입하면, 압력구배의 관계식은

$$\frac{\Delta p}{L} = 32 \frac{\rho V^2}{d} \left(\frac{\mu}{\rho d V} \right)^1 = 32 \frac{\mu V}{d^2}$$

가 된다. 이것으로부터 원관을 지나는 유량 Q는 위 식을 V에 대한 식으로 변환하여

$$Q = \frac{\pi d^2}{4} V = \frac{\Delta p \pi d^4}{128 \mu L}$$

이 된다. 이 관계식은 식 (5-13)과 같다. 이렇게 하면 차원해석의 결과를 이론식과 결부시킬 수 있다.

1-2 ● π 정리

m개의 기본 차원을 갖는 n개의 물리량은 $(n-m)$개의 독립된 무차원수 π로 정리된다. 이것을 **버킹함**(Buckingham)**의 π정리**라고 한다. 즉, 어떤 물리적인 현상에 물리량 A_1, A_2, A_3, $\cdots$, A_n이 관계되어 있다면 다음과 같이 표시된다.

$$F(A_1,\ A_2,\ A_3, \cdots,\ A_n) = 0$$

기본 차원의 개수를 m개라고 할 때 독립 무차원수 π는 $(n-m)$개이므로 독립 무차원수 π를 써서 위 식을 다시 쓰면

$$F(\pi_1,\ \pi_2,\ \pi_3, \cdots,\ \pi_{n-m}) = 0$$

이 때 π는 n개 물리량 중에서 m개의 기본 차원수만큼 택한 반복변수(repeating variable)와 남은 $(n-m)$개의 물리량 중 하나와 조합하여 구한다.

예를 들면, 기본 차원이 M, L, T인 경우 반복변수를 A_1, A_2, A_3로 택하면 독립 무차원수 π는 다음과 같다.

$$\pi_1 = A_1^{x_1},\ A_2^{y_1},\ A_3^{z_1},\ A_4$$
$$\pi_2 = A_1^{x_2},\ A_2^{y_2},\ A_3^{z_2},\ A_5$$
$$\vdots$$
$$\pi_{n-m} = A_1^{x_{n-m}},\ A_2^{y_{n-m}},\ A_3^{z_{n-m}},\ A_n$$

위 식에 A_1, A_2, A_3, $\cdots$, A_n의 차원을 대입하여 M, L, T의 지수가 0이 되도록 한다. 그리고 나서 x, y, z를 구하면 π_1, π_2, $\cdots$, π_{n-m}이 결정된다. 주의하여야 할 것은 기본 차원수가 2개이면 반복변수도 2개를 택하여야 한다.

특히 반복변수는 일반적으로 다음과 같은 방법으로 선정하는 것이 바람직하다.
① 종속변수(구하고자 하는 물리량)는 반복변수로 택하지 않는다.
② 반복변수는 문제에서 나타난 m개의 기본차원을 포함하여야 한다.
③ 문제에서 주어진 물리량 가운데 중요한 물리량을 반복변수로 택한다.

이 때 가능한 한 다음의 변수에서 각각 하나씩만 택한다.
① 크기를 대표하는 변수(예 : d, L, A)
② 유동변수(예 : V, Q, p)
③ 유체의 성질(예 : ρ, μ, γ)

Q 예제 **7-1**

평균유속 V로 유동하는 비압축성 유체 속에서 구(球)가 받는 항력 D는 구의 지름 d, 유체속도 V, 밀도 ρ, 점성계수 μ와 관계가 있다. π 정리를 사용하여 이들 사이의 관계식을 구하여라.

해설 문제에서 주어진 물리량의 차원은 다음과 같다.

$D : [MLT^{-2}]$, $d : [L]$, $V : [LT^{-1}]$, $\rho : [ML^{-3}]$, $\mu : [ML^{-1} T^{-1}]$

이 물리량의 함수관계는

$F(D, d, V, \rho, \mu) = 0$

문제에서 주어진 물리량의 개수는 $n = 5$, 기본 차원수는 $m = 3 \, (M, \ L, \ T)$이므로

독립 무차원수 π는 $n - m = 5 - 3 = 2$개이다.

문제에서 D는 구하고자 하는 물리량, 즉 종속변수이므로 반복변수로 택해서는 안 된다. 따라서, 구의 지름 d(크기를 대표하는 변수), 유체속도 V(유동변수), 밀도 ρ(유체의 성질)를 반복변수로 택하고, 이 반복변수와 남은 물리량 2개(D, μ)와 각각 결합하여 두 개의 π를 구한다. 즉,

$$\pi_1 = d^{x_1} V^{y_1} \rho^{z_1} D = (L)^{x_1} (LT^{-1})^{y_1} (ML^{-3})^{z_1} MLT^{-2} = M^0 L^0 T^0$$

$$\begin{array}{l} M : \qquad\qquad z_1 + 1 = 0 \\ L : x_1 + y_1 - 3z_1 + 1 = 0 \\ T : \qquad - y_1 - 2 = 0 \end{array} \Bigg\} \ x_1 = -2, \ y_1 = -2, \ z_1 = -1$$

$$\therefore \ \pi_1 = \frac{D}{\rho V^2 d^2}$$

$$\pi_2 = d^{x_2} V^{y_2} \rho^{z_2} \mu = (L)^{x_2} (LT^{-1})^{y_2} (ML^{-3})^{z_2} ML^{-1} T^{-1} = M^0 L^0 T^0$$

$$\begin{array}{l} M : \qquad\qquad z_2 + 1 = 0 \\ L : x_2 + y_2 - 3z_2 - 1 = 0 \\ T : \qquad - y_2 - 1 = 0 \end{array} \Bigg\} \ x_2 = -1, \ y_2 = -1, \ z_2 = -1$$

$$\therefore \ \pi_2 = \frac{\mu}{\rho V d}$$

따라서, 위에서 주어진 물리량의 함수관계는 다음과 같은 무차원의 함수로 나타낼 수 있다.

$$f(\pi_1, \ \pi_2) = 0 \quad 또는 \quad f \left(\frac{D}{\rho V^2 d^2}, \ \frac{\mu}{\rho V d} \right) = 0$$

위 식에서 $\dfrac{D}{\rho V^2 d^2}$에 대하여 풀면

$$\frac{D}{\rho V^2 d^2} = f_1 \left(\frac{\mu}{\rho V d} \right)$$

일반적으로 함수의 형태 f_1는 실험적으로 결정한다.

정답 $\dfrac{D}{\rho V^2 d^2} = f_1 \left(\dfrac{\mu}{\rho V d} \right)$

2. 상사법칙

구조물이나 기계와 같은 실물을 원형(原型 ; prototype)이라 하고, 원형과 닮은 것을 모형(模型 ; model)이라고 한다. 유체역학에서는 유동현상을 연구할 때 이 모형을 사용하는 경우가 많다. 모형을 사용하면 원형에 비하여 시간과 제작비가 적게 들어 경제적이나, 해석적(解析的) 방법에 비하면 비경제적이다. 따라서, 해석적 방법으로는 믿을 만한 해답을 얻을 수 없는 경우에만 모형실험을 하는 것이 보통이다.

모형실험을 할 때는 모형과 원형 사이에 서로 상사(相似 ; similarity)가 되어야 할 뿐만 아니라 모형에 미치는 유체의 상태, 즉 속도분포나 압력분포의 상태가 원형에 미치는 유체의 상태와 꼭 상사가 되도록 할 필요가 있다. 이와 같이 모형실험이 실제의 현상과 상사가 되기 위해서는 기하학적 상사(geometrical similarity), 운동학적 상사(kinematic similarity) 및 역학적 상사(dynamic similarity)의 세 가지 조건이 필요하다.

2-1 ○ 기하학적 상사

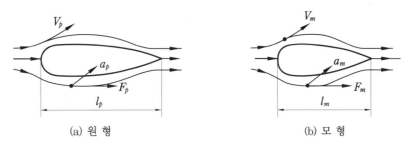

[그림 7-1] 원형과 모형의 상사

[그림 7-1]과 같이 원형과 모형은 동일한 모양이 되어야 하고, 모든 방향에서 서로 대응하는 치수의 비가 같아야 한다.

- 길이비 $l_r = \dfrac{l_m}{l_p} = \text{const}$

여기서, m과 p는 각각 모형과 원형을 나타내고, 면적비는 l_r^2, 체적비는 l_r^3이 된다.

2-2 • 운동학적 상사

[그림 7－1]과 같이 원형과 모형 사이에 각각의 대응하는 점에서 속도 및 가속도의 방향은 같아야 하고, 그 크기의 비는 일정하여야 한다. 그러므로 운동학적으로 상사인 두 유동에서 유선의 형태는 같다.

- 속 도 비 $V_r = \dfrac{V_m}{V_p} = \text{const}$

- 가속도비 $a_r = \dfrac{a_m}{a_p} = \text{const}$

2-3 • 역학적 상사

[그림 7－1]과 같이 원형과 모형의 서로 대응하는 두 점에 있어서 힘의 방향은 같고, 그 크기의 비는 일정하여야 하며, 역학적 상사가 되기 위해서는 먼저 기하학적 및 운동학적 상사가 유지되어야 한다.

유체의 흐름에 영향을 미치는 힘에는 압력에 의한 힘 F_P, 중력가속도에 의한 힘 F_G, 점성에 의한 힘 F_V, 표면장력에 의한 힘 F_T, 탄성력 F_E가 있고, 이 힘들의 합은 Newton의 운동법칙에 의해 질량과 가속도의 곱, 즉 관성력 $F_I(= ma)$와 같아야 한다. 또, 이 힘들은 유체질량에 작용하는 것들이기 때문에 다음과 같이 일반화하여 표시할 수 있다. 즉, 기하학적, 운동학적 및 역학적 상사조건의 양 ρ, l, V로 표시하면 다음과 같다.

$$F_P = \Delta p \cdot A = \Delta p \cdot l^2$$

$$F_G = mg = \rho l^3 g$$

$$F_V = \mu \left(\frac{du}{dy} \right) A = \mu \left(\frac{V}{l} \right) l^2 = \mu V l$$

$$F_T = \sigma l$$

$$F_E = EA = E l^2$$

$$F_I = ma = \rho l^3 \left(\frac{V^2}{l} \right) = \rho V^2 l^2$$

따라서, $F_I = F_P + F_G + F_V + F_T + F_E$으로부터 원형과 모형 사이에 역학적 상사가 성립하기 위해서는 관성력 F_I에 대한 힘들의 비가 모두 같아야 한다. 즉, 두 유동계가 역학적 상사를 이룬다면 서로 대응하는 점에서 원형과 모형 사이에 다음의 식들이 성립되어야 한다.

$$\left[\frac{F_P}{F_I}\right]_p = \left[\frac{F_P}{F_I}\right]_m = \left[\frac{\Delta p}{\rho V^2}\right]_p = \left[\frac{\Delta p}{\rho V^2}\right]_m \;:\; (E_u)_p = (E_u)_m$$

$$\left[\frac{F_I}{F_V}\right]_p = \left[\frac{F_I}{F_V}\right]_m = \left[\frac{\rho l V}{\mu}\right]_p = \left[\frac{\rho l V}{\mu}\right]_m \;:\; (R_e)_p = (R_e)_m$$

$$\left[\frac{F_I}{F_G}\right]_p = \left[\frac{F_I}{F_G}\right]_m = \left[\frac{V^2}{gl}\right]_p = \left[\frac{V^2}{gl}\right]_m \;:\; (F_r)_p = (F_r)_m$$

$$\left[\frac{F_I}{F_E}\right]_p = \left[\frac{F_I}{F_E}\right]_m = \left[\frac{\rho V^2}{E}\right]_p = \left[\frac{\rho V^2}{E}\right]_m \;:\; (C_a)_p = (C_a)_m$$

$$\left[\frac{F_I}{F_T}\right]_p = \left[\frac{F_I}{F_T}\right]_m = \left[\frac{\rho l V^2}{\sigma}\right]_p = \left[\frac{\rho l V^2}{\sigma}\right]_m \;:\; (W_e)_p = (W_e)_m$$

여기서, 원형과 모형 사이에 역학적 상사가 존재하려면 [표 7-1]과 같이 힘의 비로 정의되는 무차원 수가 서로 같아야 함을 알 수 있다. 또, 미시적(微視的)인 관점에서 볼 때 역학적 상사를 이루기 위해서는 두 유동계 사이의 서로 대응하는 점에서 무차원 수 모두가 같아야 하나, 거시적(巨視的)인 관점에서 볼 때는 1개 또는 2개의 힘만이 유체입자에 지배적으로 작용하므로, 이 힘에 해당하는 무차원 수만 같으면 된다.

[표 7-1] 무차원 수

명칭	정의	물리적 의미	중요성
오일러수(Euler number)	$E_u = \dfrac{\Delta p}{\rho V^2}$	압축력 / 관성력	압력차에 의한 유동
레이놀즈수(Reynolds number)	$R_e = \dfrac{\rho l V}{\mu}$	관성력 / 점성력	모든 유체유동
프루드수(Froude number)	$F_r = \dfrac{V}{\sqrt{gl}}$	관성력 / 중력	자유표면 유동
코시수(Cauchy number)	$C_a = \dfrac{\rho V^2}{E}$	관성력 / 탄성력	압축성 유동
웨버수(Weber number)	$W_e = \dfrac{\rho l V^2}{\sigma}$	관성력 / 표면장력	표면장력이 중요한 유동

Q 예제 7-2

길이의 비 $\dfrac{l_m}{l_p} = \dfrac{1}{20}$ 로 기하학적 상사인 댐이 있다. 모형댐의 상봉에서 유속이 2m/s일 때 원형댐의 대응점에서 유속은 몇 m/s인가?

해설 자유표면 유동이므로 역학적 상사가 존재하기 위해서는 프루드수가 같아야 한다.

$$F_r = \frac{V_p}{\sqrt{g_p\, l_p}} = \frac{V_m}{\sqrt{g_m\, l_m}}$$

중력가속도 $g_p = g_m$ 이므로

$$V_p = V_m \cdot \sqrt{\frac{l_p}{l_m}} = 2 \times \sqrt{20} = 8.94 \,\text{m/s}$$

정답 8.94 m/s

Q 예제 7-3

동점성계수가 $1.004 \times 10^{-6} \,\text{m}^2/\text{s}$ 인 물이 지름 150 mm인 관 속을 유속 3.5 m/s로 흐른다. 또, 동점성계수 $2.96 \times 10^{-6} \,\text{m}^2/\text{s}$ 인 기름이 75 mm인 관 속을 흐른다고 하면 두 흐름이 역학적 상사를 이루기 위해서는 기름의 유속이 얼마이어야 되는지 구하여라.

해설 양쪽의 흐름이 역학적 상사를 이루려면 레이놀즈수가 같아야 하므로

$$R_e = \frac{V_p\, d_p}{\nu_p} = \frac{V_m\, d_m}{\nu_m}$$

따라서, 기름의 유속 V_m은

$$V_m = V_p \left(\frac{\nu_m}{\nu_p}\right)\left(\frac{d_p}{d_m}\right) = 3.5 \times \frac{2.96 \times 10^{-6}}{1.004 \times 10^{-6}} \times \frac{150}{75}$$

$$= 20.64 \,\text{m/s}$$

정답 20.64 m/s

연·습·문·제

1. 일률(power)을 기본 차원인 M(질량), L(길이), T(시간)로 나타내어라.

2. Δp는 압력차, ρ는 밀도, L은 길이, Q는 유량일 때 π정리를 이용하여 무차원수를 만들어라.

3. 속도 15 m/s로 항해하는 길이 80 m의 화물선의 조파 저항에 관한 성능을 조사하기 위하여 수조에서 길이 3.2 m인 모형 배로 실험을 할 때 필요한 모형 배의 속도는 몇 m/s인가?

4. 어뢰의 성능을 시험하기 위해 모형을 만들어서 수조 안에서 24.4 m/s의 속도로 끌면서 실험하고 있다. 원형(prototype)의 속도가 6.1 m/s라면 모형과 원형의 크기 비는 얼마인가?

5. 30 m의 폭을 가진 개수로(open channel)에 20 cm의 수심과 5 m/s의 유속으로 물이 흐르고 있다. 이 흐름의 Froude수는 얼마인가?

6. $\frac{1}{10}$ 크기의 모형 잠수함을 해수에서 실험한다. 실제 잠수함을 2 m/s로 운전하려면 모형 잠수함은 몇 m/s의 속도로 실험하여야 하는가?

7. 잠수함의 거동을 조사하기 위해 바닷물 속에서 모형으로 실험을 하고자 한다. 잠수함의 실형과 모형의 크기 비율은 7 : 1이며, 실제 잠수함이 8 m/s로 운전한다면 모형의 속도는 몇 m/s인가?

8. 새로 개발한 스포츠카의 공기역학적 항력을 기온 25℃(밀도는 1.184 kg/m³, 점성계수는 1.849×10^{-5} kg/m·s), 100 km/h 속력에서 예측하고자 한다. $\frac{1}{3}$ 축척 모형을 사용하여 기온이 5℃(밀도는 1.269 kg/m³, 점성계수는 1.754×10^{-5} kg/m·s)인 풍동에서 항력을 측정할 때 모형과 원형 사이의 상사를 유지하기 위해 풍동 내 공기의 유속은 약 몇 km/h가 되어야 하는가?

9. 높이 1.5 m의 자동차가 108 km/h의 속도로 주행할 때의 공기 흐름 상태를 높이 1 m의 모형을 사용해서 풍동 실험하여 알아보고자 한다. 여기서 상사법칙을 만족시키기 위한 풍동의 공기 속도는 몇 m/s인가?(단, 그 외 조건은 동일하다고 가정한다.)

열역학 제3편

제1장 열역학의 정의와 기초적 사항

1. 열역학의 정의

물질에 열을 가하거나 또는 열을 제거했을 때 그 물질에 일어나는 여러 가지 변화와 열과의 상호관계를 연구하는 학문이 **열역학**(熱力學 ; thermodynamics) 이다. 특히, 열역학의 열적인 성질, 작용 등을 공업분야에 응용하여 연구하는 학문을 **공업 열역학** (technical thermodynamics)이라고 하며, 이는 각종 내연기관(內燃機關) 및 증기원동기(蒸氣原動機)의 열기관(熱機關)과 냉동기(冷凍機), 압축기(壓縮機), 송풍기(送風機) 등의 이론적 해석에 응용되고 있다.

2. 열역학의 기초적 사항

2-1 ● 열과 온도의 관계

열은 물체의 분자가 운동함으로써 생기는 에너지의 한 형태이며, 그 분자의 운동이 활발하면 그 물체는 뜨겁게 느껴지고, 분자의 운동이 완만하면 차갑게 느껴진다. **온도**는 그 물체의 뜨겁고 차가운 정도를 나타내는 척도이며, 물체에 열을 가하면 온도는 오르고, 그와 반대로 물체에서 열을 감하면 온도는 떨어진다. 즉, **열**은 물체의 온도를 변화시키는 원인이며, 분자운동의 상태를 나타내는 것이다. 열은 온도가 높은 쪽에서 낮은 쪽으로 이동하며 열량과는 상관이 없다. 여기서 **열량**이라 함은 물체가 보유하는 열의 분량, 즉 열 에너지의 양을 말한다.

2-2 ● 열역학 제0법칙

온도가 서로 다른 물체를 접촉시키면 고온의 물체는 온도가 내려가고(열량 방출), 저온의 물체는 온도가 올라가서(열량 흡수), 결국 두 물체의 온도는 같아진다. 이 때 두 물체는

열평형이 되었다고 한다. 이와 같이 열평형이 된 상태를 **열역학 제 0 법칙**이라고 한다.

2-3 ○ 계와 동작물질

(1) 계

계(系 ; system)란 일정량의 어떤 물질 또는 공간의 어떤 구역을 의미하며, [그림 1 - 1]과 같이 **경계**(boundary)에 의해 **주위**(周圍 ; surroundings)와 분리된다. 경계는 움직일 수도 있고 고정될 수도 있다.

① 밀폐계 : [그림 1 - 1 (a)]와 같이 계의 경계를 통하여 물질의 이동은 없고, 열이나 일 등 에너지만을 교환하는 계를 **밀폐계**(密閉系 ; closed system) 또는 **비유동계**(非流動系 ; nonflow system)라고 한다.

② 개방계 : [그림 1 - 1 (b)]와 같이 계의 경계를 통하여 물질 및 에너지 모두를 교환하는 계를 **개방계**(開放系 ; open system) 또는 **유동계**(flow system)라고 한다.

③ 고립계 : 계의 경계를 통하여 물질 및 에너지 모두를 교환하지 않는 계, 즉 주위와 아무런 상호관계가 없는 계를 **고립계**(孤立系) 또는 **절연계**(絕緣系 ; isolated system)라고 한다.

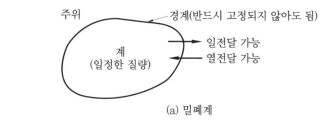

(a) 밀폐계

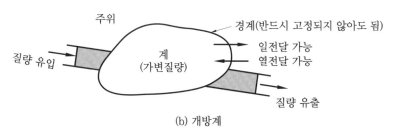

(b) 개방계

[그림 1 - 1] 계의 종류

(2) 동작물질(작업물질)

에너지를 저장 또는 운반하는 유체를 **동작물질**이라고 한다. 예를 들면, 증기터빈

(steam turbine)의 증기, 냉동기의 냉매(freon, ammonia 등), 내연기관에서의 공기와 연료의 혼합물 등이다.

2-4 ◦ 상태와 상태량

일정량의 물을 고려할 때 우리는 이 물이 여러 형태로 존재할 수 있다는 것을 알고 있다. 처음에 액체이면 가열됨으로써 증기로 되고, 또는 냉각됨으로써 고체로 될 수 있다. 즉, 우리는 서로 다른 **상**(相 ; phase)을 말하고 있는 것이다.

상은 완전히 균일한 어떤 양의 물질로 정의된다. 물질은 각 상에서 여러 가지 압력 및 온도하에 존재할 수 있으며, 이것을 열역학적인 용어로 물질은 각종의 **상태**(狀態 ; state)로 존재한다고 말한다.

계를 관찰했을 때 관찰 가능한 양으로 계의 성질로 규정하는 양을 **상태량**(狀態量 ; property)이라고 한다. 상태량은 계의 상태만으로 결정되는 것으로 그 상태가 될 때까지의 과정이나 경로에는 관계가 없다.

열역학적 상태량은 온도, 압력과 같이 계의 질량과는 관계가 없는 **강도성 상태량**(强度性 狀態量 ; intensive properties)과 체적, 에너지와 같이 질량에 정비례하여 변화하는 **종량성 상태량**(從量性狀態量 ; extensive properties)으로 분류된다. 단, 비체적과 같이 단위 질량당의 종량성 상태량은 강도성 상태량으로 취급한다.

2-5 ◦ 과정과 사이클

(1) 과정

계 내의 물질이 한 상태에서 다른 상태로 변화할 때 연속된 상태변화의 경로를 **과정**이라고 한다.

① 가역 과정 : 경로의 모든 점에서 상태의 변화가 항상 역학적, 열적, 화학적으로 평형을 유지하는 과정으로 어떠한 마찰도 수반하지 않고, 주위에 어떠한 변화도 남기지 않는 과정을 **가역 과정**(可逆過程 ; reversible process)이라고 말한다.

② 비가역 과정 : 가역 과정의 조건을 만족하지 않는 과정을 **비가역 과정**(非可逆過程 ; irrever-sible process)이라고 하며, 실제 모든 과정은 비가역 과정이다.

③ 정(등) 적 과정 : 경로의 모든 점에서 체적 또는 비체적이 일정한 과정을 **정적 과정**(定積過程 ; constant volume process) 또는 **등적 과정**(等積過程 ; isochoric volume process)이라고 한다.

④ 정(등) 압 과정 : 경로의 모든 점에서 압력이 일정한 과정을 **정압 과정**(定壓過程 ; constant pressure process) 또는 **등압 과정**(等壓過程 ; isochoric pressure process) 이라고 한다.

⑤ 단열 과정 : 경로의 모든 점에서 열의 출입이 없는 과정을 **단열 과정**(斷熱過程 ; adiabatic process)이라고 한다.

(2) 사이클

주어진 최초 상태에 있는 계가 여러 상태변화 또는 과정을 거쳐서 결국 최초 상태로 되돌아왔을 때 계는 한 **사이클**(cycle)을 겪었다고 한다. 따라서, 사이클이 완성되면 계가 원래의 상태로 돌아오기 때문에 모든 성질의 값은 최초 상태의 값과 같아진다.

① 가역 사이클 : 사이클을 이루는 각 부분의 상태변화가 모두 가역 과정인 사이클을 **가역 사이클**(reversible cycle)이라고 한다.

② 비가역 사이클 : 사이클을 이루는 각 부분의 상태변화가 모두 비가역 과정인 사이클을 **비가역 사이클**(irreversible cycle) 이라고 한다.

2-6 • 온 도

(1) 섭씨(Celsius)와 화씨(Fahrenheit)

온도의 눈금을 정하기 위하여 두 개의 기본이 되는 정점(定點)을 표준 대기압(1 atm) 하에서 순수한 물의 빙점(氷點 ; ice point)과 증기점(蒸氣點 ; steam point) 을 취하고 있다.

공학상의 실용단위로서 널리 쓰이는 **섭씨온도**(℃)는 이 두 정점을 0° 및 100°로 정하여 그 사이를 100등분한 것을 1℃로 정한 것이다. 한편, **화씨온도**(℉)는 두 정점을 32° 및 212°로 정하고 그 사이를 180등분하여 1℉로 정한 것으로서 미국이나 영국 등에서 주로 사용하고 있다.

[표 1-1]은 섭씨와 화씨의 관계를 나타낸 것이다.

[표 1-1] 섭씨와 화씨와의 관계

구 분	빙 점	증기점	등 분
섭씨	0℃	100℃	100
화씨	32℉	212℉	180

섭씨온도를 t_C, 화씨온도를 t_F라 하고 이들 사이의 관계를 식으로 나타내면 다음과 같다.

$$\frac{t_C}{100} = \frac{(t_F - 32)}{180}$$

에서,

$$\left.\begin{array}{l} t_C = \dfrac{5}{9}\left(t_F - 32\right)[\,^\circ\!\text{C}\,] \\[3mm] t_F = \dfrac{9}{5}t_C + 32\,[\,^\circ\!\text{F}\,] \end{array}\right\} \quad\cdots\cdots\cdots\cdots\cdots\cdots\cdots\cdots\cdots\cdots\cdots\cdots\cdots\cdots\cdots\cdots\cdots (1\text{-}1)$$

(2) 절대온도

이상기체(또는 완전기체)는 그 체적을 일정하게 하면 온도가 1℃ 내려갈 때마다 0℃일 때의 압력이 $\dfrac{1}{273.15}$씩 떨어져 결국 −273.15℃에 도달하면 기체의 압력은 0이 되어 기체의 분자운동은 정지되고 만다.

이와 같이 자연계에 존재하는 최저 극한의 온도 −273.15℃를 0도로 잡고 섭씨의 눈금과 같은 눈금으로 나타낸 온도를 **절대온도**(絕對溫度 ; absolute temperature)라고 하며, 도(°)의 기호를 붙이지 않고 K(Kelvin의 약호)로 표시한다. 또한 절대온도를 화씨의 눈금으로 표시한 것을 기호 R(Rankine의 약호)로 표시한다. 따라서, 절대온도를 T라 하면 이들의 관계식은 다음과 같다.

$$\left.\begin{array}{l} T = \left(t_C + 273.15\right)\text{K} \fallingdotseq \left(t_C + 273\right)\text{K} \\[2mm] T = \left(t_F + 459.67\right)\text{R} \fallingdotseq \left(t_F + 460\right)\text{R} \end{array}\right\} \quad\cdots\cdots\cdots\cdots\cdots\cdots\cdots\cdots\cdots (1\text{-}2)$$

2-7 ● 열량과 비열

(1) 열 량

열량이란 물체가 보유하는 열의 분량, 즉 열 에너지의 양으로 정의된다. 온도가 서로 다른 두 물체를 접촉시키면 열의 이동에 의해 결국 두 물체는 열평형의 상태에 도달하게 된다. 이 때 이동된 열의 양을 **열량**이라고 한다.

열은 일과 마찬가지로 주어진 온도에 있는 계의 경계를 넘어서 그보다 낮은 온도에 있는 다른 계(또는 주위)로서 온도차에 의하여 전달되는 에너지의 한 형태이다. 그러므로 전달된 열의 양, 즉 열량의 단위는 일의 단위와 동일하거나 최소한 그에 정비례한다.

따라서, 열량의 단위는 J(Joule)로 나타내며 그 밖의 열량 단위에는 kcal(kilo-calorie), Btu(British thermal unit), Chu(Centigrade heat unit) 등이 있다. [표 1-2]는 이들 열량의 단위를 비교한 것이다.

- 1 kcal : 순수한 물 1 kg의 온도를 표준 대기압하에서 1℃ 올리는 데 필요한 열량으로 1 kcal = 4.186 kJ이다.
- 1 Btu : 순수한 물 1 lb(pound)의 온도를 1℉ 올리는 데 필요한 열량
- 1 Chu : 순수한 물 1 lb의 온도를 1℃ 올리는 데 필요한 열량으로 kcal와 Btu를 조합한 단위 (1 lb = 0.4536 kg)

[표 1-2] 열량 단위의 비교

J	kcal	Btu	Chu
1	2.389×10^{-4}	9.478×10^{-4}	5.266×10^{-4}
4186	1	3.968	2.205
1055.04	0.252	1	0.5556
1899.072	0.4536	1.8	1

수학적인 관점에서 열은 일과 마찬가지로 경로함수(經路函數)이며 불완전미분이다. 즉, 계가 상태 1로부터 상태 2로 상태변화를 할 때 전달되는 열량은 그 상태변화 중에 그 계가 거쳐간 경로에 좌우된다. 따라서, 열의 미분은 δQ로 표시하고, 이것을 적분한 결과는 다음과 같이 표기한다.

$$\int_1^2 \delta Q = {_1}Q_2$$

이것을 말로 표현하면 ${_1}Q_2$는 상태 1과 상태 2간의 소정의 과정 중에 전달된 열량이다.

(2) 비열

질량 m인 물체에 δQ의 열량이 가해져 온도가 dT만큼 올라갔다고 하면 δQ는 dT 및 m에 비례한다. 이 관계를 식으로 나타내면

$$\delta Q \propto mdT$$

가 된다. 위 식을 항등식으로 다시 쓰면

$$\delta Q = C m d T \quad \text{(1-3)}$$

여기서, C는 비례상수로서 물체의 재질에 관계되는 상수이며, 이것을 그 물체의 **비열**(比熱 ; specific heat)이라고 한다. 즉, 비열은 어떤 물체 1 kg의 온도를 1 K 올리는 데 필요한 열량으로 kJ/kg · K로 나타낸다.

만약 비열 C가 온도에 전혀 관계없는 상수라고 하면, 다음과 같이 식 (1-3)을 적분하여 물체의 온도를 T_1에서 T_2까지 올리는 데 필요한 열량 $_1Q_2$를 구할 수 있다.

$$\int_1^2 \delta Q = \int_{T_1}^{T_2} m C d T$$

$$\therefore {}_1Q_2 = m C(T_2 - T_1) \quad \text{(1-4)}$$

그러나 실제로는 온도에 따라 변화하고, 특히 기체에서는 압력에 따라서도 변화하므로 온도 T_1과 T_2사이의 **평균비열**을 C_m으로 표시하면 식 (1-4)는 다음과 같이 표시된다.

$$_1Q_2 = m \int_{T_1}^{T_2} C d T = m C_m (T_2 - T_1) \quad \text{(1-5)}$$

따라서, 평균비열 C_m을 위 식으로부터 구하면 다음과 같다.

$$C_m = \frac{1}{(T_2 - T_1)} \int_{T_1}^{T_2} C d T \quad \text{(1-6)}$$

특히, 기체의 경우 고체 및 액체와는 다르게 일반적으로 정적가열과 정압가열을 할 때의 비열의 값은 서로 상당한 차이가 있다. 따라서, 정적가열을 할 때의 비열을 **정적비열**, 정압가열을 할 때의 비열을 **정압비열**이라 하고, 이들을 각각 C_v, C_p로 표기하면 $C_p > C_v$이다. 그러나 고체와 액체의 C_v 및 C_p는 거의 차이가 없으며 실용상 구별할 필요도 없다.

온도가 서로 다른 두 물체를 접촉시켰을 때의 열평형 온도 T_m을 구하여 보자. 물체 1과 물체 2의 질량 및 비열과 온도를 각각 (m_1, C_1, T_1), (m_2, C_2, T_2)라 하면 열역학 제 0 법칙에 의해

(고온 물체가 잃은 열량) = (저온 물체가 얻은 열량)

이므로 $T_1 > T_2$로 가정하면

$$_1Q_2 = m_1 C_1 (T_1 - T_m) = m_2 C_2 (T_m - T_2)$$

$$\therefore T_m = \frac{m_1 C_1 T_1 + m_2 C_2 T_2}{m_1 C_1 + m_2 C_2} \quad \text{(1-7)}$$

Q 예제 1-1

화씨온도 60°F는 섭씨온도(℃)와 절대온도(K)로 각각 몇 도인가?

해설 먼저 섭씨온도 t_C를 구하면

$$t_C = \frac{5}{9}(t_F - 32) = \frac{5}{9}(60 - 32) = 15.56 \text{ ℃}$$

절대온도 T는

$$T = t_C + 273 = 15.56 + 273 = 288.56 \text{ K}$$

정답 $t_C = 15.56℃, \quad T = 288.56 \text{ K}$

Q 예제 1-2

섭씨온도 30℃는 화씨온도(°F)와 절대온도(R)로 각각 몇 도인가?

해설 먼저 화씨온도 t_F를 구하면

$$t_F = \frac{9}{5}t_C + 32 = \frac{9}{5} \times 30 + 32 = 86 \text{ °F}$$

절대온도 T는

$$T = t_F + 460 = 86 + 460 = 546 \text{ R}$$

정답 $t_F = 86 \text{ °F}, \quad T = 546 \text{ R}$

Q 예제 1-3

공기 2 kg을 273K에서 473K까지 상승시키는 데 필요한 열량(kJ)과 평균비열 C_m을 구하여라. (단, 공기의 정압비열 $C_p = 0.24 + 0.002\,T$[kJ/kg · K]이다.)

해설 비열이 온도 T의 함수, 즉 $C = f(T) = 0.24 + 0.002\,T$이므로
가열량 $_1Q_2$ 는

$$_1Q_2 = m \int_{T_1}^{T_2} C\,dT = m \int_{T_1}^{T_2} (0.24 + 0.002\,T)\,dT$$

$$= 2 \times \left(0.24 \times 200 + 0.002 \times \frac{473^2 - 273^2}{2} \right) = 197.2 \text{ kJ}$$

또, 평균비열 C_m은

$$C_m = \frac{_1Q_2}{m(T_2 - T_1)} = \frac{197.2}{2 \times (473 - 273)}$$

$$= 0.493 \text{ kJ/kg · K}$$

정답 $_1Q_2 = 197.2 \text{ kJ}, \quad C_m = 0.493 \text{ kJ/kg · K}$

Q 예제 1-4

$0.05 \, \mathrm{m}^3$의 물 속에 온도 $500℃$, 질량 $2 \, \mathrm{kg}$인 쇠뭉치를 넣었더니 쇠뭉치의 온도가 $20℃$로 되었다. 물을 담고 있는 용기와 물과의 상호간에 열교환을 무시할 때 물의 상승온도 $\Delta t[℃]$를 구하여라. (단, 물의 비열은 $4.186 \, \mathrm{kJ/kg \cdot K}$ 쇠뭉치의 비열은 $0.452 \, \mathrm{kJ/kg \cdot K}$이다.)

해설 먼저 물의 질량을 구하면

$1 \, \mathrm{m}^3 = 1000 \, \mathrm{kg}$에서 $0.05 \, \mathrm{m}^3 = 0.05 \times 1000 = 50 \, \mathrm{kg}$

(물이 얻은 열량) = (쇠뭉치가 잃은 열량)에서

$50 \times 4.186 \times \Delta t = 2 \times 0.452 \times (500 - 20)$

$\therefore \Delta t = 2.07℃$

정답 $2.07℃$

Q 예제 1-5

온도 $293\mathrm{K}$의 물 $250l$가 들어 있는 물통 속에 온도 $873\mathrm{K}$의 강철판을 $20 \, \mathrm{kg}$ 넣었을 때 물의 나중온도($℃$)를 구하여라. (단, 물의 비열은 $4.186 \, \mathrm{kJ/kg \cdot K}$ 강철판의 비열은 $0.52 \, \mathrm{kJ/kg \cdot K}$이고, 물통과 물 사이에는 열 교환이 없다.)

해설 물과 강철판이 열평형되었을 때의 온도를 T_m이라 하면

(강철판이 잃은 열량) = (물이 얻은 열량)에서

$_1Q_2 = m_1 C_1 (T_1 - T_m) = m_2 C_2 (T_m - T_2)$

$\therefore T_m = \dfrac{m_1 C_1 T_1 + m_2 C_2 T_2}{m_1 C_1 + m_2 C_2} = \dfrac{(20 \times 0.52 \times 873) + (250 \times 4.186 \times 293)}{(20 \times 0.52) + (250 \times 4.186)}$

$= 293.7\mathrm{K} = (293.7 - 273)℃ = 20.7℃$

정답 $20.7℃$

연·습·문·제

1. 섭씨온도 −40℃를 화씨온도(℉)로 환산하여라.

2. 비열이 0.475 kJ/kg·K인 철 10 kg을 20℃에서 80℃로 올리는 데 필요한 열량은 몇 kJ인가?

3. 온도 600℃의 구리 7 kg을 8 kg의 물속에 넣어 열적 평형을 이룬 후 구리와 물의 온도가 64.2℃가 되었다면 물의 처음 온도는 약 몇 ℃인가?(단, 이 과정 중 열손실은 없고, 구리의 비열은 0.386 kJ/kg·K이며 물의 비열은 4.184 kJ/kg·K이다.)

4. 공기 1 kg을 정적과정으로 40℃에서 120℃까지 가열하고, 다음에 정압과정으로 120℃에서 220℃까지 가열한다면 전체 가열에 필요한 열량은 몇 kJ인가?(단, 정압비열은 1.00 kJ/kg·K, 정적비열은 0.71 kJ/kg·K이다.)

5. 온도가 각기 다른 액체 A(50℃), B(25℃), C(10℃)가 있다. A와 B를 동일 질량으로 혼합하면 40℃로 되고, A와 C를 동일 질량으로 혼합하면 30℃로 된다. B와 C를 동일 질량으로 혼합할 때는 몇 ℃로 되는가?

6. 질량이 4 kg인 단열된 강재 용기 속에 온도 25℃의 물 18 *l*가 들어가 있다. 이 속에 200℃의 물체 8 kg을 넣었더니 열평형에 도달하여 온도가 30℃가 되었다. 물의 비열은 4.187 kJ/kg·K이고, 강재의 비열은 0.4648 kJ/kg·K일 때 이 물체의 비열은 몇 kJ/kg·K인가?

열역학 제1법칙

본 장에서는 자연계를 지배하는 중대한 원칙의 하나인 에너지 보존의 법칙과 이에 의한 일과 열과의 관계를 서술하였다.

1. 에너지 보존의 법칙

일은 보통 변위(變位; displacement) x를 통하여 힘이 작용하는 것으로 정의하며, 여기서 변위는 힘의 방향으로의 변위를 말한다. 즉, 일을 W, 작용된 힘을 F라고 하며 다음과 같은 식으로 나타낼 수 있다.

$$W = \int_1^2 F \cdot dx$$

따라서, 일은 수학적인 관점에서 경로함수(經路函數)이며, 불완전 미분이다. 즉, 계가 상태 1로부터 상태 2로 상태변화를 할 때 한 일은 상태변화 중에 그 계가 거쳐서 간 경로에 좌우된다. 따라서, 일의 미분은 δW로 표시하고, 이것을 적분한 결과는 다음과 같이 표기한다.

$$\int_1^2 \delta W = {}_1W_2$$

또, 어떤 물체가 일을 할 수 있는 능력을 가졌을 때 그 물체는 에너지를 가졌다고 한다. 즉, 에너지는 일을 할 수 있는 능력을 말하고 그 양은 외부에 한 일로 표시하며, 단위(unit)는 일의 단위와 같다.

높은 곳에 있는 물체는 낮은 곳에 있는 것보다 더 많은 일을 할 수 있는 능력을 가졌고, 이것을 **위치 에너지**(potential energy)라고 한다. 또, 운동하고 있는 물체는 속도가 빠를수록 더 많은 일을 할 수 있는 능력이 있으며, 이것을 **운동 에너지**(kinetic energy)라고 부른다.

그리고 이 두 에너지를 합쳐서 **기계적 에너지**(mechanical energy) 또는 **역학적 에너지**(dynamical energy)라고 부른다. 이밖에 열, 빛, 전기, 소리 등도 에너지이지만 열역학에서는 기계적 에너지와 열 에너지(heat energy)만을 다룬다.

질량 m[kg]의 물체가 h[m] 높이에 있을 때의 위치 에너지를 E_p라 하고, 역시 질량 m[kg]의 물체가 w[m/s]의 속도로 운동하고 있을 때의 운동 에너지를 E_k라고 하면,

$$E_p = mgh\,[\mathrm{N \cdot m, \ J}]$$
$$\mathrm{E}_k = \frac{1}{2}mw^2\,[\mathrm{N \cdot m, \ J}]$$

$$\cdots\cdots (2\text{-}1)$$

가 된다. 여기서, g는 중력가속도이다.

물체는 위치나 형상, 체적, 압력, 온도 등이 어떤 상태로부터 다른 상태로 바뀔 때 에너지의 소모에 의하여 외부에 대하여 일을 한다. 지금 한 계에서 비탄성적인 변형 또는 마찰이 있을 경우 열이 발생한다는 사실로써 에너지의 형태가 바뀌는 것을 알 수 있다. 그리고 Joule에 의하여 열 에너지와 기계적 에너지와의 등가관계(等價關係)가 알려짐으로써 **에너지 보존의 법칙**(principle of conservation of energy)이 수립되었다. 즉,

「에너지는 여러 가지 형태가 있으나 본질은 동일한 것이며, 모든 형태의 에너지는 서로 전환할 수 있고, 그 총량은 일정하며 불변이다.」

2. 내부 에너지

외부로부터 물체에 열을 가하거나 혹은 외부로부터 물체에 일을 할 경우(가령, 타격 또는 압축) 그 물체가 열을 밖으로 내보내거나 외부에 대하여 일을 하지 않았다면 물체가 받은 열이나 일은 내부에 저장된다고 생각할 수 있다. 즉, 물질을 구성하고 있는 분자, 원자, 전자 등은 물체가 받은 열이나 일에 의하여 일정한 거리와 속도를 가지고 서로 관련되어 있는 것으로 생각할 수 있으며 이들은 위치 에너지와 운동 에너지를 갖게 된다. 이와 같이 물질 자체가 그의 내부에 가지고 있는 에너지를 **내부 에너지**(internal energy)라고 한다. 이것에 대하여 기계적 에너지를 **외부 에너지**(external energy)라고 한다. 따라서, 물체가 갖는 **전 에너지**(total energy)는

(전 에너지) = (내부 에너지) + (외부 에너지)

가 된다.

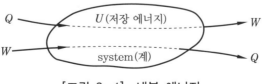

[그림 2-1] 내부 에너지

[그림 2-1]은 밀폐계(密閉系, 또는 非流動過程)의 에너지 변환과정을 나타낸 것으로서 계 내에 저장된 에너지 U가 내부 에너지이다. 따라서, 내부 에너지는 과정의 변화경로에 무관하고 변화 전후의 절대값에만 의존하는 점함수(點函數, 또는 狀態函數)이다.

3. 열역학 제1법칙

열과 일은 동등한 에너지의 한 형태임은 이미 앞에서 밝혔다. 즉, 열은 본질상 일과 같이 에너지의 일종으로서 일은 열로 전환할 수도 있고, 거의 역전환도 가능하다. 이 때 열과 일 사이의 비는 항상 일정하다. 이와 같이 열의 본질을 밝힌 것이 **열역학의 제1법칙**이다. 즉, 열역학의 제1법칙은 에너지 보존의 법칙을 열(Q)과 일(W) 사이에 적용한 것으로서 이들의 본질은 서로 같으므로 다음과 같은 호환성을 말해 주는 것이다.

$$Q \rightleftharpoons W$$

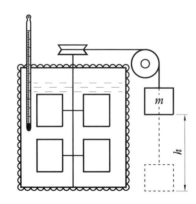

[그림 2-2] 일과 열의 호환 실험장치

[그림 2-2]에서 질량 m인 추가 h[m]만큼 낙하할 때의 일은 날개바퀴를 회전시켜 그 마찰로 물의 온도가 올라간다. 따라서, 물의 온도를 측정함으로써 발생열량을 알 수 있고, 이것으로부터 추(錘)가 한 일 mgh[kJ]가 열로 전환되는 것을 알 수 있다.

에너지 보존의 원리를 동력을 발생하는 기계에 적용시켜 생각한다면, 기계는 동력을 외부에 공급함과 동시에 반드시 다른 형태의 에너지를 소비하지 않으면 안 된다. 즉,「에너지의 소비 없이 계속 일을 할 수 있는 기계는 존재하지 않는다.」바꾸어 말하면 외부로부터 하등의 에너지 보충을 받는 일 없이 영구히 운동을 지속할 수 있는 기계는 있을 수 없다는 말이다.

만약 이런 기계가 존재한다면 그것은 **제1종의 영구운동**(第1種의 永久運動)을 하는 기계라고 부른다. 그러나 이와 같은 운동은 에너지 보존의 원리에 위반되는 것으로 불가능하다. 제1종의 영구운동을 부정한 것도 열역학 제1법칙을 다른 방법으로 표현한 것이 된다.

3-1 • 밀폐계에 대한 열역학 제1법칙

에너지 보존의 법칙에 의하여 정지하고 있는 어떤 물체에 외부로부터 일정량의 열이 가해지면 그 물체는 이 열량의 일부분을 소비하여 외부에 대하여 일을 하고 남은 부분은 전부 내부 에너지로서 내부에 저장되며, 그 사이에 에너지가 소멸되거나 발생되는 일은 전혀 없다. 즉, 물체가 외부로부터 $\delta Q\,[\text{kJ}]$의 열량을 받아 저장된 내부 에너지가 $dU\,[\text{kJ}]$이고, 외부에 대해 $\delta W\,[\text{kJ}]$의 일을 하였다면 다음과 같은 식으로 나타낼 수 있다.

$$\delta Q = dU + \delta W \quad\cdots\cdots (2\text{-}2)$$

이 식을 **열역학 제1법칙의 식** 또는 **에너지식**이라 하고, 열역학에서 중요한 기초식으로 활용된다. 또, 위 식을 상태 1과 2에 대하여 적분하면

$$\int_1^2 \delta Q = \int_1^2 dU + \int_1^2 \delta W$$

$$_1Q_2 = (U_2 - U_1) + {}_1W_2 \ [\text{kJ}] \quad\cdots\cdots (2\text{-}3)$$

가 된다. 특히, $_1W_2$는 밀폐계가 가역과정의 상태변화를 겪을 때 행한 일로서 **절대일** (absolute work ; **팽창일** 또는 **비유동일**) 이라 하고, (압력)×(체적 변화량)의 값을 갖는다. 절대일에 대하여 자세히 설명하면 다음과 같다.

[그림 2-3]과 같이 피스톤이 실린더 벽에 기밀(機密)이면서도 마찰 없이 이동할 수 있는 것으로 가정하고, 이 때 실린더 속의 기체는 가역변화를 한다면 기체가 피스톤에 미치는 힘과 피스톤에 작용하는 외력은 항상 같아야 한다. 즉, 기체가 피스톤면에 미치는 압력을 $p\,[\text{N/m}^2]$, 피스톤 면적을 $a\,[\text{m}^2]$라 하면 기체가 피스톤에 미치는 힘은 $pa\,[\text{N}]$가 되고, 피스톤에 작용하는 외력은 $F\,[\text{N}]$이므로

$$pa = F$$

가 된다. 위 식을 만족하기 위해서는 피스톤은 매우 완만하게 움직여야 하고, 기체가 팽창 또는 압축하는 도중 임의의 순간에 피스톤의 운동을 정지시켜도 그 순간의 상태에서는 아무런 변화가 없어야 한다. 따라서, 피스톤이 dx만큼 움직였을 때 기체가 피스

톤에 한 일 δW는

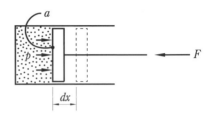

$$\delta W = Fdx = padx = pdV \quad \cdots\cdots\cdots (2-4)$$

여기서, $dV = adx$는 기체의 체적 증가량이다.

식 (2-4)로부터 기체가 체적 V_1에서 V_2까지 변화할 때 계(실린더 내의 기체)가 한 일을 구하면 다음과 같다.

[그림 2-3] 밀폐계의 가역변화

$$\int_1^2 \delta W = \int_1^2 pdV$$

$${}_1W_2 = p(V_2 - V_1) \quad \cdots\cdots\cdots\cdots\cdots\cdots\cdots\cdots\cdots\cdots\cdots\cdots\cdots\cdots (2-5)$$

또, 실린더 내 기체의 질량을 $m[\mathrm{kg}]$, 비체적을 $v[\mathrm{m^3/kg}]$라 하면 위 식은

$${}_1W_2 = m \cdot p(v_2 - v_1) \quad \cdots\cdots\cdots\cdots\cdots\cdots\cdots\cdots\cdots\cdots\cdots\cdots\cdots (2-6)$$

가 된다. 여기서 ${}_1W_2$를 절대일이라고 한다. 즉, 절대일은 밀폐계(비유동계)에서 기체가 외부에 한 일을 말한다. 따라서, 식 (2-2)와 (2-3)의 열역학 제1법칙의 식을 다시 쓰면,

$$\left.\begin{array}{l} \delta Q = dU + pdV \\ {}_1Q_2 = (U_2 - U_1) + p(V_2 - V_1) \end{array}\right\} \quad \cdots\cdots\cdots\cdots\cdots\cdots (2-7)$$

가 된다.

또, 단위 질량당의 열량과 내부 에너지를 각각 $q[\mathrm{kJ/kg}]$, $u[\mathrm{kJ/kg}]$라 하면

$$\left.\begin{array}{l} \delta q = du + pdv \\ {}_1q_2 = (u_2 - u_1) + p(v_2 - v_1) \\ {}_1Q_2 = m \cdot {}_1q_2 = m(u_2 - u_1) + mp(v_2 - v_1) \end{array}\right\} \quad \cdots\cdots\cdots (2-8)$$

3-2 ◦ 엔탈피 및 개방계에 대한 열역학 제1법칙

앞에서는 밀폐계(비유동계)에서의 에너지를 논했다. 그러나 열역학적인 여러 문제에 있어서는 개방계, 즉 정상유동(定常流動)을 하는 기체나 액체를 취급하는 일이 많다. 예를 들면, 증기터빈의 증기라든지, 냉동기의 냉매 등은 항상 유동하고 있는 것이며 정지하고 있지 않다.

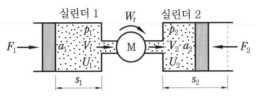

[그림 2-4] 개방계

[그림 2-4]와 같이 두 개의 단열된 실린더 1, 2사이에 기관 M을 설치한 장치를 생각해 보자. 실린더 1에는 m[kg]의 가스가 (p_1, V_1)인 상태로 들어 있고, 실린더 2는 피스톤이 왼쪽 맨 끝에 위치해 있어 가스가 전혀 없는 상태이다. 그림에서 실린더 1의 피스톤을 s_1만큼 밀면 m[kg]의 가스는 기관 M을 회전시켜 W_t[J]의 일을 하고 실린더 2의 피스톤을 s_2만큼 팽창시켜 실린더 2의 가스는 상태(p_2, V_2)가 되었다고 하자. 이 과정에서 실린더 1의 압력은 항상 p_1의 압력을 유지할 수 있도록 F_1의 힘으로써 피스톤을 밀도록 하며, 실린더 2에 대해서도 항상 p_2의 압력이 유지될 수 있도록 F_2의 힘이 작용하는 것으로 한다. 이 때 실린더 1과 2의 피스톤 헤드 면적을 각각 a_1, a_2라 하면 실린더 1의 피스톤이 한 일량은,

$$F_1 s_1 = p_1 a_1 \cdot s_1 = p_1 V_1 \,[kJ]$$

이 되고, 실린더 2의 피스톤이 받은 일량은,

$$F_2 s_2 = p_2 a_2 \cdot s_2 = p_2 V_2 \,[kJ]$$

가 된다.

따라서, 실린더 1의 처음 상태의 내부 에너지를 U_1[kJ], 실린더 2의 나중 상태의 내부 에너지를 U_2[kJ]라 하면 에너지 보존의 법칙에 의해 다음과 같은 식이 성립된다.

$$(U_1 + p_1 V_1) = W_t + (U_2 + p_2 V_2)$$
$$\therefore \; W_t = (U_1 + p_1 V_1) - (U_2 + p_2 V_2) \quad \cdots\cdots\cdots\cdots\cdots\cdots\cdots (2-9)$$

여기서, W_t는 기관 M에 의하여 행하여진 일량(kJ)을 열량(kJ)으로 나타낸 것이다. 특히, W_t[kJ]는 실린더 1의 가스가 압축되어 실린더 2로 유동하면서 기관 M을 통하여 외부에 행한 일이므로 이 일을 **공업일**(또는 **압축일**, **유동일**) 이라고 한다. 즉, 공업일은 개방계 (유동계)에서 발생하는 일로서 앞의 절대일과 구별한다.

식 (2-9)와 같이 유동과정에서는 내부 에너지 U와 pV가 항상 연관되어 일어나기 때문에 이들을 합쳐서 나타내면 유동과정을 해석하는 데 매우 편리하다. 즉,

$$H = U + pV \,[kJ] \quad \cdots\cdots\cdots\cdots\cdots\cdots\cdots\cdots\cdots\cdots\cdots\cdots\cdots (2-10)$$

여기서, H를 **엔탈피**(enthalpy)라고 한다. 또, 단위 질량당의 엔탈피를 **비엔탈피**(specific enthalpy)라고 하는데 기호 h로 나타내면 다음과 같다.

$$\left.\begin{array}{l} h = u + pv\,[\mathrm{kJ/kg}] \\ H = mh = m(u + pv)\,[\mathrm{kJ}] \end{array}\right\} \quad\cdots\cdots\cdots\cdots (2-11)$$

식 (2-11)에서 $h = u + pv$를 미분형으로 표시하면

$$dh = du + d(pv) = du + pdv + vdp$$

여기서, 식 (2-8)로부터 $du + pdv = \delta q$이므로 위 식을 다시 고쳐 쓰면

$$dh = \delta q + vdp$$

$$\left.\begin{array}{l} \therefore\ \delta q = dh - vdp\,[\mathrm{kJ/kg}] \\ \delta Q = dH - Vdp\,[\mathrm{kJ}] \end{array}\right\} \quad\cdots\cdots\cdots\cdots (2-12)$$

위 식은 개방계(유동계)에 대한 열역학 제1법칙의 식으로 매우 중요하다.
식 (2-12)를 상태 1과 상태 2에 대하여 적분하면

$$\int_1^2 \delta Q = \int_1^2 dH - \int_1^2 Vdp$$

$$\therefore\ {}_1Q_2 = (H_2 - H_1) - V(p_2 - p_1)$$

위 식에서 $-\int_1^2 Vdp = -V(p_2 - p_1)$가 공업일이다. 즉, 공업일 W_t는

$$W_t = -\int_1^2 Vdp = -V(p_2 - p_1) \quad\cdots\cdots\cdots\cdots (2-13)$$

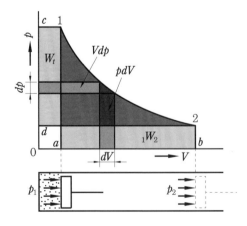

[그림 2-5] $p-V$ 선도에 표시된 절대일과 공업일

[그림 2−5]는 기체의 압력 p와 체적 V를 직각좌표의 양축에 잡고 그의 상태변화를 표시한 선도로서 이 선도를 $p-V$선도($p-V$ diagram)라고 한다. 그림의 도형면적의 관계로부터 기체가 가역변화할 때 외부에 대하여 하는 절대일 $_1W_2$와 공업일 W_t사이 에는 다음과 같은 관계가 있다는 것을 알 수 있다.

$$W_t = {_1}W_2 + p_1 V_1 - p_2 V_2 \quad \cdots\cdots\cdots\cdots\cdots\cdots\cdots\cdots\cdots\cdots\cdots\cdots\cdots\cdots (2-14)$$

3-3 ● 정상 유동과정(개방계)에 대한 일반 에너지식

앞의 개방계에서는 동작물질의 속도에 의한 운동 에너지와 위치에 의한 위치 에너지 를 고려하지 않았으나, [그림 2−6]과 같은 개방된 관로 속을 정상 유동하는 $m[\mathrm{kg}]$의 유체가 상태 1에서 상태 2까지의 사이에 외부에서 단위 시간 동안 $Q[\mathrm{kJ/s}]$의 열량을 받아 외부에 대하여 단위 시간 동안 $W_t[\mathrm{kJ/s}]$의 일을 할 때 운동 에너지와 위치 에너지 를 고려하여 보자.

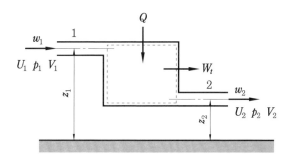

[그림 2−6] 정상 유동과정(개방계)의 에너지 관계

상태 1과 2에서의 속도와 위치를 각각 $(w_1,\ z_1)$, $(w_2,\ z_2)$라고 하면 에너지 보존의 법 칙에 의해

$$Q + U_1 + p_1 V_1 + \frac{1}{2}mw_1^2 + mgz_1$$

$$= W_t + U_2 + p_2 V_2 + \frac{1}{2}mw_2^2 + mgz_2$$

$$Q + H_1 + \frac{1}{2}mw_1^2 + mgz_1 = W_t + H_2 + \frac{1}{2}mw_2^2 + mgz_2$$

$$\therefore Q = W_t + (H_2 - H_1) + \frac{1}{2}m\left(w_2^2 - w_1^2\right) + mg(z_2 - z_1) \quad \cdots\cdots\cdots\cdots\cdots (2-15)$$

위 식을 **정상 유동과정(개방계)에 대한 일반 에너지식**이라고 한다. 식 (2−15)를 다시

비엔탈피 $h[\mathrm{kJ/kg}]$의 값으로 나타내면 다음과 같다.

$$Q = W_t + m(h_2 - h_1) + \frac{1}{2}m(w_2^2 - w_1^2) + mg(z_2 - z_1) \quad \cdots\cdots\cdots (2-16)$$

대부분의 경우 운동 에너지와 위치 에너지를 생략할 수 있고, 또 계(기계장치)의 표면에서 열량 Q'를 잃으므로 이런 경우에는 식 $(2-15)$에서 $Q = -Q'$로 놓으면 다음과 같이 된다.

$$-Q' = W_t + (H_2 - H_1)$$

$$\therefore Q' = (H_1 - H_2) - W_t \quad \cdots\cdots\cdots\cdots\cdots (2-17)$$

Q 예제 2-1

어떤 장치에 83 kJ의 열을 공급하였더니 외부에 대하여 20 kJ의 일을 행하였다. 내부 에너지의 증가량을 구하여라.

해설 $\delta Q = dU + \delta W$에서

$$dU = \delta Q - \delta W$$

$$= 83 - 20 = 63\,\mathrm{kJ}$$

정답 63 kJ

참고 열과 일의 부호는 다음과 같다.
- 외부로부터 열을 받았을 때(흡입열량) : (+)
- 외부에 열을 내보낼 때(방출열량) : (−)
- 외부에 대하여 일을 할 때 : (+)
- 외부로부터 일을 받을 때 : (−)

Q 예제 2-2

22 kW의 디젤기관에서 마찰에 의한 동력 손실량이 출력의 10 %일 때 손실에 의해서 생기는 열량은 몇 kJ/h인가?

해설 마찰에 의한 손실동력을 H라 하면

$$H = 22 \times 0.1 = 2.2\,\mathrm{kW} = 2.2\,\mathrm{kJ/s}$$

$$= 2.2 \times 3600 = 7920\,\mathrm{kJ/h}$$

정답 7920 kJ/h

Q 예제 **2-3**

기체가 167 kJ의 열을 흡입하여 5000 J의 일을 하였다면 내부 에너지의 증가량은 몇 kJ 인가?

해설 열역학 제1법칙의 식으로부터 내부 에너지 증가량은

$$(U_2 - U_1) = {}_1Q_2 - {}_1W_2 = 167 - 5 = 162 \, \text{kJ}$$

정답 162 kJ

Q 예제 **2-4**

내부 에너지가 168 kJ, 체적 300 l, 압력 100 kPa인 계의 엔탈피를 구하여라.

해설 $1 l = \dfrac{1}{1000} \, \text{m}^3$이므로

$$300 \, l = 300 \times \frac{1}{1000} \, \text{m}^3 = 0.3 \, \text{m}^3$$

따라서, 엔탈피 H는

$$H = U + pV = 168 + (100 \times 0.3) = 198 \, \text{kJ}$$

정답 198 kJ

Q 예제 **2-5**

수평으로 놓여진 증기터빈이 4500 kg/h의 수증기를 사용하여 750 kW의 기계적 일을 할 때 터빈의 입구 및 출구에 있어서의 증기가 갖는 엔탈피가 각각 $h_1 = 2920$ kJ/kg, $h_2 = 2240$ kJ/kg이고, 또 터빈의 입구 및 출구에서의 증기유속이 각각 $w_1 = 90$ m/s, $w_2 = 240$ m/s라면, 이 터빈의 열손실은 몇 kJ/s인가? (단, 수증기는 터빈 내에서 정상 유동하는 것으로 본다.)

해설 터빈이 단위시간($1h$)당 외부에 한 일 W_t는

$$W_t = 750 \, \text{kW} = 750 \, \text{kJ/s} = 27 \times 10^5 \, \text{kJ/h}$$

따라서, 정상 유동과정에 대한 일반 에너지식에서 $z_1 = z_2$이므로 단위시간당의 열손실 Q는

$$Q = W_t + m(h_2 - h_1) + \frac{1}{2}m(w_2^2 - w_1^2) + mG(z_2 - z_1)$$

$$= (27 \times 10^5) + 4500 \times (2240 - 2920) + \frac{1}{2} \times 4500 \times (240^2 - 90^2) \times 10^{-3}$$

$$= -248625 \, \text{kJ/h} = -248625 \times \frac{1}{3600} = -69.06 \, \text{kJ/s}$$

정답 69.06 kJ/s(열 손실)

연·습·문·제

1. 내부 에너지가 30 kJ인 물체에 열을 가하여 내부 에너지가 50 kJ이 되는 동안에 외부에 대하여 10 kJ의 일을 하였다. 이 물체에 가해진 열량은 몇 kJ인가?

2. 14.33 W의 전등을 매일 7시간 사용하는 집이 있다. 1개월(30일) 동안 몇 kJ의 에너지를 사용 하는가?

3. 밀폐용기에 비내부에너지가 200 kJ/kg인 기체 0.5 kg이 있다. 이 기체를 용량이 500 W인 전기가열기로 2분 동안 가열한다면 최종상태에서 기체의 내부에너지는 몇 kJ인가? (단, 열량은 기체로만 전달된다고 한다.)

4. 기체가 열량 80 kJ을 흡수하여 외부에 대하여 20 kJ의 일을 하였다면 내부에너지 변화는 몇 kJ인가?

5. 밀폐된 실린더 내의 기체를 피스톤으로 압축하는 동안 300 kJ의 열이 방출되었다. 압축일의 양이 400 kJ이라면 내부에너지 변화량은 약 몇 kJ인가?

6. 밀폐계에서 기체의 압력이 100 kPa로 일정하게 유지되면서 체적이 1 m^{3}에서 2 m^{3}으로 증가되었을 때 외부에 행한 일은 몇 kJ인가?

7. 실린더에 밀폐된 8 kg의 공기가 그림과 같이 $p_1 = 800$ kPa, 체적 $V_1 = 0.27$ m^{3}에서 $p_2 = 350$ kPa, 체적 $V_2 = 0.80$ m^{3}으로 직선 변화하였다. 이 과정에서 공기가 한 일은 몇 kJ인가?

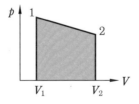

8. 밀폐 시스템이 압력 $p_1 = 200$ kPa, 체적 $V_1 = 0.1$ m^{3}인 상태에서 $p_2 = 100$ kPa, $V_2 = 0.3$ m^{3}인 상태까지 가역팽창되었다. 이 과정이 $p-V$ 선도에서 직선으로 표시된다면 이 과정 동안 시스템이 한 일은 몇 kJ인가?

9. 압력 $1\,\mathrm{N/cm^2}$, 체적 $0.5\,\mathrm{m^3}$인 기체 $1\,\mathrm{kg}$을 가역과정으로 압축하여 압력이 $2\,\mathrm{N/cm^2}$, 체적이 $0.3\,\mathrm{m^3}$로 변화되었다. 이 과정이 압력−체적($p-V$) 선도에서 선형적으로 변화되었다면 이때 외부로부터 받은 일은 몇 $\mathrm{N \cdot m}$인가?

10. 보일러 입구의 압력이 $9800\,\mathrm{kN/m^2}$이고, 응축기의 압력이 $4900\,\mathrm{N/m^2}$일 때 펌프가 수행한 일은 몇 $\mathrm{kJ/kg}$인가? (단, 물의 비체적은 $0.001\,\mathrm{m^3/kg}$이다.)

11. $30℃$, $100\,\mathrm{kPa}$의 물을 $800\,\mathrm{kPa}$까지 압축한다. 물의 비체적이 $0.001\,\mathrm{m^3/kg}$로 일정하다고 할 때, 단위 질량당 소요된 일(공업일)은 몇 $\mathrm{kJ/kg}$인가?

12. $10\,\mathrm{kg}$의 증기가 온도 $50℃$, 압력 $38\,\mathrm{kPa}$, 체적 $7.5\,\mathrm{m^3}$일 때 총 내부에너지는 $6700\,\mathrm{kJ}$이다. 이와 같은 상태의 증기가 가지고 있는 엔탈피는 몇 kJ인가?

13. 내부에너지가 $40\,\mathrm{kJ}$, 절대압력이 $200\,\mathrm{kPa}$, 체적이 $0.1\,\mathrm{m^3}$, 절대온도가 $300\,\mathrm{K}$인 계의 엔탈피는 몇 kJ인가?

14. 체적이 $200\,l$인 용기 속에 기체가 $3\,\mathrm{kg}$ 들어 있다. 압력이 $1\,\mathrm{MPa}$, 비내부에너지가 $219\,\mathrm{kJ/kg}$일 때 비엔탈피는 몇 $\mathrm{kJ/kg}$인가?

15. $1\,\mathrm{kg}$의 기체가 압력 $50\,\mathrm{kPa}$, 체적 $2.5\,\mathrm{m^3}$의 상태에서 압력 $1.2\,\mathrm{MPa}$, 체적 $0.2\,\mathrm{m^3}$의 상태로 변하였다. 엔탈피의 변화량은 몇 kJ인가? (단, 내부에너지의 변화는 없다.)

16. 증기터빈 발전소에서 터빈 입구의 증기 엔탈피는 출구의 엔탈피보다 $136\,\mathrm{kJ/kg}$ 높고, 터빈에서의 열손실은 $10\,\mathrm{kJ/kg}$이다. 증기속도는 터빈 입구에서 $10\,\mathrm{m/s}$이고, 출구에서 $110\,\mathrm{m/s}$일 때 이 터빈에서 발생시킬 수 있는 일은 몇 $\mathrm{kJ/kg}$인가?

17. 위치에너지의 변화를 무시할 수 있는 단열 노즐 내를 흐르는 공기의 출구속도가 $600\,\mathrm{m/s}$이고 노즐 출구에서의 엔탈피가 입구에 비해 $179.2\,\mathrm{kJ/kg}$ 감소할 때 공기의 입구속도는 몇 $\mathrm{m/s}$인가?

18. 천제연 폭포의 높이가 $55\,\mathrm{m}$이고 주위와 열 교환을 무시한다면 폭포수가 낙하한 후 수면에 도달할 때까지 온도 상승은 약 몇 K인가? (단, 폭포수의 비열은 $4.2\,\mathrm{kJ/kg \cdot K}$이다.)

이상기체

기체를 구성하고 있는 분자간에 분자력이 작용하지 않을 뿐만 아니라 분자의 크기도 무시할 수 있고, 분자가 벽(壁) 또는 다른 분자에 대하여 행하는 충돌이 완전 탄성체적인 가상의 기체를 **이상기체**(ideal gas) 또는 **완전가스**(perfect gas)라고 한다.

실제적으로 이상기체는 존재하지 않으나 원자수가 적은 H_2, O_2, N_2, He, CO 등의 기체는 보통의 상태에서 이상기체로 보아도 별로 큰 지장은 없다. 이에 비하여 H_2O, CO_2 등과 같이 원자수가 많은 것은 보통의 상태에서 이상기체로 취급하기가 곤란하나 이들 기체도 압력이 낮고 온도가 높아짐에 따라 이상기체의 성질에 가까워진다. 따라서, 공업적으로 이용되는 공기나 연소가스 등은 이상기체로 취급할 수 있다.

1. 이상기체의 상태식

1-1 ● 보일의 법칙

1662년에 보일(Boyle)은 이상기체의 상태변화에서 온도가 일정한 경우 압력과 비체적과의 사이에 다음과 같은 관계가 있음을 밝혔다.

「등온하에서 모든 이상기체의 비체적은 압력에 반비례한다.」 즉,

$$v \propto \frac{1}{p}, \; pv = C\,(일정)$$

위 식을 **보일의 법칙** 또는 **등온법칙**이라 하고, 여기서 C는 비례상수로서 기체의 종류 및 온도에 따라 다르다. 따라서, 보일의 법칙에 의해 처음의 상태(p_1, v_1, T_1)인 이상기체가 일정온도, 즉, $T_1 = T_2 = T$ 하에서 상태(p_2, v_2, T_2)로 변화했을 경우 압력과 비체적의 관계는 다음과 같다.

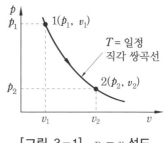

[그림 3-1] $p-v$ 선도

$$p_1 v_1 = p_2 v_2 = C \quad \cdots\cdots\cdots\cdots (3\text{-}1)$$

[그림 3-1]은 보일의 법칙을 $p-v$ 선도로 나타낸 것이다.

1-2 ● 샤를의 법칙

1802년에 샤를(Charles)은 이상기체의 상태변화에서 압력이 일정한 경우 온도와 비체적과의 사이에 다음과 같은 관계가 있음을 밝혔다.

「등압하에서 모든 이상기체의 비체적은 온도에 비례한다.」 즉,

$$v \propto T, \ \frac{v}{T} = C(일정)$$

위 식을 **샤를의 법칙** 또는 **등압법칙**이라고 한다.

따라서, 샤를의 법칙에 의해 처음의 상태$(p_1, \ v_1, \ T_1)$인 이상기체가 일정압력, 즉 $p_1 = p_2 = p$하에서 상태$(p_2, \ v_2, \ T_2)$로 변화했을 경우 온도와 비체적의 관계는 다음과 같다.

$$\frac{v_1}{T_1} = \frac{v_2}{T_2} = C \ \cdots\cdots\cdots\cdots\cdots\cdots\cdots\cdots\cdots\cdots\cdots\cdots\cdots\cdots (3-2)$$

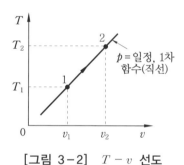

[그림 3-2] $T-v$ 선도

[그림 3-2]는 샤를의 법칙을 $T-v$ 선도로 나타낸 것이다.

1-3 ● 보일 - 샤를의 법칙

식 (3-1)의 보일의 법칙과 식 (3-2)의 샤를의 법칙을 결합하면 온도와 압력이 변화할 때의 관계를 얻을 수 있다. 처음의 상태$(p_1, \ v_1, \ T_1)$인 이상기체가 상태$(p_2, v_2, \ T_2)$로 변화할 때 이 변화를 두 단계로 나누어 생각하여 보자. 즉, [그림 3-3]의 $p-v$ 선도에서 두 등온선을 T_1, T_2라 할 때 상태 ① 에서 ⓜ 까지의 변화는 온도 T_1의 등온변화이므로 보일의 법칙에 의하여

$$p_1 v_1 = p_2 v_m$$

$$\therefore v_m = \frac{p_1 v_1}{p_2} \quad \cdots\cdots\cdots\cdots\cdots\cdots\cdots\cdots\cdots\cdots\cdots\cdots\cdots\cdots\cdots\cdots (A)$$

가 된다. 다음 상태 ⓜ에서 ②까지의 변화는 압력 p_2의 등압변화이므로 샤를의 법칙에 의하여

$$\frac{v_m}{T_1} = \frac{v_2}{T_2}$$

$$\therefore v_m = \frac{T_1 v_2}{T_2} \quad \cdots\cdots\cdots\cdots\cdots\cdots (B)$$

가 된다. 따라서, 식 (A)와 (B)로부터 다음과 같은 식을 얻을 수 있다.

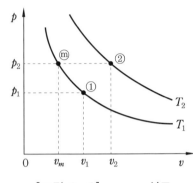

[그림 3-3] $p - v$ 선도

$$\frac{p_1 v_1}{p_2} = \frac{T_1 v_2}{T_2}$$

$$\therefore \frac{p_1 v_1}{T_1} = \frac{p_2 v_2}{T_2} \quad \cdots\cdots\cdots\cdots\cdots\cdots\cdots\cdots\cdots\cdots\cdots\cdots\cdots\cdots (3-3)$$

식 (3-3)으로부터 상태변화가 어떠하든 일정량의 이상기체에 대해서는 다음과 같은 식이 성립된다.

$$\frac{pv}{T} = R(일정)$$

$$\therefore pv = RT \quad \cdots\cdots\cdots\cdots\cdots\cdots\cdots\cdots\cdots\cdots\cdots\cdots\cdots\cdots\cdots\cdots\cdots\cdots\cdots\cdots (3-4)$$

여기서, R을 기체상수(gas constant)라고 하며, 기체에 따라 각각 다른 값을 갖는 상수로서 그 단위는 kJ/kg · K이다. 즉, 기체상수 R은 1 kg의 기체를 등압하에서 온도 1 K 올리는 동안에 외부에 하는 일과 같음을 알 수 있다.

또, 식 (3-4)에서 기체의 질량 m[kg], 체적을 V[m^3]라 하면, 비체적 $v = \dfrac{V}{m}$ 이므로

$$pV = mRT \quad \cdots\cdots\cdots\cdots\cdots\cdots\cdots\cdots\cdots\cdots\cdots\cdots\cdots\cdots\cdots\cdots\cdots\cdots\cdots (3-5)$$

가 된다. 식 (3-4)와 (3-5)는 이상기체의 압력, 체적, 온도의 상호관계를 나타내는 상태식으로 이 식들을 **이상기체의 상태 방정식** 또는 **보일-샤를의 법칙**이라고 한다.

한편, 식 (3-4)로부터 기체의 밀도 ρ는

$$\rho = \frac{1}{v} = \frac{p}{RT}$$

가 되고, 또 **아보가드로의 법칙**(Avogadro's law)에 의하면 등압·등온하에서는 같은 체적 내에 있는 이상기체의 분자수는 기체의 종류에 관계없이 같다는 것을 알 수 있다. 따라서, 이들의 관계로부터 두 종류의 기체 1과 2에 대하여 다음과 같은 식이 성립된다.

즉, 각각의 분자량을 M_1, M_2라 하면, 압력 $p_1 = p_2 = p$, 체적 $V_1 = V_2 = V$, 온도 $T_1 = T_2 = T$이므로

$$M_1 = \rho_1 V, \quad M_2 = \rho_2 V$$

$$\rho_1 = \frac{p}{R_1 T}, \quad \rho_2 = \frac{p}{R_2 T}$$

가 된다. 따라서,

$$\frac{M_1}{M_2} = \frac{\rho_1}{\rho_2} = \frac{R_2}{R_1}$$

$$\therefore M_1 R_1 = M_2 R_2$$

같은 방법에 의하여 3종류 이상의 기체에 대해서도 같은 관계가 성립하므로 기체의 분자량 M과 기체상수 R의 적(積)을 $\overline{R}$이라 하면

$$M_1 R_1 = M_2 R_2 = \cdots\cdots = MR = \overline{R} \quad\cdots\cdots\cdots\cdots (3-6)$$

여기서, $\overline{R}$을 **일반 기체상수**(universal gas constant)라고 한다.

아보가드로의 법칙에 따르면 표준상태 즉, 0℃, 1 atm = 101.325 kPa에서 이상기체 1 kmol은 22.41 m^{3}의 체적을 차지한다. 따라서 식 (3-5)에서 질량 m[kg] 대신에 1 kmol에 해당하는 질량 M[kg]을 대입하면

$$pV = MRT$$

$$\therefore \overline{R} = MR = \frac{pV}{T} = \frac{101.325 \times 22.41}{273.15} \fallingdotseq 8.313 \,\mathrm{kJ/kmol \cdot K}$$

이며, 계산에 사용한 압력과 체적이 정밀한 값이 아니므로 여기에서의 $\overline{R}$는 개략적인 값이다.

따라서, 실험에 의하여 더 정밀하게 계산된 일반기체 상수 $\overline{R}$는 다음과 같으며 이 값을 기체상수 R의 계산에 사용한다.

$$\left.\begin{array}{l} \overline{R} = MR = 8.3143\,\mathrm{kJ/kmol \cdot K} = 8314.3\,\mathrm{J/kmol \cdot K} \\[2mm] \therefore R = \dfrac{\overline{R}}{M} = \dfrac{8.3143}{M}\,\mathrm{kJ/kg \cdot K} = \dfrac{8314.3}{M}\,\mathrm{J/kg \cdot K} \end{array}\right\} \quad\cdots\cdots\cdots\cdots (3-7)$$

[표 3-1]은 각종 기체의 분자량과 기체상수 및 비열비를 나타낸 것이다.

[표 3-1] 주요 가스의 분자량, 기체상수, 비중 및 비열

기체	분자식	분자량 M	기체상수 R (kJ/kg·K)	공기에 대한 비중	정압비열 C_p (kJ/kg·K)	정적비열 C_v (kJ/kg·K)	비열비 $\kappa=\dfrac{C_p}{C_v}$
헬륨	He	4.0026	2.0772	0.1381	5.238	3.160	1.66
알곤	Ar	39.948	0.2081	1.379	0.520	0.31	1.66
수소	H_2	2.01565	4.1249	0.0695	14.200	10.0754	1.409
질소	N_2	28.0134	0.2969	0.968	1.0389	0.7421	1.400
산소	O_2	31.98983	0.2598	1.105	0.9150	0.6551	1.397
일산화탄소	CO	27.994915	0.2970	0.967	1.0403	0.7433	1.400
일산화질소	NO	29.997989	0.2772	1.037	0.9983	0.7211	1.384
염화수소	HCl	36.464825	0.2280	1.268	0.7997	0.5717	1.40
수증기	H_2O	18.010565	0.4616	0.6220	1.861	1.398	1.33
탄산가스	CO_2	43.98983	0.1890	1.530	0.8169	0.6279	1.301
산화질소	N_2O	44.001063	0.1890	1.538	0.8507	0.6618	1.285
아황산가스	SO_2	63.962185	0.1300	2.264	0.6092	0.4792	1.271
암모니아	NH_3	17.026549	0.4883	0.596	2.0557	1.5674	1.312
아세틸렌	C_2H_2	26.01565	0.3196	0.906	1.5127	1.1931	1.268
메탄	CH_4	16.0313	0.5187	0.554	2.1562	1.6376	1.317
메틸클로라이드	CH_3Cl	50.480475	0.1647	1.785	0.7369	0.5722	1.288
에틸렌	C_2H_4	28.0313	0.2966	0.975	1.612	1.3153	1.225
에탄	C_2H_6	30.04695	0.2765	1.049	1.729	1.4524	1.20
에틸클로라이드	C_2H_5Cl	64.49613	0.1289	2.228	1.340	1.2109	1.106
프로판	C_3H_8	44.06	0.1887	1.521	1.551	1.362	1.139
공기	-	28.964	0.2872	1.0000	1.005	0.7171	1.400

※ 정압비열과 정적비열은 0℃에서의 값

Q 예제 3-1

질량 30 kg, 체적 3 m^3의 공기가 등온하에서 상태변화하여 압력이 10 kPa에서 30 kPa로 되었다면 변화 후의 비체적은 몇 m^3/kg이 되겠는가?

해설 등온변화이므로 보일의 법칙에서

$$v_2 = v_1 \cdot \frac{p_1}{p_2} = \frac{V_1}{m} \cdot \frac{p_1}{p_2} = \frac{3}{30} \times \frac{10}{30} = 0.033 \, m^3/kg$$

정답 0.033 m^3/kg

Q 예제 3-2

등압하에서 0℃인 공기를 가열하였더니 변화 후의 온도가 100℃, 체적이 7 m³로 되었다면 변화 전의 공기의 체적은 몇 m³인가?

해설 등압변화이므로 샤를의 법칙에서 양변에 질량 m을 곱하면

$$\frac{m v_1}{T_1} = \frac{m v_2}{T_2}, \quad \frac{V_1}{T_1} = \frac{V_2}{T_2} \text{ 가 된다. 따라서,}$$

$$V_1 = \frac{T_1 V_2}{T_2} = \frac{273 \times 7}{(273 + 100)} = 5.12 \text{ m}^3$$

정답 5.12 m³

Q 예제 3-3

압력이 100 kPa인 탄산가스의 비체적이 0.3 m³/kg이라면 온도는 몇 ℃인가? (단, 탄산가스의 기체상수는 20.35 J/kg · K이다.)

해설 기체의 상태 방정식 $pv = RT$

$$T = \frac{pv}{R} = \frac{(100 \times 10^3) \times 0.3}{20.35} = 1474.2 \text{ K} = 1474.2 - 273 = 1201.2 \text{ ℃}$$

정답 1201.2℃

Q 예제 3-4

체적 100 l의 실린더 속에 온도 28℃인 산소가 12 kg들어 있다. 산소의 기체상수가 26.49 J/kg · K이면 실린더 내부의 압력은 몇 MPa인가?

해설 기체의 상태 방정식 $pV = mRT$로부터

$$p = \frac{mRT}{V} = \frac{12 \times 26.49 \times (273 + 28)}{100 \times 10^{-3}} = 956818.8 \text{ N/m}^2 \fallingdotseq 0.96 \text{ MPa}$$

정답 0.96 MPa

Q 예제 3-5

산소의 기체상수는 몇 J/kg · K인가?

해설 산소 O_2의 분자량 $M = 16 \times 2 = 32$이므로

$MR = \overline{R} = 8314.3 \text{ J/kmol} \cdot \text{K}$에서

$$R = \frac{8314.3}{M} = \frac{8314.3}{32} = 259.82 \text{ J/kg} \cdot \text{K}$$

정답 259.82 J/kg · K

Q 예제 3-6

압력이 100 kPa, 온도가 25℃이고 6 m × 10 m × 4 m인 실내에 있는 공기의 질량은 몇 kg인가? (단, 공기의 기체상수 $R = 0.287$ kJ/kg·K이다.)

해설 공기의 질량을 m이라 하면

기체의 상태 방정식 $pV = mRT$로부터

$$m = \frac{pV}{RT} = \frac{100 \times (6 \times 10 \times 4)}{0.287 \times (273 + 25)} = 280.62 \text{ kg}$$

정답 280.62 kg

2. 이상기체의 내부 에너지, 엔탈피, 비열

이상기체의 내부 에너지는 Joule의 실험에 의하여 온도만의 함수임이 밝혀졌고, 이 것을 Joule의 법칙이라고 한다. 즉, 이상기체의 내부 에너지는 변화 전후의 절대값에만 의존하는 상태함수(점함수)이므로 어느 점에서나 온도가 같으면 내부 에너지값은 같게 된다. 그런데 이상기체의 엔탈피 h는 $h = u + pv = u + RT$로 표시되므로 이 엔탈피도 온도만의 함수로 된다.

밀폐계에서 체적이 일정$(dv = 0)$한 상태에서 가열되는 경우 식 $(2-8)$로부터 열역학 제1법칙의 식은 다음과 같이 된다.

$$\delta q = du + pdv = du \quad \text{(A)}$$

즉, 가열량과 내부 에너지의 변화량은 같게 된다. 또, 정적가열이므로 가열량(δq)을 정적비열(C_v)로 나타내면

$$\delta q = C_v dT \quad \text{(B)}$$

가 된다. 따라서, 식 (A) = 식 (B)이므로 정적가열을 할 때의 내부 에너지 변화량은 다음 과 같이 나타낼 수 있다.

$$du = C_v dT \quad \text{(3-8)}$$

다음은 개방계에서 압력이 일정$(dp = 0)$한 상태에서 가열되는 경우를 생각해 보자. 식 $(2-12)$로부터 열역학 제1법칙의 식은 다음과 같이 된다.

$$\delta q = dh - vdp = dh \quad \text{(C)}$$

즉, 가열량과 엔탈피의 변화량은 같게 된다. 또, 정압가열이므로 가열량(δq)을 정압비열(C_p)로 나타내면

$$\delta q = C_p \, dT \quad \cdots\cdots\cdots\cdots\cdots\cdots\cdots\cdots\cdots\cdots\cdots\cdots\cdots\cdots\cdots\cdots \text{(D)}$$

가 된다. 따라서, 식 (C) = 식 (D)이므로 정압가열을 할 때의 엔탈피 변화량은 다음과 같이 나타낼 수 있다.

$$dh = C_p dT \quad \cdots\cdots\cdots\cdots\cdots\cdots\cdots\cdots\cdots\cdots\cdots\cdots\cdots\cdots\cdots\cdots \text{(3-9)}$$

지금까지 이상기체의 상태변화에 따른 내부 에너지 및 엔탈피와 비열간의 관계를 알아보았다. 다음은 정적비열(C_v)과 정압비열(C_p) 간의 관계를 알아보자. 식 (2−8)과 식 (2−12)의 열역학 제1법칙의 식으로부터

$$du + pdv = dh - vdp$$

그런데 $du = C_v dT$, $dh = C_p dT$이므로 이 값을 위 식에 대입하면,

$$C_v dT + pdv = C_p dT - vdp$$
$$(C_p - C_v)dT = pdv + vdp = d(pv) = d(RT) = RdT$$
$$\therefore \ C_p - C_v = R \quad \cdots\cdots\cdots\cdots\cdots\cdots\cdots\cdots\cdots\cdots\cdots\cdots\cdots \text{(3-10)}$$

또, 정압비열과 정적비열의 비를 **비열비**라고 하는데 이 값을 k로 나타내면

$$k = \frac{C_p}{C_v} > 1 \quad \cdots\cdots\cdots\cdots\cdots\cdots\cdots\cdots\cdots\cdots\cdots\cdots\cdots \text{(3-11)}$$

가 되고, 이 값이 1보다 큰 이유는 C_p가 C_v보다 항상 크기 때문이다. 즉, 기체를 일정한 체적 밑에서 가열하면 가하여진 열은 전부 그 온도를 높이는 데 소비되고, 일정한 압력 밑에서 가열할 경우는 이밖에 체적을 증가시키는 데 소비될 뿐만 아니라 외압(外壓)에 반항하여 팽창하는 데 소비되기 때문이다.

비열비 k는 이상기체를 구성하는 원자의 수에 따라 다음과 같은 값을 갖는다.

$$\left.\begin{array}{l} \text{단원자의 이상기체} \ k = 1.66 \\ \text{2원자의 이상기체} \ \ k = 1.40 \\ \text{3원자의 이상기체} \ \ k = 1.33 \end{array}\right\} \quad \cdots\cdots\cdots\cdots\cdots\cdots\cdots\cdots \text{(3-12)}$$

식 (3−10)을 C_v, 또는 C_p로 나누고 식 (3−11)을 대입하면 다음과 같은 관계식을 얻을 수 있다.

$$\frac{C_p}{C_v} - 1 = \frac{R}{C_v}, \quad 1 - \frac{C_v}{C_p} = \frac{R}{C_p}$$

$$\left. \begin{aligned} \therefore \ C_v &= \frac{R}{k-1} \\ C_p &= \frac{k}{k-1} R \end{aligned} \right\} \quad \cdots\cdots\cdots\cdots\cdots\cdots\cdots\cdots\cdots\cdots\cdots\cdots\cdots\cdots\cdots\cdots\cdots \text{(3-13)}$$

Q 예제 3-7

공기 20 kg을 정적하에서 온도 10℃로부터 100℃까지 가열하는 데 필요한 열량을 구하여라. (단 공기의 정적비열은 0.719 kJ/kg·K이다.)

해설 정적가열이므로 열역학 제1법칙의 식 $\delta q = du + pdv$에서 $dv = 0$이므로

$$\delta q = du = C_v dT, \quad \delta Q = mC_v dT$$

$$\therefore {}_1Q_2 = mC_v(T_2 - T_1) = 20 \times 0.719 \times (100 - 10) = 1294.2 \, \text{kJ}$$

정답 1294.2 kJ

Q 예제 3-8

공기 15 kg을 정압하에서 온도 30℃로부터 900℃까지 가열하는 데 필요한 열량은 몇 kJ인가? (단 공기의 정압비열은 1.006 kJ/kg·K이다.)

해설 정압가열이므로 열역학 제1법칙의 식 $\delta q = dh - vdp$에서 $dp = 0$이므로

$$\delta q = dh = C_p dT, \quad \delta Q = mC_p dT$$

$$\therefore {}_1Q_2 = mC_p(T_2 - T_1) = 15 \times 1.006 \times (900 - 30) = 13128.3 \, \text{kJ}$$

정답 13128.3 kJ

Q 예제 3-9

탄산가스(CO_2)의 정압비열이 0.841 kJ/kg·K일 때 정적비열은 얼마인가? (단, 탄산가스는 이상기체로 취급한다.)

해설 먼저 탄산가스의 기체상수 R을 구하면

분자량 $M = 44$ 이므로

$$R = \frac{8.3143}{44} = 0.189 \, \text{kJ/kmol·K}$$

따라서, $C_p - C_v = R$에서

$$C_v = C_p - R = 0.841 - 0.189 = 0.652 \, \text{kJ/kg·K}$$

정답 0.652 kJ/kg·K

Q **예제** **3-10**

이상기체 2 kg을 정적하에서 열량 837.2 kJ을 공급하여 온도를 20℃에서 100℃로 상승시켰다. 이 기체의 비열비가 1.40이라면 정압비열은 몇 kJ/kg·K인가?

해설 $_1Q_2 = m C_v (T_2 - T_1)$에서

$$C_v = \frac{_1Q_2}{m(T_2 - T_1)} = \frac{837.2}{2 \times (100 - 20)} = 5.2325 \text{ kJ/kg·K}$$

$$\therefore C_p = k \cdot C_v = 1.40 \times 5.2325 = 7.3255 \text{ kJ/kg·K}$$

정답 7.3255 kJ/kg·K

Q **예제** **3-11**

분자량이 32인 산소(O_2)가 있다. 이 기체를 이상기체라 하면 정압비열은 얼마인가? (단, 기체상수 $R = 0.2598$ kJ/kg·K이다.)

해설 산소(O_2)는 2원자로 구성되어 있으므로 비열비 $k = 1.40$이다.

따라서, 정압비열 C_p는

$$C_p = \frac{k}{k-1} R = \frac{1.4}{1.4 - 1} \times 0.2598 = 0.9093 \text{ kJ/kg·K}$$

정답 0.9093 kJ/kg·K

3. 이상기체의 상태변화

이상기체의 상태변화는 열역학에서 매우 중요한 부분을 차지한다. 그 이유는 각종 열기관과 압축기 등을 설계할 때 그 기초자료로 삼기 때문이다. 이들 기관 내의 혼합기체는 실제기체로서 비가역변화를 하지만 혼합기체의 상태변화를 이론적으로 다룰 때에는 이상기체로서 가역변화를 하는 것으로 간주하여 해석한다.

이상기체의 가역 변화는 다음의 5가지의 변화를 생각할 수 있다.

① 정적(등적)변화

② 정압(등압)변화

③ 정온(등온)변화

④ 단열(등엔트로피)변화

⑤ 폴리트로프 변화

3-1 ● 정적(등적)변화

체적이 일정한 상태에서 일어나는 변화로 $p-v$ 선도는 [그림 3-4]와 같이 수직선이 된다.

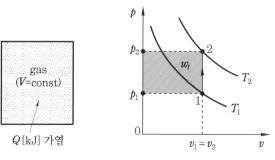

[그림 3-4] 정적변화의 $p-v$ 선도

① $p,\ v,\ T$ 관계

$$dv = 0,\ v_1 = v_2 = v = \text{일정},\ \frac{p_1}{T_1} = \frac{p_2}{T_2}$$

② 절대일 : $_1w_2[\text{kJ/kg}]$

$$_1w_2 = \int_1^2 pdv = 0$$

정적변화에서 절대일은 없다.

③ 공업일 : $w_t[\text{kJ/kg}]$

$$w_t = -\int_1^2 vdp = -v(p_2 - p_1) = -R(T_2 - T_1)$$

④ 계에 출입하는 열량 : $_1q_2[\text{kJ/kg}]$

$\delta q = du + pdv = du = C_v dT$에서

$$_1q_2 = u_2 - u_1 = C_v(T_2 - T_1)$$

⑤ 내부 에너지 변화량 : $du[\text{kJ/kg}]$

$du = C_v dT$에서

$$u_2 - u_1 = C_v(T_2 - T_1)$$

정적변화에서의 내부 에너지 변화량은 계에 출입하는 열량과 같다.

⑥ 엔탈피 변화량 : dh [kJ/kg]

$dh = C_p dT$에서

$$h_2 - h_1 = C_p(T_2 - T_1)$$

3-2 ○ 정압(등압) 변화

압력 p가 일정한 상태에서 일어나는 변화로 $p - v$ 선도는 [그림 3-5]와 같이 수평선이 된다.

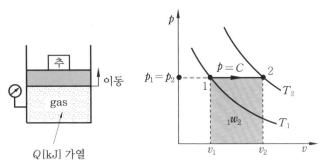

[그림 3-5] 정압변화의 $p - v$ 선도

① p, v, T관계

$$dp = 0, \ p_1 = p_2 = p = \text{일정}, \ \frac{v_1}{T_1} = \frac{v_2}{T_2}$$

② 절대일 : $_1w_2$ [kJ/kg]

$$_1w_2 = \int_1^2 pdv = p(v_2 - v_1) = R(T_2 - T_1)$$

③ 공업일 : w_t [kJ/kg]

$$w_t = -\int_1^2 v \, dp = 0$$

정압변화에서 공업일은 없다.

④ 계에 출입하는 열량 : $_1q_2$ [kJ/kg]

$\delta q = dh - vdp = dh = C_p dT$에서

$$_1q_2 = h_2 - h_1 = C_p(T_2 - T_1)$$

⑤ 내부 에너지 변화량 : $du\,[\mathrm{kJ/kg}]$

$du = C_v dT$에서

$$u_2 - u_1 = C_v(T_2 - T_1) = \frac{R}{k-1}(T_2 - T_1) = \frac{p}{k-1}(v_2 - v_1)$$

⑥ 엔탈피 변화량 : $dh\,[\mathrm{kJ/kg}]$

$dh = C_p dT$에서

$$h_2 - h_1 = C_p(T_2 - T_1) = \frac{kR}{k-1}(T_2 - T_1) = \frac{k}{k-1}p(v_2 - v_1)$$

정압변화에서의 엔탈피 변화량은 계에 출입하는 열량과 같다.

3-3 ● 정온(등온)변화

온도 T가 일정한 상태에서 일어나는 변화로 압력 p와 체적 v는 반비례하며, $p - v$선도는 [그림 3-6]과 같이 직각 쌍곡선이 된다.

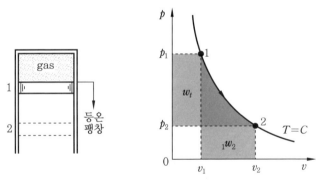

[그림 3-6] 정온변화의 $p - v$ 선도

① $p,\ v,\ T$ 관계

$$dT = 0,\ T_1 = T_2 = T = 일정,\ p_1 v_1 = p_2 v_2 = pv = 일정$$

② 절대일 : $_1 w_2\,[\mathrm{kJ/kg}]$

$_1 w_2 = \displaystyle\int_1^2 pdv$에서 $pv = p_1 v_1$으로부터 $p = \dfrac{p_1 v_1}{v}$을 대입하면

$$_1 w_2 = \int_1^2 pdv = p_1 v_1 \int_1^2 \frac{dv}{v} = p_1 v_1 \ln \frac{v_2}{v_1} = p_1 v_1 \ln \frac{p_1}{p_2}$$

$$= RT \ln \frac{v_2}{v_1} = RT \ln \frac{p_1}{p_2}$$

③ 공업일 : $w_t[\text{kJ/kg}]$

$$w_t = -\int_1^2 vdp \text{에서} \quad pv = p_1v_1 \text{으로부터} \quad v = \frac{p_1v_1}{p} \text{을 대입하면}$$

$$w_t = -\int_1^2 vdp = -p_1v_1\int_1^2 \frac{dp}{p} = p_1v_1\ln\frac{p_1}{p_2} = p_1v_1\ln\frac{v_2}{v_1}$$

$$= RT\ln\frac{p_1}{p_2} = RT\ln\frac{v_2}{v_1}$$

$$\therefore {}_1w_2 = w_t$$

④ 계에 출입하는 열량 : ${}_1q_2[\text{kJ/kg}]$

$$\delta q = du + pdv = C_v dT + pdv = pdv \text{에서}$$

$${}_1q_2 = \int_1^2 pdv = {}_1w_2 = w_t$$

정온변화에서 계에 출입하는 열량은 절대일 및 공업일과 크기가 같다.

⑤ 내부 에너지 변화량 : $du[\text{kJ/kg}]$

$$du = C_v dT \text{에서}$$

$$u_2 - u_1 = C_v(T_2 - T_1) = 0$$

정온변화에서 내부 에너지 변화량은 없다.

⑥ 엔탈피 변화량 : $dh[\text{kJ/kg}]$

$$dh = C_p dT \text{에서}$$

$$h_2 - h_1 = C_p(T_2 - T_1) = 0$$

정온변화에서 엔탈피 변화량은 없다.

3-4 • 단열변화

외부와의 열교환이 없는 가역변화로 응용범위가 넓어 열역학상 대단히 중요한 변화이다. 대부분의 내연기관이나 공기 기계에서의 가스 압축이나 팽창은 이 변화에 가깝다. $p-v$ 선도는 [그림 3-7]과 같다.

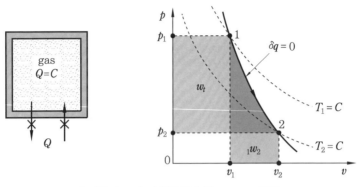

[그림 3-7] 단열변화의 $p - v$ 선도

① $p,\ v,\ T$ 관계

열역학 제 1 법칙의 식 $\delta q = du + pdv$ 에서 $\delta q = 0$ 이므로

$$du + pdv = C_v dT + pdv = 0 \quad \text{……………………………(A)}$$

이상기체의 상태 방정식 $pv = RT$ 의 양변을 미분하면

$$d(pv) = d(RT)$$

$$pdv + vdp = RdT$$

$$\therefore\ dT = \frac{pdv + vdp}{R} \quad \text{……………………(B)}$$

식 (B)를 식 (A)에 대입하고 정리하면

$$C_v dT + pdv = 0$$

$$C_v \left(\frac{pdv + vdp}{R} \right) + pdv = 0$$

$$C_v pdv + C_v vdp + Rpdv = 0$$

$$(C_v + R)pdv + C_v vdp = 0$$

여기서, $C_v + R = C_p$ 이므로 위 식을 다시 쓰면

$$C_p pdv + C_v vdp = 0 \quad \text{………………………………(C)}$$

식 (C)의 각 항을 C_v 로 나누고 $\dfrac{C_p}{C_v} = k$ 를 대입하면

$$\frac{C_p}{C_v} pdv + vdp = 0$$

$$\therefore\ kpdv + vdp = 0 \quad \text{………………………………(D)}$$

가 된다. 다시 식 (D)의 각 항을 pv로 나누고 적분하면

$$k\frac{dv}{v} + \frac{dp}{p} = 0$$

$$k\ln v + \ln p = \mathrm{C}(일정)$$

$$\ln pv^k = C$$

$$\therefore \ pv^k = p_1v_1^{\ k} = p_2v_2^{\ k} = C \quad \text{······················}\text{(3-14)}$$

위 식에 상태 방정식 $p_1 = \dfrac{RT_1}{v_1}$, $p_2 = \dfrac{RT_2}{v_2}$ 을 대입하면 온도와 비체적의 관계식을 구할 수 있다.

$$p_1v_1^{\ k} = p_2v_2^{\ k}$$

$$\frac{RT_1}{v_1}v_1^{\ k} = \frac{RT_2}{v_2}v_2^{\ k}$$

$$\therefore \ T_1v_1^{\ k-1} = T_2v_2^{\ k-1} = Tv^{\ k-1} = C \quad \text{··················}\text{(3-15)}$$

또한, 위 식에 상태 방정식 $v_1 = \dfrac{RT_1}{p_1}$, $v_2 = \dfrac{RT_2}{p_2}$ 을 대입하면 온도와 압력의 관계식을 구할 수 있다.

$$T_1v_1^{\ k-1} = T_2v_2^{\ k-1}$$

$$T_1\left(\frac{RT_1}{p_1}\right)^{k-1} = T_2\left(\frac{RT_2}{p_2}\right)^{k-1}$$

$$T_1^{\ k}p_1^{\ 1-k} = T_2^{\ k}p_2^{\ 1-k} = T^k p^{1-k} = C \quad \text{··············}\text{(3-16)}$$

따라서, 단열변화에 대한 p, v, T 의 관계식은 식 (3-14), (3-15), (3-16)으로부터 요약하면 다음과 같다.

$$\frac{T_2}{T_1} = \left(\frac{v_1}{v_2}\right)^{k-1} = \left(\frac{p_2}{p_1}\right)^{\frac{k-1}{k}} \quad \text{····················}\text{(3-17)}$$

여기서, 비열비 k를 **단열지수**(斷熱指數)라고도 한다.

② 절대일 : $_1w_2$[kJ/kg]

열역학 제 1 법칙의 식 $\delta q = du + pdv$에서 $\delta q = 0$이므로

$$du + pdv = C_v dT + pdv = 0$$

따라서,

$$_1w_2 = -C_v(T_2 - T_1) = C_v(T_1 - T_2)$$

$$_1w_2 = C_v\frac{(T_1 - T_2)}{A}$$

위 식에 $C_v = \dfrac{R}{k-1}$ 을 대입하면

$$
\begin{aligned}
_1w_2 &= \frac{R}{k-1}(T_1 - T_2) = \frac{1}{k-1}RT_1\left(1 - \frac{T_2}{T_1}\right)\\
&= \frac{1}{k-1}RT_1\left\{1 - \left(\frac{v_1}{v_2}\right)^{k-1}\right\} = \frac{1}{k-1}RT_1\left\{1 - \left(\frac{p_2}{p_1}\right)^{\frac{k-1}{k}}\right\}\\
&= \frac{1}{k-1}p_1v_1\left(1 - \frac{T_2}{T_1}\right) = \frac{1}{k-1}p_1v_1\left\{1 - \left(\frac{v_1}{v_2}\right)^{k-1}\right\}\\
&= \frac{1}{k-1}p_1v_1\left\{1 - \left(\frac{p_2}{p_1}\right)^{\frac{k-1}{k}}\right\} = \frac{1}{k-1}(p_1v_1 - p_2v_2)
\end{aligned}
\right\} \quad \cdots\cdots\cdots\cdots (3\text{--}18)
$$

③ 공업일 : w_t[kJ/kg]

열역학 제1법칙의 식 $\delta q = dh - vdp$ 에서 $\delta q = 0$ 이므로

$$C_p(T_2 - T_1) + w_t = 0$$

따라서,

$$w_t = -C_p(T_2 - T_1)$$

위 식에 $C_p = \dfrac{kR}{k-1}$ 을 대입하면

$$
\begin{aligned}
w_t &= \frac{kR}{k-1}(T_1 - T_2) = \frac{k}{k-1}RT_1\left(1 - \frac{T_2}{T_1}\right)\\
&= \frac{k}{k-1}RT_1\left\{1 - \left(\frac{v_1}{v_2}\right)^{k-1}\right\} = \frac{k}{k-1}RT_1\left\{1 - \left(\frac{p_2}{p_1}\right)^{\frac{k-1}{k}}\right\}\\
&= \frac{k}{k-1}p_1v_1\left(1 - \frac{T_2}{T_1}\right) = \frac{k}{k-1}p_1v_1\left\{1 - \left(\frac{v_1}{v_2}\right)^{k-1}\right\}\\
&= \frac{k}{k-1}p_1v_1\left\{1 - \left(\frac{p_2}{p_1}\right)^{\frac{k-1}{k}}\right\} = \frac{k}{k-1}(p_1v_1 - p_2v_2)
\end{aligned}
\right\} \quad \cdots\cdots\cdots\cdots (3\text{--}19)
$$

$$\therefore w_t = k\,_1w_2$$

④ 계에 출입하는 열량 : $_1q_2$[kJ/kg]

단열변화에서는 열의 출입이 없고, 계 내부의 열이 일정하게 유지되므로

$$\delta q = du + pdv = dh - vdp = 0$$

⑤ 내부 에너지 변화량 : du[kJ/kg]

$du = C_v dT$에서

$$u_2 - u_1 = C_v(T_2 - T_1) = -_1w_2$$

⑥ 엔탈피 변화량 : dh[kJ/kg]

$dh = C_p dT$에서

$$h_2 - h_1 = C_p(T_2 - T_1) = -w_t$$

3-5 ● 폴리트로픽 변화(polytropic change)

여러 방향의 변화를 **폴리트로픽 변화**라고 한다. 앞에서의 4개의 변화만으로는 설명되지 않는 변화의 경우 근사적으로 다음 식, 즉 단열변화에서의 단열지수 k 대신에 n을 사용하여 기체의 상태변화를 나타낸다.

$$pv^n = C \quad \text{(3-20)}$$

여기서, n은 $+\infty$에서 $-\infty$까지 변화하는 지수로 **폴리트로픽 지수**(polytropic exponent)라고 한다.

[그림 3-8]의 $p-v$ 선도는 폴리트로픽 지수 n의 값에 따른 여러 방향의 상태변화를 보여주고 있으며, 특히 폴리트로픽 지수 n의 값이 다음과 같으면 앞에서 설명한 여러 변화가 된다.

- $n = 0$: $pv^0 = C$, 즉 $p = C$이므로 등압변화이다.
- $n = 1$: $pv = C$이므로 등온변화이다.
- $n = k$: $pv^k = C$이므로 단열변화이다.
- $n = \infty$: $pv^\infty = C$이므로 이것을 바꾸어 쓰면 $p^{\frac{1}{\infty}}v = C$, 즉 $v = C$가 되어 등적 변화이다.

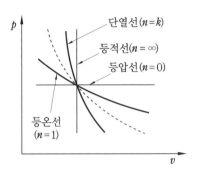

[그림 3-8] 폴리트로픽 변화의 $p - v$ 선도

① p, v, T 관계

$$\frac{T_2}{T_1} = \left(\frac{v_1}{v_2}\right)^{n-1} = \left(\frac{p_2}{p_1}\right)^{\frac{n-1}{n}} \quad \cdots\cdots\cdots\cdots\cdots\cdots\cdots\cdots\cdots\cdots\cdots\cdots (3-21)$$

② 절대일 : $_1w_2$[kJ/kg]

　식 (3-18)로부터

$$_1w_2 = \frac{1}{n-1}(p_1v_1 - p_2v_2) = \frac{R}{n-1}(T_1 - T_2)$$

③ 공업일 : w_t[kJ/kg]

　식 (3-19)로부터

$$w_t = \frac{n}{n-1}(p_1v_1 - p_2v_2) = \frac{nR}{n-1}(T_1 - T_2)$$

$$\therefore w_t = n \,_1w_2$$

④ 계에 출입하는 열량 : $_1q_2$[kJ/kg]

　$\delta q = du + pdv$ 에서

$$\left. \begin{aligned}
_1q_2 &= u_2 - u_1 + {}_1w_2 = C_v(T_2 - T_1) + \frac{R}{n-1}(T_1 - T_2) \\
&= (T_2 - T_1)\left(C_v - \frac{R}{n-1}\right) = (T_2 - T_1)\frac{(n-1)C_v - R}{n-1} \\
&= (T_2 - T_1)\frac{(n-1)C_v - (C_p - C_v)}{n-1} = \frac{(T_2 - T_1)}{n-1}(nC_v - C_p) \\
&= \frac{n-k}{n-1}C_v(T_2 - T_1) = C_n(T_2 - T_1)
\end{aligned} \right\} \cdots\cdots\cdots (3-22)$$

여기서, $C_n = \dfrac{n-k}{n-1} C_v$를 **폴리트로픽 비열**이라고 한다.

⑤ 내부 에너지 변화량 : du[kJ/kg]

$du = C_v \, dT$에서

$$u_2 - u_1 = C_v(T_2 - T_1) = \frac{R}{k-1}(T_2 - T_1)$$

$$= \frac{RT_1}{k-1}\left(\frac{T_2}{T_1} - 1\right) = \frac{RT_1}{k-1}\left\{\left(\frac{v_1}{v_2}\right)^{n-1} - 1\right\}$$

$$= \frac{RT_1}{k-1}\left\{\left(\frac{p_2}{p_1}\right)^{\frac{n-1}{n}} - 1\right\} = \frac{p_1 v_1}{k-1}\left(\frac{T_2}{T_1} - 1\right)$$

$$= \frac{p_1 v_1}{k-1}\left\{\left(\frac{v_1}{v_2}\right)^{n-1} - 1\right\} = \frac{p_1 v_1}{k-1}\left\{\left(\frac{p_2}{p_1}\right)^{\frac{n-1}{n}} - 1\right\}$$

$$= \frac{1}{k-1}(p_2 v_2 - p_1 v_1) = -\frac{(n-1)}{k-1}\,_1w_2$$

⑥ 엔탈피 변화량 : dh[kJ/kg]

$dh = C_p \, dT$ 에서

$$h_2 - h_1 = C_p(T_2 - T_1) = \frac{kR}{k-1}(T_2 - T_1)$$

$$= \frac{k}{k-1}RT_1\left(\frac{T_2}{T_1} - 1\right) = \frac{k}{k-1}RT_1\left\{\left(\frac{v_1}{v_2}\right)^{n-1} - 1\right\}$$

$$= \frac{k}{k-1}RT_1\left\{\left(\frac{p_2}{p_1}\right)^{\frac{n-1}{n}} - 1\right\} = \frac{k}{k-1}p_1 v_1\left(\frac{T_2}{T_1} - 1\right)$$

$$= \frac{k}{k-1}p_1 v_1\left\{\left(\frac{v_1}{v_2}\right)^{n-1} - 1\right\} = \frac{k}{k-1}p_1 v_1\left\{\left(\frac{p_2}{p_1}\right)^{\frac{n-1}{n}} - 1\right\}$$

$$= \frac{k}{k-1}(p_2 v_2 - p_1 v_1) = -\frac{k}{k-1}(p_1 v_1 - p_2 v_2)$$

$$= -\frac{k(n-1)}{k-1}\,_1w_2$$

Q 예제 **3-12**

온도 10℃인 공기 5 kg을 정적하에서 100℃까지 가열하는 데 필요한 열량(kJ), 내부 에너지 변화량(kJ), 엔탈피 변화량(kJ)을 구하여라. (단, 공기의 정적비열은 0.719 kJ/kg·K, 정압비열은 1.006 kJ/kg·K이다.)

해설 ① 가열량 $_1Q_2$ [kJ]

$\delta Q = dU + pdV$에서 $dV = 0$이므로

$\delta Q = dU = mC_v dT$

$\therefore _1Q_2 = mC_v(T_2 - T_1) = 5 \times 0.719 \times (100 - 10) = 323.55 \text{ kJ}$

② 내부 에너지 변화량 $U_2 - U_1$ [kJ]

$dU = mC_v dT = \delta Q$

$\therefore U_2 - U_1 = _1Q_2 = 323.55 \text{ kJ}$

③ 엔탈피 변화량 $H_2 - H_1$ [kJ]

$dH = mC_p dT$

$\therefore H_2 - H_1 = mC_p(T_2 - T_1) = 5 \times 1.006 \times (100 - 10) = 452.7 \text{ kJ}$

정답 ① $_1Q_2 = 323.55 \text{ kJ}$ ② $U_2 - U_1 = 323.55 \text{ kJ}$ ③ $H_2 - H_1 = 452.7 \text{ kJ}$

Q 예제 **3-13**

압력 200 kPa, 온도 30℃인 공기가 30 l의 용기 내에 들어 있다. 이 공기를 400 kPa로 상승시키기 위한 가열량은 몇 kJ인가? (단, 공기의 정적비열은 0.719 kJ/kg·K, 기체 상수는 0.287 kJ/kg·K이다.)

해설 정적(용기 속이므로)에서의 가열량은 내부 에너지의 변화량과 같으므로

$\delta Q = dU = mC_v dT, \quad _1Q_2 = mC_v(T_2 - T_1)$

여기서, 미지수인 공기의 질량 m과 나중온도 T_2를 구하면 다음과 같다.

$p_1 V = mRT_1$에서

$m = \dfrac{p_1 V}{RT_1} = \dfrac{200 \times (30 \times 10^{-3})}{0.287 \times (273 + 30)} = 0.069 \text{ kg}$

정적변화이므로 $\dfrac{p_1}{T_1} = \dfrac{p_2}{T_2}$에서

$T_2 = T_1 \dfrac{p_2}{p_1} = (273 + 30) \times \dfrac{400}{200} = 606 \text{ K}$

$\therefore _1Q_2 = mC_v(T_2 - T_1) = 0.069 \times 0.719 \times (606 - 303)$

$= 15.03 \text{ kJ}$

정답 15.03 kJ

Q 예제 3-14

온도 10℃, 압력 3 kPa인 공기 1 kg이 정압하에서 가열되어 온도가 200℃로 되었을 때 다음을 구하여라. (단, 공기의 기체상수 $R = 0.2873$ kJ/kg · K, 정적비열 $C_v = 0.7153$ kJ/kg · K, 정압비열 $C_p = 1.125$ kJ/kg · K이다.)

① 변화 전 공기의 비체적 $v_1 [\text{m}^3/\text{kg}]$

② 가열량 $_1q_2 [\text{kJ/kg}]$

③ 절대일량 $_1w_2 [\text{kJ/kg}]$

④ 엔탈피 변화량 $h_2 - h_1 [\text{kJ/kg}]$

⑤ 내부 에너지 변화량 $u_2 - u_1 [\text{kJ/kg}]$

해설 ① 변화 전 공기의 비체적 $v_1 [\text{m}^3/\text{kg}]$

$pv_1 = RT_1$에서

$$v_1 = \frac{RT_1}{p} = \frac{(0.2873 \times 10^3) \times (273 + 10)}{3 \times 10^3} = 27.1 \text{ m}^3/\text{kg}$$

② 가열량 $_1q_2 [\text{kJ/kg}]$

정압하에서의 가열량은 엔탈피의 변화량과 같으므로

$\delta q = dh = C_p dT$

$_1q_2 = h_2 - h_1 = C_p(T_2 - T_1) = 1.125 \times (473 - 283) = 213.75 \text{ kJ/kg}$

③ 절대일량 $_1w_2 [\text{kJ/kg}]$

먼저 나중 비체적 v_2를 구하면 정압변화이므로 $\dfrac{v_1}{T_1} = \dfrac{v_2}{T_2}$에서

$$v_2 = v_1 \frac{T_2}{T_1} = 27.1 \times \frac{473}{283} = 45.29 \text{ m}^3/\text{kg}$$

$\therefore {}_1w_2 = p(v_2 - v_1) = (3 \times 10^3) \times (45.29 - 27.1) = 54570 \text{ J/kg}$

$\qquad = 54.57 \text{ kJ/kg}$

④ 엔탈피 변화량 $h_2 - h_1 [\text{kJ/kg}]$

정압하에서 엔탈피 변화량은 가열량과 같으므로

$h_2 - h_1 = {}_1q_2 = 213.75 \text{ kJ/kg}$

⑤ 내부 에너지 변화량 $u_2 - u_1 [\text{kJ/kg}]$

$du = C_v dT$에서

$u_2 - u_1 = C_v(T_2 - T_1) = 0.7153 \times (473 - 283) = 135.91 \text{ kJ/kg}$

정답 ① $v_1 = 27.1 \text{ m}^3/\text{kg}$ ② $_1q_2 = 213.75 \text{ kJ/kg}$

③ $_1w_2 = 54.57 \text{ kJ/kg}$ ④ $h_2 - h_1 = 213.75 \text{ kJ/kg}$

⑤ $u_2 - u_1 = 135.91 \text{ kJ/kg}$

Q 예제 3-15

압력 $200\,\mathrm{kPa}$, 체적 $2\,\mathrm{m}^3$, 온도 $80\,\mathrm{℃}$인 이상기체 $5\,\mathrm{kg}$이 등온하에서 외부로부터 열을 받아 그 체적이 2배로 팽창하였을 때 다음을 구하여라.

① 변화 후의 압력 $p_2\,[\mathrm{kPa}]$

② 팽창일 $_1W_2\,[\mathrm{kJ}]$

③ 가열량 $_1Q_2\,[\mathrm{kJ}]$

해설 ① 변화 후의 압력 $p_2\,[\mathrm{kPa}]$

등온변화이므로 $p_1V_1 = p_2V_2$에서

$$p_2 = p_1\frac{V_1}{V_2} = p_1\frac{V_1}{2V_1} = 200 \times \frac{1}{2} = 100\,\mathrm{kPa}$$

② 팽창일 $_1W_2\,[\mathrm{kJ}]$

$$_1W_2 = p_1V_1\ln\frac{V_2}{V_1} = 200 \times 2 \times \ln\frac{2V_1}{V_1} = 277.26\,\mathrm{kJ}$$

또는,

$$_1W_2 = p_1V_1\ln\frac{p_1}{p_2} = 200 \times 2 \times \ln\frac{200}{100} = 277.26\,\mathrm{kJ}$$

③ 가열량 $_1Q_2\,[\mathrm{kJ}]$

등온변화에서의 가열량은 절대일 또는 공업일과 그 크기가 같으므로

$$_1Q_2 = {_1W_2} = 277.26\,\mathrm{kJ}$$

정답 ① $p_2 = 100\,\mathrm{kPa}$

② $_1W_2 = 277.26\,\mathrm{kJ}$

③ $_1Q_2 = 277.26\,\mathrm{kJ}$

Q 예제 3-16

$30\,\mathrm{℃}$인 공기 $2\,\mathrm{kg}$을 압력 $250\,\mathrm{kPa}$에서 $550\,\mathrm{kPa}$까지 등온압축하는 경우 압축에 필요한 열량은 몇 kJ인가? (단, 공기의 기체상수는 $0.2873\,\mathrm{kJ/kg \cdot K}$이다.)

해설 등온변화에서 필요한 열량은 절대일 또는 공업일과 그 크기가 같으므로

$$_1Q_2 = {_1W_2} = mRT\ln\frac{p_1}{p_2} = 2 \times 0.2873 \times (273 + 30) \times \ln\frac{250}{550}$$

$$= -137.27\,\mathrm{kJ}$$

정답 $_1Q_2 = 137.27\,\mathrm{kJ}\,(\text{방출})$

Q 예제   **3-17**

공기 5 kg이 10℃로부터 단열압축되어 나중압력이 처음 압력의 25배로 되었다. 비열비 $k = 1.4$일 때 다음을 구하여라. (단, 공기의 기체상수는 0.2873 kJ/kg · K이다.)

① 압축 후 공기온도 $t_2 [℃]$

② 절대일량 $_1W_2 [kJ]$

③ 공업일 $W_t [kJ]$

④ 엔탈피 변화량 $H_2 - H_1 [kJ]$

⑤ 내부 에너지 변화량 $U_2 - U_1 [kJ]$

해설 ① 압축 후 공기온도 $t_2 [℃]$

$$\frac{T_2}{T_1} = \left(\frac{p_2}{p_1}\right)^{\frac{k-1}{k}} \text{에서}$$

$$T_2 = T_1 \left(\frac{p_2}{p_1}\right)^{\frac{k-1}{k}} = (273 + 10) \times 25^{\frac{1.4-1}{1.4}} = 709.9 \text{ K}$$

$$\therefore t_2 = 709.9 - 273 = 436.9℃$$

② 절대일량 $_1W_2 [kJ]$

$$_1W_2 = \frac{1}{k-1} mR(T_1 - T_2) = \frac{1}{1.4-1} \times 5 \times 0.2873 \times (283 - 709.9)$$

$$= -1533.1 \text{ kJ}$$

③ 공업일 $W_t [kJ]$

$$W_t = k_1 W_2 = 1.4 \times (-1533.1) = -2146.34 \text{ kJ}$$

④ 엔탈피 변화량 $H_2 - H_1 [kJ]$

$$H_2 - H_1 = -W_t = 2146.34 \text{ kJ}$$

⑤ 내부 에너지 변화량 $U_2 - U_1 [kJ]$

$$U_2 - U_1 = -_1W_2 = 1533.1 \text{ kJ}$$

정답 ① $t_2 = 436.9 ℃$

② $_1W_2 = 1533.1 \text{ kJ}$(외부로부터 일을 받음)

③ $W_t = 2146.34 \text{ kJ}$(외부로부터 일을 받음)

④ $H_2 - H_1 = 2146.34 \text{ kJ}$

⑤ $U_2 - U_1 = 1533.1 \text{ kJ}$

Q 예제 **3-18**

15℃, 1 atm, 체적 2 m³인 공기를 단열압축하여 그 체적을 1/3로 감소시켰다. 공기의 $k = 1.4$ 일 때 다음을 구하여라. (단, 공기의 기체상수는 0.2873 kJ/kg · K이다.)

① 변화 후 공기의 압력 p_2 [kPa]

② 변화 후 공기온도 t_2 [℃]

③ 절대일 $_1W_2$ [kJ]

④ 공업일 W_t [kJ]

⑤ 내부 에너지 변화량 $U_2 - U_1$ [kJ]

⑥ 엔탈피 변화량 $H_2 - H_1$ [kJ]

해설 먼저 공기의 질량 m[kg]을 상태 방정식으로부터 구하면, 1 atm = 101.3 kPa이므로

$$m = \frac{p_1 V_1}{R T_1} = \frac{101.3 \times 2}{0.2873 \times (273 + 15)} = 2.45 \, \text{kg}$$

① 변화 후 공기의 압력 p_2 [kPa]

$V_2 = \frac{1}{3} V_1$이므로, $p_1 V_1{}^k = p_2 V_2{}^k$에서

$$p_2 = p_1 \left(\frac{V_1}{V_2}\right)^k = 101.3 \times 3^{1.4} = 471.61 \, \text{kPa}$$

② 변화 후 공기온도 t_2 [℃]

$$T_2 = T_1 \left(\frac{V_1}{V_2}\right)^{k-1} = (273 + 15) \times 3^{1.4-1} = 446.93 \, \text{K}$$

$$\therefore t_2 = 446.93 - 273 = 173.93 \, \text{℃}$$

③ 절대일 $_1W_2$ [kJ]

$$_1W_2 = \frac{1}{k-1} m R (T_1 - T_2) = \frac{1}{1.4 - 1} \times 2.45 \times 0.2873 \times (288 - 446.93)$$

$$= -44.75 \, \text{kJ}$$

④ 공업일 W_t [kJ]

$$W_t = k_1 W_2 = 1.4 \times (-44.75) = -62.65 \, \text{kJ}$$

⑤ 내부 에너지 변화량 $U_2 - U_1$ [kJ]

$0 = (U_2 - U_1) + {_1W_2}$에서 $U_2 - U_1 = -{_1W_2} = 44.75 \, \text{kJ}$

⑥ 엔탈피 변화량 $H_2 - H_1$ [kJ]

$0 = (H_2 - H_1) + W_t$에서 $H_2 - H_1 = -W_t = 62.65 \, \text{kJ}$

정답 ① $p_2 = 471.61 \, \text{kPa}$　　　　② $t_2 = 173.93 \, \text{℃}$

③ $_1W_2 = 44.75 \, \text{kJ}$(외부로부터 일을 받음) ④ $W_t = 62.65 \, \text{kJ}$(외부로부터 일을 받음)

⑤ $U_2 - U_1 = 44.75 \, \text{kJ}$　　　　⑥ $H_2 - H_1 = 62.65 \, \text{kJ}$

Q 예제 3-19

디젤기관으로 10℃, 101.3 kPa의 공기를 실린더 속에 흡입하여 $pV^{1.3} = C$에 따라 2000 kPa까지 압축하여 체적이 0.12 l로 되었다. 다음을 구하여라. (단, 공기의 정적비열은 0.7153 kJ/kg · K이고, 비열비 $k = 1.4$, 기체상수는 0.2873 kJ/kg · K이다.)

① 변화 전의 공기 체적 V_1 [m³]

② 공기의 질량 m [kg]

③ 변화 후 공기의 온도 t_2 [℃]

④ 절대일 $_1W_2$ [kJ]

⑤ 출입 열량 $_1Q_2$ [kJ]

⑥ 내부 에너지 변화량 $U_2 - U_1$ [kJ]

⑦ 엔탈피 변화량 $H_2 - H_1$ [kJ]

⑧ 공업일 W_t [kJ]

해설 지수 $n = 1.3$인 폴리트로픽 변화이므로

① 변화 전의 공기 체적 V_1[m³]

$$p_1 V_1{}^n = p_2 V_2{}^n \text{에서 } V_1 = V_2 \left(\frac{p_2}{p_1} \right)^{\frac{1}{n}} = 0.12 \times 10^{-3} \times \left(\frac{2000}{101.3} \right)^{\frac{1}{1.3}} = 1.19 \times 10^{-3} \, \text{m}^3$$

② 공기의 질량 m[kg]

이상기체의 상태 방정식 $p_1 V_1 = mRT_1$에서

$$m = \frac{p_1 V_1}{RT_1} = \frac{101.3 \times (1.19 \times 10^{-3})}{0.2873 \times (273 + 10)} = 1.48 \times 10^{-3} \, \text{kg}$$

③ 변화 후 공기의 온도 t_2 [℃]

$$\frac{T_2}{T_1} = \left(\frac{p_2}{p_1} \right)^{\frac{n-1}{n}} \text{에서 } T_2 = T_1 \left(\frac{p_2}{p_1} \right)^{\frac{n-1}{n}} = (273 + 10) \times \left(\frac{2000}{101.3} \right)^{\frac{1.3-1}{1.3}} = 563.29 \, \text{K}$$

$$\therefore t_2 = 563.29 - 273 = 290.29℃$$

④ 절대일 $_1W_2$ [kJ]

$$_1W_2 = \frac{mR}{n-1} (T_1 - T_2) = \frac{(1.48 \times 10^{-3}) \times 0.2873}{1.3 - 1} \times (283 - 563.29) = -0.4 \, \text{kJ}$$

⑤ 출입 열량 $_1Q_2$ [kJ]

$$_1Q_2 = m \frac{n-k}{n-1} C_v (T_2 - T_1) = (1.48 \times 10^{-3}) \times \frac{1.3 - 1.4}{1.3 - 1} \times 0.7153 \times (563.29 - 283)$$

$$= -0.099 \, \text{kJ}$$

⑥ 내부 에너지 변화량 $U_2 - U_1$ [kJ]

$$U_2 - U_1 = m C_v (T_2 - T_1) = (1.48 \times 10^{-3}) \times 0.7153 \times (563.29 - 283) = 0.3 \, \text{kJ}$$

⑦ 엔탈피 변화량 $H_2 - H_1$ [kJ]

$$\frac{C_p}{C_v} = 1.4 \text{에서 } C_p = 1.4 C_v = 1.4 \times 0.7153 = 1 \, \text{kJ/kg · K이므로}$$

$$H_2 - H_1 = m C_p (T_2 - T_1) = (1.48 \times 10^{-3}) \times 1 \times (563.29 - 283) = 0.41 \, \text{kJ}$$

⑧ 공업일 W_t [kJ]

$$W_t = n \,_1W_2 = 1.3 \times (-0.4) = -0.52 \, \text{kJ}$$

정답 ① $V_1 = 1.19 \times 10^{-3}\,\mathrm{m}^3$ ② $m = 1.48 \times 10^{-3}\,\mathrm{kg}$ ③ $t_2 = 290.29\,℃$

④ $_1W_2 = 0.4\,\mathrm{kJ}$ (외부로부터 일을 받음) ⑤ $_1Q_2 = 0.099\,\mathrm{kJ}$ (방출)

⑥ $U_2 - U_1 = 0.3\,\mathrm{kJ}$ ⑦ $H_2 - H_1 = 0.41\,\mathrm{kJ}$ ⑧ $W_t = 0.52\,\mathrm{kJ}$ (외부로부터 일을 받음)

Q 예제 3-20

1 bar, 21℃에서 1 kg의 기체가 지수 $n = 1.32$인 폴리트로픽 압축하여 5.1 bar가 되었다. 다음에 이 압력하에서 처음온도까지 냉각된다면 이 변화 사이에서 출입한 총 열량은 몇 kJ인가? (단, $C_v = 718\,\mathrm{J/kg \cdot K}$, $C_p = 1005\,\mathrm{J/kg \cdot K}$, $k = 1.4$이다.)

해설 폴리트로픽 압축 전의 온도를 T_1, 압축 후의 온도를 T_2라 하면

$$\frac{T_2}{T_1} = \left(\frac{p_2}{p_1}\right)^{\frac{n-1}{n}} \text{에서}$$

$$T_2 = T_1 \left(\frac{p_2}{p_1}\right)^{\frac{n-1}{n}} = (273 + 21) \times \left(\frac{5.1}{1}\right)^{\frac{1.32-1}{1.32}} = 436.39\,\mathrm{K}$$

따라서, 출입한 총 열량 $_1Q_2 = Q_{\mathrm{poly}} + Q_{\mathrm{pres}}$ 이므로

$$Q_{\mathrm{poly}} = m\,C_n\,(T_2 - T_1) = m\,\frac{n-k}{n-1}\,C_v\,(T_2 - T_1)$$

$$= 1 \times \frac{1.32 - 1.4}{1.32 - 1} \times 718 \times (436.39 - 294) = -25559\,\mathrm{J} = -25.559\,\mathrm{kJ}$$

$$Q_{\mathrm{pres}} = m\,C_p\,(T_1 - T_2) = 1 \times 1005 \times (294 - 436.39) = -143101.95\,\mathrm{J} = -143.1\,\mathrm{kJ}$$

(정압변화에서의 처음온도는 T_2가 되고, 나중온도는 T_1이 된다.)

$$\therefore \,_1Q_2 = -25.559 - 143.1 = -168.659\,\mathrm{kJ}$$

정답 168.659 kJ (방출)

---

4. 이상기체의 혼합

공업상의 응용에는 공기, 연소가스 등과 같이 여러 종류의 기체를 혼합하여 사용하는 경우가 많다. 따라서 혼합기체의 기체상수, 분자량, 내부 에너지, 엔탈피, 비열 등을 각 성분기체의 그것들에 의하여 표시되는 관계식을 구하는 것은 매우 중요하다.

각 성분기체의 혼합은 확산(擴散)에 의하여 혼합되는 비가역과정이고, 이 과정은 일정 체적하에서 이루어지는 경우와 정상 유동과정에서 이루어지는 경우의 두 가지가 있다. 여기서는 일정 체적하에서 기체를 혼합시킬 때의 경우에 대해서 서술하였다.

4-1 • **Dalton의 법칙**

「두 가지 이상의 서로 다른 이상기체를 하나의 용기 속에서 혼합시킬 경우, 각 기체 상호간에 화학반응이 일어나지 않는다면

① 각 기체는 마치 그 기체만이 용기 내에 단독으로 존재할 때와 같은 압력을 가지며,

② 혼합기체의 압력은 각 기체의 압력의 합과 같다.」

이것을 혼합기체에 대한 **Dalton의 법칙**이라고 한다.

[그림 3-9]와 같이 중량, 체적, 압력, 온도를 각각 m_i, V_i, p_i, $T_i (i = 1, 2, 3, \cdots, n)$라 하고, 혼합 후의 각각을 m, V, p, T라 하면 Dalton의 법칙에 의하여

$$p = p_1 + p_2 + p_3 + \cdots + p_n = \sum_{i=1}^{n} p_i \quad \text{(3-23)}$$

여기서, p_1, p_2, $p_3, \cdots, p_n$을 **분압**(分壓 ; partial pressure)이라 하고, p를 **전압**(全壓 ; total pressure)이라고 한다.

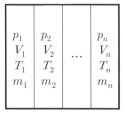

(a) 혼합 전   (b) 혼합 후

[그림 3-9] 일정 체적하의 이상기체 혼합

각 성분기체의 기체상수를 $R_1, R_2, R_3, \cdots, R_n$라 하고, 이들의 기체가 혼합되어 압력 p, 온도 T하에 있다면 다음의 관계가 성립한다.

$$m = m_1 + m_2 + m_3 + \cdots + m_n = \sum_{i=1}^{n} m_i \quad \text{(3-24)}$$

$$V = V_1 + V_2 + V_3 + \cdots + V_n = \sum_{i=1}^{n} V_i \quad \text{(3-25)}$$

또,

$$p V_1 = m_1 R_1 T, \quad p V_2 = m_2 R_2 T, \quad p V_3 = m_3 R_3 T, \quad \cdots, \quad p V_n = m_n R_n T$$

$$p_1 V = m_1 R_1 T, \quad p_2 V = m_2 R_2 T, \quad p_3 V = m_3 R_3 T, \quad \cdots, \quad p_n V = m_n R_n T$$

으로부터

$$p V_1 = p_1 V, \ \ p V_2 = p_2 V, \ \ p V_3 = p_3 V, \ \cdots, \ \ p V_n = p_n V$$

가 된다. 따라서, 기체가 혼합되었을 때의 분압은 다음과 같다.

$$p_1 = p \frac{V_1}{V}, \ \ p_2 = p \frac{V_2}{V}, \ \ p_3 = p \frac{V_3}{V}, \ \cdots, \ \ p_n = p \frac{V_n}{V} \ \ \cdots\cdots\cdots\cdots\cdots\cdots (3\text{-}26)$$

즉, 혼합기체 중의 각 기체의 체적비율을 알 수 있다면 그의 분압을 알 수 있다.

4-2 ● 혼합기체의 밀도

혼합기체의 밀도를 ρ, 혼합기체중의 각 기체의 밀도를 $\rho_1, \rho_2, \rho_3, \cdots, \rho_n$ 라고 하면, 식 $(3-24)$에 의하여

$$m = \rho V = \rho_1 V_1 + \rho_2 V_2 + \rho_3 V_3 + \cdots + \rho_n V_n = \sum_{i=1}^{n} \rho_i \, V_i$$

$$\therefore \ \rho = \rho_1 \frac{V_1}{V} + \rho_2 \frac{V_2}{V} + \rho_3 \frac{V_3}{V} + \cdots + \rho_n \frac{V_n}{V} = \sum_{i=1}^{n} \rho_i \, \frac{V_i}{V} \ \ \cdots\cdots\cdots\cdots\cdots (3\text{-}27)$$

또, 위 식은 식 $(3-26)$에 의하여

$$\rho = \rho_1 \frac{p_1}{p} + \rho_2 \frac{p_2}{p} + \rho_3 \frac{p_3}{p} + \cdots + \rho_n \frac{p_n}{p} = \sum_{i=1}^{n} \rho_i \, \frac{p_i}{p} \ \ \cdots\cdots\cdots\cdots\cdots (3\text{-}28)$$

4-3 ● 혼합기체의 분자량

혼합기체의 외관상 분자량을 M이라 하고, 혼합기체 전체를 하나의 단일기체로 생각하여 식 (3-7)을 적용하면 혼합기체의 기체상수는 $8314.3 M$ [J/kg · K]이므로 혼합기체의 특성식은 다음과 같이 나타낼 수 있다.

$$p V = m \cdot \frac{8314.3}{M} \cdot T(\text{또는} \ \ p = \rho \cdot \frac{8314.3}{M} \cdot T)$$

따라서 혼합기체의 밀도는 다음과 같다.

$$\rho = \frac{pM}{8314.3\, T}$$

한편, 혼합기체 중의 각 기체의 분자량을 M_1, M_2, M_3, $\cdots$, M_n라고 하면 각 기체의 밀도 ρ_1, ρ_2, ρ_3, $\cdots$, ρ_n은 앞의 식으로부터 다음과 같이 구할 수 있다.

$$\rho_1 = \frac{pM_1}{8314.3\,T}, \ \ \rho_2 = \frac{pM_2}{8314.3\,T}, \ \ \rho_3 = \frac{pM_3}{8314.3\,T}, \ \ \cdots, \rho_n = \frac{pM_n}{8314.3\,T}$$

따라서,

$$\frac{\rho_1}{\rho} = \frac{M_1}{M}, \ \ \frac{\rho_2}{\rho} = \frac{M_2}{M}, \ \ \frac{\rho_3}{\rho} = \frac{M_3}{M}, \ \ \cdots, \ \frac{\rho_n}{\rho} = \frac{M_n}{M}$$

이다. 그러므로 식 $(3-27)$에 이 관계를 적용시키면

$$\rho = \rho\frac{M_1}{M} \cdot \frac{V_1}{V} + \rho\frac{M_2}{M} \cdot \frac{V_2}{V} + \rho\frac{M_3}{M} \cdot \frac{V_3}{V} + \cdots + \rho\frac{M_n}{M} \cdot \frac{V_n}{V}$$

$$= \sum_{i=1}^{n} \rho\frac{M_i}{M} \cdot \frac{V_i}{V}$$

$$\left. \begin{aligned} \therefore M &= M_1\frac{V_1}{V} + M_2\frac{V_2}{V} + M_3\frac{V_3}{V} + \cdots + M_n\frac{V_n}{V} \\ &= \sum_{i=1}^{n} M_i\frac{V_i}{V} \end{aligned} \right\} \quad \cdots\cdots\cdots\cdots\cdots\cdots (3-29)$$

또한, 혼합기체의 분자량 M은 식 $(3-28)$에 의하여 다음과 같이도 나타낼 수 있다.

$$M = M_1\frac{p_1}{p} + M_2\frac{p_2}{p} + M_3\frac{p_3}{p} + \cdots + M_n\frac{p_n}{p} = \sum_{i=1}^{n} M_i\frac{p_i}{p} \quad \cdots\cdots\cdots\cdots\cdots (3-30)$$

4-4 ∘ 혼합기체의 기체상수

혼합기체가 체적 V, 온도 T하에 있다면 각 성분기체에 대한 상태 방정식은

$$p_1 V = m_1 R_1 T, \ \ p_2 V = m_2 R_2 T, \ \ p_3 V = m_3 R_3 T, \ \ \cdots, \ \ p_n V = m_n R_n T$$

가 되고, 이들을 합하면

$$(p_1 + p_2 + p_3 + \cdots + p_n) V = (m_1 R_1 + m_2 R_2 + m_3 R_3 + \cdots + m_n R_n) T$$

위 식의 양변을 온도 T로 나누고 다시 쓰면, Dalton의 법칙에 의하여

$$\left.\begin{array}{l} m_1R_1 + m_2R_2 + m_3R_3 + \cdots + m_nR_n \\ = (p_1 + p_2 + p_3 + \cdots + p_n)\dfrac{V}{T} = \dfrac{pV}{T} \end{array}\right\} \quad \cdots\cdots\cdots\cdots\text{(A)}$$

한편 혼합기체의 기체상수를 R이라고 하면 $pV = mRT$에서

$$\frac{pV}{T} = mR \quad \cdots\cdots\cdots\cdots\cdots\cdots\cdots\cdots\cdots\cdots\cdots\cdots\cdots\cdots\cdots\cdots\text{(B)}$$

가 된다. 따라서, 식 (A)와 (B)로부터

$$mR = m_1R_1 + m_2R_2 + m_3R_3 + \cdots + m_nR_n$$

$$\therefore \ R = R_1\frac{m_1}{m} + R_2\frac{m_2}{m} + R_3\frac{m_3}{m} + \cdots + R_n\frac{m_n}{m}$$

$$= \sum_{i=1}^{n} R_i \frac{m_i}{m} \quad \cdots\cdots\cdots\cdots\cdots\cdots\cdots\cdots\cdots\cdots\text{(3-31)}$$

이 식에 의하여 여러 종류의 기체가 혼합되어 있을 때 각 기체의 질량과 기체상수를 알면 혼합기체의 기체상수를 구할 수 있다.

4-5 • 혼합기체의 비열

혼합기체 중의 각 성분기체의 비열을 각각 C_1, C_2, C_3, $\cdots$, C_n이라고 하면 혼합기체를 1℃ 올리는 데 필요한 열량은 각 성분기체의 온도를 1℃ 올리는 데 필요한 열량의 합과 같으므로

$$mC = m_1C_1 + m_2C_2 + m_3C_3 + \cdots + m_nC_n = \sum_{i=1}^{n} m_i C_i$$

따라서, 혼합기체의 비열 C는 다음 식으로 구할 수 있다.

$$C = \frac{m_1C_1 + m_2C_2 + m_3C_3 + \cdots + m_nC_n}{m}$$

$$= \frac{\sum_{i=1}^{n} m_i C_i}{m} \quad \cdots\cdots\cdots\cdots\cdots\cdots\cdots\cdots\cdots\cdots\text{(3-32)}$$

또, 혼합기체의 정적, 정압비열은 위 식으로부터 각각

$$C_v = \frac{\displaystyle\sum_{i=1}^{n} m_i C_{vi}}{m}$$

$$C_p = \frac{\displaystyle\sum_{i=1}^{n} m_i C_{pi}}{m} \Bigg\} \quad \text{.. (3-33)}$$

4-6 • 혼합기체의 온도

온도가 각각 T_1, T_2, T_3,…, T_n인 기체를 혼합하여 온도 T인 혼합기체가 되었다고 하자. 이 과정 중에 외부와의 사이에 열교환이 없었다면, 즉, $\delta Q = 0$이면

$$m_1 C_1 (T - T_1) + m_2 C_2 (T - T_2) + m_3 C_3 (T - T_3) + \cdots + m_n C_n (T - T_n) = 0$$

가 된다. 따라서,

$$T(m_1 C_1 + m_2 C_2 + m_3 C_3 + \cdots + m_n C_n)$$
$$= m_1 C_1 T_1 + m_2 C_2 T_2 + m_3 C_3 T_3 + \cdots + m_n C_n T_n$$

즉,

$$T \sum_{i=1}^{n} m_i C_i = \sum_{i=1}^{n} m_i C_i T_i$$

$$\therefore T = \frac{\displaystyle\sum_{i=1}^{n} m_i C_i T_i}{\displaystyle\sum_{i=1}^{n} m_i C_i} = \frac{\displaystyle\sum_{i=1}^{n} m_i C_i T_i}{m C} \quad \text{.. (3-34)}$$

Q 예제 3-21

산소 8 kg과 질소 12 kg으로 된 혼합기체의 정압비열은 몇 kJ/kg · K인가? (단, 질소의 정압비열은 1.041 kJ/kg · K, 산소의 정압비열은 0.92 kJ/kg · K이다.)

해설 혼합기체의 정압비열 $C_p = \dfrac{\displaystyle\sum_{i=1}^{n} m_i C_{pi}}{m}$ 으로부터

$$C_p = \frac{m_1 C_{p1} + m_2 C_{p2}}{m} = \frac{(8 \times 0.92) + (12 \times 1.041)}{8 + 12} = 0.9926 \text{ kJ/kg · K}$$

정답 0.9926 kJ/kg · K

Q 예제 3-22

질량비로서 $H_2 = 10\%$, $CO_2 = 90\%$인 혼합기체의 압력이 $100\,kPa$일 때 CO_2의 분압은 몇 kPa인가?

해설 H_2 및 CO_2, 혼합기체의 몰수를 각각 n_{H_2}, n_{CO_2}, n이라 하면

$$몰수 = \frac{질량}{분자량} \text{이므로}$$

$$n_{H_2} = \frac{10}{2} = 5$$

$$n_{CO_2} = \frac{90}{44} \fallingdotseq 2.045$$

$$\therefore n = n_{H_2} + n_{CO_2}$$

$$= 5 + 2.045 = 7.045$$

따라서, 식 (3−26)으로부터

$$p_{CO_2} = p\,\frac{V_{CO_2}}{V} = p\,\frac{n_{CO_2}}{n}$$

$$= 100 \times \frac{2.045}{7.045} = 29.03\,kPa$$

정답 $29.03\,kPa$

Q 예제 3-23

공기의 질량비가 $N_2 = 78\%$, $O_2 = 21\%$, $Ar = 1\%$일 때 이 공기의 기체상수는 몇 $kJ/kg \cdot K$인가? (단, $R_{N_2} = 0.2968\,kJ/kg \cdot K$, $R_{O_2} = 0.2598\,kJ/kg \cdot K$, $R_{Ar} = 0.2081\,kJ/kg \cdot K$이다.)

해설 식 (3−31)로부터

$$R = \frac{1}{m}(m_{N_2}R_{N_2} + m_{O_2}R_{O_2} + m_{Ar}R_{Ar})$$

$$= \frac{1}{100}(78 \times 0.2968 + 21 \times 0.2598 + 1 \times 0.2081)$$

$$= 0.288\,kJ/kg \cdot K$$

정답 $0.288kJ/kg \cdot K$

연·습·문·제

1. 이상기체 공기가 안지름 0.1 m인 관을 통하여 0.2 m/s로 흐르고 있다. 공기의 온도는 20℃, 압력은 100 kPa, 기체상수는 0.287 kJ/kg·K라면 질량유량은 몇 kg/s인가?

2. 어느 이상기체 2 kg이 압력 200 kPa, 온도 30℃의 상태에서 체적 0.8 m³를 차지한다. 이 기체의 기체상수는 몇 kJ/kg·K인가?

3. 대기압 100 kPa에서 용기에 가득 채운 프로판을 일정한 온도에서 진공펌프를 사용하여 2 kPa까지 배기하였다. 용기 내에 남은 프로판의 중량은 처음 중량의 몇 %정도 되는가?

4. 분자량이 30인 C_2H_6(에탄)의 기체상수는 몇 kJ/kg·K인가?

5. 분자량이 28.5인 이상기체가 압력 200 kPa, 온도 100℃ 상태에 있을 때 비체적은 몇 m³/kg인가? (단, 일반 기체상수 = 8.314 kJ/kmol·K이다.)

6. 100 kPa, 25℃ 상태의 공기가 있다. 이 공기의 엔탈피가 298.615 kJ/kg이라면 내부에너지는 몇 kJ/kg인가? (단, 공기는 분자량 28.97인 이상기체로 가정한다.)

7. 정압비열이 0.8418 kJ/kg·K이고, 기체상수가 0.1889 kJ/kg·K인 이상기체의 정적비열은 몇 kJ/kg·K인가?

8. 분자량이 29이고, 정압비열이 1005 J/kg·K인 이상기체의 정적비열은 몇 J/kg·K인가? (단, 일반기체상수는 8314.5 J/kmol·K이다.)

9. 정압비열이 0.931 kJ/kg·K이고, 정적비열이 0.666 kJ/kg·K인 이상기체를 압력 400 kPa, 온도 20℃로서 0.25 kg을 담은 용기의 체적은 몇 m³인가?

10. 비열비가 1.29, 분자량이 44인 이상 기체의 정압비열은 몇 kJ/kg·K인가? (단, 일반 기체상수는 8.314 kJ/kg·K이다.)

11. 온도 20℃에서 계기압력 0.183 MPa의 타이어가 고속주행으로 온도 80℃로 상승할 때 압력은 주행 전과 비교하여 몇 kPa 상승 하는가? (단, 타이어의 체적은 변하지 않고, 타이어 내의 공기는 이상기체로 가정한다. 그리고 대기압은 101.3 kPa이다.)

12. 10℃에서 160℃까지 공z기의 평균 정적비열은 0.7315 kJ/kg · K이다. 이 온도변화에서 공기 1 kg의 내부에너지 변화는 몇 kJ인가?

13. 튼튼한 용기에 안에 100 kPa, 30℃의 공기가 5 kg 들어있다. 이 공기를 가열하여 온도를 150℃로 높였다. 이 과정 동안에 공기에 가해 준 열량은 몇 kJ인가? (단, 공기의 정적 비열 및 정압 비열은 각각 0.717 kJ/kg · K와 1.004 kJ/kg · K이다.)

14. 4 kg의 공기를 압축하는 데 300 kJ의 일을 소비함과 동시에 110 kJ의 열량이 방출되었다. 공기온도가 초기에는 20℃이었을 때 압축 후의 공기온도는 몇 ℃인가? (단, 공기는 정적비열이 0.716 kJ/kg · K인 이상기체로 간주한다.)

15. 어느 이상기체 1 kg을 일정 체적하에 20℃로부터 100℃로 가열하는 데 836 kJ의 열량이 소요되었다. 이 가스의 분자량이 2라고 한다면 정압비열은 몇 kJ/kg · ℃인가?

16. 실린더 내부 기체의 압력을 150 kPa로 유지하면서 체적을 0.05 m^3에서 0.1 m^3까지 증가시킬 때 실린더가 한 일은 몇 kJ인가?

17. 압력 5 kPa, 체적이 0.3 m^3인 기체가 일정한 압력 하에서 압축되어 0.2 m^3로 되었을 때 이 기체가 한 일은 몇 J인가? (단, +는 외부로 기체가 일을 한 경우이고, −는 기체가 외부로부터 일을 받은 경우이다.)

18. 압력이 106 N/m^2, 체적이 1 m^3인 공기가 압력이 일정한 상태에서 400 kJ의 일을 하였다. 변화 후의 체적은 m^3인가?

19. 20℃의 공기(기체상수 $R = 0.287$ kJ/ kg · K, 정압비열 $C_p = 1.004$ kJ/kg · K) 3 kg이 압력 0.1 MPa에서 등압 팽창하여 부피가 두 배로 되었다. 이 과정에서 공급된 열량은 몇 kJ인가?

20. 온도 150℃, 압력 0.5 MPa의 공기 0.2 kg이 압력이 일정한 과정에서 원래 체적의 2배로 늘어난다. 이 과정에서의 일은 몇 kJ인가? (단, 공기는 기체상수가 0.287 kJ/kg · K인 이상기체로 가정한다.)

21. 압력이 일정할 때 공기 5 kg을 0℃에서 100℃까지 가열하는데 필요한 열량은 몇 kJ인가? (단, 비열(C_p)은 온도 T[℃]에 관계한 함수로 C_p[kJ/kg · ℃] = 1.01+0.000079×T이다.)

22. 비열비가 k인 이상기체로 이루어진 시스템이 정압과정으로 부피가 2배로 팽창할 때 시스템에 한 일이 W, 시스템에 전달된 열이 Q일 때, $\dfrac{W}{Q}$를 구하여라. (단, 비열은 일정하다.)

23. 공기 1 kg을 1 MPa, 250℃의 상태로부터 등온과정으로 0.2 MPa까지 압력 변화를 할 때 외부에 대하여 한 일은 몇 kJ인가? (단, 공기는 기체상수가 0.287 kJ/kg · K인 이상기체이다.)

24. 피스톤-실린더 시스템에 100 kPa의 압력을 갖는 1 kg의 공기가 들어있다. 초기 체적은 0.5 m³이고, 이 시스템에 온도가 일정한 상태에서 열을 가하여 부피가 1.0 m³이 되었다. 이 과정 중 전달된 에너지는 몇 kJ인가?

25. 기체의 초기압력이 20 kPa, 초기체적이 0.1 m³인 상태에서부터 "pV = 일정"인 과정으로 체적이 0.3 m³로 변했을 때의 일량은 약 몇 kJ인가?

26. 8℃의 이상기체를 가역단열 압축하여 그 체적을 $\dfrac{1}{5}$로 하였을 때 기체의 온도는 약 몇 ℃인가? (이 기체의 비열비는 1.4이다.)

27. 실린더 내부에 기체가 채워져 있고 실린더에는 피스톤이 끼워져 있다. 초기 압력 50 kPa, 초기 체적 0.05 m³인 기체를 버너로 $pV^{1.4}$ = constant가 되도록 가열하여 기체 체적이 0.2 m³이 되었다면, 이 과정 동안 시스템이 한 일은 몇 kJ인가?

28. 단열된 가스터빈의 입구 측에서 가스가 압력 2 MPa, 온도 1200 K로 유입되어 출구 측에서 압력 100 kPa, 온도 600 K로 유출된다. 5 MW의 출력을 얻기 위한 가스의 질량유량은 몇 kg/s인가? (단, 터빈의 효율은 100 %이고, 가스의 정압비열은 1.12 kJ/kg · K이다.)

29. 피스톤-실린더 장치에 들어있는 100 kPa, 27℃의 공기가 600 kPa까지 가역단열과정으로 압축된다. 비열비 $k = 1.4$로 일정하다면 이 과정 동안에 공기가 받은 일은 약 몇 kJ/kg인가? (단, 공기의 기체상수는 0.287 kJ/kg · K이다.)

30. 온도 300 K, 압력 100 kPa 상태의 공기 0.2 kg이 완전히 단열된 강체 용기 안에 있다. 패들(paddle)에 의하여 외부로부터 공기에 5 kJ의 일이 행해질 때 최종 온도는 약 몇 K인가? (단, 공기의 정압비열과 정적비열은 각각 1.0035 kJ/kg · K, 0.7165 kJ/kg · K이다.)

31. 공기 1 kg을 $t_1 = 10℃$, $p_1 = 0.1$ MPa, $V_1 = 0.8$ m^3 상태에서 단열과정으로 $t_2 = 167℃$, $p_2 = 0.7$ MPa까지 압축시킬 때 압축에 필요한 일량은 몇 kJ인가? (단, 공기의 정압비열과 정적비열은 각각 1.0035 kJ/kg · K, 0.7165 kJ/kg · K이고, t는 온도, p는 압력, V는 체적을 나타낸다.)

32. 단열변화를 하는 공기압축기에서 입구 공기의 온도와 압력은 각각 27℃, 100 kPa이고, 체적유량은 0.01 m^3/s이다. 출구에서 압력이 400 kPa이고, 이 압축기의 효율이 0.8일 때, 압축기의 소요 동력은 몇 kW인가? (단, 공기의 정압비열과 기체상수는 각각 1 kJ/kg · K, 0.287 kJ/kg · K이고, 비열비는 1.4이다.)

33. 폴리트로픽 지수가 1.33인 기체가 폴리트로픽 과정으로 압력이 2배가 되도록 압축된다면 절대온도는 약 몇 배가 되는가?

34. 질량 1 kg의 공기가 밀폐계에서 압력과 체적이 100 kPa, 1 m^{3}이었는데 폴리트로픽 과정($pV^n = $ 일정)을 거쳐 체적이 0.5 m^{3}이 되었다. 최종 온도(T_2)와 내부에너지의 변화량(ΔU)을 구하여라. (단, 공기의 기체상수는 287 J/kg · K, 정적비열은 718 J/kg · K, 정압비열은 1005 J/kg · K, 폴리트로픽 지수는 1.3이다.)

35. 그림과 같이 다수의 추를 올려놓은 피스톤이 장착된 실린더가 있는데, 실린더 내의 압력은 300 kPa, 초기 체적은 0.05 m^{3}이다. 이 실린더에 열을 가하면서 적절히 추를 제거하여 폴리트로픽 지수가 1.3인 폴리트로픽 변화가 일어나도록 하여 최종적으로 실린더 내의 체적이 0.2 m^{3}이 되었다면 가스가 한 일은 약 몇 kJ인가?

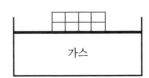

36. 피스톤–실린더 장치 안에 300 kPa, 100℃의 이산화탄소 2 kg이 들어있다. 이 가스를 $PV^{1.2} =$ constant인 관계를 만족하도록 피스톤 위에 추를 더해가며 온도가 200℃가 될 때까지 압축하였다. 이 과정 동안의 열 전달량은 몇 kJ인가? (단, 이산화탄소의 정적비열(C_v) = 0.653 kJ/kg·K이고, 정압비열(C_p) = 0.842 kJ/kg·K이며, 각각 일정하다.)

37. 20℃, 400 kPa의 공기가 들어 있는 1 m³의 용기와 30℃, 150 kPa의 공기 5 kg이 들어 있는 용기가 밸브로 연결되어 있다. 밸브가 열려서 전체 공기가 섞인 후 25℃의 주위와 열적 평형을 이룰 때 공기의 압력은 몇 kPa인가? (단, 공기의 기체상수는 0.287 kJ/kg·K이다.)

38. 산소(O_2) 4 kg, 질소(N_2) 6 kg, 이산화탄소(CO_2) 2 kg으로 구성된 기체혼합물의 기체상수(kJ/kg·K)는 약 얼마인가?

열역학 제2법칙

1. 열역학 제2법칙

열역학의 제1법칙은 열(Q)과 일(W)이 본질상 같은 에너지로 $Q \rightleftarrows W$가 될 수 있다는 양적인 관계를 나타내고 있으나 그 전환의 방향에 있어서 어느 쪽이 쉬운가에 대하여는 언급하지 않았다. 즉, 우리들의 경험에서 $W \to Q$는 쉽게 일어나는 자연적인 현상이지만 $Q \to W$로의 전환에는 어떤 제한이 있다. 예를 들면, 물 속에서 프로펠러를 돌려주면 이 일은 마찰일로서 열로 전환되어 물의 온도가 올라가지만, 반대로 이 물을 냉각시킨다고 해서 프로펠러를 돌려줄 수는 없다.

이와 같은 사실에 의하여 열을 기계적 일로 전환하는 장치(열기관)를 해석하는 데에는 열역학 제1법칙만으로는 불충분하므로 열역학 제2법칙이 필요한 것이다. 즉, 열역학 제2법칙은 열과 일 사이의 방향적 관계를 명시한 것으로 [그림 4-1]은 열역학 제1법칙과 열역학 제2법칙을 나타낸 것이다.

(a) 제1법칙　　　　　　　　　　　　　　　(b) 제2법칙

[그림 4-1]　열역학 제1·2법칙의 표현

또한, 열역학 제2법칙은 단순히 열을 일로 변환시키는 경우에만 응용되는 것이 아니라 모든 자연현상에 대하여 응용되는 넓은 뜻을 가진 법칙으로 사람에 따라 그 표현법이 다르나 켈빈(Kelvin)과 플랭크(Plank)는 다음과 같이 표현하였다.

「자연계에 아무런 변화도 남기지 않고 어떤 열원(熱源)의 열을 계속하여 일로 변화시키는 것은 불가능하다.」

만일 이 열역학 제2법칙을 부정할 수 있는 기관(機關)이 있다고 가정하면, 즉 어떤 열원으로부터 열의 온도를 떨어뜨리는 일 없이, 또 외부에 아무런 변화를 남기지 않고 기계적 일로 바꾸는 운동을 하는 기관을 상상할 때 이 기관은 **제2종의 영구운동**을 한다고 한다. 그러므로 열역학 제2법칙은 제2종의 영구운동이 실제로 존재할 수 없음을 말해주는 법칙이기도 하다.

한편, 클라우시우스(Clausius)는 열역학 제2법칙을 다음과 같이 표현하였다.

「일을 소비하지 않고, 열을 저온의 물체에서 고온의 물체로 전하는 것은 불가능하다.」

즉, 열은 그 자신만으로는 저온의 물체에서 고온의 물체로 이동할 수 없다는 것이다. 다시 말해서 열역학 제1법칙은 가역적인 것을 허용하고 있으나 열역학 제2법칙은 비가역적인 현상을 말하고 있으며, 비가역의 주요 원인으로는 마찰, 화학반응, 확산, 전기저항 등을 예로 들 수 있다.

2. 사이클과 열효율

2-1 ◦ 사이클

제1장에서 설명한 바와 같이 사이클(cycle)이란 동작물질이 어떤 상태로부터 출발하여 도중에서 여러 가지의 변화를 연속적으로 한 후 다시 처음의 상태로 올 때까지의 전과정을 말하며, 이 변화를 $p-V$ 선도로 나타내면 [그림 4-2]와 같이 폐곡선이 된다. 이 때 사이클 중의 상태변화가 모두 가역변화이면 그 사이클은 최초 상태로 되돌아갈 때 주위에 어떠한 영향(혹은 변화)도 남기지 않게 되는데 이러한 사이클을 **가역 사이클**(reversible cycle)이라 하고, 변화 중한 부분이라도 비가역변화에 의하여 주위에 변화를 남기는 사이클을 **비가역 사이클**(irreversible cycle)이라 한다.

실제로는 열기관과 같은 여러 가지 기계가 하고 있는 사이클은 모두 비가역 사이클이나 열역학에서는 보통 가역 사이클로 다루고 그 결과에 적당한 계수(係數)를 곱하여 그 결과를 산출하는 방법을 쓴다.

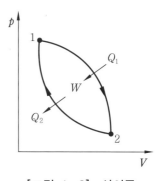

[그림 4-2] 사이클

2-2 ◦ 열효율

열기관은 [그림 4-3]과 같이 고열원(高熱源)으로부터 열량 Q_1을 공급받아 외부에 일 W를 하고 저열원(低熱源)에 열량 Q_2를 버린다. 즉, $Q_1 - Q_2$(**유효열량**；有效熱量)에 상당하는 열 에너지를 일로 변환시킨 것이 된다.

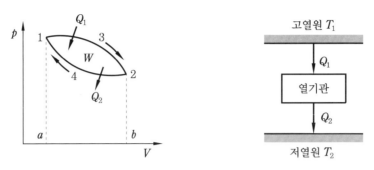

[그림 4-3] 열기관과 사이클

이 때 공급열 Q_1에 대하여 외부에 한 일량 $W = Q_1 - Q_2$가 클수록 열기관으로서 성능이 좋은 것으로 되기 때문에 이들의 비율을 열기관의 열효율(η)이라 하고 식으로 나타내면 다음과 같다.

$$\eta = \frac{W}{Q_1} = \frac{Q_1 - Q_2}{Q_1} = 1 - \frac{Q_2}{Q_1} \quad \cdots\cdots\cdots\cdots\cdots (4-1)$$

여기서, 공급열량 Q_1은 공급연료(供給燃料)의 발열량과 같으므로 위 식을 다시 쓰면 다음과 같다.

$$\left.\begin{array}{l} \eta = \dfrac{\text{유효열량}}{\text{공급연료의 발열량}} \\[2mm] = \dfrac{\text{동력(kW)}}{\text{고위 발열량}} \\[2mm] = \dfrac{\text{동력(kW)}}{\text{저위 발열량} \times \text{연료 소비율}} \end{array}\right\} \quad \cdots\cdots\cdots\cdots (4-2)$$

위 식에서
- 고위 발열량 : 연소반응에서 액체인 물(H_2O)이 생성될 때의 발열량(kJ/h)
- 저위 발열량 : 고위 발열량에서 기체인 증기(H_2O)가 생성될 때의 열량을 뺀 발열량 (kJ/kg)
- 연료 소비율 : 단위 시간당의 연료 소비량(kg/h)

열펌프(heat pump)인 경우에는 상온(常溫)의 물 또는 공기 등을 저열원으로 하고, 여기서 열량 Q_2를 빼앗아 상온보다 고온인 고열원에 열량 Q_1을 주어 난방(暖房)과 같은 목적에 이용하고 있으므로 빼앗는 열량이 많으면 많을수록 열의 이용률이 좋다. 따라서, 다음의 비율 ε_H의 값이 클수록 좋다.

$$\varepsilon_H = \frac{Q_1}{W} = \frac{Q_1}{Q_1 - Q_2} \quad \cdots\cdots\cdots\cdots\cdots\cdots\cdots\cdots (4-3)$$

여기서, ε_H를 **열펌프의 성적계수**(成績係數 ; coefficient of performance)라고 한다.

냉동기의 경우에는 [그림 4-4]와 같이 상온의 물 또는 공기 등을 고열원으로 하며, 여기에 열량 Q_1을 버리고 상온보다 저온인 냉장고(冷藏庫) 또는 제빙기(製氷機) 등을 저열원으로 하여 여기서 열량 Q_2를 흡수한다. 따라서, 다음의 비율 ε_R 값이 클수록 좋다.

$$\varepsilon_R = \frac{Q_2}{W} = \frac{Q_2}{Q_1 - Q_2} \quad\cdots\cdots\cdots\cdots\cdots\cdots\cdots\cdots\cdots\cdots\cdots\cdots\cdots\cdots\cdots\cdots (4-4)$$

여기서, ε_R을 **냉동기의 성적계수**라고 한다.

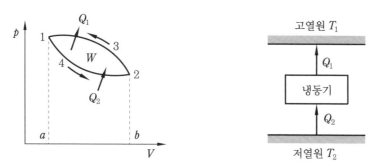

[그림 4-4] 냉동기와 사이클

Q 예제 4-1

어느 열기관이 18 kW의 동력을 내기 위하여 한 시간당 167.4 MJ의 열량을 공급받는다면 이 열기관의 열효율은 얼마인가?

해설 18 kW = 18 kJ/s = 18×3600 kJ/h이고,

한시간당 공급열량 167.4 MJ = 167.4×10³ kJ이므로

$$\eta = \frac{W}{Q_1} = \frac{18 \times 3600}{167.4 \times 10^3} = 0.387 = 38.7\,\%$$

정답 38.7 %

Q 예제 4-2

어느 열기관이 1600 kJ의 열을 공급받아 400 kJ의 열을 방출하면서 작동한다면 이 기관의 열효율은 얼마인가?

해설 $\eta = 1 - \dfrac{Q_2}{Q_1} = 1 - \dfrac{400}{1600} = 0.75 = 75\,\%$

정답 75 %

Q 예제 **4-3**

저위 발열량이 30 MJ/kg인 석탄을 매 시간당 25000 kg씩 소비하면서 5000 kW 의 전기를 생산하는 화력발전소의 열효율을 구하여라.

해설 5000 kW = 5000 kJ/s = 5000 × 3600 kJ/h이므로

$$\eta = \frac{동력(kW)}{저위 발열량 \times 연료소비율} = \frac{5000 \times 3600}{(30 \times 10^3) \times 2500} = 0.024 = 2.4\%$$

정답 2.4 %

Q 예제 **4-4**

연료 소비량이 37 kg/h인 기관으로 열효율이 46 %이고, 출력을 100 kW 얻으려면 저위 발열량이 얼마인 연료를 사용해야 하는가?

해설 100 kW = 100 kJ/s = 100 × 3600 kJ/h이므로

$$\eta = \frac{동력(kW)}{저위 발열량 \times 연료소비율} 에서$$

$$저위 발열량 = \frac{동력(kW)}{연료소비율 \times \eta} = \frac{100 \times 3600}{37 \times 0.46} = 21151.59 \, kJ/kg$$

정답 21151.59 kJ/kg

Q 예제 **4-5**

출력 80 kW의 열기관이 매시 20 kg의 연료를 소비하고 있다. 연료의 발열량을 41 MJ/kg이라 하면 열효율은 얼마인가?

해설 80 kW = 80 kJ/s = 80 × 3600 kJ/h이므로

$$\eta = \frac{유효열량}{공급연료의 \, 발열량} = \frac{80 \times 3600}{20 \times (41 \times 10^3)} = 0.351 = 35.1\%$$

정답 35.1 %

Q 예제 **4-6**

압축기의 동력이 2.7 kW인 냉동기가 −10℃에서 매 시간당 72 MJ의 열을 흡수하여 25℃의 공기 중에 방열한다. 성적계수는 얼마인가?

해설 2.7 kW = 2.7 kJ/s = 2.7 × 3600 kJ/h이므로

$$\varepsilon_R = \frac{Q_2}{W} = \frac{72 \times 10^3}{2.7 \times 3600} = 7.41$$

정답 7.41

3. 카르노 사이클

[그림 4-5]와 같이 이상기체를 동작물질로 하는 두 개의 가역 등온과정과 두 개의 가역 단열과정으로 구성된 열기관의 이상적인 사이클을 **카르노 사이클**(Carnot cycle)이라고 하는데, 이 사이클은 현실적으로는 실현 불가능한 사이클이다.

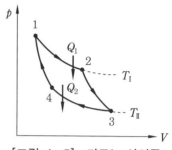

[그림 4-5] 카르노 사이클
$p-V$ 선도

- 1 → 2 등온팽창 : 고열원 T_{I} 에서 열량 Q_1 을 받아 외부에 일을 하면서 온도 T_{I} 의 등온팽창을 한다.
- 2 → 3 단열팽창 : 단열적으로 팽창하면서 온도가 강하한다.
- 3 → 4 등온압축 : 저열원 T_{II} 에 열량 Q_2 를 방출하면서 온도 T_{II} 의 등온압축을 한다.
- 4 → 1 단열압축 : 단열적으로 압축하면서 온도가 상승한다.

[표 4-1]은 카르노 사이클의 각 변화에 대한 p, v, T관계와 일 및 이동열량을 나타낸 것이다.

[표 4-1]

과정	p, v, T관계	일(kJ/kg)	이동열량(kJ/kg)
1 → 2 등온팽창	$T_1 = T_1 = T_2$ $p_1 v_1 = p_2 v_2$	${}_1 w_2 = p_1 v_1 \int_1^2 \dfrac{dv}{v} = p_1 v_1 \ln \dfrac{v_2}{v_1} = p_1 v_1 \ln \dfrac{p_1}{p_2}$ $= R T_1 \ln \dfrac{v_2}{v_1} = R T_1 \ln \dfrac{p_1}{p_2}$	${}_1 q_2 = {}_1 w_2$
2 → 3 단열팽창	$p_2 v_2{}^k = p_3 v_3{}^k$ $\dfrac{T_3}{T_2} = \dfrac{T_{\mathrm{II}}}{T_{\mathrm{I}}}$ $= \left(\dfrac{v_2}{v_3}\right)^{k-1} = \left(\dfrac{p_3}{p_2}\right)^{\frac{k-1}{k}}$	${}_2 w_3 = \dfrac{1}{k-1}(p_2 v_2 - p_3 v_3)$ $= \dfrac{R}{k-1}(T_2 - T_3)$ $= \dfrac{R}{k-1}(T_{\mathrm{I}} - T_{\mathrm{II}})$	0
3 → 4 등온압축	$T_{\mathrm{II}} = T_3 = T_4$ $p_3 v_3 = p_4 v_4$	${}_3 w_4 = p_3 v_3 \int_3^4 \dfrac{dv}{v} = p_3 v_3 \ln \dfrac{v_4}{v_3} = p_3 v_3 \ln \dfrac{p_3}{p_4}$ $= R T_{\mathrm{II}} \ln \dfrac{v_4}{v_3} = R T_{\mathrm{II}} \ln \dfrac{p_3}{p_4}$	${}_3 q_4 = -{}_3 w_4$
4 → 1 단열압축	$p_4 v_4{}^k = p_1 v_1{}^k$ $\dfrac{T_1}{T_4} = \dfrac{T_{\mathrm{I}}}{T_{\mathrm{II}}}$ $= \left(\dfrac{v_4}{v_1}\right)^{k-1} = \left(\dfrac{p_1}{p_4}\right)^{\frac{k-1}{k}}$	${}_4 w_1 = \dfrac{1}{k-1}(p_4 v_4 - p_1 v_1)$ $= \dfrac{R}{k-1}(T_4 - T_1)$ $= \dfrac{R}{k-1}(T_{\mathrm{II}} - T_{\mathrm{I}})$	0

카르노 사이클의 열효율을 η_C라 하면 식 (4-1)에 의하여

$$\eta_C = \frac{W}{Q_1} = 1 - \frac{Q_2}{Q_1}$$

여기서, 등온팽창(1→2) 및 등온압축(3→4)할 때의 흡입열량 Q_1과 방출열량 Q_2는 [표 4-1]로부터

$$Q_1 = {}_1Q_2 = {}_1W_2 = RT_{\mathrm{I}} \ln\frac{V_2}{V_1}$$

$$Q_2 = {}_3Q_4 = -{}_3W_4 = -RT_{\mathrm{II}} \ln\frac{V_4}{V_3} = RT_{\mathrm{II}} \ln\frac{V_3}{V_4}$$

가 된다. 그런데 [표 4-1]에서 단열팽창(2→3)과 단열압축(4→1)할 때의 온도와 체적과의 관계로부터

$$\frac{T_{\mathrm{II}}}{T_{\mathrm{I}}} = \left(\frac{V_2}{V_3}\right)^{k-1} = \left(\frac{V_1}{V_4}\right)^{k-1}$$

$$\therefore \ \frac{V_2}{V_3} = \frac{V_1}{V_4} \ \text{또는} \ \frac{V_2}{V_1} = \frac{V_3}{V_4}$$

가 된다. 그러므로 $\dfrac{Q_2}{Q_1}$는

$$\frac{Q_2}{Q_1} = \frac{RT_{\mathrm{II}} \ln\dfrac{V_3}{V_4}}{RT_{\mathrm{I}} \ln\dfrac{V_2}{V_1}} = \frac{T_{\mathrm{II}}}{T_{\mathrm{I}}}$$

따라서, 카르노 사이클의 열효율 η_C를 다시 쓰면

$$\eta_C = \frac{W}{Q_1} = 1 - \frac{Q_2}{Q_1} = 1 - \frac{T_{\mathrm{II}}}{T_{\mathrm{I}}} \quad \cdots\cdots\cdots\cdots\cdots (4-5)$$

이상에서 가역 사이클인 카르노 사이클의 특징을 정리하면 다음과 같다.

① 열기관의 이상 사이클이며 최대의 열효율을 갖는다.

② 동작유체의 온도와 열원의 온도는 같다.

③ 같은 두 열원에서 작동하는 모든 가역 사이클의 열효율은 항상 카르노 사이클의 열효율과 같다.

④ 가역카르노 사이클의 열효율은 항상 두 열원의 절대온도에만 의존하고, 동작유체의 종류에는 무관하다.

⑤ 비가역 사이클의 열효율은 항상 카르노 사이클의 열효율보다 작다.

Q 예제 4-7

온도 700℃ 와 20℃ 사이에서 작동하는 카르노 사이클 가역 열기관의 방열량이 34 kJ/s 일 때 다음을 구하여라.

① 열효율   ② 공급열량(kJ/s)   ③ 유효일량(kJ/s)

해설 ① 열효율 $\eta_C = 1 - \dfrac{T_{\mathrm{II}}}{T_{\mathrm{I}}} = 1 - \dfrac{293}{973} = 0.698 = 69.8\,\%$

② 공급열량(kJ/s)

$\eta_C = 1 - \dfrac{Q_2}{Q_1}$ 에서 $Q_1 = \dfrac{Q_2}{1-\eta_C} = \dfrac{34}{1-0.698} = 112.58\,\mathrm{kJ/s}$

③ 유효일량(kJ/s)

$\eta_C = \dfrac{W}{Q_1}$ 에서 $W = Q_1\eta_C = 112.58 \times 0.698 = 78.58\,\mathrm{kJ/s}$

정답 ① $\eta_C = 69.8\,\%$ ② $Q_1 = 112.58\,\mathrm{kJ/s}$ ③ $W = 78.58\,\mathrm{kJ/s}$

Q 예제 4-8

−10℃ 의 저열원에서 1시간당 21 MJ의 열량을 흡수하여 25℃ 의 고열원에 방열하면서 작동하는 역카르노 사이클의 냉동기가 있다. 다음을 구하여라.

① 성적계수   ② 방열량(kJ/h)   ③ 최소 소요동력(kW)

해설 ① 성적계수

냉동기의 성적계수 $\varepsilon_R = \dfrac{Q_2}{W} = \dfrac{Q_2}{Q_1 - Q_2} = \dfrac{T_{\mathrm{II}}}{T_{\mathrm{I}} - T_{\mathrm{II}}} = \dfrac{263}{298-263} = 7.51$

② 방열량(kJ/h)

$\varepsilon_R = \dfrac{Q_2}{Q_1 - Q_2}$ 에서 $Q_1 = \dfrac{Q_2}{\varepsilon_R} + Q_2 = \dfrac{21 \times 10^3}{7.51} + (21 \times 10^3) = 23796.27\,\mathrm{kJ/h}$

③ 최소 소요동력(kW)

$\varepsilon_R = \dfrac{Q_2}{W}$ 에서 $W = \dfrac{Q_2}{\varepsilon_R} = \dfrac{21 \times 10^3}{7.51} = 2796.27\,\mathrm{kJ/h} = \dfrac{2796.27}{3600} = 0.78\,\mathrm{kW}$

정답 ① $\varepsilon_R = 7.51$ ② $Q_1 = 23796.27\,\mathrm{kJ/h}$ ③ 0.78 kW

4. 열역학적 절대온도

가장 널리 사용하고 있는 수은 온도계는 일정 간격의 눈금을 정하여 놓고 뜨겁고 차가운 정도에 따라 수은의 팽창 및 수축을 이용하여 그 크기를 나타낸다. 이밖에 실제로 사용하고 있는 온도계들도 이와 같이 뜨겁고 차가운 정도에 따라 물질이 팽창 또는 수축하는 성질을 이용한 것이다. 따라서, 지금 사용하는 물질이 서로 다른 2개의 온도계가 있을 때 0℃와 100℃에서는 양쪽의 눈금이 완전히 일치되고 있어도 그 도중의 온도에서는 반드시 일치된다고는 볼 수 없다. 그러나 우리가 바라는 온도계는 물질의 성질과 관계없는 것이어야 한다. 따라서, 온도의 눈금을 정하는 방법으로서 동작유체의 성질에는 전혀 관계가 없는 카르노 사이클의 이론을 이용할 수 있는 것이다. 즉, 식 (4−5)에 의하여

$$\frac{Q_2}{Q_1} = \frac{T_{\mathrm{II}}}{T_{\mathrm{I}}} \quad \cdots\cdots\cdots\cdots\cdots\cdots\cdots\cdots\cdots\cdots\cdots\cdots\cdots\cdots\cdots\cdots\cdots (4-6)$$

가 성립된다. 여기서, T_{I} 과 T_{II} 를 각각 고열원과 저열원의 **열역학적 절대온도** 또는 **Kelvin의 절대온도**라고 말한다. 만일에 T_{I} 을 어떤 기준온도와 같게 잡고 T_{II} 를 측정하려고 하는 미지의 온도라 하면 T_{I} 과 T_{II} 사이에 카르노 사이클을 시켜 $\frac{Q_2}{Q_1}$ 의 값을 측정하면 T_{II} 의 값을 알 수 있게 된다.

가역기관의 열효율에서 알 수 있듯이 Q_1과 Q_2의 비는 기관의 구조나 동작물질의 종류에는 관계없이 식 (4−6)과 같이 정하여지므로 열역학적 절대온도는 온도계의 종류와 구조에 전혀 관계없이 정의되는 온도, 즉 절대성을 가진 온도라 할 수 있으나 실제로는 가역변화나 가역 사이클을 실현시킬 수 없으므로 이 열역학적 절대온도는 현실성이 없는 단순한 공상적인 온도이다. 카르노 사이클의 열효율

$$\eta_C = 1 - \frac{Q_2}{Q_1} = 1 - \frac{T_{\mathrm{II}}}{T_{\mathrm{I}}}$$

에서 만약 T_{II} 가 절대 0도이면 카르노 기관의 열효율은 100 %로 되나, 절대 0도의 열원은 있을 수 없어서 열효율 100 %는 불가능하다. 즉, 어떠한 이상적인 방법으로도 어떤 계를 절대 0도에 이르게 할 수 없다는 법칙이 Nernst에 의하여 수립되었다. 이 법칙을 **열역학 제3법칙**이라 한다.

Q 예제 4-9

열량 20 kJ이 100℃에서 카르노 사이클에 공급되고, 14.64 kJ이 0℃에서 방출될 때 섭씨 척도로 절대 0도는 얼마인가?

해설 절대온도를 T_a라 놓으면 $1 - \frac{Q_2}{Q_1} = 1 - \frac{T_{\mathrm{II}}}{T_{\mathrm{I}}}$ 에서

$$1 - \frac{14.64}{20} = 1 - \frac{T_a + 0}{T_a + 100}$$

$$\therefore T_a = 273.13 (절대 0도는 -273.13℃이다.)$$

정답 −273.13℃

5. 엔트로피

카르노 사이클에 대한 식 (4－6)을 바꾸어 쓰면

$$\frac{Q_1}{T_{\mathrm{I}}} - \frac{Q_2}{T_{\mathrm{II}}} = 0$$

가 된다. 여기서 흡입열량 Q_1의 부호를 (＋)로 하고 방출열량 Q_2의 부호를 (－)로 하면 위 식은

$$\frac{Q_1}{T_{\mathrm{I}}} + \frac{Q_2}{T_{\mathrm{II}}} = 0 \quad \cdots\cdots\cdots\cdots\cdots (4\text{--}7)$$

로 된다.

[그림 4－6]과 같이 어떤 동작유체가 온도 T_1, T_2, T_3 3곳의 열원과 열을 교환하는 소위 합성(合成) 사이클을 행하는 경우를 생각해 보자. 이 사이클은 온도 T_1에서 열량 Q_1을 받고, 온도 T_2에서 열량 Q_2를 받아 온도 T_3에 열량 Q_3를 버리는 가역 사이클 1234561을 단순한 2개의 가역 사이클 12761과 34573을 합성한 것으로 볼 수 있다. 이 때 등온과정 5~7 및 7~6 부분에서 버리는 열량을 각각 $Q_3{}'$, $Q_3{}''$라 하면

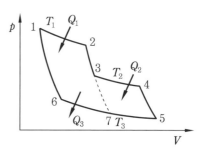

[그림 4－6]　합성 카르노 사이클

$$Q_3 = Q_3{}' + Q_3{}''$$

가 된다. 따라서, 식 (4－7)에 의하여 다음과 같은 식이 성립된다.

$$\frac{Q_1}{T_1} + \frac{Q_3{}'}{T_3} = 0, \quad \frac{Q_2}{T_2} + \frac{Q_3{}''}{T_3} = 0$$

　위식의 양변을 합하면

$$\frac{Q_1}{T_1} + \frac{Q_2}{T_2} + \frac{Q_3{}' + Q_3{}''}{T_3} = 0$$

$$\frac{Q_1}{T_1} + \frac{Q_2}{T_2} + \frac{Q_3}{T_3} = 0$$

같은 방법에 의하여 이것을 확장하여 온도 T_1, T_2, T_3,…, T_n인 n개의 열원과 각각 열

량 Q_1, Q_2, Q_3,$\cdots$, Q_n을 교환하는 일반의 합성 사이클에 대해서는

$$\frac{Q_1}{T_1} + \frac{Q_2}{T_2} + \frac{Q_3}{T_3} + \cdots + \frac{Q_n}{T_n} = \sum_{i=1}^{n} \frac{Q_i}{T_i} = 0 \quad\cdots\cdots\cdots\cdots (4-8)$$

이와 같이 하여 n 의 수를 무한히 증가시키면 [그림 4
−7]과 같이 임의의 가역 사이클을 합성 가역 사이클로
치환할 수 있다. 이런 경우에 식 (4−8)은 다음과 같이
폐적분으로 표시할 수 있다.

$$\oint \frac{\delta Q}{T} = 0$$

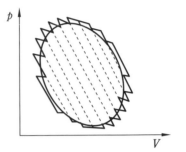

[그림 4−7] 일반 가역 사이클

위의 폐적분을 **클라우시우스의 적분**(Clausius integral)
이라 하고, 가역 사이클에 대해서는 폐적분 $\oint \frac{\delta Q}{T}$ 는 항상 0이 됨을 알 수 있다.

따라서, 이것으로 가역 사이클과 비가역 사이클을 구별할 수 있으며 비가역 사이클에
대한 클라우시우스의 적분은 0보다 작다. 즉,

$$\oint \frac{\delta Q}{T} < 0 \quad\cdots\cdots\cdots\cdots\cdots\cdots\cdots\cdots\cdots\cdots\cdots\cdots\cdots (4-9)$$

지금 Q_1의 열량을 기계적 일로 바꾸기 위해서는 그 열량의 일부 Q_2를 저열원에 방
출하지 않으면 안 되므로 결국 유효하게 이용할 수 있는 에너지, 즉 **유효 에너지**
(available energy)는 $(Q_1 - Q_2)$뿐이다. 따라서, 카르노 사이클에 있어서 유효 에너지
$(Q_1 - Q_2)$는 식 (4−5)로부터

$$\eta_C = 1 - \frac{Q_2}{Q_1} = \frac{Q_1 - Q_2}{Q_1} = 1 - \frac{T_{\mathrm{II}}}{T_{\mathrm{I}}}$$

$$\therefore Q_1 - Q_2 = \eta_c Q_1 = \left(1 - \frac{T_{\mathrm{II}}}{T_{\mathrm{I}}}\right) Q_1 = Q_1 - T_{\mathrm{II}} \frac{Q_1}{T_{\mathrm{I}}} \quad\cdots\cdots\cdots\cdots (4-10)$$

또, 일에 이용할 수 없는 에너지를 **무효 에너지**(unavailable energy)라 하는데 카르
노 사이클에 있어서 무효 에너지 Q_2는 위 식으로부터

$$Q_2 = (1 - \eta_c) Q_1 = T_{\mathrm{II}} \frac{Q_1}{T_{\mathrm{I}}} \quad\cdots\cdots\cdots\cdots\cdots\cdots\cdots\cdots\cdots\cdots (4-11)$$

가 된다. 그런데 열기관의 사이클에 있어서는 일반적으로 Q_2를 대기 속으로 방출하므
로 대기를 저열원으로 생각할 수 있다. 따라서, 저열원 온도는 대기의 평균온도로서 일
정하다고 보면 위의 두 식으로부터 같은 열량 Q_1을 공급받는 경우라도 고열원의 온도

T_1이 높을수록 유효 에너지는 증가하여 Q_1의 이용도가 높아지고, T_1이 낮을수록 무효 에너지가 증가하므로 Q_1의 이용도가 작아짐을 알 수 있다.

카르노 사이클에서 T_1은 열을 공급받을 때의 동작유체의 온도라고 볼 수 있으며, T_1의 온도로서 상태변화하는 동안에 열량 Q_1을 공급받는 셈이므로 결국 $\dfrac{Q_1}{T_1}$은 무효 에너지의 증가량을 표시하게 된다. 또한 이 값으로써 Q_1인 열량의 이용가치를 알 수 있게 되는 것이다. 따라서, 일반적으로 $\dfrac{Q}{T}$[kJ/K]는 출입하는 열의 이용가치를 나타내는 양으로서 열역학상 중요한 의미를 가지고 있다. 이 새로운 상태량을 클라우시우스는 **엔트로피**(entropy)라 명명하였고, 기호 S로 나타낸다.

엔트로피는 에너지도 아니고 온도와 같이 감각으로도 알 수 없으며, 또한 측정할 수도 없는 상태량이다. 즉, 엔트로피는 어떤 물체에 열을 가하면 증가하고, 냉각시키면 감소하는 상상적인 양이다.

다음은 엔트로피의 미소변화에 대하여 생각해 보자. 지금 [그림 4-8]과 같이 폐곡선 13241로 주어지는 임의의 가역 사이클에 대한 클라우시우스의 적분을 경로 132와 241로 나누어 생각하면

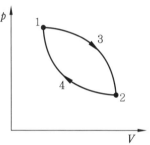

[그림 4-8] 가역 사이클

$$\oint \frac{\delta Q}{T} = \int_{1\to3}^{2} \frac{\delta Q}{T} + \int_{2\to4}^{1} \frac{\delta Q}{T} = \int_{1\to3}^{2} \frac{\delta Q}{T} - \int_{1\to4}^{2} \frac{\delta Q}{T} = 0$$
$$\therefore \int_{1\to3}^{2} \frac{\delta Q}{T} = \int_{1\to4}^{2} \frac{\delta Q}{T}$$

즉, 1~2인 상태변화에 있어서 그것이 가역변화이면 변화의 경로에 따라 $\dfrac{\delta Q}{T}$를 적분한 값은 경로에 관계없이 일정하며, 단지 처음과 끝의 상태에만 관계한다. 따라서,

$$\int_{1}^{2} \frac{\delta Q}{T} = \mathrm{C}(일정) = S_2 - S_1 \quad \text{(4-12)}$$

가 된다. 여기서, S는 동작유체의 엔트로피이고, 위 식을 다시 미분식으로 나타내면 다음과 같다.

$$dS = \frac{\delta Q}{T} \quad \text{(4-13)}$$

위 식에서 단열변화($\delta Q = 0$)일 때에는 $dS = 0$, 즉 엔트로피 S가 일정하게 된다. 그러므로 단열변화를 **등엔트로피 변화**라고도 한다.

또, 동작유체의 질량을 m이라 하면 단위 질량당의 엔트로피 $s = \dfrac{S}{m}$[kJ/kg · K]가 된다. 즉,

$$ds = \frac{dS}{m} = \frac{\delta Q}{mT} = \frac{\delta q}{T}$$
$$s_2 - s_1 = \int_1^2 \frac{\delta q}{T} \left.\right\} \quad \cdots\cdots\cdots\cdots\cdots\cdots\cdots\cdots\cdots\cdots\cdots\cdots\cdots (4-14)$$

[그림 4 − 8]의 사이클 13241은 가역 사이클이라고 가정하였으므로 클라우시우스 적분은 0이다. 따라서,

$$\oint \frac{\delta Q}{T} = S_2 - S_1 = 0$$
$$\therefore S_1 = S_2 \quad \cdots\cdots\cdots\cdots\cdots\cdots\cdots\cdots\cdots\cdots\cdots\cdots\cdots\cdots\cdots (4-15)$$

가 된다. 즉, 가역변화에서의 엔트로피는 변화가 없음을 알 수 있다. 그러나 자연계에 있어서의 물리적 변화는 항상 비가역변화이고, 비가역변화에서의 엔트로피는 항상 증가한다. 따라서 열역학 제 2 법칙은 비가역적인 현상을 말하는 것이므로 이 법칙은 「자연의 변화는 항상 엔트로피 증가의 방향으로 일어난다.」로 표현할 수 있고, 이것을 **엔트로피 증가의 법칙**이라고도 말한다.

이상에서 열역학의 제 1 법칙과 제 2 법칙을 통틀어 다음과 같이 말할 수 있다.

「자연계에서 일어나는 물리현상에 있어서 그 체계(體系)의 에너지의 모든 합은 일정 불변(一定不變)이지만 엔트로피는 항상 증가한다.」

[그림 4 − 9]는 횡축(橫軸)에 엔트로피 S(또는 s), 종축(縱軸)에 절대온도 T를 잡은 선도로 **$T-S$선도**($T-S$ diagram)라 하며, 이 선도상에서 점 1로부터 점 2까지 곡선 1~2를 따라 가역변화시켰을 때 외부로부터 물체에 주어지는 열량 $_1Q_2$는 식 (4−13)을 적분하여 얻을 수 있다. 즉,

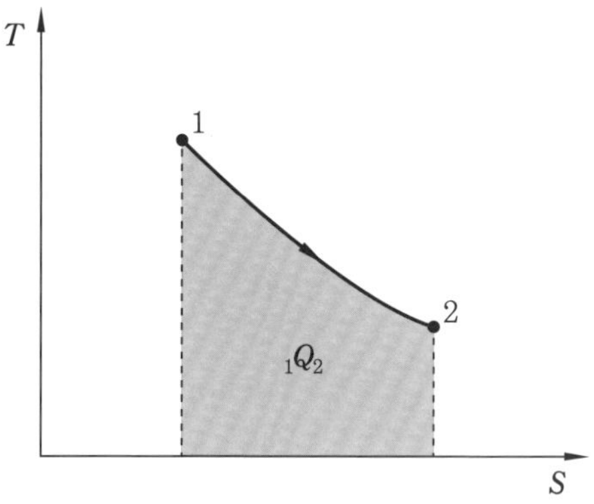

[그림 4-9] $T-S$ 선도

$$\delta Q = TdS$$
$$_1Q_2 = \int_1^2 TdS$$

로 되고, 이 열량은 곡선 1~2의 아래쪽 넓이로 표시된다.

Q 예제 **4-10**

물 10 kg을 10℃에서 100℃까지 가열하면 물의 엔트로피 증가량은 몇 kJ/K인가? (단, 물의 비열은 4.19 kJ/kg · K이다.)

해설 $\delta Q = m\,C dT$이므로 $dS = \dfrac{\delta Q}{T} = \dfrac{m\,C dT}{T}$

$$\therefore S_2 - S_1 = m\,C \int_1^2 \frac{1}{T} dT = m\,C \ln \frac{T_2}{T_1}$$

$$= 10 \times 4.19 \times \ln \frac{373}{283} = 11.57 \text{ kJ/K}$$

정답 11.57 kJ/K

Q 예제 **4-11**

10 kW의 동력전달장치를 1시간 제동하여 생긴 마찰열을 온도 15℃의 주위에 전한다면 이 변화에 의한 엔트로피의 증가는 몇 kJ/K인가?

해설 10 kW = 10 kJ/s이므로

1시간 제동하여 생긴 마찰열은 $10 \times 3600 = 36000$ kJ이다.

$$\therefore dS = \frac{\delta Q}{T} 에서 S_2 - S_1 = \frac{_1 Q_2}{T} = \frac{36000}{288} = 125 \text{ kJ/K}$$

정답 125 kJ/K

Q 예제 **4-12**

물 1 kg을 100℃로부터 같은 온도의 증기로 변환시키기 위해서는 2255 kJ의 열량이 필요하다. 최저 온도를 0℃로 할 때 유효 에너지(kJ/kg)와 무효 에너지(kJ/kg)를 구하여라.

해설 질량 $m = 1$ kg이므로

$$q_1 = \frac{Q_1}{1} = 2255 \text{ kJ/kg}$$

먼저 유효 에너지를 구하면 식 (4 - 10)으로부터

$$q_1 - q_2 = \left(1 - \frac{T_\mathrm{II}}{T_\mathrm{I}}\right) q_1 = \left(1 - \frac{273}{373}\right) \times 2255 = 604.56 \text{ kJ/kg}$$

다음 무효 에너지는 식 (4 - 11)로부터

$$q_2 = T_\mathrm{II} \frac{q_1}{T_\mathrm{I}} = 273 \times \frac{2255}{373} = 1650.44 \text{ kJ/kg}$$

정답 유효 에너지 = 604.56 kJ/kg , 무효 에너지 = 1650.44 kJ/kg

Q 예제 4-13

한 열기관의 사이클이 그림 $T-S$ 선도와 같다. 이 열기관의 이론적 열효율은 몇 %인가?

해설 $T-S$ 선도에서의 면적은 열량을 나타내므로

$Q_1 =$ 면적 12345 cal

$\quad = \{400 \times (0.3 - 0.1)\} + \{500 \times (0.4 - 0.3)\} = 130 \, \text{kJ}$

$Q_2 =$ 면적 16 cal $= 300 \times (0.4 - 0.1) = 90 \, \text{kJ}$

$\therefore \eta = 1 - \dfrac{Q_2}{Q_1} = 1 - \dfrac{90}{130} = 0.3076 = 30.76 \, \%$

정답 30.76 %

6. 이상기체의 엔트로피 식

엔트로피의 미분식 $ds = \dfrac{\delta q}{T}$ 에 이상기체의 열역학 제1법칙 식 $\delta q = du + pdv$ 와 $\delta q = dh - vdp$ 를 각각 대입하면

$$\left. \begin{array}{l} ds = \dfrac{\delta q}{T} = \dfrac{du + pdv}{T} = \dfrac{du}{T} + \dfrac{p}{T}dv = C_v \dfrac{dT}{T} + R\dfrac{dv}{v} \\[3mm] ds = \dfrac{\delta q}{T} = \dfrac{dh - vdp}{T} = \dfrac{dh}{T} - \dfrac{v}{T}dp = C_p \dfrac{dT}{T} + R\dfrac{dp}{p} \end{array} \right\} \quad \cdots\cdots\cdots (4-16)$$

$$\left(pv = RT \text{에서} \ \ \dfrac{p}{T} = \dfrac{R}{v}, \ \ \dfrac{v}{T} = \dfrac{R}{p} \right)$$

위 식으로부터 이상기체가 상태 1에서 상태 2로 여러 가지 변화를 할 때 단위 질량당의 엔트로피 변화량 $(s_2 - s_1)$ 을 구하면 다음과 같다.

(1) 정적(등적) 변화

$$v = v_1 = v_2 = \text{C}, \ \ dv = 0, \ \ \dfrac{p_1}{T_1} = \dfrac{p_2}{T_2} \ \text{이므로}$$

$$ds = C_v \dfrac{dT}{T} + R\dfrac{dv}{v}$$

$$\therefore s_2 - s_1 = C_v \int_1^2 \dfrac{dT}{T} = C_v \ln \dfrac{T_2}{T_1} = C_v \ln \dfrac{p_2}{p_1} \quad \cdots\cdots\cdots (4-17)$$

(2) 정압(등압) 변화

$$p = p_1 = p_2 = \mathrm{C}, \ dp = 0, \ \frac{v_1}{T_1} = \frac{v_2}{T_2} \text{이므로}$$

$$ds = C_p \frac{dT}{T} - R\frac{dp}{p}$$

$$\therefore s_2 - s_1 = C_p \int_1^2 \frac{dT}{T} = C_p \ln \frac{T_2}{T_1} = C_p \ln \frac{v_2}{v_1} \quad \cdots\cdots\cdots\cdots\cdots (4\text{-}18)$$

(3) 정온(등온) 변화

$$T = T_1 = T_2 = \mathrm{C}, \ dT = 0, \ p_1 v_1 = p_2 v_2 \text{이므로}$$

$$ds = C_v \frac{dT}{T} + R\frac{dv}{v} = R\frac{dv}{v}$$

$$\left.\begin{aligned}
\therefore s_2 - s_1 &= R \int_1^2 \frac{dv}{v} = R\ln \frac{v_2}{v_1} = R\ln \frac{p_1}{p_2} \\
&= (C_p - C_v)\ln \frac{v_2}{v_1} = (C_p - C_v)\ln \frac{p_1}{p_2}
\end{aligned}\right\} \cdots\cdots\cdots\cdots (4\text{-}19)$$

(4) 단열변화

$$\delta q = 0 \text{이므로} \ ds = \frac{\delta q}{T} \text{에서}$$

$$\therefore s_2 - s_1 = \int_1^2 \frac{\delta q}{T} = 0$$

즉, 단열변화에서는 엔트로피의 변화량이 없다(엔트로피 일정). 따라서, 단열변화를 등엔트로피 변화라고도 한다.

(5) 폴리트로픽 변화(polytropic change)

$$\frac{T_2}{T_1} = \left(\frac{v_1}{v_2}\right)^{n-1} = \left(\frac{p_2}{p_1}\right)^{\frac{n-1}{n}}, \ \delta q = \frac{n-k}{n-1} C_v \, dT = C_n \, dT \text{이므로}$$

$$ds = \frac{\delta q}{T} = C_n \frac{dT}{T}$$

$$\therefore s_2 - s_1 = C_n \int_1^2 \frac{dT}{T} = C_n \ln \frac{T_2}{T_1} = \frac{n-k}{n-1} C_v \ln \frac{T_2}{T_1}$$

$$= (n-k) C_v \ln \frac{v_1}{v_2} = \frac{n-k}{n} C_v \ln \frac{p_2}{p_1}$$

Q 예제 4-14

비열이 $1.47\,\text{kJ/kg}\cdot\text{K}$인 고체 $10\,\text{kg}$이 $15\,℃$에서 $80\,℃$까지 가열될 때 고체의 엔트로피 증가량은 몇 kJ/K가 되겠는가?

해설 $\delta Q = mCdT$이므로 $dS = \dfrac{\delta Q}{T}$에서

$$S_2 - S_1 = \int_1^2 \frac{\delta Q}{T} = mC\int_1^2 \frac{dT}{T} = mC\ln\frac{T_2}{T_1}$$

$$= 10 \times 1.47 \times \ln\frac{353}{288} = 2.99\,\text{kJ/K}$$

정답 $2.99\,\text{kJ/K}$

Q 예제 4-15

정적하에 있는 공기 $10\,\text{kg}$을 가열하였더니 $50\,℃$에서 $350\,℃$가 되었다. 엔트로피 변화량은 몇 kJ/K가 되겠는가? (단, 공기의 정적비열 $C_v = 0.7153\,\text{kJ/kg}\cdot\text{K}$이다.)

해설 $S_2 - S_1 = mC_v\ln\dfrac{T_2}{T_1} = 10 \times 0.7153 \times \ln\dfrac{623}{323} = 4.7\,\text{kJ/K}$

정답 $4.7\,\text{kJ/K}$

Q 예제 4-16

공기 $10\,\text{kg}$이 정압하에서 온도 $20\,℃$에서 $100\,℃$로 상태변화하였다. 공기의 정압비열 $C_p = 1.006\,\text{kJ/kg}\cdot\text{K}$일 때 엔트로피 변화량은 몇 kJ/K가 되겠는가?

해설 $S_2 - S_1 = mC_p\ln\dfrac{T_2}{T_1} = 10 \times 1.006 \times \ln\dfrac{373}{293} = 2.43\,\text{kJ/K}$

정답 $2.43\,\text{kJ/K}$

Q 예제 4-17

산소 $5\,\text{kg}$을 정압하에서 가열하였더니 체적이 $0.3\,\text{m}^3$에서 $0.8\,\text{m}^3$으로 증가하였다. 엔트로피 증가량은 몇 kJ/K가 되겠는가? (단, 산소의 정압비열 $C_p = 0.92\,\text{kJ/kg}\cdot\text{K}$이다.)

해설 $S_2 - S_1 = mC_p\ln\dfrac{V_2}{V_1} = 5 \times 0.92 \times \ln\dfrac{0.8}{0.3} = 4.51\,\text{kJ/K}$

정답 $4.51\,\text{kJ/K}$

Q 예제 4-18

공기 2 kg이 50℃의 등온하에서 팽창하여 체적이 3배로 증가하였다. 엔트로피 변화량은 몇 kJ/K가 되겠는가? (단, 공기의 기체상수 $R = 0.287$ kJ/kg·K이다.)

해설 $S_2 - S_1 = mR\ln\dfrac{V_2}{V_1} = 2 \times 0.287 \times \ln 3 = 0.63$ kJ/K

정답 0.63 kJ/K 증가

Q 예제 4-19

온도 50℃인 공기 1 kg이 등온팽창하여 외부에 20 kJ/kg의 일을 하였다. 이 과정에서의 엔트로피 변화량(kJ/kg·K)을 구하여라.

해설 $s_2 - s_1 = \displaystyle\int_1^2 \dfrac{\delta q}{T} = \int_1^2 \dfrac{\delta w}{T} = \dfrac{20}{323} = 0.062$ kJ/kg·K

정답 0.062 kJ/kg·K

Q 예제 4-20

온도 600℃, 압력 60 kPa인 공기 1 kg이 $pv^{1.35} = C$에 따라 팽창되어 온도가 30℃로 되었을 때 엔트로피의 변화량은 얼마인가? (단, 공기의 비열비 $k = 1.4$이고, 정적비열 $C_v = 0.7153$ kJ/kg·K이다.)

해설 폴리트로픽 지수 $n = 1.35$이므로

$$s_2 - s_1 = \dfrac{n-k}{n-1} C_v \ln\dfrac{T_2}{T_1} = \dfrac{1.35-1.4}{1.35-1} \times 0.7153 \times \ln\dfrac{303}{873}$$

$$= 0.108 \text{ kJ/kg·K}$$

정답 0.108 kJ/kg·K

Q 예제 4-21

공기 4 kg이 체적 2 m³에서 $pv^{1.3} = C$에 따라 변화하여 체적이 5 m³으로 되었다. 이 공기의 엔트로피의 변화량은 몇 kJ/K가 되겠는가? (단, 공기의 비열비 $k = 1.4$이고, 정적비열 $C_v = 0.7153$ kJ/kg·K이다.)

해설 $S_2 - S_1 = m\dfrac{n-k}{n-1}C_v\ln\dfrac{T_2}{T_1} = m(n-k)C_v\ln\dfrac{v_1}{v_2}$

$$= 4 \times (1.3-1.4) \times 0.7153 \times \ln\dfrac{2}{5} = 0.262 \text{ kJ/K}$$

정답 0.262 kJ/K 증가

Q **예제** 4-22

공기 1 kg이 카르노 기관의 실린더 내에서 온도 100℃ 하에서 열량 105 kJ을 받고 등온 팽창하였다고 하면, 공기에 가해진 열량 중 엔트로피 변화량(kJ/kg·K)과 무효 에너지 (kJ/kg)는 얼마인가? (단, 저열원은 0℃이다.)

해설 카르노 사이클과 같이 가역과정에서 고열원의 온도 T_I과 저열원의 온도 T_{II}가 일정할 때 흡입열량을 Q_1, 방출열량을 Q_2라 하면 이들 열량과 엔트로피의 변화량(ΔS)과의 관계는 식 (4-13)으로부터 다음과 같다.

$$\Delta S = \frac{Q_1}{T_I} = \frac{Q_2}{T_{II}}$$

따라서, 무효 에너지 Q_2는

$$Q_2 = T_{II}\,\Delta S$$

또, 유효 에너지($Q_1 - Q_2$)는

$$Q_1 - Q_2 = Q_1 - T_{II}\,\Delta S = Q_1\left(1 - \frac{T_{II}}{T_I}\right)$$

가 된다. 따라서, 엔트로피 변화량(kJ/kg·K)과 무효 에너지의 변화량(kJ/kg)을 구하면 다음과 같다.

① 엔트로피 변화량 : 질량 $m = 1$ kg이므로

$$\Delta s = s_2 - s_1 = \frac{q_1}{T_I} = \frac{Q_1}{m\,T_I} = \frac{105}{1 \times 373}$$

$$= 0.282 \text{ kJ/kg} \cdot \text{K}$$

② 무효 에너지

$$q_2 = T_{II}\Delta s = 273 \times 0.282 = 76.99 \text{ kJ/kg}$$

정답 ① 엔트로피 변화량 $\Delta s = 0.282$ kJ/kg·K
② 무효 에너지 $q_2 = 76.99$ kJ/kg

연·습·문·제

1. 매시간 20 kg의 연료를 소비하여 74 kW의 동력을 생산하는 가솔린 기관의 열효율은 약 몇 %인가?(단, 가솔린의 저위발열량은 43470 kJ/kg이다.)

2. 난방용 열펌프가 저온 물체에서 1500 kJ/h의 열을 흡수하여 고온 물체에 2100 kJ/h로 방출한다. 이 열펌프의 성능계수를 구하여라.

3. 고온 측이 20℃, 저온 측이 −15℃인 Carnot 열펌프의 성능계수(ε_H)를 구하여라.

4. 이상 냉동기의 작동을 위해 두 열원이 있다. 고열원이 100℃이고, 저열원이 50℃일 때 성능계수를 구하여라.

5. 저열원 20℃와 고열원 700℃ 사이에서 작동하는 카르노 열기관의 열효율은 몇 %인가?

6. 고열원과 저열원 사이에서 작동하는 카르노 사이클 열기관이 있다. 이 열기관에서 60 kJ의 일을 얻기 위하여 100 kJ의 열을 공급하고 있다. 저열원의 온도가 15℃라고 하면 고열원의 온도는 몇 ℃인가?

7. 이상적인 카르노 사이클의 열기관이 500℃인 열원으로부터 500 kJ을 받고, 25℃에 열을 방출한다. 이 사이클의 일(W)과 효율(η_c)은 얼마인가?

8. 전동기에 브레이크를 설치하여 출력 시험을 하는 경우, 축 출력 10 kW의 상태에서 1시간 운전을 하고, 이때 마찰열을 20℃의 주위에 전할 때 주위의 엔트로피는 어느 정도 증가 하는가?

9. 온도 T_1의 고온열원으로부터 온도 T_2의 저온열원으로 열량 Q가 전달될 때 두 열원의 총 엔트로피 변화량을 구하라.

10. 단열된 용기 안에 두 개의 구리 블록이 있다. 블록 A는 10 kg, 온도 300 K이고, 블록 B는 10 kg, 900 K이다. 구리의 비열은 0.4 kJ/kg·K일 때, 두 블록을 접촉시켜 열교환이 가능하게 하고 장시간 놓아두어 최종 상태에서 두 구리 블록의 온도가 같아졌다. 이 과정 동안 시스템의 엔트로피 증가량은 몇 kJ/K인가?

11. 공기 2 kg이 300 K, 600 kPa 상태에서 500 K, 400 kPa 상태로 가열된다. 이 과정 동안의 엔트로피 변화량은 몇 kJ/K인가? (단, 공기의 정적비열과 정압비열은 각각 0.717 kJ/kg·K과 1.004 kJ/kg·K로 일정하다.)

12. 물 2 kg을 20℃에서 60℃가 될 때까지 가열할 경우 엔트로피 변화량은 몇 kJ/K인가? (단, 물의 비열은 4.184kJ/kg·K이고, 온도 변화 과정에서 체적은 거의 변화가 없다고 가정한다.)

13. 온도 15℃, 압력 100 kPa 상태의 체적이 일정한 용기 안에 어떤 이상기체 5 kg이 들어있다. 이 기체가 50℃가 될 때까지 가열되는 동안의 엔트로피 증가량은 몇 kJ/K인가? (단, 이 기체의 정압비열과 정적비열은 각각 1.001 kJ/kg·K, 0.7171 kJ/kg·K이다.)

14. 온도가 150℃인 공기 3 kg이 정압 냉각되어 엔트로피가 1.063 kJ/K만큼 감소되었다. 이때 방출된 열량은 몇 kJ인가? (단, 공기의 정압비열은 1.01 kJ/kg·K이다.)

15. 5 kg의 산소가 정압하에서 체적이 0.2 m³에서 0.6 m³로 증가했다. 산소를 이상기체로 보고 정압비열 $C_p = 0.92$ kJ/kg·K로 하여 엔트로피의 변화를 구하였을 때 그 값은 몇 kJ/K인가?

16. 227℃의 증기가 500 kJ/kg의 열을 받으면서 가역 등온 팽창한다. 이때 증기의 엔트로피 변화는 몇 kJ/kg·K인가?

17. 1 kg의 공기가 100℃를 유지하면서 가역 등온 팽창하여 외부에 500 kJ의 일을 하였다. 이때 엔트로피의 변화량은 몇 kJ/K인가?

18. 마찰이 없는 실린더 내에 온도 500 K, 비엔트로피 3 kJ/kg·K인 이상기체가 2 kg 들어 있다. 이 기체의 비엔트로피가 10 kJ/kg·K이 될 때까지 등온과정으로 가열한다면 가열량은 몇 kJ인가?

19. 4 kg의 공기가 들어 있는 용기 A(체적 0.5 m³)와 진공 용기 B(체적 0.3 m³) 사이를 밸브로 연결하였다. 이 밸브를 열어서 공기가 자유팽창하여 평형에 도달했을 경우 엔트로피 증가량은 몇 kJ/K인가? (단, 온도 변화는 없으며 공기의 기체상수는 0.287 kJ/kg·K이다.)

증 기

실용상 기체는 가스와 증기로 구분하고 있으나 이것은 편의상의 구분이지 과학적인 근거하에서 구분한 것이 아니다. 동작유체에는 액화(液化)나 증발(蒸發)이 일어나는 상태로부터 먼 범위에서 작동하는 것과, 항상 액화 및 기화(氣化)를 되풀이하면서 작동하는 것이 있다.

여기서, 전자(前者)와 같이 증발이나 액화가 일어나기 어려운 상태의 기체를 **가스**, 후자(後者)와 같이 액화되기 쉬운 기체를 **증기**라고 구분하는 것이 통례이다. 그러나 기체는 모두 액화될 수 있으므로 가스와 증기의 구분은 결국 그 때의 온도나 압력의 상태로서 좌우된다고 볼 수 있다. 특히, 액체가 물인 경우의 증기를 수증기(水蒸氣 ; steam)라고 부른다.

1. 증기의 일반적 성질

1-1 ◦ 정압하에서의 증발

액체 (불포화수, 압축수)	포화수 (포화액)	습포화증기 (습증기, 포화증기)	건포화증기 (포화증기, 건증기)	과열증기
(a)	(b)	(c)	(d)	(e)
건도 : $x=0$	건도 : $x=0$	건도 : $0<x<1$	건도 : $x=1$	건도 : $x=1$
포화온도 이하 (100℃ 이하)	포화온도 (100℃)	포화온도 (100℃)	포화온도 (100℃)	포화온도 이상 (100℃ 이상)

[그림 5-1] 정압하에서 액체의 증발과정

가스는 근사적(近似的)으로 이상기체로서 취급할 수 있으므로 $pv = RT$인 상태식을 만족하나 증기는 충분히 고온, 저온의 경우를 제외하고는 상태식을 만족하지 않으며 대단히 복잡한 성질로 나타난다. 따라서, 증기는 실측(實測)결과를 나타낸 수표(數表)나 선도(線圖)를 이용하는 것이 보통이다.

증기의 상태를 이해하기 위하여 [그림 5-1]과 같이 실린더 속에 0℃, 1 kg의 액체 (물)를 일정압력 p 밑에서 가열하는 경우를 생각해 보자.

[그림 5-1]을 설명하면 다음과 같다.

(a) : 실린더를 외부에서 가열하면 액체는 온도의 상승과 더불어 체적이 팽창하여 증가하므로 피스톤을 밀어올리는 일을 하지만 이것은 매우 근소하고, 열의 대부분은 액체의 온도 상승, 즉 내부 에너지의 증가에 소비된다.

(b) : 액체의 온도가 어느 정도까지 상승하면 액체는 증발하기 시작한다. 이 증발온도는 액체(여기서는 물)의 성질과 액체에 가해지는 압력에 따라서 정해지며, 이 온도를 **포화온도**(飽和溫度 ; saturated temperature)라고 말한다. 그리고 포화온도가 될 때까지 액체에 가해진 열량을 **액체열**(液體熱 ; liquid heat) 또는 **감열**(感熱 ; sensible heat)이라고 한다. 또, 포화온도에서의 액체를 **포화액**(飽和液 ; saturated liquid) 이라고 하며, 특히 액체가 물이면 **포화수**(飽和水)라고 한다. 물의 포화온도는 표준대기압 하에서는 100℃이다.

(c) : 계속 가열하면 실린더 속에서는 액체의 증발이 활발해지고 증기가 증가한다. 이때 가한 열은 모두 이 증발 때문에 소비되어 버리고 실린더 속에 액체가 한 방울이라도 존재하고 있는 동안은 액체와 증기의 온도는 일정하게 포화온도를 유지한다. 특히, 포화온도에서의 증기를 **포화증기**(飽和蒸氣 ; saturated vapour)라고 부른다.

따라서, 실린더 속에 액체와 증기가 공존하는 상태는 정확하게 말해서 포화액과 포화증기가 공존하고 있는 것이고, 이와 같이 포화액과 포화증기의 혼합체를 **습포화증기**(濕飽和蒸氣 ; wet vapour) 또는 **습증기**(濕蒸氣)라고 말한다. 습증기의 상태를 표시하기 위해서는 증기와 액체와의 혼합비를 표시하지 않으면 안 된다. 지금 1 kg의 습증기중에 x[kg]이 증기이고, 나머지 $(1-x)$[kg]이 액체일 때 x를 **건도**(乾度 ; dryness)라 하고, $(1-x)$[kg]를 **습도**(濕度 ; wetness)라고 한다. 예를 들면, 1 kg의 습증기 중에서 0.8 kg이 증기라고 하면 건도는 0.8 또는 80 %이고, 습도는 0.2 또는 20 %이다.

(d) : 가열을 계속하면 액체는 증발을 끝내고 드디어 모두 증기로 변할 때가 있다. 즉, 건도 $x = 1(100 \%)$인 포화증기가 된다. 이 때의 포화증기를 특히 **건포화증기** (乾飽和蒸氣 ; dry saturated vapour) 또는 **건증기**(乾蒸氣)라고 한다. 그리고 포화액으로부터 건포화증기가 될 때까지 가해진 열량을 **증발열**(蒸發熱 ; latent heat of vaporization)이라고 하며, 이 열량은 증기 자신이 보유하고 있으므로 증기가 **복수**(復水 ; condense) 할 때에는 이 증발열을 방출한다.

(e) : 더욱 가열을 계속하면 증기의 온도는 다시 올라가기 시작하여 포화온도 이상의 온도가 된다. 이 상태의 증기를 **과열증기**(過熱蒸氣 ; superheated vapour)라고 한다. 과열증기의 상태는 압력과 온도로서 표시되지만 그밖에 다음의 **과열도**(過熱度 ; degree of superheat)를 사용하는 경우도 있다.

　　(과열도) = (과열증기의 온도) − (그 압력 밑에서의 포화증기 온도)

　이 과열도가 커짐에 따라서 증기는 이상기체의 성질에 가까워지며, 이와 같은 상태를 소위 가스라고 부른다.

1-2 ● 증기의 $p-v$ 선도와 $T-s$ 선도

　동작유체가 액체 및 증기 또는 가스의 상태로 변화할 때의 $p-v$ 선도 및 $T-s$ 선도는 이상기체의 그것과는 다르게 표시된다. 다음 그림은 증기의 등압선을 나타낸 $p-v$ 선도와 $T-s$ 선도이다.

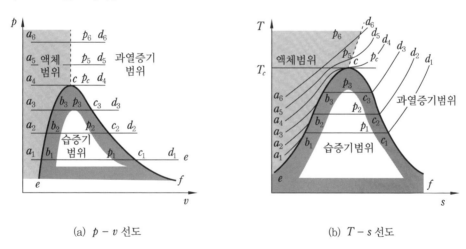

(a) $p-v$ 선도　　　　　　(b) $T-s$ 선도

[그림 5-2] 증기의 등압선

　[그림 5-2] (a)의 $p-v$ 선도에서 수평선 $a_1 b_1 c_1 d_1$과 그림 (b)의 $T-s$ 선도에서 굴절선(屈折線) $a_1 b_1 c_1 d_1$은 정압하에서의 증발과정을 나타낸 것이다. 즉, 액체를 압력 p_1의 정압하에서 가열하면 b_1에서 증발하기 시작하여 c_1에서 증발이 끝나 건포화증기로 되고 더욱 가열하면 과열증기가 된다. 여기서, $a_1 b_1$은 액체의 상태, $b_1 c_1$은 습증기의 상태, $c_1 d_1$은 과열증기의 상태이다.

　이상과 같이 여러 가지 압력 p_1, p_2, p_3,… 하에 액체를 가열하면 그것에 해당하는 $p-v$ 선도와 $T-s$ 선도상의 변화를 표시하는 점은 [그림 5-2]에서 $a_1 b_1 c_1 d_1$,

$a_2 b_2 c_2 d_2$, $a_3 b_3 c_3 d_3$, …로 된다. 여기서 주목할 것은 압력이 높아질수록 $b_1 c_1$, $b_2 c_2$, $b_3 c_3$, … 등의 폭이 차츰 좁아져 드디어 어떤 압력 p_c 하에서는 그 폭이 0으로 되어 증발의 시작점과 종료점이 일치하게 되는데 이 점 c를 **임계점**(臨界點 ; critical point)이라고 한다. 그리고 이 때의 압력 p_c를 **임계압력**(臨界壓力 ; critical pressure), 그 압력 하에서의 온도 T_c를 **임계온도**(臨界溫度 ; critical temperature)라고 한다.

또, [그림 5-2]에서 곡선 b_1, b_2, b_3,…를 **포화액선**(飽和液線 ; saturated liquid line)이라 하고, 액체가 증발하기 시작하는 선이다. 그리고 c_1, c_2, c_3,…는 **포화증기선**(飽和蒸氣線 ; saturated vapour line)이라 하며, 증발이 끝나는 선이다. 이 두 곡선을 합하여 **포화한계선**(飽和限界線) 또는 **포화선**(飽和線 ; boundary curve)이라고 한다.

[그림 5-3]의 $p - v$ 선도 및 $T - s$ 선도는 증기의 등온선을 나타낸 것으로 증기의 온도가 임계온도 T_c보다 높아짐에 따라 그들은 이상기체의 등온선($pv = $ 일정)에 차츰 가까워지고 있음을 알 수 있다.

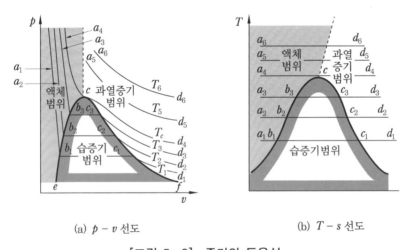

(a) $p - v$ 선도 (b) $T - s$ 선도

[그림 5-3] 증기의 등온선

2. 증기의 열량적 상태량

증기(여기서는 수증기)의 열량적 상태량, 즉 내부 에너지 u, 엔탈피 h 및 엔트로피 s의 값은 물의 **3중점**(三重點 ; 얼음, 물, 수증기가 공존하는 0.01℃, 즉 273.16 K, 0.6117 kPa)에서의 엔탈피와 엔트로피를 0으로 놓고 이것을 기준으로 하여 구한다.

일반적으로 포화수 및 건포화증기의 비체적, 비내부 에너지, 비엔탈피, 비엔트로피는 각각 기호 v', u', h', s' 및 v'', u'', h'', s''로 표기한다.

2-1 ● 액체열

임의의 압력 p하에서 $0.01°\text{C} (273.16\,\text{K})$, $1\,\text{kg}$의 압축수를 같은 압력의 포화온도 t_s [℃]까지 가열하는 데 필요한 열량, 즉 액체열 q_l는 물의 정압비열을 C_p라고 하면

$$q_l = \int_{0.01}^{t_s} C_p dt \quad\text{(5-1)}$$

포화수의 엔트로피 s'는

$$s' = \int_{273.16}^{T_s} \frac{\delta q_l}{T} = \int_{273.16}^{T_s} C_p \frac{dT}{T} \quad\text{(5-2)}$$

2-2 ● 포화증기

$1\,\text{kg}$의 포화수를 등압 밑에서 건포화증기가 될 때까지 가열하는 데 필요한 열량, 즉 증발열 γ를 구하면 열역학 제1법칙의 식 $\delta q = du + pdv$와 엔탈피의 식 $h = u + pv$의 관계식으로부터

$$\gamma = (u'' - u') + p(v'' - v') = (u'' + pv'') - (u' + pv') = h'' - h'$$
$$\therefore \gamma = h'' - h' = (u'' - u') + p(v'' - v') = \rho + \psi \quad\text{(5-3)}$$

여기서, $\rho = (u'' - u')$를 **내부 증발열**(內部蒸發熱 ; internal latent heat of vaporization) 이라 하고, $\psi = p(v'' - v')$를 **외부 증발열**(外部蒸發熱 ; external latent heat of vaporization)이라고 한다.

액체열 q_l와 증발열 γ와의 합을 증기의 **전열량**(全熱量 ; total heat)이라고 부르며, λ 로 표시하면

$$\lambda = q_l + \gamma \quad\text{(5-4)}$$

증발 중의 엔트로피 증가는 포화온도를 $T_s[\text{K}]$라 하면 다음과 같다.

$$s'' - s' = \frac{\gamma}{T_s}$$

습증기는 포화수와 포화증기의 혼합물로 그 온도와 압력 사이에는 일정한 관계가 있어서 온도를 주면 압력이 정해지고 압력을 주면 온도가 정해진다. 따라서, 습증기의 상

태를 결정하려면 그 온도와 압력을 주는 것만으로는 불충분하므로 온도와 압력 중의 어느 하나와 습증기 전체 질량에 대한 증기의 비율, 즉 **건도**를 표시할 필요가 있다.

건도 x인 습증기의 비체적, 비내부 에너지, 비엔탈피, 비엔트로피를 각각 v_x, u_x, h_x, s_x라고 하면 다음과 같은 관계가 있다.

$$v_x = v' + x(v'' - v') = v' + x\frac{\psi}{Ap} \quad\text{.............}\quad (5-5)$$

$$u_x = u' + x(u'' - u') = u' + x\rho \quad\text{.............}\quad (5-6)$$

$$h_x = h' + x(h'' - h') = h' + x\gamma \quad\text{.............}\quad (5-7)$$

$$s_x = s' + x(s'' - s') = s' + x\frac{\gamma}{T_s} \quad\text{.............}\quad (5-8)$$

2-3 • 과열증기

임의의 압력 p인 건포화증기를 포화온도 T_s로부터 임의의 온도 T까지 등압가열하면 압력 p와 온도 T인 과열증기로 된다. 이 때 과열하는 데 필요한 열량, 즉 **과열의 열** (heat of superheating) q_s는 다음과 같다.

$$q_s = \int_{T_s}^{T} C_p\, dT \quad\text{.............}\quad (5-9)$$

과열증기의 엔탈피는 열량 측정, 또는 다음 식에 의하여 구한다.

$$h = h'' + q_s = h'' + \int_{T_s}^{T} C_p\, dT \quad\text{.............}\quad (5-10)$$

과열증기의 엔트로피 s는

$$s = s'' + \int_{T_s}^{T} C_p\frac{dT}{T} \quad\text{.............}\quad (5-11)$$

가 되고, 내부 에너지 u는

$$u = h - pv \quad\text{.............}\quad (5-12)$$

또는, 정적비열 C_v를 알고 있을 때는 다음 식에 의하여 구한다.

$$u = u'' + \int_{T_s}^{T} C_v \, dT \quad \text{..} (5\text{-}13)$$

이와 같이 구한 액체열 q와 증발열 γ, 과열의 열 q_s를 $T-s$ 선도에서 등압선 아래의 넓이로 표시하면 다음 그림과 같다.

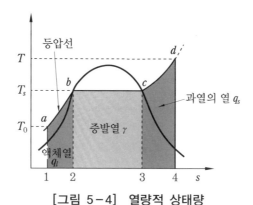

[그림 5-4] 열량적 상태량

Q 예제 5-1

20℃의 물 3000 kg 속에 150℃의 건포화증기를 넣어 50℃의 물로 만들려면 넣어야 할 증기량(kg)은 얼마인지 구하여라. (단, 증발열은 2256 kJ/kg이고 비열은 4.186 kJ/kg·K이다.)

해설 물이 얻은 열량(Q_1) = 증기가 잃은 열량(Q_2)이므로

열평형이 되었을 때의 온도를 t_m이라 하면

$Q_1 = m \, C \, (t_m - t_1) = 3000 \times 4.186 \times (50 - 20) = 376740 \, \text{kJ}$

$Q_2 = (2256 \times m) + m \, C \, (t_2 - t_m) = (2256 \times m) + m \times 4.186 \times (150 - 50) = 2674.6 \, m$

$2674.6 \, m = 376740$

$\therefore m = 140.86 \, \text{kg}$

정답 140.86 kg

Q 예제 5-2

압력 1000 kPa, 건도 85 %인 습증기의 비체적은 몇 m^3/kg인가? (단, 1000 kPa일 때 포화수의 비체적은 0.001127 m^3/kg, 포화증기의 비체적은 0.1944 m^3/kg이다.)

해설 $v_x = v' + x \, (v'' - v') = 0.001127 + 0.85 \times (0.1944 - 0.001127)$

$\qquad = 0.1654 \, \text{m}^3/\text{kg}$

정답 0.1654 m^3/kg

Q 예제 **5-3**

체적 400 l의 탱크 속에 습포화증기 100 kg이 들어 있다. 온도 370℃에서 포화수 및 포화증기의 비체적이 각각 $v' = 0.002215$ m^3/kg, $v'' = 0.004954$ m^3/kg이라면 건도는 몇 %인가?

해설 $v_x = v' + x(v'' - v')$에서 건도 $x = \dfrac{v_x - v'}{v'' - v'}$

$$v_x = \frac{V}{m} = \frac{0.4}{100} = 0.004 \text{ m}^3/\text{kg}$$

$$\therefore x = \frac{0.004 - 0.002215}{0.004954 - 0.002215} = 0.652 = 65.2 \text{ \%}$$

정답 65.2 %

Q 예제 **5-4**

압력 200 kPa하에서 물 1 kg이 증발하여 체적이 0.8 m^{3}만큼 증가하였다. 증발열을 1465 kJ/kg라고 하면 외부 증발열(ψ)과 내부 증발열(ρ)은 각각 얼마인가?

해설 먼저 외부 증발열 ψ를 구하면 $\psi = p(v'' - v') = 200 \times 0.8 = 160$ kJ/kg

다음 내부 증발열 ρ는 식 (5−3)으로부터 $\rho = \gamma - \psi = 1465 - 160 = 1305$ kJ/kg

정답 $\psi = 160$ kJ/kg, $\rho = 1305$ kJ/kg

Q 예제 **5-5**

물 1 kg이 포화온도 120℃하에서 증발할 때 증발열이 2219 kJ이다. 증발하는 동안에 엔트로피의 증가는 몇 kJ/kg · K인가?

해설 $s'' - s' = \dfrac{\gamma}{T_s} = \dfrac{2219}{(273 + 120)} = 5.65$ kJ/kg · K

정답 5.65 kJ/kg · K

Q 예제 **5-6**

건도 80 %, 압력 1 MPa인 습증기 50 m^{3}의 질량은 몇 kg인가?(단, 1 MPa에서 $v' = 0.0011262$ m^3/kg, $v'' = 0.1981$ m^3/kg이다.)

해설 $v_x = v' + x(v'' - v') = 0.0011262 + 0.8 \times (0.1981 - 0.0011262) = 0.159$ m^3/kg

$$\therefore m = \frac{V}{v_x} = \frac{50}{0.159} = 314.47 \text{ kg}$$

정답 314.47 kg

제5장 증 기 411

Q 예제 5-7

압력 1.5 MPa, 건도 80 %인 습증기의 엔탈피는 몇 kJ/kg인가? (단, 이 압력에서 포화수의 엔탈피는 891.07 kJ/kg, 건포화증기의 엔탈피는 2723.75 kJ/kg이다.)

해설 $h_x = h' + x(h'' - h') = 891.07 + 0.8 \times (2723.75 - 891.07) = 2357.21$ kJ/kg

정답 2357.21 kJ/kg

Q 예제 5-8

압력이 3 MPa, 건도가 80 %인 습증기의 엔트로피는 몇 kJ/kg · K인가?(단, 이 압력하에서 포화수의 엔트로피는 2.646 kJ/kg · K, 건포화증기의 엔트로피는 6.186 kJ/kg · K이다.)

해설 $s_x = s' + x(s'' - s') = 2.646 + 0.8 \times (6.186 - 2.646) = 5.478$ kJ/kg · K

정답 5.478 kJ/kg · K

Q 예제 5-9

압력 6 MPa의 물의 포화온도 274℃, 건포화증기의 비체적은 0.033 m³/kg이다. 이 압력하에서 건포화증기의 상태로 349℃까지 과열되면 비체적은 0.043 m³/kg으로 된다. 이 때 평균 정압비열을 3.39 kJ/kg · K로 할 때 다음을 구하여라.

① 과열의 열(kJ/kg)

② 과열에 의한 엔트로피 증가(kJ/kg · K)

③ 과열에 의한 내부 에너지 증가(kJ/kg)

해설 ① 과열의 열(kJ/kg)

$$q_s = \int_{T_s}^{T} C_p \, dT = C_p(T - T_s) = 3.39 \times (349 - 274) = 254.25 \text{ kJ/kg}$$

② 과열에 의한 엔트로피 증가(kJ/kg · K)

식 (5-11)의 $s = s'' + \int_{T_s}^{T} C_p \dfrac{dT}{T}$ 에서

$$s - s'' = \int_{T_s}^{T} C_p \frac{dT}{T} = C_p \ln \frac{T}{T_s} = 3.39 \times \ln \left(\frac{273 + 349}{273 + 274} \right) = 0.436 \text{ kJ/kg · K}$$

③ 과열에 의한 내부 에너지 증가(kJ/kg)

$q_s = (u - u'') + p(v - v'')$ 로부터

$(u - u'') = q_s - p(v - v'') = 254.25 - (6 \times 10^3) \times (0.043 - 0.033)$

$\qquad = 194.25 \text{ kJ/kg}$

정답 $q_s = 254.25$ kJ/kg , $s - s'' = 0.436$ kJ/kg · K, $u - u'' = 194.25$ kJ/kg

Q 예제   5-10

압력이 4 MPa인 물의 포화온도는 249.17℃이다. 이 포화수를 정압하에서 800 K의 과열 증기로 만들었을 때 과열도는 몇 K인가?

해설 (과열도) = (과열증기의 온도) − (그 압력 밑에서의 포화증기 온도)

$$= 800 - (273 + 249.17) = 277.83 \text{ K}$$

정답 277.83 K

3. 증기표 및 증기선도

증기의 성질은 복잡하기 때문에 간단한 상태식으로 표시할 수 없다. 따라서, 증기의 성질은 실측(實測)의 결과나, 혹은 그것을 기초로 하여 만들어진 상태식을 만들어 실제 활용하고 있다.

3-1 ◦ 증기표

증기표는 포화액 및 건포화증기, 과열증기의 여러 가지 성질을 표시하는데 이것에는 온도기준 증기표와 압력기준 증기표가 있다(부록 참조). 보통 증기표에는 포화액과 건 포화증기의 성질만 주어지고, 습증기의 성질은 주어지지 않으므로 습증기의 성질은 식 (5−5~8)로부터 구한다. 한편, 과열증기의 성질을 나타내는 과열증기표는 각각 압력에 대한 온도를 기준으로 하여 주어진다. 그리고 증기표에 없는 값은 그 온도 또는 압력에 대한 비례분배법칙(比例分配法則)에 의하여 각각 가까운 온도 및 압력에 대한 값을 기 준으로 구할 수 있다.

3-2 ◦ 증기선도

증기선도는 p, v, T, h 및 s 중에서 임의의 2가지를 좌표로 잡아 각 성질의 변화를 표시하는데 주로 이론적 방면에는 $T-s$ 선도를 쓰고, 실제 계산에는 수증기일 때 $h-s$ 선도, 냉매일 때는 $p-h$ 선도를 쓴다.

(1) $p-v$ 선도

$p-v$ 선도는 상태변화 중의 동작유체의 일량을 면적으로 표시한 선도이며, 증기나 완전기체의 열역학적 해석에 이용되는 중요한 선도이다.

[그림 5-5]는 증기의 $p-v$ 선도이다.

(2) $T-s$ 선도

$T-s$ 선도의 특징은 증기의 상태변화 중에 유체가 주고받는 열량$\left(q=\int Tds\right)$을 면적으로 표시한다는 것과 단열변화를 종축(縱軸)에 나란한 평행선으로 나타낼 수 있다는 점이다.

예를 들어, 물 1 kg이 T_0에서 T_s까지 등압가열되어 포화상태가 되었다고 할 때 그 가열량, 즉 액체열 q_l은 다음과 같다(그림 5 – 4 참조).

$$q_l = \int_{T_0}^{T_s} C_p dT = \text{면적 } 12\,b\,a1$$

증발열 γ는

$$\gamma = T_s(s_3 - s_2) = \text{면적 } 23\,cb\,2$$

또, 포화온도 T_s로부터 온도 T까지 계속해서 등압가열하였을 때 과열의 열 q_s는

$$q_s = \int_{T_s}^{T} C_p dT = \text{면적 } 34\,dc3$$

[그림 5 – 6]은 증기의 $T-s$ 선도이다.

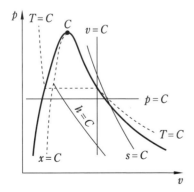

[그림 5-5] 증기의 $p-v$ 선도

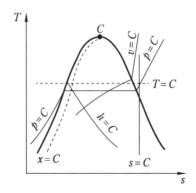

[그림 5-6] 증기의 $T-s$ 선도

(3) $h-s$ 선도

$h-s$ 선도는 종축(縱軸)에 엔탈피 h, 횡축(橫軸)에 엔트로피 s를 취한 선도로서 종축에 평행한 길이를 측정하여 열량을 구할 수 있으므로 실용적인 면에서는 $T-s$ 선도보다 더 많이 쓰인다.

독일의 몰리에르(R. Mollier)에 의하여 창안되었으므로 **몰리에르 선도**(Mollier diagram)라고도 부르며, [그림 5-7]과 같다.

(4) $p-h$ 선도

$p-h$ 선도는 [그림 5-8]과 같이 종축에 압력 p, 횡축에 엔탈피 h를 취한 선도로서 암모니아(NH_3)나 프레온 등과 같은 냉매의 상태변화를 나타내는 데 매우 유용하며 냉동기, 냉장고 설계 시 이용한다.

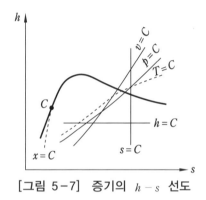

[그림 5-7] 증기의 $h-s$ 선도

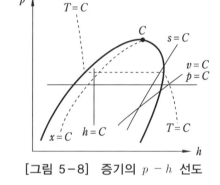

[그림 5-8] 증기의 $p-h$ 선도

4. 증기의 상태변화

증기의 상태변화는 이상기체와 같이 간단한 식으로 표시할 수 없으므로 증기표와 증기선도에 의하여 구하는 것이 보통이다. 습증기 구역에 대해서는 증기표가 유리하고, 과열증기 구역에서는 증기선도가 유리하다. 이에는 정적변화, 정압변화, 등온변화, 단열변화, 교축변화가 있으며 이들 변화는 다음과 같다.

4-1 ● 정적변화

보일러와 같은 체적이 일정한 밀폐용기 내에 물을 넣고 가열하는 경우로 용기 내의 물과 증기의 혼합물이 균질(均質)한 습증기라 생각하고, 그 건도를 x라 생각하면 가열

함에 따라 x는 증가하여 드디어 1로 된다. 증기가 처음의 상태 1로부터 나중의 상태 2
까지 정적변화를 하여 건도가 x_1에서 x_2로 증가하였다면

처음 상태에서의 비체적 $v_1 = v_1' + x_1(v_1'' - v_1')$

나중 상태에서의 비체적 $v_2 = v_2' + x_2(v_2'' - v_2')$

여기서, $dv = 0$, 즉 $v_1 = v_2 = \mathrm{C}$ 이므로

$$x_2 = x_1 \frac{v_1'' - v_1'}{v_2'' - v_2'} + \frac{v_1' - v_2'}{v_2'' - v_2'} \quad \cdots\cdots\cdots (5\text{-}14)$$

(1) $p - v,\ T - s$ 선도

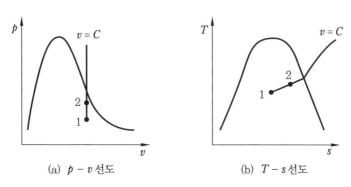

(a) $p - v$ 선도　　　　(b) $T - s$ 선도

[그림 5-9] 증기의 정적변화

(2) 가열량 : $_1q_2$ [kJ/kg]

상태 1에서의 압력을 p_1, 상태 2에서의 압력을 p_2라고 하면, 열역학 제1법칙의 식
$\delta q = du + pdv$로부터

$$\delta q = du$$

$$_1q_2 = \int_1^2 du = u_2 - u_1 = (h_2 - h_1) - v(p_2 - p_1)$$

즉, 가열량은 내부 에너지의 변화량과 같다.

(3) 절대일 : $_1w_2$ [kJ/kg]

$$_1w_2 = \int_1^2 pdv = 0$$

정적변화에서 절대일은 없다.

(4) 공업일 : w_t [kJ/kg]

$$w_t = -\int_1^2 vdp = -v(p_2 - p_1) = v(p_1 - p_2)$$

4-2 ● 정압변화

정압하에서 증기가 상태변화하는 경우로 습증기 구역에서는 정압선과 등온선이 일치한다. 증기 원동소의 보일러와 복수기, 냉동기의 증발기와 응축기의 상태변화가 여기에 해당된다.

(1) $p-v$, $T-s$ 선도

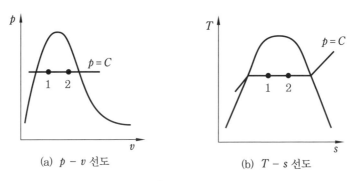

(a) $p-v$ 선도　　　　(b) $T-s$ 선도

[그림 5-10] 증기의 정압변화

(2) 가열량 : $_1q_2$ [kJ/kg]

$dp = 0$, 즉 $p_1 = p_2 = $ C이므로 열역학 제1법칙의 식 $\delta q = dh - vdp$로부터

$$\delta q = dh$$

$$_1q_2 = \int_1^2 dh = h_2 - h_1 = (x_2 - x_1)\gamma$$

즉, 정압하에서의 가열량은 엔탈피의 변화량과 같다.

(3) 내부 에너지 증가량 : Δu [kJ/kg]

$$\Delta u = u_2 - u_1 = (x_2 - x_1)\rho$$

(4) 절대일 : $_1w_2$ **[kJ/kg]**

$$_1w_2 = \int_1^2 pdv = p(v_2 - v_1)$$

(5) 공업일 : w_t **[kJ/kg]**

$$w_t = -\int_1^2 vdp = 0$$

정압변화에서 공업일은 없다.

4-3 ○ 등온변화

등온하에서 증기가 상태변화하는 경우로 습증기 구역에서는 등온선과 정압선이 일치한다. 과열증기의 경우는 증기표를 이용하여 일정한 온도하에서 v, s, h를 구한다.

(1) $p-v, \ T-s$ 선도

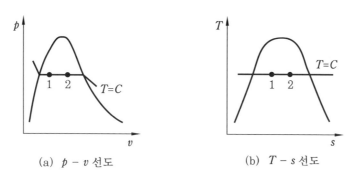

(a) $p-v$ 선도   (b) $T-s$ 선도

[그림 5-11] 증기의 등온변화

(2) 가열량 : $_1q_2$ **[kJ/kg]**

열역학 제 1 법칙의 식 $\delta q = du + pdv$로부터

$$_1q_2 = (u_2 - u_1) + \int_1^2 pdv = \int_1^2 Tds = T(s_2 - s_1)$$

또는, 습증기 구역에서는 정압변화와 같으므로

$$_1q_2 = \int_1^2 dh = h_2 - h_1 = (x_2 - x_1)\gamma$$

(3) 절대일 : $_1w_2$ [kJ/kg]

$$_1q_2 = (u_2 - u_1) + \int_1^2 pdv \text{ 또는 } {}_1q_2 = T(s_2 - s_1) \text{과 } u = h - pv \text{로부터}$$

$$
\begin{aligned}
_1w_2 &= \int_1^2 pdv = {}_1q_2 - (u_2 - u_1) \\
&= T(s_2 - s_1) - \{(h_2 - h_1) - (p_2v_2 - p_1v_1)\} \\
&= p(v_2 - v_1) = p(x_2 - x_1)(v_2'' - v_1')
\end{aligned}
$$

(4) 공업일 : w_t [kJ/kg]

$$_1q_2 = (h_2 - h_1) - \int_1^2 vdp \text{ 또는 } {}_1q_2 = T(s_2 - s_1) \text{과 } h = u + pv \text{로부터}$$

$$
\begin{aligned}
w_t &= -\int_1^2 vdp = {}_1q_2 - (h_2 - h_1) = T(s_2 - s_1) - (h_2 - h_1) \\
&= T(s_2 - s_1) - \{(u_2 - u_1) - (p_2v_2 - p_1v_1)\} \\
&= {}_1w_2 + p_1v_1 - p_2v_2
\end{aligned}
$$

4-4 ◦ 단열변화

액체 또는 과열증기를 단열팽창시키면 습증기로 된다. 이 때 습증기를 계속해서 상태 1에서 2까지 단열변화시킬 때 건도의 변화는 다음과 같다.

$$s_1 = s_1' + x_1(s_1'' - s_1') = s_1' + x_1\frac{\gamma_1}{T_1}$$

$$s_2 = s_2' + x_2(s_2'' - s_2') = s_2' + x_2\frac{\gamma_2}{T_2}$$

그런데 단열변화이므로 $s_1 = s_2$이다. 따라서, 변화 후의 건도 x_2는

$$x_2 = x_1 \frac{s_1'' - s_1'}{s_2'' - s_2'} + \frac{s_1' - s_2'}{s_2'' - s_2'} = \frac{\dfrac{x_1 \gamma_1}{T_1} + s_1' - s_2'}{\dfrac{\gamma_2}{T_2}} \quad \cdots\cdots\cdots\cdots\cdots\cdots\cdots\cdots\cdots (5-15)$$

여기서, s_1', s_1'' 및 s_2', s_2''는 압력 p_1과 p_2에서의 값이고 포화증기표에서 구할 수 있다.

(1) $p - v$, $T - s$ 선도

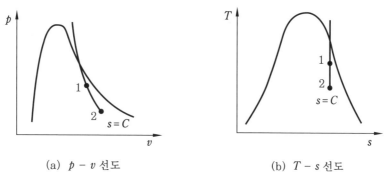

(a) $p - v$ 선도 (b) $T - s$ 선도

[그림 5-12] 증기의 단열변화

(2) 가열량 : $_1q_2$ [kJ/kg]

단열변화이므로 $_1q_2 = 0$

(3) 절대일 : $_1w_2$ [kJ/kg]

$$_1q_2 = (u_2 - u_1) + \int_1^2 pdv = 0 \text{ 에서}$$

$$_1w_2 = \int_1^2 pdv = u_1 - u_2 = (h_1 - h_2) - (p_1 v_1 - p_2 v_2)$$

(4) 공업일 : w_t [kJ/kg]

$$_1q_2 = (h_2 - h_1) - \int_1^2 vdp = 0 \text{ 에서}$$

$$w_t = -\int_1^2 vdp = h_1 - h_2$$

4-5 • 교 축

증기가 밸브나 오리피스(orifice) 등의 작은 단면을 통과할 때에는 외부에 대해서 하는 일 없이 압력강하가 일어난다. 이 현상을 **교축과정**(絞縮過程 ; throttling)이라고 한다.

교축과정은 비가역 정상류 과정으로 열전달이 없고($\delta q = 0$), 일을 하지 않는 ($w_t = 0$, $_1w_2 = 0$)과정으로 엔탈피는 일정($h_1 = h_2 = C$)하며, 엔트로피는 항상 증가하고 압력은 항상 떨어진다.

오른쪽 그림은 교축과정의 $h - s$ 선도이다.

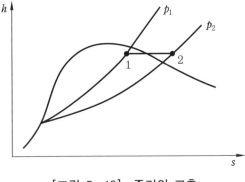

[그림 5-13] 증기의 교축

교축은 등엔탈피 변화이므로

$$h_1 = h_1' + x_1 \gamma_1 = h_2$$

$$\therefore x_1 = \frac{h_2 - h_1'}{\gamma_1} \quad \text{..} (5\text{-}16)$$

위 식에서 상태 1의 증발열 γ_1, 교축 후의 비엔탈피 h_2, 교축 전의 포화액의 비엔탈피 h_1'를 알면 상태 1의 건도 x_1이 구해진다.

교축열량계는 이와 같은 원리에 의하여 습증기의 건도를 계측(計測)한다.

Q 예제 5-11

압력 2 MPa, 건도 95 %인 습증기 50 kg이 정압하에서 450℃의 과열증기로 될 경우 포화증기표와 과열증기표를 이용하여 다음을 구하여라.

① 정압가열에 필요한 열량(kJ)

② 절대일(kJ)

③ 내부 에너지의 증가량(kJ)

압력기준 포화증기표	2 MPa 포화온도 212.4℃	$v' = 0.001177$ $v'' = 0.09959$	$h' = 908.5$ $h'' = 2798$ $\gamma = 1889.5$	$s' = 2.447$ $s'' = 6.339$
과열증기표	2 MPa 450℃	$v = 0.1635$	$h = 3358$	$s = 7.287$

해설 ① 정압가열에 필요한 열량(kJ)

먼저 처음 상태에서의 엔탈피 h_1을 구하면

$$h_1 = h_1' + x_1(h_1'' - h_1') = h_1' + x_1\gamma = 908.5 + 0.95 \times 1889.5 = 2703.525 \,\text{kJ/kg}$$

따라서, $\delta q = dh$ 로부터

$$_1q_2 = \int_1^2 dh = h_2 - h_1 = 3358 - 2703.525 = 654.475 \,\text{kJ/kg}$$

$$\therefore {}_1Q_2 = m {}_1q_2 = 50 \times 654.475 = 32723.75 \,\text{kJ}$$

② 절대일(kJ)

먼저 처음 상태에서의 비체적 v_1을 구하면

$$v_1 = v_1' + x_1(v_1'' - v_1') = 0.001177 + 0.95(0.09959 - 0.001177) = 0.09467 \,\text{m}^3/\text{kg}$$

따라서, $\delta w = pdv$로부터

$$_1w_2 = \int_1^2 pdv = p(v_2 - v_1) = (2 \times 10^3) \times (0.1635 - 0.09467) = 137.66 \,\text{kJ/kg}$$

$$\therefore {}_1W_2 = m {}_1w_2 = 50 \times 137.66 = 6883 \,\text{kJ}$$

③ 내부 에너지의 증가량(kJ)

$$\Delta u = u_2 - u_1 = (h_2 - h_1) - p(v_2 - v_1)$$

$$= (3358 - 2703.525) - (2 \times 10^3) \times (0.1635 - 0.09467) = 516.815 \,\text{kJ/kg}$$

$$\therefore \Delta U = m\Delta u = 50 \times 516.815 = 25840.75 \,\text{kJ}$$

정답 ① ${}_1Q_2 = 32723.75 \,\text{kJ}$ ② ${}_1W_2 = 6883 \,\text{kJ}$ ③ $\Delta U = 25840.75 \,\text{kJ}$

Q 예제 5-12

압력 4 MPa, 온도 400℃의 증기 1 kg이 0.075 m³의 체적을 차지하고 있다. 이 증기가 정적하에서 압력이 0.8 MPa로 될 때까지 냉각된 경우 포화증기표와 과열증기표를 이용하여 다음을 구하여라.

① 냉각 후의 건도(%)   ② 처음의 내부 에너지(kJ/kg)
③ 냉각 후의 내부 에너지(kJ/kg)   ④ 방출열량(kJ/kg)

과열증기표	4 MPa 400℃	$v = 0.07343$	$h = 3214$	$s = 6.771$
압력 기준 포화증기표	0.8 MPa 포화온도 170.4℃	$v' = 0.001115$ $v'' = 0.2403$	$h' = 720.9$ $h'' = 2768$ $\gamma = 2047.1$	$s' = 2.046$ $s'' = 6.662$

해설 ① 냉각 후의 건도(%)

처음 상태는 과열증기의 상태이므로 비체적 v_1을 구하면

$$v_1 = v_1' + x_1(v_1'' - v_1') = 0.07343 + 1 \times (0.07343 - 0.07343) = 0.07343 \,\text{m}^3/\text{kg}$$

가 되고, 나중 상태에서의 비체적 v_2는

$$v_2 = v_2' + x_2(v_2'' - v_2')$$

정적과정이므로 $v_1 = v_2$

$$0.07343 = 0.001115 + x_2(0.2403 - 0.001115)$$

$$\therefore x_2 = \frac{0.07343 - 0.001115}{0.2403 - 0.001115} = 0.302 = 30.2\,\%$$

② 처음의 내부 에너지(kJ/kg)

$h = u + pv$에서 $u_1 = h_1 - p_1 v_1 = 3214 - (4 \times 10^3) \times 0.07343 = 2920.28\,\text{kJ/kg}$

③ 냉각 후의 내부 에너지(kJ/kg)

먼저 상태 2에서의 비엔탈피 h_2를 구하면

$$h_2 = h_2' + x_2(h_2'' - h_2') = h_2' + x_2\gamma = 720.9 + 0.302 \times 2047.1 = 1339.12\,\text{kJ/kg}$$

$$\therefore u_2 = h_2 - p_2 v_2 = 1339.12 - (0.8 \times 10^3) \times 0.07343 = 1280.38\,\text{kJ/kg}$$

④ 방출열량(kJ/kg)

$\delta q = du + pdv$에서 $dv = 0$이므로 $\delta q = du$

$$\therefore {}_1q_2 = u_2 - u_1 = 1280.38 - 2920.28 = -1639.9\,\text{kJ/kg}$$

정답 ① $x_2 = 30.2\,\%$ ② $u_1 = 2920.28\,\text{kJ/kg}$

③ $u_2 = 1280.38\,\text{kJ/kg}$ ④ ${}_1q_2 = 1639.9\,\text{kJ/kg}$(방출)

Q 예제 5-13

온도 300℃, 체적 $v_1 = 0.01\,\text{m}^3/\text{kg}$인 증기 1 kg이 정온하에서 팽창하여 체적 $v_2 = 0.02$ m^3/kg로 되었다. 이 증기에 공급된 열량을 구하여라. (단, 온도기준 포화증기표에서 포화압력이 8588 kPa, $v' = 0.001404\,\text{m}^3/\text{kg}$, $v'' = 0.02166\,\text{m}^3/\text{kg}$, $h' = 1345\,\text{kJ/kg}$, $h'' = 2750\,\text{kJ/kg}$, $\gamma = 1405\,\text{kJ/kg}$, $s' = 3.255\,\text{kJ/kg}\cdot\text{K}$, $s'' = 5.706\,\text{kJ/kg}\cdot\text{K}$이다.)

해설 ${}_1q_2 = T(s_2 - s_1)$이므로 먼저 s_1과 s_2를 각각 구하면

① $s_1 = s_1' + x_1(s_1'' - s_1')$

여기서 x_1을 모르므로 다음 식에 의하여 구한다.

$$v_1 = v_1' + x_1(v_1'' - v_1')$$

$$\therefore x_1 = \frac{v_1 - v_1'}{v_1'' - v_1'} = \frac{0.01 - 0.001404}{0.02166 - 0.001404} = 0.424$$

$$\therefore s_1 = s_1' + x_1(s_1'' - s_1') = 3.255 + 0.424 \times (5.706 - 3.255)$$

$$= 4.294\,\text{kJ/kg}\cdot\text{K}$$

② $s_2 = s_2' + x_2(s_2'' - s_2')$

여기서, x_2를 모르므로 다음 식에 의하여 구한다.

$$v_2 = v_2' + x_2 (v_2'' - v_2')$$

$$\therefore x_2 = \frac{v_2 - v_2'}{v_2'' - v_2'} = \frac{0.02 - 0.001404}{0.02166 - 0.001404} = 0.918$$

$$\therefore s_2 = s_2' + x_2 (s_2'' - s_2') = 3.255 + 0.918 \times (5.706 - 3.255)$$

$$= 5.505 \, \text{kJ/kg} \cdot \text{K}$$

$$\therefore {}_1 q_2 = T(s_2 - s_1) = (273 + 300) \times (5.505 - 4.294) = 693.903 \, \text{kJ/kg}$$

정답 ${}_1 q_2 = 693.903 \, \text{kJ/kg}$

Q 예제 5-14

2000 kPa, 500℃의 과열증기를 단열적으로 10 kPa까지 팽창할 때 포화증기표와 과열증기표를 이용하여 다음을 구하여라. (단, v, u, h, s의 단위는 각각 $\text{m}^3\text{/kg}$, kJ / kg, kJ/kg, kJ/kg · K이다.)

① 팽창 후의 건도(%)   ② 엔탈피의 변화(kJ/kg)   ③ 내부 에너지의 변화(kJ/kg)

압력 기준 포화증기표	10 kPa 포화온도 45.81℃	$v'' = 14.67$	$u' = 191.8$ $u'' = 2437$	$h' = 191.8$ $h'' = 2584$ $\gamma = 2392.2$	$s' = 0.6492$ $s'' = 8.149$
과열증기표	2000 kPa 500℃	$v = 0.1757$	$u = 3117$	$h = 3468$	$s = 7.434$

해설 ① 팽창 후의 건도(%)

단열변화($\delta q = 0$)이므로 $s_2 = s_1 = s$이다. 따라서,

$$s_2 = s = s_2' + x_2 (s_2'' - s_2')$$

$$\therefore x_2 = \frac{s - s_2'}{s_2'' - s_2'} = \frac{7.434 - 0.6492}{8.149 - 0.6492} = 0.905 = 90.5 \, \%$$

② 엔탈피의 변화(kJ/kg)

먼저 변화 후의 비엔탈피 h_2를 구하면

$$h_2 = h_2' + x_2 (h_2'' - h_2') = h_2' + x_2 \gamma = 191.8 + 0.905 \times 2392.2 = 2356.741 \, \text{kJ/kg}$$

$$\therefore \Delta h = h_2 - h_1 = 2356.741 - 3468 = -1111.259 \, \text{kJ/kg}$$

③ 내부 에너지의 변화(kJ/kg)

먼저 변화 후의 비내부 에너지 u_2를 구하면

$$u_2 = u_2' + x_2 (u_2'' - u_2') = 191.8 + 0.905 \times (2437 - 191.8) = 2223.706 \, \text{kJ/kg}$$

$$\therefore \Delta u = u_2 - u_1 = 2223.706 - 3117 = -893.294 \, \text{kJ/kg}$$

정답 ① $x_2 = 90.5 \, \%$

② $\Delta h = 1111.259 \, \text{kJ/kg}$(감소)

③ $\Delta u = 893.294 \, \text{kJ/kg}$(감소)

연·습·문·제

1. 물의 증발열은 101.325 kPa에서 2257 kJ/kg이고, 이때 비체적은 0.00104 m³/kg에서 1.67 m³/kg으로 변화한다. 이 증발 과정에 있어서 내부에너지의 변화량은 약 몇 kJ/ kg인가?

2. 물 1 kg이 포화온도 120℃에서 증발할 때, 증발잠열은 2203 kJ이다. 증발하는 동안 물의 엔트로피 증가량은 몇 kJ/K인가?

3. 1 MPa의 일정한 압력(이때의 포화온도는 180℃)하에서 물이 포화액에서 포화증기로 상변화를 하는 경우 포화액의 비체적과 엔탈피는 각각 0.00113 m³/kg, 763 kJ/kg이고, 포화증기의 비체적과 엔탈피는 각각 0.1944 m³/kg, 2778 kJ/kg이다. 이때 증발에 따른 내부에너지 변화량과 엔트로피 변화량을 구하여라.

4. 과열증기를 냉각시켰더니 포화영역 안으로 들어와서 비체적이 0.2327 m³/kg이 되었다. 이때의 포화액과 포화증기의 비체적이 각각 1.079×10^{-3} m³/kg, 0.5243 m³/kg일 때, 건도를 구하여라.

5. 체적이 0.01 m³인 밀폐용기에 대기압의 포화혼합물이 들어 있다. 용기 체적의 반은 포화액체, 나머지 반은 포화증기가 차지하고 있을 때, 포화혼합물 전체의 질량과 건도를 구하여라. (단, 대기압에서 포화액체와 포화증기의 비체적은 각각 0.001044 m³/kg, 1.6729 m³/kg이다.)

6. 0.6 MPa, 200℃의 수증기가 50 m/s의 속도로 단열 노즐로 유입되어 0.15 MPa, 건도 0.99인 상태로 팽창하였다. 증기의 유출 속도는 몇 m/s인가? (단, 노즐 입구에서 엔탈피는 2850 kJ/kg, 출구에서 포화액의 엔탈피는 467 kJ/kg, 증발 잠열은 2227 kJ/kg이다.)

7. 어느 증기터빈에 0.4 kg/s로 증기가 공급되어 260 kW의 출력을 낸다. 입구의 증기 엔탈피 및 속도는 각각 3000 kJ/ kg, 720 m/s, 출구의 증기 엔탈피 및 속도는 각각 2500 kJ/kg, 120 m/s이면, 이 터빈의 열손실은 몇 kW가 되는가?

8. 증기 터빈의 입구 조건은 3 MPa, 350 ℃이고 출구의 압력은 30 kPa이다. 이때 정상 등엔트로피 과정으로 가정할 경우, 유체의 단위 질량당 터빈에서 발생되는 출력은 몇 kJ/kg인가? (단, 표에서 h는 단위 질량당 엔탈피, s는 단위 질량당 엔트로피이다.)

구분	h[kJ/kg]	s[kJ/kg·K]
터빈 입구	3115.3	6.428

구분	엔트로피[kJ/kg·K]		
	포화액(s')	증발(s_{fg})	포화증기(s'')
터빈 출구	0.9439	6.7428	7.7686

구분	엔탈피[kJ/kg]		
	포화액(h')	증발(h_{fg})	포화증기(h'')
터빈 출구	289.2	2336.1	2625.3

증기동력 사이클

이미 제4장에서 언급한 바와 같이 외부에서 공급된 열 에너지를 이용하여 일을 발생하는 기계를 열기관(熱機關 ; heat engine)이라고 하는데, 이 열기관이 계속하여 열을 기계적 일로 바꾸기 위해서는 동작유체로 사이클을 밟게 하여야 한다. 이 때 사이클을 행하는 동작유체의 종류에 따라 열기관은 [표 6-1]과 같이 두 가지로 대별(大別)된다.

[표 6-1] 동작유체에 따른 열기관의 종류

동작유체	열기관의 종류
이상기체	내연기관(가솔린기관, 디젤기관, 가스터빈)
실제기체	외연기관(증기기관, 증기터빈)

본 장에서는 동작유체로 실제기체를 사용하는 열기관에서의 사이클, 즉 증기동력 사이클에 대하여만 다루고 이상기체를 사용하는 열기관에 대해서는 다음 장에서 다루기로 한다.

증기동력 사이클은 동작유체가 외부로부터 열을 받고 액체에서 기체상태로 상변화(相變化)를 수반하면서 발생하는 체적의 팽창력을 이용하여 유효한 일을 생산하는 사이클이며, 랭킨 사이클, 재생 사이클, 재열 사이클, 재생-재열 사이클 및 2유체 사이클 등이 있다.

1. 랭킨 사이클

증기원동기의 설비는 [그림 6-1]과 같이 보일러(boiler), 증기터빈(steam turbine), 복수기(condenser), 급수(給水) 펌프(feed water pump)로 이루어진다.

랭킨 사이클(Rankine cycle)은 1854년 영국의 랭킨(Rankine)에 의해 고안된 증기원동기의 이상적인 사이클이며, 2개의 단열변화와 2개의 정압변화로 이루어지는 사이클이다.

다음은 랭킨 사이클의 작동과정을 설명한 것이다([그림 6-1] 참조).

① (1~2) : 급수펌프에 의하여 압축된 물 1을 보일러에서 정압가열하여 과열증기 2가

된다.

② (2~3) : 과열증기 2는 터빈에 들어가서 단
열팽창하면서 일을 하고 습증기 3이 된다.

③ (3~4) : 터빈에서 배출된 습증기 3은 복
수기(응축기)에 유도되어 정압하에서 냉각
수에 의하여 냉각되어 증기열을 잃고 포화
수(물) 4가 된다.

④ (4~1) : 복수기에서 나온 포화수 4를 급수
펌프에서 단열압축하여 보일러에 압축된
물 1을 보낸다.

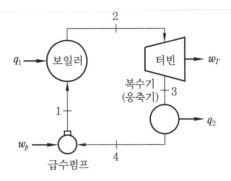

[그림 6-1] 증기원동기의 설비 구성도

이상의 변화를 $p-v$ 선도, $T-s$ 선도, $h-s$ 선도상에 표시하면 다음 그림과 같다.

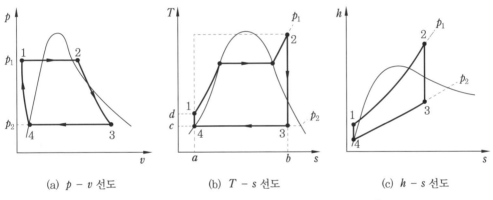

(a) $p-v$ 선도   (b) $T-s$ 선도   (c) $h-s$ 선도

[그림 6-2] 랭킨 사이클의 $p-v$, $T-s$, $h-s$ 선도

그림에서 점 1, 2, 3, 4에서의 엔탈피를 각각 h_1, h_2, h_3, h_4라 하면 동작유체 1 kg에
대한 랭킨 사이클에서의 이동열량, 공업일, 열효율은 다음과 같다.

(1) 보일러에서 가해진 열량 : q_1 [kJ/kg]

정압($dp=0$) 가열이므로 $\delta q = dh - vdp = dh$에서

$$q_1 = dh = h_2 - h_1 \fallingdotseq h_2 - h_4 (h_1 과 h_4 는 거의 같다.)$$

(2) 터빈에서 외부로 행한 일 : w_T [kJ/kg]

단열($\delta q = 0$) 팽창이므로 $\delta q = dh - vdp = 0$에서

$$w_T = -vdp = -dh = -(h_3 - h_2) = h_2 - h_3$$

(3) 복수기에서 방출한 열량 : q_2 [kJ/kg]

정압($dp = 0$) 방열이므로 $-\delta q = dh - vdp = dh$ 에서 $\delta q = -dh$

$$q_2 = -(h_4 - h_3) = h_3 - h_4$$

(4) 급수펌프에서 포화수를 압축하는 데 받은 일 : w_P [kJ/kg]

단열($\delta q = 0$) 압축이므로 $\delta q = dh - (-vdp) = 0$ 에서

$$w_P = -vdp = dh = h_1 - h_4 = v'(p_2 - p_1)$$

(5) 랭킨 사이클의 열효율 : η_R

유효일을 w 라 하면

$$w = w_T - w_P$$

$$\eta_R = \frac{q_1 - q_2}{q_1} = \frac{w}{q_1} = \frac{w_T - w_P}{q_1} = \frac{(h_2 - h_3) - (h_1 - h_4)}{h_2 - h_1} \quad \cdots\cdots\cdots\cdots (6\text{-}1)$$

그런데 펌프일은 터빈일에 비하여 대단히 적으므로($h_1 - h_4 \ll h_2 - h_3$), $h_1 = h_4$ 라면, 즉 펌프일을 무시하면

$$\eta_R \fallingdotseq \frac{h_2 - h_3}{h_2 - h_4} \quad \cdots\cdots\cdots\cdots\cdots\cdots\cdots\cdots\cdots\cdots\cdots\cdots\cdots (6\text{-}2)$$

가 된다. 따라서, 랭킨 사이클의 이론 열효율은 초압(初壓 ; 터빈 입구 압력) 및 초온(初溫 ; 터빈 입구 온도)이 높을수록, 배압(背壓 ; 복수기 입구 압력)이 낮을수록 커진다.

Q 예제 6-1

랭킨 사이클로 작동되는 화력발전소의 증기원동기에서 초온(初溫) 500℃, 초압(初壓) 5 MPa, 배압(背壓) 5 kPa일 때 주어진 증기표를 이용하여 다음을 구하여라. (단, v, h, s 의 단위는 각각 m³/kg, kJ/kg, kJ/kg·K이다.)

① 보일러에서 가해진 열량 q_1 [kJ/kg]
② 터빈에서 외부로 행한 일 w_T [kJ/kg]
③ 복수기에서 방출한 열량 q_2 [kJ/kg]
④ 급수펌프에서 포화수를 압축하는 데 받은 일 w_P [kJ/kg]
⑤ 랭킨 사이클의 열효율 η_R

과열증기표	5 MPa 500℃	$v = 0.06858$	$h = 3435$	$s = 6.978$
압력 기준 포화증기표	5 kPa 포화온도 32.87℃	$v' = 0.001005$ $v'' = 28.19$	$h' = 137.7$ $h'' = 2561$ $\gamma = 2423.3$	$s' = 0.4762$ $s'' = 8.394$

해설 먼저 랭킨 사이클의 $h-s$ 선도를 그리고 각 상태에서의 엔탈피를 구하면

과열증기표에서 $h_2 = 3435\,\text{kJ/kg}$

압력기준 포화증기표에서 $h_4 = 137.7\,\text{kJ/kg}(h' = $ 포화수의 엔탈피$)$

$$h_1 - h_4 = w_P = v'(p_2 - p_1)$$
$$= 0.001005 \times (5000 - 5) = 5.02\,\text{kJ/kg}$$

$\therefore h_1 = 137.7 + 5.02 = 142.72\,\text{kJ/kg}$

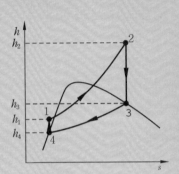

2 – 3 과정은 단열이므로 $s_2 = s_3$,

즉, $s_2 = s_3 = s_3' + x_3(s_3'' - s_3')$로부터

$$x_3 = \frac{s_2 - s_3'}{s_3'' - s_3'} = \frac{6.978 - 0.4762}{8.394 - 0.4762} = 0.821$$

$\therefore h_3 = h_3' + x_3(h_3'' - h_3') = h_3' + x_3\gamma_3$

$$= 137.7 + 0.821 \times 2423.3 = 2127.23\,\text{kJ/kg}$$

① 보일러에서 가해진 열량 $q_1[\text{kJ/kg}]$

$q_1 = h_2 - h_1 = 3435 - 142.72 = 3292.28\,\text{kJ/kg}$

② 터빈에서 외부로 행한 일 $w_T[\text{kJ/kg}]$

$w_T = h_2 - h_3 = 3435 - 2127.3 = 1307.77\,\text{kJ/kg}$

③ 복수기에서 방출한 열량 $q_2[\text{kJ/kg}]$

$q_2 = h_3 - h_4 = 2127.23 - 137.7 = 1989.53\,\text{kJ/kg}$

④ 급수펌프에서 포화수를 압축하는 데 받은 일 $w_P[\text{kJ/kg}]$

$w_P = h_1 - h_4 = 142.72 - 137.7 = 5.02\,\text{kJ/kg}$

⑤ 랭킨 사이클의 열효율 η_R

$$\eta_R = \frac{(h_2 - h_3) - (h_1 - h_4)}{h_2 - h_1} = \frac{1307.77 - 5.02}{3292.28} = 0.3957 = 39.57\,\%$$

만약 $h_1 = h_4$라면, 즉 펌프일을 무시하면

$$\eta_R = \frac{h_2 - h_3}{h_2 - h_4} = \frac{1307.77}{3435 - 137.7} = 39.66\,\%$$

정답 ① $q_1 = 3292.28\,\text{kJ/kg}$

② $w_T = 1307.77\,\text{kJ/kg}$

③ $q_2 = 1989.53\,\text{kJ/kg}$

④ $w_P = 5.02\,\text{kJ/kg}$

⑤ $\eta_R = 39.57\,\%$

2. 재열 사이클

랭킨 사이클의 열효율은 초압(터빈 입구 압력) 및 초온(터빈 입구 온도)이 높을수록, 배압(背壓 ; 복수기 입구 압력)이 낮을수록 높아지나, 원동기 재료의 열팽창과 관련하여 초온에는 최고 한도(대개 650℃)가 있고, 또 배압은 복수기의 냉각수 온도에 제한을 받기 때문에, 결국 랭킨 사이클에서 열효율을 높이는 방법은 초압을 높이는 이외에는 방법이 없다. 그러나 초압을 높게 하면 팽창 도중에 빨리 습증기가 되고, 이 습도의 증가는 터빈 효율을 저하시킬 뿐만 아니라 터빈 날개를 부식시키는 원인이 된다.

따라서, 증기의 초압을 높이면서 팽창 후의 증기의 건도가 내려가지 않도록 팽창 도중의 증기를 터빈으로부터 뽑아내어 재열기(再熱器 ; reheater)에서 다시 가열하여 과열도를 높인 다음 터빈으로 다시 보내 팽창을 지속할 수 있도록 하여 사이클의 이론적 열효율을 증가시키고, 습도에 의한 날개의 부식도 막을 수 있는 사이클을 **재열 사이클** (再熱 사이클 ; reheating cycle)이라고 한다.

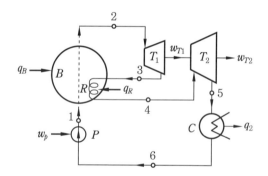

[그림 6-3] 재열 사이클의 설비 구성도

재열 사이클의 증기원동기 설비는 [그림 6-3]과 같이 보일러(B), 고압터빈(T_1), 재열기(R), 저압터빈(T_2), 복수기(C), 급수펌프(P)로 구성되어 있다.

다음은 랭킨 사이클의 작동 과정을 설명한 것이다.

① (1~2) : 급수펌프에 의하여 압축된 물 1을 보일러에서 정압가열하여 과열증기 2가 된다.

② (2~3) : 과열증기 2는 고압터빈에 들어가서 단열팽창하면서 일을 하고, 온도가 내려간 증기 3을 뽑아내어 재열기로 보낸다.

③ (3~4) : 재열기에서 다시 정압가열된 증기 3은 과열증기 4가 되어 저압터빈으로 보내진다.

④ (4~5) : 저압터빈에 들어간 과열증기 4는 단열팽창하면서 일을 하고 습증기 5가 된다.

⑤ (5~6) : 습증기 5는 복수기에 유도되어 정압하에서 냉각수에 의하여 냉각되어 증
　기열을 잃고 포화수(물) 6이 된다.

⑥ (6~1) : 복수기에서 나온 포화수 6을 급수펌프에서 단열압축하여 보일러에 압축
　된 물 1을 보낸다.

　이상의 변화를 $p-v$ 선도, $T-s$ 선도, $h-s$ 선도상에 표시하면 [그림 6-4]와 같다.

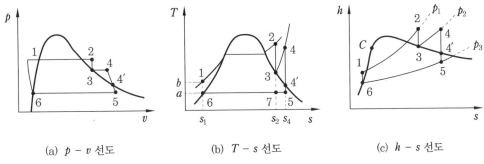

　　　(a) $p-v$ 선도　　　　(b) $T-s$ 선도　　　　(c) $h-s$ 선도

[그림 6-4]　재열 사이클의 $p-v$, $T-s$, $h-s$ 선도

　동작유체 1 kg에 대한 재열 사이클에서의 이동열량, 공업일, 열효율은 다음과 같다.

(1) 보일러에서 가해진 열량 : q_B [kJ/kg]

　정압$(dp=0)$ 가열이므로 $\delta q = dh - vdp = dh$ 에서

$$q_B = dh = h_2 - h_1$$

(2) 고압터빈에서 외부로 행한 일 : w_{T_1} [kJ/kg]

　단열$(\delta q = 0)$ 팽창이므로 $\delta q = dh - vdp = 0$ 에서
$$w_{T_1} = -vdp = -dh = -(h_3 - h_2) = h_2 - h_3$$

(3) 재열기에서 가해진 열량 : q_R [kJ/kg]

　정압$(dp=0)$ 가열이므로

$$q_R = dh = h_4 - h_3$$

(4) 저압터빈에서 외부로 행한 일 : w_{T_2} [kJ/kg]

　단열$(\delta q = 0)$ 팽창이므로

$$w_{T_1} = -vdp = -dh = -(h_5 - h_4) = h_4 - h_5$$

(5) 복수기에서 방출한 열량 : q_2 [kJ/kg]

정압$(dp = 0)$ 방열이므로 $-\delta q = dh - vdp = dh$에서 $\delta q = -dh$

$$q_2 = -(h_6 - h_5) = h_5 - h_6$$

(6) 급수펌프에서 포화수를 압축하는 데 받은 일 : w_P [kJ/kg]

단열$(\delta q = 0)$ 압축이므로 $\delta q = dh - (-vdp) = 0$에서

$$w_P = -vdp = dh = h_1 - h_6$$

(7) 재열 사이클의 열효율 : η_{Reh}

유효일을 w라 하면

$$w = w_{T_1} + w_{T_2} - w_P = (h_2 - h_3) + (h_4 - h_5) - (h_1 - h_6)$$

가 되고, 총 공급열량을 q_1라 하면

$$q_1 = q_B + q_R = (h_2 - h_1) + (h_4 - h_3)$$

이므로

$$\eta_{\mathrm{Reh}} = \frac{q_1 - q_2}{q_1} = \frac{w}{q_1} = \frac{(h_2 - h_3) + (h_4 - h_5) - (h_1 - h_6)}{(h_2 - h_1) + (h_4 - h_3)} \quad \cdots\cdots (6-3)$$

만약 $h_1 = h_6$, 즉 펌프일을 무시하면

$$\eta_{\mathrm{Reh}} = \frac{(h_2 - h_3) + (h_4 - h_5)}{(h_2 - h_6) + (h_4 - h_3)} \quad \cdots\cdots (6-4)$$

Q 예제 6-2

초온 520℃, 초압이 10 MPa인 과열증기를 고압터빈에서 2 MPa까지 단열팽창시킨 후 재열기를 통과시켜 재열시킨 증기를 저압터빈에서 5 kPa까지 단열팽창시키면서 작동하는 재열 사이클이 있다. 이 사이클에 대한 각 점의 엔탈피를 $h-s$ 선도에 나타내면 그림과 같을 때 다음을 구하여라.

① 재열 사이클의 열효율 η_{Reh}[%]

② 재열하지 않는 경우(랭킨 사이클)와 비교했을 때의 열효율 개선율(%)

③ 카르노 사이클로 작동시의 열효율 η_C[%]

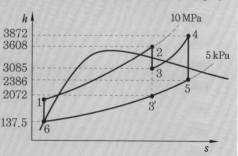

해설 ① $\eta_{\mathrm{Reh}}[\%] = \dfrac{(h_2 - h_3) + (h_4 - h_5)}{(h_2 - h_6) + (h_4 - h_3)} = \dfrac{(3608 - 3085) + (3872 - 2386)}{(3608 - 137.5) + (3872 - 3085)}$

$$= 0.472 = 47.2\,\%$$

② 열효율 개선율(%) : 랭킨 사이클인 경우의 열효율 η_R은

$$\eta_R = \frac{h_2 - h_3'}{h_2 - h_6} = \frac{(3608 - 2072)}{(3608 - 137.5)} = 0.443 = 44.3\,\%$$

∴ 열효율 개선율 $= \dfrac{\eta_{Reh} - \eta_R}{\eta_R} \times 100 = \dfrac{0.472 - 0.443}{0.443} = 0.0655 = 6.55\,\%$

③ $\eta_C\,[\%]$: $\eta_C = 1 - \dfrac{T_\mathrm{II}}{T_\mathrm{I}}$ 이므로 먼저 고열원의 온도 T_I을 증기표(10 MPa일 때)에서 구

하면

$$T_\mathrm{I} = 311 + 273 = 584\,\mathrm{K}$$

저열원의 온도 T_II를 증기표(5 kPa일 때)에서 구하면

$$T_\mathrm{II} = 32.87 + 273 = 305.87\,\mathrm{K}$$

∴ $\eta_C = 1 - \dfrac{T_\mathrm{II}}{T_\mathrm{I}} = 1 - \dfrac{305.87}{584} = 0.476 = 47.6\,\%$

정답 ① $\eta_{\mathrm{Reh}} = 47.2\,\%$ ② 열효율 개선율 $= 6.55\,\%$ ③ $\eta_C = 47.6\,\%$

3. 재생 사이클

랭킨 사이클에서는 보일러에 가해지는 열량 q_1에 비하여 비교적 큰 비율의 열량 q_2를 복수기를 통하여 사이클 밖으로 보낸다. 따라서 이 열 손실을 줄이기 위하여 팽창도중의 증기를 터빈에서 추기(抽氣)하여, [그림 6-5]의 FH로 표시된 급수가열기(給水加熱器)로 보내 외부의 열원(熱源)에 의존하지 않고 복수기로부터 보일러에 들어가는 저온의 급수를 가열하여 온도가 높아진 급수를 보일러에 공급한다. 이 때 터빈에서 증기추기(蒸氣抽氣)로 인하여 감소되는 일량은 얼마 안 되며 복수기에 버리는 열량이 작아져 열효율이 상승된다. 이와 같이 열효율을 개선하기 위하여 팽창도중의 증기를 터빈에서 추기하여 급수를 가열하는 사이클을 **재생 사이클**(再生 사이클 ; regenerative cycle)이라고 한다.

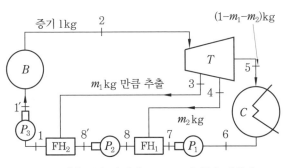

FH$_1$: 저온 급수 가열기　FH$_2$: 고온 급수 가열기

[그림 6-5] 재생 사이클의 설비 구성도

재생 사이클의 추기 단수(段數)는 보통 1~4 단으로 하며, [그림 6−5]는 2단 추기를 하는 원동기의 재생 사이클 구성도이다. 그림에서 보일러로부터 터빈에 공급되는 증기의 전체량을 1 kg라고 하자. 먼저 제 1추기점 3에서 m_1[kg]만큼 추기하면 터빈에는 $(1-m_1)$[kg]이 남아 계속 팽창하게 된다. 이 때 다시 제 2추기점 4에서 m_2[kg]만큼 추기하면, 최후의 $(1-m_1-m_2)$[kg]의 증기만 상태 5까지 팽창한 후 복수기 속에서 복수되어 상태 6이 된다.

다음에 제 1펌프에 의하여 저온 급수가열기($\mathrm{FH_1}$)에 보내지고 m_2[kg]과 혼합된다. 이 때 이 증기의 증기열로 상태 8까지 가열된다. 이와 같이 하여 $(1-m_1)$[kg]이 된 증기는 다시 제 2펌프에 의하여 고온 급수가열기($\mathrm{FH_2}$)에 보내져 m_1[kg]과 혼합되고 역시 이 증기의 증기열로 상태 1까지 가열되어 원래의 급수상태, 즉 물 1 kg이 된다. 이 급수는 제 3펌프에 의하여 보일러로 되돌아간다.

이상의 변화를 $T-s$ 선도, $h-s$ 선도상에 표시하면 [그림 6-6]과 같다.

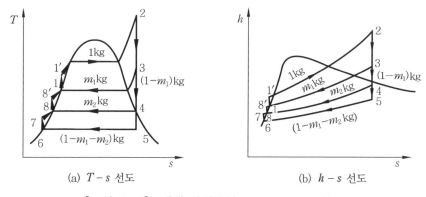

(a) $T-s$ 선도 (b) $h-s$ 선도

[그림 6−6] 재생 사이클의 $T-s$, $h-s$ 선도

동작유체 m[kg]에 대한 재생 사이클에서의 이동열량, 공업일, 열효율은 다음과 같다.

(1) 보일러에서 가해진 열량 : Q_1 [kJ]

$$Q_1 = m(h_2 - h_1')$$

(2) 터빈에서 외부로 행한 일 : W_T [kJ]

$$W_T = m(h_2 - h_3) + (m - m_1)(h_3 - h_4) + (m - m_1 - m_2)(h_4 - h_5)$$
$$= m(h_2 - h_5) - \{m_1(h_3 - h_5) + m_2(h_4 - h_5)\}$$

(3) 복수기에서 방출한 열량 : Q_2 [kJ]

$$Q_2 = (m - m_1 - m_2)(h_5 - h_6)$$

(4) 급수펌프에서 포화수를 압축하는 데 받은 일 : W_P[kJ]

$$W_P = m(h_1' - h_1) + (m - m_1)(h_8' - h_8) + (m - m_1 - m_2)(h_7 - h_6)$$

실제적으로는 $h_1' = h_1$, $h_8' = h_8$, $h_7 = h_6$이므로

$$W_P = 0$$

(5) 재생 사이클의 열효율 : η_{Reg}

유효일을 W라 하면

$$W = W_T + W_P = W_T = m(h_2 - h_5) - \{m_1(h_3 - h_5) + m_2(h_4 - h_5)\}$$

$$\eta_{\mathrm{Reg}} = \frac{Q_1 - Q_2}{Q_1} = \frac{W}{Q_1} = \frac{m(h_2 - h_5) - \{m_1(h_3 - h_5) + m_2(h_4 - h_5)\}}{m(h_2 - h_1)} \quad \cdots\cdots\cdots (6-5)$$

추기량 m_1과 m_2를 구하여 보자. 고온 급수가열기에 들어간 첫 번째 추기량 m_1[kg]의 증기열은 복수 $(m - m_1)$[kg]이 얻은 열량과 같으므로

$$m_1(h_3 - h_1) = (m - m_1)(h_1 - h_8)$$

$$\therefore m_1 = \frac{m(h_1 - h_8)}{h_3 - h_8} \, [\mathrm{kg}]$$

저온 급수가열기에 들어간 두 번째 추기량 m_2[kg]의 증기열은 복수$(m - m_1 - m_2)$[kg]이 얻은 열량과 같으므로

$$m_2(h_4 - h_8) = (m - m_1 - m_2)(h_8 - h_6)$$

$$\therefore m_2 = \frac{(m - m_1)(h_8 - h_6)}{h_4 - h_6} \, [\mathrm{kg}]$$

Q 예제 6-3

복수기의 진공도가 722 mmHg인 2단 추기 급수가열을 하는 재생 사이클이 있다. 터빈에 공급되는 과열증기의 질량이 1 kg, 온도가 550℃, 압력이 6.6 MPa이고, 이사이클에 대한 각 점의 엔탈피를 $h - s$ 선도에 나타내면 그림과 같을 때 다음을 구하여라. (단, 제1, 제2 추기점에서의 압력은 각각 1 MPa, 120 kPa이다.)

① 제1, 제2 추기점에서의 추기량 m_1, m_2

② 재생 사이클의 열효율 η_{Reg}

③ 랭킨 사이클의 열효율 η_R

④ 개선율

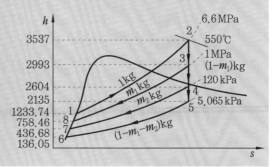

해설 복수기 압력이 $722\,\mathrm{mmHg}$(진공) 이므로

$$760 - 722 = 38\,\mathrm{mmHg}$$

$$760 : 101.3 = 38 : x$$

$$\therefore x = \frac{38}{760} \times 101.3 = 5.065\,\mathrm{kPa}$$

① 제1, 제2 추기점에서의 추기량 m_1, m_2

먼저 제1추기량 m_1을 구하면 $m_1(h_3 - h_8) = (m - m_1)(h_8 - h_7)$에서

$$m_1 = \frac{m(h_8 - h_7)}{h_3 - h_7} = \frac{1 \times (758.46 - 436.68)}{2993 - 436.68} = 0.126\,\mathrm{kg}$$

다음 제2추기량 m_2를 구하면 $m_2(h_4 - h_7) = (m - m_1 - m_2)(h_7 - h_6)$에서

$$m_2 = \frac{(m - m_1)(h_7 - h_6)}{h_4 - h_6} = \frac{(1 - 0.126)(436.68 - 136.05)}{2604 - 136.05} = 0.106\,\mathrm{kg}$$

② 재생 사이클의 열효율 η_{Reg}

$$\eta_{\mathrm{Reg}} = \frac{Q_1 - Q_2}{Q_1} = \frac{W}{Q_1} = \frac{m(h_2 - h_5) - \{m_1(h_3 - h_5) + m_2(h_4 - h_5)\}}{m(h_2 - h_1)}$$

$$= \frac{1 \times (3537 - 2135) - \{0.126 \times (2993 - 2135) + 0.106 \times (2604 - 2135)\}}{1 \times (3537 - 1233.74)}$$

$$= 0.54 = 54\,\%$$

③ 랭킨 사이클의 열효율 $\eta_R = \dfrac{h_2 - h_5}{h_2 - h_6} = \dfrac{3537 - 2135}{3537 - 136.05} = 0.412 = 41.2\,\%$

④ 개선율 $= \dfrac{\eta_{\mathrm{Reg}} - \eta_R}{\eta_R} \times 100 = \dfrac{0.54 - 0.412}{0.412} \times 100 = 31.1\,\%$

정답 ① $m_1 = 0.126\,\mathrm{kg}$ ② $m_2 = 0.106\,\mathrm{kg}$ ③ $\eta_{\mathrm{Reg}} = 54\,\%$ ④ $\eta_R = 41.2\,\%$ ⑤ 개선율 $= 31.1\,\%$

4. 재열-재생 사이클

재열 사이클은 재열 후의 증기온도를 높여 열효율을 좋게 하고 팽창 후의 건도를 높이려 하는 것이고, 재생 사이클은 배기가 갖는 열량을 될 수 있는 대로 복수기에 버리지 않고 급수의 가열로 재생시켜 열효율을 개선하려는 것으로 이 양자를 조합하여 전체적인 사이클의 효율을 한층 더 증대시키도록 한 것이 **재열-재생 사이클**(reheating and regenerative cycle)이다.

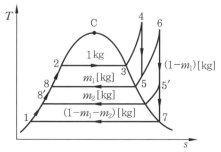

[그림 6-7] 재열-재생 사이클의 $T - s$ 선도

[그림 6 – 7]은 1단 재열 2단 추기의 재열 – 재생 사이클의 $T-s$ 선도이고, 이에 대한 이동열량, 공업일, 열효율은 다음과 같다.

(1) 보일러에서 가해진 열량 : q_1 [kJ/kg]

$$q_1 = (h_4 - h_8) + (1 - m_1)(h_6 - h_5)$$

(2) 터빈에서 외부로 행한 일 : w_T [kJ/kg]

$$w_T = (h_4 - h_5) + (1 - m_1)(h_6 - h_5') + (1 - m_1 - m_2)(h_5' - h_7)$$
$$= (h_4 - h_5) + (h_6 - h_7) - \{m_1(h_6 - h_7) + m_2(h_5' - h_7)\}$$

(3) 열효율 : η_{hg}

펌프일을 무시하면

$$\eta_{hg} = \frac{w_T}{q_1} = \frac{(h_4 - h_5) + (h_6 - h_7) - m_1(h_6 - h_7) - m_2(h_5' - h_7)}{(h_4 - h_8) + (1 - m_1)(h_6 - h_5)} \quad \cdots\cdots\cdots\cdots (6-6)$$

Q 예제 ▶ 6-4

5 MPa, 450℃의 증기를 복수압력 4 kPa까지 팽창시키는 증기원동기가 1단 재열, 1단 재생 사이클로 작동된다. 재열은 포화증기가 되는 압력까지 팽창한 후 최초 온도까지 실시하며 재생압력은 120 kPa이다. 펌프일을 무시하고, 다음을 구하여라.

① 열효율 η_{hg}

② 재열, 재생이 없는 랭킨 사이클과 비교했을 때의 열효율 개선율

단, 각 상태점에서의 $T-s$ 선도와 $h-s$ 선도는 다음과 같다.

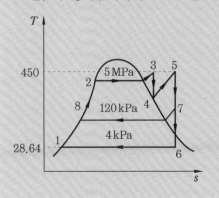
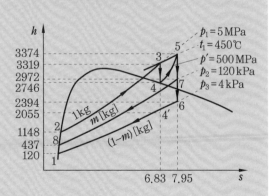

해설 h_3 : $p_1 = 5\,\mathrm{MPa}$과 $t_1 = 450\,℃$ 와의 교점 $h_3 = 3319\,\mathrm{kJ/kg}$

h_4 : 점 3에서의 수선과 포화증기선과의 교점 $h_4 = 2746\,\mathrm{kJ/kg}$

h_5 : 4점을 지나는 등압선(500 kPa)과 $t_1 = 450℃$ 와의 교점 $h_5 = 3374\,\mathrm{kJ/kg}$

h_6 : 5점의 수선(단열, 즉 s 일정)과 $p_3 = 4\,\mathrm{kPa}$의 등압선과의 교점 $h_6 = 3394\,\mathrm{kJ/kg}$

h_7 : 5~6 과정 중에서, 즉 500 kPa과 4 kPa 사이에서 120 kPa 점 $h_7 = 2972\,\mathrm{kJ/kg}$

h_1 : 4 kPa에서의 포화수의 엔탈피 $h' = 120\,\mathrm{kJ/kg} = h_1$

h_8 : $p_2 = 120\,\mathrm{kPa}$에서의 포화수의 엔탈피 $h' = 437\,\mathrm{kJ/kg} = h_8$

h_2 : $p_1 = 5\,\mathrm{MPa}$에서의 포화수의 엔탈피 $h' = 1148\,\mathrm{kJ/kg} = h_2$

① 열효율 η_{hg} : 먼저 추기량 m을 구하면

$$m\,(h_7 - h_8) = (1 - m)\,(h_8 - h_1)$$

$$\therefore m = \frac{h_8 - h_1}{h_7 - h_1} = \frac{437 - 120}{2972 - 120} = 0.111\,\mathrm{kg}$$

따라서, 열효율 η_{hg}는

$$\eta_{hg} = \frac{(h_3 - h_4) + (h_5 - h_7) + (1 - m)\,(h_7 - h_6)}{(h_3 - h_8) + (h_5 - h_4)}$$

$$= \frac{(3319 - 2746) + (3374 - 2972) + (1 - 0.11)\,(2972 - 2394)}{(3319 - 437) + (3374 - 2746)}$$

$$= 0.426 = 42.6\,\%$$

② 재열 – 재생이 없는 랭킨 사이클과 비교했을 때의 열효율 개선율

먼저 랭킨 사이클의 열효율 η_R을 구하면

$$\eta_R = \frac{h_3 - h_4{}'}{h_3 - h_1} = \frac{3319 - 2055}{3319 - 120} = 0.395 = 39.5\,\%$$

따라서, 열효율 개선율은

$$\frac{\eta_{hg} - \eta_R}{\eta_R} = \frac{0.426 - 0.395}{0.395} \times 100 = 0.078 = 7.8\,\%$$

정답 ① $\eta_{hg} = 42.6\,\%$

② $\eta_R = 39.5\,\%$, 개선율$= 7.8\,\%$

5. 2 유체 사이클

　물을 동작유체로 하는 증기 사이클에서 사이클의 효율을 높이기 위하여 증기의 온도를 올리면 포화압력이 현저히 높아짐에 따라 사용기기(機器)의 설계제작 및 운전에 문제가 있어 비록 재열 – 재생 사이클을 사용하여도 열효율에는 한계가 있다. 따라서, 이

런 문제점을 해결하기 위하여 고온에서 포화압력이 낮은 다른 동작유체를 물과 병용하여 사용하는 경우가 있는데 이러한 사이클을 **2유체 사이클**(Binary cycle)이라고 한다. 이 사이클에는 수은과 물의 조합 외에 냉매와 물의 조합방법이 있다.

[그림 6-8]은 수은과 물을 조합한 사이클의 설비 구성도와 $T-s$ 선도이다. 즉, 고온부에서는 수은을 사용하고 저온부에서는 수증기를 사용하여, 먼저 수은 사이클에서 팽창일을 얻은 후 수은의 증발열로 수증기를 증발시켜, 또 다른 팽창일을 얻어 열효율을 증가시키는 것이다. $T-s$ 선도에서 수은 증기의 사이클은 ABCDA, 수증기의 사이클은 abefda로서 표시되어 있다.

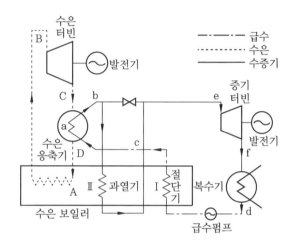

(a) 설비 구성도

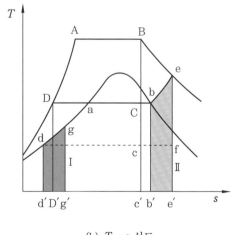

(b) $T-s$ 선도

[그림 6-8] 2유체 사이클의 설비 구성도 및 $T-s$ 선도

연·습·문·제

1. 효율이 30 %인 증기동력 사이클에서 1 kW의 출력을 얻기 위하여 공급되어야 할 열량은 몇 kW인가?

2. 기본 랭킨 사이클의 터빈 출구 엔탈피 h_{te} = 1200 kJ/kg, 복수기(응축기) 방열량 q_L = 1000 kJ/kg, 펌프 출구 엔탈피 h_{pe} = 210 kJ/kg, 보일러 가열량 q_H = 1210 kJ/kg이다. 이 사이클의 출력일은 몇 kJ/kg인가?

3. 랭킨 사이클에서 25℃, 0.01 MPa 압력의 물 1 kg을 5 MPa 압력의 보일러로 공급한다. 이때 펌프가 가역단열과정으로 작용한다고 가정할 경우 펌프가 한 일은 몇 kJ/kg인가? (단, 물의 비체적은 0.001 m³/kg이다.)

4. 그림과 같이 온도(T)-엔트로피(s)로 표시된 이상적인 랭킨 사이클에서 각 상태의 엔탈피(h)가 다음과 같다면, 이 사이클의 효율은 몇 %인가? (단, h_1 = 30 kJ/kg, h_2 = 31 kJ/kg, h_3 = 274 kJ/kg, h_4 = 668 kJ/kg, h_5 = 764 kJ/kg, h_6 = 478 kJ/kg이다.)

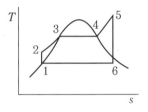

5. 그림과 같은 이상적인 랭킨 사이클에서 각각의 엔탈피는 h_1 = 168 kJ/kg, h_2 = 173 kJ/kg, h_3 = 3195 kJ/kg, h_4 = 2071 kJ/kg일 때, 이 사이클의 열효율은 몇 %인가?

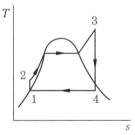

6. 그림과 같은 랭킨 사이클의 열효율은 몇 %인가? (단, h_1 = 191.8 kJ/kg, h_2 = 193.8 kJ/kg, h_3 = 2799.5 kJ/kg, h_4 = 2007.5 kJ/kg이다.)

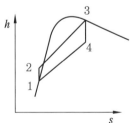

7. 증기터빈으로 질량 유량 1 kg/s, 엔탈피 h_1 = 3500 kJ/kg의 수증기가 들어온다. 중간 단에서 h_2 = 3100 kJ/kg의 수증기가 추출되며 나머지는 계속 팽창하여 h_3 = 2500 kJ/kg 상태로 출구에서 나온다면, 중간 단에서 추출되는 수증기의 질량 유량은 몇 kg/s인가? (단, 열손실은 없으며, 위치에너지 및 운동에너지의 변화가 없고, 총 터빈 출력은 900 kW이다.)

제7장 가스동력 사이클

열기관 중에서 연소가스가 동작유체로 이용되는 것을 **내연기관**(內燃機關)이라 하고, 동작유체가 보일러, 기타의 열교환기를 통해서 열을 공급받는 경우를 **외연기관**(外燃機關)이라 한다.

내연기관의 동작물질은 연소 전에는 공기와 연료의 혼합기체이지만 연소 후에는 연소생성물(燃燒生成物), 즉 연소가스로 변한다. 이들은 복잡한 화학적 변화를 일으키지만, 여기서는 그 열역학적인 기본 특성을 파악하는 것이 목적이므로 동작물질을 이상기체로 취급하는 공기라 생각하고, 흡기와 배기과정이 없는 밀폐 사이클을 이루며 모든 과정을 가역과정으로 해석한다.

열기관 사이클 중에서 가장 효율이 좋은 것은 카르노 사이클이지만 실제 제작이 불가능하다. 실제로 사용되는 열기관 사이클의 효율은 모두 카르노 사이클보다 낮으며, 카르노 사이클은 이상 사이클로서 단지 열기관 사이클의 비교에 사용될 뿐이다.

가스 사이클 중에서 가장 중요한 것은 내연기관 사이클이며, 이밖에도 가스터빈 사이클, 공기압축기 사이클 등이 있다.

1. 내연기관 사이클

내연기관의 기본 사이클에는 **오토 사이클**(Otto cycle), **디젤 사이클**(Diesel cycle), **사바테 사이클**(Sabathe cycle) 의 3가지가 있다.

1-1 ◦ 오토 사이클 (Otto cycle)

오토 사이클은 가솔린기관, 즉 전기 점화기관의 기본 사이클로서 동작유체에 대한 열의 출입이 정적하에서 이루어지므로 정적 사이클이라고도 하며, 2개의 정적과정과 2개의 단열과정으로 구성된 고속 가솔린기관의 기본 사이클이다.

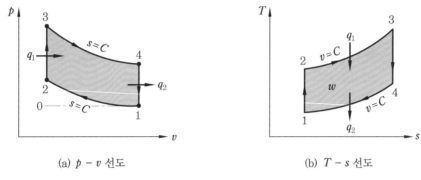

(a) $p-v$ 선도　　　　　　(b) $T-s$ 선도

[그림 7-1] 오토 사이클의 $p-v,\ T-s$ 선도

[그림 7-1(a)]에서 동작유체의 동작 과정을 설명하면, 먼저 연료와 공기의 혼합기(混合氣)를 $0 \to 1$에 따라 실린더 속에 흡입한다. 다음에 흡입된 혼합기가 단열적으로 $1 \to 2$에 따라 압축된다. 압축이 끝날 무렵에 혼합기가 점화되어 폭발을 일으켜 $2 \to 3$처럼 압력이 급상승하여 곧이어 단열팽창 $3 \to 4$를 한 다음, 변화 $4 \to 1 \to 0$에 따라 배출된다.

이것은 1사이클 하는데 피스톤이 2왕복(4행정)을 하는 4사이클 기관의 사이클인데 피스톤이 1왕복(2행정)하는 사이에 1사이클을 하는 2사이클 기관도 있으며, 이 사이클에서는 $0 \to 1$ 및 $1 \to 0$이 없고, 배기(排氣)는 상태 4의 조금 앞에서 시작하며, 곧이어 흡입이 일어나서 상태 1을 지난 조금 후에 끝난다.

이상의 동작과정을 요약하면 다음과 같다.

$0 \to 1$: 흡입(혼합기) 　　　　$1 \to 2$: 단열압축(혼합기)

$2 \to 3$: 정적가열(폭발연소) 　　$3 \to 4$: 단열팽창(연소가스)

$4 \to 1$: 정적방열(연소가스) 　　$1 \to 0$: 배기(연소가스)

실제 사이클에서는 이와 같이 개방 사이클이지만 이것을 밀폐 사이클로 생각하여 실린더 내에서는 항상 일정량의 이상기체가 들어 있고, 1에서 2까지 단열압축된 후 2에서 3까지는 정적하에서 외부에서 열량 q_1을 받아 3에서 4까지 단열팽창하고, 4에서 1까지 정적하에 열량 q_2를 외부에 버린다고 생각하여도 선도상(線圖上)의 사이클은 같은 모양으로 되어 1사이클당 발생하는 일이나 이론 열효율값은 변하지 않는다. 그리하여 열역학에서는 이론 사이클을 밀폐 사이클로 생각하고 여러 가지를 계산하는 것이 보통이다.

오토 사이클에서 동작유체 1 kg에 대한 각 과정에서의 이동열량, 유효일 및 열효율을 구하면 다음과 같다.

(1) 공급열량 q_1 [kJ/kg]

과정 $2 \to 3$은 정적과정이므로 $dv = 0$, 따라서, 열역학 제1법칙의 식으로부터

$$q_1 = C_v(T_3 - T_2)$$

(2) 방출열량 q_2 [kJ/kg]

과정 $4 \to 1$은 정적방열이므로 $-\delta q = C_v dT + p dv$에서

$$q_2 = -C_v(T_1 - T_4)$$

(3) 유효일 w [kJ/kg]

$$Aw = q_1 - q_2$$

(4) 이론 열효율 η_o

$$\eta_o = 1 - \frac{q_2}{q_1} = \frac{w}{q_1} = 1 - \frac{T_4 - T_1}{T_3 - T_2} \quad \cdots\cdots\cdots \text{(A)}$$

$1 \to 2,\ 3 \to 4$는 단열과정이므로

$$\frac{T_2}{T_1} = \left(\frac{v_1}{v_2}\right)^{k-1} = \left(\frac{p_2}{p_1}\right)^{\frac{k-1}{k}}, \quad \frac{T_3}{T_4} = \left(\frac{v_4}{v_3}\right)^{k-1} = \left(\frac{p_3}{p_4}\right)^{\frac{k-1}{k}}$$

$2 \to 3,\ 4 \to 1$은 정적과정이므로 $v_2 = v_3,\ v_4 = v_1$

$$\therefore\ T_2 = T_1\left(\frac{v_1}{v_2}\right)^{k-1} = T_1 \varepsilon^{k-1}, \quad T_3 = T_4\left(\frac{v_1}{v_2}\right)^{k-1} = T_4 \varepsilon^{k-1}$$

여기서, $\dfrac{v_1}{v_2} = \varepsilon$을 **압축비**(compression)라고 한다. 따라서, 식 (A)에서

$$\frac{T_4 - T_1}{T_3 - T_2} = \frac{T_4 - T_1}{\left(\dfrac{v_1}{v_2}\right)^{k-1}(T_4 - T_1)} = \left(\frac{1}{\varepsilon}\right)^{k-1}$$

이므로 이론 열효율 η_o를 다시 쓰면

$$\eta_o = 1 - \frac{q_2}{q_1} = \frac{w}{q_1} = 1 - \frac{T_4 - T_1}{T_3 - T_2} = 1 - \left(\frac{1}{\varepsilon}\right)^{k-1} \quad \cdots\cdots\cdots \text{(7-1)}$$

앞의 식에서 알 수 있는 바와 같이 오토 사이클의 열효율은 공급열량에는 관계없고, 단지 비열비 k와 압축비 ε만의 함수이며, 이들이 크면 클수록 그 효율은 좋아진다. 그러나 실제의 오토 사이클 기관에서는 압축비가 클 경우에는 노킹(knocking)이라는 현상이 생기고 기관에 무리가 생기므로 압축비에는 한도가 있다. 따라서, 가솔린기관에서는 일반적으로 압축비 $\varepsilon = 5 \sim 10$ 정도로 한다. 또, $v_1 - v_2$를 **행정체적**(stroke volume), v_2를 **통극체적**(clearance volume)이라고 한다.

(5) 평균 유효압력 p_m [Pa]

1사이클 동안에 한 유효일을 행정체적으로 나눈 값을 **평균 유효압력**(mean effective pressure)이라고 한다.

즉,

$$p_m = \frac{w}{v_1 - v_2} = \frac{\eta_o q_1}{(v_1 - v_2)} = \frac{\eta_o q_1}{v_1 \left(1 - \dfrac{1}{\varepsilon}\right)}$$

여기서, $\eta_o = 1 - \left(\dfrac{1}{\varepsilon}\right)^{k-1}$, $v_1 = \dfrac{RT_1}{p_1}$ 이므로 위 식을 다시 쓰면

$$p_m = \frac{\eta_O q_1}{v_1 \left(1 - \dfrac{1}{\varepsilon}\right)} = \frac{p_1 q_1}{R T_1} \cdot \frac{\varepsilon}{\varepsilon - 1} \left\{ 1 - \left(\frac{1}{\varepsilon}\right)^{k-1} \right\}$$

또한, $\dfrac{p_3}{p_2} = \dfrac{T_3}{T_2} = \alpha$로 놓으면

$$p_m = \frac{C_v(T_3 - T_2 - T_4 + T_1)}{v_1 \left(1 - \dfrac{1}{\varepsilon}\right)} = \frac{p_1(\alpha - 1)(\varepsilon^k - \varepsilon)}{(k-1)(\varepsilon - 1)}$$

로 표시된다.

여기서, α를 **압력비**(pressure ratio)라고 부른다.

Q 예제 7-1

최저압력 100 kPa, 최저온도 27℃, 최고온도 2300℃, 간극비 20 %인 오토 사이클기관이 공기 1 kg로 작동되고 있다. 다음을 구하여라. (단, $k = 1.4$이고, 기체상수 $R = 0.287$ kJ/kg · K이다.)

① 압축비 ε

② 단열압축 전후의 비체적 v_1, $v_2 [\text{m}^3/\text{kg}]$

③ 단열압축 후의 온도 $T_2 [\text{K}]$, 압력 $p_2 [\text{MPa}]$

④ 사이클 최고압력 $p_3 [\text{MPa}]$

⑤ 단열팽창 후의 온도 $T_4 [\text{K}]$

⑥ 공급열량 $q_1 [\text{kJ/kg}]$

⑦ 방출열량 $q_2 [\text{kJ/kg}]$

⑧ 열효율 $\eta_o [\%]$

⑨ 압력비 α

⑩ 평균 유효압력 $p_m [\text{MPa}]$

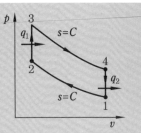

해설 ① 압축비 $\varepsilon = \dfrac{v_1}{v_2} = \dfrac{1 + \text{간극비}}{\text{간극비}} = \dfrac{1 + 0.2}{0.2} = 6$

② 단열압축 전후의 비체적 v_1, $v_2 [\text{m}^3/\text{kg}]$

$$v_1 = \frac{RT_1}{p_1} = \frac{0.287 \times (273 + 27)}{100} = 0.861 \text{ m}^3/\text{kg}$$

$$v_2 = \frac{v_1}{\varepsilon} = \frac{0.861}{6} = 0.144 \text{ m}^3/\text{kg}$$

③ 단열압축 후의 온도 $T_2 [\text{K}]$, 압력 $p_2 [\text{MPa}]$

$$\frac{T_2}{T_1} = \left(\frac{v_1}{v_2}\right)^{k-1} = \left(\frac{p_2}{p_1}\right)^{\frac{k-1}{k}} \text{ 에서}$$

$$T_2 = T_1 \left(\frac{v_1}{v_2}\right)^{k-1} = (273 + 27) \times \left(\frac{0.861}{0.144}\right)^{1.4-1} = 613.45 \text{ K}$$

$$p_2 = p_1 \left(\frac{v_1}{v_2}\right)^{k} = 100 \times \left(\frac{0.861}{0.144}\right)^{1.4} = 1.22 \times 10^3 \text{ kPa} = 1.22 \text{ MPa}$$

④ 사이클 최고압력 $p_3 [\text{MPa}]$

$$p_3 = p_2 \left(\frac{T_3}{T_2}\right) = 1.22 \times \left(\frac{273 + 2300}{613.45}\right) = 5.12 \text{ MPa}$$

⑤ 단열팽창 후의 온도 $T_4 [\text{K}]$

$$\frac{T_3}{T_4} = \left(\frac{v_4}{v_3}\right)^{k-1} = \left(\frac{v_1}{v_2}\right)^{k-1} \text{ 에서}$$

$$T_4 = \frac{T_3}{\left(\dfrac{v_1}{v_2}\right)^{k-1}} = \frac{273 + 2300}{\left(\dfrac{0.861}{0.144}\right)^{1.4-1}} = 1258.3 \text{ K}$$

⑥ 공급열량 $q_1 [\text{kJ/kg}]$

$$q_1 = C_v (T_3 - T_2) = \frac{R}{k-1}(T_3 - T_2) = \frac{0.287}{1.4 - 1} \times (2573 - 613.45)$$

$$= 1405.98 \text{ kJ/kg}$$

⑦ 방출열량 $q_2[\text{kJ/kg}]$

$$q_2 = -C_v(T_1 - T_4) = \frac{R}{k-1}(T_4 - T_1) = \frac{0.287}{1.4-1} \times (1258.3 - 300)$$

$$= 687.58 \text{ kJ/kg}$$

⑧ 열효율 $\eta_o[\%]$

$$\eta_O = 1 - \left(\frac{1}{\varepsilon}\right)^{k-1} = 1 - \left(\frac{1}{6}\right)^{1.4-1} = 0.512 = 51.2\%$$

⑨ 압력비 $\alpha = \frac{p_3}{p_2} = \frac{5.12}{1.22} = 4.2$

⑩ 평균 유효압력 $p_m[\text{MPa}]$

$$p_m = p_1 \frac{(\alpha-1)(\varepsilon^k - \varepsilon)}{(k-1)(\varepsilon-1)} = 100 \times \frac{4.2-1}{1.4-1} \times \frac{6^{1.4}-6}{6-1} = 1.006 \times 10^3 \text{ kPa}$$

$$= 1.006 \text{ MPa}$$

정답 ① $\varepsilon = 6$ ② $v_1 = 0.861 \text{ m}^3/\text{kg}, \ v_2 = 0.144 \text{ m}^3/\text{kg}$

③ $T_2 = 613.45 \text{ K}, \ p_2 = 1.22 \text{ MPa}$ ④ $p_3 = 5.12 \text{ MPa}$

⑤ $T_4 = 1258.3 \text{ K}$ ⑥ $q_1 = 1405.98 \text{ kJ/kg}$

⑦ $q_2 = 687.58 \text{ kJ/kg}$ ⑧ $\eta_o = 51.2\%$

⑨ $\alpha = 4.2$ ⑩ $p_m = 1.006 \text{ MPa}$

1-2 ◦ 디젤 사이클(Diesel cycle)

디젤 사이클은 [그림 7-2]와 같이 2개의 단열과정과 1개의 정압변화 및 정적변화로 이루어진 저속 디젤기관의 기본 사이클이다.

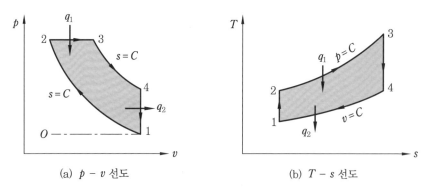

(a) $p-v$ 선도 (b) $T-s$ 선도

[그림 7-2] 디젤 사이클의 $p-v$, $T-s$ 선도

    디젤기관은 가솔린기관과는 다르게 처음에 공기만을 실린더 속에 흡입한다. 그리고 이것을 높은 압력으로 단열압축하면 이 압축공기의 온도는 600℃ 정도로 된다. 여기에 연료(중유 또는 경유)를 분사시키면 공기의 고온에 의하여 자연적으로 착화(着火)하여 연소된다. 이 때 연소가 정압하에서 이루어지므로 디젤 사이클을 정압 사이클(등압 사이클)이라고도 하며, 다음은 이 사이클의 동작과정을 요약한 것이다.

$0 \rightarrow 1$: 흡입(공기) $1 \rightarrow 2$: 단열압축(공기)

$2 \rightarrow 3$: 정적가열(연료 분사 연소) $3 \rightarrow 4$: 단열팽창(연소가스)

$4 \rightarrow 1$: 정적방열(연소가스) $1 \rightarrow 0$: 배기(연소가스)

    디젤 사이클에서 동작유체 $1\,\mathrm{kg}$에 대한 각 과정에서의 이동열량, 유효일 및 열효율을 구하면 다음과 같다.

(1) 공급열량 q_1[kJ/kg]

  과정 $2 \rightarrow 3$은 정압과정이므로 $dp = 0$, 따라서 열역학 제1법칙의 식으로부터

$$q_1 = C_p(T_3 - T_2)$$

(2) 방출열량 q_2[kJ/kg]

  과정 $4 \rightarrow 1$은 정적방열이므로 $-\delta q = C_v dT + pdv$에서

$$q_2 = - C_v(T_1 - T_4)$$

(3) 유효일 w[kJ/kg]

$$w = q_1 - q_2$$

(4) 이론 열효율 η_D

$$\eta_D = 1 - \frac{q_2}{q_1} = \frac{w}{q_1} = 1 - \frac{C_v(T_4 - T_1)}{C_p(T_3 - T_2)} = 1 - \frac{T_4 - T_1}{k(T_3 - T_2)} \quad \cdots\cdots\cdots\cdots\cdots\cdots\cdots (A)$$

  그런데 $1 \rightarrow 2$ 는 단열과정, $2 \rightarrow 3$은 정압과정이므로

$$\frac{T_2}{T_1} = \left(\frac{v_1}{v_2}\right)^{k-1}$$

$$\therefore \ T_2 = T_1 \, \varepsilon^{k-1}$$

$$p_2 = p_3, \quad \frac{v_2}{T_2} = \frac{v_3}{T_3}$$

$$\therefore T_3 = T_2 \frac{v_3}{v_2} = T_2 \sigma = \sigma \ T_1 \ \varepsilon^{k-1}$$

여기서 $\sigma = \dfrac{v_3}{v_2}$를 **분사단절비**(噴射斷切比 ; injection cut off ratio)라고 한다.

또, $3 \rightarrow 4$ 는 단열과정이므로

$$\frac{T_4}{T_3} = \left(\frac{v_3}{v_4}\right)^{k-1} = \left(\frac{v_3}{v_1}\right)^{k-1} = \left(\frac{v_3}{v_2} \cdot \frac{v_2}{v_1}\right)^{k-1} = \left(\sigma \cdot \frac{1}{\varepsilon}\right)^{k-1}$$

$$\therefore T_4 = T_3 \left(\sigma \cdot \frac{1}{\varepsilon}\right)^{k-1} = \sigma \ T_1 \ \varepsilon^{k-1} \left(\sigma \cdot \frac{1}{\varepsilon}\right)^{k-1} = T_1 \ \sigma^k$$

따라서, 식 (A)에서

$$\frac{T_4 - T_1}{T_3 - T_2} = \frac{T_1(\sigma^k - 1)}{T_1 \varepsilon^{k-1}(\sigma - 1)} = \frac{\sigma^k - 1}{\varepsilon^{k-1}(\sigma - 1)}$$

이므로 이론 열효율 η_D를 다시 쓰면

$$\eta_D = 1 - \frac{q_2}{q_1} = \frac{w}{q_1} = 1 - \frac{T_4 - T_1}{k(T_3 - T_2)} = 1 - \frac{1}{\varepsilon^{k-1}} \frac{\sigma^k - 1}{k(\sigma - 1)} \quad \cdots\cdots\cdots\cdots\cdots (7-2)$$

위 식에서 알 수 있듯이 디젤 사이클의 열효율은 압축비 ε의 값이 클수록 커진다. 만일 압축비 ε의 값이 오토 사이클과 디젤 사이클에서 같다고 가정하면 식 (7-1)로 주어지는 오토 사이클의 열효율이 높다. 그러나 디젤기관에서는 ε을 아무리 높여도(보통 16~20 정도) 노킹의 염려는 없으므로 열효율의 값은 디젤기관이 가솔린기관보다 훨씬 좋아 40 %를 넘는 것도 있다. 그러나 압축비를 너무 높이면 최대 압력이 너무 커져 기관의 구조 설계상 무리가 따른다.

(5) 평균 유효압력 p_m [Pa]

$$p_m = \frac{w}{v_1 - v_2} = \frac{\eta_D q_1}{(v_1 - v_2)}$$

$$= p_1 \frac{\varepsilon^k k(\sigma - 1) - \varepsilon(\sigma^k - 1)}{(k-1)(\varepsilon - 1)} = \frac{p_1 q_1}{RT_1} \cdot \frac{\varepsilon}{\varepsilon - 1} \eta_D$$

Q 예제 　**7-2**

비열비 $k = 1.4$인 공기를 동작유체로 사용하는 디젤 사이
클 기관에서 최고온도 3000 K, 최저온도 300 K, 최고압
력 4.5 MPa, 최저압력 0.15 MPa일 때 다음을 구하여라.
(단, 공기의 기체상수 $R = 0.287\ \mathrm{kJ/kg \cdot K}$이다.)

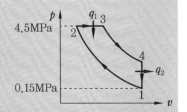

① 압축비 ε

② 단열압축 후의 온도 $T_2[\mathrm{K}]$, 압력 $p_2[\mathrm{MPa}]$

③ 정압가열 후의 비체적 $v_3[\mathrm{m^3/kg}]$

④ 분사단절비(체절비) σ　　　　　⑤ 단열팽창 후의 온도 $T_4[\mathrm{K}]$

⑥ 공급열량 $q_1[\mathrm{kJ/kg}]$　　　　　⑦ 방출열량 $q_2[\mathrm{kJ/kg}]$

⑧ 열효율 $\eta_D[\%]$　　　　　　　　　⑨ 평균 유효압력 $p_m[\mathrm{MPa}]$

해설 ① 압축비 ε

$$\frac{T_2}{T_1} = \left(\frac{v_1}{v_2}\right)^{k-1} = \left(\frac{p_2}{p_1}\right)^{\frac{k-1}{k}} \text{에서} \ \ \varepsilon = \frac{v_1}{v_2} = \left(\frac{p_2}{p_1}\right)^{\frac{1}{k}} = \left(\frac{4.5}{0.15}\right)^{\frac{1}{1.4}} = 11.35$$

② 단열압축 후의 온도 $T_2[\mathrm{K}]$, 압력 $p_2[\mathrm{MPa}]$

$$T_2 = T_1\left(\frac{v_1}{v_2}\right)^{k-1} = 300 \times 11.35^{1.4-1} = 792.72\ \mathrm{K}$$

$$p_2 = p_1\left(\frac{v_1}{v_2}\right)^{k} = 0.15 \times 11.35^{1.4} = 4.5\ \mathrm{MPa}$$

③ 정압가열 후의 비체적 $v_3[\mathrm{m^3/kg}]$

먼저 단열압축 전의 비체적 v_1과 단열압축 후의 비체적 v_2를 구하면

$$v_1 = \frac{RT_1}{p_1} = \frac{0.287 \times 300}{0.15 \times 10^3} = 0.574\ \mathrm{m^3/kg}$$

$$v_2 = \frac{v_1}{\varepsilon} = \frac{0.574}{11.35} = 0.051\ \mathrm{m^3/kg}$$

따라서, 정압가열 후의 비체적

$$v_3 = v_2 \frac{T_3}{T_2} = 0.051 \times \frac{3000}{792.72} = 0.193\ \mathrm{m^3/kg}$$

④ 분사단절비(체절비) $\sigma = \dfrac{v_3}{v_2} = \dfrac{0.193}{0.051} = 3.78$

⑤ 단열팽창 후의 온도 $T_4[\mathrm{K}]$

$$T_4 = T_3\left(\frac{v_3}{v_4}\right)^{k-1} = T_3\left(\frac{v_3}{v_1}\right)^{k-1} = T_3\left(\frac{v_3}{v_2} \cdot \frac{v_2}{v_1}\right)^{k-1} = T_3\left(\sigma \cdot \frac{1}{\varepsilon}\right)^{k-1}$$

$$= 3000 \times \left(3.78 \times \frac{1}{11.35}\right)^{1.4-1} = 1932.5\ \mathrm{K}$$

⑥ 공급열량 q_1[kJ/kg]

$$q_1 = C_p(T_3 - T_2) = \frac{k}{k-1}R(T_3 - T_2) = \frac{1.4}{1.4-1} \times 0.287 \times (3000 - 792.72)$$

$$= 2217.21 \text{ kJ/kg}$$

⑦ 방출열량 q_2[kJ/kg]

$$q_2 = -C_v(T_1 - T_4) = \frac{R}{k-1}(T_4 - T_1) = \frac{0.287}{1.4-1} \times (1932.5 - 300) = 1171.32 \text{ kJ/kg}$$

⑧ 열효율 η_D[%]

$$\eta_D = 1 - \frac{q_2}{q_1} = \frac{w}{q_1} = 1 - \frac{T_4 - T_1}{k(T_3 - T_2)} = 1 - \frac{1}{\varepsilon^{k-1}}\frac{\sigma^k - 1}{k(\sigma - 1)} \text{ 에서}$$

$$\eta_D = 1 - \frac{q_2}{q_1} = 1 - \frac{1171.32}{2217.21} = 0.472 = 47.2\,\%$$

또는,

$$\eta_D = 1 - \frac{1}{\varepsilon^{k-1}}\frac{\sigma^k - 1}{k(\sigma - 1)}$$

$$= 1 - \frac{1}{11.35^{1.4-1}} \times \frac{3.78^{1.4} - 1}{1.4 \times (3.78 - 1)} = 0.472 = 47.2\,\%$$

⑨ 평균 유효압력 p_m[MPa]

$$p_m = \frac{p_1 q_1}{RT_1} \cdot \frac{\varepsilon}{\varepsilon - 1}\eta_D = \frac{0.15 \times 10^3 \times 2217.21}{0.287 \times 300} \times \frac{11.35}{11.35 - 1} \times 0.472$$

$$= 1999 \times 10^3 \text{ kPa} = 1.999 \text{ MPa}$$

정답 ① $\varepsilon = 11.35$　　② $T_2 = 792.72 \text{ K}, \ p_2 = 4.5 \text{ MPa}$　　③ $v_3 = 0.193 \text{ m}^3/\text{kg}$

④ $\sigma = 3.78$　　⑤ $T_4 = 1932.5 \text{ K}$　　⑥ $q_1 = 2217.21 \text{ kJ/kg}$

⑦ $q_2 = 1171.32 \text{ kJ/kg}$　　⑧ $\eta_D = 47.2\,\%$　　⑨ $p_m = 1.999 \text{ MPa}$

1-3 ● 사바테 사이클(Sabathe cycle)

사바테 사이클은 [그림 7-3]과 같이 연소, 즉 열공급이 정적 및 정압의 두 부분에서 행하여지므로 **정적·정압 사이클**이라고도 하며, 또한 이 사이클은 오토 사이클과 디젤 사이클을 합성한 사이클이므로 **복합 사이클**(dual combustion cycle)이라고도 한다.

고속 디젤기관에서는 단시간 내에 연료를 연소시킬 필요가 있으므로 압축이 끝나기 조금 전에 연료를 분사하기 시작하여 압축이 끝날 때 착화시키면 그때까지 분사된 연료가 대부분 정적하에서 연소하고, 그보다 후에 분사된 연료는 대략 정압하에서 연소되므로 이 복합 사이클은 고속 디젤기관의 이론 사이클이라고 생각되고 있다.

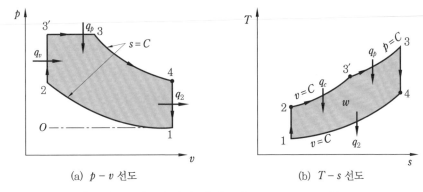

(a) $p-v$ 선도　　　　　　　　(b) $T-s$ 선도

[그림 7-3] 사바테 사이클의 $p-v,\ T-s$ 선도

[그림 7-3]에서 이 사이클의 동작과정을 요약하면 다음과 같다.

$0 \rightarrow 1$: 흡입(공기)　　　　　　　$1 \rightarrow 2$: 단열압축(공기)

$2 \rightarrow 3'$: 정적가열(연료 분사 연소)　　$3' \rightarrow 3$: 정압가열(연료 분사 연소)

$3 \rightarrow 4$: 단열팽창(연소가스)　　　　$4 \rightarrow 1$: 정적방열(연소가스)

$1 \rightarrow 0$: 배기(연소가스)

사바테 사이클에서 동작유체 1 kg에 대한 각 과정에서의 이동열량, 유효일 및 열효율을 구하면 다음과 같다.

(1) 공급열량 $q_1 (= q_v + q_p)$[kJ/kg]

$q_v = C_v (T_3{}' - T_2),\ q_p = C_p (T_3 - T_3{}')$이므로

$$q_1 = q_v + q_p = C_v (T_3{}' - T_2) + C_p (T_3 - T_3{}')$$

(2) 방출열량 q_2 [kJ/kg]

과정 $4 \rightarrow 1$은 정적방열이므로 $-\delta q = C_v dT + p dv$에서

$$q_2 = - C_v (T_1 - T_4) = C_v (T_4 - T_1)$$

(3) 유효일 w [kJ/kg]

$$w = q_1 - q_2 = C_v (T_3{}' - T_2) + C_p (T_3 - T_3{}') - C_v (T_4 - T_1)$$

(4) 이론 열효율 η_S

$$\eta_S = 1 - \frac{q_2}{q_1} = \frac{w}{q_1} = 1 - \frac{C_v (T_4 - T_1)}{C_v (T_3{}' - T_2) + C_p (T_3 - T_3{}')} \quad \cdots\cdots\cdots\cdots\cdots\cdots (A)$$

그런데 $1 \to 2$는 단열과정, $2 \to 3$은 정적과정이므로

$$\frac{T_2}{T_1} = \left(\frac{v_1}{v_2}\right)^{k-1} \qquad \therefore T_2 = T_1 \varepsilon^{k-1}$$

$$v_2 = v_3{}', \quad \frac{p_2}{T_2} = \frac{p_3{}'}{T_3}$$

$$\therefore T_3{}' = T_2 \frac{p_3{}'}{p_2} = T_2 \alpha = T_1 \varepsilon^{k-1} \alpha$$

또, $3' \to 3$은 정압과정, $3 \to 4$는 단열과정이므로

$$p_3{}' = p_3, \quad \frac{v_3{}'}{T_3{}'} = \frac{v_3}{T_3} \qquad \therefore T_3 = T_3{}' \frac{v_3}{v_3{}'} = T_3{}' \sigma = T_1 \varepsilon^{k-1} \alpha \sigma$$

$$\frac{T_4}{T_3} = \left(\frac{v_3}{v_4}\right)^{k-1} = \left(\frac{v_3}{v_3{}'} \cdot \frac{v_3{}'}{v_4}\right)^{k-1} = \left(\frac{v_3}{v_2} \cdot \frac{v_2}{v_1}\right)^{k-1} = \left(\sigma \cdot \frac{1}{\varepsilon}\right)^{k-1}$$

$$\therefore T_4 = T_3 \left(\sigma \cdot \frac{1}{\varepsilon}\right)^{k-1} = T_1 \varepsilon^{k-1} \alpha \sigma \left(\sigma \cdot \frac{1}{\varepsilon}\right)^{k-1} = T_1 \alpha \sigma^k$$

따라서, 식 (A)에서

$$\frac{C_v(T_4 - T_1)}{C_v(T_3{}' - T_2) + C_p(T_3 - T_3{}')} = \frac{C_v T_1(\sigma^k \alpha - 1)}{C_v T_1 \varepsilon^{k-1}(\alpha - 1) + C_p \alpha \varepsilon^{k-1}(\sigma - 1)}$$

$$= \left(\frac{1}{\varepsilon}\right)^{k-1} \frac{\sigma^k \cdot \alpha - 1}{(\alpha - 1) + \alpha k(\sigma - 1)}$$

이므로 이론 열효율 η_S를 다시 쓰면

$$\left. \begin{aligned} \eta_S &= 1 - \frac{q_2}{q_1} = \frac{w}{q_1} = 1 - \frac{C_v(T_4 - T_1)}{C_v(T_3{}' - T_2) + C_p(T_3 - T_3{}')} \\ &= 1 - \left(\frac{1}{\varepsilon}\right)^{k-1} \frac{\sigma^k \cdot \alpha - 1}{(\alpha - 1) + \alpha k(\sigma - 1)} \end{aligned} \right\} \quad \cdots\cdots\cdots\cdots\cdots (7\text{--}3)$$

위 식으로부터 사바테 사이클의 열효율은 압축비 ε, 분사단절비 σ, 압력비 α의 함수임을 알 수 있다. 즉, η_S는 ε, σ가 클수록, 그리고 α의 값이 1에 가까울수록 좋아진다.

(5) 평균 유효압력 p_m [Pa]

$$p_m = \frac{w}{v_1 - v_2} = \frac{\eta_S q_1}{v_1 - v_2} = \frac{p_1(q_v + q_p)}{RT_1} \frac{\varepsilon}{\varepsilon - 1} \eta_S$$

Q **예제**　**7-3**

사바테 사이클로 작동하는 고속 승합차의 압축비가 20, 압축 초의 압력이 $100\,\text{kPa}$, 온도 $40\,^{\circ}\text{C}$, 최고 압력 $5.5\,\text{MPa}$, 최고 온도 $2527\,^{\circ}\text{C}$, $k = 1.3$일 때 다음을 구하여라.

① 단열압축 후의 온도 $T_2[\text{K}]$, 압력 $p_2[\text{MPa}]$

② 폭발온도 $T_3[\text{K}]$

③ 분사단절비(체절비) σ

④ 압력비(폭발비) α

⑤ 열효율 $\eta_S[\%]$

해설 먼저 사바테 사이클의 $p-v$ 선도와 $T-s$ 선도를 그리면

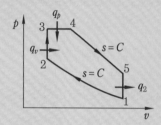
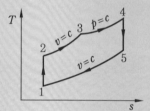

압축비 : $\varepsilon = \dfrac{v_1}{v_2}$

분사단절비(체절비) : $\sigma = \dfrac{v_4}{v_3}$

압력비(폭발비) : $\alpha = \dfrac{p_3}{p_2} = \dfrac{T_3}{T_2}$

① 단열압축 후의 온도 $T_2[\text{K}]$, 압력 $p_2[\text{MPa}]$

$$T_2 = T_1\left(\frac{v_1}{v_2}\right)^{k-1} = (273+40) \times 20^{1.3-1} = 768.87\,\text{K}$$

$$p_2 = p_1\left(\frac{v_1}{v_2}\right)^{k} = 100 \times 20^{1.3} = 4.913 \times 10^3\,\text{kPa} = 4.913\,\text{MPa}$$

② 폭발온도 $T_3[\text{K}]$

$$\alpha = \frac{p_3}{p_2} = \frac{T_3}{T_2}\ \text{에서}\quad T_3 = T_2\frac{p_3}{p_2} = 768.87 \times \frac{5.5}{4.913} = 860.73\,\text{K}$$

③ 분사단절비(체절비) σ

$$\sigma = \frac{v_4}{v_3} = \frac{T_4}{T_3} = \frac{273+2527}{860.73} = 3.25$$

④ 압력비(폭발비) α

$$\alpha = \frac{p_3}{p_2} = \frac{5.5}{4.913} = 1.12$$

⑤ 열효율 $\eta_S[\%]$

$$\eta_S = 1 - \left(\frac{1}{\varepsilon}\right)^{k-1} \frac{\sigma^k \cdot \alpha - 1}{(\alpha-1) + \alpha k(\sigma-1)}$$

$$= 1 - \left(\frac{1}{20}\right)^{1.3-1} \times \frac{3.25^{1.3} \times 1.12 - 1}{(1.12-1) + 1.12 \times 1.3 \times (3.25-1)} = 0.73 = 73\%$$

정답 ① $T_2 = 768.87\,\mathrm{K}$, $p_2 = 4.913\,\mathrm{MPa}$ ② $T_3 = 860.73\,\mathrm{K}$

③ $\sigma = 3.25$ ④ $\alpha = 1.12$ ⑤ $\eta_S = 73\%$

1-4 ○ 기본 사이클의 비교

지금까지 설명한 내연기관의 기본 사이클 3개는 모두 압축비 ε을 크게 하면 열효율은 증가한다. 그러나 앞에서도 설명한 바와 같이 오토 사이클에서 ε을 증가시키는 것은 노킹으로 인한 제한을 받으며, 디젤 사이클에서는 오토 사이클보다는 ε을 높일 수 있으나 구조 강도면에서 최대 압력의 제한을 받는다.

[그림 7-4]는 압축비와 열효율과의 관계를 나타낸 것이며, 3개의 기본 사이클에 대한 열효율을 가열량 및 압축비를 일정하게 할 경우와, 가열량 및 최대압력을 일정하게 할 경우의 두 가지 면에서 비교하여 보면 다음과 같다.

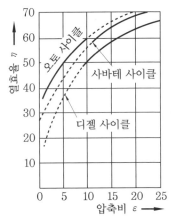

① 가열량 및 압축비를 일정하게 할 경우

$$\eta_O\,(\text{Otto}) > \eta_S\,(\text{Sabathe}) > \eta_D\,(\text{Diesel})$$

② 가열량 및 최대 압력을 일정하게 할 경우

$$\eta_O\,(\text{Otto}) < \eta_S\,(\text{Sabathe}) < \eta_D\,(\text{Diesel})$$

[그림 7-4] 각 사이클의 열효율 비교

2. 가스터빈 사이클

내연기관에서는 연소가스가 가지는 열 에너지를 이용하여 피스톤을 왕복운동시켜 기계적인 일을 얻는 것이지만, 가스터빈은 익차(翼車; turbine blade wheel)의 날개에 직접 연소가스를 분출하여 회전일을 얻는 열기관이다. [그림 7-5]는 가스터빈의 구조를 나타낸 것이다.

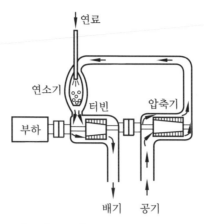

[그림 7-5] 가스터빈의 구조

2-1 ○ 브레이턴 사이클(Brayton cycle)

브레이턴 사이클은 [그림 7-6]과 같이 2개의 단열과정과 2개의 정압과정으로 이루어
진 가스터빈의 이상적인 사이클이다. 주로 항공기, 발전용, 자동차용, 선박용 등에 적
용되고 역브레이턴 사이클은 냉동기의 기본 사이클로 사용한다.

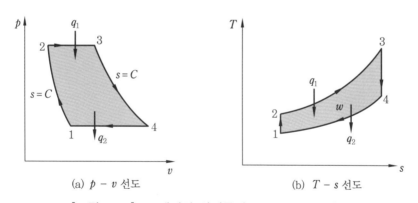

(a) $p-v$ 선도   (b) $T-s$ 선도

[그림 7-6] 브레이턴 사이클의 $p-v$, $T-s$ 선도

이 사이클의 동작과정을 요약하면 다음과 같다.

    1 → 2 : 단열압축(공기)   2 → 3 : 정압가열(연료 분사 연소)
    3 → 4 : 단열팽창(연소가스)   4 → 1 : 정압방열(연소가스 배기)

브레이턴 사이클에서 동작유체 1 kg에 대한 각 과정에서의 이동열량, 유효일 및 열효
율을 구하면 다음과 같다.

(1) 공급열량 q_1 [kJ/kg]

과정 $2 \to 3$은 정압$(dp = 0)$ 가열이므로 $\delta q = C_p\, dT - v\, dp$에서

$$q_1 = C_p (T_3 - T_2)$$

(2) 방출열량 q_2 [kJ/kg]

과정 $4 \to 1$도 정압방열이므로 $-\delta q = C_p\, dT - v\, dp$에서

$$q_2 = - C_p (T_1 - T_4) = C_p (T_4 - T_1)$$

(3) 유효일 w [kJ/kg]

$$w = q_1 - q_2 = C_p (T_3 - T_2) - C_p (T_4 - T_1)$$

(4) 이론 열효율 η_B

$$\eta_B = 1 - \frac{q_2}{q_1} = \frac{w}{q_1} = 1 - \frac{(T_4 - T_1)}{(T_3 - T_2)} \quad \cdots\cdots\cdots\cdots (A)$$

그런데 $1 \to 2$는 단열압축이므로

$$\frac{T_2}{T_1} = \left(\frac{p_2}{p_1} \right)^{\frac{k-1}{k}}$$

$$\therefore\ T_2 = T_1 \left(\frac{p_2}{p_1} \right)^{\frac{k-1}{k}} = T_1 \cdot \alpha^{\frac{k-1}{k}}$$

여기서, $\dfrac{p_2}{p_1} = \alpha$는 압력비이다.

또, $3 \to 4$는 단열팽창이고, $p_1 = p_4$, $p_2 = p_3$이므로

$$\frac{T_4}{T_3} = \left(\frac{p_4}{p_3} \right)^{\frac{k-1}{k}}$$

$$\therefore\ T_3 = T_4 \left(\frac{p_3}{p_4} \right)^{\frac{k-1}{k}} = T_4 \left(\frac{p_2}{p_1} \right)^{\frac{k-1}{k}} = T_4 \cdot \alpha^{\frac{k-1}{k}}$$

따라서, 식 (A)에서

$$\frac{(T_4 - T_1)}{(T_3 - T_2)} = \frac{(T_4 - T_1)}{\alpha^{\frac{k-1}{k}}(T_4 - T_1)} = \left(\frac{1}{\alpha}\right)^{\frac{k-1}{k}}$$

이므로 이론 열효율 η_B를 다시 쓰면

$$\eta_B = 1 - \frac{q_2}{q_1} = \frac{w}{q_1} = 1 - \frac{(T_4 - T_1)}{(T_3 - T_2)} = \left(\frac{1}{\alpha}\right)^{\frac{k-1}{k}} \quad\text{.............} (7-4)$$

위 식으로부터 브레이턴 사이클의 열효율은 압력비 α에 의하여 좌우됨을 알 수 있다. 실제의 경우 p_1은 보통 대기압이며, α가 커짐에 따라서 열효율이 증가한다.

2-2 ○ 에릭슨 사이클(Ericsson cycle)

에릭슨 사이클은 [그림 7-7]과 같이 2개의 등온과정과 2개의 정압과정으로 구성된 사이클로서 가스터빈의 이상적인 사이클이지만 등온하에서 열의 출입이 어려우므로 실현하기 힘든 이론적인 사이클이다.

그림에서 만약 $4 \rightarrow 1$ 과정의 방열량 q_{41}이 완전히 회수되어 그대로 $2 \rightarrow 3$ 과정에서 공급되는 열 q_{23}에 이용된다면 열효율은 카르노 사이클의 열효율과 같아진다. 즉,

$$\eta_E = 1 - \frac{T_{\mathrm{II}}}{T_{\mathrm{I}}} = 1 - \frac{T_1}{T_3}$$

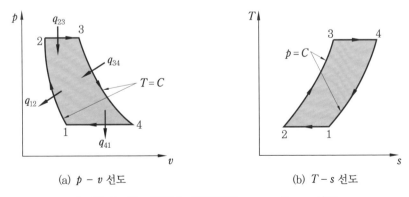

(a) $p-v$ 선도   (b) $T-s$ 선도

[그림 7-7] 에릭슨 사이클의 $p-v$, $T-s$ 선도

2-3 ● 스터링 사이클(Stirling cycle)

스터링 사이클은 다음 그림과 같이 2개의 정적과정과 2개의 등온과정으로 구성된 밀폐형 재생 사이클로서 에릭슨 사이클과 같이 정적하에서 저열원으로 방출되는 열량 q_{41}을 완전히 q_{23}에 이용할 수만 있으면 열효율은 카르노 사이클의 열효율과 같아진다. 따라서, 스터링 사이클은 고열효율을 낼 수 있는 미래형 열기관으로서, 재료의 내열한도가 높은 금속이 개발되어 상용화된다면 이 사이클을 이용한 대체 에너지 기관이 활발히 개발될 것이다.

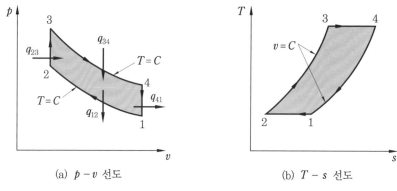

(a) $p-v$ 선도   (b) $T-s$ 선도

[그림 7-8] 스터링 사이클의 $p-v$, $T-s$ 선도

2-4 ● 아트킨슨 사이클(Atkinson cycle)

아트킨슨 사이클은 오토 사이클에서 배출되는 배기가스의 열량을 이용하여 운전될수 있도록 고안된 사이클로서 [그림 7-9]와 같이 각각 1개의 정압과정과 정적과정 그리고 2개의 단열과정으로 구성된 정적 가스터빈의 이상적인 사이클이다.

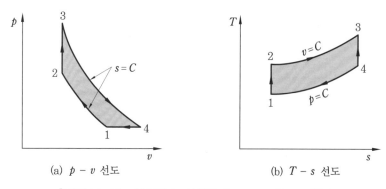

(a) $p-v$ 선도   (b) $T-s$ 선도

[그림 7-9] 아트킨슨 사이클의 $p-v$, $T-s$ 선도

2-5 ● 르노아 사이클(Lenour cycle)

르노아 사이클은 정적하에서 열을 받고 압력이 상승된 공기가 단열팽창하여 일을 하고 정압하에서 열을 방출하면서 작동하는 사이클이며, 내연기관에서는 채택할 수 없는 사이클로서 다음 그림과 같이 각각 1개의 정적, 단열, 정압과정으로 구성된 사이클이다.

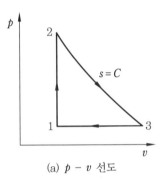
(a) $p-v$ 선도

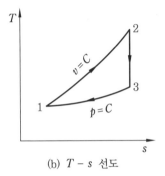
(b) $T-s$ 선도

[그림 7-10] 르노아 사이클의 $p-v,\ T-s$ 선도

Q 예제 7-4

브레이턴 사이클에서 $p_1 = 100\,\mathrm{kPa}$, $p_2 = 700\,\mathrm{kPa}$, $t_1 = 120\,℃$, $t_3 = 700\,℃$, $k = 1.4$, $C_p = 1.006\,\mathrm{kJ/kg \cdot K}$일 때 다음을 구하여라.

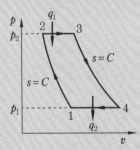

① 압축일 $w_G[\mathrm{kJ/kg}]$

② 터빈일 $w_T[\mathrm{kJ/kg}]$

③ 공급열량 $q_1[\mathrm{kJ/kg}]$

④ 열효율 $\eta_B[\%]$

해설 ① 압축일 $w_G[\text{kJ/kg}]$

그림에서 과정 $1 \to 2$는 단열과정이므로

$\dfrac{T_2}{T_1} = \left(\dfrac{p_2}{p_1}\right)^{\frac{k-1}{k}}$ 에서

$T_2 = T_1 \left(\dfrac{p_2}{p_1}\right)^{\frac{k-1}{k}} = (273 + 120) \times \left(\dfrac{700}{100}\right)^{\frac{1.4-1}{1.4}} = 685.25\,\text{K}$

압축일은 외부로부터 받은 일이므로

$\delta q = C_p dT - (-vdp) = 0$에서

$w_G = -vdp = C_p dT = C_p(T_2 - T_1)$

$\qquad = 1.006 \times (685.25 - 393) = 294\,\text{kJ/kg}$

② 터빈일 $w_T[\text{kJ/kg}]$

과정 $3 \to 4$도 단열과정이므로

$\dfrac{T_4}{T_3} = \left(\dfrac{p_4}{p_3}\right)^{\frac{k-1}{k}} = \left(\dfrac{p_1}{p_2}\right)^{\frac{k-1}{k}}$ 에서

$T_4 = T_3 \left(\dfrac{p_1}{p_2}\right)^{\frac{k-1}{k}} = (273 + 700) \times \left(\dfrac{100}{700}\right)^{\frac{1.4-1}{1.4}} = 558.03\,\text{K}$

따라서, 터빈일은 $\delta q = C_p dT - vdp = 0$에서

$w_T = -vdp = -C_p dT = -C_p(T_4 - T_3) = C_p(T_3 - T_4)$

$\qquad = 1.006 \times (973 - 558.03) = 417.46\,\text{kJ/kg}$

③ 공급열량 $q_1[\text{kJ/kg}]$

과정 $2 \to 3$은 정압과정이므로

$q_1 = C_p(T_3 - T_2) = 1.006 \times (973 - 685.25) = 289.48\,\text{kJ/kg}$

④ 열효율 $\eta_B[\%]$

$\eta_B = 1 - \dfrac{T_4 - T_1}{T_3 - T_2} = 1 - \dfrac{558.03 - 393}{973 - 685.25} = 0.427 = 42.7\,\%$

정답 ① $w_G = 294\,\text{kJ/kg}$

② $w_T = 417.46\,\text{kJ/kg}$

③ $q_1 = 289.48\,\text{kJ/kg}$

④ $\eta_B = 42.7\,\%$

연·습·문·제

1. 압축비가 7.5이고, 비열비가 1.4인 이상적인 오토 사이클의 열효율은 몇 %인가?

2. 오토 사이클로 작동되는 기관에서 실린더의 간극 체적(틈극 체적)이 행정 체적의 15%라고 하면 이론 열효율은 몇 %인가? (단, 비열비 $k = 1.4$이다.)

3. 배기 체적(행정체적)이 1200 cc, 간극 체적(틈극 체적)이 200 cc의 가솔린 기관의 압축비를 구하여라.

4. 이상적인 오토 사이클에서 단열압축되기 전 공기가 101.3 kPa, 21℃이며, 압축비 7로 운전할 때 이 사이클의 효율은 몇 %인가? (단, 공기의 비열비는 1.4이다.)

5. 이상적인 복합 사이클(사바테 사이클)에서 압축비는 16, 최고 압력비(압력 상승비)는 2.3, 체절비(분사단절비)는 1.6이고, 공기의 비열비는 1.4일 때 이 사이클의 효율은 몇 %인가?

6. 최고온도 1300 K와 최저온도 300 K 사이에서 작동하는 공기 표준 브레이턴 사이클의 열효율은 몇 %인가? (단, 압력비는 9, 공기의 비열비는 1.4이다.)

7. 그림과 같은 압력(p)–부피(V) 선도에서 $T_1 = 561 \text{ K}$, $T_2 = 1010\text{K}$, $T_3 = 690 \text{ K}$, $T_4 = 383 \text{ K}$인 공기(정압비열 1 kJ/kg·K)를 작동유체로 하는 이상적인 브레이턴 사이클의 열효율은 몇 %인가?

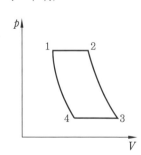

8. 브레이턴 사이클에서 압축기 소요일은 175 kJ/kg, 공급열은 627 kJ/kg, 터빈 발생일은 406 kJ/kg로 작동될 때 열효율은 몇 %인가?

9. 공기 표준 브레이턴 사이클 기관에서 최고압력이 500 kPa, 최저압력은 100 kPa이다. 비열비(k)는 1.4일 때, 이 사이클의 열효율은 몇 %인가?

제8장 냉동기 사이클

어떤 일정한 장소를 주위보다 낮은 온도로 유지하려면 주위에서 침입해 들어오는 열을 항상 흡수하여, 이것을 고온도의 장소에 방출하지 않으면 안 된다. 이것은 열역학의 제2법칙에 위배되는 것으로 그대로 방치해 두면 불가능하다. 그러나 마치 낮은 곳에 있는 물을 높은 곳에 옮기려면 펌프라는 장치가 필요한 것처럼, 어떤 장치를 사용함으로써 가능하게 된다. 즉, 제4장의 [그림 4-4]와 같이 저열원으로부터 열을 흡수하여 이것을 고열원으로 이동시키는 것을 목적으로 한 작업기(作業機; working machine)를 **냉동기**(冷凍機; refrigerator) 라고 한다.

냉동장치의 내부를 순환하면서 열을 운반하는 동작유체를 **냉매**(冷媒; refrigerant) 라고 하는데, 이 냉매의 순환에 의해 냉동작용을 계속시킬 수 있는 열역학적 사이클을 **냉동 사이클**이라고 한다. 냉동 사이클의 이상적 표준 사이클은 **역(逆)카르노 사이클**이다.

1. 역카르노 사이클

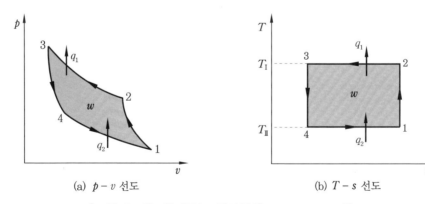

(a) $p-v$ 선도   (b) $T-s$ 선도

[그림 8-1] 역카르노 사이클의 $p-v$, $T-s$ 선도

[그림 8-1]은 역카르노 사이클의 $p-v$ 및 $T-s$ 선도를 표시한 것으로 이 사이클의 동작과정을 요약하면 다음과 같다.

$1 \rightarrow 2$: 모터의 구동 에너지를 공급받아 냉매는 단열압축되어 온도 T_{II} 에서 T_{I} 으로 상승한다.

2 → 3 : 고열원 온도 T_{I} 하에서의 등온압축 과정으로 등온유지를 위하여 열(q_1)을 방출한다.

3 → 4 : 냉매는 단열팽창되어 저열원 온도 T_{II} 로 된다.

4 → 1 : 저열원 온도 T_{II} 하에서의 등온팽창으로 등온유지를 위하여 외부에서 열(q_2)를 흡수하지 않으면 안 된다.

지금 외부로부터 일 w를 받아 저열원에서 열량 q_2를 흡수하여 고온부에 q_1의 열량을 방출하는 역카르노 사이클에서, 동작유체 1 kg에 대한 각 과정에서의 이동열량과 냉동효과를 나타내는 성적계수(또는 성능계수)를 구하면 다음과 같다.

(1) 방출열량 q_1 [kJ/kg]

과정 2 → 3은 등온$(dT = 0)$ 압축이므로 열역학 제 1 법칙의 식 $-\delta q = du + pdv$(열 방출) 로부터

$$q_1 = -\int_2^3 pdv = -p_2 v_2 \ln\frac{v_3}{v_2} = -RT_{\mathrm{I}} \ln\frac{v_3}{v_2} = RT_{\mathrm{I}} \ln\frac{v_2}{v_3}$$

$$\left(pv = p_2 v_2 = p_3 v_3 = \mathrm{C}\text{에서}\ \ p = \frac{p_2 v_2}{v}\right)$$

(2) 흡입열량 q_2 [kJ/kg]

과정 4 → 1도 등온팽창이므로 열역학 제 1 법칙의 식 $\delta q = du + pdv$ 로부터

$$q_2 = \int_4^1 pdv = p_4 v_4 \ln\frac{v_1}{v_4} = RT_{\mathrm{II}} \ln\frac{v_1}{v_4}$$

$$\left(pv = p_4 v_4 = p_1 v_1 = \mathrm{C}\text{에서}\ \ p = \frac{p_4 v_4}{v}\right)$$

(3) 성적계수(성능계수) ε_R

성적계수는 유효일 $w = q_1 - q_2$와 저열원에서 흡수하는 열량 q_2와의 비이므로

$$\varepsilon_R = \frac{q_2}{w} = \frac{q_2}{q_1 - q_2} = \frac{RT_{\mathrm{II}} \ln\dfrac{v_1}{v_4}}{RT_{\mathrm{I}} \ln\dfrac{v_2}{v_3} - RT_{\mathrm{II}} \ln\dfrac{v_1}{v_4}} \quad \cdots\cdots\cdots\cdots\cdots\cdots\text{(A)}$$

그런데 $1 \to 2$와 $3 \to 4$는 단열과정이고, $T_{\mathrm{I}} = T_2 = T_3,\ T_{\mathrm{II}} = T_4 = T_1$이므로

$$\frac{T_2}{T_1} = \left(\frac{v_1}{v_2}\right)^{k-1}, \quad \frac{T_3}{T_4} = \left(\frac{v_4}{v_3}\right)^{k-1} \text{에서}$$

$\dfrac{v_1}{v_2} = \dfrac{v_4}{v_3}$, 즉 $\dfrac{v_2}{v_3} = \dfrac{v_1}{v_4}$가 된다. 따라서, 식 (A)를 다시 쓰면

$$\varepsilon_R = \frac{q_2}{w} = \frac{q_2}{q_1 - q_2} = \frac{RT_{\mathrm{II}} \ln \dfrac{v_1}{v_4}}{RT_{\mathrm{I}} \ln \dfrac{v_2}{v_3} - RT_{\mathrm{II}} \ln \dfrac{v_1}{v_4}} = \frac{T_{\mathrm{II}}}{T_{\mathrm{I}} - T_{\mathrm{II}}} \quad \cdots\cdots\cdots\cdots\cdots (8\text{-}1)$$

Q 예제 8-1

역카르노 사이클 냉동기가 $-15\,\mathrm{°C}$와 $40\,\mathrm{°C}$의 온도한계에서 작동하고 있다. 이 냉동기의 성적계수 ε_R를 구하여라.

해설 저열원의 온도 $T_{\mathrm{II}} = 273 - 15 = 258\,\mathrm{K}$

고열원의 온도 $T_{\mathrm{I}} = 273 + 40 = 313\,\mathrm{K}$

$$\therefore\ \varepsilon_R = \frac{258}{313 - 258} = 4.69$$

정답 $\varepsilon_R = 4.69$

Q 예제 8-2

$0\,\mathrm{°C}$와 $100\,\mathrm{°C}$ 사이에서 작동하는 역카르노 사이클 냉동기가 1사이클당 $42\,\mathrm{kJ}$의 열을 흡수하면서 작동하고 있다. 사이클당 받는 압축일과 성적계수를 구하여라.

해설 ① 사이클당 받는 압축일 $W[\mathrm{kJ}]$

$$\varepsilon_R = \frac{Q_2}{W} = \frac{T_{\mathrm{II}}}{T_{\mathrm{I}} - T_{\mathrm{II}}} \text{에서}$$

$Q_2 = 42\,\mathrm{kJ}$이므로

$$W = \frac{Q_2(T_{\mathrm{I}} - T_{\mathrm{II}})}{T_{\mathrm{II}}} = \frac{42 \times (373 - 273)}{273} = 15.38\,\mathrm{kJ}$$

② 성적계수

$$\varepsilon_R = \frac{273}{373 - 273} = 2.73$$

정답 $W = 15.38\,\mathrm{kJ},\ \varepsilon_R = 2.73$

2. 공기냉동 사이클

냉매로 공기를 사용하는 냉동 사이클을 **공기냉동기**(空氣冷凍機)라 하며, 실용상 특수한 경우 외에는 쓰이지 않는다.

공기냉동 사이클은 [그림 8-2]와 같이 브레이턴 사이클을 역동작(逆動作)시킨 **역브레이턴 사이클**이며, [그림 8-3]은 이 사이클의 설비 구성도를 나타낸 것이다.

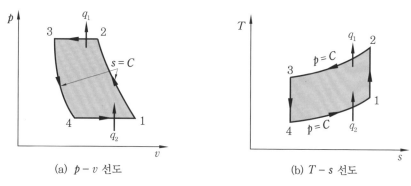

(a) $p-v$ 선도   (b) $T-s$ 선도

[그림 8-2] 공기냉동 사이클의 $p-v$, $T-s$ 선도

공기냉동기 사이클은 2개의 단열과정과 2개의 정압과정으로 구성되며, 그 동작과정을 요약하면 다음과 같다.

1→2 : 압축기로 공기를 단열압축하여 고온 T_2 가 된다(압축기).

2→3 : 정압하에서 고열원으로 열량 q_1을 방출한다.

3→4 : 단열팽창하여 저온 T_4가 된다(팽창기).

4→1 : 정압하에서 열량 q_2를 흡수하면서 냉동효과를 얻는다.

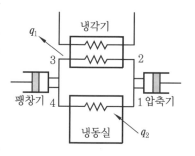

[그림 8-3] 공기냉동 사이클의 설비 구성도

냉매 1 kg에 대한 각 과정에서의 이동열량과 냉동효과를 나타내는 성적계수를 구하면 다음과 같다.

(1) 방출열량 q_1 [kJ/kg]

과정 2→3은 정압($dp=0$) 하에서 방열하므로 열역학 제1법칙의 식 $-\delta q = dh - vdp$ 로부터

$$q_1 = -C_p \int_2^3 dT = -C_p(T_3 - T_2) = C_p(T_2 - T_3)$$

(2) 흡입열량 q_2 [kJ/kg]

과정 $4 \rightarrow 1$은 정압하에서 열을 흡입하므로 열역학 제1법칙의 식 $\delta q = dh - vdp$ 로부터

$$q_2 = C_p \int_4^1 dT = C_p(T_1 - T_4)$$

(3) 성적계수(성능계수) ε_R

성적계수는 유효일 $w = q_1 - q_2$ 와 저열원에서 흡수하는 열량 q_2 와의 비이므로

$$\left.\begin{aligned}
\varepsilon_R &= \frac{q_2}{w} = \frac{q_2}{q_1 - q_2} = \frac{C_p(T_1 - T_4)}{C_p(T_2 - T_3) - C_p(T_1 - T_4)} \\
&= \frac{1}{\dfrac{T_2 - T_3}{T_1 - T_4} - 1}
\end{aligned}\right\} \quad \cdots\cdots\cdots\cdots\cdots\cdots\cdots (A)$$

$1 \rightarrow 2$ 와 $3 \rightarrow 4$ 는 단열과정이고, $p_2 = p_3$, $p_1 = p_4$ 이므로

$$\frac{T_2}{T_1} = \left(\frac{v_1}{v_2}\right)^{k-1} = \left(\frac{p_2}{p_1}\right)^{\frac{k-1}{k}} \qquad \therefore T_1 = T_2\left(\frac{p_1}{p_2}\right)^{\frac{k-1}{k}}$$

$$\frac{T_4}{T_3} = \left(\frac{v_3}{v_4}\right)^{k-1} = \left(\frac{p_4}{p_3}\right)^{\frac{k-1}{k}} \qquad \therefore T_4 = T_3\left(\frac{p_4}{p_3}\right)^{\frac{k-1}{k}} = T_3\left(\frac{p_1}{p_2}\right)^{\frac{k-1}{k}}$$

식 (A)를 다시 쓰면

$$\varepsilon_R = \frac{q_2}{w} = \frac{q_2}{q_1 - q_2} = \frac{1}{\dfrac{T_2 - T_3}{T_1 - T_4} - 1}$$

$$= \frac{1}{\dfrac{T_2 - T_3}{\left(\dfrac{p_1}{p_2}\right)^{\frac{k-1}{k}}(T_2 - T_3)} - 1} = \frac{1}{\left(\dfrac{p_2}{p_1}\right)^{\frac{k-1}{k}} - 1} = \frac{1}{\alpha^{\frac{k-1}{k}} - 1} \quad \cdots\cdots\cdots\cdots (8-2)$$

여기서, $\alpha = \dfrac{p_2}{p_1}$ 는 압력비이다. 따라서, 공기냉동기 사이클의 성적계수값은 압력비가 클수록 증가한다는 것을 알 수 있다.

Q **예제**　**8-3**

공기압축 냉동기가 주위 온도 30℃, 주위 압력 1 atm, 압축 후 압력 600 kPa, 냉동실 온도 −20℃ 상태하에서 작동하고 있다. 이 냉동기의 $p-v$ 선도를 참고하여 다음을 구하여라. (단, 공기의 정압비열 $C_p = 1.006\,\mathrm{kJ/kg \cdot K}$, 비열비 $k = 1.4$이다.)

① 팽창기 출구온도 t_4[℃]

② 냉동효과 q_2[kJ/kg]

③ 압축기 출구온도 t_2[℃]

④ 냉각기에서의 방열량 q_1[kJ/kg]

⑤ 압축기가 소비한 일 w[kJ/kg]

⑥ 냉동기의 성적계수 ε_R

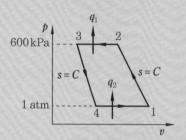

해설 [그림 8−2]를 참고하면 $T_1 = (273 - 20) = 253\,\mathrm{K}$, $T_3 = (273 + 30) = 303\,\mathrm{K}$라는 것을 알 수 있다.

① 팽창기 출구온도 t_4[℃] : 3 → 4는 단열팽창이고, 1 atm = 101.3 kPa이므로

$$T_4 = T_3\left(\frac{p_4}{p_3}\right)^{\frac{k-1}{k}} = (273 + 30) \times \left(\frac{101.3}{600}\right)^{\frac{0.4}{1.4}} = 182.27\,\mathrm{K}$$

$$\therefore t_4 = 182.27 - 273 = -90.73℃$$

② 냉동효과 q_2[kJ/kg]

4 → 1은 정압과정이고 열량 q_2를 흡수하면서 냉동효과를 얻으므로

$$q_2 = C_p(T_1 - T_4) = 1.006 \times (253 - 182.27) = 71.15\,\mathrm{kJ/kg}$$

③ 압축기 출구온도 t_2[℃] : 1 → 2는 압축기로 공기를 단열압축하는 과정이므로

$$T_2 = T_1\left(\frac{p_2}{p_1}\right)^{\frac{k-1}{k}} = 253 \times \left(\frac{600}{1.01.3}\right)^{\frac{0.4}{1.4}} = 420.58\,\mathrm{K}$$

$$\therefore t_2 = 420.58 - 273 = 147.58℃$$

④ 냉각기에서의 방열량 q_1[kJ/kg]

2 → 3은 정압과정이고 이때 고열원으로 열량 q_1을 방출하므로

$$q_1 = C_p(T_2 - T_3) = 1.006 \times (420.58 - 303) = 118.29\,\mathrm{kJ/kg}$$

⑤ 압축기가 소비한 일 w[kJ/kg] : $w = q_1 - q_2 = 118.29 - 71.15 = 47.14\,\mathrm{kJ/kg}$

⑥ 냉동기의 성적계수 $\varepsilon_R = \dfrac{q_2}{w} = \dfrac{71.15}{47.14} = 1.51$

또는, $\varepsilon_R = \dfrac{1}{\dfrac{T_2 - T_3}{T_1 - T_4} - 1} = \dfrac{1}{\dfrac{420.58 - 303}{253 - 182.27} - 1} = 1.51$

정답 $t_4 = -90.73℃$, $q_2 = 71.15\,\mathrm{kJ/kg}$, $t_2 = 147.58℃$, $q_1 = 118.29\,\mathrm{kJ/kg}$
$w = 47.14\,\mathrm{kJ/kg}$, $\varepsilon_R = 1.51$

3. 증기냉동 사이클

증기냉동 사이클은 액체의 압력을 낮추면 낮은 온도에서 증발하고, 이 때 주위를 냉각시키는 원리를 이용한 사이클이다. 따라서 냉매는 액체와 기체의 두 상으로 변하는 액체를 사용하며 이 사이클은 현재 냉동기에 가장 많이 사용하고 있다.

증기냉동 사이클은 [그림 8-4]와 같이 2개의 정압과정과 1개의 교축과정 및 1개의 단열과정으로 구성되어 있으며, 그 설비 구성도는 [그림 8-5]와 같다.

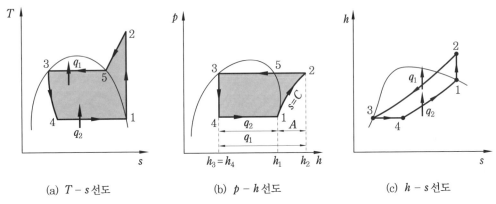

(a) $T-s$선도   (b) $p-h$선도   (c) $h-s$선도

[그림 8-4] 증기냉동 사이클의 $T-s$, $p-h$, $h-s$ 선도

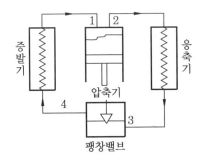

[그림 8-5] 증기냉동 사이클의 설비 구성도

증기냉동 사이클의 동작과정을 요약하면 다음과 같다.

1→2 : 냉매증기 1은 압축기에 의해 단열압축되어 고온, 고압의 과열증기로 된다.

2→3 : 과열증기는 응축기에서 정압냉각(열량 q_1을 방출)되어 냉매액 3으로 된다.

3→4 : 냉매액 3은 팽창밸브를 통하여 교축팽창(엔탈피 일정, $h_3 = h_4$)하고, 온도와 압력이 강하되어 액체의 일부는 증발한다.

4→1 : 냉매는 증발기에서 증발하고, 저열원으로부터 열(q_2)을 흡수하면서 냉동작용을 한다.

냉매 1 kg에 대한 각 과정에서의 이동열량과 냉동효과를 나타내는 성적계수는 다음과 같다.

① 방출열량 $q_1[\text{kJ/kg}]$: $q_1 = h_2 - h_3$

② 흡입열량 $q_2[\text{kJ/kg}]$: $q_2 = h_1 - h_4 = h_1 - h_3$

③ 압축기 일 $w[\text{kJ/kg}]$: $w = q_1 - q_2 = h_2 - h_1$

④ 성적계수 ε_R : $\varepsilon_R = \dfrac{q_2}{w} = \dfrac{h_1 - h_3}{h_2 - h_1}$

이 밖에 압력비가 클 경우에는 과열도를 낮추고, 필요한 소요동력을 절약할 수 있도록 중간냉각을 설치하는 **다단(多段)압축 냉동 사이클**이 있으며, 하나의 압축기로서 2단 압축과 거의 같은 효과를 낼 수 있는 **다효(多效)압축 냉동 사이클**이 있다.

Q 예제 8-4

그림과 같은 증기압축 냉동기의 성적계수는 얼마인가?

해설 $q_2 = h_1 - h_4 = 1590 - 502 = 1088 \text{ kJ/kg}$

$w = h_2 - h_1 = 2176 - 1590 = 586 \text{ kJ/kg}$

$\therefore \varepsilon_R = \dfrac{q_2}{w} = \dfrac{1088}{586} = 1.86$

정답 $\varepsilon_R = 1.86$

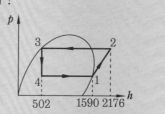

4. 냉매

넓은 뜻에서 냉매라고 하면 냉동효과를 높이는 데 사용하는 동작유체를 말하며 암모니아(NH_3), 탄산가스(CO_2), 할로겐(halogen)화 탄화수소, 프레온(freon)-12(F-12, CF_2Cl_2), 프레온-11(F-11, $CFCl_3$), 프레온-22(F-22, CHF_2Cl) 등이 있다.

다음은 냉매가 갖추어야 할 성질들이다.

① 응축압력이 적당할 것

② 증발온도에서의 압력이 대기압 이상이 될 것

③ 증발잠열이 크고, 증발가스의 비체적이 작을 것

④ 임계온도가 높을 것

⑤ 사이클 중의 온도와 압력에서 화학적으로 안정되고, 장치를 구성하는 재료를 부식시키지 않을 것

⑥ 윤활유와 결합하여 녹지 않을 것

⑦ 조작이 쉽고, 가격이 저렴할 것
⑧ 독성이나 가연성이 적고 새지 않으며, 새더라도 발견이 쉬울 것

5. 냉동능력의 표시방법

저열원으로부터 냉매 1 kg이 흡수하는 열량 q_2를 **냉동효과**(冷凍效果)라고 하며, 냉동기의 냉동능력을 표시하는 방법에는 다음과 같은 것들이 있다.

(1) 냉동능력

냉동기가 단위시간(1초) 당 저열원으로부터 흡수하는 열량을 **냉동능력**(冷凍能力)이라고 하며, 단위는 W(J/s)이며, 실용단위로 kW, MW로 표시한다. 일부 제빙업체 등에서는 아직도 냉동톤(RT, refringeration ton) 단위를 사용하고 **1냉동톤**은 0℃의 물 1 ton (1000 kgf)을 1일간(24시간)에 0℃의 얼음으로 냉동시키는 능력을 말한다. 물의 응고열 (얼음의 융해열)은 333.6 kJ/kg이므로 1 RT(냉동톤)와 kW의 관계는 다음과 같다.

$$1\,RT = \frac{1000\,kg \times 333.6\,kJ/kg}{24h \times 3600} = 3.861\,kW \quad\cdots\cdots(8\text{-}3)$$

또 A.S.R.E.(American Society of Refrigerating Engineers)에서 채용되고 있는 표준 냉동톤은 32℉의 얼음 1톤(2000 lb)을 24시간 동안에 32℉의 물로 만드는 데 필요한 열량이다. 따라서, 얼음의 융해열은 144 Btu/lb이므로

$$1RT = 144 \times 2000 = \frac{288000\,Btu}{24\,h} = 12000\,Btu/h \quad\cdots\cdots(8\text{-}4)$$

(2) 냉동률

단위 시간당의 동력으로 발생시킬 수 있는 냉동능력을 **냉동률**(冷凍率)이라고 하며, 다음 식과 같다.

$$1\ 냉동률 = \frac{냉매순환량\ m\,[kg/h] \times 저열원에서\ 흡입한\ 열량\ q_2\,[kJ/kg]}{이론\ 지시동력\ L_i\,[kW]}$$

$$= \frac{저열원에서\ 1시간당\ 흡입한\ 열량\ Q_2\,[kJ/h]}{이론\ 지시동력\ L_i\,[kW]} \quad\cdots\cdots(8\text{-}5)$$

연·습·문·제

1. 저온실로부터 46.4 kW의 열을 흡수할 때 10 kW의 동력을 필요로 하는 냉동기의 성능계수(성적계수)를 구하여라.

2. 성능계수가 3.2인 냉동기가 시간당 20 MJ의 열을 흡수한다. 이 냉동기를 작동하기 위한 동력은 몇 kW인가?

3. 역카르노 사이클로 300 K와 240 K 사이에서 작동하고 있는 냉동기가 있다. 이 냉동기의 성능계수를 구하여라.

4. 냉동 효과가 70 kW인 카르노 냉동기의 방열기 온도가 20℃, 흡열기 온도가 −10℃이다. 이 냉동기를 운전하는 데 필요한 이론 동력(일률)은 몇 kW인가?

5. 고열원의 온도가 157℃이고, 저열원의 온도가 27℃인 카르노 냉동기의 성적계수를 구하여라.

6. 여름철 외기의 온도가 30℃일 때 김치냉장고의 내부를 5℃로 유지하기 위해 3 kW의 열을 제거해야 한다. 필요한 최소 동력은 몇 kW인가? (단, 이 냉장고는 카르노 냉동기이다.)

7. 그림의 증기압축 냉동사이클이 열펌프로 사용될 때의 성능계수는 냉동기로 사용될 때의 성능계수의 몇 배인가? (단, 각 지점에서의 엔탈피는 $h_1 = 180$ kJ/kg, $h_2 = 210$ kJ/kg, $h_3 = h_4 = 50$ kJ/kg이다.)

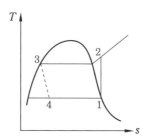

8. 역 카르노 사이클로 작동하는 증기압축 냉동사이클에서 고열원의 절대온도를 T_H, 저열원의 절대온도를 T_L이라 할 때, $\dfrac{T_H}{T_L} = 1.6$이다. 이 냉동사이클이 저열원으로부터 2.0 kW의 열을 흡수한다면 소요 동력은 몇 kW인가?

9. 압축기 입구 온도가 −10℃, 압축기 출구 온도가 100℃, 팽창기 입구 온도가 5℃, 팽창기 출구 온도가 −75℃로 작동되는 공기 냉동기의 성능계수를 구하여라. (단, 공기의 C_p는 1.0035 kJ/kg·℃로서 일정하다.)

10. 증기 압축 냉동 사이클로 운전하는 냉동기에서 압축기 입구, 응축기 입구, 증발기 입구의 엔탈피가 각각 387.2 kJ/kg, 435.1 kJ/kg, 241.8 kJ/kg일 경우 성능계수를 구하여라.

11. 어떤 냉매를 사용하는 냉동기의 압력−엔탈피 선도($p-h$ 선도)가 다음과 같다. 여기서 각각의 엔탈피는 $h_1 = 1638$ kJ/kg, $h_2 = 1983$ kJ/kg, $h_3 = h_4 = 559$ kJ/kg일 때 성적계수를 구하여라. (단, h_1, h_2, h_3, h_4는 $p-h$ 선도에서 각각 1, 2, 3, 4에서의 엔탈피를 나타낸다.)

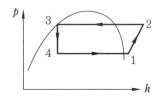

12. 냉동실에서의 흡수열량이 5 냉동톤(RT)인 냉동기의 성능계수(COP)가 2, 냉동기를 구동하는 가솔린 엔진의 열효율이 20 %, 가솔린의 발열량이 43000 kJ/kg일 경우, 냉동기 구동에 소요되는 가솔린의 소비율은 몇 kg/h인가? (단, 1 냉동톤은 약 3.86 kW이다.)

부록 1

1. 그리스(희랍) 문자

A	α	Alpha	N	ν	Nu
B	β	Beta	Ξ	ξ	Xi
Γ	γ	Gamma	O	o	Omicron
Δ	δ	Delta	Π	π	Pi
E	ε	Epsilon	P	ρ	Rho
Z	ζ	Zeta	Σ	σ	Sigma
H	η	Eta	T	τ	Tau
Θ	θ	Theta	Υ	υ	Upsilon
I	ι	Iota	Φ	ϕ	Phi
K	k	Kappa	X	χ	Chi
Λ	λ	Lambda	Ψ	φ	Psi
M	μ	Mu	Ω	ω	Omega

2. 평면의 면적과 도심의 위치

명칭	치수	면적	도심의 위치
삼각형		$A = \dfrac{ah}{2} = \dfrac{ab\sin\alpha}{2}$ $= \sqrt{S(S-a)(S-b)(S-c)}$ $S = \dfrac{a+b+c}{2}$	$\bar{x} = \dfrac{h}{3}$
직삼각형		$A = \dfrac{bh}{2}$	$\bar{x} = \dfrac{b}{3}$

명칭	치수	면적	도심의 위치
직사각형		$A = ab$	$\bar{x} = \dfrac{b}{2}$
평행사변형		$A = ah$ $h = \sqrt{b^2 - c^2}$	$\bar{x} = \dfrac{h}{2}$
사다리꼴		$A = \dfrac{(a+b)}{2}\,h$	$\bar{x} = \dfrac{h}{3} \times \left(\dfrac{a+2b}{a+b}\right)$
원		$A_1 = \dfrac{\pi d^2}{4}$ $A_2 = \dfrac{\pi}{4}(D^2 - d^2)$	$\bar{x}_1 = \dfrac{d}{2}$ $\bar{x}_2 = \dfrac{D}{2}$
반원 · 반원호		$A = \dfrac{\pi}{2^3}d^2$ $S = \dfrac{\pi}{2}d$ (호의 길이)	$\bar{x}_1 = \dfrac{4r}{3\pi}$ $\bar{x}_2 = \dfrac{2r}{\pi}$
원분		$A = \dfrac{br}{2} = \dfrac{\phi°}{360}\pi r^2$	$\bar{x} = \dfrac{2}{3} \cdot \dfrac{c}{b} \cdot r = \dfrac{r^2 c}{3A}$ $b = r \cdot \dfrac{\pi}{180} \cdot \phi°$
부채꼴		$A = \dfrac{\phi°\pi}{360}(R^2 - r^2)$	$\bar{x} = \dfrac{2}{3} \times \dfrac{R^3 - r^3}{R^2 - r^2}$ $\sin\alpha\dfrac{180}{\alpha°\phi}$

3. 각종 단면형의 성질

번호	단면형	A	I	Z	k^2
1		bh	$\dfrac{1}{12}bh^3$	$\dfrac{1}{6}bh^2$	$\dfrac{1}{12}h^2\,(k=0.289h)$
2		$b(h_2-h_1)$	$\dfrac{1}{12}b(h_2^3-h_1^3)$	$\dfrac{1}{6}\dfrac{b(h_2^3-h_1^3)}{h_2}$	$\dfrac{1}{12}\dfrac{h_2^3-h_1^3}{h_2-h_1}$
3		h^2	$\dfrac{1}{12}h^4$	$\dfrac{1}{6}h^3$	$\dfrac{1}{12}h^2$
4		$h_2^2-h_1^2$	$\dfrac{1}{12}\left(h_2^4-h_1^4\right)$	$\dfrac{1}{6}\dfrac{\left(h_2^4-h_1^4\right)}{h_2}$	$\dfrac{1}{12}\left(h_2^2+h_1^2\right)$
5		h^2	$\dfrac{1}{12}h^4$	$\dfrac{\sqrt{2}}{12}h^3$	$\dfrac{1}{12}h^2$
6		$h_2^2-h_1^2$	$\dfrac{1}{12}\left(h_2^4-h_1^4\right)$	$\dfrac{\sqrt{2}}{12}\dfrac{h_2^4-h_1^4}{h_2}$	$\dfrac{1}{12}\left(h_2^2+h_1^2\right)$
7		$\dfrac{1}{2}bh$	$\dfrac{1}{36}bh^3$	$e_1=\dfrac{2}{3}h,\ \ e_2=\dfrac{1}{3}h$ $Z_1=\dfrac{1}{24}bh^2$ $Z_2=\dfrac{1}{12}bh^2$	$\dfrac{1}{18}h^2\,(k=0.236h)$
8		$\dfrac{3\sqrt{3}}{2}b^2=2.60b^2$	$\dfrac{5\sqrt{3}}{16}b^4=0.5413b^4$	$e=\dfrac{\sqrt{3}}{2}b=0.866b$ $Z=\dfrac{5}{8}b^3=0.625b^3$	$\dfrac{5}{24}b^2\,(k=0.456b)$

번호	단면형	A	I	Z	k^2
9		$\dfrac{3\sqrt{3}}{2}b^2$ $=2.60b^2$	$\dfrac{5\sqrt{3}}{16}b^4$ $=0.5413b^4$	$e=b$ $\left(\dfrac{5\sqrt{3}}{16}b^3=0.5413b^2\right)$	$\dfrac{5}{24}b^2$ $(k=0.456b)$
10		$2.8284r^2$	$\dfrac{1+2\sqrt{2}}{6}r^4$ $=0.6381r^4$	$0.6906r^3$	$0.2256r^2$ $(k=475r)$
11	정다각형 $n=$변수, $a=$변의 길이 $r_2=$외접원의 반경 $r_1=$내접원의 반경(축은 상기의 팔각형과 같음)	$\dfrac{1}{2}nar_1$	$\dfrac{A}{24}(6r_2^2-a^2)$ $=\dfrac{A}{48}\times(12r_1^2+a^2)$	$\dfrac{1}{r^2\cos\pi/n}=\dfrac{Ar_2}{4}$ (n이 클 경우)	$\dfrac{1}{24}(6r_2^2-a^2)$
12		$h\left(b+\dfrac{1}{2}b_1\right)$	$\dfrac{6b^2+6bb_1+b_1^2}{36(2b+b_1)}\times h^3$	$e_1=\dfrac{1}{3}\dfrac{3b+2b_1}{2b+b_1}h$ $Z_1=\dfrac{6b^2+6bb_1+b_1^2}{12(3b+2b_1)}h^2$	$\dfrac{6b^2+6bb_1+b_1^2}{18(2b+b_1)^2}h$
13		$b_2h_2-b_1h_1$	$\dfrac{1}{12}\left(b_2h_2^3-b_1h_1^3\right)$	$\dfrac{b_1h_2^3-b_2h_1^3}{6h_2}$	$\dfrac{1}{12}\dfrac{b_2h_2^3-b_1h_1^3}{b_2h_2-b_1h_1}$
14		$b_1h_1-b_2h_2$	$\dfrac{1}{12}\left(b_1h_1^3-b_2h_2^3\right)$	$\dfrac{b_1h_1^3+b_2h_2^3}{6h_2}$	$\dfrac{1}{12}\dfrac{b_1h_1^1+b_2h_2^3}{b_1h_1+b_2h_2}$
15		$b_1h_1+b_2h_2$	$\dfrac{1}{3}(b_3e_2^3-b_1h_3^3$ $+b_2e_1^3)$	$e^2=\dfrac{b_1h_1^2+b_2h_2^2}{2(b_1h_1+b_2h_2)}$ $e_1=h_2-e_2$	$\dfrac{b^3e_2^3-b_1h_3^3+b_2e_1^3}{3(b_1h_1+b_2h_2)}$
16		$b_1h_1+b_2h_2$ $+b_3h_3$	$\dfrac{1}{3}(b_4e_1^3-b_1h_5^3$ $+b_5e_2^3-b_3h_4^3)$	$e_2=\dfrac{b_2h_2^2+b_3h_3^2+b_1h_1(2h_2-h_1)}{2(b_1h_1+b_2h_2+b_3h_3)}$	

번호	단면형	A	I	Z	k^2
17		$\dfrac{\pi}{4}d^2$	$\dfrac{\pi}{64}d^4$	$\dfrac{\pi}{32}d^3$	$\dfrac{1}{16}d^2$
18		$\dfrac{\pi}{4}\left(d_2^2-d_1^2\right)$	$\dfrac{\pi}{64}\left(d_2^4-d_1^4\right)$	$\dfrac{\pi}{32}\times\dfrac{d_2^4-d_1^4}{d_2}$	$\dfrac{1}{16}\left(d_2^2+d_1^2\right)$
19		$\dfrac{\pi}{2}r^3$	$\left(\dfrac{\pi}{8}-\dfrac{8}{9\pi}\right)r^4=0.1098r^4$	$e_1=0.5756r$ $e_2=0.4244r$ $Z_1=0.1908R^3$ $Z_2=0.2587r^3$	$\dfrac{9\pi^2-64}{36\pi^2}r^2=0.0697r^2$ $(k=0.264r)$
20		$\dfrac{\pi}{2}\left(r_2^2-r_1^2\right)$	$\dfrac{0.1098\left(r_2^4-r_1^4\right)-0.283r_2^2r_1^2\left(r_2-r_1\right)}{r_2+r_1}$ $\fallingdotseq 0.3tr_m^3$ (t/r_m가 작을 경우)	$e_2=\dfrac{4\left(r_2^2+r_2r_1+r_1^2\right)}{3\pi\left(r_2+r_1\right)}$ $e_1=r_2-e_2$	$\fallingdotseq 0.096r_m^2$ $(k\fallingdotseq 0.31r_m)$
21		πab	$\dfrac{\pi}{4}a^3b$	$\dfrac{\pi}{4}a^2b$	$\dfrac{1}{4}a^2$
22		$\pi\left(a_2b_2-a_1b_1\right)$	$\dfrac{\pi}{4}\left(a_2^3b_2-a_1^3b_1\right)$ $\fallingdotseq\dfrac{\pi}{4}a_2^2\left(a_2+3b_2\right)t$	$\dfrac{\pi}{4}\dfrac{a_2^3b_2-a_1^3b_1}{a_2}$ $\fallingdotseq\dfrac{\pi}{4}a_2\left(a_2+3b_2\right)t$	$\dfrac{1}{4}\cdot\dfrac{a_2^3b_2-a_1^3b_1}{a_2b_2-a_1b_1}$ $\fallingdotseq\dfrac{1}{4}\cdot\dfrac{a_2^2\left(a_2+3b_2\right)}{a_2+b_2}$
23		$\dfrac{\pi}{2}ab$	$0.10975a^3b$	$e_1=0.4244a$ $e_2=0.5756a$ $Z_1=0.2586a^2b$ $Z_2=0.1907a^2b$	
24		$\dfrac{4}{3}bh$	$\dfrac{16}{175}bh^3=0.0914bh^3$	$e_1=\dfrac{2}{5}h$ $e_2=\dfrac{3}{5}h$ $Z_1=0.2286bh^2$ $Z_2=0.1524bh^2$	$\dfrac{12}{175}h^2=0.0686h^2$

4. 보의 공식집

번호	전단력 선도, 굽힘 모멘트 선도	반력 R 및 전단력 F	굽힘 모멘트 M	처짐 y	처짐각 $\theta = \dfrac{dy}{d_x}$
1		$R = P$ $0 \leq X < A$; $F = 0$ $a < x < l$; $F = -P$ $F_{\max} = -P$	$0 \leq x \leq a$; $M = 0$ $a \leq x \leq l$; $M = -P(x-a)$ $x = l$ $M_{\max} = -Pb$	$a \leq x \leq l$; $y = \dfrac{Pb^3}{3EI}$ $\left\{1 - 3\dfrac{X-a}{2b} + \dfrac{(x-a)^3}{2b^3}\right\}$ $x = 0$; $y_{\max} = \dfrac{Pb^3}{3EI}\left(1 + \dfrac{3a}{2b}\right)$ $y_{x=a} = \dfrac{Pb^3}{3EI}$	$a \leq x \leq l$; $\theta = -\dfrac{Pb^2}{2EI} \cdot$ $\left\{1 - \dfrac{(x-a)^2}{b^2}\right\}$ $0 \leq x \leq a$; $\theta_{\max} = -\dfrac{Pb^2}{2EI}$
2		$R = wl$ $F = -wx$ $x = l$; $F_{\max} = -wl$	$M = -\dfrac{wx^2}{2}$ $x = l$; $M_{\max} = -\dfrac{wl^2}{2}$	$y = \dfrac{w}{24EI}$ $\left(x^4 - 4l^3 x + 3l^4\right)$ $x = 0$; $y_{\max} = \dfrac{wl^4}{8EI}$	$\theta = -\dfrac{wl^3}{6EI}\left(1 - \dfrac{x^3}{l^3}\right)$ $x = 0$; $\theta_{\max} = -\dfrac{wl^3}{6EI}$ $= -\dfrac{4}{3l}y_{\max}$
3		$R = \dfrac{w_0 l}{2} = P$ $F = -\dfrac{w_0 9 x^2}{2l}$ $= -\dfrac{Px^2}{l^2}$ $x = 1$; $F_{\max} = -\dfrac{w_0 l}{2}$ $= -P$	$M = -\dfrac{w_0 x^3}{6l}$ $= \dfrac{-px^3}{3l^2}$ $x = l$; $M_{\max} = -\dfrac{w_0 l^2}{6}$ $= -\dfrac{Pl}{3}$	$Y = \dfrac{Pl^3}{15EI}$ $\left(1 - \dfrac{5x}{4l} + \dfrac{x^5}{45l^5}\right)$ $x = 0$; $y_{\max} = \dfrac{Pl^3}{15EI}$	$\theta = -\dfrac{Pl^2}{12EI}\left(1 - \dfrac{x^4}{l^4}\right)$ $x = 0$; $\theta_{\max} = -\dfrac{Pl^3}{12EI}$ $= -\dfrac{5}{4l}y_{\max}$
4		$R_1 = \dfrac{Pb}{l}$ $R_2 = \dfrac{Pa}{l}$ $0 < x < l_1$; $F = \dfrac{Pb}{l}$ $a < x < l$; $F = -\dfrac{Pa}{l}$	$0 \geqq x \leq a$; $M = \dfrac{Pbx}{l}$ $a \leq x \leq l$; $M = \dfrac{Pa(l-x)}{l}$ $x = a$; $M_{\max} = \dfrac{Pab}{l}$	$0 \leq x \leq a$; $y = \dfrac{Pbx}{6lEI}\left(l^2 - b^2 - x^2\right)$ $x = \dfrac{\sqrt{l^2 - b^2}}{\sqrt{3}}$;(단 $a > b$) $y_{\max} = \dfrac{Pb(l^2 - b^2)^{\frac{3}{2}}}{9\sqrt{3}\,lEI}$ $Y_{x=\frac{1}{2}} = \dfrac{Pb}{48EI}(3l^2 - 4b^2)$ $y_{x=a} = \dfrac{Pa^2 b^2}{3lEI}$	$\theta \leq x \leq a$; $\theta = \dfrac{Pb}{6lEI}$ $\left(l^2 - b^2 - 3x^2\right)$ $\theta_1 = \dfrac{Pb(l^2 - b^2)}{6lEI}$ $\theta_2 = \dfrac{-Pa(l^2 - a^2)}{6lEI}$ $\theta_{x=a} = \dfrac{-Pab(a-b)}{3lEI}$

번호	전단력 선도, 굽힘 모멘트 선도	반력 R 및 전단력 F	굽힘 모멘트 M	처짐 y	처짐각 $\theta = \dfrac{dy}{d_x}$
5		$R_1 = R_2 = \dfrac{wl}{2}$ $F = \dfrac{wl}{2} - wx$ $F_{\max} = \pm \dfrac{wl}{2}$	$M = \dfrac{wl}{2}x - \dfrac{w}{2}x^2$ $x = \dfrac{l}{2}$; $M_{\max} = \dfrac{wl^2}{8}$	$y = \dfrac{wx}{24EI}\left(l^3 - 2lx^2 + x^3\right)$ $x = \dfrac{l}{2}$; $y_{\max} = \dfrac{5wl^4}{384EI}$	$\theta = \dfrac{wl^3}{24EI}$ $\left(1 - \dfrac{6x^2}{l^2} + \dfrac{4x^3}{l^3}\right)$ $\left.\begin{array}{l} x = 0 \\ x = l \end{array}\right\}$; $\theta_{\max} = \pm \dfrac{wl^3}{24EI}$ $= \pm \dfrac{16}{5l}y_{\max}$
6		$R_1 = \dfrac{w_0 l}{6} = \dfrac{P}{3}$ $R_2 = \dfrac{w_0 l}{3} = \dfrac{2p}{3}$ $F = \dfrac{w_0}{6l}\left(l^2 - 3x^2\right)$ $= \dfrac{P}{3}\left(1 - \dfrac{3x^2}{l^2}\right)$ $x = l$; $F_{\max} = \dfrac{2}{3}P$	$M = \dfrac{w_0}{6l}\left(l^2 - x^2\right)x$ $= \dfrac{Px}{3}\left(1 - \dfrac{x^2}{l^2}\right)$ $x = \dfrac{1}{\sqrt{3}}$; $M_{\max} = \dfrac{w_0 l^2}{9\sqrt{3}}$ $= 0.1283Pl$	$y = \dfrac{Pl^3}{180EI}\dfrac{x}{l}$ $\left(7 - 10\dfrac{x^2}{l^2} + 3\dfrac{x^4}{l^4}\right)$ $x = l\sqrt{1 - \sqrt{8/15}}$ $= 0.51931l$; $y_{\max} = 0.01305\dfrac{Pl^3}{EI}$ $y_{x=\frac{l}{2}} = 0.01302\dfrac{Pl^3}{EI}$	$\theta = \dfrac{Pl^2}{180EI}$ $\left(7 - 30\dfrac{x^2}{l^2} + 15\dfrac{x^4}{l^4}\right)$ $\theta_1 = 0.0389\dfrac{Pl^2}{EI}$ $\theta_2 = -0.0445\dfrac{Pl^2}{EI}$
7		$R_1 = \dfrac{M_2 - M_1}{L}$ $R_2 = \dfrac{M_2 - M_1}{l}$ $F = \dfrac{M_2 - M_1}{l}$	$M = \dfrac{M_2}{l}x + \dfrac{M_1}{l}$ $(1-x)$	$y = \dfrac{M_1 l^2}{6EI}\dfrac{x}{l}$ $\left\{\left(2 + \dfrac{M_2}{M_1}\right) - \dfrac{3x}{l}\right.$ $\left. - \left(\dfrac{M_2}{M_1} - 1\right)\dfrac{x^2}{l^2}\right\}$	$\theta = \dfrac{M_1 l}{6EI}$ $\left\{2 + \dfrac{M_2}{M_1} - \dfrac{6x}{l}\right.$ $\left. - 3\left(\dfrac{M_2}{M_1} - 1\right)\dfrac{x^2}{l^2}\right\}$ $\theta_1 = \dfrac{(2M_1 + M_2)l}{6EI}$ $\theta_2 = -\dfrac{(M_2 + 2M_2)l}{6EI}$
8		$R_1 = \dfrac{l}{b}P$ $R_2 = -\dfrac{a}{b}P$ $0 < x < a$; $F = -P$ $a < x < l$; $F = \dfrac{a}{b}P$	$0 \leq x \leq a$; $M = -Px$ $a \leq x \leq l$; $M =$ $-\dfrac{Pa(l-x)}{l}$ $x = a$; $M_{\max} = -Pa$	$0 \leq x \leq a$; $y = \dfrac{Pa^3}{3EI}$ $\left\{\dfrac{l}{a} - \left(\dfrac{3}{2} + \dfrac{b}{a}\right)\right.$ $\left.\dfrac{x}{a} - \dfrac{x^3}{2a^3}\right\}$ $x = 0$; $y_{\max} = \dfrac{Pa^2 l}{3EI}$ $x_{x=a} = 0$ $y_{x=l-\frac{b}{2}} = -\dfrac{Pab^2}{16EI}$	$0 \leq x \leq a$; $\theta = -\dfrac{Pa^2}{2EI}$ $\left(1 + \dfrac{2}{3}\dfrac{b}{a} - \dfrac{x^2}{a^2}\right)$ $x = 0$; $\theta_{\max} = -\dfrac{Pa^2}{2EI}$ $\left(1 + \dfrac{2}{3}\dfrac{b}{a}\right)$ $\theta_{x=a} = -\dfrac{Pab}{3EI}$

번호	전단력 선도, 굽힘 모멘트 선도	반력 R 및 전단력 F	굽힘 모멘트 M	처짐 y	처짐각 $\theta=\dfrac{dy}{d_x}$
9		$R_1=R_2=P$ $0<x<a$; $F=-P$ $a<x<(a+b)$ $F=0$ $(a+b)<x<l$ $F=P$	$0\leq x\leq a$; $M=-Px$ $a\leq x\leq(a+b)$; $M=-Pa$ $x=a\sim(a+b)$; $M_{max}=-Pa$	$0\leq x\leq a$; $y=\dfrac{Pa^3}{6EI}\left\{2+\dfrac{3b}{a}\right.$ $\left.-\dfrac{3(a+b)}{a^2}x+\dfrac{x^3}{a^3}\right\}$ $a\leq x\leq(a+b)$; $y=\dfrac{Pa^3}{6EI}\left\{2+\dfrac{3b}{a}\right.$ $\left.-\dfrac{3(a+b)}{a^2}x+\dfrac{x^3}{a^3}\right\}$ $-\dfrac{P(x-a)^3}{6EI}$ $y_1=\dfrac{Pa^3}{3EI}\left(1+\dfrac{3}{2}+\dfrac{b}{a}\right)$ $y_2=-\dfrac{Pab^2}{8EI}$	$0\leq x\leq a$; $\theta=-\dfrac{Pa^2}{2EI}$ $\left(1+\dfrac{b}{a}-\dfrac{x^2}{a^2}\right)$ $a\leq x\leq(a+b)$; $\theta=-\dfrac{Pa^2}{2EI}$ $\left(1+\dfrac{b}{a}-\dfrac{x^2}{a^2}\right)$ $-\dfrac{P(x-a)^2}{2EI}$ $\theta_{x=0}=\dfrac{Pa(a+b)}{2EI}$ $\theta_{x=a}=\dfrac{Pab}{2EI}$
10		$R_1=R_2=\dfrac{wl}{2}$ $0<x<a$; $F=-wx$ $a<x<(a+b)$; $F=w\left(\dfrac{1}{2}-x\right)$	$0\leq x\leq a$; $M=-\dfrac{wx^2}{2}$ $a\leq x\leq(a+b)$; $M=-\dfrac{w}{2}$ $\{x(x-1)+la\}$ $M_1=M_{x=\frac{1}{2}}$ $=\dfrac{wa^2}{2}$ $M_2=M_{x=\frac{1}{2}}$ $=\dfrac{wl^2}{2}\left(-\dfrac{1}{4}-\dfrac{a}{l}\right)$ $a>\dfrac{2}{\sqrt{2}}-\dfrac{1}{2}l$; M_1이 최대, 반대이면 M_2가 최대	$0\leq x\leq a$; $y=\dfrac{wl^4}{24EI}$ $\left\{\dfrac{x^4}{l^4}+\left(\dfrac{6a^2}{l^3}-\dfrac{6l}{l^2}+\dfrac{1}{l}\right)\right.$ $x-\left(\dfrac{a^4}{l^4}+\dfrac{6a^3}{l^3}\right.$ $\left.\left.-\dfrac{6a^2}{l^2}+\dfrac{a}{l}\right)\right\}$ $a\leq x\leq(a+b$; $)$ $y=\dfrac{wl^4}{24EI}$ $\left\{\dfrac{x^4}{l^4}+\left(\dfrac{2x^3}{l^3}+\dfrac{6ax^2}{l^3}\right.\right.$ $\left.+\left(1-\dfrac{6a}{l}\right)\dfrac{x}{l}-\left(\dfrac{a^4}{l^4}\right.\right.$ $\left.\left.-\dfrac{4a^3}{l^3}-\dfrac{6a^3}{l^2}+\dfrac{a}{l}\right)\right\}$ $x=0$; $y_1=\dfrac{wa}{24EI}$ $(3a^2+6a^2b-b^3)$, $x=\dfrac{l}{2}$ $y_2=\dfrac{wb^2}{384EI}(5b^2-24a^2)$	$0\leq x\leq a$; $\theta=\dfrac{wl^3}{EI}\left\{\dfrac{2x^3}{3l^3}\right.$ $\left.+\left(\dfrac{a^2}{l^2}-\dfrac{a}{l}+\dfrac{1}{6}\right)\right\}$ $a\leq x\leq(a+b)$; $\theta=\dfrac{wl^3}{4EI}$ $\left\{\dfrac{2}{3}\dfrac{x^3}{l^3}-\dfrac{x^2}{l^3}+\dfrac{2ax}{l^2}\right.$ $\left.+\left(\dfrac{1}{6}-\dfrac{a}{l}\right)\right\}$ $\theta_{x=0}=\dfrac{wl^3}{4EI}$ $\left(\dfrac{a^2}{b}-\dfrac{a}{l}+\dfrac{1}{6}\right)$ $\theta_{x=a}=\dfrac{wl^3}{4EI}$ $\left(\dfrac{2}{3}\dfrac{a^3}{l^3}+\dfrac{a^2}{l^2}-\dfrac{a}{l}\right.$ $\left.+\dfrac{1}{6}\right)$

번호	전단력 선도, 굽힘 모멘트 선도	반력 R 및 전단력 F	굽힘 모멘트 M	처짐 y	처짐각 $\theta = \dfrac{dy}{d_x}$
11		$R_1 = \dfrac{Pb^2(3l-b)}{2l^3}$ $R_2 = \dfrac{Pa(3l^2-a^2)}{2l^3}$ $0 < x < a$; $F = R_1$ $a < x < l$; $F = -R_2$	$0 \le x \le a$; $M = \dfrac{Pb^2(2l+a)}{2l^3} x$ $a \le x \le l$; $M = \dfrac{Pb^2(2l+a)}{2l^3} x$ $\quad -p(x-a)$ $M_2 =$ $\quad -\dfrac{Pa(l^2-a^2)}{2l^3}$ $M_1 =$ $\quad -\dfrac{Pal^2(2l+a)}{2l^3}$	$0 \le x \le a$; $y = \dfrac{Pa^2}{12EI}$ $\left\{ \dfrac{3ax}{l} - \dfrac{(2l+a)x^3}{l^3} \right\}$ $a \le x \le l$; $y = \dfrac{Pb^2}{12EI}$ $\left\{ \dfrac{3ax}{l} - \dfrac{(2l+a)x^3}{l^3} \right\}$ $\quad + \dfrac{P(x-a)^3}{6EI}$ $y_{x=a} = \dfrac{Pa^2b^3(3l+a)}{12EIl^3}$	$0 \le x \le a$; $\theta = \dfrac{Pb^2}{4EI}$ $\left\{ \dfrac{a}{l} - \dfrac{(2l+a)}{l^3} x^2 \right\}$ $a \le x \le l$; $\theta = \dfrac{Pb^2}{4EI}$ $\left\{ \dfrac{a}{l} - \dfrac{(2l+a)x^2}{l^3} \right\}$ $\quad + \dfrac{P(x-a)^2}{2EI}$ $x = 0$; $\theta_{\max} = \dfrac{Pab^2}{4l\,EI}$
12		$R_1 = \dfrac{3}{8} wl$ $R_2 = \dfrac{5}{8} wl$ $F = w\left(\dfrac{3}{8}l - x\right)$ $x = l$; $F_{\max} = -\dfrac{5}{8} wl$	$M = \dfrac{wlx}{2}$ $\quad \cdot \left(\dfrac{3}{4} - \dfrac{x}{l}\right)$ $x \le l$; $M_{\max} = -\dfrac{wl^2}{8}$ $M_{x=\frac{3}{8}}$ $l = \dfrac{9}{128} wl^2$	$y = \dfrac{wl^4}{48EI}$ $\left(\dfrac{x}{l} - \dfrac{3x^3}{l^3} + \dfrac{2x^4}{l^4}\right)$ $y_{x=\frac{1}{2}} = \dfrac{wl^4}{192EI}$ $y_{x=\frac{3}{8}} = \dfrac{wl^4}{187.2EI}$ $x = \dfrac{1+\sqrt{33}}{16} l$ $\quad = 0.4215l$; $y_{\max} = \dfrac{wl^4}{184.6EI}$	$\theta = \dfrac{wl^2}{48EI} \cdot$ $\left(1 - \dfrac{9x^2}{l^2} + \dfrac{8x^3}{l^3}\right)$ $x = 0$; $\theta_{\max} = \dfrac{wl^3}{48EI}$
13		$R_1 = R_2 = \dfrac{wl}{2}$ $F = w\left(\dfrac{1}{2} - x\right)$ $\left. \begin{matrix} x = 0 \\ x = l \end{matrix} \right\}$; $F_{\max} = \pm \dfrac{wl}{2}$	$M = -\dfrac{wl^2}{12}$ $\left(1 - 6\dfrac{x}{l} + 6\dfrac{x^2}{l^2}\right)$ $\left. \begin{matrix} x = 0 \\ x = l \end{matrix} \right\}$; $M_{\max} = -\dfrac{wl^2}{12}$ $M_{x=\frac{l}{2}} = \dfrac{wl^2}{24}$	$y = \dfrac{wl^2 x^2}{24EI} \left(1 - \dfrac{x}{l}\right)^2$ $x = \dfrac{l}{2}$; $y_{\max} = \dfrac{wl^4}{384EI}$	$\theta = \dfrac{wl^2 x}{12EI}\left(1 - \dfrac{x}{l}\right)$ $\left(1 - \dfrac{2x}{l}\right)$

번호	전단력 선도, 굽힘 모멘트 선도	반력 R 및 전단력 F	굽힘 모멘트 M	처짐 y	처짐각 $\theta = \dfrac{dy}{d_x}$
14	$R_1 \dfrac{Pb^2(3x+b)}{l^3}$ $R_2 = \dfrac{Pa^2(a+3b)}{P}$ $0 < x < a$; $F = \dfrac{Pb^2(3a+b)}{l^3}$ $a < x < l$; $F = \dfrac{-Pa^2(a+3b)}{l^3}$	$0 \leq x \leq a$; $M = \dfrac{Pb^2}{l^2}$ $\left\{ \dfrac{(3a+b)x}{l} - a \right\}$ $a \leq x \leq l$; $y = \dfrac{Pb^2}{l^2} \left\{ (a+2b) - \dfrac{(a+3b)}{l}x \right\}$ $x = 0$; $M_1 = -\dfrac{Pab^2}{l^2}$ $x = l$; $M_2 = -\dfrac{Pa^2b}{l^2}$ $x = a$; $M_3 = -\dfrac{2Pa^2b^2}{l^3}$	$0 \leq x \leq a$; $y = \dfrac{Pb^2x^2}{6lEI}$ $\left\{ \dfrac{3a}{l} - \dfrac{(3a+b)}{l^2}x \right\}$ $a \leq x \leq l$; $y = \dfrac{Pb^2x^2}{6lEI}$ $\left\{ \dfrac{3a}{l} - \dfrac{(3a+b)}{l^2}x \right\}$ $+ \dfrac{P(x-a)^3}{6EI}$ $x = a$; $y_1 = \dfrac{Pa^3b^3}{3l^3EI}$, $a > b$일 때 $x = \dfrac{2al}{3a+b}$; $y_{max} = \dfrac{2Pa^3b^2}{3EI(3a+b)^2}$ $y_{x=\frac{l}{2}} = \dfrac{pb^2(3a-b)}{48EI}$	$0 \leq x \leq a$; $\theta = \dfrac{Pb^2x}{2lEI}$ $\left\{ \dfrac{2a}{l} - \dfrac{(3a+b)}{l^2}x \right\}$ $a \leq x \leq l$; $\theta = \dfrac{Pb^2x}{2lEI}$ $\left\{ \dfrac{2a}{l} - \dfrac{(3a+b)}{l^2}x \right\}$ $+ \dfrac{P(x-a)^2}{2EI}$ $\theta_{x=a} = -\dfrac{Pa^2b^2(a-b)}{2l^3EI}$

5. 각종 금속재료의 기계적 성질

재료	파괴응력(MPa)			파괴응력(psi)		
	인장	압축	전단	인장	압축	전단
연철	330~400	330~400	260~330	49500	49500	3700
연강	340~450	340~450	290~400	48365~64012.5	48365~64012.5	412525~56900
주강	350~700	350~700		67000	71125~105625	
니켈강	500~740	500~740		71125~105625	10000	
주철	120~240	700~850	130~260	19000	45000	22500
구리	140~320	320		20000~45000	45000	2000
황동(7·3)	130	78	140	18000	11000	34000
포금(砲金)	220~270		240	34500		

6. 각종 비금속재료의 기계적 성질

재료	파괴응력(MPa)			종탄성계수 E[GPa]	파괴응력(psi)			종탄성계수 E[psi] ×10⁵
	인장	압축	전단		인장	압축	전단	
미송, 소나무	100	50	7.8	9	14225	7112.5	1109.6	12.8
이깔나무	50	28	5.6	7	7112.5	3983	796.6	10.0
전나무	90	42	7	8	12802.5	5974.5	995.75	11.4
밤나무	100	56	7.8	7	14225	7966	1109.6	10.0
떡갈나무	100	70	1.6	12	14225	9957.5	227.6	17.1
대	350	65		12~31	49787.5	1246.25		17.7~44.1
유리	25	150		7.5	3556.3	21337.5		106.69
화강암		60~85		14		8535~12091.3		19.9
사암		20~30		10		2845~4267.5		14.2
석회암		30~50		12		4267.5~7112.5		17.1
시멘트		10~12		14		1422.5~1707		19.9
콘크리트		18~25		8.4		2560.5~3556.3		12.0
벽돌		6~12		8.4		853.5~1707		11.9
가죽벨트	38				5405.5			

7. 각종 금속재료의 탄성계수

재료	E (GPa)	G (GPa)	K (GPa)	E (psi)×10^6	G (psi)×10^6	K (psi)×10^6	$1/m = \mu$
철	215	83	175	30.58	11.81	24.89	0.28~0.3
연강 (C 0.12~0.2%)	212	84	148	30.16	11.95	21.05	
경강 (C 0.4~0.5%)	209	84	136	29.73	11.95	19.35	
주강	215	83	175	30.58	11.81	24.89	
주철	75~130	29~40	60~173	10.67~18.49	4.13~5.69	8.54~24.61	0.2~0.3
니켈강 (Ni 2~3%)	210	84	140	29.87	11.95	19.92	0.3
니켈	210	73	154	29.87	10.38	21.29	0.31
텅스텐	370	160	333	52.63	22.76	47.37	0.17
구리	125	47	122	17.79	6.69	17.35	0.34
청동	116			16.5			
인청동	134	43	384	19.6	6.12	54.62	0.187
포금	95	40	51	13.51	5.69	7.25	
황동(7·3)	98	42	49	13.94	5.97	6.97	0.34
알루미늄	72	27	72	10.24	3.84	10.24	0.34
두랄루민	70	27	57	9.96	3.84	8.11	0.33
주석	55	28	18	7.82	3.98	2.56	0.45
납	17	7.8	7	2.42	1.01	1.00	0.45
아연	100	30	100	14.23	4.27	14.23	0.2~0.3
금	81	28	252	11.52	3.98	35.85	0.42
은	81	29	131	11.52	4.13	18.63	0.48
백금	170	62	220	24.18	8.82	31.3	0.39

8. 공업재료의 선팽창계수

재료	$a(20\sim40℃)\times10^{-5}$	$a(68\sim104℉)\times10^{-6}$
아연	3.97	22.07
납(lead)	2.93 (20~100℃)	16.29 (68~212℉)
주석	2.703	15.03
Al, Cu, Ni 합금	2.2	12.23
은	1.97 (0~100℃)	10.95 (32~212℉)
황동	1.84 (100℃)	10.23
포금(gun metal)	1.83	10.17
청동	1.79	10.00
동(銅)	1.65	9.17
금(金)	1.42	7.89
니켈	1.33 (0~100℃)	7.39 (32~212℉)
알루미늄	2.39	13.23
두랄루민	2.26	12.57
Y 합금	2.2	12.23
순철	1.17	6.51
연강(C 0.12~0.20)	1.12	6.23
경강(C 0.4~0.5)	1.07	5.95
주철	0.92~1.18	5.12~6.56
백금	0.89	4.95
텅스텐	0.43	2.39
인바(invar)	0.12	0.667
초인바	−0.001	0.00556

9. 유체의 물리적 성질

물의 물리적 성질

온도 (℃)	밀도 $\rho[kg/m^3]$	점성계수 $\mu[N \cdot s/m^2]$	동점성계수 $\nu[m^2/s]$	표면장력 $\sigma[N/m]$	증기압 $p[kPa]$	체적탄성계수 $K[Pa]$
0	999.9	1.792×10^{-3}	1.792×10^{-6}	0.0762	0.610	204×10^7
5	1000.0	1.519	1.519	0.0754	0.872	206
10	999.7	1.308	1.308	0.0748	1.13	211
15	999.1	1.140	1.141	0.0741	1.60	214
20	998.2	1.005	1.007	0.0736	2.34	220
30	995.7	0.801	0.804	0.0718	4.24	223
40	992.2	0.656	0.661	0.0701	3.38	227
50	988.1	0.549	0.556	0.0682	12.3	230
60	983.2	0.469	0.477	0.0668	19.9	228
70	977.8	0.406	0.415	0.0650	31.2	225
80	971.8	0.357	0.367	0.0630	47.3	221
90	965.3	0.317	0.328	0.0612	70.1	216
100	958.4	0.284×10^{-3}	0.296×10^{-6}	0.0594	101.3	207×10^7

대기압에서 공기의 물리적 성질

온도 $t[℃]$	밀도 $\rho[kg/m^3]$	점성계수 $\mu[N \cdot s/m^2]$	동점성계수 $\nu[m^2/s]$	온도 $t[℃]$	밀도 $\rho[kg/m^3]$	점성계수 $\mu[N \cdot s/m^2]$	동점성계수 $\nu[m^2/s]$
−50	1.582	1.46×10^{-5}	0.921×10^{-5}	50	1.092	1.95×10^{-5}	1.79×10^{-5}
−40	1.514	1.51×10^{-5}	0.998×10^{-5}	60	1.060	2.00×10^{-5}	1.89×10^{-5}
−30	1.452	1.56×10^{-5}	1.08×10^{-5}	70	1.030	2.05×10^{-5}	1.99×10^{-5}
−20	1.394	1.61×10^{-5}	1.16×10^{-5}	80	1.000	2.09×10^{-5}	2.09×10^{-5}
−10	1.342	1.67×10^{-5}	1.24×10^{-5}	90	0.973	2.13×10^{-5}	2.19×10^{-5}
0	1.292	1.72×10^{-5}	1.33×10^{-5}	100	0.946	2.17×10^{-5}	2.30×10^{-5}
10	1.247	1.76×10^{-5}	1.42×10^{-5}	150	0.834	2.38×10^{-5}	2.85×10^{-5}
20	1.204	1.81×10^{-5}	1.51×10^{-5}	200	0.746	2.57×10^{-5}	3.45×10^{-5}
30	1.164	1.86×10^{-5}	1.60×10^{-5}	250	0.675	2.75×10^{-5}	4.08×10^{-5}
40	1.127	1.91×10^{-5}	1.69×10^{-5}	300	0.616	2.93×10^{-5}	4.75×10^{-5}

기체의 물리적 성질(1 atm, 15℃)

기체	분자량	기체상수 R [kJ/kg·K]	밀도 ρ [kg/m³]	점성계수 μ [N·s/m²]	동점성계수 ν [m²/s]	비열 C_p [kJ/kg·K]	비열비 $k=\dfrac{C_p}{C_v}$
공기	28.96	0.2870	1.225	1.79×10^{-5}	1.46×10^{-5}	1.006	1.40
산소(O_2)	32.00	0.2598	1.355	1.98×10^{-5}	1.46×10^{-5}	0.920	1.40
질소(N_2)	28.02	0.2968	1.254	1.73×10^{-5}	1.37×10^{-5}	1.041	1.40
수소(H_2)	2.016	4.124	0.0852	0.872×10^{-5}	1.02×10^{-4}	14.27	1.40
헬륨(He)	4.003	2.077	0.169	1.96×10^{-5}	1.16×10^{-4}	5.23	1.66
이산화탄소 (CO_2)	44.01	0.1889	0.872	1.44×10^{-5}	0.768×10^{-5}	0.841	1.29
아르곤(Ar)	39.944	0.2081	1.691	2.22×10^{-5}	1.31×10^{-5}	0.522	1.67

표준대기압하에서 몇 가지 액체의 물성

액체	온도 t[℃]	밀도 ρ[kg/m³]	비중 s –	체적탄성계수 K[kN/m²]	점성계수 $\mu\times10^4$ [N·s/m²]	표면장력계수 σ[N/m]	증기압 p_v [kN/m²abs]
벤젠	20	876.2	0.88	1,034,250	6.56	0.029	10.0
사염화탄소	20	1587.4	1.59	1,103,200	9.74	0.026	13.1
원유	20	855.6	0.86	–	71.8	0.03	–
에틸알코올	20	788.6	0.79	1,206,625	12.0	0.022	5.86
프레온-12	15.6	1345.2	1.35	–	14.8	–	–
	−34.4	1499.8	–	–	18.3	–	–
가솔린	20	680.3	0.68	–	2.9	–	55.2
글리세린	20	1257.6	1.26	4,343,850	14939	0.063	0.000014
수소	−257.2	73.7	–	–	0.21	0.0029	21.4
제트연료 (JP-4)	15.6	773.1	0.77	–	8.7	0.029	8.96
수은	15.6	13555	13.57	26,201,000	15.6	0.51	0.00017
	315.6	12833	12.8	–	9.0	–	47.2
산소	−195.6	1206.0	–	–	2.78	0.015	21.4
소듐	315.6	876.2	–	–	3.30	–	–
	537.8	824.62	–	–	2.26	–	–
물	20	998.2	1.00	2,068,500	10.1	0.073	2.34

10. 증기표

온도기준 포화증기표

온도 $t[℃]$	포화압력 $p[bar]$	비체적[m³/kg]		내부에너지[kg/kJ]		엔탈피[kcal/kg]			엔트로피[kcal/kg·K]	
		v'	v''	u'	u''	h'	h'''	h''	s'	s''
.00611	0	1,0002	206278	− ,03	2375,4	− ,02	2501,4	2501,3	− ,0001	9,1565
.00872	5	1,0001	147120	20,97	2382,3	20,98	2489,6	2510,6	,0761	9,0257
.01228	10	1,0004	106379	42,00	2389,2	42,01	2477,7	2519,8	,1510	8,9008
.01705	15	1,0009	77926	62,99	2396,1	62,99	2465,9	2528,9	,2245	8,7814
.02339	20	1,0018	57791	83,95	2402,9	83,96	2454,1	2538,1	,2966	8,6672
.03169	25	1,0029	43360	104,88	2409,8	104,89	2442,3	2547,2	,3674	8,5580
.04246	30	1,0043	32894	125,78	2416,6	125,79	2430,5	2556,3	,4369	8,4533
.05628	35	1,0060	25216	146,67	2423,4	146,68	2418,6	2565,3	,5053	8,3531
.07384	40	1,0078	19523	167,56	2430,1	167,57	2406,7	2574,3	,5725	8,2570
.09593	45	1,0099	15258	188,44	2436,8	188,45	2394,8	2583,2	,6387	8,1648
.1235	50	1,0121	12032	209,32	2443,5	209,33	2382,7	2592,1	,7038	8,0763
.1576	55	1,0146	9568	230,21	2450,1	230,23	2370,7	2600,9	,7679	7,9913
.1994	60	1,0172	7671	251,11	2456,6	251,13	2358,5	2609,6	,8312	7,9096
.2503	65	1,0199	6197	272,02	2463,1	272,06	2346,2	2618,3	,8935	7,8310
.3119	70	1,0228	5042	292,95	2469,6	292,98	2333,8	2626,8	,9549	7,7553
.3858	75	1,0259	4131	313,90	2475,9	313,93	2321,4	2635,3	1,0155	7,6824
.4739	80	1,0291	3407	334,86	2482,2	334,91	2308,8	2643,7	1,0753	7,6122
.5783	85	1,0325	2828	355,84	2488,4	355,90	2296,0	2651,9	1,1343	7,5445
.7014	90	1,0360	2361	376,85	2494,5	376,92	2283,2	2660,1	1,1925	7,4791
.8455	95	1,0397	1982	397,88	2500,6	397,96	2270,2	2668,1	1,2500	7,4159
1,014	100	1,0435	1673,	418,94	2506,5	419,04	2257,0	2676,1	1,3069	7,3549
1,433	110	1,0516	1210,	461,14	2518,1	461,30	2230,2	2691,5	1,4185	7,2387
1,985	120	1,0603	891,9	503,50	2529,3	503,71	2202,6	2706,3	1,5276	7,1296
2,701	130	1,0697	668,5	546,02	2539,9	546,31	2174,2	2720,5	1,6344	7,0269
3,613	140	1,0797	508,9	588,74	2550,0	589,13	2144,7	2733,9	1,7391	6,9299
4,758	150	1,0905	392,8	631,68	2559,5	632,20	2114,3	2746,5	1,8418	6,8379
6,178	160	1,1020	307,1	674,86	2568,4	675,55	2082,6	2758,1	1,9427	6,7502
7,917	170	1,1143	242,8	718,33	2576,5	719,21	2049,5	2768,7	2,0419	6,6663
10,02	180	1,1274	194,1	762,09	2583,7	763,22	2015,0	2778,2	2,1396	6,5857
12,54	190	1,1414	156,5	806,19	2590,0	807,62	1978,8	2786,4	2,2359	6,5079
15,54	200	1,1565	127,4	850,65	2595,3	852,45	1940,7	2793,2	2,3309	6,4323
19,06	210	1,1726	104,4	895,53	2599,5	897,76	1900,7	2798,5	2,4248	6,3585
23,18	220	1,1900	86,19	940,87	2602,4	943,62	1858,5	2802,1	2,5178	6,2861
27,95	230	1,2088	71,58	986,74	2603,9	990,12	1813,8	2804,0	2,6099	6,2146
33,44	240	1,2291	59,76	1033,2	2604,0	1037,3	1766,5	2803,8	2,7015	6,1437
39,73	250	1,2512	50,13	1080,4	2602,4	1085,4	1716,2	2801,5	2,7927	6,0730
46,88	260	1,2755	42,21	1128,4	2599,0	1134,4	1662,5	2796,9	2,8838	6,0019
54,99	270	1,3023	35,64	1177,4	2593,7	1184,5	1605,2	2789,7	2,9751	5,9301
64,12	280	1,3321	30,17	1227,5	2586,1	1236,0	1543,6	2779,6	3,0668	5,8571
74,36	290	1,3656	25,57	1278,9	2576,0	1289,1	1477,1	2766,2	3,1594	5,7821
85,81	300	1,4036	21,67	1332,0	2563,0	1344,0	1404,9	2749,0	3,2534	5,7045
112,7	320	1,4988	15,49	1444,6	2525,5	1461,5	1238,6	2700,1	3,4480	5,5362
145,9	340	1,6379	10,80	1570,3	2464,6	1594,2	1027,9	2622,0	3,6594	5,3357
186,5	360	1,8925	6,945	1725,2	2351,5	1760,5	720,5	2481,0	3,9147	5,0526
220,9	374,14	3,155	3,155	2029,6	2029,6	2099,3	0	2099,3	4,4298	4,4298

압력기준 포화증기표

포화압력	온도	비체적[m³/kg]		내부에너지[kg/kJ]		엔탈피[kcal/kg]			엔트로피[kcal/kg·K]	
p[bar]	t[℃]	v'	v''	u'	u''	h'	h'''	h''	s'	s''
.040	28.96	1.0040	34800	121.45	2415.2	121.46	2432.9	2554.4	.4226	8.4746
.060	36.16	1.0064	23739	151.53	2425.0	151.53	2415.9	2567.4	.5210	8.3304
.080	41.51	1.0084	18103	173.87	2432.2	173.88	2403.1	2577.0	.5926	8.2287
0.10	45.81	1.0102	14674	191.82	2437.9	191.83	2392.8	2584.7	.6493	8.1502
0.20	60.06	1.0172	7649.	251.38	2456.7	251.40	2358.3	2609.7	.8320	7.9085
0.30	69.10	1.0223	5229.	289.20	2468.4	289.23	2336.1	2625.3	.9439	7.7686
0.40	75.87	1.0265	3993.	317.53	2477.0	317.58	2319.2	2636.8	1.0259	7.6700
0.50	81.33	1.0300	3240.	340.44	2483.9	340.49	2305.4	2645.9	1.0910	7.5939
0.60	85.94	1.0331	2732.	359.79	2489.6	359.86	2293.6	2653.5	1.1453	7.5320
0.70	89.95	1.0360	2365.	376.63	2494.5	376.70	2283.3	2660.0	1.1919	7.4797
0.80	93.50	1.0380	2087.	391.58	2498.8	391.66	2274.1	2665.8	1.2329	7.4346
0.90	96.71	1.0410	1869.	405.06	2502.6	405.15	2265.7	2670.9	1.2695	7.3919
1.00	99.63	1.0432	1694.	417.36	2506.1	417.46	2258.0	2675.5	1.3026	7.3594
1.50	111.4	1.0528	1159.	466.94	2519.7	467.11	2226.5	2693.6	1.4336	7.2233
2.00	120.2	1.0605	885.7	504.49	2529.5	504.70	2201.9	2706.7	1.5301	7.1271
2.50	127.4	1.0672	718.7	535.10	2537.2	535.37	2181.5	2716.9	1.6072	7.0527
3.00	133.6	1.0732	605.8	561.15	2543.6	561.47	2163.8	2725.3	1.6718	6.9919
3.50	138.9	1.0786	524.3	583.95	2548.9	584.33	2148.1	2732.4	1.7275	6.9405
4.00	143.6	1.0836	462.5	604.31	2553.6	604.74	2133.8	2738.6	1.7766	6.8959
4.50	147.9	1.0882	414.0	622.77	2557.6	623.25	2120.7	2743.9	1.8207	6.8565
5.00	151.9	1.0926	374.9	639.68	2561.2	640.23	2108.5	2748.7	1.8607	6.8213
6.00	158.9	1.1006	315.7	669.90	2567.4	670.56	2086.3	2756.8	1.9312	6.7600
7.00	165.0	1.1080	272.9	696.44	2572.5	697.22	2066.3	2763.5	1.9922	6.7080
8.00	170.4	1.1148	240.4	720.22	2576.8	721.11	2048.0	2769.1	2.0462	6.6628
9.00	175.4	1.1212	215.0	741.83	2580.5	742.83	2031.1	2773.9	2.0946	6.6226
10.0	179.9	1.1273	194.4	761.68	2583.6	762.81	2015.3	2778.1	2.1387	6.5863
15.0	198.3	1.1539	131.8	843.16	2594.5	844.89	1947.3	2792.2	2.3150	6.4448
20.0	212.4	1.1767	99.63	906.44	2600.3	908.79	1890.7	2799.5	2.4474	6.3409
25.0	224.0	1.1973	79.98	959.11	2603.1	962.11	1841.0	2703.1	2.5547	6.2575
30.0	233.9	1.2165	66.68	1004.8	2604.1	1008.4	1795.7	2704.2	2.6457	6.1869
35.0	242.6	1.2347	57.07	1045.4	2603.7	1049.8	1753.7	2803.4	2.7253	6.1253
40.0	250.4	1.2522	49.78	1082.3	2602.3	1087.3	1714.1	2801.4	2.7964	6.0701
45.0	257.5	1.2692	44.06	1116.2	2600.1	1121.9	1676.4	2798.3	2.8610	6.0199
50.0	264.0	1.2859	39.44	1147.8	2597.1	1154.2	1640.1	2794.3	2.9202	5.9734
60.0	275.6	1.3187	32.44	1205.4	2589.7	1213.4	1571.0	2784.3	3.0267	5.8892
70.0	285.9	1.3513	27.37	1257.6	2580.5	1267.0	1505.1	2772.1	3.1211	5.8133
80.0	295.1	1.3842	23.52	1305.6	2569.8	1316.6	1441.3	2758.0	3.2068	5.7432
90.0	303.4	1.4178	20.48	1350.5	2557.8	1363.3	1378.9	2742.1	3.2858	5.6772
100.	311.1	1.4524	18.03	1393.0	2544.4	1407.6	1317.1	2724.7	3.3596	5.6141
110.	318.2	1.4886	15.99	1433.7	2529.8	1450.1	1255.5	2705.6	3.4295	5.5527
120.	324.8	1.5267	14.26	1473.0	2513.7	1491.3	1193.6	2684.9	3.4962	5.4924
130.	330.9	1.5671	12.78	1511.1	2496.1	1531.5	1130.7	2662.2	3.5606	5.4323
140.	336.8	1.6107	11.49	1548.6	2476.8	1571.1	1066.5	2637.6	3.6232	5.3717
150.	342.2	1.6581	10.34	1585.6	2455.5	1610.5	1000.0	2610.5	3.6848	5.3098
160.	347.4	1.7107	9.306	1622.7	2431.7	1650.1	930.6	2580.6	3.7461	5.2455
170.	352.4	1.7702	8.364	1660.2	2405.0	1690.3	856.9	2547.2	3.8079	5.1777
180.	357.1	1.8397	7.489	1698.9	2374.3	1732.0	777.1	2509.1	3.8715	5.1044
190.	361.5	1.9243	6.657	1739.9	2338.1	1776.5	688.0	2464.5	3.9388	5.0228
200.	365.8	2.036	5.834	1785.6	2293.0	1826.3	583.4	2409.7	4.0139	4.9269
220.9	374.1	3.155	3.155	2029.6	2029.6	2099.3	0	2099.3	4.4298	4.4298

과열증기표

온도 t[℃]	v [cm³/ g]	u [kJ / kg]	h [kJ / kg]	s [kg / kgK]	v [cm³/ g]	u [kJ / kg]	h [kJ / kg]	s [kJ / kgK]
	0.06 [bar] (36.16℃)				0.35 [bar] (72.69℃)			
Sat.	23739	2425.0	2546.4	8.3304	4526.	2473.0	2631.4	7.7158
80	27132	2487.3	2650.1	8.5804	4625.	2483.7	2645.6	7.7564
120	30219	2544.7	2726.0	8.7840	5163.	2542.4	2723.1	7.9644
160	33302	2602.7	2802.5	8.9693	5696.	2601.2	2800.6	8.1519
200	36383	2661.4	2879.7	9.1398	6228.	2660.4	2878.4	8.3237
240	39462	2721.0	2957.8	9.2982	6758.	2720.3	2956.8	8.4828
280	42540	2781.5	3036.8	9.4464	7287.	2780.9	3036.0	8.6314
320	45618	2843.0	3116.7	9.5859	7815.	2842.5	3116.1	8.7712
360	48696	2905.5	3197.7	9.7180	8344.	2905.1	3197.1	8.9034
400	51774	2969.0	3279.6	9.8435	8872.	2968.6	3279.2	9.0291
440	54851	3033.5	3362.6	9.9633	9400.	3033.2	3362.2	9.1490
500	59467	3132.3	3489.1	10.134	10192.	3132.1	3488.8	9.3194
	0.70 [bar] (89.95℃)				1.0 [bar] (99.63℃)			
Sat.	2365.	2494.5	2660.0	7.4797	1694.	2506.1	2675.5	7.3594
100	2434.	2509.7	2680.0	7.5341	1696.	2506.7	2676.2	7.3614
120	2571.	2539.7	2719.6	7.6375	1793.	2537.3	2716.6	7.4668
160	2841.	2599.4	2798.2	7.8279	1984.	2597.8	2796.2	7.6597
200	3108.	2659.1	2876.7	8.0012	2172.	2658.1	2875.3	7.8343
240	3374.	2719.3	2955.5	8.1611	2359.	2718.5	2954.5	7.9949
280	3640.	2780.2	3035.0	8.3162	2546.	2779.6	3034.2	8.1445
320	3905.	2842.0	3115.3	8.4504	2732.	2841.5	3114.6	8.2849
360	4170.	2904.6	3196.5	8.5828	2917.	2904.2	3195.9	8.4175
400	4434.	2968.2	3278.6	8.7086	3103.	2967.9	3278.2	8.5435
440	4698.	3032.9	3361.8	8.8286	3288.	3032.6	3361.4	8.6636
500	5095.	3131.8	3488.5	8.9991	3565.	3131.6	3488.1	8.8342
	1.5 [bar] (111.37℃)				3.0 [bar] (133.55℃)			
Sat.	1159.	2519.7	2693.6	7.2233	606.	2543.6	2725.3	6.9919
120	1188.	2533.3	2711.4	7.2693				
160	1317.	2595.2	2792.8	7.4665	651.	2587.1	2782.3	7.1276
200	1444.	2656.2	2872.9	7.6433	716.	2650.7	2865.5	7.3115
240	1570.	2717.2	2952.7	7.8052	781.	2713.1	2947.3	7.4774
280	1695.	2778.6	3032.8	7.9555	844.	2775.4	3028.6	7.6299
320	1819.	2840.6	3113.5	8.0964	907.	2838.1	3110.1	7.7722
360	1943.	2903.5	3195.0	8.2293	969.	2901.4	3192.2	7.9061
400	2067.	2967.3	3277.4	8.3555	1032.	2965.6	3275.0	8.0330
440	2191.	3032.1	3360.7	8.4757	1094.	3030.6	3358.7	8.1538
500	2376.	3131.2	3487.6	8.6466	1187.	3130.0	3486.0	8.3251
600	2685.	3301.7	3704.3	8.9101	1341.	3300.8	3703.2	8.5892

과열증기표

온도 t[℃]	v [cm³/g]	u [kJ/kg]	h [kJ/kg]	s [kg/kgK]	v [cm³/g]	u [kJ/kg]	h [kJ/kg]	s [kJ/kgK]
	5.0 [bar] (151.86℃)				7.0 [bar] (164.97℃)			
Sat.	374.9	2561.2	2748.7	6.8213	272.9	2572.5	2763.5	6.7080
180	404.5	2609.7	2812.0	6.9656	284.7	2599.8	2799.1	6.7880
200	424.9	2642.9	2855.4	7.0592	299.9	2634.8	2844.8	6.8865
240	464.6	2707.6	2939.9	7.2307	329.2	2701.8	2932.2	7.0641
280	503.4	2771.2	3022.9	7.3865	357.4	2766.9	3017.1	7.2233
320	541.6	2834.7	3105.6	7.5308	385.2	2831.3	3100.9	7.3697
360	579.6	2898.7	3188.4	7.6660	412.6	2895.8	3184.7	7.5063
400	617.3	2963.2	3271.9	7.7938	439.7	2960.9	3268.7	7.6350
440	654.8	3028.6	3356.0	7.9152	466.7	3026.6	3353.3	7.7571
500	710.9	3128.4	3483.9	8.0873	507.0	3126.8	3481.7	7.9299
600	804.1	3299.6	3701.7	8.3522	573.8	3298.5	3700.2	8.1956
700	896.9	3477.5	3925.9	8.5952	640.3	3476.6	3924.8	8.4391
	10.0 [bar] (179.91℃)				15.0 [bar] (198.32℃)			
Sat.	194.4	2583.6	2778.1	6.5865	131.8	2594.5	2792.2	6.4448
200	206.0	2621.9	2827.9	6.6940	132.5	2598.1	2796.8	6.4546
240	227.5	2692.9	2920.4	6.8817	148.3	2676.9	2899.3	6.6628
280	248.0	2760.2	3008.2	7.0465	162.7	2748.6	2992.7	6.8381
320	267.8	2826.1	3093.9	7.1962	176.5	2817.1	3081.9	6.9938
360	287.3	2891.6	3178.9	7.3349	189.9	2884.4	3169.2	7.1363
400	306.6	2957.3	3263.9	7.4651	203.0	2951.3	3255.8	7.2690
440	325.7	3023.6	3349.3	7.5883	216.0	3018.5	3342.5	7.3940
500	354.1	3124.4	3478.5	7.7622	235.2	3120.3	3473.1	7.5698
540	372.9	3192.6	3565.6	7.8720	247.8	3189.1	3560.9	7.6805
600	401.1	3296.8	3697.9	8.0290	266.8	3293.9	3694.0	7.8385
640	419.8	3367.4	3787.2	8.1290	279.3	3364.8	3783.8	7.9391
	20.0 [bar] (212.42℃)				30.0 [bar] (233.90℃)			
Sat.	99.6	2600.3	2799.5	6.3409	66.7	2604.1	2804.2	6.1869
240	108.5	2659.6	2876.5	6.4952	68.2	2619.7	2824.3	6.2265
280	120.0	2736.4	2976.4	6.6828	77.1	2709.9	2941.3	6.4462
320	130.8	2807.9	3069.5	6.8452	85.0	2788.4	3043.4	6.6245
360	141.1	2877.0	3159.3	6.9917	92.3	2861.7	3138.7	6.7801
400	151.2	2945.2	3247.6	7.1271	99.4	2932.8	3230.9	6.9212
440	161.1	3013.4	3335.5	7.2540	106.2	3002.9	3321.5	7.0520
500	175.7	3116.2	3467.6	7.4317	116.2	3108.0	3456.5	7.2338
540	185.3	3185.6	3556.1	7.5434	122.7	3178.4	3546.6	7.3474
600	199.6	3290.9	3690.1	7.7024	132.4	3285.0	3682.3	7.5085
640	209.1	3362.2	3780.4	7.8035	138.8	3357.0	3773.5	7.6106
700	223.2	3470.9	3917.4	7.9487	148.4	3466.5	3911.7	7.7571

과열증기표

온도 $t[℃]$	v [cm³/g]	u [kJ/kg]	h [kJ/kg]	s [kg/kgK]	v [cm³/g]	u [kJ/kg]	h [kJ/kg]	s [kJ/kgK]
	40 [bar] (250.40℃)				60 [bar] (275.64℃)			
Sat.	49.78	2602.3	2801.4	6.0701	32.44	2589.7	2784.3	5.8892
280	55.46	2680.0	2901.8	6.2568	33.17	2605.2	2804.2	5.9252
320	61.99	2767.4	3015.4	6.4553	38.16	2720.0	2952.6	6.1846
360	67.88	2845.7	3117.2	6.6215	43.31	2811.2	3071.1	6.3782
400	73.41	2919.9	3213.6	6.7690	47.39	2892.9	3177.2	6.5408
440	78.72	2992.2	3307.1	6.9041	51.22	2970.0	3277.3	6.6853
500	86.43	3099.5	3445.3	7.0901	56.65	3082.2	3422.2	6.8803
540	91.45	3171.1	3536.9	7.2056	60.15	3156.1	3517.0	6.9999
600	98.85	3279.1	3674.4	7.3688	65.25	3266.9	3658.4	7.1677
640	103.7	3351.8	3766.6	7.4720	68.59	3341.0	3752.6	7.2731
700	111.0	3462.1	3905.9	7.6198	73.52	3453.1	3894.1	7.4234
740	115.7	3536.6	3999.6	7.7141	76.77	3528.3	3989.2	7.5190
	80 [bar] (295.06℃)				100 [bar] (311.06℃)			
Sat.	23.52	2569.8	2758.0	5.7432	18.03	2544.4	2724.7	5.6141
320	26.82	2662.7	2877.2	5.9489	19.25	2588.8	2781.3	5.7103
360	30.89	2772.7	3019.8	6.1819	23.31	2729.1	2962.1	6.0060
400	34.32	2863.8	3138.3	6.3634	26.41	2832.4	3096.5	6.2120
440	37.42	2946.7	3246.1	6.5190	29.11	2922.1	3213.2	6.3805
480	40.34	3025.7	3348.4	6.6586	31.60	3005.4	3321.4	6.5282
520	43.13	3102.7	3447.7	6.7871	33.94	3085.6	3425.1	6.6622
560	45.82	3178.7	3545.3	6.9072	36.19	3164.1	3526.0	6.7864
600	48.45	3254.4	3642.0	7.0206	38.37	3241.7	3625.3	6.9029
640	51.02	3330.1	3738.3	7.1283	40.48	3318.9	3723.7	7.0131
700	54.81	3443.9	3882.4	7.2812	43.58	3434.7	3870.5	7.1687
740	57.29	3520.4	3978.7	7.3782	45.60	3512.1	3968.1	7.2670
	120 [bar] (324.75℃)				140 [bar] (336.75℃)			
Sat.	14.26	2513.7	2684.9	5.4924	11.49	2476.8	2637.6	5.3717
360	18.11	2678.4	2895.7	5.8361	14.22	2617.4	2816.5	5.6602
400	21.08	2798.3	3051.3	6.0747	17.22	2760.9	3001.9	5.9448
440	23.55	2896.1	3178.7	6.2586	19.54	2868.6	3142.2	6.1474
480	25.76	2984.4	3293.5	6.4154	21.57	2962.5	3264.5	6.3143
520	27.81	3068.0	3401.8	6.5555	23.43	3049.8	3377.8	6.4610
560	29.77	3149.0	3506.2	6.6840	25.17	3133.6	3486.0	6.5941
600	31.64	3228.7	3608.3	6.8037	26.83	3215.4	3591.1	6.7172
640	33.45	3307.5	3709.0	6.9164	28.43	3296.0	3694.1	6.8326
700	36.10	3425.2	3858.4	7.0749	30.75	3415.7	3846.2	6.9939
740	37.81	3503.7	3957.4	7.1746	32.25	3495.2	3946.7	7.0952

과열증기표

온도 $t[\text{℃}]$	v $[\text{cm}^3/\text{g}]$	u $[\text{kJ}/\text{kg}]$	h $[\text{kJ}/\text{kg}]$	s $[\text{kg}/\text{kgK}]$	v $[\text{cm}^3/\text{g}]$	u $[\text{kJ}/\text{kg}]$	h $[\text{kJ}/\text{kg}]$	s $[\text{kJ}/\text{kgK}]$
	160 [bar] (347.44℃)				180 [bar] (357.06℃)			
Sat.	9.31	2431.7	2580.6	5.2455	7.49	2374.3	2509.1	5.1044
360	11.05	2539.0	2715.8	5.4614	8.09	2418.9	2564.5	5.1922
400	14.26	2719.4	2947.6	5.8175	11.90	2672.8	2887.0	5.6887
440	16.52	2839.4	3103.7	6.0429	14.14	2808.2	3062.8	5.9428
480	18.42	2939.7	3234.4	6.2215	15.96	2915.9	3203.2	6.1345
520	20.13	3031.1	3353.3	6.3752	17.57	3011.8	3378.0	6.2960
560	21.72	3117.8	3465.4	6.5132	19.04	3101.7	3444.4	6.4392
600	23.23	3201.8	3573.5	6.6399	20.42	3188.0	3555.6	6.5696
640	24.67	3284.2	3678.9	6.7580	21.74	3272.3	3663.6	6.6905
700	26.74	3406.0	3833.9	6.9224	23.62	3396.3	3821.5	6.8580
740	28.08	3486.7	3935.9	7.0251	24.83	3478.0	3925.0	6.9623
	200 [bar] (365.81℃)				240 [bar]			
Sat.	5.83	2293.0	2409.7	4.9269				
400	9.94	2619.3	2818.1	5.5540	6.73	2477.8	2639.4	5.2393
440	12.22	2774.9	3019.4	5.8450	9.29	2700.6	2923.4	5.6506
480	13.99	2891.2	3170.8	6.0518	11.00	2838.3	3102.3	5.8950
520	15.51	2992.0	3302.2	6.2218	12.41	2950.5	3248.5	6.0842
560	16.89	3085.2	3423.0	6.3705	13.66	3051.1	3379.0	6.2448
600	18.18	3174.0	3537.6	6.5048	14.81	3145.2	3500.7	6.3875
640	19.40	3260.2	3648.1	6.6286	15.88	3235.5	3616.7	6.5174
700	21.13	3386.4	3809.0	6.7993	17.39	3366.4	3783.8	6.6947
740	22.24	3469.3	3914.1	6.9052	18.35	3451.7	3892.1	6.8038
800	23.85	3592.7	4069.7	7.0544	19.74	3578.0	4051.6	6.9567
	280 [bar]				320 [bar]			
400	3.83	2223.5	2330.7	4.7494	2.36	1980.4	2055.9	4.3239
440	7.12	2613.2	2812.6	5.4494	5.44	2509.0	2683.0	5.2327
480	8.85	2780.8	3028.5	5.7446	7.22	2718.1	2949.2	5.5968
520	10.20	2906.8	3192.3	5.9566	8.53	2860.7	3133.7	5.8357
560	11.36	3015.7	3333.7	6.1307	9.63	2979.0	3287.2	6.0246
600	12.41	3115.6	3463.0	6.2823	10.61	3085.3	3424.6	6.1858
640	13.38	3210.3	3584.8	6.4187	11.50	3184.5	3552.5	6.3290
700	14.73	3346.1	3758.4	6.6029	12.73	3325.4	3732.8	6.5203
740	15.58	3433.9	3870.0	6.7153	13.50	3415.9	3847.8	6.6361
800	16.80	3563.1	4033.4	6.8720	14.60	3548.0	4015.1	6.7966
900	18.73	3774.3	4298.8	7.1084	16.33	3762.7	4285.1	7.0372

연습문제 해답

> **제1편** ● **재료 역학**

제1장 역학 기초

1. 마찰계수를 μ, 물체 A와 B의 무게를 각각 W_A, W_B, 경사각을 θ라 하면

$$\mu \cdot W_A \cdot \cos\theta = W_B \cdot \sin\theta + W_A \cdot \sin\theta$$

$$\therefore \ \mu = \frac{(100+300) \times \sin 30°}{300 \times \cos 30°} = 0.77$$

2.

$$\frac{1000}{\sin 105°} = \frac{AB}{\sin 135°} = \frac{AC}{\sin 120°}$$

(1) $AB = 1000 \times \dfrac{\sin 135°}{\sin 105°} \fallingdotseq 732 \, \text{N}$

(2) $AC = 1000 \times \dfrac{\sin 120°}{\sin 105°} \fallingdotseq 897 \, \text{N}$

3. 먼저 θ를 구하면 $\tan\theta = \dfrac{3}{5}$에서, $\theta = \tan^{-1}\dfrac{3}{5} = 30.96°$

라미의 정리에 의해 $\dfrac{500}{\sin 30.96°} = \dfrac{F_{AB}}{\sin 89.04°}$

$$\therefore \ F_{AB} = 500 \times \frac{\sin 89.04°}{\sin 30.96°} \fallingdotseq 972 \, \text{N}$$

4. $\dfrac{100}{\sin 60°} = \dfrac{F_{AB}}{\sin 150°}$

$$\therefore \ F_{AB} = 100 \times \frac{\sin 150°}{\sin 60°} = 57.74 \, \text{N}$$

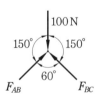

제2장 응력과 변형률

1. $\sum F_x = 0$

$500 + F = 450 + 400$

$\therefore \ F = 350 \, \text{kN}$

2. $\sigma_c = \dfrac{P_c}{A} = \dfrac{P_c}{\dfrac{\pi}{4}\left(d_2^2 - d_1^2\right)} = \dfrac{4P_c}{\pi\left(d_2^2 - d_1^2\right)} = \dfrac{4 \times (500 \times 10^3)}{\pi(0.5^2 - 0.4^2)}$

$\qquad = 7.08 \times 10^6 \, \text{N/m}^2 \fallingdotseq 7.1 \, \text{MPa}$

3. 한 변의 길이를 a라 하면 $\sigma_c = \dfrac{P_c}{A} = \dfrac{P_c}{a^2}$에서

$\qquad a = \sqrt{\dfrac{P_c}{\sigma_c}} = \sqrt{\dfrac{80 \times 10^3}{6}} \fallingdotseq 115.5 \, \text{mm}$

$\qquad$ ※ $1 \, \text{MPa} = 1 \, \text{N/mm}^2$

4. $\tau = \dfrac{P_s}{A} = \dfrac{P_s}{\dfrac{\pi d^2}{4}} = \dfrac{4P_s}{\pi d^2} = \dfrac{4 \times 1000}{\pi \times 10^2} = 12.73 \, \text{MPa}$

5. $\tau = \dfrac{P_s}{2A} = \dfrac{2000}{2 \times \dfrac{\pi \times 10^2}{4}} = 12.73 \, \text{MPa}$

6. 강판의 두께를 t, 한 변의 길이를 a라 하면

$\qquad \tau = \dfrac{P_s}{A} = \dfrac{P_s}{4at}$에서 $P_s = \tau \times 4at = 250 \times 4 \times 25 \times 1 = 25000 \, \text{N} = 25 \, \text{kN}$

7. 볼트의 지름을 d, 머리부의 높이를 h라 하면

$\qquad \tau = \dfrac{P_s}{A} = \dfrac{P_s}{\pi d h} = \dfrac{7200}{3.14 \times 25 \times 18} \fallingdotseq 5.1 \, \text{MPa}$

8. $\sigma_t = \dfrac{P_t}{A} = \dfrac{4 \times (100 \times 10^3)}{\pi \times 25^2} = 203.82 \, \text{N/mm}^2 = 203.82 \, \text{MPa}$

$\qquad \varepsilon = \dfrac{\lambda}{l} = \dfrac{6}{6000} = 0.001$

9. $\lambda = \dfrac{Pl}{AE} = \dfrac{(50 \times 10^3) \times 1000}{\left(\dfrac{\pi}{4} \times 20^2\right) \times (210 \times 10^3)} = 0.758 \, \text{mm}$

$\qquad$ ※ $1 \, \text{GPa} = 10^3 \, \text{MPa} = 10^3 \, \text{N/mm}^2$

10. $\lambda_{total} = \dfrac{1}{AE}\left(P_1 l_1 + P_2 l_2 + P_3 l_3\right)$

$\qquad\qquad = \dfrac{1}{(4 \times 10^{-4}) \times (210 \times 10^6)}(60 \times 2 + 20 \times 1 + 40 \times 1.5) \fallingdotseq 0.0024 \, \text{m} = 0.24 \, \text{cm}$

$\qquad$ ※ $210 \, \text{GPa} = 210 \times 10^6 \, \text{kPa}$

11. $\tau = G\gamma$에서 $\gamma = \dfrac{\tau}{G} = \dfrac{1}{80 \times 10^6} = 1.25 \times 10^{-8}$

12. $\lambda = \lambda_1 + \lambda_2 = 2\dfrac{Pa}{AE} + \dfrac{(P-Q)l}{AE}$

$\quad = \dfrac{1}{AE}\{2Pa + (P-Q)l\} = \dfrac{\{2 \times 10 \times 30 + (10-5) \times 60\}}{4 \times (210 \times 10^2)} = 0.0107 \text{ cm}$

$\quad$※ $210 \text{ GPa} = 210 \times 10^9 \text{ N/m}^2 = 210 \times 10^5 \text{ N/cm}^2 = 210 \times 10^2 \text{ kN/cm}^2$

13. 강체로 된 보가 수평을 유지해야 하므로 각봉의 신장량은 같아야 한다. 따라서

$\quad \lambda = \varepsilon_a \cdot l_a = \varepsilon_s \cdot l_s$이므로

$\quad \dfrac{\sigma_a}{E_a} \cdot l_a = \dfrac{\sigma_s}{E_s} \cdot l_s$

$\quad \therefore \sigma_a = \sigma_s \times \dfrac{E_a}{E_s} \times \dfrac{l_s}{l_a} = 150 \times \dfrac{1}{3} \times \dfrac{70}{50} = 70 \text{ MPa}$

14. A단에 작용하는 하중을 P_1, B단에 작용하는 하중을 P_2라 하면, $\lambda_1 = \lambda_2$이어야 하므로

$\quad \dfrac{P_1 l_1}{AE_1} = \dfrac{P_2 l_2}{AE_2}$

$\quad \dfrac{P_1}{P_2} = \dfrac{l_2}{l_1} \cdot \dfrac{E_1}{E_2}$ $\dotfill$ (1)

$\quad$또, 하중 P가 작용하는 점에서의 좌·우 모멘트 평형 조건으로부터

$\quad P_1 x = P_2 (L - x)$

$\quad \dfrac{P_1}{P_2} = \dfrac{(L-x)}{x}$ $\dotfill$ (2)

$\quad$식 (1)과 식 (2)에서 $\dfrac{l_2}{l_1} \cdot \dfrac{E_1}{E_2} = \dfrac{(L-x)}{x}$

$\quad x E_1 l_2 = E_2 l_1 (L - x)$

$\quad x(E_1 l_2 + E_2 l_1) = E_2 l_1 L$

$\quad \therefore x = \dfrac{E_2 l_1 L}{E_1 l_2 + E_2 l_1}$

15. 케이블 ①, ②의 변형량을 각각 λ_1, λ_2, 응력을 σ_1, σ_2라 하면 봉 CD는 강체이므로

$\quad \lambda_1 : \lambda_2 = a : 3a$

$\quad$또, 훅의법칙에 의해 $\lambda_1 : \lambda_2 = \sigma_1 : \sigma_2$

$\quad$따라서 $\sigma_1 : \sigma_2 = a : 3a$이다.

$\quad \therefore \sigma_2 = 3\sigma_1$

또, 힌지 C에서의 모멘트 평형조건으로부터

$$P \times (2a) = \sigma_1 A \cdot a + \sigma_2 A \cdot 3a = 10\sigma_1 Aa$$

$$\therefore \ \sigma_1 = \frac{P}{5A}$$

16. $\mu = \dfrac{1}{m} = \dfrac{|\varepsilon'|}{\varepsilon} = \dfrac{\dfrac{\delta}{d}}{\dfrac{\lambda}{l}} = \dfrac{\delta l}{d\lambda} = \dfrac{0.0004 \times 20}{2 \times 0.016} = 0.25$

17. $\mu = \dfrac{1}{m} = \dfrac{|\varepsilon'|}{\varepsilon}$

$\varepsilon = \dfrac{|\varepsilon'|}{\mu} = \dfrac{1.5 \times 10^{-4}}{0.3} = 5 \times 10^{-4}$

$\varepsilon = \dfrac{\lambda}{l}$ 에서 $\lambda = \varepsilon l = (5 \times 10^{-4}) \times 3000 = 1.5 \, \text{mm}$(신장)

18. $\delta = \dfrac{d\sigma}{mE} = \dfrac{\mu dP}{AE} = \dfrac{4\mu P}{\pi dE} = \dfrac{4 \times 0.3 \times (2 \times 10^3)}{3.14 \times 0.02 \times (30 \times 10^9)}$

$\quad = 1.27 \times 10^{-6} \, \text{m} = 0.00127 \, \text{mm}$

19. $\mu = \dfrac{|\varepsilon_y|}{\varepsilon_x}$ 에서 $\varepsilon_y = \mu \cdot \varepsilon_x = \mu \cdot \dfrac{\lambda_x}{l_x} = 0.3 \times \dfrac{0.05}{5} = 0.003$

20. $\sigma_z = \dfrac{P}{A} = \dfrac{80000}{100 \times 50} = 16 \, \text{MPa}$

$\lambda = -\dfrac{\mu x \sigma_z}{E} = \dfrac{-0.32 \times 100 \times 16}{200 \times 10^3} = -2.56 \times 10^{-3} \, \text{mm} = 2.56 \, \mu\text{m}$(수축)

21. $\varepsilon_v = \dfrac{\sigma}{E}(1 - 2\mu) = \dfrac{P}{\dfrac{\pi d^2}{4}E}(1 - 2\mu) = \dfrac{4P}{\pi d^2 E}(1 - 2\mu)$

$\quad = \dfrac{4 \times (30 \times 10^3)}{3.14 \times 20^2 \times (100 \times 10^3)} \times (1 - 2 \times 0.3) = 3.82 \times 10^{-4}$

22. $G = \dfrac{mE}{2(m+1)} = \dfrac{E}{2(1+\mu)} = \dfrac{210}{2(1+0.303)} = 80.58 \, \text{GPa}$

23. $\tau = G\gamma, \ G = \dfrac{mE}{2(m+1)} = \dfrac{E}{2(1+\mu)}$ 에서

$\quad \gamma = \dfrac{\tau}{G} = \dfrac{\tau \times 2(1+\mu)}{E} = \dfrac{70 \times 2(1+0.25)}{200 \times 10^3} = 8.75 \times 10^{-4} \, \text{rad}$

24. $m = \dfrac{\varepsilon}{\varepsilon'} = \dfrac{d\lambda}{l\delta} = \dfrac{50 \times 0.219}{300 \times 0.01215} = 3$

$E = \dfrac{Pl}{A\lambda} = \dfrac{4Pl}{\pi d^2 \lambda} = \dfrac{4 \times (100 \times 10^3) \times 300}{3.14 \times 50^2 \times 0.219} = 6.98 \times 10^4 \, \text{N/mm}^2 = 69.8 \, \text{GPa}$

$\therefore \; G = \dfrac{mE}{2(m+1)} = \dfrac{3 \times 69.8}{2(3+1)} = 26.18 \;\; \text{GPa}$

25. $\sigma_a = \dfrac{\sigma_u}{S} = \dfrac{400}{5} = 80 \, \text{MPa}$

$\sigma_a = \dfrac{P}{A} = \dfrac{P}{\dfrac{\pi d^2}{4}} = \dfrac{4P}{\pi d^2}$

$\therefore \; d = \sqrt{\dfrac{4P}{\pi \sigma_a}} = \sqrt{\dfrac{4 \times (30 \times 10^3)}{3.14 \times 80}} = 21.86 \, \text{mm}$

26. $\lambda = \dfrac{P}{E}\left(\dfrac{L_1}{A_1} + \dfrac{L_2}{A_2}\right) = \dfrac{2500}{90 \times 10^3}\left(\dfrac{150}{1000} + \dfrac{150}{2000}\right) = 6.25 \times 10^{-3} \, \text{mm}$

27. $\sigma_s = \dfrac{PE_s}{A_s E_s + A_c E_c}$

$\sigma_c = \dfrac{PE_c}{A_s E_s + A_c E_c}$

병렬조합 시 응력과 탄성계수는 비례하며, 외력은 각 부재에 균일하게 작용한다.

$\therefore \; \dfrac{\sigma_s}{\sigma_c} = \dfrac{E_s}{E_c} = \dfrac{200}{120} = \dfrac{5}{3}$

28. 봉의 전체 신장량(λ) = 외력(P)에 의한 신장량(λ_1) + 자중에 의한 신장량(λ_2)이다.

$\lambda_1 = \dfrac{PL}{AE}, \; \lambda_2 = \dfrac{\gamma L^2}{2E} = \dfrac{WL}{2AE}$ 이므로($W = \gamma AL$)

$\lambda = \dfrac{PL}{AE} + \dfrac{WL}{2AE} = \dfrac{L}{AE}\left(P + \dfrac{W}{2}\right)$

29. $\sigma_a = \dfrac{\sigma_u}{s} = \gamma h$

$\sigma_a = \dfrac{11 \times 10^3}{20} = 550 \, \text{kPa}$

$\therefore \; h = \dfrac{\sigma_a}{\gamma} = \dfrac{550}{16} = 34.375 \, \text{m}$

30. 가열에 의하여 자유로이 늘어난다면 늘어난 길이 λ는

$$\lambda = \alpha l(t_2 - t_1) = 1.2 \times 10^{-5} \times 19.95 \times (220 - 20) = 0.04788 \text{ cm}$$

그러나 문제에서는 0.05 cm의 틈새가 있음에 따라 봉에는 응력이 발생하지 않는다.

31. $P = \sigma A = EA\alpha\Delta t$

$$\therefore \ \alpha = \frac{P}{EA\Delta t} = \frac{8000}{(200 \times 10^3) \times 10^2 \times 60} = 6.67 \times 10^{-6} \ ℃^{-1}$$

32. 온도 강하 시 재료 내부에서는 인장응력이 작용하고 온도 상승 시 압축응력이 작용한다.

$$\sigma_1 = \frac{E\alpha(l_1 + l_2)(t_2 - t_1)}{l_1 + \dfrac{A_1}{A_2}l_2} = \frac{(200 \times 10^3) \times (12 \times 10^{-6}) \times (300 + 300) \times 65}{300 + \dfrac{400}{800} \times 300} = 208 \text{ MPa}$$

33. $U = \dfrac{P\lambda}{2} = \dfrac{P^2 l}{2AE} = \dfrac{21000^2 \times 0.3}{2 \times (30 \times 10^{-4}) \times (210 \times 10^9)} = 0.105 \text{ N} \cdot \text{m}$

34. $u = \dfrac{U}{Al} = \dfrac{\sigma^2}{2E} = \dfrac{(200 \times 10^6)^2}{2 \times (210 \times 10^9)} = 95238 \text{ J/m}^3$

35. $U_A = \dfrac{P^2 l}{2AE}, \quad U_B = \dfrac{P^2\left(\dfrac{l}{2}\right)}{2(9A)E} + \dfrac{P^2\left(\dfrac{l}{2}\right)}{2AE} = \dfrac{P^2 l}{2AE} \cdot \dfrac{5}{9}$

$$\therefore \ \frac{U_B}{U_A} = \frac{5}{9}$$

36. 먼저 라미의 정리를 적용하여 각 부재의 장력(tension)을 구한다.

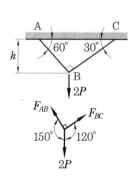

$$\frac{2P}{\sin 90°} = \frac{F_{AB}}{\sin 120°} = \frac{F_{BC}}{\sin 150°}$$

$$F_{AB} = \sqrt{3} P, \ F_{BC} = P$$

$$\lambda_{AB} = \frac{F_{AB}}{AE} \cdot \frac{h}{\sin 60°} = \frac{\sqrt{3} P}{AE} \cdot \frac{2h}{\sqrt{3}} = \frac{2Ph}{AE}$$

$$\lambda_{BC} = \frac{F_{BC}}{AE} \cdot \frac{h}{\sin 30°} = \frac{P}{AE} \cdot 2h = \frac{2Ph}{AE}$$

$$U_{AB} = \frac{1}{2} F_{AB} \cdot \lambda_{AB} = \frac{1}{2} \times \sqrt{3} P \times \frac{2Ph}{AE} = \frac{\sqrt{3} P^2 h}{AE}$$

$$U_{BC} = \frac{1}{2} F_{BC} \cdot \lambda_{BC} = \frac{1}{2} \times P \times \frac{2Ph}{AE} = \frac{P^2 h}{AE}$$

$$\therefore \ U = U_{AB} + U_{BC} = \frac{P^2 h}{AE}(\sqrt{3} + 1)$$

37. $\sigma_a = \dfrac{\sigma_{\max}}{S} = \dfrac{240}{2} = 120\,\text{MPa}$

$\sigma_a = \dfrac{pd}{2t}$ 에서 $p = \dfrac{2\sigma_a t}{d} = \dfrac{2 \times (120 \times 10^3) \times 0.003}{1.5} = 480\,\text{kPa}$

38. $\sigma_t = \dfrac{pd}{2t} = \dfrac{1 \times 400}{2 \times 8} = 25\,\text{N}/\text{mm}^2 = 25\,\text{MPa}$

39. 두께가 얇은 구(球)에 발생하는 응력은 얇은 원통의 축 방향 응력과 같다.

$\sigma_a = \dfrac{pd}{4t}$ 에서 $p = \dfrac{4\sigma_a t}{d} = \dfrac{4 \times 42 \times 10}{1200} = 1.4\,\text{MPa}$

40. $\sigma_z = \dfrac{pd}{4t} = \dfrac{1.2 \times 2500}{4 \times 10} = 75\,\text{MPa}$

제3장 조합응력

1. $\sigma_n = \sigma_x \cos^2\theta = \dfrac{0.8}{0.04^2} \times \cos^2 30° = 375\,\text{kPa}$

$\tau = \dfrac{1}{2}\sigma_x \sin 2\theta = \dfrac{1}{2} \times 500 \times \sin 60° = 217\,\text{kPa}$

2. $\sigma_n = \sigma_x \cos^2\theta$, $\tau = \dfrac{1}{2}\sigma_x \sin 2\theta$ 이고 문제의 조건에서 $\tau = \dfrac{1}{2}\sigma_n$ 이므로

$\dfrac{1}{2}\sigma_x \sin 2\theta = \dfrac{1}{2}\sigma_x \cos^2\theta$

$\sin 2\theta = \cos^2\theta$

$2\cos\theta \cdot \sin\theta = \cos^2\theta$

$\tan\theta = \dfrac{1}{2}$

$\therefore\ \theta = \tan^{-1}\left(\dfrac{1}{2}\right) = 26.57°$

3. 최대 수직응력은 $\theta = 0°$ 일 때이므로

$\sigma_n = \dfrac{1}{2}(\sigma_x + \sigma_y) + \dfrac{1}{2}(\sigma_x - \sigma_y)\cos 2\theta$ 에서 $\sigma_{n(\max)} = \sigma_x = 400\,\text{MPa}$

4. $\sigma_{n(\max)} = \sigma_x = 700\,\text{MPa}$

$\tau_{\max} = \dfrac{1}{2}(\sigma_x - \sigma_y) = \dfrac{1}{2}\{700 - (-300)\} = 500\,\text{MPa}$

5. $\tau_{\max} = \dfrac{1}{2}(\sigma_x - \sigma_y) = \dfrac{1}{2}\left(\dfrac{pd}{2t} - \dfrac{pd}{4t}\right) = \dfrac{pd}{4t}\left(1 - \dfrac{1}{2}\right)$ 이므로

$p = \dfrac{4t \cdot \tau_{\max}}{0.5d} = \dfrac{4 \times 10 \times 62.5}{0.5 \times 250} = 20 \text{ MPa}$

6. $\tau_{1(\max)} = \sigma_o, \quad \tau_{2(\max)} = \dfrac{3}{2}\sigma_o$

$\tau_{\max} = \sqrt{\tau_{1(\max)}^2 + \tau_{2(\max)}^2} = \sqrt{\sigma_o^2 + \dfrac{9}{4}\sigma_o^2} = \dfrac{\sqrt{13}}{2}\sigma_o$

7. $\varepsilon_x = \dfrac{\sigma_x}{E} - \dfrac{\sigma_y}{mE} = \dfrac{\sigma_x}{E} - \dfrac{\mu\sigma_y}{E} = \dfrac{1}{E}\left(\dfrac{pd}{4t} - \dfrac{\mu pd}{2t}\right) = \dfrac{pd}{4tE}(1 - 2\mu)$

$\varepsilon_y = \dfrac{\sigma_y}{E} - \dfrac{\sigma_x}{mE} = \dfrac{\sigma_y}{E} - \dfrac{\mu\sigma_x}{E} = \dfrac{1}{E}\left(\dfrac{pd}{2t} - \dfrac{\mu pd}{4t}\right)$

8. $\varepsilon_x = \dfrac{\sigma_x}{E} - \dfrac{2\mu\sigma_y}{E} = \dfrac{(-40) - \{2 \times 0.25 \times (-10)\}}{100 \times 10^3} = -3.5 \times 10^{-4}$

$\varepsilon_y = \varepsilon_z = \dfrac{\sigma_y}{E} - \dfrac{\mu\sigma_x}{E} - \dfrac{\mu\sigma_z}{E} = \dfrac{-10 - 0.25 \times (-40) - 0.25 \times (-10)}{100 \times 10^3} = 2.5 \times 10^{-5}$

$\varepsilon_v = \dfrac{\Delta V}{V} = \varepsilon_x + \varepsilon_y + \varepsilon_z$

$\therefore \Delta V = (-3.5 \times 10^{-4} + 2 \times 2.5 \times 10^{-5}) \times \left(\dfrac{\pi \times 120^2}{4} \times 200\right) = -678.24 \text{ mm}^3$

9. $\varepsilon_x = -\dfrac{\sigma_x}{E} + \dfrac{\sigma_y}{mE} + \dfrac{\sigma_z}{mE} = -\dfrac{\sigma_x}{E} + \dfrac{\mu\sigma_y}{E} + \dfrac{\mu\sigma_z}{E}$

$\dfrac{\lambda_x}{l_x} = \dfrac{1}{E}(-\sigma_x + \mu\sigma_y + \mu\sigma_z)$

$\sigma_y = \sigma_z = \sigma$ 라 하면

$\lambda_x = \dfrac{l_x}{E}(-\sigma_x + 2\mu\sigma) = \dfrac{200}{100 \times 10^3}(-40 + 2 \times 0.25 \times 10) = -0.07 \text{ mm}$

10. $\sigma_n = \dfrac{1}{2}(\sigma_x + \sigma_y) + \dfrac{1}{2}(\sigma_x - \sigma_y)\cos 2\theta - \tau_{xy}\sin 2\theta$

$= \dfrac{1}{2}(20 - 10) + \dfrac{1}{2}(20 + 10)\cos 60° - 10\sin 60° = 3.84 \text{ MPa}$

11. $\sigma_{n(\max)} = \dfrac{1}{2}(\sigma_x + \sigma_y) + \dfrac{1}{2}\sqrt{(\sigma_x - \sigma_y)^2 + 4\tau_{xy}^2}$

$\dfrac{1}{2}(400 + 300) + \dfrac{1}{2}\sqrt{(400 - 300)^2 + 4 \times 200^2} = 556.16 \text{ MPa}$

12. $\tau_{\max} = \dfrac{1}{2}\sqrt{(\sigma_x - \sigma_y)^2 + 4\tau_{xy}^2} = \dfrac{1}{2}\sqrt{(175-35)^2 + 4 \times 60^2} = 92.2\,\mathrm{MPa}$

제4장 평면도형의 성질

1.

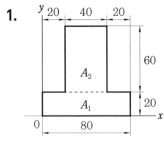

$$G_X = \int_A y\,dA = A\overline{y}$$

$$\therefore\ \overline{y} = \frac{G_X}{A} = \frac{\displaystyle\int_A y\,dA}{A} = \frac{A_1\overline{y_1} + A_2\overline{y_2}}{A_1 + A_2} = \frac{1600 \times 10 + 2400 \times 50}{1600 + 2400} = 34\,\mathrm{cm}$$

2. $I = \dfrac{\pi d^4}{64} = \dfrac{3.14 \times 80^4}{64} \fallingdotseq 2 \times 10^6\,\mathrm{mm}^4$

3. $\dfrac{I_A}{I_B} = \dfrac{\dfrac{bh^3}{12}}{\dfrac{hb^3}{12}} = \dfrac{b(1.5b)^3}{(1.5b)b^3} = 2.25$

4. $I_{X-X} = I_G + \overline{y}^2 A = \dfrac{\pi d^4}{64} + \left(\dfrac{d}{2}\right)^2 \cdot \dfrac{\pi d^2}{4} = \dfrac{5\pi d^4}{64}$

5.

$$I_{X-X} = \frac{BH^3}{12} - 2 \times \frac{bh^3}{12} = \frac{0.1 \times 0.1^3}{12} - 2 \times \frac{0.04 \times 0.06^3}{12} = 6.893 \times 10^{-6}\,\mathrm{m}^4$$

6. $\overline{y} = \dfrac{G_x}{A} = \dfrac{A_1\overline{y_1} + A_2\overline{y_2}}{A_1 + A_2} = \dfrac{4000 \times 20 + 4000 \times 90}{(40 \times 100) + (100 \times 40)} = 55\,\mathrm{mm}$

$$I_G = (I_{G1} + A_1 y_1^2) + (I_{G2} + A_2 y_2^2)$$

$$= \left(\frac{100 \times 40^3}{12} + 4000 \times 35^2 \right) + \left(\frac{40 \times 100^3}{12} + 4000 \times 35^2 \right) = 13.67 \times 10^6 \ \mathrm{mm^4}$$

7. $I = \dfrac{bh^3}{12} = \dfrac{h^3}{12} (d^2 - h^2)^{\frac{1}{2}}$

$$\frac{dI}{dh} = \frac{3h^2}{12} (d^2 - h^2)^{\frac{1}{2}} - \frac{h^3}{12} \frac{(d^2 - h^2)^{-\frac{1}{2}} \cdot 2h}{2} = 0$$

$$d^2 = b^2 + h^2 = \frac{4}{3} h^2$$

$$\therefore \ h^2 = 3b^2$$

$$I = \frac{bh^3}{12} = \frac{b(3\sqrt{3}\, b^3)}{12} = \frac{\sqrt{3}}{4} b^4$$

8. 원형 단면의 지름을 d, 정사각형 단면 한 변의 길이를 a라 하고 각각의 단면적을 A_1, A_2라 하면

$$Z_1 = \frac{\pi d^3}{32} = \frac{d}{8} \cdot \frac{\pi d^2}{4} = \frac{d}{8} \cdot A_1$$

$$Z_2 = \frac{a^3}{6} = \frac{a}{6} \cdot a^2 = \frac{a}{6} \cdot A_2$$

또, $A_1 = A_2$ 이므로, $\dfrac{\pi d^2}{4} = a^2$ 에서 $a = \dfrac{\sqrt{\pi} \cdot d}{2}$

$$\therefore \ \frac{Z_1}{Z_2} = \frac{d \times 6}{8 \times a} = \frac{6}{4\sqrt{\pi}} = 0.846$$

9. $Z = \dfrac{\pi d_2^3}{32} (1 - x^4) = \dfrac{\pi \times 30^3}{32} \left\{ 1 - \left(\dfrac{1}{3} \right)^4 \right\} = 2618 \ \mathrm{cm^3}$

10. $Z = \dfrac{I_Z}{d} = \dfrac{\dfrac{d^4}{12}}{d \sin 45°} = \dfrac{\dfrac{d^4}{12}}{\dfrac{d}{\sqrt{2}}} = \dfrac{\sqrt{2}}{12} d^3$

제5장 비틀림

1. $T = \tau Z_P = \tau \dfrac{\pi d^3}{16}$ 에서 $T \propto d^3$

$$\therefore \quad \frac{T_2}{T_1} = \frac{d_2^3}{d_1^3} = \frac{(2d_1)^3}{d_1^3} = 8\,\text{배}$$

2. $T = \tau Z_P = \tau \dfrac{\pi d_2^3}{16}\left(1 - x^4\right)$

$$\therefore \quad \tau = \frac{T}{Z_P} = \frac{16\,T}{\pi d_2^3 (1 - x^4)} = \frac{16 \times 100}{3.14 \times 0.025^3 \left\{ 1 - \left(\dfrac{20}{25}\right)^4 \right\}}$$

$$= 55.24 \times 10^6\,\text{N/m}^2 = 55.24\,\text{MPa}$$

3. $\tau_{AB} = \dfrac{T_{AB}}{(Z_P)_{AB}} = \dfrac{T_{AB}}{\dfrac{\pi d^3}{16}} = \dfrac{16\,T_{AB}}{\pi d^3} = \dfrac{16 \times (36 \times 10^{-3})}{\pi \times 0.2^3} = 22.92\,\text{MPa}$

$\tau_{BC} = \dfrac{T_{BC}}{(Z_P)_{BC}} = \dfrac{T_{BC}}{\dfrac{\pi d^3}{16}} = \dfrac{16\,T_{BC}}{\pi d^3} = \dfrac{16 \times (14 \times 10^{-3})}{\pi \times 0.12^3} = 41.26\,\text{MPa}$

$\tau_{BC} > \tau_{AB}$이므로 최대 전단응력은 $41.26\,\text{MPa}$이다.

4. $T = \dfrac{60H}{2\pi n} = \dfrac{60 \times (26.5 \times 10^3)}{2 \times 3.14 \times 1590} = 159.24\,\text{N} \cdot \text{m}$

$\tau = \dfrac{T}{Z_P} = \dfrac{T}{\dfrac{\pi d^3}{16}} = \dfrac{16\,T}{\pi d^3} = \dfrac{16 \times 159.24}{3.14 \times 0.03^3} \fallingdotseq 30 \times 10^6\,\text{N/m}^2 = 30\,\text{MPa}$

5. 회전수의 단위가 rev/s이므로

$$T = \frac{H}{2\pi n} = \frac{120 \times 10^3}{2 \times 3.14 \times 40} = 477.71\,\text{N} \cdot \text{m}$$

또, $T = \tau \cdot \dfrac{\pi d_2^3 (1 - x^4)}{16}$ 에서

$$x = \sqrt[4]{1 - \frac{16\,T}{\pi \tau d_2^3}} = \sqrt[4]{1 - \frac{16 \times 477.71}{3.14 \times (80 \times 10^6) \times 0.046^3}} = 0.91$$

$$\therefore \quad d_1 = x d_2 = 0.91 \times 46 = 41.86\,\text{mm}$$

6. $T = \dfrac{60H}{2\pi n} = \tau \cdot \dfrac{\pi d^3}{16}$

$$\frac{60 \times (50 \times 10^3)}{2 \times 3.14 \times 600} = \tau \times \frac{3.14 \times 0.05^3}{16}$$

$$\therefore \quad \tau = 32.46 \times 10^6\,\text{N/m}^2 = 32.46\,\text{MPa}$$

7. 재료의 변형에서 $45°$ 경사면에서의 수직변형률 ε과 전단변형률 γ의 관계는 $\varepsilon = \dfrac{1}{2}\gamma$이다.

$$\tau = G\gamma = G \cdot 2\varepsilon = \frac{T}{Z_P} = \frac{16\,T}{\pi d^3}$$

$$\therefore\ G = \frac{16\,T}{2\varepsilon \cdot \pi d^3} = \frac{16 \times 120}{2 \times (150 \times 10^{-6}) \times 3.14 \times 0.04^3} = 31.85 \times 10^9\ \mathrm{N/m^2} = 31.85\ \mathrm{GPa}$$

8. 축이 전달하는 토크를 T라 하면 $t_0 = \dfrac{T}{l}$[N·m/m]이고, $T = \tau_{\max} \cdot Z_p$이다. 따라서

$$t_0 \cdot l = \tau_{\max} \cdot \frac{\pi d^3}{16}$$

$$\therefore\ \tau_{\max} = \frac{16 t_0 \cdot l}{\pi d^3}$$

9. $\theta = 57.3° \times \dfrac{Tl}{GI_P} = 57.3° \times \dfrac{100 \times 3.14}{(80 \times 10^9) \times \left(\dfrac{3.14 \times 0.04^4}{32}\right)} = 0.895°$

10. 먼저 허용 전단응력에 의한 전달토크 T_1을 구하면

$$T_1 = \tau Z_P = (40 \times 10^6) \times \frac{3.14 \times 0.06^3}{16} = 1695.6\ \mathrm{N \cdot m}$$

다음. 허용 회전각도에 의한 전달토크 T_2를 구하면

$$T_2 = \frac{GI_P \theta}{57.3l} = \frac{(80 \times 10^9) \times 3.14 \times 0.06^4 \times 1.5}{57.3 \times 1 \times 32} = 2663.25\ \mathrm{N \cdot m}$$

$T_1 < T_2$이다. 따라서 최대 허용 토크는 $1695.6\ \mathrm{N \cdot m}$이다.

11. 먼저, $\theta = 57.3 \times \dfrac{Tl}{GI_P}$에서 토크 T를 구하면

$$T = \frac{\theta GI_P}{57.3l} = \frac{\theta G \pi (d_2^4 - d_1^4)}{57.3 \times 32l} = \frac{1 \times (80 \times 10^9) \times 3.14(0.06^4 - 0.04^4)}{57.3 \times 32 \times 3} = 474.93\ \mathrm{N \cdot m}$$

$$\therefore\ H = \frac{2\pi n T}{60} = \frac{2 \times 3.14 \times 400 \times 474.93}{60} = 19.9 \times 10^3\ \mathrm{N \cdot m/s} = 19.9\ \mathrm{kW}$$

12. $\theta = \dfrac{Tl}{GI_P} = \dfrac{Tl}{G\dfrac{\pi d^4}{32}} = \dfrac{32\,Tl}{G\pi d^4}$에서 $T = \dfrac{\theta G \pi d^4}{32l}$이므로

$$\frac{T_A}{T_B} = \frac{\dfrac{\theta G \pi d^4}{32l}}{\dfrac{\theta G \pi (2d)^4}{32(2l)}} = \frac{1}{8}$$

13. $\theta = \dfrac{Tl}{GI_P} = \dfrac{32(t_o l) \cdot \dfrac{l}{2}}{G\pi d_o^4} = \dfrac{16 t_o l^2}{G\pi d_o^4}$

14. 먼저 전달토크 T를 구하면

$$T = \frac{60H}{2\pi n} = \frac{60 \times (35 \times 10^3)}{2 \times 3.14 \times 120} = 2786.62 \,\text{N} \cdot \text{m}$$

$$\therefore \theta = \frac{Tl}{GI_P} = \frac{32\,Tl}{G\pi d^4} = \frac{32 \times 2786.62 \times 2}{(83 \times 10^9) \times 3.14 \times 0.06^4} = 0.053 \,\text{rad}$$

15. $T = \tau Z_P = \tau \dfrac{\pi d^3}{16} = (49 \times 10^6) \times \dfrac{3.14 \times 0.35^3}{16} = 412296.72 \,\text{N} \cdot \text{m}$

$$l = \frac{\theta\,GI_P}{57.3\,T} = \frac{\theta\,G\pi d^4}{57.3 \times 32\,T} = \frac{0.2 \times (80 \times 10^9) \times 3.14 \times 0.35^4}{57.3 \times 32 \times 412296.72} = 0.997 \,\text{m} \fallingdotseq 1 \,\text{m}$$

16. 단면 A와 B에 작용하는 토크를 각각 T_A, T_B라 하면 $T = T_A + T_B$에서

$T_B = T - T_A$

m−n단면에서의 비틀림 각도는 서로 같으므로 $\dfrac{T_A a}{GI_P} = \dfrac{T_B b}{GI_P}$

$$T_A = T_B \cdot \frac{b}{a} = (T - T_A) \cdot \frac{b}{a} = \frac{Tb}{a} - \frac{T_A b}{a}$$

$$T_A \left(1 + \frac{b}{a}\right) = \frac{Tb}{a}$$

$$\therefore T_A = \frac{Tb}{a+b} = \frac{Tb}{l}$$

17. $T = T_{AB} + T_{BC}$ ·· (1)

B에서의 비틀림 각도는 서로 같으므로

$$\frac{T_{AB} \cdot l_1}{G \cdot \dfrac{\pi d_1^4}{32}} = \frac{T_{BC} \cdot l_2}{G \cdot \dfrac{\pi d_2^4}{32}}$$

$$\frac{T_{AB} l_1}{d_1^4} = \frac{T_{BC} l_2}{d_2^4}$$

$$T_{BC} = T_{AB} \left(\frac{d_2}{d_1}\right)^4 \frac{l_1}{l_2} = T_{AB} \left(\frac{25}{50}\right)^4 \times \frac{1.8}{1.2} = 0.09375\,T_{AB} \;\cdots\cdots\cdots\cdots\cdots (2)$$

식 (1)에 식 (2)를 대입하면 $T_{AB} = T - T_{BC} = T - 0.09375\,T_{AB}$

$$\therefore T_{AB} = \frac{T}{1.09375} = \frac{680}{1.09375} = 621.71 \,\text{N} \cdot \text{m}$$

$$T_{BC} = 0.09375 \times 621.71 = 58.29 \text{ N} \cdot \text{m}$$

$$\therefore \tau_{AB} = \frac{T_{AB}}{Z_{P(AB)}} = \frac{16 \times 621.71}{3.14 \times 0.05^3} = 25.34 \times 10^6 \text{ N/m}^2 = 25.34 \text{ MPa}$$

$$\tau_{BC} = \frac{T_{BC}}{Z_{P(BC)}} = \frac{16 \times 58.29}{3.14 \times 0.025^3} = 19 \times 10^6 \text{ N/m}^2 = 19 \text{ MPa}$$

따라서 최대 전단응력은 25.34 MPa이다.

18. $U = \dfrac{1}{2} T\theta = \dfrac{T^2 l}{2GI_P} = \dfrac{32 T^2 l}{2G\pi d^4}$

$U \propto \dfrac{1}{d^4}$ $\quad \therefore \dfrac{U_1}{U_2} = \left(\dfrac{d_2}{d_1}\right)^4$

19. $T = \tau Z_p$

$\tau = \dfrac{T}{Z_p} = \dfrac{PR}{\dfrac{\pi d^3}{16}} = \dfrac{16PR}{\pi d^3} = \dfrac{8PD}{\pi d^3}$

$\therefore D = \dfrac{\tau \pi d^3}{8P} = \dfrac{250 \times 3.14 \times 10^3}{8 \times 2 \times 10^3} = 49.09 \text{ mm} \fallingdotseq 5 \text{ cm}$

20. 코일 스프링에서의 최대 처짐량 $\delta = \dfrac{8nPD^3}{Gd^4}$ 에서

$n = \dfrac{Gd^4 \delta}{8PD^3} = \dfrac{88 \times 10^9 \times 0.003^4 \times 0.03}{8 \times 10 \times 0.075^3} = 6.3$ 회

21. 코일 스프링인 경우 $\delta = \dfrac{8nPD^3}{Gd^4}$

$\therefore P = \dfrac{\delta Gd^4}{8nD^3} = \dfrac{0.05 \times (100 \times 10^9) \times 0.005^4}{8 \times 15 \times 0.1^3} = 26.04 \text{ N}$

22. $\theta = \dfrac{Tl}{GI_p} = \dfrac{32 Tl}{G\pi d^4}$

$k_t = \dfrac{T}{\theta} = \dfrac{d^4}{l} (k_t \propto d^4, \ k_t \propto \dfrac{1}{l})$

$\dfrac{k_t{}'}{k_t} = \left(\dfrac{d'}{d}\right)^4 \left(\dfrac{l}{l'}\right) = \left(\dfrac{1.1d}{d}\right)^4 \left(\dfrac{l}{1.1l}\right) = 1.1^3 = 1.331$ 배

23. $\sum M_A = 0$

$P(a + b) - k\delta a = 0$

$$P(a+b) = k\delta a$$

$$\therefore \quad \delta = \frac{P(a+b)}{ka}$$

제6장 보의 전단과 굽힘

1. $\sum M_B = 0$

$$R_A \times 10 - 10 \times 10 - 4 = 0$$

$$\therefore \quad R_A = \frac{100 + 4}{10} = \frac{104}{10} = 10.4\,\text{kN}$$

2. 블록이 떠받혀주는 힘(반력)을 R_A 라 하면, 벽면의 지점에 대한 $\sum M_i = 0$으로부터

$$10 \times 30 - 10 \times R_A = 0$$

$$R_A = \frac{10 \times 30}{10} = 30\,\text{N}$$

$$\therefore \quad P = \mu R_A = 0.4 \times 30 = 12\,\text{N}$$

3. $\sum F_i = 0$

$$R_A + R_B - wl = 0$$

$$\sum M_B = 0$$

$$R_A \cdot l - \frac{wl}{2} \times \frac{l}{4} + \frac{wl}{2} \times \frac{l}{4} = 0$$

$$\therefore \quad R_A = 0, \quad R_B = wl$$

4. $\overline{AB} = \sqrt{2^2 + 1.5^2} = 2.5\,\text{m}$

$$\sum M_D = 0$$

$$R_A \times 6 - 210 \times 4 - 210 \times 2 = 0$$

$$R_A = \frac{1260}{6} = 210\,\text{kN}$$

$$R_A : F_{AB} = 1.5 : 2.5$$

$$\therefore \quad F_{AB} = \frac{2.5}{1.5} \times R_A = \frac{2.5}{1.5} \times 210 = 350\,\text{kN}$$

5. $\sum M_A = 0$

$$P \times \frac{3}{2}R - R_B \times 2R = 0$$

$$\therefore R_B = \frac{\frac{3}{2}PR}{2R} = \frac{3}{4}P$$

6. 보의 반력은 최대 전단력과 크기가 같다(외팔보인 경우).

최대 전단력 $F_{\max} = \dfrac{wl}{2}$

최대 굽힘 모멘트 $M_{\max} = \dfrac{wl}{2} \times \dfrac{l}{3} = \dfrac{wl^2}{6}$

7. ① $\Sigma F_i = 0$

$$R_A + R_B - \frac{wl}{2} - P = 0$$

② $\Sigma M_A = 0$

$$\frac{wl}{2} \cdot \frac{2l}{3} + P \cdot \frac{l}{2} - R_B l = 0$$

$$R_B = \frac{wl}{3} + \frac{P}{2}$$

$$R_A = \frac{wl}{2} + P - R_B = \frac{wl}{2} + P - \frac{wl}{3} - \frac{P}{2} = \frac{wl}{6} + \frac{P}{2}$$

$$\therefore M_c = \left(\frac{wl}{6} + \frac{P}{2}\right) \cdot \frac{l}{2} - \frac{wl}{8} \cdot \frac{l}{6}$$

$$= \frac{wl^2}{12} + \frac{Pl}{4} - \frac{wl^2}{48} = \frac{wl^2}{16} + \frac{Pl}{4}$$

8. $\Sigma M_B = 0$

$$- R_D \times 8 + (25 \times 6) \times 3 - (25 \times 2) \times 1 = 0$$

$$R_D = \frac{(25 \times 6) \times 3 - (25 \times 2) \times 1}{8} = 50 \text{ kN}$$

$$R_B = 25 \times 8 - R_D = 200 - 50 = 150 \text{ kN}$$

$$\therefore F_{\max} = R_B - wx = 150 - (25 \times 2) = 100 \text{ kN}$$

9. ① $\Sigma F_i = 0$

$$R_A + R_B - \frac{300 \times 10}{2} = 0$$

$$R_B = 1500 - R_A$$

② $\Sigma M_B = 0$

$$10 R_A - \left(300 \times 10 \times \frac{1}{2}\right) \times \left(10 \times \frac{2}{3}\right) = 0$$

$$R_A = 1000 \text{ N}$$

$$R_B = 1500 - 1000 = 500 \text{ N}$$

$$\therefore F = 500 - \left(150 \times 5 \times \frac{1}{2}\right) = 125 \text{ N}$$

10. $\sum M_B = 0$

$$10 R_A - (2 \times 6) \times 3 = 0$$

$$R_A = \frac{36}{10} = 3.6 \text{ kN}$$

전단력이 0이 되는 위치를 x라 하면

$$F_x = R_A - 2(x - 4)$$

$$0 = 3.6 - 2x + 8$$

$$2x = 11.6$$

$$\therefore x = 5.8 \text{ m}$$

11. $M_{\max} = (500 \times 2) - (500 \times 1.5) = 250 \text{ N} \cdot \text{m}$

12. $\sum M_B = 0$

$$R_A l - \frac{wl}{2} \times \frac{3l}{4} = 0$$

$$R_A = \frac{3}{8} wl$$

$$F_x = R_A - wx = \frac{3}{8} wl - wx$$

전단력(F_x)이 0인 지점에서 최대 굽힘 모멘트가 일어나므로

$$0 = \frac{3}{8} wl - wx$$

$$\therefore x = \frac{3}{8} l$$

13. 우력(M_0)만이 존재하는 경우 양쪽 반력의 크기는 항상 같다.

$$R_A = R_B = \frac{M_0}{l}$$

$$M_x = R_A x = \frac{M_0}{l} x$$

따라서, x가 최대일 때 M_x는 최대가 된다.

$$\therefore x = l$$

14. ① $F_x = wx$

（가） $x = 0, \ F = 0$

（나） $x = l, \ F_{\max} = wl$

② $M_x = -wx\dfrac{x}{2} = -\dfrac{wx^2}{2}$

（가） $x = 0$일 때 $M = 0$

（나） $x = l$일 때 $M_{\max} = \dfrac{wl^2}{2}$

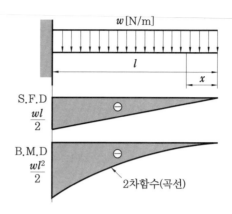

15.

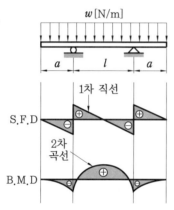

16. ① $\sum M_A = 0$

$(4 \times 10) \times 5 - R_B \times 8 + 20 \times 4 = 0$

$\therefore \ R_B = \dfrac{40 \times 5 + 20 \times 4}{8} = \dfrac{280}{8} = 35 \ \text{kN}$

② $\sum F_i = 0$

$\therefore \ R_A = (40 + 20) - R_B = 60 - 35 = 25 \ \text{kN}$

③ S.F.D

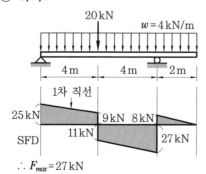

$\therefore \ F_{max} = 27 \ \text{kN}$

제7장 보의 응력

1. $R_A = \dfrac{Pb}{L} = \dfrac{5 \times 0.2}{0.6} = 1.67 \text{ kN}$

$\sigma_b = \dfrac{M}{Z} = \dfrac{R_A \times 0.2}{\dfrac{0.06 \times 0.12^2}{6}} \times 10^{-3} = \dfrac{6 \times 1.67 \times 0.2}{0.06 \times 0.12^2} \times 10^{-3} = 2.32 \text{ MPa}$

2. $M = \sigma_b Z$ 에서 $\sigma_{b(\max)} = \dfrac{M_{\max}}{Z} = \dfrac{Pl}{\dfrac{\pi d^3}{32}} = \dfrac{32Pl}{\pi d^3}$

3. 최대 굽힘 모멘트($M_{\max}$)는 지점 B에서 발생한다.

$\sigma_{b(\max)} = \dfrac{M_{\max}}{Z} = \dfrac{6M_{\max}}{bh^2} = \dfrac{6 \times (50 \times 100)}{6 \times 3^2} = 555.56 \text{ N/cm}^2$

4. $w = 200 \text{ N/m} = 0.2 \text{ N/mm}$

$\sigma_{b(\max)} = \dfrac{M_{\max}}{Z} = \dfrac{\dfrac{wl^2}{8}}{\dfrac{bh^2}{6}} = \dfrac{3wl^2}{4bh^2} = \dfrac{3 \times 0.2 \times 2000^2}{4 \times 30 \times 40^2} = 12.5 \text{ MPa}$

5. 먼저, 단면계수 Z를 구하면

$Z = \dfrac{I}{y} = \dfrac{I}{\dfrac{h}{2}} = \dfrac{2I}{h} = \dfrac{2 \times (251 \times 10^4)}{200} = 25100 \text{ mm}^3$

$\therefore \ \sigma_{b(\max)} = \dfrac{M_{\max}}{Z} = \dfrac{2510 \times 10^3}{25100} = 100 \text{ N/mm}^2 = 100 \text{ MPa}$

6. $\sigma_{b(\max)} = \dfrac{M_{\max}}{Z} = \dfrac{6M_{\max}}{a^3}$

$\therefore \ a = \sqrt[3]{\dfrac{6M_{\max}}{\sigma_{b(\max)}}} = \sqrt[3]{\dfrac{6 \times (8 \times 10^3)}{60 \times 10^6}} = 0.0928 \text{ m} \fallingdotseq 9.3 \text{ cm}$

7. $M_{\max} = \sigma_{b(\max)} \cdot Z$ 에서

$\dfrac{wl^2}{8} = \sigma \dfrac{bh^2}{6}$

$\therefore \ w = \dfrac{8\sigma bh^2}{6l^2} = \dfrac{4\sigma bh^2}{3l^2} = \dfrac{4 \times (337.5 \times 10^6) \times 0.04 \times 0.1^2}{3 \times 6^2}$

$= 5 \times 10^3 \text{ N/m} = 5 \text{ kN/m}$

8. $\sigma_{b(\max)} = \dfrac{M_{\max}}{Z} = \dfrac{\dfrac{Pl}{4}}{\dfrac{\pi d^3}{32}} = \dfrac{8Pl}{\pi d^3}$ 에서

$l = \dfrac{\sigma_{b(\max)} \pi d^3}{8P} = \dfrac{(16 \times 10^6) \times 3.14 \times 0.1^3}{8 \times (2 \times 10^3)} = 3.14 \text{ m}$

9. $M_{\max} = \sigma_a Z$ 에서 $0.5w \times 0.75 = (80 \times 10^3) \times \dfrac{0.05 \times 0.09^2}{6} = 5.4 \text{ kN} \cdot \text{m}$

$\therefore \ w = \dfrac{5.4}{0.5 \times 0.75} = 14.4 \text{ kN/m}$

10. 먼저 최대 굽힘 모멘트를 구하기 위해 위험 단면의 위치를 찾는다.

$\sum M_B = 0$

$R_A \times 1 - (50 \times 0.5) \times 0.75 = 0$

$R_A = \dfrac{25 \times 0.75}{1} = 18.75 \text{ N}$

길이 x에서의 전단력 F_x를 구하면 $F_x = R_A - wx$

위험 단면의 위치는 전단력 $= 0$인 곳이므로 $0 = 18.75 - 50x$

$x = \dfrac{18.75}{50} = 0.375 \text{ m}$

$\therefore \ M_{\max} = R_A x - 50 \times \dfrac{x^2}{2} = 18.75 \times 0.375 - 50 \times \dfrac{0.375^2}{2} = 3.52 \text{ N} \cdot \text{m}$

$M_{\max} = \sigma_a Z = \sigma_a \dfrac{\pi d^3}{32}$

$\therefore \ d = \sqrt[3]{\dfrac{32 M_{\max}}{\pi \sigma_a}} = \sqrt[3]{\dfrac{32 \times (3.52 \times 10^3)}{3.14 \times 400}} = 4.475 \text{ mm} \fallingdotseq 4.5 \text{ mm}$

11. 먼저, P에 대한 수평분력 P_H와 수진분력 P_V를 구하면

$P_H = P\cos 10°$

$P_V = P\sin 10°$

$\sigma_A = \dfrac{P_H}{A} + \dfrac{P_V l}{Z} = \dfrac{P\cos 10°}{bh} + \dfrac{6lP\sin 10°}{bh^2} = \dfrac{P}{bh}\left(\cos 10° + \dfrac{6l\sin 10°}{h}\right)$

$\quad = \dfrac{4000}{50 \times 100}\left(\cos 10° + \dfrac{6 \times 800 \times \sin 10°}{100}\right) \fallingdotseq 7.46 \text{ MPa(인장)}$

12. $\sigma_A = -\dfrac{P}{A} + \dfrac{M}{Z} = -\dfrac{10}{1 \times 2} + \dfrac{10 \times 2}{\dfrac{1 \times 2^2}{6}} = 25 \text{ kPa}$

13. $\tau_{\max} = \dfrac{3F}{2A} = \dfrac{3P}{2bh} = \dfrac{3 \times (100 \times 10^3)}{2 \times 100 \times 150} = 10 \text{ MPa}$

여기서 $\tau_{\max}$은 실제 발생한 사용응력이다. 따라서 허용전단응력을 τ_a라 하면 안전계수가 2이므로 $\tau_a = 2 \times 10 = 20 \text{ MPa}$

14. 최대 전단력 $F = R_A$이다. 따라서 먼저 R_A를 구하면

$\sum M_B = 0$

$R_A \times 5 - \dfrac{3 \times 2.4}{2} \times 4.2 = 0$

$R_A = 3.024 \text{ kN}$

$\therefore \tau_{\max} = \dfrac{3F}{2A} = \dfrac{3 \times 3.024}{2 \times (0.06 \times 0.08)} = 945 \text{ kPa}$

15. $\tau = \dfrac{3F}{2A} = \dfrac{3 \times 100}{2 \times (3 \times 4)} = 12.5 \text{ N/cm}^2$

16. $\tau_{\max} = \dfrac{4F}{3A} = \dfrac{4 \times 4 \times (10 \times 10^3)}{3 \times 3.14 \times 0.1^2} = 1.7 \times 10^6 \text{ N/m}^2 = 1.7 \text{ MPa}$

17. 먼저 최대 굽힘 모멘트 M을 구하면 $M = \dfrac{Pl}{4} = \dfrac{(100 \times 10^3) \times 1}{4} = 25000 \text{ N} \cdot \text{m}$

다음 전달토크 T를 구하면 $T = \dfrac{60H}{2\pi n} = \dfrac{60 \times (400 \times 10^3)}{2 \times 3.14 \times 100} = 38216.56 \text{ N} \cdot \text{m}$

따라서 상당 굽힘 모멘트 M_e는

$M_e = \dfrac{1}{2}\left(M + \sqrt{M^2 + T^2}\right) = \dfrac{1}{2}(25000 + \sqrt{25000^2 + 38216.56^2}) = 35333.67 \text{ N} \cdot \text{m}$

$\therefore d = \sqrt[3]{\dfrac{32M_e}{\pi\sigma}} = \sqrt[3]{\dfrac{32 \times 35333.67}{3.14 \times (85 \times 10^6)}} = 0.162 \text{m} = 16.2 \text{ cm}$

제8장 보의 처짐

1. $\dfrac{1}{\rho} = \dfrac{M}{EI}$

$\therefore \rho = \dfrac{EI}{M} = \dfrac{(150 \times 10^6) \times (868 \times 10^{-9})}{5} = 26.04 \text{ m}$

2. $\delta = \dfrac{PL^3}{3EI}$

처짐량은 단면 2차 모멘트에 반비례한다.

$$\therefore \ \frac{\delta_1}{\delta_2} = \frac{I_2}{I_1} = \frac{(2h)^3}{h^3} = 8$$

3. 원관과 물은 균일 분포하중으로 작용한다.

(1) 원관

$$w_1 = 9800 \times 7.8 \times \frac{\pi}{4} \times (0.2^2 - 0.16^2) = 864.08 \ \text{N/m}$$

(2) 물

$$w_2 = 9800 \times \frac{\pi}{4} \times 0.16^2 = 196.94 \ \text{N/m}$$

따라서 보에 작용하는 균일 분포하중의 크기 w는

$$w = w_1 + w_2 = 864.08 + 196.94 = 1061.02 \ \text{N/m}$$

$$\therefore \ \delta = \frac{wL^4}{8EI} = \frac{64 \times 1061.02 \times 4^4}{8 \times (200 \times 10^9) \times \pi(0.2^4 - 0.16^4)} = 3.66 \times 10^{-3} \ \text{m} = 3.66 \ \text{mm}$$

4. $\delta_{\max} = \dfrac{Ml^2}{2EI} = \dfrac{40 \times 2^2}{2 \times (200 \times 10^9) \times (50 \times 10^{-8})} = 8 \times 10^{-4} \ \text{m} = 0.8 \ \text{mm}$

5. $\delta = \dfrac{Pl^3}{48EI}$ 에서 $P = \dfrac{48EI\delta}{l^3} = \dfrac{48 \times (210 \times 10^9) \times \left(\dfrac{0.05 \times 0.12^3}{12}\right) \times 0.043}{5^3}$

$$= 24966.14 \ \text{N} \fallingdotseq 25 \ \text{kN}$$

6. $\delta_{\max} = \dfrac{PL^3}{3EI} + \dfrac{w_o L^4}{8EI}$

$P = w_0 L$ 에서 $w_0 = \dfrac{P}{L}$ 이므로 $\delta_{\max} = \dfrac{PL^3}{3EI} + \dfrac{PL^3}{8EI} = \dfrac{11PL^3}{24EI}$

7. 모멘트 면적법으로 구한다.

$$\delta = \frac{Pa^2(3l - a)}{6EI} = \frac{800 \times 0.4^2(3 \times 0.5 - 0.4)}{6 \times (210 \times 10^9) \times \left(\dfrac{0.2 \times 0.3^3}{12}\right)} = 2.4832 \times 10^{-7} \ \text{m} \fallingdotseq 0.25 \ \mu\text{m}$$

8. $\theta_{\max} = \dfrac{wl^3}{6EI} = \dfrac{(6 \times 10^3) \times 1^3}{6 \times (210 \times 10^9) \times \left(\dfrac{0.04 \times 0.08^3}{12}\right)} = 2.79 \times 10^{-3} \ \text{rad} \fallingdotseq 0.0028 \ \text{rad}$

9. $\delta_{\max} = \dfrac{Pl^3}{3EI} = \dfrac{Pl^3}{3E \cdot \dfrac{\pi d^4}{64}} = \dfrac{64Pl^3}{3E\pi d^4}$

$$P = \frac{3E\pi d^4 \delta_{\max}}{64l^3} = \frac{3 \times (200 \times 10^9) \times 3.14 \times 0.02^4 \times 0.02}{64 \times 1^3} = 94.2 \text{ N}$$

$$\sigma_{\max} = \frac{M_{\max}}{Z} = \frac{Pl}{\frac{\pi d^3}{32}} = \frac{32Pl}{\pi d^3} = \frac{32 \times 94.2 \times 1}{3.14 \times 0.02^3} = 120 \times 10^6 \text{ N/m}^2 = 120 \text{ MPa}$$

10. 모멘트 면적법으로 구한다.

$$\delta = \frac{A_M \, \overline{x}}{EI} = \frac{\frac{wl^2}{2} \times l}{3EI} \left(l + \frac{3}{4}l\right) = \frac{7wl^4}{24EI}$$

11. $U = \dfrac{P\delta}{2} = \dfrac{P}{2} \times \dfrac{PL^3}{3EI} = \dfrac{64P^2L^3}{6E\pi d^4} = \dfrac{32P^2L^3}{3E\pi d^4}$

12. $\delta = \dfrac{Pl^3}{3EI}$ 에서 $P = \dfrac{3EI\delta}{l^3} = \dfrac{3 \times (200 \times 10^3) \times \left(\dfrac{20^4}{12}\right) \times 10}{500^3} = 640 \text{ N}$

$\therefore \; U = \dfrac{P\delta}{2} = \dfrac{640 \times 0.01}{2} = 3.2 \text{ J}$

제9장 기 둥

1. $A = b(H - h) + th = (bH - bh + th)$ 이므로

$$k = \sqrt{\frac{I_Z}{A}} = \sqrt{\frac{ht^3 + Hb^3 - hb^3}{12(bH - bh + th)}}$$

2. $k = \sqrt{\dfrac{I}{A}} = \sqrt{\dfrac{D^2 + d^2}{16}} = \sqrt{\dfrac{90^2 + 80^2}{16}} = 30.0104 \text{ mm} \fallingdotseq 30 \text{ mm}$

$\therefore \; 세장비(\lambda) = \dfrac{l}{k} = \dfrac{3 \times 10^3}{30} = 100$

3. $P_B = n\pi^2 \dfrac{EI}{l^2} = 1 \times 3.14^2 \times \dfrac{(10 \times 10^6) \times \left(\dfrac{0.1 \times 0.08^3}{12}\right)}{2^2} = 105.28 \text{ kN}$

4. $P_B = n\pi^2 \dfrac{EI}{l^2} = 1 \times 3.14^2 \times \dfrac{(200 \times 10^6) \times \left(\dfrac{0.03 \times 0.02^3}{12}\right)}{2^2} = 9.86 \text{ kN}$

5. $k = \sqrt{\dfrac{I}{A}} = \sqrt{\dfrac{0.2 \times 0.1^3}{(0.2 \times 0.1) \times 12}} = 0.0289 \, \text{m}$

$\therefore$ 세장비$(\lambda) = \dfrac{l}{k} = \dfrac{2}{0.0289} = 69$

6. 지름 d인 원형 단면의 최소 회전반지름 $k = \dfrac{d}{4}$ 이므로

세장비$(\lambda) = \dfrac{l}{k} = \dfrac{l}{\sqrt{\dfrac{I}{A}}} > 100$

$\dfrac{4l}{d} > 100$

$\therefore \ l > 25d$

7. $P_B = n\pi^2 \dfrac{EI}{l^2} = 1 \times 3.14^2 \times \dfrac{(210 \times 10^6) \times \left(\dfrac{0.03^4}{12}\right)}{1^2} \fallingdotseq 140 \, \text{kN}$

8. $P_B = n\pi^2 \dfrac{EI}{l^2} = 1 \times 3.14^2 \times \dfrac{(200 \times 10^6) \times \left(\dfrac{3.14 \times 0.1^4}{64}\right)}{15^2} \fallingdotseq 43 \, \text{kN}$

9. 양단 힌지단(회전단)인 경우 고정계수 $n = 1$이므로

$P_B = n\pi^2 \dfrac{EI}{l^2} = 1 \times 3.14^2 \times \dfrac{(200 \times 10^3) \times \left(\dfrac{40 \times 20^3}{12}\right)}{4000^2} \fallingdotseq 3290 \, \text{N}$

제2편 ● 유체 역학

제1장 유체의 정의와 기본 성질

1. 구의 체적$(V) = mv = \dfrac{4}{3}\pi R^3$

$\left(\dfrac{R'}{R}\right)^3 = \dfrac{4m \times 2v}{mv} = 8 = 2^3$

$\therefore \ R' = 2R$

2. 1poise $= 0.1\,\text{N}\cdot\text{s/m}^2$이므로 $\tau = \mu\dfrac{du}{dy} = (14.2\times0.1)\times\dfrac{2.5}{0.01} = 355\,\text{Pa}$

3. $\nu = \dfrac{\mu}{\rho}$ 에서 $\rho = \dfrac{\mu}{\nu} = \dfrac{0.3}{2} = 0.15\,\text{g/cm}^3$

$\therefore\ S = \dfrac{\rho}{\rho_w} = \dfrac{0.15}{1} = 0.15$

4. $\tau = \mu\cdot\dfrac{du}{dy} = \mu\cdot V\cdot\left(-\dfrac{2y}{h^2}\right)_{y=h} = 4\times0.5\times\dfrac{2}{0.01} = 400\,\text{N/m}^2$

5. $V = \dfrac{\pi dN}{60000} = \dfrac{3.14\times30\times1800}{60000} = 2.83\,\text{m/s}$

$P = \mu\dfrac{AV}{h}$

동력$(H) = PV = \mu\dfrac{AV^2}{h} = 0.51\times\dfrac{(3.14\times0.03\times0.1)\times2.83^2}{0.3\times10^{-3}} \fallingdotseq 128.3\,\text{W}$

6. $pv = RT\left(v = \dfrac{1}{\rho}\right)$

$p = \rho RT$

$\rho = \dfrac{p}{RT} = \dfrac{93.8}{0.287\times(11+273)} = 1.15\,\text{kg/m}^3$

7. $K = -\dfrac{dp}{\dfrac{dV}{V}}$

$\therefore\ dp = K\times\left(-\dfrac{dV}{V}\right) = 2.086\times10^9\times0.01 = 2.086\times10^7\,\text{Pa}$

8. $K = -\dfrac{dp}{\dfrac{dV}{V}} = \dfrac{800}{\dfrac{0.05}{100}} = 1.6\times10^6\,\text{kPa}$

9. $C = \sqrt{kRT} = \sqrt{1.4\times287\times(25+273)} = 346\,\text{m/s}$

10. $h = \dfrac{4\sigma\cos\beta}{\gamma d}$ 에서 $h\propto\dfrac{1}{d}$

$\therefore\ h_1 : h_2 : h_3 = 1 : \dfrac{1}{2} : \dfrac{1}{3} = 6 : 3 : 2$

제2장 유체 정역학

1. $p_1 \cdot \dfrac{\pi d_1^2}{4} = p_2 \cdot \dfrac{\pi(d_1^2 - d_2^2)}{4}$

$p_1 d_1^2 = p_2(d_1^2 - d_2^2)$

$p_2 = \dfrac{p_1 d_1^2}{d_1^2 - d_2^2} = \dfrac{1 \times 300^2}{300^2 - 200^2} = 1.8 \, \text{MPa}$

$\therefore \ W = p_2 \cdot \dfrac{\pi d_3^2}{4} = 1.8 \times \dfrac{3.14 \times 400^2}{4} = 226.08 \, \text{kN}$

2. $p = \gamma_1 h_1 + \gamma_2 h_2 = (9800 \times 1) \times 0.5 + (9800 \times 0.7) \times 1 = 11760 \, \text{N/m}^2 = 11.76 \, \text{kPa}$

3. $p = 100 + 150 = 250 \, \text{kPa}$

4. $p = p_o + p_g = (101 \times 10^3) + (9800 \times 1.03 \times 20) = 302880 \, \text{N/m}^2 = 302.88 \, \text{kPa}$

5. $p = p_o + p_g = 100 - 15 = 85 \, \text{kPa}$

6. $p_g = p - p_o = 50 \times 10^3 - \dfrac{710}{760} \times (101.3 \times 10^3) = -44635.53 \, \text{N/m}^2 \fallingdotseq 44.64 \, \text{kPa(진공)}$

7. $p = p_o + p_g = \dfrac{750}{760} \times (101.3 \times 10^3) + 400 \times 10^3 = 499967.11 \, \text{N/m}^2 \fallingdotseq 500 \, \text{kPa}$

8. $p = \gamma h = \rho g h = 13534 \times 9.8 \times 0.73 = 96822.24 \, \text{N/m}^2 \fallingdotseq 96.8 \, \text{kPa}$

9. $p = \gamma_1 h_1 + \gamma_2 h_2 = (9800 \times 0.08) + (9800 \times 2.94 \times 0.06) = 2512.72 \, \text{Pa}$

$p = p_{Hg} = \gamma_{Hg} h = (9800 \times 13.6)h$

$\therefore \ h = \dfrac{2512.72}{9800 \times 13.6} \fallingdotseq 0.0189 \, \text{m} = 1.89 \, \text{cm}$

10. $p = \gamma h = 9800 \times 1.5 \times 1 = 14700 \, \text{N/m}^2 = 14.7 \, \text{kPa}$

11. $p_x + 9.8 \times 0.4 = p_y + 9.8 \times 0.3 + 13.6 \times 9.8 \times 0.2$

$\therefore \ p_x - p_y = (9.8 \times 0.3 + 13.6 \times 9.8 \times 0.2) - 9.8 \times 0.4 = 25.68 \, \text{kPa}$

12. $p_A + \gamma h = p_B + \gamma l \sin\theta$

$$\therefore \ p_A - p_B = 9800 \times (3 \times \sin 20° - 0.3) \times 10^{-3} = 7.12 \, \text{kPa}$$

13. (1) 체적의 변화

$$\frac{\pi d^2}{4} \times \Delta h = \frac{\pi d^2}{4} L \sin\theta$$

$$\Delta h = \frac{d^2 \cdot L}{2D^2}$$

(2) Δp를 가하기 전 용기 바닥의 압력

$$\gamma \cdot h = \gamma \cdot x \sin\theta, \ h = x \sin\theta$$

(3) Δp를 가할 때 용기 바닥의 압력

$$\Delta p + \gamma(h - \Delta h) = \gamma(x + L)\sin\theta$$

$$\Delta p + \gamma h - \gamma \Delta h = \gamma x \sin\theta + \gamma L \sin\theta = \gamma h + \gamma L \sin\theta$$

$$\Delta p = \gamma(\Delta h + L\sin 30°) = \gamma\left(\frac{d^2 \cdot L}{2D^2} + \frac{L}{2}\right) = \rho g \cdot \frac{101}{200} L$$

$$\therefore \ L = \frac{200}{101} \cdot \frac{\Delta p}{\rho g}$$

14. $F = \gamma \overline{h} A = (9.8S)\overline{h} A = (9.8 \times 0.8) \times 1 \times (2 \times 2) \fallingdotseq 31.4 \, \text{kN}$

15. $F = \gamma \overline{h} A = 9.8\left(3 + \frac{3}{2}\right) \times (2 \times 3) \fallingdotseq 265 \, \text{kN}$

16. $y_F = \overline{y} + \dfrac{I_G}{\overline{y} A} = 1 + \dfrac{\frac{3 \times 2^3}{12}}{1 \times (2 \times 3)} \fallingdotseq 1.33 \, \text{m}$

17. 먼저, 수문의 좌·우 전압력(힘)의 작용점 위치를 구하면

$$y_F = 1.2 + \frac{2h}{3} = 1.2 + \frac{2 \times 2}{3} = 2.53 \, \text{m}$$

물의 전압력(F_1) $= \gamma_w \overline{h} A = 9.8 \times 1 \times (3 \times 2) = 58.8 \, \text{kN}(\rightarrow)$

수은의 전압력(F_2) $= \gamma_{Hg} \overline{h} A = (9.8 \times 13.6) \times 1 \times (3 \times 2) = 799.68 \, \text{kN}(\leftarrow)$

$\Sigma M_{Hinge} = 0$

$F \times 3.2 + F_1 \times 2.53 - F_2 \times 2.53 = 0$

$$\therefore \ F = \frac{F_2 \times 2.53 - F_1 \times 2.53}{3.2} = \frac{(799.68 - 58.8) \times 2.53}{3.2} = 586 \, \text{kN}$$

18. 전압력 작용위치$(y_F) = h + \dfrac{I_G}{Ah} = h + \dfrac{\dfrac{\pi R^4}{4}}{\pi R^2 h} = h + \dfrac{R^2}{4h}$

19. $y_F - \overline{y} = \dfrac{I_G}{\overline{y}A} = \dfrac{\dfrac{\pi r^4}{4}}{\left(\dfrac{5}{\sin 60°}\right) \times \pi r^2} = \dfrac{\dfrac{r^2}{4}}{5.77} = \dfrac{\dfrac{2^2}{4}}{5.77} = \dfrac{1}{5.77} = 0.173 \text{ m}$

20. 공기 중에서 무게$(W) = 40 + F_B = 40 + \gamma_w V = 40 + 9800 \times (2 \times 10^{-3}) = 59.6 \text{ N}$

21. 부력 $F_B = 60 - 10 = 50 \text{ N}$

$F_B = \gamma V = 9800 V$

$\therefore \ V = \dfrac{F_B}{9800} = \dfrac{50}{9800} \text{ m}^3$

$W = \gamma V = 9800 S \times \dfrac{50}{9800} = 50 S$

$\therefore \ S = \dfrac{60}{50} = 1.2$

22. $F_x = \gamma_w \overline{h} A = 9800 \times \dfrac{1}{2} \times (1 \times 1) = 4900 \text{ N}$

$F_y = \gamma_w V = 9800 \times \left(\dfrac{3.14 \times 1^2}{4} \times 1\right) = 7693 \text{ N}$

$\therefore \ F = \sqrt{F_x^2 + F_y^2} = \sqrt{4900^2 + 7693^2} \fallingdotseq 9120 \text{ N}$

23. $W + W' = F_B$(부력)

$166 \times 9.8 + 34 \times 9.8 = 9800 \times V$

$\therefore \ V = 0.2 \text{ m}^3$

납의 체적$(V_{Pb}) = \dfrac{34 \times 9.8}{11.3 \times 9800} = 0.003 \text{ m}^3$

$\therefore \ S = \dfrac{166 \times 9.8}{9800 \times (0.2 - 0.003)} = 0.843$

24. 물에 잠겨진 체적을 V'라 하면

$F_B = \gamma_w V = 9800 V'$

물체의 무게$(W) = \gamma V = (9800 S) V = (9800 \times 0.65) V$

$\therefore \ \dfrac{V'}{V} = \dfrac{9800 \times 0.65}{9800} \times 100 \ \% = 65 \ \%$

25. $F_B = 9800 \times V_{잠체} = 1080 + (9800 \times 0.45) \times 1^3$

$\therefore \quad V_{잠체} = 0.56 \, \text{m}^3$

$\Delta V = 1 - 0.56 = 1 \times 1 \times h$

$\therefore \quad h = 0.44 \, \text{m} = 44 \, \text{cm}$

26. 부력(F_B) = 물체(금속)의 무게(W)

$\gamma_{Hg} V' = \gamma V$

$(9800 \times 13.6) \times V' = (9800 \times 8.16) \times V$

$\therefore \quad \dfrac{V'}{V} = \dfrac{8.16}{13.6} \times 100 \, \% = 60 \, \%$

27. 드럼통의 부력을 F_B, 닻을 끌어 올리는 최소한의 힘을 F라 하면

$F_B = \gamma V = (9800 \times 1.025) \times 0.189 = 1898.51 \, \text{N}$

$F + F_B = 1780 + 222$

$\therefore \quad F = 1780 + 222 - 1898.51 = 103.49 \, \text{N}$

28. $\Delta p = p_B - p_A = \gamma h \left(1 + \dfrac{a_y}{g}\right) = 9.8 \times 2 \times \left(1 + \dfrac{9.8}{9.8}\right) = 39.2 \, \text{kPa}$

29. 수평 등가속도(a_x) 운동

$\tan\theta = \dfrac{\Delta h}{l} = \dfrac{a_x}{g}$

$\therefore \quad a_x = \dfrac{\Delta h g}{l} = \dfrac{(1 - 0.2) \times 9.8}{2} = 3.92 \, \text{m/s}^2$

30. $p_A = \gamma h = 9800 \times 0.3 = 2940 \, \text{N/m}^2 = 2.94 \, \text{kPa}$

31. $\omega = \dfrac{2\pi N}{60} = \dfrac{2\pi \times 300}{60} = 10\pi \, \text{rad/s}$

$h_0 = \dfrac{r_o^2 \omega^2}{2g} = \dfrac{0.1^2 \times (10 \times 3.14)^2}{2 \times 9.8} = 0.503 \, \text{m} = 50.3 \, \text{cm}$

32. $h_0 = \dfrac{r_o^2 \omega^2}{2g}$ 에서 $\omega = \dfrac{1}{r_o}\sqrt{2gh_0} = \dfrac{1}{0.1}\sqrt{2 \times 9.8 \times 0.2} \doteqdot 19.80 \, \text{rad/s}$

$\omega = \dfrac{2\pi N}{60}$ 에서 $N = \dfrac{60\omega}{2\pi} = \dfrac{60 \times 19.8}{2\pi} = 189.07 \, \text{rpm}$

제3장 유체 운동의 기초 이론과 에너지 방정식

1. 체적유량의 연속방정식 $Q = AV$에서 $A_1 V_1 = A_2 V_2$

$$\frac{A_1}{A_2} = \left(\frac{d_1}{d_2}\right)^2 = \frac{V_2}{V_1}$$

$$\therefore \ \frac{d_1}{d_2} = \sqrt{\frac{V_2}{V_1}}$$

2. $Q = AV$에서 $V = \dfrac{Q}{A} = \dfrac{0.0314}{\dfrac{3.14 \times 0.1^2}{4}} = 4 \ \text{m/s}$

3. $Q_1 + Q_2 = Q_3$

$$A_1 V_1 + A_2 V_2 = A_3 V_3$$

$$\frac{\pi d_1^2}{4} V_1 + \frac{\pi d_2^2}{4} V_2 = \frac{\pi d_3^2}{4} V_3$$

여기서 $V_1 = V_2 = V_3$이므로

$$\therefore \ d_3 = \sqrt{d_1^2 + d_2^2} = \sqrt{2^2 + 3^2} = \sqrt{13} \fallingdotseq 3.61 \ \text{cm}$$

4. $m = \rho AV[\text{kg/s}]$이므로 t초 동안의 질량유량 m은

$$m = \rho A V t$$

$$20 = (1000 \times 0.9) \times \left(\frac{\pi \times 0.02^2}{4}\right) \times 0.5 \times t = 0.1413 t$$

$$\therefore \ t = \frac{20}{0.1413} \fallingdotseq 141 \ \text{s}$$

5. $m = 6 \ \text{kg}/60 \ \text{s} = 0.1 \ \text{kg/s}$이므로

$$m = \rho AV[\text{kg/s}]\text{에서} \ \ V = \frac{m}{\rho A} = \frac{0.1}{(1000 \times 0.8) \times 10 \times 10^{-4}} = 0.125 \ \text{m/s}$$

6. $G = \gamma AV[\text{N/s}]$

$$V = \frac{G}{\gamma A} = \frac{6.28}{10 \times \left(\dfrac{3.14 \times 0.4^2}{4}\right)} = 5 \ \text{m/s}$$

7. $m = \rho AV = $일정이므로 $\rho_1 A_1 V_1 = \rho_2 A_2 V_2[\text{kg/s}]$에서

$$V_2 = V_1\left(\frac{\rho_1}{\rho_2}\right)\left(\frac{A_1}{A_2}\right) = V_1\left(\frac{\rho_1}{\rho_2}\right) \times \left(\frac{d_1}{d_2}\right)^2 = 20 \times \left(\frac{1}{1.06}\right) \times \left(\frac{200}{100}\right)^2 = 75.47 \ \text{m/s}$$

8. 노즐 수를 Z라 하면

$Q = AVZ[\mathrm{m^3/s}]$이고 $1l = 10^{-3}\,\mathrm{m^3}$이므로

$$V = \frac{Q}{AZ} = \frac{3 \times 10^{-3}}{\left(\dfrac{3.14 \times 0.015^2}{4}\right) \times 4} = 4.24\,\mathrm{m/s}$$

$$\omega = \frac{V}{r} = \frac{4.24\cos 30°}{0.3} = 12.25\,\mathrm{rad/s}$$

9. 발전용량은 물이 갖고 있는 위치에너지와 같으므로 1초 동안 떨어지는 물의 무게를 W라 하면

$$W = \gamma Q = (9800 \times 1) \times 500 = 4.9 \times 10^6\,\mathrm{N/s}$$

$\therefore$ 발전용량 $= Wh = (4.9 \times 10^6) \times 100 = 490\,\mathrm{MW}$

10. $\mathrm{E.L. - H.G.L.} = \left(\dfrac{p}{\gamma} + Z + \dfrac{V^2}{2g}\right) - \left(\dfrac{p}{\gamma} + Z\right) = \dfrac{V^2}{2g} = \dfrac{400^2}{2 \times 980} = 81.63\,\mathrm{cm}$

11. $h = \dfrac{V^2}{2g} = \dfrac{1.4^2}{2 \times 9.8} = 0.1\,\mathrm{m}$

12. 전체압(전압) $= p + \dfrac{\rho V^2}{2} = 100 + \dfrac{1000 \times 30^2}{2} \times 10^{-3} = 550\,\mathrm{kPa}$

13. $Q = AV[\mathrm{m^3/s}]$에서 $A_1 V_1 = A_2 V_2$이므로

$$V_2 = V_1 \cdot \frac{A_1}{A_2} = 1 \times \frac{20}{10} = 2\,\mathrm{m/s}$$

$p_{입구} = p_1,\ p_{출구} = p_2$로 놓으면

$$\frac{p_1}{\gamma} + \frac{V_1^2}{2g} + z_1 = \frac{p_2}{\gamma} + \frac{V_2^2}{2g} + z_2 \text{이고, } z_1 = z_2 \text{이므로} \quad \frac{p_1 - p_2}{\gamma} = \frac{V_2^2 - V_1^2}{2g}$$

$$\therefore p_1 - p_2 = \frac{\gamma(V_2^2 - V_1^2)}{2g} = \frac{9.8(2^2 - 1^1)}{2 \times 9.8} = 1.5\,\mathrm{kPa}$$

14. $Q = AV[\mathrm{m^3/s}]$에서 $A_1 V_1 = A_2 V_2$

$$V_1 = V_2 \cdot \frac{A_2}{A_1} = 50 \times \frac{0.02}{0.1} = 10\,\mathrm{m/s}$$

$$\therefore p_1 - p_2 = \frac{\gamma(V_2^2 - V_1^2)}{2g} = \frac{1.23 \times (50^2 - 10^2)}{2} \times 10^{-3} \fallingdotseq 1.48\,\mathrm{kPa}$$

15. $\dfrac{p_1}{\gamma}+\dfrac{V_1^2}{2g}+z_1=\dfrac{p_2}{\gamma}+\dfrac{V_2^2}{2g}+z_2$에서 $p_1=p_2=p_0(\text{대기압})=0$

$$\dfrac{V_1^2}{2g}+z_1=\dfrac{V_2^2}{2g}+z_2$$

$$\dfrac{V_2^2}{2g}=\dfrac{V_1^2}{2g}+(z_1-z_2)$$

$$\dfrac{V_2^2}{2\times9.8}=\dfrac{20^2}{2\times9.8}+(10-5)=25.41$$

$$\therefore\ V_2=\sqrt{2\times9.8\times25.41}=22.32\ \text{m/s}$$

16. $Q=AV=A\sqrt{2gh}=\dfrac{3.14\times0.1^2}{4}\times\sqrt{2\times9.8\times3}=0.06\ \text{m}^3/\text{s}$

17. 수평거리를 L, 분사속도를 V_1, 분사각도를 θ, 중력가속도를 g라 하면

$L=\dfrac{V_1^2\cdot\sin2\theta}{g}$에서 $\theta=45°$일 때 L이 최대가 된다.

$L_{\max}=\dfrac{V_1^2}{g}$

또, 베르누이 방정식에서 $z_1=z_2,\ V_2=0$, 공기저항을 무시함으로 $h_L=0$, p_1이 계기

압력이므로 $p_2=0$이다. 따라서 $L_{\max}=\dfrac{V_1^2}{g}=\left|-\dfrac{2p_1}{\gamma}\right|=\dfrac{2\times(200\times10^3)}{9800}=40.82\ \text{m}$

18. $Q=AV$에서 $V=\dfrac{Q}{A}=\dfrac{Q}{\dfrac{\pi d^2}{4}}=\dfrac{4Q}{\pi d^2}=\dfrac{4\times0.078}{3.14\times0.1^2}=9.93\ \text{m/s}$

토리첼리의 정리에서
$V=\sqrt{2gh}$
$h=\dfrac{V^2}{2g}=\dfrac{9.93^2}{2\times9.8}=5.03\ \text{m}$

19. $h=\dfrac{V^2}{2g}=\dfrac{3^2}{2\times9.8}=0.46\ \text{m}$

20. $V=\sqrt{2g\Delta h}=\sqrt{2\times9.8\times0.03}=0.767\ \text{m/s}$

21. $V=\sqrt{2gh}$에서 $h=\dfrac{V^2}{2g}=\dfrac{2^2}{2\times9.8}=0.204\ \text{m}$

22. 전압 = 정압 + 동압, $1\,\text{mAq} = 9800\,\text{N/m}^2$이고 물의 밀도는 $1000\,\text{kg}$이므로

$$p_t = p + \frac{\rho V^2}{2}, \quad p_t - p = \frac{\rho V^2}{2}$$

$$\therefore \ V = \sqrt{\frac{2(p_t - p)}{\rho}} = \sqrt{\frac{2 \times 9800(20 - 5)}{1000}} = 17.15\,\text{m/s}$$

23. $\rho = \dfrac{p}{RT} = \dfrac{1.0266 \times 10^5}{287 \times (21 + 273)} = 1.2167\,\text{kg/m}^3$

$$\therefore \ V = \sqrt{2gh\left(\frac{\rho_s}{\rho} - 1\right)} = \sqrt{2 \times 9.8 \times 0.0788 \times \left(\frac{0.8 \times 1000}{1.2167} - 1\right)} = 31.84\,\text{m/s}$$

24. $H_T = \dfrac{p_1 - p_2}{\gamma} + \dfrac{V_1^2 - V_2^2}{2g} + (z_1 - z_2)$에서

$V_2 \gg V_1$이므로 $V_1 = 0$, $p_1 = p_2$이므로

$$H_T = (z_1 - z_2) - \frac{V_2^2}{2g} = 20 - \frac{10^2}{2 \times 9.8} = 14.9\,\text{m}$$

$$\therefore \ P_T = \gamma Q H_T = 9800 \times \left(\frac{3.14 \times 1^2}{4} \times 10\right) \times 14.9 = 1146.3 \times 10^3\,\text{W} = 1146.3\,\text{kW}$$

25. 터빈출력$(P_T) = \gamma Q H_T \eta = 9800 \times 10 \times 100 \times 0.9 = 8.82 \times 10^6\,\text{N} \cdot \text{m/s} \fallingdotseq 8.82\,\text{MW}$

26. 먼저 입구와 출구에서의 유속 V_1과 V_2를 구하면

$$V_1 = \frac{Q}{A_1} = \frac{4 \times 0.2}{3.14 \times 0.2^2} = 6.37\,\text{m/s}$$

$$V_2 = \frac{Q}{A_2} = \frac{4 \times 0.2}{3.14 \times 0.15^2} = 11.32\,\text{m/s}$$

$$H_P = \frac{p_2 - p_1}{\gamma} + \frac{V_2^2 - V_1^2}{2g} + (z_2 - z_1)$$

$$= \frac{(250 + 3) \times 10^3}{9800} + \frac{11.32^2 - 6.37^2}{2 \times 9.8} + (5 - 2) = 33.29\,\text{m}$$

$$\therefore \ L_P = \gamma Q H = 9800 \times 0.2 \times 33.29 \fallingdotseq 65.24 \times 10^3\,\text{W} = 65.24\,\text{kW}$$

제4장 운동량 방정식과 그 응용

1. $F = \rho Q V = \rho A V^2 = 1000 \times 10^{-3} \times 5^2 = 25\,\text{N}$

$M_A = F \cos 45° \times 1 = 25 \times \cos 45° \times 1 = 17.68\,\text{N} \cdot \text{m}$

2. $F = \rho Q V(1 - \cos\theta) = \rho A V^2(1 - \cos\theta)$

$$= 1000 \times \left(\frac{3.14 \times 0.05^2}{4}\right) \times 5^2 (1 - \cos 180\,°\,) \fallingdotseq 98.2 \text{ N}$$

3. 스프링 4개가 병렬로 연결되어 있으므로 상당 스프링상수 $= 4k$이다.

$F = 4k\delta = \rho Q V$

$$\therefore\ \delta = \frac{F}{4k} = \frac{\rho Q V}{4k} = \frac{1000 \times 0.01 \times 10}{4 \times 10 \times 10^2} = 0.025 \text{ m} = 2.5 \text{ cm}$$

4. $F_N = \rho A V^2 \sin\theta = 1000 \times \left(\frac{3.14}{4} \times 0.2^2\right) \times 1^2 \times \sin 60° \fallingdotseq 27.2 \text{ N}$

5. 가동평판에 수직으로 작용하는 힘으로

$$F = \rho A (V - u)^2 = 1000 \times 0.01 \times (10 - 3)^2 = 490 \text{ N}$$

6. $F_x = \rho Q V(1 - \cos\theta) = 1000 \times 0.03 \times 40(1 - \cos 135°) = 2048.53 \text{ N}$

$F_y = \rho Q V \sin\theta = 1000 \times 0.03 \times 40 \sin 135° = 848.53 \text{ N}$

$$\therefore\ \ F = \sqrt{F_x^2 + F_y^2} = \sqrt{2048.53^2 + 848.53^2} \fallingdotseq 2217 \text{ N}$$

7. 1단면과 2단면에 베르누이 방정식을 적용하면 $z_1 = z_2$, $p_2 = 0$(대기압)이므로

$$p_1 = \frac{\rho}{2}(V_2^2 - V_1^2) = \frac{\rho}{2}\left\{\left(\frac{Q}{A_2}\right)^2 - \left(\frac{Q}{A_1}\right)^2\right\} \ \cdots\cdots\cdots\cdots\cdots\cdots\cdots (1)$$

$$F = p_1 A_1 + \rho Q(V_1 - V_2) = p_1 A_1 + \rho Q\left(\frac{Q}{A_1} - \frac{Q}{A_2}\right) \ \cdots\cdots\cdots\cdots\cdots\cdots\cdots (2)$$

식 (1)을 식 (2)에 대입하면

$$F = \frac{\rho Q^2}{2}\left(\frac{A_1^2 - A_2^2}{A_1^2 \cdot A_2^2}\right) \cdot A_1 - \rho Q^2\left(\frac{A_1 - A_2}{A_1 \cdot A_2}\right)$$

$$= \frac{\rho A_1 \cdot Q^2}{2}\left(\frac{A_1^2 - A_2^2}{A_1^2 \cdot A_2^2} - \frac{2}{A_1} \cdot \frac{A_1 - A_2}{A_1 \cdot A_2}\right)$$

$$= \frac{\rho A_1 \cdot Q^2}{2}\left\{\frac{(A_1 - A_2)^2}{(A_1 \cdot A_2)^2}\right\} = \frac{\rho A_1 Q^2}{2}\left(\frac{A_1 - A_2}{A_1 A_2}\right)^2$$

8. $F = \rho Q(V_2 - V_1) = m(V_2 - V_1) = 30\left(375 - \frac{888 \times 10^3}{3600}\right) = 3850 \text{ N}$

9. $F = m_2 V_2 - m_1 V_1 = (25 + 25 \times 0.025) \times 400 - 25 \times \frac{800 \times 10^3}{3600} \fallingdotseq 4694 \text{ N}$

제5장 실제유체의 흐름

1. $R_e = \dfrac{\rho d V}{\mu} = \dfrac{(1000 \times 0.9) \times 0.15 \times 0.6}{5 \times 10^{-3}} = 16200$

2. 유량 $Q = 90 \, l/\min = \dfrac{90 \times 10^{-3}}{60} = 1.5 \times 10^{-3} \, \mathrm{m^3/s}$ 이므로 유속 V를 구하면

$\qquad Q = A V$에서 $V = \dfrac{Q}{A} = \dfrac{4 \times (1.5 \times 10^{-3})}{3.14 \times 0.08^2} = 0.2985 \, \mathrm{m/s}$

$\qquad \therefore R_e = \dfrac{\rho d V}{\mu} = \dfrac{(1000 \times 0.8) \times 0.08 \times 0.2985}{5 \times 10^{-4}} \fallingdotseq 38200$

3. $\tau = -\dfrac{dp}{dl} \cdot \dfrac{r}{2} = \dfrac{\Delta p}{L} \cdot \dfrac{r}{2}$

$\qquad \therefore \ \tau \propto r$

$\qquad \dfrac{\tau_2}{\tau_1} = \dfrac{r_2}{r_1} = \dfrac{1}{2.5}$

$\qquad \therefore \ \tau_2 = \tau_1 \cdot \dfrac{r_2}{r_1} = 4 \times \dfrac{1}{2.5} = 1.6 \, \mathrm{Pa}$

4. $\Delta p = \dfrac{128 \mu L Q}{\pi d^4} = \dfrac{128 \times 0.4 \times 10 \times (2 \times 10^{-5})}{3.14 \times 0.02^4} = 20.38 \times 10^3 \, \mathrm{N/m^2} = 20.38 \, \mathrm{kPa}$

5. 먼저 유량 Q를 구하면

$\qquad Q = A V = \dfrac{3.14 \times 0.05^2}{4} \times 0.3 = 5.89 \times 10^{-4} \, \mathrm{m^3/s}$

$\qquad \Delta p = \dfrac{128 \mu L Q}{\pi d^4} = \dfrac{128 \times (8 \times 10^{-3}) \times 20 \times (5.89 \times 10^{-4})}{3.14 \times 0.05^4} = 614.66 \, \mathrm{Pa}$

6. $\Delta p = \dfrac{128 \mu L Q}{\pi d^4} = \dfrac{128 \mu L \left(\dfrac{\pi d^2}{4} V \right)}{\pi d^4} = \dfrac{32 \mu L V}{d^2}$

$\qquad V = \dfrac{\Delta p d^2}{32 \mu L} = \dfrac{(8 \times 10^3) \times 0.05^2}{32 \times 0.4 \times 1} = 1.5625 \, \mathrm{m/s}$

$\qquad \therefore \ u_{\max} = 2 V = 2 \times 1.5625 = 3.125 \, \mathrm{m/s}$

7. 마찰손실수두$(h_L) = \dfrac{\Delta p}{\gamma} = \dfrac{128 \mu L Q}{\pi d^4 \gamma} = \dfrac{32 \mu V L}{\rho g d^2}$

$\qquad h_L$은 유속에 비례하므로 $\dfrac{1}{2}$로 줄어든다.

8. $z_2 - z_1 = \dfrac{(p_1 - p_2)}{\gamma} = \dfrac{128\mu LQ}{\rho g \pi d^4}$

$L\sin\theta = \dfrac{128\mu LQ}{\rho g \pi d^4}$

$\therefore \ \theta = \sin^{-1}\left(\dfrac{128\mu Q}{\rho g \pi d^4}\right) = \sin^{-1}\left(\dfrac{128 \times 0.4 \times 1 \times 10^{-5}}{1000 \times 9.8 \times 3.14 \times 0.02^4}\right) = \sin^{-1} 0.104 \fallingdotseq 6°$

9. Darcy–Weisbach 방정식으로부터

$h_L = f\dfrac{L}{d}\dfrac{V^2}{2g} = 0.022 \times \dfrac{200}{0.1} \times \dfrac{1^2}{2 \times 9.8} = 2.24 \text{ m}$

10. $V = \dfrac{Q}{A} = \dfrac{\dfrac{2.3}{60}}{\dfrac{3.14 \times 0.1^2}{4}} = 4.88 \text{ m/s}$

$\therefore \ h_L = f\dfrac{L}{d}\dfrac{V^2}{2g} = 0.01 \times \dfrac{15}{0.1} \times \dfrac{4.88^2}{2 \times 9.8} = 1.82 \text{ m}$

11. $h_L = f\dfrac{L}{d}\dfrac{V^2}{2g} = \dfrac{V^2}{2g}$

$\therefore \ L = \dfrac{d}{f} = \dfrac{0.1}{0.03} = 3.33 \text{ m}$

12. $h_L = f\dfrac{L}{d}\dfrac{V^2}{2g} = \dfrac{\Delta p}{\gamma}$

$\Delta p = \gamma h_L$

$h_L{'} = \dfrac{f}{\sqrt{2}}\dfrac{L}{d}\dfrac{(2V)^2}{2g} = \dfrac{4}{\sqrt{2}}h_L = 2^{\frac{3}{2}}h_L = \dfrac{\Delta p{'}}{\gamma}$

$\Delta p{'} = 2^{\frac{3}{2}}\gamma h_L = 2^{\frac{3}{2}}\Delta p \fallingdotseq 2.83\Delta p$

13. $h_L = f\dfrac{L}{d}\dfrac{V^2}{2g} = \left(\dfrac{64}{Re}\right)\dfrac{L}{d}\dfrac{V^2}{2g} = \dfrac{64}{1000} \times \dfrac{100}{0.1} \times \dfrac{5^2}{2 \times 9.8} = 81.63\text{m}$

※ 층류($Re < 2100$)인 경우 관 마찰계수(f)는 레이놀즈수(Re)만의 함수이다.

$f = \dfrac{64}{Re}$

14. 먼저 유속 V를 구하면 $V = \dfrac{Q}{A} = \dfrac{4Q}{\pi d^2} = \dfrac{4 \times 0.02}{3.14 \times 0.1^2} = 2.55 \text{ m/s}$

$$R_e = \frac{dV}{\nu} = \frac{0.1 \times 2.55}{2 \times 10^{-4}} = 1275 < 2100 (\text{층류})$$

$$h_L = f \frac{L}{d} \frac{V^2}{2g} = \left(\frac{64}{R_e}\right) \frac{L}{d} \frac{V^2}{2g} = \frac{64}{1275} \times \frac{1000}{0.1} \times \frac{2.55^2}{2 \times 9.8} = 166.53 \text{ m}$$

15. 먼저 유속 V를 구하면 $Q = 15000 \text{ m}^3/24\text{h} = 0.174 \text{ m}^3/\text{s}$ 이므로

$$V = \frac{Q}{A} = \frac{4 \times 0.174}{3.14 \times 0.35^2} = 1.8 \text{ m/s}$$

$$\therefore \Delta p = f \frac{L}{d} \frac{\rho V^2}{2} = 0.032 \times \frac{2000}{0.35} \times \frac{1 \times 1.8^2}{2} = 296.23 \text{ kPa}$$

16. $\Delta p = \gamma h_L = \gamma f \dfrac{L}{d} \dfrac{V^2}{2g}$

$$V = \sqrt{\frac{2gd\Delta p}{\gamma f L}} = \sqrt{\frac{2 \times 9.8 \times 0.06 \times 9810}{9800 \times 0.025 \times 15}} = 1.74 \text{ m/s}$$

$$\therefore Q = AV = \frac{3.14 \times 0.06^2}{4} \times 1.74 = 4.92 \times 10^{-3} \text{ m}^3/\text{s} = 4.92 \, l/s$$

17. $Q = A_1 V_1 = A_2 V_2$ 이므로

$6^2 \times V_1 = 2^2 \times V_2$

$V_1 = 0.11 V_2$

노즐 출구에서의 압력 = 대기압$(p_2 = 0)$,

관로에서의 손실수두 $h_L = f \dfrac{L}{d} \dfrac{V_1^2}{2g}$ 이므로

$$\frac{p_1}{\gamma} + \frac{V_1^2}{2g} = \frac{V_2^2}{2g} + f \frac{L}{d} \frac{V_1^2}{2g}$$

$$\frac{p_1}{\gamma} + \frac{(0.11 V_2)^2}{2g} = \frac{V_2^2}{2g} + f \frac{L}{d} \frac{(0.11 V_2)^2}{2g}$$

$$\frac{0.49 \times 10^6}{9800} + \frac{0.0121 V_2^2}{2 \times 9.8} = \frac{V_2^2}{2 \times 9.8} + 0.025 \times \frac{100}{0.06} \times \frac{0.0121 V_2^2}{2 \times 9.8}$$

$$\therefore V_2 = 25.63 \text{ m/s}$$

18. 관의 상당길이$(L_e) = \dfrac{\zeta d}{f} = \dfrac{4.5 \times 0.05}{0.02} = 11.25 \text{ m}$

19. (1) $V_1 = \dfrac{Q_1}{A} = \dfrac{4 \times (100 \times 10^{-3})}{3.14 \times 0.25^2} = 2.04 \text{ m/s}$

$R_{e1} = \dfrac{\rho d V_1}{\mu} = \dfrac{(1000 \times 0.8) \times 0.25 \times 2.04}{0.1} = 4080 > 4000(\text{난류})$

관 마찰계수$(f_1) = 0.3164 R_e^{-\frac{1}{4}} = 0.3164 \times 4080^{-\frac{1}{4}} = 0.0396$

$h_{L1} = f_1 \dfrac{L}{d} \dfrac{V_1^2}{2g} = 0.0396 \times \dfrac{100}{0.25} \times \dfrac{2.04^2}{19.6} = 3.362 \text{ m}$

(2) $V_2 = \dfrac{Q}{A} = \dfrac{4 \times 50 \times 10^{-3}}{3.14 \times 0.25^2} = 1.02 \text{ m/s}$

$R_{e2} = \dfrac{\rho d V_2}{\mu} = \dfrac{(1000 \times 0.8) \times 0.25 \times 1.02}{0.1} = 2040 < 2100(\text{층류})$

$h_{L2} = f_2 \dfrac{L}{d} \dfrac{V_2^2}{2g} = \left(\dfrac{64}{R_e}\right) \dfrac{L}{d} \dfrac{V_2^2}{2g} = \dfrac{64}{2040} \times \dfrac{100}{0.25} \times \dfrac{1.02^2}{19.6} = 0.666 \text{ m}$

$\therefore \dfrac{h_{L1}}{h_{L2}} = \dfrac{3.362}{0.666} = 5.048$

20. $R_e = \dfrac{\rho d V}{\mu} = \dfrac{1000 \times 0.003 \times 0.9}{1.5 \times 10^{-3}} = 1800 < 2100(\text{층류})$

$h_L = f \dfrac{L}{d} \dfrac{V^2}{2g} = \left(\dfrac{64}{R_e}\right) \dfrac{L}{d} \dfrac{V^2}{2g} = \dfrac{64}{1800} \times \dfrac{9}{0.003} \times \dfrac{0.9^2}{2 \times 9.8} = 4.41 \text{ m}$

필요동력$(P) = \gamma_w Q h_L = \gamma_w A V h_L = 9800 \times \dfrac{3.14 \times 0.003^2}{4} \times 0.9 \times 4.41 \fallingdotseq 0.28 \text{ W}$

21. $h_L = f \dfrac{L}{d} \dfrac{V^2}{2g} + \zeta \dfrac{V^2}{2g}$

$10 = 0.02 \times \dfrac{200}{0.1} \times \dfrac{2^2}{2 \times 9.8} + \zeta \dfrac{2^2}{2 \times 9.8}$

$10 - 8.163 = \zeta \dfrac{4}{19.6}$

$\therefore \zeta = \dfrac{36}{4} = 9$

22. $H = \left(K_1 + f \dfrac{l}{d} + K_2\right) \dfrac{V^2}{2g}$

$\therefore V = \sqrt{\dfrac{2gH}{K_1 + f \dfrac{l}{d} + K_2}}$

제6장 물체 주위의 유동

1. $D = C_D \dfrac{\rho A V^2}{2} = 0.2 \times \dfrac{1000 \times \left(\dfrac{3.14 \times 0.2^2}{4}\right)}{2} = 12.56 \, \text{N}$

2. $D = C_D \dfrac{\rho A V^2}{2} = 0.6 \times \dfrac{1.23 \times \left(\dfrac{3.14 \times 0.05^2}{4}\right) \times 40^2}{2} = 1.16 \, \text{N}$

3. $V_2 = 2V_1, \quad C_{D2} = \dfrac{1}{2} C_{D1}$

$D_1 = C_{D1} \dfrac{\rho A V_1^2}{2}$

$D_2 = C_{D2} \dfrac{\rho A V_2^2}{2} = \dfrac{1}{2} C_{D1} \cdot \dfrac{\rho A (2V_1)^2}{2} = \dfrac{1}{2} \times 4 \left(C_{D1} \dfrac{\rho A V_1^2}{2}\right) = 2D_1$

4. $D = C_D \dfrac{\rho A V^2}{2}$ 에서 $V = \sqrt{\dfrac{2D}{C_D \rho A}} = \sqrt{\dfrac{2 \times 1000}{0.8 \times 1.2 \times \left(\dfrac{3.14 \times 5^2}{4}\right)}} = 10.3 \, \text{m/s}$

5. $D = C_D \dfrac{\rho A V^2}{2}$ 에서 $V = \sqrt{\dfrac{2D}{C_D \rho A}} = \sqrt{\dfrac{2 \times 1000}{1.3 \times 1 \times \left(\dfrac{3.14 \times 7^2}{4}\right)}} = 6.32 \, \text{m/s}$

6. $D = C_D \dfrac{\rho A V^2}{2} = 0.24 \times \dfrac{1.2 \times \left(\dfrac{3.14 \times 0.04^2}{4}\right) \times 50^2}{2} = 0.45 \, \text{N}$

$\therefore \dfrac{\text{골프공이 받는 항력}(D)}{\text{골프공 무게}(W)} = \dfrac{0.45}{0.4} = 1.13 \, \text{배}$

7. 동력(H) = 힘 × 속도

$H = DV = C_D \dfrac{\rho A V^2}{2} \cdot V = 0.0761 \times \dfrac{1.2173 \times (10 \times 1.8) \times 112^3}{2} \times 10^{-3} = 1172 \, \text{W}$

8. $L = C_L \dfrac{\rho A V^2}{2}$

$\therefore V = \sqrt{\dfrac{2L}{C_L \rho A}} = \sqrt{\dfrac{2 \times (20 \times 10^3)}{1.2 \times 1.2 \times 21.6}} = 35.86 \, \text{m/s} = \dfrac{35.86 \times 3600}{1000} \fallingdotseq 129.1 \, \text{km/h}$

9. $D = 3\pi\mu Vd = 3\pi\rho Vd = 3 \times 3.14(0.4 \times 1.0 \times 10^{-4}) \times 0.03 \times 0.002 = 2.26 \times 10^{-8}$ N

10. 지름 d인 구(球)의 비중량을 γ_s, 액체의 비중량을 γ, 액체의 점성계수를 μ, 입자의 체적을 V'라 할 때, 구가 액체 속에서 일정한 속도 V로 가라앉는다면 스토크스의 법칙에 의해 구가 받는 항력 D는 $D = 3\pi\mu Vd$이다. 이 때 구는 무게 W, 부력 F_B의 힘 등과 평형을 이루므로

$$F_B + D = W$$

$$\gamma V' + 3\pi\mu Vd = \gamma_s V'$$

$$3\pi\mu Vd = (\gamma_s - \gamma) V' = (\gamma_s - \gamma)\frac{\pi d^3}{6}$$

$$\therefore \quad V = \frac{(\gamma_s - \gamma)d^2}{18\mu} = \frac{9800(2.3-1) \times (0.1 \times 10^{-3})^2}{18 \times (1.12 \times 10^{-3})} = 6.32 \times 10^{-3} \text{ m/s} = 6.32 \text{ mm/s}$$

제7장 차원해석과 상사법칙

1. 일률 $= \dfrac{일}{시간} = \dfrac{힘 \times 거리}{시간} = \dfrac{질량 \times 가속도 \times 거리}{시간} = \dfrac{M \cdot \dfrac{L}{T^2} \cdot L}{T} = ML^2 T^{-3}$

2. $\pi = \Delta p^{\,x} \cdot L^{\,y} \cdot \rho^{\,z} \cdot Q = (ML^{-1}T^{-2})^x \cdot L^{\,y} \cdot (ML^{-3})^z \cdot (L^3 \cdot T^{-1})$

$\quad = M^{x+z} \cdot L^{-x+y-3z+3} \cdot T^{-2x-1}$

$x + y = 0, \ -x + y - 3z + 3 = 0, \ -2x - 1 = 0$

$x = -\dfrac{1}{2}, \ z = \dfrac{1}{2}, \ y = -2$

$\therefore \ \pi = \dfrac{Q}{L^2}\sqrt{\dfrac{\rho}{\Delta p}}$

3. 자유표면 유동이므로 역학적 상사가 존재하기 위해서는 프루드수가 같아야 한다.

$$F_r = \frac{V_p}{\sqrt{g_p l_p}} = \frac{V_m}{\sqrt{g_m l_m}}$$

중력가속도 $g_p = g_m$이므로 $\ V_m = V_p \cdot \sqrt{\dfrac{l_m}{l_p}} = 15 \times \sqrt{\dfrac{3.2}{80}} = 3$ m/s

4. $(R_e)_p = (R_e)_m$

$$\left(\frac{Vl}{\nu}\right)_p = \left(\frac{Vl}{\nu}\right)_m \qquad \therefore \ \frac{l_m}{l_p} = \frac{V_p}{V_m} = \frac{6.1}{24.4} = \frac{1}{4}(= 1 : 4)$$

5. $F_r = \dfrac{V}{\sqrt{gl}} = \dfrac{5}{\sqrt{9.8 \times 0.2}} = 3.57$

6. 잠수함 시험은 점성력이 중요시되므로 상사법칙(역학적 상사) 조건에서 레이놀즈수(Re)를 만족시켜야 한다.

$\left(R_e\right)_p = \left(R_e\right)_m$

$\left(\dfrac{Vl}{\nu}\right)_p = \left(\dfrac{Vl}{\nu}\right)_m$

$\nu_p = \nu_m$

$\therefore\ V_m = V_p\left(\dfrac{l_p}{l_m}\right) = 2 \times \left(\dfrac{10}{1}\right) = 20 \text{ m/s}$

7. $\left(R_e\right)_p = \left(R_e\right)_m$

$\left(\dfrac{Vl}{\nu}\right)_p = \left(\dfrac{Vl}{\nu}\right)_m$

$\nu_p = \nu_m$

$\therefore\ V_m = V_p\left(\dfrac{l_p}{l_m}\right) = 8 \times \left(\dfrac{7}{1}\right) = 56 \text{ m/s}$

8. $\left(R_e\right)_p = \left(R_e\right)_m$

$\left(\dfrac{\rho l V}{\mu}\right)_p = \left(\dfrac{\rho l V}{\mu}\right)_m$

$V_m = V_p\left(\dfrac{\rho_p}{\rho_m} \times \dfrac{\mu_m}{\mu_p} \times \dfrac{l_p}{l_m}\right) = 100\left(\dfrac{1.184}{1.269} \times \dfrac{1.754 \times 10^{-5}}{1.849 \times 10^{-5}} \times 3\right) \fallingdotseq 266 \text{ km/h}$

9. $\left(R_e\right)_p = \left(R_e\right)_m$

$\left(\dfrac{Vh}{\nu}\right)_p = \left(\dfrac{Vh}{\nu}\right)_m$

$\nu_p \fallingdotseq \nu_m$

$V_m = V_p\left(\dfrac{h_p}{h_m}\right) = \left(\dfrac{108 \times 10^3}{3600}\right) \times \left(\dfrac{1.5}{1}\right) = 45 \text{ m/s}$

제3편 • 　　　　　　　　　　　**열역학**

제1장 열역학의 정의와 기초적 사항

1. $t_F = \dfrac{9}{5}t_c + 32 = \dfrac{9}{5}(-40) + 32 = -40°\text{F}$

2. $Q = mC(t_2 - t_1) = 10 \times 0.475 \times (80 - 20) = 285\,\text{kJ}$

3. 열역학 제0법칙(열평형의 법칙)

구리 방열량＝물의 흡열량

$m_1 C_1(t_1 - t_m) = m_2 C_2(t_m - t_2)$

$7 \times 0.386(600 - 64.2) = 8 \times 4.184(64.2 - t_2)$

$\therefore t_2 = 20.95\,℃$

4. $Q = Q_v + Q_p = mC_v(t_2 - t_1) + mC_p(t_2 - t_1)$

$\quad = 1 \times 0.71(120 - 40) + 1 \times 1(220 - 120) = 156.8\,\text{kJ}$

5. (1) $C_A(50 - 40) = C_B(40 - 25)$

$\quad C_B = \dfrac{2}{3}C_A$

(2) $C_A(50 - 30) = C_C(30 - 10)$

$\quad C_C = C_A$

(3) $C_B(25 - t_m) = C_C(t_m - 10)$

$\quad \dfrac{C_C}{C_B} = \dfrac{(25 - t_m)}{(t_m - 10)} = \dfrac{3}{2}$

$\quad 50 - 2t_m = 3t_m - 30$

$\quad 5t_m = 80$

$\quad \therefore t_m = \dfrac{80}{5} = 16\,℃$

6. $(m_1 C_1 + m_2 C_2)(t_2 - t_m) = mC(t - t_m)$

$\quad (4 \times 0.4648 + 18 \times 4.187) \times (30 - 25) = 8C \times (200 - 30)$

$\quad \therefore C = \dfrac{(4 \times 0.4648 + 18 \times 4.187) \times (30 - 25)}{8 \times (200 - 30)} = 0.284\,\text{kJ/kg} \cdot \text{K}$

제2장 열역학 제1법칙

1. $Q = \Delta U + W = (50 - 30) + 10 = 30\,\text{kJ}$

2. $Q = \Delta U + W = 0 + (14.33 \times 7 \times 3600 \times 30 \times 10^{-3}) = 10833.48\,\text{kJ}$

3. $Q = m(u_2 - u_1) = 0.5(u_2 - 200)$

$(500 \times 10^{-3}) \times (2 \times 60) = 0.5(u_2 - 200)$

$u_2 = 320\,\text{kJ/kg}$

$\therefore\ U_2 = mu_2 = 0.5 \times 320 = 160\,\text{kJ}$

4. $Q = \Delta U + W$

$\therefore\ \Delta U = Q - W = 80 - 20 = 60\,\text{kJ (증가)}$

5. $Q = \Delta U + W$

$\therefore\ \Delta U = Q - W = -300 - (-400) = 100\,\text{kJ}$

※ 열 흡입(+), 열 방출(−), 팽창일(+), 압축일(−)

6. $_1W_2 = \int_1^2 p\,dV = p(V_2 - V_1) = 100(2 - 1) = 100\,\text{kJ}$

7. $p - V$ 선도에서의 면적은 일량과 같다.

$_1W_2 = \dfrac{1}{2}\Delta p \cdot \Delta V + p_2 \cdot \Delta V$

$\quad = \dfrac{1}{2}(800 - 350) \times (0.8 - 0.27) + 350 \times (0.8 - 0.27) = 304.75\,\text{kJ}$

8. $_1W_2 = \dfrac{1}{2}\Delta p \cdot \Delta V + p_2 \cdot \Delta V = \dfrac{1}{2}(200 - 100) \times (0.3 - 0.1) + 100 \times (0.3 - 0.1) = 30\,\text{kJ}$

9. $_1W_2 = \dfrac{1}{2}\Delta p \cdot \Delta V + p_1 \cdot \Delta V$

$\quad = \dfrac{1}{2}(2 - 1) \times 10^4 \times (0.5 - 0.3) + 1 \times 10^4 \times (0.5 - 0.3) = 3000\,\text{N} \cdot \text{m}$

10. $w_t = -\int_1^2 v\,dp = v\int_2^1 dp = v(p_1 - p_2) = 0.001(9800 - 4.9) = 9.79\,\text{kJ/kg}$

11. $w_t = -\int_1^2 v\,dp = v\int_2^1 dp = v(p_1 - p_2) = 0.001(800 - 100) = 0.7\,\text{kJ/kg}$

12. 엔탈피 $H = U + pV = 6700 + 38 \times 7.5 = 6985 \, \text{kJ}$

13. 엔탈피 $H = U + pV = 40 + 200 \times 0.1 = 60 \, \text{kJ}$

14. $h = u + pv = 219 + (1 \times 10^3) \times \left(\dfrac{200 \times 10^{-3}}{3} \right) = 285.67 \, \text{kJ/kg}$

15. 질량 $m = 1 \, \text{kg}$이므로

$$(H_2 - H_1) = (U_2 - U_1) + (p_2 V_2 - p_1 V_1) = 0 + (1200 \times 0.2 - 50 \times 2.5) = 115 \, \text{kJ}$$

16. $w_t = (h_1 - h_2) + q + \dfrac{1}{2}(\omega_1^2 - \omega_2^2) = 136 - 10 + \dfrac{1}{2}(10^2 - 110^2) \times 10^{-3} = 120 \, \text{kJ/kg}$

17. 정상유동에 대한 일반 에너지식에서 $Q = 0$, $W_t = 0$, $z_2 - z_1 = 0$이므로

$$w_1 = \sqrt{2(h_2 - h_1) + w_2^2} = \sqrt{2 \times 1000 \times (-179.2) + 600^2} = 40 \, \text{m/s}$$

18. $mgz = mC\Delta t$ (위치에너지 = 가열량)

$$\therefore \Delta t = \frac{gz}{C} = \frac{9.8 \times 55}{4.2 \times 10^3} \fallingdotseq 0.13 \, \text{K}$$

제3장 이상기체

1. $m = \rho A V = \dfrac{p}{RT} A V = \dfrac{100}{0.287 \times (273 + 20)} \times \left(\dfrac{3.14 \times 0.1^2}{4} \right) \times 0.2 = 0.0019 \, \text{kg/s}$

2. $pV = mRT$에서

$$R = \frac{pV}{mT} = \frac{200 \times 0.8}{2 \times (273 + 30)} = 0.264 \, \text{kJ/kg} \cdot \text{K}$$

3. $V = V_1 = V_2$, $T = T_1 = T_2$이므로 $pV = mRT$에서

$$p_1 V = m_1 RT, \quad p_2 V = m_2 RT$$

$$\frac{p_1}{p_2} = \frac{m_1}{m_2} = \frac{100}{2} = 50$$

$$m_2 = \frac{1}{50} m_1 = 0.02 \, m_1$$

m_2는 m_1의 2 % 정도 남는다.

4. $MR = \overline{R} = 8.314\,\text{kJ/kmol} \cdot \text{K}$

$$R = \frac{\overline{R}}{M} = \frac{8.314}{30} = 0.277\,\text{kJ/kg} \cdot \text{K}$$

5. $pv = RT = \dfrac{\overline{R}}{M}T$

$$v = \frac{\overline{R}T}{pM} = \frac{8.314 \times (273 + 100)}{200 \times 28.5} = 0.545\,\text{m}^3/\text{kg}$$

6. $h = u + pv = u + RT\,[\text{kJ/kg}]$에서

비내부에너지$(u) = h - RT = h - \left(\dfrac{\overline{R}}{M}\right)T$

$$\therefore u = 298.615 - \left(\frac{8.314}{28.97}\right) \times (273 + 25) = 213.09\,\text{kJ/kg}$$

7. $C_v = C_p - R = 0.8418 - 0.1889 = 0.653\,\text{kJ/kg} \cdot \text{K}$

8. $C_v = C_p - R = 1005 - \dfrac{\overline{R}}{M} = 1005 - \dfrac{8314.5}{29} = 718.29\,\text{J/kg} \cdot \text{K}$

9. $pV = mRT = m(C_p - C_v)T$

$$V = \frac{m(C_p - C_v)T}{p} = \frac{0.25 \times (0.931 - 0.666) \times (273 + 20)}{400} = 0.0485\,\text{m}^3$$

10. $C_p = \dfrac{k}{k-1}R = \dfrac{k}{k-1}\left(\dfrac{\overline{R}}{m}\right) = \dfrac{1.29}{1.29-1} \times \dfrac{8.314}{44} = 0.84\,\text{kJ/kg} \cdot \text{K}$

11. $\dfrac{T_2}{T_1} = \dfrac{p_2}{p_1}$

$$p_2 = p_1 \cdot \frac{T_2}{T_1} = (101.3 + 183) \times \frac{353}{293} = 342.5\,\text{kPa}$$

$$\therefore \Delta p = p_2 - p_1 = 342.5 - (101.3 + 183) = 58.2\,\text{kPa}$$

12. $\delta Q = dU + pdV$에서 등적$(V = C,\ dV = 0)$이므로 내부에너지 변화량(dU)은 가열량 과 크기가 같다.

$$(U_2 - U_1) = mC_v(T_2 - T_1) = 1 \times 0.7315(160 - 10) = 109.725\,\text{kJ}$$

13. $_1Q_2 = mC_v(t_2 - t_1) = 5 \times 0.717(150 - 30) = 430.2\,\text{kJ}$

14. $_1Q_2 = (U_2 - U_1) + _1W_2$

$U_2 - U_1 = Q - _1W_2 = -110 - (-300) = 190 \text{ kJ}$

등적변화($V = C$) 시 내부에너지 변화량은 가열량과 같으므로

$_1Q_2 = m C_v(t_2 - t_1)$이다.

$\therefore \ t_2 = t_1 + \dfrac{_1Q_2}{m C_v} = 20 + \dfrac{190}{4 \times 0.716} = 86.34 \ ℃$

15. $_1Q_2 = m C_v(t_2 - t_1)$

$C_v = \dfrac{_1Q_2}{m(t_2 - t_1)} = \dfrac{836}{1(100 - 20)} = 10.45 \text{ kJ/kg} \cdot ℃$

$C_p = C_v + R = 10.45 + \dfrac{8.314}{M} = 10.45 + \dfrac{8.314}{2} = 14.607 \text{ kJ/kg} \cdot ℃$

16. $_1W_2 = \displaystyle\int_1^2 p\,dV = p(V_2 - V_1) = 150 \times (0.1 - 0.05) = 7.5 \text{ kJ}$

17. $_1W_2 = \displaystyle\int_1^2 p\,dV = p(V_2 - V_1) = 5 \times 10^3(0.2 - 0.3) = -500 \text{ J}$

18. $_1W_2 = \displaystyle\int_1^2 p\,dV = p(V_2 - V_1)$

$V_2 = V_1 + \dfrac{_1W_2}{p} = 1 + \dfrac{400 \times 10^3}{10^6} = 1.4 \text{ m}^3$

19. $_1Q_2 = m \cdot C_p(T_2 - T_1)$

$p = C(일정), \ \dfrac{T_2}{T_1} = \dfrac{V_2}{V_1}$

$T_2 = (20 + 273) \times \dfrac{2V_1}{V_1} = 586 \text{ K}$

$\therefore \ _1Q_2 = 3 \times 1.004 \times \{586 - (20 + 273)\} = 882.516 \text{ kJ}$

20. $p_1 V_1 = mRT_1$에서 $\ V_1 = \dfrac{mRT_1}{p_1} = \dfrac{0.2 \times 0.287 \times (273 + 150)}{0.5 \times 10^3} = 0.0486 \text{ m}^3$

$V_2 = 2V_1 = 2 \times 0.0486 = 0.0972$

$\therefore \ _1W_2 = \displaystyle\int_1^2 p\,dV = p(V_2 - V_1) = 0.5 \times 10^3(0.0972 - 0.0486) = 24.3 \text{ kJ}$

21. $_1Q_2 = m\int_1^2 C_p\,dT = m\int_1^2 (1.01 + 0.000079\,T)\,dT$

$\qquad = m\left\{1.01(t_2 - t_1) + \dfrac{0.000079}{2}(t_2^2 - t_1^2)\right\}$

$\qquad = 5\left\{1.01 \times 100 + \dfrac{0.000079}{2} \times 100^2\right\} = 506.98\,\text{kJ}$

22. 정압과정($p = C$) 시 밀폐계 일(W)과 가열량(Q)은 다음과 같다.

$\qquad W = p(V_2 - V_1) = mR(T_2 - T_1)$

$\qquad Q = m\,C_p(T_2 - T_1) = m\,\dfrac{kR}{k-1}(T_2 - T_1)$

$\qquad \therefore \ \dfrac{W}{Q} = \dfrac{k-1}{k}$

23. $_1W_2 = mRT\ln\dfrac{p_1}{p_2} = 1 \times 0.287 \times (250 + 273) \times \ln\dfrac{1}{0.2} = 241.58\,\text{kJ}$

24. 등온과정에서의 계에 출입하는 열량 $_1Q_2$는

$\qquad _1Q_2 = {}_1W_2(= W_t) = p_1 V_1 \ln\left(\dfrac{V_2}{V_1}\right) = 100 \times 0.5 \times \ln\left(\dfrac{1.0}{0.5}\right) = 34.66\,\text{kJ}$

25. $_1W_2 = p_1 V_1 \ln\left(\dfrac{V_2}{V_1}\right) = 20 \times 0.1 \times \ln\left(\dfrac{0.3}{0.1}\right) \fallingdotseq 2.2\,\text{kJ}$

26. $\dfrac{T_2}{T_1} = \left(\dfrac{V_1}{V_2}\right)^{k-1}$

$\qquad \therefore \ T_2 = T_1\left(\dfrac{V_1}{V_2}\right)^{k-1} = (8 + 273) \times 5^{(1.4-1)} = 534.93\,\text{K} = (534.93 - 273)\,℃ \fallingdotseq 262\,℃$

27. $p_2 = p_1\left(\dfrac{V_1}{V_2}\right)^k = 50 \times \left(\dfrac{0.05}{0.2}\right)^{1.4} = 7.18\,\text{kPa}$

$\qquad _1W_2 = \dfrac{1}{k-1}(p_1 V_1 - p_2 V_2) = \dfrac{1}{1.4-1}(50 \times 0.05 - 7.18 \times 0.2) = 2.66\,\text{kJ}$

28. 열역학 제1법칙 $\delta Q = dH - W_t$에서 단열변화이므로 공업일 W_t는

$\qquad W_t = -m\,C_p(T_2 - T_1)$

$\qquad \therefore \ m = \dfrac{W_t}{C_p(T_1 - T_2)} = \dfrac{5 \times 10^3}{1.12(1200 - 600)} = 7.44\,\text{kg/s}$

29. $_1w_2 = \dfrac{1}{k-1}(p_1V_1 - p_2V_2) = \dfrac{R}{k-1}(T_1 - T_2) = \dfrac{RT_1}{k-1}\left\{1 - \left(\dfrac{T_2}{T_1}\right)\right\}$

$\qquad = \dfrac{RT_1}{k-1}\left\{1 - \left(\dfrac{P_2}{P_1}\right)^{\frac{k-1}{k}}\right\} = \dfrac{0.287 \times (273+27)}{1.4-1}\left\{1 - \left(\dfrac{6}{1}\right)^{\frac{1.4-1}{1.4}}\right\}$

$\qquad \fallingdotseq -144\,\text{kJ/kg}(\ominus 는\ 받는\ 일을\ 의미)$

30. 먼저, 비열비 k와 기체상수 R을 구하면

$\qquad k = \dfrac{C_p}{C_v} = \dfrac{1.0035}{0.7165} = 1.4$

$\qquad R = C_p - C_v = 1.0035 - 0.7165 = 0.287\,\text{kJ/kg}\cdot\text{K}$

$\qquad _1W_2 = \dfrac{1}{k-1}(p_1V_1 - p_2V_2) = \dfrac{mR}{k-1}(T_1 - T_2)$

$\qquad \therefore\ T_2 = T_1 - \dfrac{_1W_2(k-1)}{mR} = 300 - \dfrac{-5 \times (1.4-1)}{0.2 \times 0.287} \fallingdotseq 335\,\text{K}$

31. 먼저, 비열비 k를 구하면

$\qquad k = \dfrac{C_p}{C_v} = \dfrac{1.0035}{0.7165} = 1.4$

$\qquad _1W_2 = \dfrac{1}{k-1}mR(T_1 - T_2) = \dfrac{1}{k-1}m(C_p - C_v)(T_1 - T_2)$

$\qquad\qquad = \dfrac{1}{1.4-1} \times 1(1.0035 - 0.7165) \times (10 - 167) = -112.65\,\text{kJ}$

32. 소요 동력을 H라 하면

$\qquad H = \dfrac{k}{k-1}\dfrac{p_1V_1}{\eta}\left\{\left(\dfrac{p_2}{p_1}\right)^{\frac{k-1}{k}} - 1\right\} = \dfrac{1.4}{1.4-1} \times \dfrac{100 \times 0.01}{0.8}\left\{\left(\dfrac{400}{100}\right)^{\frac{1.4-1}{1.4}} - 1\right\} = 2.13\,\text{kW}$

33. $\dfrac{T_2}{T_1} = \left(\dfrac{p_2}{p_1}\right)^{\frac{n-1}{n}} = 2^{\frac{1.33-1}{1.33}} \fallingdotseq 1.19$

34. $p_1V_1 = mRT_1$

$\qquad T_1 = \dfrac{p_1V_1}{mR} = \dfrac{100 \times 1}{1 \times 0.287} = 348.43\,\text{K}$

$\qquad T_2 = T_1\left(\dfrac{V_1}{V_2}\right)^{n-1} = 348.43\left(\dfrac{1}{0.5}\right)^{1.3-1} = 428.97\,\text{K}$

$\qquad \Delta U = mC_v(T_2 - T_1) = 1 \times 0.718(428.97 - 348.43) = 57.8\,\text{kJ}$

35. $p_2 = p_1 \left(\dfrac{V_1}{V_2} \right)^n = 300 \left(\dfrac{0.05}{0.2} \right)^{1.3} = 49.48 \text{ kPa}$

$_1W_2 = \dfrac{1}{n-1}(p_1 V_1 - p_2 V_2) = \dfrac{1}{1.3-1}(300 \times 0.05 - 49.48 \times 0.2) \fallingdotseq 17 \text{ kJ}$

36. $k = \dfrac{C_p}{C_v} = \dfrac{0.842}{0.653} = 1.29$

폴리트로픽 변화$(1 < n < k)$인 경우

열 전달량 $_1Q_2 = m C_n (t_2 - t_1) = m C_v \dfrac{n-k}{n-1}(t_2 - t_1)$

$\qquad\qquad = 2 \times 0.653 \times \dfrac{1.2 - 1.29}{1.2 - 1}(200 - 100) = -58.77 \text{ kJ}$

37. $p_1 V_1 = m_1 R T_1$

$m_1 = \dfrac{p_1 V_1}{R T_1} = \dfrac{400 \times 1}{0.287 \times 293} = 4.76 \text{ kg}$

$p_2 V_2 = m_2 R T_2$

$V_2 = \dfrac{m_2 R T_2}{p_2} = \dfrac{5 \times 0.287 \times 303}{150} = 2.9 \text{ m}^3$

$p_m V_m = (m_1 + m_2) R T_m$

$\therefore \ p_m = \dfrac{(m_1 + m_2) R T_m}{V_m} = \dfrac{(4.76 + 5) \times 0.287 \times 298}{1 + 2.9} = 214.03 \text{ kPa}$

38. $R = \displaystyle\sum_{i=1}^{n} \dfrac{m_i}{m} R_i = \dfrac{4}{12} \times \dfrac{8.314}{32} + \dfrac{6}{12} \times \dfrac{8.314}{28} + \dfrac{2}{12} \times \dfrac{8.314}{44}$

$\qquad = 0.0866 + 0.1485 + 0.0315 \fallingdotseq 0.267 \text{ kJ/kg} \cdot \text{K}$

제4장 열역학 제2법칙

1. $\eta = \dfrac{\text{동력}}{\text{저위 발열량} \times \text{연료 소비율}} = \dfrac{74 \times 3600}{43470 \times 20} \times 100 \fallingdotseq 31 \ \%$

2. $\varepsilon_H = \dfrac{Q_1}{Q_1 - Q_2} = \dfrac{2100}{2100 - 1500} = 3.5$

3. $\varepsilon_H = \dfrac{T_{\mathrm{I}}}{T_{\mathrm{I}} - T_{\mathrm{II}}} = \dfrac{(20 + 273)}{(20 + 273) - (-15 + 273)} = 8.371$

4. $\varepsilon_R = \dfrac{T_{\mathrm{II}}}{T_{\mathrm{I}} - T_{\mathrm{II}}} = \dfrac{50 + 273}{(100 + 273) - (50 + 273)} = 6.46$

5. $\eta_c = 1 - \dfrac{T_{\mathrm{II}}}{T_{\mathrm{I}}} = \left(1 - \dfrac{20 + 273}{700 + 273}\right) \times 100 = 69.89\,\%$

6. $\eta_c = \dfrac{W}{Q_1} \times 100 = \dfrac{60}{100} \times 100 = 60\,\%$

　　$\eta_c = 1 - \dfrac{T_{\mathrm{II}}}{T_{\mathrm{I}}}$ 에서　$T_I = \dfrac{T_{\mathrm{II}}}{1 - \eta_c} = \dfrac{15 + 273}{1 - 0.6} = \dfrac{288}{0.4}$

　　　$= 720\,\mathrm{K} = (720 - 273)\,℃ = 447\,℃$

7. $\eta_c = \dfrac{W}{Q_1} = 1 - \dfrac{T_{\mathrm{II}}}{T_{\mathrm{I}}} = 1 - \dfrac{298}{773} = 0.6144 = 61.44\,\%$

　　$W = \eta_c Q_1 = 0.6144 \times 500 = 307.2\,\mathrm{kJ}$

8. $\Delta S = S_2 - S_1 = \dfrac{_1 Q_2}{T} = \dfrac{10 \times 3600}{20 + 273} \fallingdotseq 123\,\mathrm{kJ/K}$

9. ΔS_1 : 고온체 엔트로피 감소량(kJ/K)

　　ΔS_2 : 저온체 엔트로피 증가량(kJ/K)이라 하면

　　$\Delta S = \Delta S_1 + \Delta S_2 = \dfrac{-Q}{T_1} + \dfrac{Q}{T_2} = Q\left(\dfrac{1}{T_2} - \dfrac{1}{T_1}\right) = Q\left(\dfrac{T_1 - T_2}{T_1 T_2}\right) > 0$

10. $T_m = \dfrac{m_1 T_1 + m_2 T_2}{m_1 + m_2} = \dfrac{(10 \times 300) + (10 \times 900)}{10 + 20} = 600\,\mathrm{K}$

　　$\Delta S = mC\left(\ln\dfrac{T_m}{T_1} + \ln\dfrac{T_m}{T_2}\right) = 10 \times 0.4\left(\ln\dfrac{600}{300} + \ln\dfrac{600}{900}\right) = 1.15\,\mathrm{kJ/K}$

11. $\Delta S = m C_v \ln\dfrac{p_2}{p_1} + m C_p \ln\dfrac{T_2}{T_1} = \left(2 \times 0.717 \ln\dfrac{400}{600}\right) + \left(2 \times 1.004 \ln\dfrac{500}{300}\right) = 1.26\,\mathrm{kJ/K}$

12. $\Delta S = m C \ln\dfrac{T_2}{T_1} = 2 \times 4.14 \ln\left(\dfrac{60 + 273}{20 + 273}\right) = 1.07\,\mathrm{kJ/K}$

13. $\Delta S = m C_v \ln\dfrac{T_2}{T_1} = 5 \times 0.7171 \ln\left(\dfrac{50 + 273}{15 + 273}\right) = 0.411\,\mathrm{kJ/K}$

14. $\Delta S = m C_p \ln \dfrac{T_2}{T_1}$

$\quad -1.063 = 3 \times 1.01 \times \ln\left(\dfrac{T_2}{150 + 273}\right)$

$\quad \therefore \ T_2 = 297.84\,\text{K} = 24.84\,\text{℃}$

$\quad {}_1Q_2 = m C_p (T_2 - T_1) = 3 \times 1.01 \times (24.84 - 150) = -379.23\,\text{kJ}$

15. $\Delta S = m C_p \ln \dfrac{T_2}{T_1} = m C_p \ln \dfrac{V_2}{V_1} = 5 \times 0.92 \ln \dfrac{0.6}{0.2} = 5.054\,\text{kJ/K}$

16. $\Delta S = \dfrac{{}_1Q_2}{T} = \dfrac{500}{227 + 273} = 1.0\,\text{kJ/kg} \cdot \text{K}$

17. 등온변화이므로 $dU = C_v dT = 0$ 이다.

$\quad \therefore \ \Delta S = \dfrac{{}_1Q_2}{T} = \dfrac{{}_1W_2}{T} = \dfrac{500}{373} = 1.340\,\text{kJ/K}$

18. ${}_1Q_2 = T(S_2 - S_1) = Tm(s_2 - s_1) = 500 \times 2(10 - 3) = 7000\,\text{kJ}$

19. $\Delta S = m R \ln \dfrac{V_2}{V_1} = 4 \times 0.287 \ln \dfrac{0.8}{0.5} = 0.54\,\text{kJ/K}$

제5장 증 기

1. $(u'' - u') = \gamma - p(v'' - v') = 2257 - 101.325(1.67 - 0.00104) \fallingdotseq 2088\,\text{kJ/kg}$

2. $(s'' - s') = \dfrac{\gamma}{T_s} = \dfrac{2203}{120 + 273} = 5.61\,\text{kJ/K}$

3. $(u'' - u') = \gamma - p(v'' - v') = (h'' - h') - p(v'' - v')$

$\quad\quad\quad = (2778 - 763) - 1 \times 10^3 (0.1944 - 0.00113) = 1821.73\,\text{kJ/kg}$

$\quad (s'' - s') = \dfrac{\gamma}{T_s} = \dfrac{(h'' - h')}{T_s} = \dfrac{2778 - 763}{180 + 273} = 4.45\,\text{kJ/kg} \cdot \text{K}$

4. $v_x = v' + x(v'' - v')$ 에서 $x = \dfrac{v_x - v'}{v'' - v'} = \dfrac{0.2327 - (1.079 \times 10^{-3})}{0.5243 - (1.079 \times 10^{-3})} = 0.443$

5. (포화액체 체적=포화증기 체적) $V = \dfrac{0.01}{2} = 0.005 \, \text{m}^3$

포화액체 질량 $m_f = \dfrac{V}{v_f} = \dfrac{0.005}{0.001044} = 4.789 \, \text{kg}$

포화증기 질량 $m_g = \dfrac{V}{v_g} = \dfrac{0.005}{1.6729} = 0.00299 \, \text{kg}$

∴ 전체 질량 $m = m_f + m_g = 4.789 + 0.00299 = 4.792 \, \text{kg}$

건도 $x = \dfrac{m_g}{m} = \dfrac{0.00299}{4.792} = 0.000624$

6. 어떤 탱크 속에 들어 있는 유체를 오리피스(orifice)나 노즐(nozzle) 등의 유로로 분출시킬 때, 이 유로를 통과하는 동안 외부에 대하여 열 및 일의 출입이 없다면 유로 출구에서의 유속 ω는 $\dfrac{\omega^2}{2} = h_1 - h_2$

$\omega = \sqrt{2(h_1 - h_2)}$ 이다. 여기서 h_1은 입구에서의 엔탈피이고, h_2는 출구에서의 엔탈피이다. 따라서 $h_2 = h_x = h' + x(h'' - h') = h' + x\gamma = 467 + 0.99 \times 2227 = 2671.73 \, \text{kJ/kg}$

∴ $\omega = \sqrt{2 \times 1000(2850 - 2671.73)} = 597.1 \, \text{m/s}$

7. $_1Q_2 = m(h_2 - h_1) + W_t + \dfrac{1}{2}m(\omega_2^2 - \omega_1^2)$

$\qquad = 0.4 \times (2500 - 3000) + 260 + \dfrac{1}{2} \times 0.4 \times (120^2 - 720^2) \times 10^{-3}$

$\qquad = -40.8 \, \text{kW}(\ominus$는 열손실을 의미한다.)

8. $s_x = s' + x(s'' - s')$에서

$s_x - s' = x(s'' - s')$

$x = \dfrac{s_x - s'}{s'' - s'} = \dfrac{6.7428 - 0.9439}{7.7686 - 0.9439} = 0.849$

터빈 출구 비엔탈피 h_x는

$h_x = h' + x(h'' - h') = 289.2 + 0.849 \times (2625.3 - 289.2) = 2272.5 \, \text{kJ/kg}$

∴ $W_T = h - h_x = 3115.3 - 2272.5 = 842.8 \, \text{kJ/kg}$

제6장 증기동력 사이클

1. $\eta = \dfrac{W}{Q_1} \times 100 \, \%$

∴ $Q_1 = \dfrac{W}{\eta} = \dfrac{1}{0.3} = 3.33 \, \text{kW}$

2. 터빈 일$(w_t) = q_H - q_L = 1210 - 1000 = 210 \text{ kJ/kg}$

3. $w_p = -\displaystyle\int_1^2 vdp = v\displaystyle\int_2^1 dp = v(p_1 - p_2) = 0.001(5 - 0.01) \times 10^3 = 4.99 \text{ kJ/kg}$

4. $\eta_R = \dfrac{(h_5 - h_6) - (h_2 - h_1)}{(h_5 - h_2)} \times 100 = \dfrac{(764 - 478) - (31 - 30)}{(764 - 31)} \times 100 = 38.88\,\%$

5. $\eta_R = \dfrac{w}{q_1} = \dfrac{w_T - w_P}{q_1} = \dfrac{(h_3 - h_4) - (h_2 - h_1)}{h_3 - h_2} \times 100$

$= \dfrac{(3195 - 2071) - (173 - 168)}{3195 - 173} \times 100 = 37.03\,\%$

6. $\eta_R = \dfrac{w}{q_1} = \dfrac{w_T - w_P}{q_1} = \dfrac{(h_3 - h_4) - (h_2 - h_1)}{h_3 - h_2} \times 100$

$= \dfrac{(2799.5 - 2007.5) - (193.8 - 191.8)}{2799.5 - 193.8} \times 100\,\% = 30.32\,\%$

7. $w_T = (h_1 - h_2) + (1 - m)(h_2 - h_3)$

$m = 1 - \dfrac{w_T - (h_1 - h_2)}{(h_2 - h_3)} = 1 - \dfrac{900 - (3500 - 3100)}{3100 - 2500} = 0.167 \text{ kg/s}$

제7장 가스동력 사이클

1. $\eta_O = \left\{1 - \left(\dfrac{1}{\varepsilon}\right)^{k-1}\right\} \times 100\,\% = \left\{1 - \left(\dfrac{1}{7.5}\right)^{1.4-1}\right\} \times 100 = 55.33\,\%$

2. 먼저 압축비를 구하면 $v_2 = 0.15(v_1 - v_2) = 0.15v_1 - 0.15v_2$

$\therefore v_2 = \dfrac{0.15}{1.15}v_1$

$\varepsilon = \dfrac{v_1}{v_2} = \dfrac{v_1}{\dfrac{0.15}{1.15}v_1} = 7.67$

$\therefore \eta_O = \left\{1 - \left(\dfrac{1}{\varepsilon}\right)^{k-1}\right\} \times 100 = \left\{1 - \left(\dfrac{1}{7.67}\right)^{1.4-1}\right\} \times 100 = 55.73\,\%$

3. 실린더 체적을 v_1, 간극 체적을 v_2라 하면 배기체적 $v_s = v_1 - v_2 = 1200 \text{ cc}$

$\therefore v_1 = 1200 + v_2 = 1200 + 200 = 1400 \text{ cc}$

$\therefore$ 압축비$(\varepsilon) = \dfrac{v_1}{v_2} = \dfrac{1400}{200} = 7$

4. $\eta_O = \left\{ 1 - \left(\dfrac{1}{\varepsilon} \right)^{k-1} \right\} \times 100 = \left\{ 1 - \left(\dfrac{1}{7} \right)^{1.4-1} \right\} \times 100 = 54.08 \ \%$

5. $\eta_S = \left\{ 1 - \left(\dfrac{1}{\varepsilon} \right)^{k-1} \dfrac{\alpha \sigma^k - 1}{(\alpha - 1) + \alpha k (\sigma - 1)} \right\} \times 100$

$\qquad = \left\{ 1 - \left(\dfrac{1}{16} \right)^{1.4-1} \dfrac{2.3 \times 1.6^{1.4} - 1}{(2.3 - 1) + 2.3 \times 1.4 (1.6 - 1)} \right\} \times 100 = 64.88 \ \%$

6. $\eta_B = \left\{ 1 - \left(\dfrac{1}{\alpha} \right)^{\frac{k-1}{k}} \right\} \times 100 = \left\{ 1 - \left(\dfrac{1}{9} \right)^{\frac{1.4-1}{1.4}} \right\} \times 100 = 46.62 \ \%$

7. $\eta_B = \left(1 - \dfrac{T_3 - T_4}{T_2 - T_1} \right) \times 100 = \left(1 - \dfrac{690 - 383}{1010 - 561} \right) \times 100 = 31.63 \ \%$

8. 가스터빈이 외부에 한 일=터빈 발생일-압축기 소요일이다.

$\qquad \therefore \ \eta_B = \dfrac{w_t}{q_1} = \dfrac{406 - 175}{627} \times 100 = 36.84 \ \%$

9. 먼저 압력비(α)를 구하면 $\alpha = \dfrac{p_2}{p_1} = \dfrac{500}{100} = 5$

$\qquad \eta_B = \left\{ 1 - \left(\dfrac{1}{\alpha} \right)^{\frac{k-1}{k}} \right\} \times 100 = \left\{ 1 - \left(\dfrac{1}{5} \right)^{\frac{1.4-1}{1.4}} \right\} \times 100 = 36.86 \ \%$

제8장 냉동기 사이클

1. $\varepsilon_R = \dfrac{Q_2}{W} = \dfrac{46.4}{10} = 4.64$

2. $W = \dfrac{Q_2}{\varepsilon_R} = \dfrac{20 \times 10^3}{3.2 \times 3600} = 1.74 \ \text{kW}$

3. $\varepsilon_R = \dfrac{T_{\mathrm{II}}}{T_{\mathrm{I}} - T_{\mathrm{II}}} = \dfrac{240}{300 - 240} = 4$

4. 먼저 성적계수를 구하면

$\qquad \varepsilon_R = \dfrac{T_{\mathrm{II}}}{T_{\mathrm{I}} - T_{\mathrm{II}}} = \dfrac{-10 + 273}{(20 + 273) - (-10 + 273)} = 8.77$

$\qquad \therefore \ W = \dfrac{Q_2}{\varepsilon_R} = \dfrac{70}{8.77} = 7.98 \ \text{kW}$

5. $\varepsilon_R = \dfrac{T_{\mathrm{II}}}{T_{\mathrm{I}} - T_{\mathrm{II}}} = \dfrac{27 + 273}{(157 + 273) - (27 + 273)} = 2.31$

6. 먼저 성적계수를 구하면 $\varepsilon_R = \dfrac{T_{\mathrm{II}}}{T_{\mathrm{I}} - T_{\mathrm{II}}} = \dfrac{5 + 273}{(30 + 273) - (5 + 273)} = 11.12$

$\therefore W = \dfrac{Q_2}{\varepsilon_R} = \dfrac{3}{11.12} = 0.72 \text{ kW}$

7. 열펌프로 사용될 때의 성능계수를 ε_H, 냉동기로 사용될 때의 성능계수를 ε_R이라 하면

$\varepsilon_H = \dfrac{q_1}{w} = \dfrac{h_2 - h_3}{h_2 - h_1} = \dfrac{210 - 50}{210 - 180} = \dfrac{160}{30} = 5.33$

$\varepsilon_R = \dfrac{q_2}{w} = \dfrac{h_1 - h_3}{h_2 - h_1} = \dfrac{180 - 50}{210 - 180} = 4.33$

$\therefore \dfrac{\varepsilon_H}{\varepsilon_R} = \dfrac{5.33}{4.33} = 1.23$

8. 방출열량을 Q_H, 흡입열량을 Q_L이라 하면

$W = Q_H - Q_L = \left(\dfrac{T_H}{T_L} - 1\right) Q_L = 0.6 \times 2.0 = 1.2 \text{ kW}$

9. $\varepsilon_R = \dfrac{1}{\dfrac{T_2 - T_3}{T_1 - T_4} - 1} = \dfrac{1}{\dfrac{100 - 5}{-10 + 75} - 1} = 2.17$

10. $\varepsilon_R = \dfrac{q_2}{w} = \dfrac{h_1 - h_3}{h_2 - h_1} = \dfrac{387.2 - 241.8}{435.1 - 387.2} = 3.04$

11. $\varepsilon_R = \dfrac{q_2}{w} = \dfrac{h_1 - h_4}{h_2 - h_1} = \dfrac{1638 - 559}{1983 - 1638} = 3.13$

12. 동력 $W = \dfrac{Q_2}{\varepsilon_R} = \dfrac{5 \times 3.86}{2} = 9.65 \text{ kW}$

열효율 $\eta = \dfrac{\text{동력}}{\text{저위 발열량} \times \text{연료소비율}}$ 에서

연료소비율 $= \dfrac{\text{동력}}{\text{저위 발열량} \times \text{열효율}} = \dfrac{9.65 \times 3600}{43000 \times 0.2} = 4.04 \text{ kg/h}$

| 찾아보기 |

기계3역학 기초

2020년 1월 15일 1판1쇄
2025년 1월 15일 2판1쇄

저 자 : 황봉갑
펴낸이 : 이정일

펴낸곳 : 도서출판 **일진사**
www.iljinsa.com
(우) 04317 서울시 용산구 효창원로 64길 6
전 화 : 704-1616 / 팩스 : 715-3536
이메일 : webmaster@iljinsa.com
등 록 : 제1979-000009호 (1979.4.2)

값 25,000 원

ISBN : 978-89-429-1944-4

◉ 불법복사는 지적재산을 훔치는 범죄행위입니다.

저작권법 제97조의 5(권리의 침해죄)에 따라 위반자는 5년 이하의 징역 또는 5천만 원 이하의 벌금에 처하거나 이를 병과할 수 있습니다.